구리 및 구리합금의 이해

Understanding Copper and Copper Alloys

이진희 · 윤강중 · 오병진 · 최병학 공저

21세기사

책을 엮으면서

역사를 공부하면서 석기시대와 철기시대 사이를 우리는 청동기 시대라고 부른다. 그만큼 인류 역사의 발전 과정에서 구리는 오랜 시간 매우 중요한 위치를 차지하고 있다. 그런데 청동기 시대라고 다들 부르면서도 구리합금의 또 다른 큰 부류인 황동도 있는데, 왜 굳이 청동기 시대라고 부를까? 하는 의문을 가지는 사람은 의외로 많지 않은 것 같다. 석기 시대도 신석기 구석기로 나뉘는데, 왜 청동기, 황동기로 나누지 않고 단일화된 고유 명사처럼 청동기 시대라고 부를까? 이렇게 그냥 하나의 고유명사처럼 인식되는 것이 인류가 처음 접한 구리합금에 대한 일반적인 이해이며, 그만큼 우리가 구리에 대해 아는 것이 제한적이라고 필자는 생각한다.

전세계에서 가장 큰 구리광산이 남미에 있고, 그 중에 일부는 관광지로 활성화되어 패키지투어가 운영되기도 한다. 고대로부터 많은 생활 도구들이 구리로 제작되었고, 구리는 인체의 뼈와 조직을 구성하는 성분으로 필요하기도 하며, 철분과 함께 세포내의 크렙스 에너지 사이클의 마지막 단계에서 필요하기도 하다. 근래에 들어서는 동전과 반도체 소재까지 인류의 역사속에서 구리를 제외하고는 우리 삶의 많은 부분이 생략되어야 할 정도로 구리는 그 자체로 중요한 광물이고 금속자원이다.

직장생활을 하면서 부식 환경하에서 최적의 재료를 선정하는 업무를 담당하면서 주로 해수분위기 혹은 특정 환경하에서 구리를 사용한 기기를 설계하고 제작하는 과정에도 자주 참여하게 되었다. 그리고 뭔가 문제 상황이 발생하여 이를 해결하기 위한 문제분석과 대안 강구를 통한 이해 당사자와의 기술적인 협의 과정에서 혹은 후배들에게 체계적으로 정리된 자료와 기술 기준을 제시해 주려는 노력의 과정에서 실무적이고 객관적인 기술근거로 활용될 수 있는 기술서적을 찾으려고 하였으나, 일부 외국 서적을 제외하고는 참고할 만한 자료가 드물고 그나마 한글로 된 서적은 사실상 전무했다고 평가한다. 그러다 보니 현업에서 문제 상황이 발생해도 응급조치를 취할 수 있는 기술적인 근거 자료를 찾지 못해 어려움을 겪기도 하고, 다양한 시행착오로 시간과 비용이 많이 수반되는 어려운 상황을 종종 접하곤 했다. 가끔은 인터넷에서 쉽게 구한 자료가 실제로는 현업과 맞지 않는 지극히 이론적이거나 잘못된 정보를 제공해 주는 사례들도 많았다.

이렇게 구리 및 구리합금에 대한 기술자료의 아쉬움을 가지고 지내던 중에 자주 접하게 되는 미국재료학회(ASM, American Society for Metal)와 국제구리협회(CDA, Copper Development Association) 그리고 몇몇 제조사 등에서 발간한 기술서적들을 근간으로 주변의 동료들이 참고할 수 있는 자료를 정리하기 시작하였고, 어느 덧 500여 페이지 분량의 서적으로 탄생하게 되었다. 기술서적을 발간할 때마다 매번 느끼는 아쉬움들이 이번에도 그대로 남아 있다. 좀더 실무적이고 객관적인 자료를 다양하게 넣고 싶었으나, 자료의 부족과 갈수록 강화되는 저작권의 문제 등으로 인해 부득이 공개된 자료만을 기초로 정리하게 되었다.

지난 시간 금속재료관련 몇 권의 책을 저술하면서 주변에서 아쉬움을 많이 가지고 있는 분야의 자료들을 정리해서 기술서적으로 정리해 보고 싶은 욕심을 늘 가지고 있었다. 기술서적을 출간하면 어떤 도움이 되느냐고 질문하는 경우도 있었으나, 누군가 나서서 하지 않으면 안되는 일이라고 생각하고 항상 관심을 가지고 자료를 모으고 정리하는 습관을 가지고 있다.

원고 초안이 최종적으로 책으로 엮어져 나오기 까지 교정 작업을 주도해 주고 마지막까지 자료 보완에 힘써 준 윤강중 기술사와 오병진 박사님 그리고 최병학 교수님께 공저자로서 감사의 인사를 드린다. 또한 특별히 저자가 가진 편협한 식견을 넓혀주면서 바쁜 업무 가운데에서도 많은 시간과 노력을 할애하여 교정 작업의 큰 역할을 해 주신 홍만화 부장님께 깊은 감사의 인사를 드린다. 아무쪼록 부족한 글이지만 후학 및 여러 동료분들에게 조금이라도 도움이 되길 희망한다.

2019년 가을에 저자 대표

이진희 드림

목차

1

구리의 특성

1. 구리의 특성 12
  1.1 구리의 물리적 성질 14
    1.1.1. 전기전도도(Electrical Conductivity) 14
    1.1.2. 전기저항(Electrical Resistance) 22
    1.1.3 자화율(Magnetic Susceptibility) 35
    1.1.4. 열전도도(Thermal Conductivity) 37
    1.1.5 열팽창계수(Coefficient of Thermal Expansion) 41
    1.1.6 확산(Diffusion) 42
    1.1.7 비자성(Non-magnetic) 43
    1.1.8 색감(Attractive Color) 44
  1.2 구리의 기계적 성질 46
    1.2.1. 구리합금의 강화 기구 46
    1.2.2. 인장강도(Tensile Strength) 54
    1.2.3. 연성(Ductility) 57
    1.2.4. 고온인장(High Temperature Rupture) 특성 59
    1.2.5. 피로특성(Fatigue Characteristics) 61
    1.2.6. 크리프 특성(Creep Resistance) 65
    1.2.7. 저온 특성(Low Temperature Performance) 68
  1.3 구리의 화학적 성질 78
    1.3.1. 내식성(耐蝕性) 78
    1.3.2. 구리와 건강 100

1.3.3. 항균 및 살균 성능 103
1.4 구리의 용도 106
1.4.1. 구리의 역사 106
1.4.2. 구리의 주요 용도 107
1.4.3. 구리의 수요 112

2. 구리의 채굴과 추출 114
2.1 구리 광석 114
2.1.1. 매장량 및 생산량 115
2.1.2. 구리 원광의 구분 123
2.1.3. 광석의 채굴 및 전처리 132
2.1.4. 폐 구리의 재활용(Recycling) 142
2.2 구리 제련 143
2.2.1. 건식 제련 144
2.2.2. 습식 제련 154
2.2.3. 전기동 생산(Electrowinning) 157
2.3 정련(Refining) 160
2.3.1. 양극 주조(Anode Casting) 160
2.3.2. 전해 정련(Electrolytic Refining) 161
2.3.3. 귀금속 회수 164

2

구리합금의 종류

1. 구리합금의 명명법 166
1.1 UNS에 따른 구분 166
1.1.1. 합금 성분에 따른 구분 167
1.1.2. 열처리 조건 표기 170
1.2 ASTM에 따른 구분 178

1.3 EN 규격에 따른 구분 182
1.3.1. 용도별 구분 182
1.3.2. 합금 성분에 따른 구분 183
1.3.3. 열처리 조건 표기 183
1.3.4. 주조품의 표기 184
1.4 KS / JIS 규격에 따른 구분 187
1.5 기타 용도의 구리합금 분류 195
1.5.1. 전기저항 용접기용 구리합금 195
1.5.2. 반도체(Semiconductor Lead Frames)용 구리합금 207

2. 구리합금의 분류 212
2.1 구리합금의 조직 212
2.1.1. 상태도에 따른 구분 212
2.1.2. 구리합금의 미세 조직 219
2.2 제조 공법에 따른 구분 222
2.2.1. 주조품(鑄造品) 222
2.2.2. 단련재(鍛鍊材) 248
2.3 열처리에 따른 구분 251
2.3.1. 비열처리 합금(Non-Heat Treatable Alloy) 251
2.3.2. 열처리 합금(Heat Treatable Alloy) 254
2.4 화학성분에 따른 구분 269
2.4.1. 합금 성분에 따른 구분 269
2.4.2. 합금 성분의 역할 269

3. 구리합금의 특성 271
3.1 순동(純銅) 277
3.1.1. 산소 함량에 따른 순동의 구분 277
3.1.2. 용도별 순동의 구분 290
3.2 적동(赤銅), 단동(丹銅) (Red Brass) 310
3.2.1. 길딩메탈(Gilding Metal, 95Cu-5Zn) 311
3.2.2. 커머셜 브론즈(Commercial Bronze, 90Cu-10Zn) 312

3.2.3. 뉴-골드(New-gold, 88Cu-12Zn) 313
3.2.4. 레드브라스(Red Brass, 85Cu-15Zn) 313
3.2.5. 로우브라스(Low Brass, 80Cu-20Zn) 314
3.2.6. 오동(烏銅) 315
3.3 황동(黃銅, Brass) 316
3.3.1. 황동의 조직 317
3.3.2. 황동의 재료 특성 325
3.3.3. 황동의 종류와 특징 339
3.4 청동(靑銅, Bronze) 355
3.4.1. 청동의 조직 356
3.4.2. 청동의 재료 특성 360
3.4.3. 청동 합금의 종류 365
3.5 백동(白銅, Copper-Nickel Alloy) 398
3.5.1. 백동의 구분 398
3.5.2. 백동의 특성 400
3.5.3. 백동의 가공 412
3.6 양은, 양백(Nickel Silver) 414

4. 구리합금의 열처리 417
4.1 열처리 구분 420
4.1.1. 균질화 열처리(Homogenizing) 420
4.1.2. 어닐링(Annealing) 열처리 420
4.1.3. 응력제거 열처리(Stress Relieving) 429
4.1.4. 석출경화 열처리(Precipitation Hardening) 430
4.2 열처리시 주의점 433
4.2.1. 열충격과 가열 균열 433
4.2.2. 수소취성(Hydrogen Embrittlement) 433
4.2.3. 과도한 산화(Catastrophic Oxidation) 433
4.2.4. 열처리 결과 평가 434

3

구리의 가공

1. 구리의 접합 436

1.1 구리합금의 용접성 436

1.1.1. 용접성에 영향을 미치는 요소 436

1.1.2. 주요 합금원소 440

1.2 구리합금별 용접성 444

1.2.1. 순동(Pure Copper Alloys) 444

1.2.2. 산소동(Oxygen–Bearing Copper) 446

1.2.3. 쾌삭동(Free–Machining Copper) 447

1.2.4. 석출경화형 구리합금(Precipitation–Hardenable Copper Alloys) 447

1.2.5. 황동(Copper–Zinc Alloys, Brass) 447

1.2.6. 청동, 인청동(Copper–Tin Alloys, Phosphor Bronze) 449

1.2.7. 알루미늄청동(Copper–Aluminum Alloys, Aluminum Bronze) 450

1.2.8. 실리콘청동(Copper–Silicon Alloys, Silicon Bronze) 452

1.2.9. 백동(Copper–Nickel Alloys) 453

1.2.10. 양은, 양백(Copper–Nickel–Zinc Alloys, Nickel–Silver) 454

1.2.11. 이종 금속의 용접 454

1.3 용접 설계 457

1.3.1. 용접 조인트(Weld Joint) 설계 457

1.3.2. 표면 처리 459

1.3.3. 예열(Pre–Heating) 459

1.3.4. 보호 가스(Shielding Gas) 461

1.3.5. 용접재료(Welding Filler Metal) 462

1.3.6. 용접 후열처리(PWHT) 465

2. 구리의 용접법(Welding Process) 467

2.1 전기아크용접(Electric Arc Welding) 470

2.1.1. 피복아크용접(SMAW) 470

2.1.2. 가스텅스텐아크용접(GTAW) 472

2.1.3. 가스메탈아크용접(GMAW) 475
2.2 가스 용접(Oxyfuel Gas Welding) 477
2.3 레이저 용접(Laser Welding) 478
2.4 전자빔 용접(Electron Beam Welding) 479
2.5 초음파 용접(Ultrasonic Welding) 480
2.6 전기저항 용접(Resistance Welding) 481
2.6.1. 전기저항 용접 전극 재료 482
2.7 마찰 용접(Friction Welding) 486
2.8 고주파 용접(High-Frequency Welding) 487
2.9 냉간접합(Solid State Bonding) 488
2.9.1. 확산접합(Diffusion Bonding) 488
2.9.2. 폭발접합(Explosive Bonding) 489
2.10 납땜(Brazing & Soldering) 491
2.10.1. 연납땜(Soldering) 491
2.10.2. 경납땜(Brazing) 493
2.10.3. 브레이즈 용접(Braze Welding) 500
2.10.4. 납땜 이음부 설계 502
2.10.5. 납땜 이음부 품질 검사 504

3. 가공과 성형 506
3.1 구리의 성형성 509
3.2 냉간과 열간가공(Cold & Hot Forming Process) 512
3.2.1. 냉간가공(Cold Forming Process) 512
3.2.2. 열간가공(Hot Forming Processes) 513
3.3 압출, 인발 및 단조성형(Extrusion, Drawing, & Forging) 516
3.3.1. 압출가공(Extrusion) 516
3.3.2. 인발가공(Drawing) 517
3.3.3. 단조(Forging) 518
3.4 성형 및 표면 처리 520
3.4.1. 절단 및 절삭(Cutting & Machining) 520
3.4.2. 절곡(Bending) 524
3.4.3. 볼팅(Bolting), 리벳팅(Riveting) 524
3.4.4. 표면처리(Finishing) 527

1

구리의 특성

1 구리의 특성

구리는 인류 역사상 처음으로 사용한 금속 소재이며, 가장 오랫동안 사용해 오고 있는 금속이다. 인류가 구리를 처음 발견하고 사용한 시기는 대륙 별로 차이는 있지만 가장 오래된 것은 기원전 약 9,000년경으로 알려져 있으며, 이후 철기 시대가 시작되기 전까지 구리는 청동기 시대라는 이름으로 인류 역사에 중요한 금속자원으로 일상 생활에서 함께 하고 있다. 이렇게 오랜 사용 이력에도 불구하고 고대의 구리로 제작된 유물들이 아직도 큰 손상없이 양호한 보존 상태로 전해져 오는 것은 구리 자체가 가진 우수한 내식성과 쉽게 성형과 가공이 가능하면서도 안정적인 강도와 내구성을 갖춘 기계적 특성 때문인 것으로 이해된다.

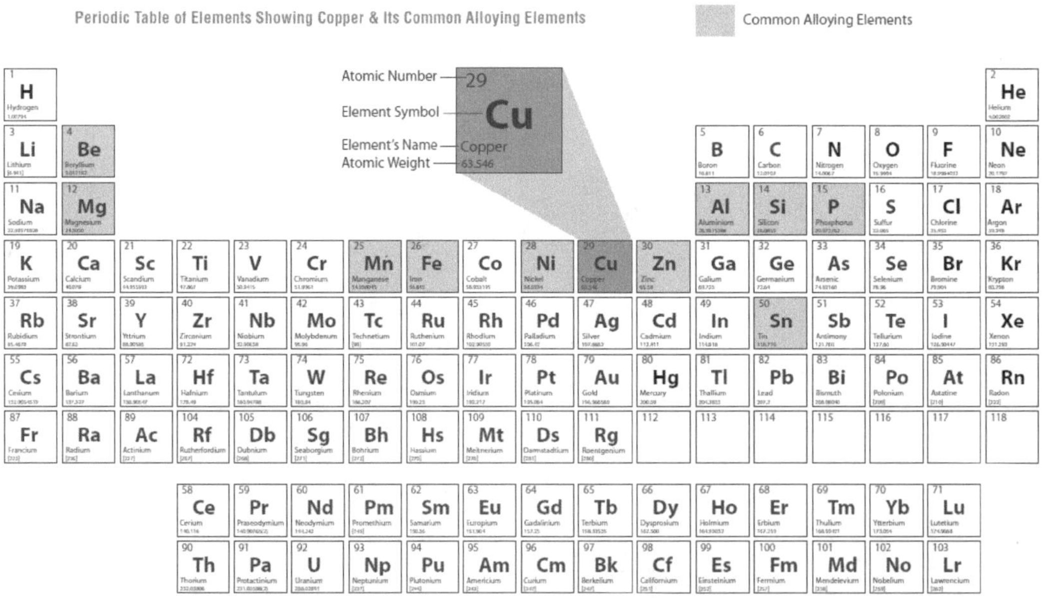

[그림 1-1] 주기율 표 상의 구리의 위치

첨단 과학 시대인 오늘날에도 구리는 다양한 용도로 활용되고 있으며, 중국에서는 구리를 금과 같다고 하여 동(金+同)이라 부른다. 구리는 동(銅)의 우리 말이다. 구리의 어원은 붉은 갈색을 띠는 구리 특유의 빛깔에서 부터 비롯되었다고 한다. 구리의 우리말 고어인 '굴'은 불(火)과 같이 붉다(朱)는 뜻이다. 구리의 일본어 단어인 '아카(あか)'도 '붉다'라는 단어와 같은 발음이다.

우리가 동전(銅錢)이라고 부르는 주화의 명칭도 구리로 만든 돈이라는 뜻을 가지고 있기에 그만큼 우리에게 오랜 시간 사용되고 친숙한 재료이다. 산업이 발전하면서 반도체의 주요 소재로 활용되고 있으며, 구리는 항균작용이 있지만 인체에는 거의 무해하고 독성이 없다고 알려져 있다. 구리가 인체에 미치는 영향들이 연구되면서 때로는 항균 작용의 긍정적인 면도 부각되고 구리가 부족하여 생기는 문제점에 대한 인식도 생겨나게 되면서 구리의 중요성에 대한 인식은 점점 확대되고 있다.

구리는 고주몽이 건국한 고구려(高句麗)의 어원이라는 주장도 있다. 한반도 고대 국가 중 '구리(句麗 · 당시 발음)'로 불린 나라가 있었다. 이 나라는 놋쇠와 철 등으로 만든 병장기를 앞세워 세력을 확장했다. 우리 선조는 중국보다 앞선 금속 제조기술로 만든 이 놋쇠를 나라 이름에서 따와 '구리'라고 불렀다는 설이다.

구리의 영어 단어는 '코퍼(Copper)'다. 고대 로마인은 구리를 소아시아(터키) 남쪽 키프로스(Cyprus) 섬에서 채굴했다. 로마인은 구리를 '키프로스의 금속'이라는 의미로 '키프륨(Cyprium)'으로 부르다가 '쿠프룸(Cuprum)'으로 줄여 불렀다. 라틴어 'Cuprum'은 고대 영어인 'Coper'를 거쳐 현재 'Copper'가 되었다. 영미권에서 경찰관을 의미하는 '캅(Cop)'이란 단어가 구리(Copper)에서 유래했다는 설이 있다. 근대 영국 경찰관의 제복 상의 단추가 붉은 빛 동이었는데 사람들이 이를 줄여 Cop이라고 불렀다고 한다.

1.1 구리의 물리적 성질

구리는 주기율표 11족 4주기의 구리족(族) 원소에 속하는 전이금속으로 원소기호는 Cu, 원자량 63.546g/mol, 녹는점 1,083.4℃, 끓는점 2,567℃, 밀도 8.96g/cm^3 이다. 붉은 색의 광택이 나는 금속으로 비교적 무르고 전성과 연성이 풍부해 가공하기 쉬우며, 은(銀) 다음으로 열과 전기의 전도율이 높아 실생활에 널리 쓰인다.

[표 1-1] 구리의 물리적 성질

성 질	수 치	성 질	수 치
원 자 량	63.546	비 열(20℃)	0.092cal/g/℃
결정구조	FCC, a=3.6Å(20℃)	용 해 잠 열	48.9cal/g
밀도(20℃)	8.96g/cm^3	증 발 잠 열	1,150cal/g
녹는 점	1,083.4℃	열전도도(20℃)	0.934cal/cm^3/cm/sec/℃
		전기전도도	약 101 IACS
끓 는 점	2,567℃	고유저항(20℃)	1.71μΩ-cm
열팽창 계수		저항의 온도계수	20℃ 0.00397/℃
(20~100℃)	16.8×10^{-6}	탄 성 계 수	12,000kg/mm^2
(20~300℃)	17.7×10^{-6}	용해시 부피 변화	4.05%

구리의 원자 구조는 금이나 은과 같이 면심입방격자(FCC, Face Centered Cubic) 구조를 가지고 있어서 연신율이 좋고 부드러워서 가공이 쉬운 장점이 있으며 원자 간격은 3.6 옹스트롱(Angstrom)이다. 금속 광물로 구리의 영어명인 Copper는 옛날 구리의 산지(産地)였던 키프로스섬(Cyprus Island)의 라틴명 Cuprum에서 연유한다고 한다.

1.1.1. 전기전도도(Electrical Conductivity)

(1) 전기전도도

구리는 주기율표 제1B족의 구리족 원소에 속하는 금속으로, 보통 '+2가' 상태로 존재한다. 참고로 금은 '+3가' 상태가 보통이다. 이에 전자를 내놓으려는 성질이 강하고 금속자체가 금속결합으로 이루어져, 자유전자가 풍부하게 되는데 이 자유전자가 열전도도와 전기전도도에 직접적인 영향을 주게 된다.

구리는 상온에서 은(Ag) 다음으로 열전도도와 전기전도도가 좋으며, 은을 전기용 재료로 사용하기에는 너무 비싸기 때문에 구리가 주요 전기재료의 대표적인 금속으로 활용된다. 전체 사용량의 약 60%를 차지하고 있으며, 두드려서 얇게 펼 수 있는 전성이 좋고, 전기가 잘 통해서 전선 및 전기제품의 회로, 배선, 케이블 등에 쓰이고 있다. 또한 용도에 따라서 약간의 기계적 강도를 확보하기 위해 합금원소를 추가하여 사용하기도 한다.

전기전도도는 1913년 IACS(International Annealed Copper Standard)에서 20℃ 표준상태의 구리가 0.017241$\mu\Omega$-m의 저항하에서 가지는 전기전도도를 100%로 보고 이에 대비해서 설정한 것을 지금까지 각종 금속의 전기전도도를 표현하는 지수로 사용하고 있다. 가장 고순도라고 할 수 있는 99.999%의 순동인 경우에 IACS 기준으로 103%에 해당하는 전기전도도를 가지고 있다.

[표 1-2] 순수한 구리와 비교한 다른 순금속의 열전도도 및 전기전도도

금 속	Ag	Cu	Au	Al	Mg	Zn	Ni	Co	Fe	Steel	Sn	Pb
상대적인 전기전도도 (Cu=100)	106	100	72	62	39	29	25	18	17	13~17	15	8
상대적인 열전도도 (Cu=100)	108	100	76	56	41	29	15	17	17	13~17	17	9

당연히 합금원소의 함량이 증가할수록 전기전도도는 낮아지게 되며, 반대로 기계적 강도는 향상되는 효과가 발생한다.

[표 1-3] 구리합금별 전기전도도

구리합금명		전기전도도(IACS)
C10200	무산소동(OF, Oxygen-Free)	101
C11000	전해인성동(ETP, Electrolytic Tough Pitch)	101
C10700	Oxygen-Free with Ag, OFS	100
C11300	Tough-Pitch with Ag	100
C10300	OF Extra-Low P	99
C12000	Phosphorus Deoxidized, Low Residual P, DLP	98
C12900	Fire-Refined Tough Pitch with Ag, FRSTP	98
C18700	Cu-0.8~1.5 Pb	96
C14700	Cu-0.20~0.50 Pb	95

구리합금명		전기전도도(IACS)
C14500	Cu-0.40~0.7 Te	93
C15000	Cu-0.10~0.20 Zr	93
C15700	Dispersion-Strengthened with Al_2O_3	93
C10800	Oxygen-Free Low-Residual P, OFLP	92
C16200	Cu-0.7~1.2 Cd	90
C12200	Phosphorus Deoxidized, High-Residual P, DHP	85
90Ag-10Cu		85
C18200	Cu-0.6~1.2Cr	80
C15760	Dispersion-Strengthened with Al_2O_3	78
Pure Gold		73.4
Pure Aluminum		65
C16500	Cu-0.02 Fe-0.50~0.7 Sn-0.6~1.0 Cd	60
Al 1100(O)		59
C21000	Gilding, 95% Cu	56
C19100	99.5% 이상 Cu+Fe, Ni-Pb-Zn-Te-P	55
C19500	96.0% 이상 Cu+Fe, Sn-Zn-Pb-P-Co	50
Al 2024(O)		50
C50500	Cu-1.3 Sn	48
C17410	Beryllium Copper, 0.3% Be	45
Al 7075(O)		45
Al 6061(T6)		43
C31400	Leaded Commercial Bronze	42
C22600	Jewelry Bronze, 87.5% Cu	40
Pure Magnesium		38.6
C23000	Cu-15 Zn	37
Al 7075(T6)		33
Pure Tungsten		30
Zn-27 Al-1.2 Cu-0.015 Mg		29.7
Al 5056(O)		29
Pure Zinc		28.27

구리합금명		전기전도도(IACS)
C26000	Cu-30 Zn	28
C42500	Cu-9.5 Zn-2 Sn-0.2 P	28
C37700	Cu-38 Zn-2 Pb	27
Pure Nickel		25.2
C17200	Beryllium Copper, 2% Be	22
Pure Iron		17.6
C51000	Cu-5 Sn-0.2 P	15
1010 Steel		14.5
Carbon Steel(0.65% C)		9.5
C70600	Cu-10 Ni-1.4 Fe	9
C74500	Cu-25 Zn-10 Ni	9
C65500	Cu-3 Si	7
C71500	Cu-30 Ni-0.5 Fe	4
Type 316 Stainless Steel		2.5

(2) 불순물의 영향

구리합금은 화학적 특성 및 기계적 강도 향상을 목적으로 다양한 원소를 합금하게 되는데, 이들 합금원소의 특성에 따라 고용강화 합금에서는 전기전도도는 저하하게 된다. 다음의 [표 1-4]는 불순물이 전기저항에 미치는 영향을 정리한 것이고, [그림 1-2]는 구리내 산소 농도에 따른 전기전도도의 변화를 보여 주고 있으며, [표 1-5]는 순수 구리에 각종 합금원소 1wt%가 추가됨에 따른 전기저항의 변화를 보여주고 있다.

[표 1-4] 불순물에 의한 전기저항의 변화

	$10^{-8}\Omega \cdot$ m/atomic % Impurity													
Element	Ag	Al	As	Au	Be	Bi	Ca	Cd	Co	Cr	Fe	Ge	Hg	In
(△ρ/△C)	0.1	0.95	6.7	0.55	0.65	5.7	1	0.3	6.9	4.0	9.3	3.7	1.0	1.1
Element	Mg	Mn	Ni	Pb	Pt	Sb	Se	Si	Sn	Te	Ti	V	Zn	Zr
(△ρ/△C)	0.8	2.9	1.1	3.3	2.0	5.5	10	3.1	3.1	8	16	9.7	0.3	1.3

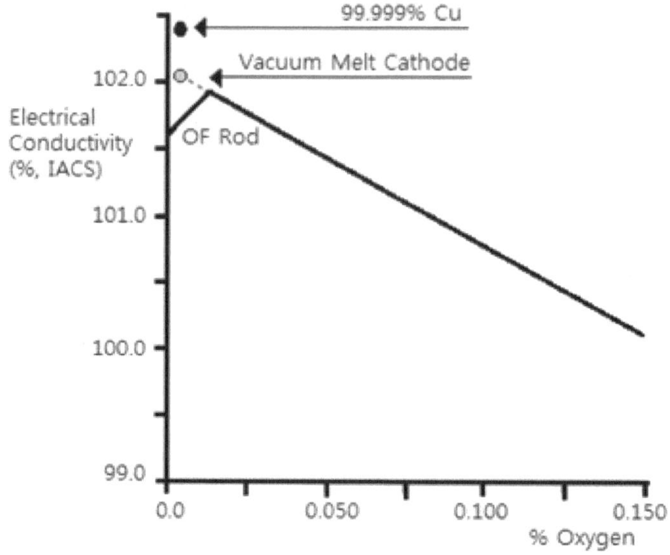

[그림 1-2] 산소 농도에 따른 전기전도도의 변화

[표 1-5] 구리합금에서 합금원소의 고용 한도와 전기저항의 증가

합금원소	고용도 (20℃, wt%)	1 wt% 증가에 따른 저항 증가(μΩ-cm)
은(Ag)	0.1	0.355
알루미늄(Al)	9.4	2.22
비소(As)	6.5	5.67
우라늄(U)	100	0.185
붕소(B)	0.06	8.25
베릴륨(Be)	0.2	4.57
칼슘(Ca)	-	4.77
카드뮴(Cd)	0.5	0.172
코발트(Co)	0.2	7.3
크롬(Cr)	0.03	4.9
철(Fe)	0.14	10.6
갈륨(Ga)	20	1.27
게르마늄(Ge)	11	3.2
수은(Hg)	-	0.32
인듐(In)	3	0.615

합금원소	고용도 (20℃, wt%)	1 wt% 증가에 따른 저항 증가(μΩ-cm)
이리듐(Ir)	1.5	2
마그네슘(Mg)	1	4.2
망간(Mn)	24	3.37
니켈(Ni)	100	1.2
산소(O)	0.0002	21
인(P)	0.5	14.3
납(Pb)	0.02	1.02
팔라듐(Pd)	40	9.57
백금(Pt)	100	0.635
로듐(Rh)	20	1.5
황(S)	〈0.0025	18.6
안티몬(Sb)	2	2.9
세슘(Se)	〈0.002	8.5
실리콘(Si)	2	7
주석(Sn)	1.2	1.65
텔루륨(Te)	〈0.0005	4
티타늄(Ti)	0.4	21.6
아연(Zn)	30	0.286
지르코늄(Zr)	〈0.01	8

(3) 합금원소의 영향

이와 비슷한 내용으로 각 합금원소의 함량에 따른 전기전도도의 변화를 [그림 1-3]에 제시한다. 산소는 이들 합금원소 혹은 불순물들과 결합하여 불용성 산화물을 만들어서 합금원소에 의한 전기전도도 저하를 막아주는 역할을 한다.

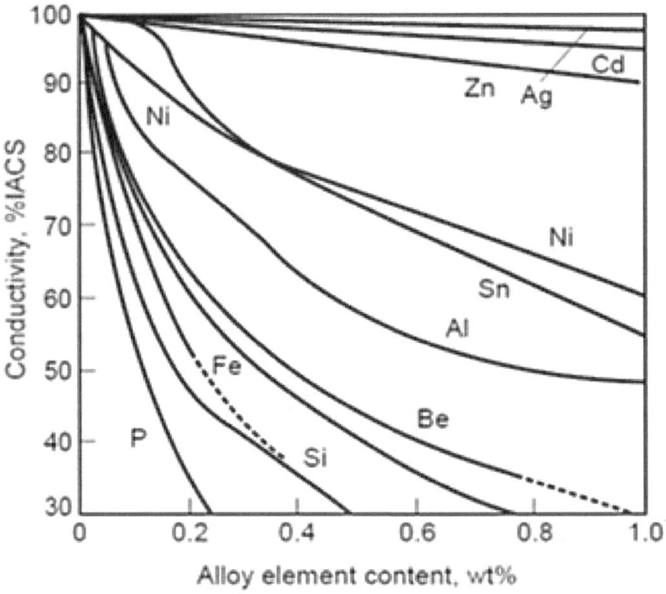

[그림 1-3] 무산소동에서 합금원소 함량에 따른 전기전도도 변화

따라서 무산소동이나 탈산동을 전기용 재료로 사용할 경우에는 불순물의 함량을 제한하여 필요한 수준으로 전기전도도를 확보해야 한다.

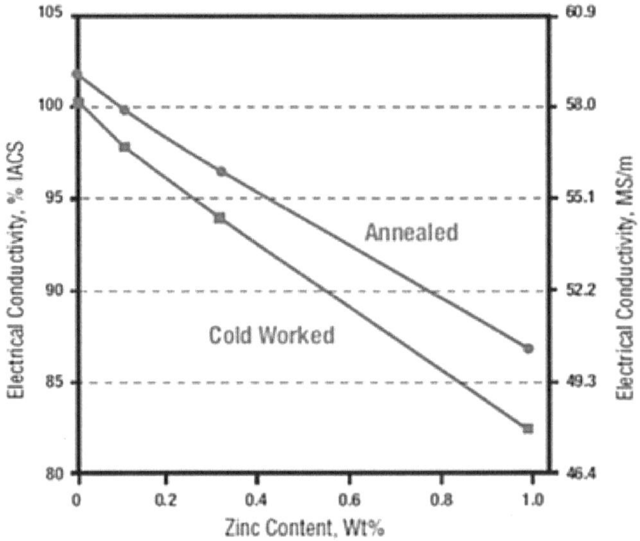

[그림 1-4] 아연 함량과 가공 정도에 따른 황동의 전기전도도

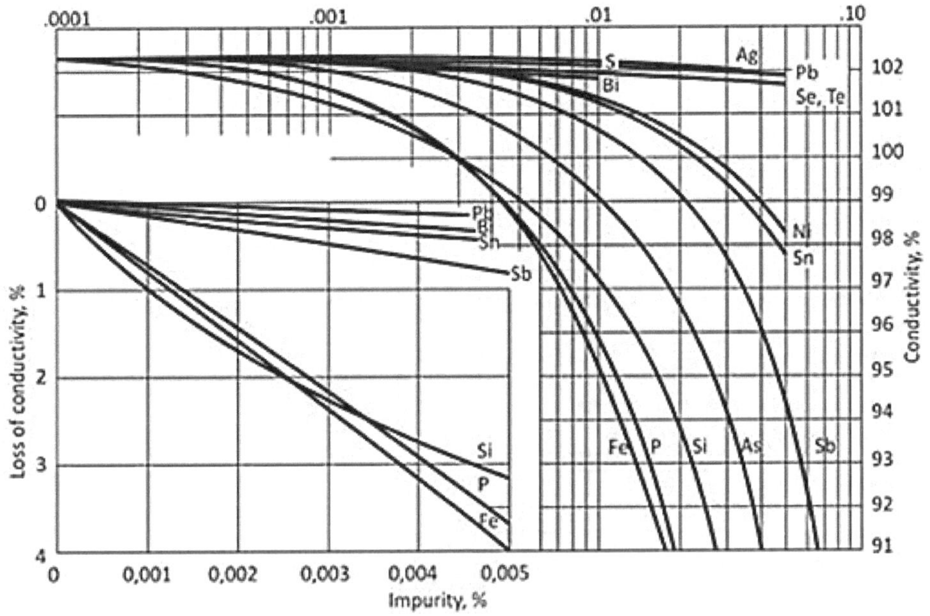

[그림 1-5] 불순물 함량에 따른 Cu-OFE의 전기전도도

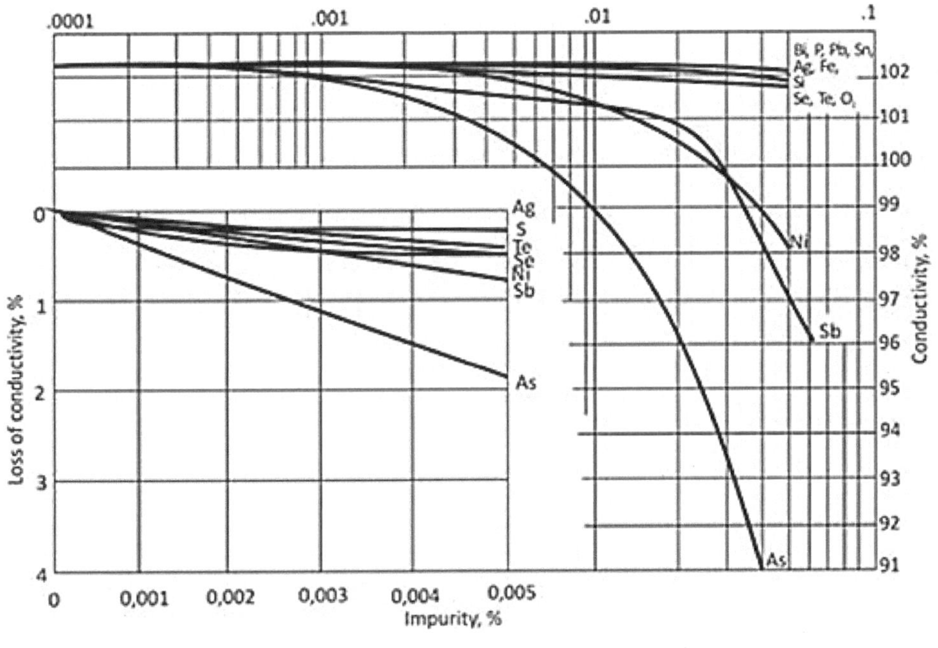

[그림 1-6] 불순물에 따른 Cu-ETP의 전기전도도

고용강화형 구리합금에 비해서 석출경화형 구리합금에서는 합금원소의 함량에 따라 기계적 강도가 증가함과 동시에 전기전도도 또한 증가한다. 이러한 증가 효과는 과포화 된 합금원소가 석출물로 발현하면서 발생한다. 전기전도도가 우수하다는 것은 전류가 흐를 때에 저항에 의한 발열이 적다는 것을 의미하며 그만큼 에너지 손실이 작음을 의미한다.

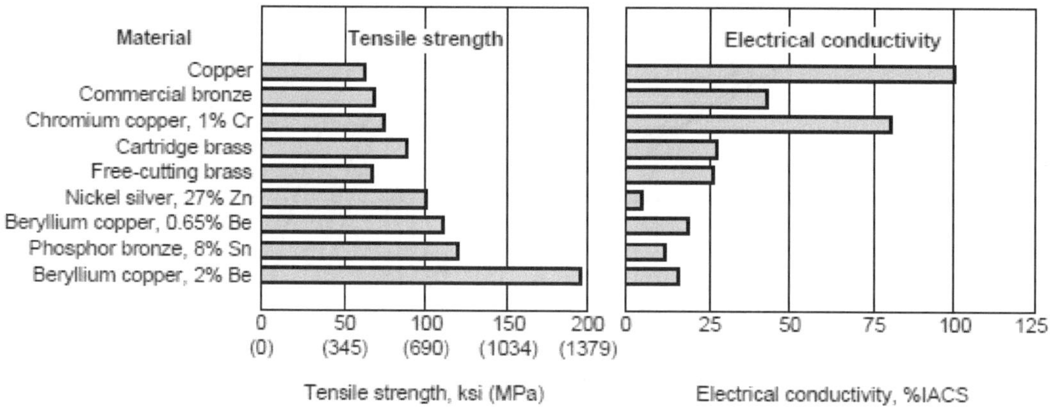

[그림 1-7] 구리합금의 기계적 강도와 전기전도도의 비교

1.1.2. 전기저항(Electrical Resistance)

전기전도도가 우수하다는 것은 그 만큼 전기저항이 작고 발열이 작다는 것을 의미한다. 구리는 뛰어난 전기전도도를 기반으로 전기를 통했을 경우에 발열이 작아 손실을 최소화하면서 전기를 이송할 수 있다. 구리합금에 합금원소가 증가할수록 전기전도도는 감소하고 자연스럽게 전기저항은 증가하게 되어 발열이 커진다. [그림 1-9]는 합금원소의 함량에 따른 전기저항의 변화를 보여주고 있다.

[표 1-6] 구리합금의 전기저항(10-8 Ω-m)

UNS No.	구리합금명	ρ 20℃	ρ 0℃	ρ -196℃
C10100, C10200	Oxygen Free, Annealed	1.71	1.55~1.58	0.19
C10400, C10700	Oxygen Free with Silver, Annealed	1.72	1.60	0.21~0.23
C11000	Electric Tough Pitch, Annealed	1.71	1.56~1.65	-
C12200	Phosphorus Deoxidized, Annealed	2.03	2.0~2.1	-
C17000, C17300	Beryllium Copper, Annealed	6.4~10.7	6.2~10.5	4.2~8.5
C22000	Commercial Bronze, Annealed	3.92	3.80~3.90	2.5
C36000	Free Cutting Brass	7.2	7.0	4.7

또한 전기저항은 온도와 관련이 있어서 고온으로 올라갈수록 저항값이 커지게 된다. 전기전도도는 온도에 의해 영향을 받게 되며, -240℃에서 IACS 기준으로 800% 이르던 구리의 전기전도도가 425℃에 이르면 38%로 감소하게 된다. 구리의 미세조직 입자 크기에 따른 전기전도도의 변하는 미미한 수준이며, 심하게 냉간가공을 받은 후에 응력제거열처리를 통해 90% 정도 회복된 구리의 경우에 전기전도도는 2~3% 정도 감소하게 된다.

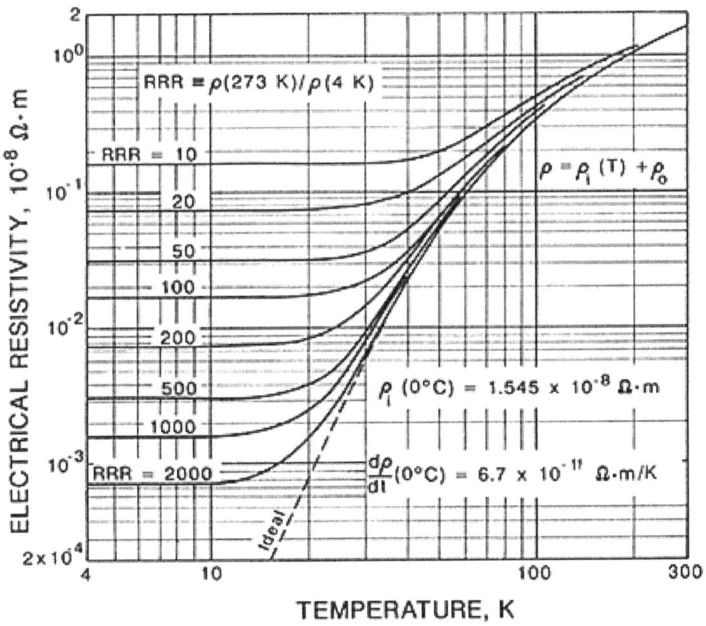

[그림 1-8] 온도에 따른 전기저항의 변화

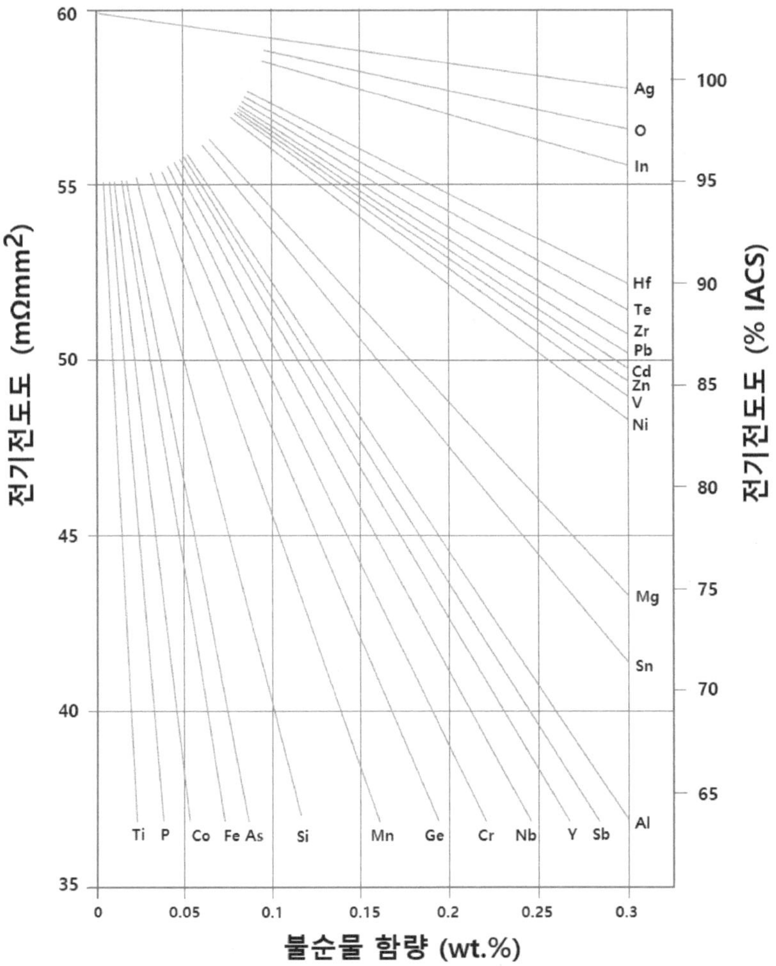

[그림 1-9] 불순물 함량에 따른 구리의 전기저항의 변화

[표 1-7] 구리합금의 전기전도도와 저항

구리합금 구분	전기전도도 (% IACS)	전기저항 (Ohm-M)	비고	
Pure(Annealed)	100.00	1.724E-08		
C10100, C10200	101.00	1.710E-08	Note 1	
C10300-O61	99.00	1.740E-08	Note 1	
C10400, C10500, C10700(O61 Temper)	100.00	1.720E-08	Note 1	
C10800-O61	92.00	1.870E-08	Note 1	

구리합금 구분	전기전도도 (% IACS)	전기저항 (Ohm-M)	비고	
C11000-O60	100~101.5	1.700E-8~1.724E-8	Note 1	
C11000-H14	97.00	1.780E-08	Note 1	
C11100	100.00	1.720E-08	Note 1	
C11300, C11400, C11500, C11600	100.00	1.720E-08	Note 1	
C12500, C12700, C12800, C12900, C13000(Annealed)	98.00	1.760E-08	Note 1	
C14300	96.00	1.800E-08	Note 1	
C14310	85.00	2.030E-08	Note 1	
C14500	93.00	1.860E-08	Note 1	
C14700-O61	95.00	1.810E-08	Note 1	
C15000	93.00	1.860E-08	Note 1	
C15100(Annealed)	95.00	1.810E-08	Note 1	
C15100(Rolled)	90.00	1.920E-08	Note 1	
C15500(Annealed)	91.00	1.900E-08	Note 1	
C15710	90.00	1.920E-08	Note 1	
C15720	89.00	1.940E-08	Note 1	
C16200	90.00	1.920E-08	Note 1	
C17000-TB00(Strip)	28~33	5.2E-8~6.2E-8	Note 1	Note 2
C17000-TB00(Rod, Bar, Plate Tubing, Forgings)	17~19	9.1E-8~1.0E-7	Note 1	Note 2
C17000-TB00(Billet)	13~18	9.6E-8~1.3E-7	Note 1	Note 2
C17000-TD01(Strip)	29~34	5.0E-8~5.9E-8	Note 1	Note 2
C17000-TD02(Strip)	32~38	4.5E-8~5.4E-8	Note 1	Note 2
C17000-TD04(Strip)	35~39	4.4E-8~4.9E-8	Note 1	Note 2
C17000-TD04(Rod, Bar, Plate Tubing)	15~17	1.0E-7~1.1E-7	Note 1	Note 2
C17000-TF00(Strip)	35~39	4.8E-8~4.8E-8	Note 1	Note 2
C17000-TF00(Rod, Bar, Plate Tubing, Forgings)	22~25	6.9E-8~7.8E-8	Note 1	Note 2
C17000-TF00(Billet)	18~25	6.9E-8~9.6E-8	Note 1	Note 2
C17000-TH01(Strip)	36~41	4.1E-8~4.8E-8	Note 1	Note 2
C17000-TH02(Strip)	36~42	3.8E-8~4.5E-8	Note 1	Note 2
C17000-TH04(Strip)	38~45	4.7E-8~5.2E-8	Note 1	Note 2
C17000-TH04(Rod, Bar, Plate Tubing)	22~25	6.9E-8~7.8E-8	Note 1	Note 2

구리합금 구분	전기전도도 (% IACS)	전기저항 (Ohm-M)	비고	
C17000-TM00(Strip)	33~37	4.5E-8~5.1E-8	Note 1	Note 2
C17000-TM01(Strip)	34~38	4.4E-8~4.9E-8	Note 1	Note 2
C17000-TM02(Strip)	35~39	4.3E-8~4.8E-8	Note 1	Note 2
C17000-TM04(Strip)	36~40	4.1E-8~4.7E-8	Note 1	Note 2
C17000-TM06(Strip)	37~42	4.1E-8~4.7E-8	Note 1	Note 2
C17000-TM08(Strip)	33~45	3.8E-8~5.2E-8	Note 1	Note 2
C17000 As-Cast(Billet)	16~22	7.8E-8~1.1E-7	Note 1	Note 2
C17000 Cast And Aged(Billet)	18~23	7.5E-8~9.6E-8	Note 1	Note 2
C17200, C17300-TB00	17~19	9.1E-8~1.0E-7	Note 1	Note 2
C17200, C17300-TB00(Billets)	25~45	3.8E-8~6.9E-8	Note 1	Note 2
C17200, C17300-TD01	16~18	9.6E-8~1.1E-7	Note 1	Note 2
C17200, C17300-TD02	15~17	1.0E-7~1.1E-7	Note 1	Note 2
C17200, C17300-TD04	15~17	1.0E-7~1.1E-7	Note 1	Note 2
C17200, C17300-TF00	22~25	6.9E-8~7.8E-8	Note 1	Note 2
C17200, C17300-TF00(Billets)	1.0~3.0	5.7E-7~1.7E-6	Note 1	Note 2
C17200, C17300-TH01	22~25	6.9E-8~7.8E-8	Note 1	Note 2
C17200, C17300-TH02	22~25	6.9E-8~7.8E-8	Note 1	Note 2
C17200, C17300-TH04	22~25	6.9E-8~7.8E-8	Note 1	Note 2
C17200, C17300-TM00	20~28	6.2E-8~8.6E-8	Note 1	Note 2
C17200, C17300-TM01	20~28	6.2E-8~8.6E-9	Note 1	Note 2
C17200, C17300-TM02	20~28	6.2E-8~8.6E-10	Note 1	Note 2
C17200, C17300-TM04	20~28	6.2E-8~8.6E-11	Note 1	Note 2
C17200, C17300-TM06	20~28	6.2E-8~8.6E-12	Note 1	Note 2
C17200, C17300-TM08	20~28	6.2E-8~8.6E-13	Note 1	Note 2
C17200, C17300 As-Cast(Billet)	15~30	5.7E-8~1.1E-7	Note 1	Note 2
C17200, C17300 Cast and Aged(Billet)	10~20	8.6E-8~1.7E-7	Note 1	Note 2
C17410	45.00	3.800E-08	Note 1	
C17500-TB00	20~30	5.7E-8~8.6E-8	Note 1	Note 2
C17500-H04	20~30	5.7E-8~8.6E-9	Note 1	Note 2
C17500-T00	45~60	2.9E-8~3.8E-8	Note 1	Note 2

구리합금 구분	전기전도도 (% IACS)	전기저항 (Ohm-M)	비고	
C17500-TH04	50~60	2.9E-8~3.4E-8	Note 1	Note 2
C17500-HTR	45~60	2.9E-8~3.8E-8	Note 1	Note 2
C17500-HTC	60 min	2.9E-8 Max	Note 1	Note 2
C17600-TB00	20~30	5.7E-8~8.6E-9	Note 1	Note 2
C17600-TB00(Billet)	22~28	6.2E-8~7.8E-8	Note 1	Note 2
C17600-H04	20~30	5.7E-8~8.6E-9	Note 1	Note 2
C17600-TF00	45~60	2.9E-8~3.8E-8	Note 1	Note 2
C17600-TF00(Billet, Forged Products)	50~60	2.9E-8~3.4E-8	Note 1	Note 2
C17600-TH04	50~60	2.9E-8~3.4E-8	Note 1	Note 2
C17600 As-Cast(Billet)	32~37	4.7E-8~5.4E-8	Note 1	Note 2
C17600 Cast and Aged(Billet)	40~50	3.4E-8~4.3E-8	Note 1	Note 2
C18100(Annealed)	80.00	2.170E-08	Note 1	
C18200, C18400, C18500-TB00	40.00	4.310E-08	Note 1	Note 2
C18200, C18400, C18500-TH04	80.00	2.163E-08	Note 1	
C18700	96.00	7.790E-08	Note 1	
C19200(Strip)	60.00	2.880E-08	Note 1	
C19200(Tubing)	50.00	3.450E-08	Note 1	
C19210	80.00	2.160E-08	Note 1	
C19400-O60	40.00	4.310E-08	Note 1	
C19400-H14	50.00	3.450E-08	Note 1	
C19400(All Other Tempers)	65 Nominal	2.26E-8 Nominal	Note 1	
C19500	50.00	3.440E-08	Note 1	
C19520	40.00	4.930E-08	Note 1	
C19700	80.00	2.160E-08	Note 1	
C21000(Annealed)	56.00	3.100E-08	Note 1	
C22000(Annealed)	44.00	3.910E-08	Note 1	
C22600(Annealed)	40.00	4.300E-08	Note 1	
C23000(Annealed)	37.00	4.700E-08	Note 1	
C24000-O61	32.00	5.400E-08	Note 1	
C26000-O61	28.00	6.200E-08	Note 1	

구리합금 구분	전기전도도 (% IACS)	전기저항 (Ohm-M)	비고	
C26800, C27000(Annealed)	27.00	6.400E-08	Note 1	
C28000	28.00	6.160E-08	Note 1	
C31400	42.00	4.100E-08	Note 1	
C31600	32.00	5.400E-08	Note 1	
C33000	26.00	6.600E-08	Note 1	
C33200-O61	26.00	6.600E-08	Note 1	
C33500	26.00	6.600E-08	Note 1	
C34000-O61	26.00	6.600E-08	Note 1	
C34200, C35300-O61	26.00	6.600E-08	Note 1	
C34900	26.00	6.600E-08	Note 1	
C35000	26.00	6.600E-08	Note 1	
C35600-O61	26.00	6.600E-08	Note 1	
C36000-O61	26.00	6.600E-08	Note 1	
C36500, C36600, C36700, C36800-O61	28.00	6.200E-08	Note 1	
C37000-O61	27.00	6.390E-08	Note 1	
C37700	27.00	6.400E-08	Note 1	
C38500-O61	28.00	6.200E-08	Note 1	
C18200, C18400, C18500-TH04	80.00	2.163E-08	Note 1	
C18700	96.00	7.790E-08	Note 1	
C19200(Strip)	60.00	2.880E-08	Note 1	
C19200(Tubing)	50.00	3.450E-08	Note 1	
C19210	80.00	2.160E-08	Note 1	
C19400-O60	40.00	4.310E-08	Note 1	
C19400-H14	50.00	3.450E-08	Note 1	
C19400(All Other Tempers)	65 Nominal	2.26E-8 Nominal	Note 1	
C19500	50.00	3.440E-08	Note 1	
C19520	40.00	4.930E-08	Note 1	
C19700	80.00	2.160E-08	Note 1	
C21000(Annealed)	56.00	3.100E-08	Note 1	
C22000(Annealed)	44.00	3.910E-08	Note 1	

구리합금 구분	전기전도도 (% IACS)	전기저항 (Ohm-M)	비고	
C22600(Annealed)	40.00	4.300E-08	Note 1	
C23000(Annealed)	37.00	4.700E-08	Note 1	
C24000-O61	32.00	5.400E-08	Note 1	
C26000-O61	28.00	6.200E-08	Note 1	
C26800, C27000(Annealed)	27.00	6.400E-08	Note 1	
C28000	28.00	6.160E-08	Note 1	
C31400	42.00	4.100E-08	Note 1	
C31600	32.00	5.400E-08	Note 1	
C33000	26.00	6.600E-08	Note 1	
C33200-O61	26.00	6.600E-08	Note 1	
C33500	26.00	6.600E-08	Note 1	
C34000-O61	26.00	6.600E-08	Note 1	
C34200, C35300-O61	26.00	6.600E-08	Note 1	
C34900	26.00	6.600E-08	Note 1	
C35000	26.00	6.600E-08	Note 1	
C35600-O61	26.00	6.600E-08	Note 1	
C36000-O61	26.00	6.600E-08	Note 1	
C36500, C36600, C36700, C36800-O61	28.00	6.200E-08	Note 1	
C37000-O61	27.00	6.390E-08	Note 1	
C37700	27.00	6.400E-08	Note 1	
C38500-O61	28.00	6.200E-08	Note 1	
C40500	41.00	4.200E-08	Note 1	
C40800	37.00	4.660E-08	Note 1	
C41100	32.00	5.400E-08	Note 1	
C41500	28.00	6.200E-08	Note 1	
C41900	22.00	7.800E-08	Note 1	
C42200	31.00	5.500E-08	Note 1	
C42500	28.00	6.200E-08	Note 1	
C43000	27.00	6.400E-08	Note 1	
C43400	31.00	5.600E-08	Note 1	

구리합금 구분	전기전도도 (% IACS)	전기저항 (Ohm-M)	비고	
C43500	28.00	6.200E-08	Note 1	
C44300, C44400, C44500	25.00	6.900E-08	Note 1	
C46400, C45600, C46600, C46700(Annealed)	26.00	6.630E-08	Note 1	
C48200	26.00	6.630E-08	Note 1	
C48500	26.00	6.630E-08	Note 1	
C50500	48.00	3.600E-08	Note 1	
C50710	30.00	5.740E-08	Note 1	
C51000	20.00	8.700E-08	Note 1	
C51100	20.00	8.700E-08	Note 1	
C52100	13.00	1.330E-07	Note 1	
C52400	11.00	1.570E-07	Note 1	
C54400	19.00	9.100E-08	Note 1	
C60600	17.00	1.000E-07	Note 1	
C60800	17.00	1.000E-07	Note 1	
C61000	15.00	1.150E-08	Note 1	
C61300	12.00	1.440E-07	Note 1	
C61400	14.00	1.230E-07	Note 1	
C61500	12.60	1.370E-07	Note 1	
C62300	12.00	1.440E-07	Note 1	
C62400	12.00	1.440E-07	Note 1	
C62500	10.00	1.720E-07	Note 1	
C63000	9.00	1.920E-06	Note 1	
C63200	7.00	2.460E-08	Note 1	
C63600	12.00	1.430E-07	Note 1	
C63800	10.00	1.740E-07	Note 1	
C65100	12.00	1.440E-07	Note 1	
C65400	7.00	2.460E-07	Note 1	
C65500	7.00	2.460E-07	Note 1	
C66400-O61	30.00	5.750E-08	Note 1	
C68800-O61	18.00	9.600E-08	Note 1	

구리합금 구분	전기전도도 (% IACS)	전기저항 (Ohm-M)	비고	
C68800-H08	16.60	1.040E-07	Note 1	
C69000-O61	18.00	9.600E-08	Note 1	
C69400	6.20	2.800E-07	Note 1	
C70250	35~40	4.31E-8~4.93E-8	Note 1	
C70400	14.00	1.200E-07	Note 1	
C70600	9.10	1.900E-07	Note 1	
C71000-O61	6.50	2.650E-07	Note 1	
C71500-O61	4.60	3.750E-07	Note 1	
C71900	4.40	3.950E-07	Note 1	
C72200	6.53	2.640E-07	Note 1	
C72500	11.00	1.570E-07	Note 1	
C74500	9.00	1.920E-07	Note 1	
C75200	6.00	2.870E-07	Note 1	
C75400	7.00	2.460E-07	Note 1	
C75700	8.00	2.160E-07	Note 1	
C77000	5.50	3.140E-07	Note 1	
C78200	10.90	1.600E-07	Note 1	
C81100	92.00	1.874E-08	Note 1	Note 2
C81300	60.00	2.874E-08	Note 1	Note 2
C81500(Solution Heat Treated)	40~50	3.830E-08	Note 1	
C81500(Precipitation Hardened)	80~90	2.100E-08	Note 1	
C81800	48.00	3.590E-08	Note 1	
C82000	48.00	3.590E-08	Note 1	
C82200	48.00	3.590E-08	Note 1	
C82400	25.00	6.900E-08	Note 1	
C82500	20.00	8.620E-08	Note 1	
C82600	19.00	9.070E-08	Note 1	
C82800	18.00	9.580E-08	Note 1	
C83300	32.00	5.388E-08	Note 1	Note 2
C83600	15.00	1.149E-07	Note 1	Note 2

구리합금 구분	전기전도도 (% IACS)	전기저항 (Ohm-M)	비고	
C83800	15.00	1.149E-07	Note 1	Note 2
C84400	16.40	1.051E-07	Note 1	Note 2
C84800	16.40	1.051E-07	Note 1	Note 2
C85200	18.60	9.269E-08	Note 1	Note 2
C85400	19.60	8.796E-08	Note 1	Note 2
C85700, C85800	22.00	7.837E-08	Note 1	Note 2
C86100, C86200	7.50	2.299E-07	Note 1	Note 2
C86300	9.00	1.916E-07	Note 1	Note 2
C86400	22.00	7.837E-08	Note 1	Note 2
C86500	20.50	8.410E-08	Note 1	Note 2
C86700	32.00	5.388E-08	Note 1	Note 2
C86800	9.00	1.916E-07	Note 1	Note 2
C87300(Formerly C87200)	6.70	2.573E-07	Note 1	Note 2
C87600	6.00	2.874E-07	Note 1	Note 2
C87500, C87800	6.70	2.840E-07	Note 1	
C87900	15.00	1.149E-07	Note 1	Note 2
C90300	12.00	1.437E-07	Note 1	Note 2
C90500	11.00	1.567E-07	Note 1	Note 2
C90700	9.60	1.500E-08	Note 1	
C91700	10.00	1.724E-07	Note 1	Note 2
C92200	14.30	1.200E-07	Note 1	
C92300	12.00	1.437E-07	Note 1	Note 2
C92600	9.00	1.916E-07	Note 1	Note 2
C92700	11.00	1.567E-07	Note 1	Note 2
C92900	9.20	1.874E-07	Note 1	Note 2
C93200	12.00	1.437E-07	Note 1	Note 2
C93400	12.00	1.437E-07	Note 1	Note 2
C93500	15.00	1.149E-07	Note 1	Note 2
C93700	10.14	1.700E-07	Note 1	Note 3
C93800	11.50	1.499E-07	Note 1	Note 2

구리합금 구분	전기전도도 (% IACS)	전기저항 (Ohm-M)	비고	
C93900	11.50	1.499E-07	Note 1	Note 2
C94300	9.00	1.916E-07	Note 1	Note 2
C94500	10.00	1.724E-07	Note 1	Note 2
C95200	12.00	1.440E-07	Note 1	
C95300	13.00	1.330E-07	Note 1	
C95400	13.00	1.330E-07	Note 1	
C95500	8.50	2.030E-07	Note 1	
C95600	8.50	2.028E-07	Note 1	Note 2
C95700	3.10	5.560E-07	Note 1	
C95800	7.10	2.430E-07	Note 1	
C96200	11.00	1.567E-07	Note 1	Note 2
C96400	5.00	3.448E-07	Note 1	Note 2
C96600	4.30	4.000E-09	Note 1	
C97300(As-Cast)	5.70	3.025E-07	Note 1	Note 2
C97600(As-Cast)	5.00	3.448E-07	Note 1	Note 2
C97800(As-Cast)	4.50	3.831E-07	Note 1	Note 2
C99400-TF00	16.80	1.026E-07	Note 1	Note 2
C99500	13.70	1.258E-07	Note 1	Note 2
C99700	3.00	5.747E-07	Note 1	Note 2
C99750	2.00	8.621E-07	Note 1	Note 2
Deoxidized(Annealed)	85.00	2.028E-08		
Electrolytic Tough Pitch (Annealed)	101.00	1.707E-08		
Copper 70%, Nickel 30%	4.50	3.831E-07		
Copper 90%, Nickel 10%	9.74	1.771E-07		
Cupro-Nickel 30%	4.60	3.748E-07		
Beryllium Copper, Cond. "A"	17.00	1.014E-07		
Beryllium Copper, Cond. "AT"	21.00	8.210E-08		
Beryllium Copper 21C	20.00	8.620E-04	Note 1	
Beryllium Copper Nickel 72C	43.00	4.000E-03	Note 1	
Admiralty Brass	24.00	7.184E-08		

구리합금 구분	전기전도도 (% IACS)	전기저항 (Ohm-M)	비고	
Admiralty Metal(Annealed)	24.60	7.009E-08		
Aluminum Brass(Annealed)	23.00	7.496E-08		
Cartridge(Annealed)	28.00	6.158E-08		
High Strength Yellow	12.00	1.437E-07		
Leaded Naval(Annealed)	26.00	6.631E-08		
Leaded Semi Red	18.00	9.579E-08		
Leaded Yellow	25.00	6.897E-08		
Low(Annealed)	32.00	5.388E-08		
Low Leaded(Annealed)	26.00	6.631E-08		
Naval(Annealed)	26.00	6.631E-08		
Red(Annealed)	37.00	4.660E-08		
Yellow(Annealed)	27.00	6.386E-08		
Aluminum Brass(Annealed)	23.00	7.496E-08		
Commercial(Annealed)	44.00	3.918E-08		
Commercial Leaded	42.00	4.105E-08		
Leaded Tin	14.00	1.232E-07		
Leaded Tin Bearing	11.00	1.567E-07		
Manganese Bronze(Annealed)	24.00	7.184E-08		
1.25% Phos. Grade E	48.00	3.592E-08		
5% Phos. Grade A	18.00	9.579E-08		
8% Phos. Grade C	13.00	1.326E-07		
10% Phos. Grade D	11.00	1.567E-07		
Aluminum - Bronze	14.00	1.232E-07		
5% Aluminum(Annealed)	17.50	9.852E-08		
10% Aluminum(Annealed)	12.60	1.368E-07		
Silicon Bronze, Type A(Annealed)	7.00	2.463E-07		
Silicon Bronze, Type B(Annealed)	12.00	1.437E-07		

* Note: 1. Metal Handbook ASM
2. Resistivity converted from conductivity
3. Conductivity converted from resistivity

1.1.3 자화율(Magnetic Susceptibility)

금속은 자기적 성질에 따라 상자성(常磁性, Paramagnetism), 반자성(反磁性, Diamagnetism), 그리고 강자성(强磁性, Ferromagnetism)으로 구분된다.

상자성은 자기장 안에 금속이 놓일 때에 자기장 방향으로 약한 자성을 가지고 있다가 자기장을 제거하면 자성을 잃게 되는 성질을 의미한다. 상자성체에 속하는 금속으로는 알루미늄, 주석, 백금 등이 있다. 이는 금속내부의 열운동 등에 의한 불규칙적인 스핀의 방향 분포 때문에 스핀 배열이 없고, 자화를 나타내지 않는 상태를 표현한다.

반자성체는 외부 자기장에 반대 방향으로 자성을 갖게 되는 물질로 수소, 물, 수정, 구리, 아연 등의 많은 금속과 대부분의 염류(Salt) 등이 이에 속한다. 물질에 자기장을 작용할 때에 자화의 방향이 자기장의 방향과 반대로 생기는 현상을 의미하며, 반자성이 생기는 이유는 핵 주위를 도는 전자가 전류를 만들기 때문이다. 원자에 외부 자기장이 가해져 자기장이 변하면 전류속도가 달라지면서 유도 기전력이 생기고, 유도 기전력이 외부 자기장의 효과를 상쇄하는 방향으로 작용하기 때문이다.

이에 비해 강자성이라고는 것은 외부 자기장이 없는 상황에서도 자화되어 자석에 강하게 끌리는 물체들이며, 철, 니켈, 코발트 등이 이에 속한다. 물질을 이루는 전자의 스핀이 모두 같은 방향으로 정렬되어 있기 때문에 생기는 것으로 외부 자기장을 이용해 전자의 스핀을 바꾸면 자성이 사라지거나 재배치된다. 강자성체는 금속에 따라 특정 온도 이상에서는 자성을 잃어버리게 되는데, 이 온도를 큐리(Curie) 온도라고 한다.

자화율이라고 불리는 자력을 유지하는 힘은 금속 고유의 특성으로 자화율이 큰 금속은 쉽게 자석으로 만들어진다. 구리의 경우에는 이러한 자화율이 매우 작아서 비자성체로 구분된다.

하지만, 구리합금에 들어가는 합금원소에 따라 약간의 자성을 가지게 되는데, 특히 철(Fe) 성분에 의해 자성을 가질 수 있다.

[표 1-8] 구리합금의 자화율(Magnetic Susceptibility)

UNS No.	Material	Mass Susceptibility, m^3/kg		Volume Susceptibility(SI)	
		−269℃	0℃	−269℃	0℃
C10100	Oxygen Free	-3.33×10^{-10}	-1.05×10^{-9}	-2.98×10^{-6}	-9.37×10^{-6}
C11000	Electrolytic Tough Pitch	2.83×10^{-9}	3.61×10^{-9}	2.53×10^{-5}	3.22×10^{-5}
C17200	Beryllium Copper	2.19×10^{-7}	1.87×10^{-7}	1.82×10^{-3}	1.56×10^{-3}
C17200	Beryllium Copper Aged	1.44×10^{-7}	1.14×10^{-7}	1.20×10^{-3}	9.49×10^{-4}
C22000	Commercial Bronze	8.67×10^{-10}	-6.46×10^{-10}	7.63×10^{-6}	-5.69×10^{-6}
C36000	Free Cutting Brasss	-1.65×10^{-6}	1.37×10^{-6}	-1.41×10^{-2}	1.12×10^{2}

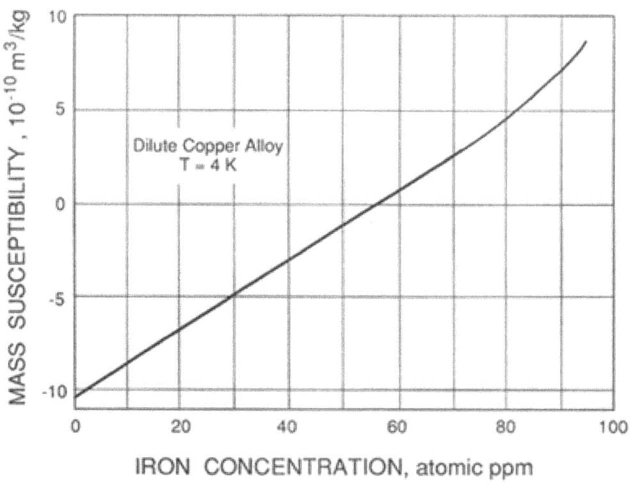

[그림 1-10] 철 함량에 따른 구리합금의 자화율

1.1.4. 열전도도(Thermal Conductivity)

대부분의 금속이 열과 전기의 전도도가 좋은 편이지만, 은을 제외하고는 가장 열전도도가 좋은 금속이 구리이다. 구리는 특히 다른 금속에 비해 열과 전기의 전도도가 매우 커서 구리막대 한쪽 끝을 가열하면 반대쪽 끝에까지 동등한 온도로 열이 전파되는 것이 다른 금속에 비해 매우 빠르다.

이렇게 우수한 열전도 특성으로 인해 구리합금의 용접과정에서 가해진 용접열이 급속히 모재로 전파되어 용접부의 급냉을 유도하고 결과적으로 용융된 용접금속의 급격한 응고와 냉각을 초래한다. 용접금속의 급냉은 용접금속의 퍼짐성이 나쁘게 되어 결과적으로 용접결함이 발생하기 쉽다. 전기전도도와 마찬가지로 합금원소가 첨가되면 열전도도가 저하하게 되며, 구리합금은 순동에 비해 열전도성이 아주 저하된다.

우수한 내식성과 상대적으로 높은 용점으로 인해 구리합금은 주방기구와 같은 가열 조리기구 등의 소재로 많이 사용된다. 이와 비슷한 특성을 가진 재질로는 스테인리스강이 있는데, 이 재질의 열전도도는 구리에 비해 나쁜 단점이 있어서 열전달 과정에서 손실이 발생한다.

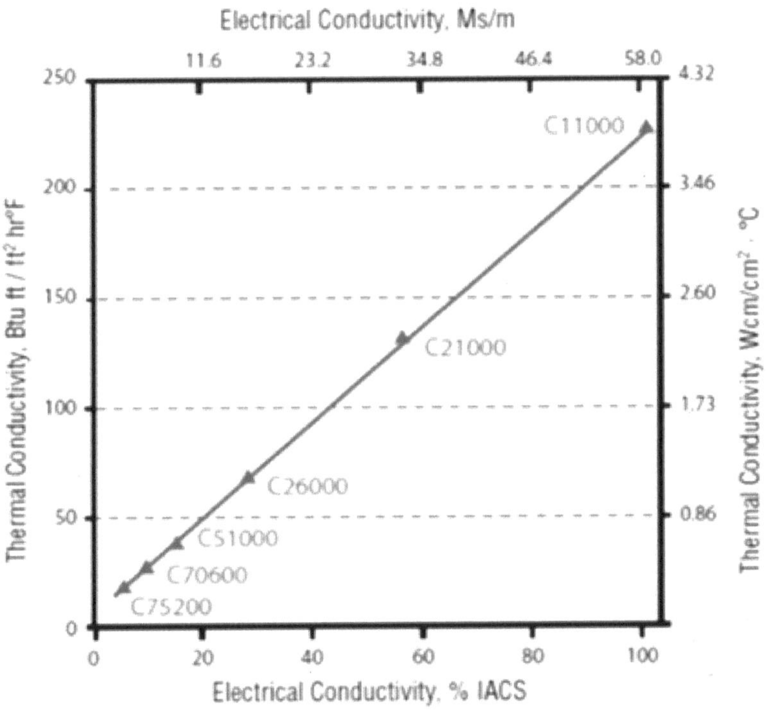

[그림 1-11] 구리합금의 열전도도와 전기전도도

열전도도 혹은 열전달계수로 표기되는 Thermal Conductivity는 고온으로 올라갈수록 낮아지게 되며, [그림 1-12]와 같은 특성을 보인다.

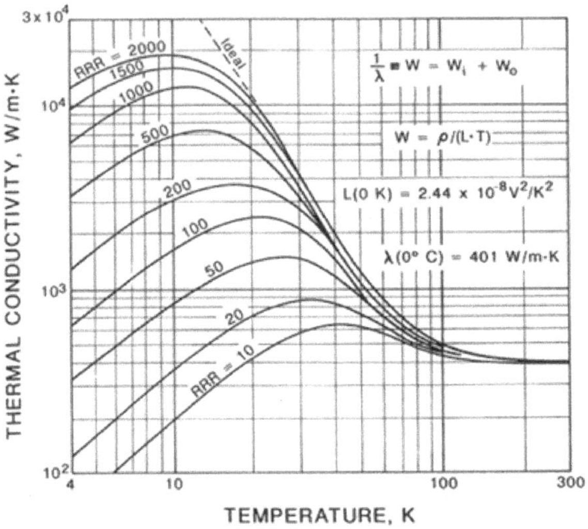

[그림 1-12] 온도에 따른 열전달계수

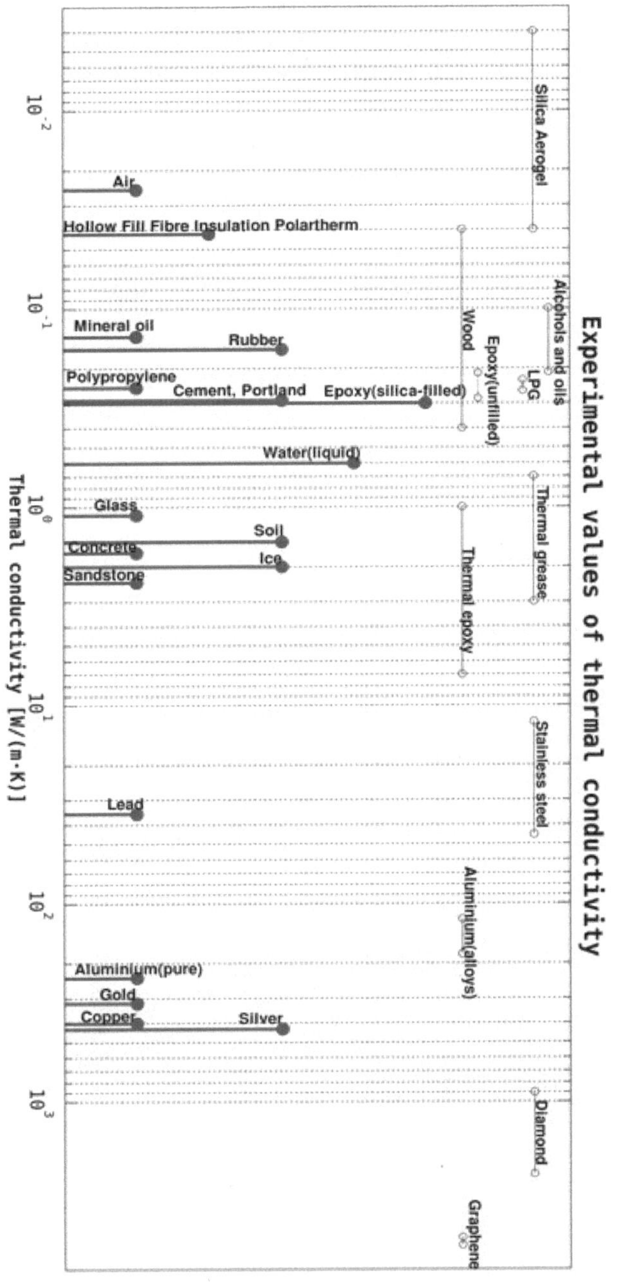

[그림 1-13] 구리합금과 다른 금속재료의 강종별 열전도도의 비교

열전달계수는 노출되는 온도 뿐만 아니라 합금원소에 따라서도 달라지게 된다. [표 1-9]는 합금원소에 따라 구리합금의 열전달계수가 어떻게 변화하는 지를 보여주고 있다.

[표 1-9] 구리합금의 열전달계수(W/m-K)

UNS No.	Material	λ (20℃)	λ (0℃)	λ (-196℃)	λ (-269℃)
C10100, C10200	Oxygen Free, Annealed	390	400	550	183
C10400, C10700	Oxygen Free with Silver, Annealed	390	–	–	–
C11000	Electric Tough Pitch, Annealed	390	400	500	325
C12200	Phosphorus Deoxidized, Annealed	340	201	120	6.5
C17000, C17300	Beryllium Copper, Annealed	130~80	110~75	55~20	20~0.02
C22000	Commercial Bronze, Annealed	190	–	100	6.1
C36000	Free Cutting Brass	120	113	40	2

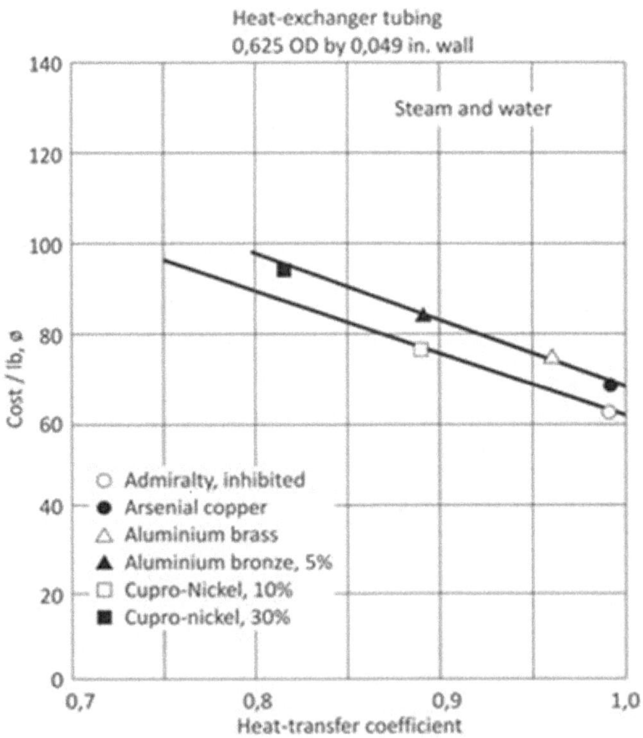

[그림 1-14] 열교환기 튜브용 구리합금의 열전달계수

1.1.5 열팽창계수(Coefficient of Thermal Expansion)

순동 및 구리합금은 강의 1.4~1.8배의 선팽창계수를 가진다. 선팽창계수가 클수록 응고 과정에서 열팽창과 응고 수축이 커짐을 의미하기 때문에 결과적으로 완성된 용접부의 변형이 크게 발생하고 그 과정에서 용접부의 구속이 강하면 균열 발생이 쉽게 된다. 이를 예방하기 위해 용접부에 대해 피닝(Peening)을 실행하면 응고 수축에 의한 잔류응력을 해소하고 균열을 방지하는 것이 가능하다.

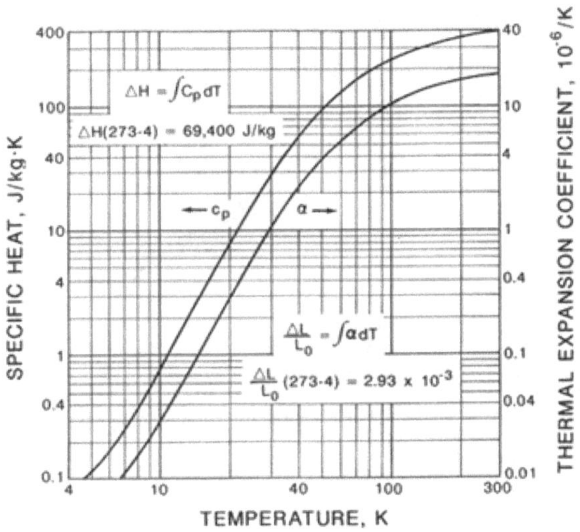

[그림 1-15] 구리의 비열과 열팽창 계수

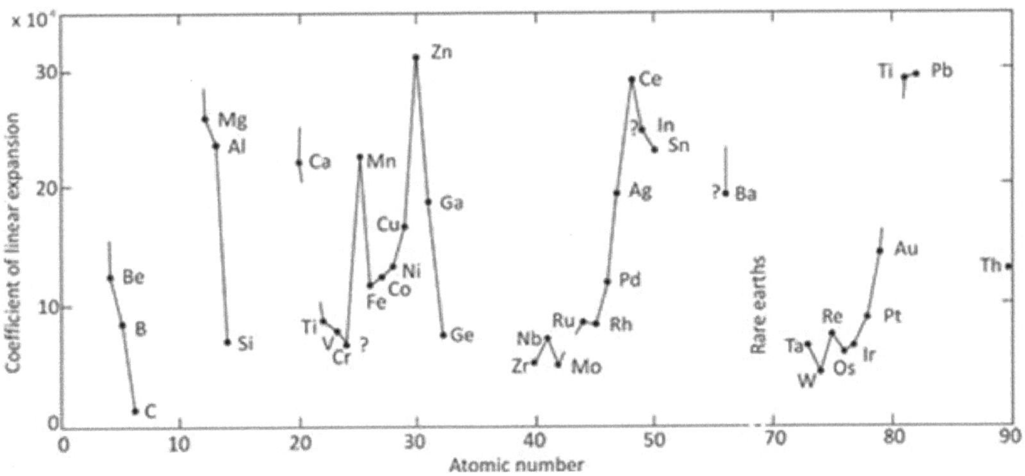

[그림 1-16] 구리와 비교한 각종 금속의 선형 열팽창계수의 차이

1.1.6 확산(Diffusion)

구리는 고온에서 원자의 이동이 활발하여 확산접합에 의한 클래드(Clad) 강재 생산이 용이하다. 내식성을 요하는 산업용 열교환기 등의 제작에는 경제성을 고려하여 확산접합(Diffusion Bonding)으로 제조된 구리합금의 클래드(Clad) 강재를 사용한다.

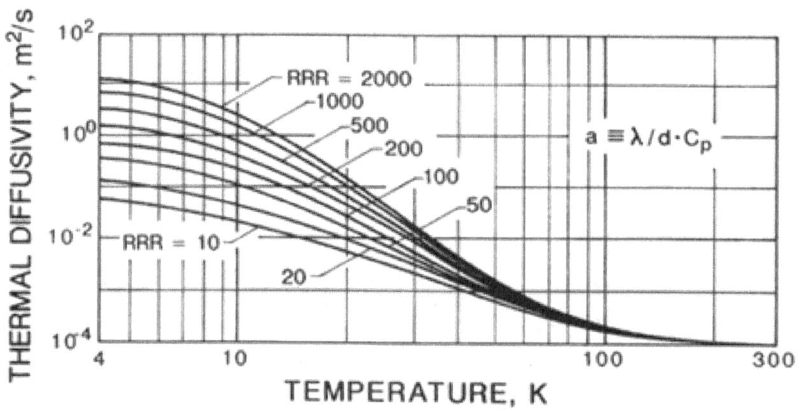

[그림 1-17] 구리의 온도에 따른 열확산계수

1.1.7 비자성(Non-magnetic)

구리 및 구리합금은 전기와 열의 전도도가 좋아서 각종 전기재료 및 열교환기나 방열판 등의 재질로 사용되지만, 비 자성체로서 자성에 영향을 미치거나 영향을 받지 않는 재질이다.

[표 1-10] 주요 금속의 자성 비교

금속	자성 비교
알루미늄	비자성
황동	비자성
청동	비자성
크롬	비자성
코발트	강자성 (Ferromagnetic)
구리	비자성
금	비자성
철산화물	강자성 (Ferromagnetic)
철	강자성 (Ferromagnetic)
납	비자성
니켈	강자성 (Ferromagnetic)
은	비자성
탄소강	강자성 (Ferromagnetic)
스테인레스강	합금성분에 따라 변화
주석	비자성
아연	비자성

304, 316과 같은 오스테나이트계 스테인레스강(Austenitic Stainless Steel)의 경우에는 냉간가공을 하게 되면 조직의 일부가 마르텐사이트(Martensite)로 변화하면서 자성을 가지게 되는데, 이와 마찬가지로 일부 구리합금들도 냉간가공을 받게 되면 아주 미미한 수준으로 자성에 영향을 받게 되지만 대부분의 구리합금은 비자성체로 구분된다. [그림 1-18]은 오스테나이트계 316 스테인레스강의 냉간가공 정도와 이에 따른 자성의 형성을 베릴륨동과 비교한 자료이다.

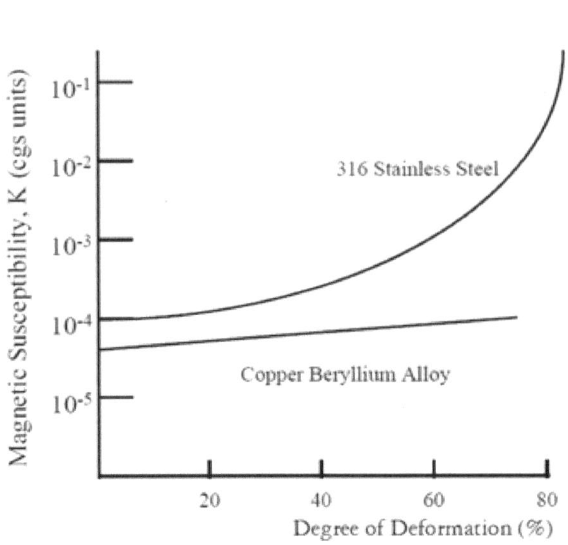

[그림 1-18] 냉간가공 정도에 따른 비자성 비교

또한 구리합금은 마찰 등에 의해 불꽃(Spark)이 발생하지 않는 특성을 가지고 있어서 마찰이나 충격에 의해 불꽃이 형성되지 않기 때문에 폭발이나 화재의 위험성이 있는 작업장의 방폭용(防爆用) 도구의 재질 혹은 군사용 등의 특수목적의 재질로 사용된다.

1.1.8 색감(Attractive Color)

구리합금은 합금성분에 따라 노란색, 황금색, 은색 등 합금별로 특유의 고유한 색상을 가지고 있으며 시간이 지남에 따라 대기 중에 혹은 특정 부식 환경 분위기 속에서 산화가 되면서 색이 변할 수 있다. 실온에서 물과 공기에 반응하지 않지만, 가열하면 산화되어 주로 산화제1구리(Cu_2O)가 된다. 습한 공기에서는 습기와 이산화탄소의 작용으로 푸른 계열의 녹이 발생하는데, 이렇게 형성된 녹은 외부의 부식 환경으로부터 구리를 보호하기 때문에 더 이상의 부식은 진행되지 않는다. 고대의 구리 제품이 어두운 녹색을 띄는 이유는 이러한 특성 때문이다.

특히 건물 외장재 등으로 사용되는 구리합금은 초기에는 연분홍색이나 주황색 등의 색감을 가지고 있으나, 시간이 지남에 따라 점차 어두운 녹색으로 변화하는 것을 쉽게 확인할 수 있다.

독특한 색감과 오랜 시간 동안에 쉽게 변색되지 않는 내식성으로 인해 악기나 식기류로 사용되는 구리합금의 적용은 우리 주변의 일상에서 쉽게 찾아볼 수 있다.

[표 1-11] 구리합금의 표면 색감

합금명	상용 이름	주요 성분	색감	
			초기 상태	장시간 사용 후 변색
C11000, C12500	Copper	99.90% Cu	연분홍	붉은 갈색에서 점차 어두운 녹색으로 변화
C12200	Copper	99.90% Cu-0.02% P	연분홍	붉은 갈색에서 점차 어두운 녹색으로 변화
C22000	청동 (Commercial Bronze)	90% Cu-10% Zn	황금색	갈색에서 6년 정도 지나면 어두운 녹색으로 변화
C23000	적동 (Red Brass)	85% Cu-15% Zn	주황색	초코렛 브라운 색에서 어두운 녹색으로 변화
C26000	카드리지 황동 (Cartridge Brass)	70% Cu-30% Zn	노란색	노란색에서 점차 어두운 녹색으로 변화
C28000	문쯔금속 (Muntz Metal)	60% Cu-40% Zn	주황색	붉은 갈색에서 점차 어두운 갈색으로 변화
C38500	청동 (Architectural Bronze)	57% Cu-3% Pb-40% Zn	주황색	적갈색에서 점차 어두운 갈색으로 변화
C65500	규소청동 (Silicon Bronze)	97% Cu-3% Si	황금색	적갈색에서 약간 얼룩이진 어두운 갈색으로 변화
C74500	백동 (Nickel Silver)	65% Cu-25% Zn-10% Ni	은색	어두운 갈색에서 점차 얼룩이진 어두운 녹색으로 변화
C79600	백동 (Leaded Nickel Silver)	45% Cu-42% Zn-10% Ni-2% Mn-1% Pb	은색	어두운 갈색에서 점차 얼룩이진 어두운 녹색으로 변화

1.2 구리의 기계적 성질

구리의 기계적 성질은 불순물 함유량, 열처리 및 가공처리 등에 의해 많은 차이가 있다. 열처리 조건에 대한 사항은 본 책의 후반부에 자세히 다루기로 하고 아래에 열처리 조건에 따른 기계적 특성을 개략적으로 정리한다. 순수한 구리는 매우 연하고 부드러워서 쉽게 가공이 되는 장점을 가진다. 또한 구리는 대부분의 합금원소를 잘 고용하여 고용강화형의 강화 기구를 갖기 때문에 가열과 냉각 과정에서 석출물(析出物) 상(相)에 의한 강화가 발생하기 보다는 냉간가공에 의해 강화되는 특징을 가지고 있다. 이런 구리합금을 비열처리 합금이라고 구분하고, 석출물 상에 의해 강화되는 구리합금을 열처리 합금이라고 구분한다.

1.2.1. 구리합금의 강화 기구

(1) 가공경화(加工硬化, Work Hardening)

일반적으로 금속은 가공하여 변형시키면 단단해지며 강도가 커지는데, 강화되는 정도는 변형의 정도에 따라 커지지만 어느 가공도(加工度) 이상에서는 일정하다. 이것을 가공경화라고 한다. 가공되지 않은 순수한 금속은 전위의 이동이 자유스럽게 되는데, 이 구리합금을 강화시키기 위해서는 조직내에 불연속 격자 구조인 전위(Dislocation)를 만들어야 한다. 전위는 냉간 압연이나 성형 과정에서 자연스럽게 만들어 지지만, 단조 등의 작업을 통해 인위적으로 전위를 만들기도 한다.

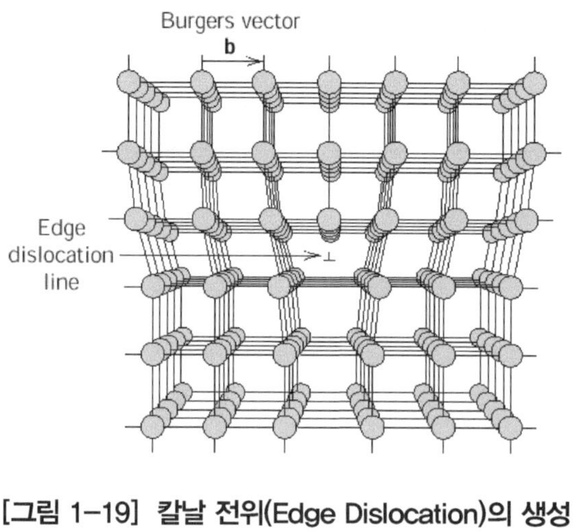

[그림 1-19] 칼날 전위(Edge Dislocation)의 생성

냉간가공된 구리합금은 강도가 상승하게 되지만, 시간이 지남에 따라 특히 고온에 노출되면 응력제거 효과가 발생하면서 강도가 저하하는 특성을 가진다. 이러한 현상은 합금원소가 거의 없는 전기용 순동에서 쉽게 확인할 수 있으며, 이러한 현상을 시간이 지남에 따라 금속이 강도를 잃게 되는 특성이라고 하여 경년 연화(Age Softening)라고 부른다.

[그림 1-20]은 전기용 순동을 냉간가공할 경우에 가공 정도에 따라서 기계적 강도가 증가하는 것을 보여준다. 가공경화된 전기용 순동을 열처리시에 노출 온도 및 시간에 따른 경도의 변화를 [그림 1-21]에서부터 [그림 1-23]을 통해 확인할 수 있다. 이러한 현상은 고온에서 응력제거 열처리 효과를 갖게 되기 때문이며, 대부분의 가공경화 합금에서 발생하는 일반적인 현상이다.

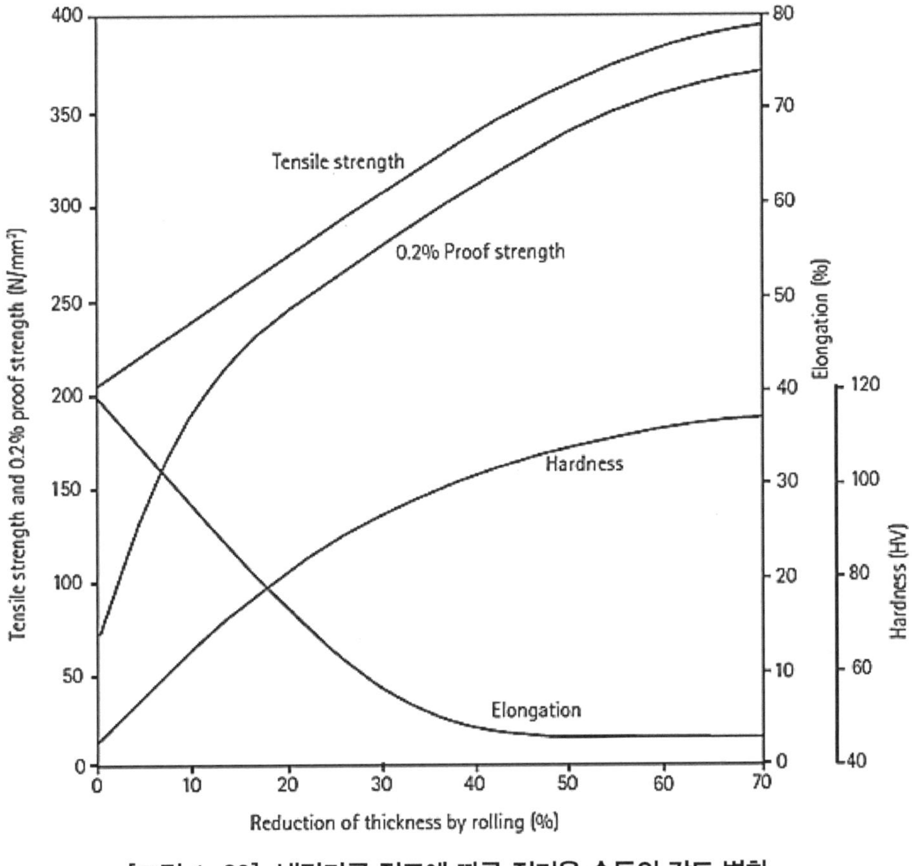

[그림 1-20] 냉간가공 정도에 따른 전기용 순동의 강도 변화

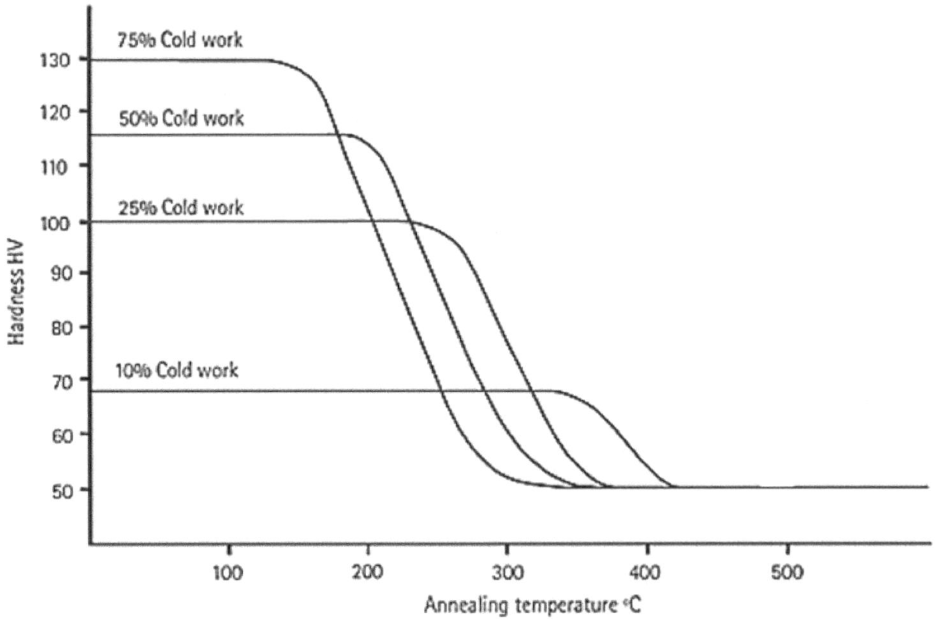

[그림 1-21] 냉간가공(25%) 한 전기용 순동의 열처리(Annealing) 온도에 따른 경도 변화

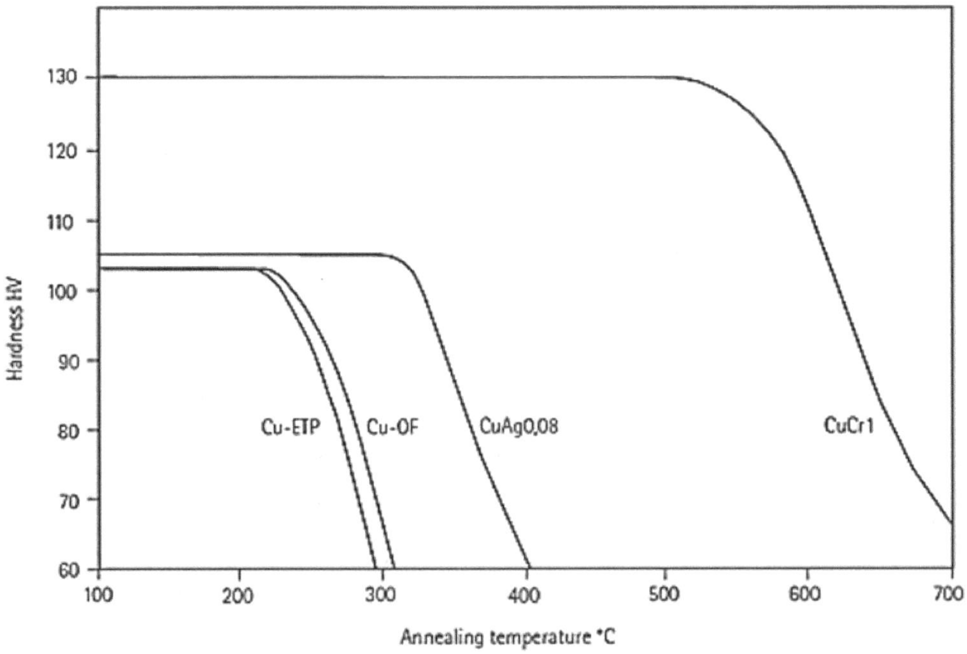

[그림 1-22] 전기용 구리합금의 열처리(Annealing)에 따른 경도 변화

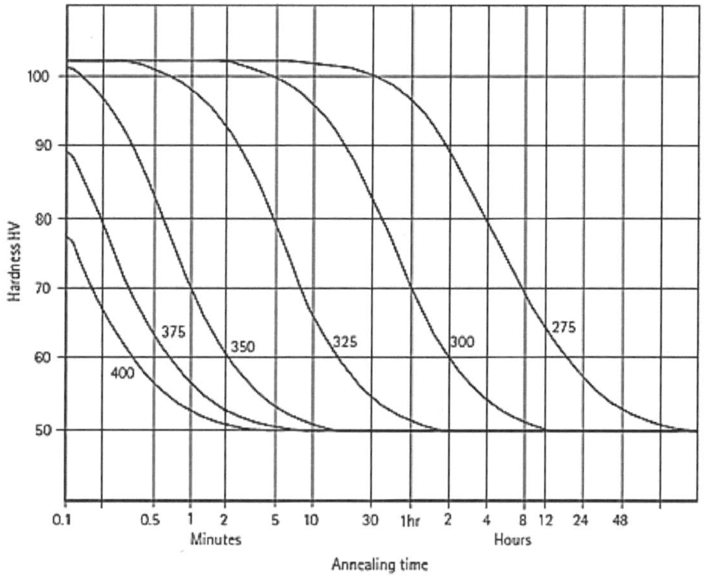

[그림 1-23] 냉간가공한 전기용 순동의 열처리 조건에 따른 경도 변화

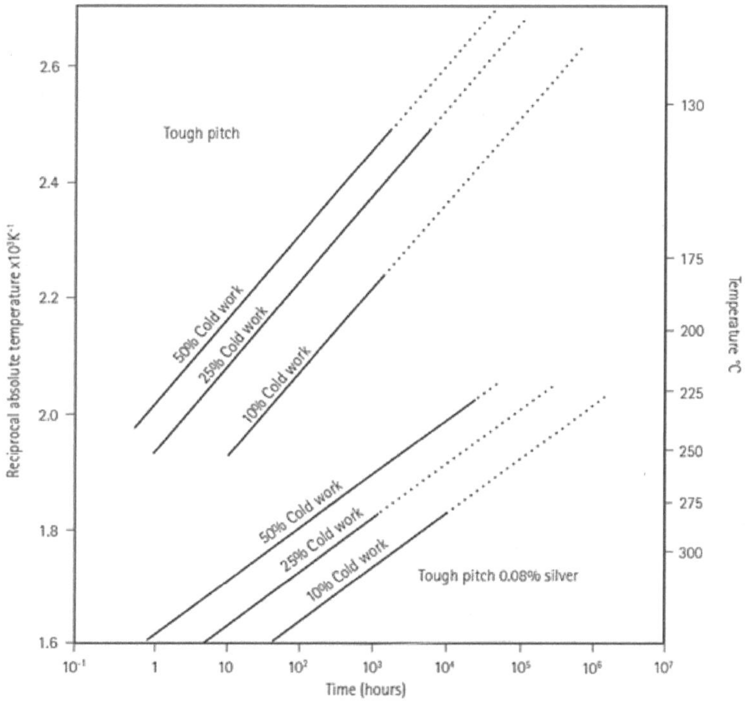

[그림 1-24] 전기용 구리합금의 50% 연화가 발생하는 시간과 온도의 상관 관계

(2) 고용강화(固溶强化, Solution Hardening)

순동은 합금원소가 없기 때문에 주로 냉간가공에 의한 가공경화의 기구를 통해 강도를 증대할 수 있는 것에 비해 합금원소가 들어간 구리합금은 고용강화와 석출물상에 의한 두가지 강화기구를 통해 강도를 증대할 수 있다. 고용강화는 치환형 합금원소에 의한 것과 침입형 합금원소에 의한 것으로 구분된다.

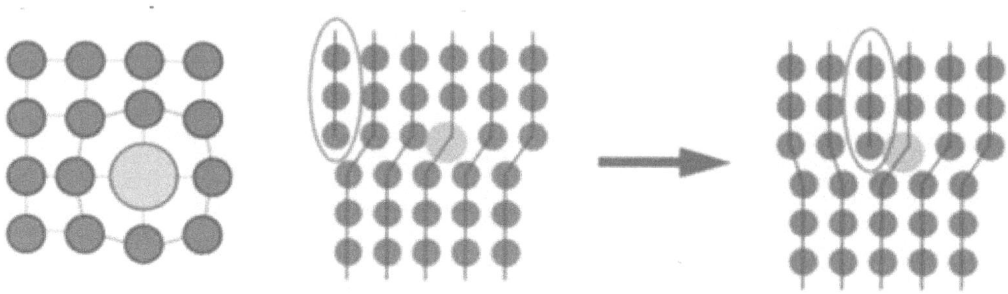

[그림 1-25] 치환형 합금원소에 의한 격자 왜곡과 강화 기구

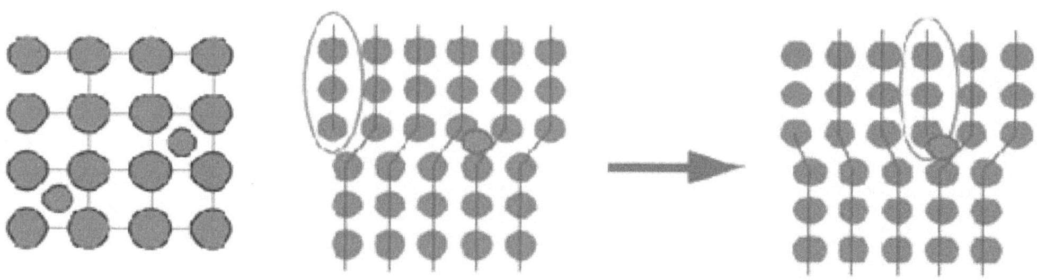

[그림 1-26] 침입형 합금원소에 의한 강화 기구

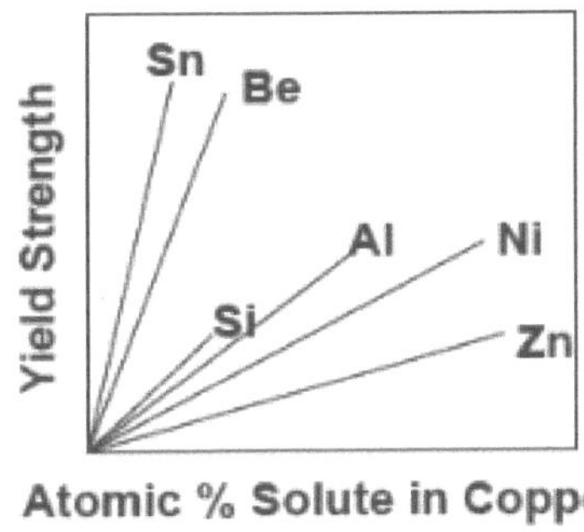

[그림 1-27] 구리의 합금원소에 따른 강도 향상

냉간가공에 의한 가공경화 효과를 가지는 합금은 고온에 노출되면 응력제거 열처리 효과가 발생하여 강도가 저하하는 현상이 발생하게 되며, 이러한 현상은 고용강화 기구를 가진 합금에서도 유사하게 발생한다. 그리고 이들 강종은 열에 의해 경화하지 않기 때문에 비열처리 합금으로 구분되며, 거의 대부분의 구리합금이 비열처리 합금으로 분류된다.

(3) 석출강화(析出强化, Precipitation Hardening)

합금원소를 고용할 수 있는 고용도는 대개 온도가 올라감에 따라 증가하게 된다. 그래서 고온에서 과포화된 상태로 합금을 제조하고 이를 상온까지 급냉한 후에 다시 서서히 온도를 높이게 되면 조직내에 과포화 된 합금원소들이 석출하면서 새로운 상을 형성하게 된다. 이러한 과정을 시효(Aging) 이라고 부르며, 시효 열처리의 온도는 합금에 따라 달리 적용된다.

이렇게 조직내에 새로운 상이 형성되면, 그 상으로 인해 전위의 이동이 방해되고 결과적으로 기계적 강도가 향상되는 결과를 가져오게 된다. 하지만 좀더 높은 온도에 노출시키거나 고온에서 장시간 사용하면, 이들 석출물로 인해 오히려 취성을 유발하게 되기 때문에 주의해야 한다. 과포화 된 합금원소의 고용체를 급냉하고 다시 열을 가해서 기계적 강도를 향상하는 이런 합금을 열처리 합금으로 구분한다.

[표 1-12] 석출강화형 구리합금의 열처리 조건

합금명	고용화 열처리 온도[a]	시효(Aging) 열처리 온도와 시간		경도
	℃	℃	hr	
석출경화형				
C15000	980	500~550	3	30 HRB
C17000, C17200, C17300	760~800	300~350	1~3	35~44 HRC
C17500, C17600	900~950	455~490	1~4	95~98 HRC
C18000[b], C81540	900~930	425~540	2~3	92~96 HRB
C18200, C18400, C18500, C81500	980~1000	425~500	2~4	68 HRB
C94700	775~800	305~325	5	180 HB
C99400	885	482	1	170 HB
스피노달 분해형				
C71900	900~950	425~760	1~2	86 HRC
C72800	815~845	350~360	4	32 HRC

(a) 고용화 열처리 이후에 급냉 실시.
(b) C18000과 C18540은 540℃에서 3시간 시효를 실시하고 다시 이 보다 낮은 온도인 425℃에서 3시간 시효를 실시하는 이중 시효(Double Aging) 열처리를 적용한다.

(4) 결정립 미세화(結晶粒 微細化, Grain Refining)

금속결정립의 크기가 작을수록 입계(Grain Boundary)가 많아 지고, 입계가 많아질수록 전위의 이동을 방해하여 금속의 기계적 강도를 향상시키는 것이 결정립 미세화에 의한 강화기구이다. 주조 과정에서 급냉을 통해 입자를 미세하게 할수록 강도 향상을 추구할 수 있다. 문제는 입자를 미세하게 만들기 위해 급냉을 해야 하는데, 이 과정에서 취성이 발생하거나 조직의 불균일로 인해 주조품에 균열이 발생하거나 심한 변형이 발생할 수 있기 때문에 주의해야 한다. 아래 [표 1-13]은 구리합금의 종류별로 경도와 입자 사이즈의 관계를 정리한 것이다.

[표 1-13] 구리합금의 경도와 입도

구리합금명과 가공처리		합금성분(max.)	경도	입도(Grain Size, mm)
무산소동	60% 냉간가공		HRB 45~53	0.287~2.00
탈산 연청동	열처리(Anneald)	Ag, Bi, Sb, Mn, As, Ni(trace)	HRF 35	0.051
고연청동	26% 냉간가공		HRB 50	0.101
지르코늄청동	950℃에서 고용화 열처리하고 85~90% 냉간가공 후에 450℃에서 1시간 시효처리	Zr, 0.18	HRB 68	0.203
상용 청동, 90%	575℃에서 3시간 열처리		HRF 49	0.051
적동, 85%	14% 냉간가공	Ag, Mg(trace)	HRF 64	0.025
애드머럴티	575℃에서 1시간 열처리	As, 0.041	HRF 55	0.144
네이벌 황동	593℃에서 1시간 열처리		HRB 57	0.036
인청동, 5%	85% 냉간가공		HRB 94	0.101
알루미늄청동	열처리(Annealed)	Al, 6.57	HRB 97	0.036
백동	450℃에서 2시간 열처리		HRB 98	0.025
규소청동	열처리(Annealed)	Mn, 0.88 Si, 2.90	HRB 54	0.025
백동, 10%	677℃에서 40분 열처리		HRB 33	0.051
백동, 30%	열처리(Annealed)	Mn 0.71~0.73 Al 〈 0.01 As 〈 0.01	HRB 47	0.036
니켈알루미늄청동	사형 주조(Sand Casting)	Al, 9.95 Mn, 0.3	HRB 93	0.036

1.2.2. 인장강도(Tensile Strength)

재료의 인장 시험을 통해서 우리는 그 재료의 기계적 특성을 확인할 수 있고, 이렇게 얻어진 인장응력과 항복강도를 기준으로 설계에 적용될 수 있는 설계허용응력(Allowable Stress)을 구할 수 있다. 인장응력은 재료가 파단할 때까지 가해진 응력을 단면적으로 나눈 값이며 이는 그 재료가 견딜 수 있는 최대의 응력치를 의미한다. 항복강도는 탄성변형이 일어날 수 있는 최대 한계 응력을 의미하며 그 이상의 응력이 가해지면 소성변형으로 남게 된다.

구리합금에 있어서 고용강화(Solid Solution Hardening) 기구는 가장 일반적인 강화 형태이다. 구리에 합금되는 소량의 합금원소는 완전 고용되어 균질한 단일상을 만들게 되고 합금원소의 양이 증가함에 따라 경도와 강도가 증가한다. 합금원소의 고용도 한계는 개별 합금원소에 따라 다르며, 고용한계 이상의 함량이 합금될 경우에는 석출물로 존재하면서 조직의 불균질을 유발하고 국부적으로 경도와 강도가 다르게 나타날 수 있으며 심하면 합금에 취성을 나타내기도 한다.

순수 구리에 주석(Sn)이 들어간 합금을 청동이라고 구분하고 아연(Zn)이 들어간 합금을 황동이라고 구분하지만, 실제 구리합금의 구분에서 이런 단순한 경계 구분은 큰 의미를 갖지 못한다. 순수 구리의 기계적 특성은 다음의 [표 1-14]와 같다.

[표 1-14] 순수 구리의 기계적 성질

조건	항복강도 (MPa)	인장강도 (MPa)	연신율 (%)	단면 수축율 (%)	경도 (HB)
주물	4.5~6	14~20	25~50	40~70	30~35
압연재(40% 가공)	–	34~36	5 이상	5 이상	65~75
압연 후 풀림	6 이상	22~25	50~60	40~60	35~40

청동의 경우에 주석 함유량이 증가함에 따라 약 12%까지는 인장강도와 경도가 상승하게 되고 연신율은 주석함량 7~10%일 때 최대로 되고 그 이상이 되면 급격히 떨어진다. 황동도 비슷한 경향을 보이게 된다. 주석은 아연에 비해 강도를 향상시키는 효과가 크지만, 가격이 비싸고 전기와 열의 전달 측면에서 아연에 비해 단점이 있다. 강도를 향상시키기 위한 목적으로 사용되는 합금원소로는 알루미늄, 망간, 니켈, 실리콘 등이 포함된다.

구리합금을 강하게 만드는 다른 방법은 과포화된 고용체를 만들고 이를 급냉한 후에 다시 가열하여 석출물을 형성하게 하는 방법이다. 이는 알루미늄합금에서 2차 상을 형성하는 석출경화를 유도하는 시효(Aging) 열처리와 같은 개념이다. 이때 사용되는 합금원소는 베릴륨(Be), 크롬(Cr), 니켈(Ni), 지르코늄(Zr) 등이다. 시효 열처리 조건에 따라 다양한 기계적 특성을 확보할 수 있는 것이 장점이지만, 자칫 열처리가 부적절하게 진행될 경우에는 원하는 수준의 강도를 확보하지 못하거나 취성이 발생하여 균열을 유발할 수도 있다.

[표 1-15] 구리합금의 열처리 조건에 따른 기계적 특성

<table>
<tr><th rowspan="2">품 명</th><th rowspan="2">종 별</th><th colspan="2">기 호</th><th rowspan="2">열처리 구분*</th><th colspan="3">인 장 시 험</th><th rowspan="2">용 도</th></tr>
<tr><th>신기호</th><th>구기호</th><th>바깥지름</th><th>인장강도 (N/mm²)</th><th>연신율 (%)</th></tr>
<tr><td>무산소동</td><td>1</td><td>C1100</td><td>TCUB</td><td>F</td><td>6 이상</td><td>20 이상</td><td>25 이상</td><td></td></tr>
<tr><td rowspan="4">인성동</td><td rowspan="4">1</td><td rowspan="4">C1100</td><td rowspan="4">TCUP1</td><td>O</td><td>5~250</td><td>205 이상</td><td>40 이상</td><td rowspan="4">전기부품, 화학공업용</td></tr>
<tr><td>Y2H</td><td>5~250</td><td>245~325</td><td>–</td></tr>
<tr><td rowspan="2">H</td><td rowspan="2">5~100</td><td>275 이상</td><td></td></tr>
<tr><td>265 이상</td><td></td></tr>
<tr><td rowspan="6">인탈산동</td><td rowspan="3">1A</td><td rowspan="3">C1201</td><td rowspan="3">DCUPA</td><td>O</td><td>4~250</td><td>205 이상</td><td>40 이상</td><td rowspan="6">용접용, 화학공업용</td></tr>
<tr><td>OL</td><td>4~250</td><td>205 이상</td><td>40 이상</td></tr>
<tr><td>Y2H</td><td>4~250</td><td>245~325</td><td></td></tr>
<tr><td rowspan="3">1B</td><td rowspan="3">C1220</td><td rowspan="3">DCUPB</td><td rowspan="3">H</td><td>25 이하</td><td>315 이상</td><td></td></tr>
<tr><td>25~50</td><td>315 이상</td><td></td></tr>
<tr><td>50~100</td><td>315 이상</td><td></td></tr>
<tr><td rowspan="8">단동</td><td rowspan="4">2</td><td rowspan="4">C2200</td><td rowspan="4">RBSP2</td><td>O</td><td>10~150</td><td>225 이상</td><td>35 이상</td><td rowspan="4"></td></tr>
<tr><td>OL</td><td>10~150</td><td>225 이상</td><td>35 이상</td></tr>
<tr><td>Y2H</td><td>10~150</td><td>275 이상</td><td>15 이상</td></tr>
<tr><td>H</td><td>10~150</td><td>365 이상</td><td>15 이상</td></tr>
<tr><td rowspan="4">3</td><td rowspan="4">C2300</td><td rowspan="4">RBSP3</td><td>O</td><td>10~150</td><td>275 이상</td><td>35 이상</td><td rowspan="4"></td></tr>
<tr><td>OL</td><td>10~150</td><td>275 이상</td><td>35 이상</td></tr>
<tr><td>Y2H</td><td>10~150</td><td>305 이상</td><td>20 이상</td></tr>
<tr><td>H</td><td>10~100</td><td>390 이상</td><td>20 이상</td></tr>
</table>

* Note : 열처리 기호의 분류는 제 4장의 내용을 참조한다.

[표 1-16] 주요 구리합금의 물리적 기계적 특성

합금명	융점 (℃)	밀도 (g/cm³)	열팽창계수 (10^{-6} m/℃)	전기전도도 (% IACS)	열전도도 (W/mK)	인장강도 (N/mm²)	연신율 (%)	경도 (Hv)
구리	1083	8.94	18	97*	394	200~400	5~50	40~120
알루미늄황동	971	8.3	20	23	101	340~540	20~60	80~160
니켈알루미늄청동	1075	7.95	18	15	38	430~770	5~15	170~220
90-10 백동	1150	8.91	16	10	40	290~520	8~35	80~160

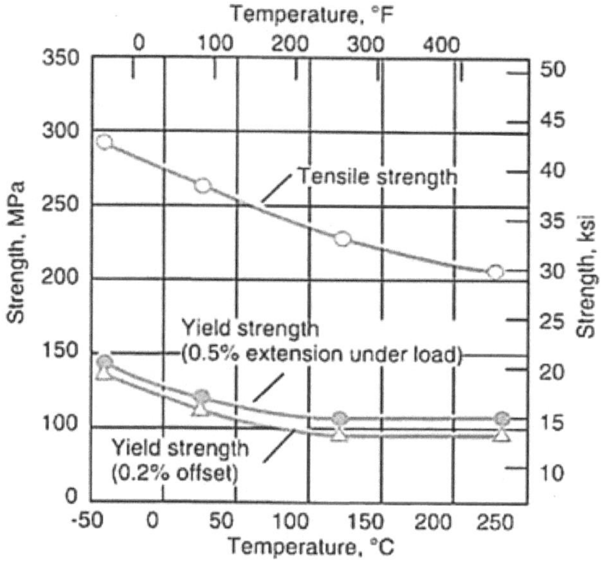

[그림 1-28] 연청동(C93700)의 인장 특성

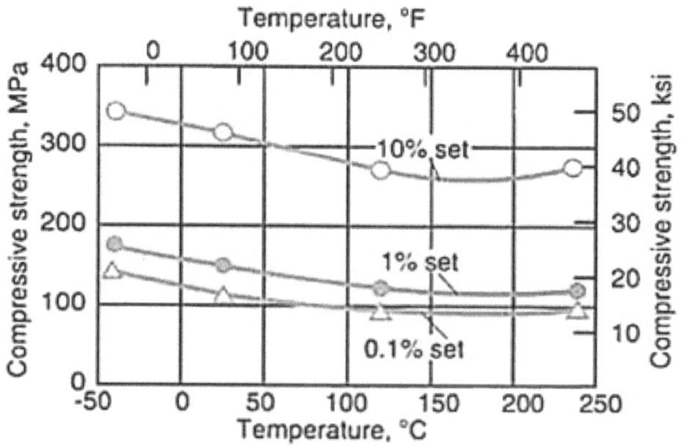

[그림 1-29] 고연청동(C93700)의 압축강도

1.2.3. 연성(Ductility)

연성은 재료가 가지고 있는 성질 중 하나로, 외력에 의해 변형을 시킬 때 파괴되지 않고 계속 늘어나는 성질을 의미한다. 모든 재료는 탄성한도를 넘어서면 파괴가 된다. 하지만 연성이 크면 탄성한도를 넘어도 파괴되지 않으며, 형태가 변형되어 다시 원형으로 돌아올 수 없는 소성변형이 발생한다. 연성과 비슷한 개념의 성질로 재료에 압축을 가할 때, 파괴되지 않고 계속 얇게 변형되는 성질인 전성이 있다. 이 연성과 전성을 합쳐 가소성이라고 한다. 일반적으로 재료의 단단함을 나타내는 경도와 대비되어 경도가 높을 경우 연성이 작고, 경도가 낮을 경우 연성이 크다. 연성을 평가하는 기준으로 연신율, 수축률 등을 평가한다.

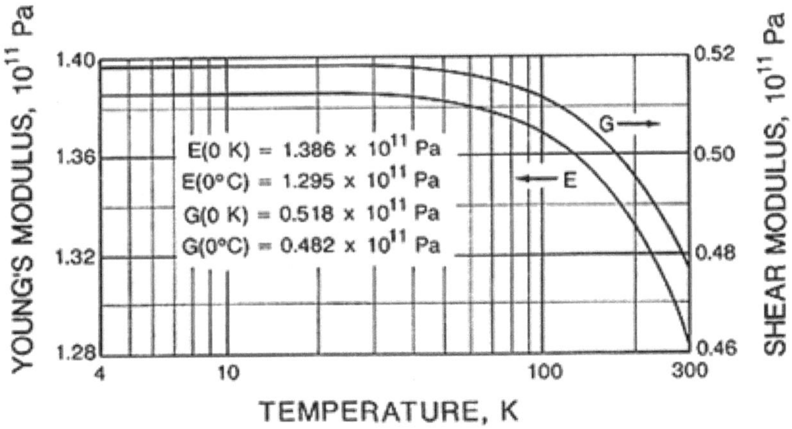

[그림 1-30] 온도와 영률(Young's Modulus)

구리는 매우 연성이 커서 쉽게 성형이 가능하고, 선재로 뽑아내거나 파이프 형상으로 가공이 용이하다. 얇게 가공이 가능하기에 무게를 줄일 수 있으며 쉽게 부식되지 않고 내구성이 강하며, 용접이나 납땜에 의해 접합이 용이하다. 가공 및 석출에 의해 경화되는 합금의 경우에는 응력제거를 위한 풀림(소둔, Annealing) 열처리를 통해 연성을 회복할 수 있다.

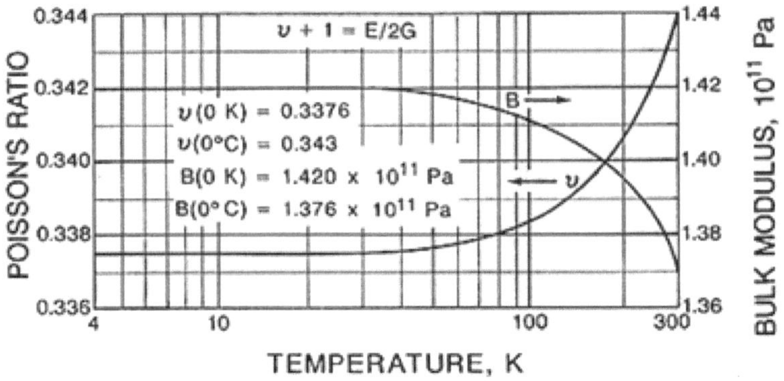

[그림 1-31] 온도와 포아송비(Poisson's Ratio)

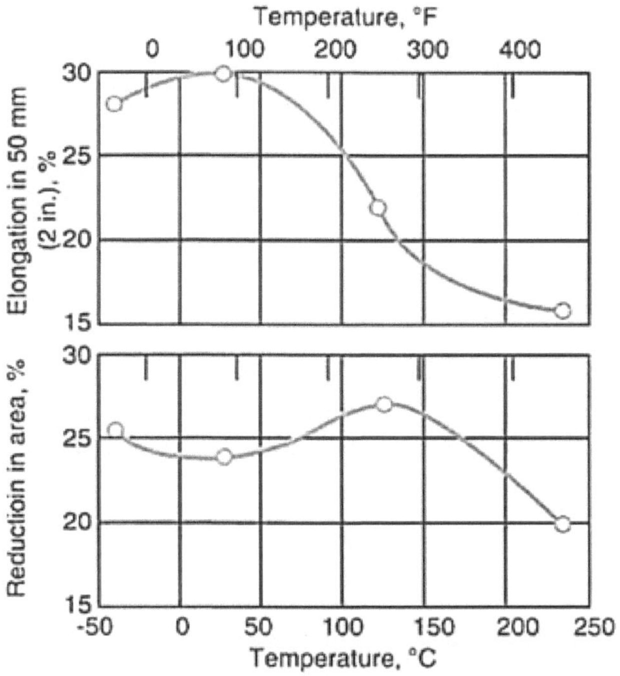

[그림 1-32] 고연청동(C93700)의 연성 특성

1.2.4. 고온인장(High Temperature Rupture) 특성

1950년에 미국 ASTM에서 일반 탄소강의 고온 강도에 대한 보고서를 만들었고, 이후 1952년에 스테인레스강의 고온 특성에 대한 보고서를 발표하였으며, 구리합금에 대한 자료들은 이보다 늦은 1958년에서야 H.L. Burghoff 등에 의해 종합적으로 정리되어 발표되었다.

구리합금은 일반 탄소강이나 저합금강의 철강 계열에 비해 상대적으로 낮은 융점과 연화 온도를 가지고 있기 때문에 고온에 노출되었을 경우의 응력에 저항하는 능력은 철강 제품에 비해 상대적으로 낮은 편이다.

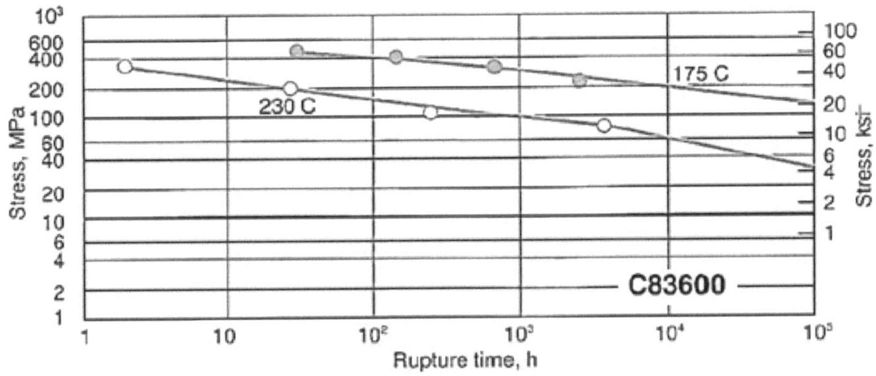

[그림 1-33] 납황동(C83600)의 고온인장 특성

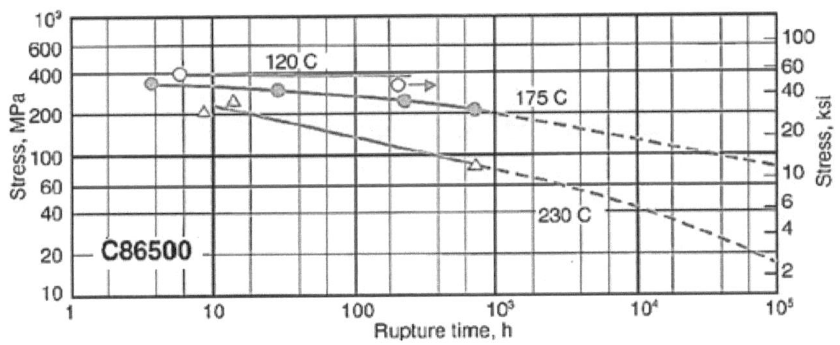

[그림 1-34] 망간청동(C86500)의 고온인장 특성

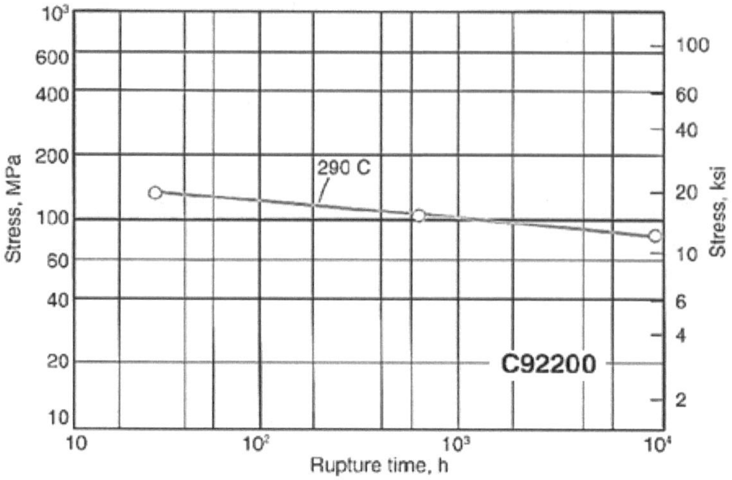

[그림 1-35] 납청동(C92200)의 고온인장 특성

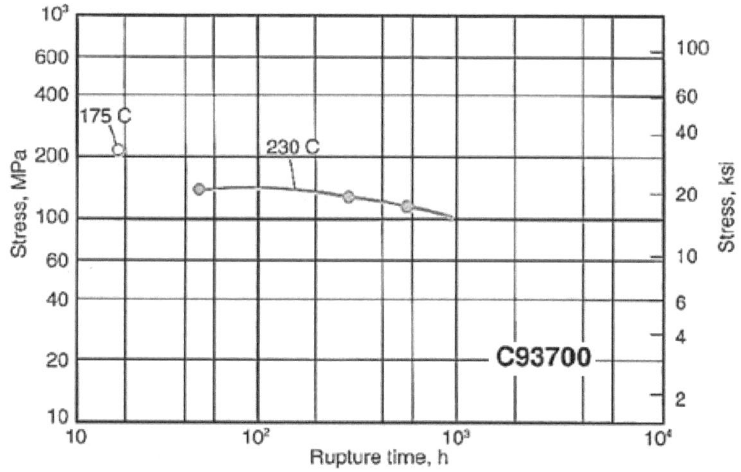

[그림 1-36] 납청동(C93700)의 고온인장 특성

1.2.5. 피로특성(Fatigue Characteristics)

반복된 하중이나 응력하에서 금속재료는 시간이 경과함에 따라 원래 그 재료가 가지고 있던 항복강도보다 훨씬 낮은 응력하에서도 파단이 일어난다. 이를 피로파괴(Fatigue Fracture)라고 부르며 고강도 합금일수록 피로에 대한 저항성이 커지지만 반대로 취성이 쉽게 발생하기 때문에 실제 재료선정에 있어서는 최적의 재료선정과 설계를 위해 주의가 필요하다.

피로한도(Fatigue Limit)란 이러한 반복응력하에도 해당 재료가 파괴되지 않고 견딜 수 있는 최대 응력을 의미한다, 다른 이름으로 내구한도(Endurance Limit)라고도 부른다. [그림 1-37]의 피로 시험곡선에서 수평으로 꺾어진 점이 피로한도에 해당한다.

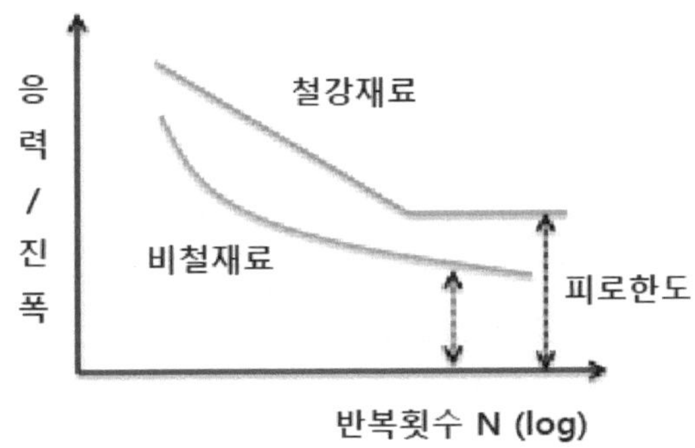

[그림 1-37] 철강재료와 비철재료의 피로특성

철강 재료의 경우에는 대부분 10^6~10^7 정도의 사이클에서 피로한도(Fatigue Limit)가 쉽게 관찰되고 있으나 알루미늄이나 구리와 같은 비철재료에서는 그 이상의 반복된 응력에도 S-N 곡선이 계속 하강하고 있으므로, 10^8 정도에 해당하는 응력을 피로한도라고 정한다. 따라서 철강 재료에 비해 구리나 알루미늄과 같은 피로한도가 잘 나타나지 않는 재료의 피로 설계 시에는 주의가 필요하다.

[표 1-17] 전기용 알루미늄과 전기용 순동의 피로특성 비교

강종 비교	가공 조건	피로강도 (N/mm^2)	반복응력횟수 (Cycle X 10^6)
전기용 알루미늄	Annealed	20	50
	Half-Hard (H8)	45	50
전기용 순동	Anneald	62	300
	Half-Hard	115	300

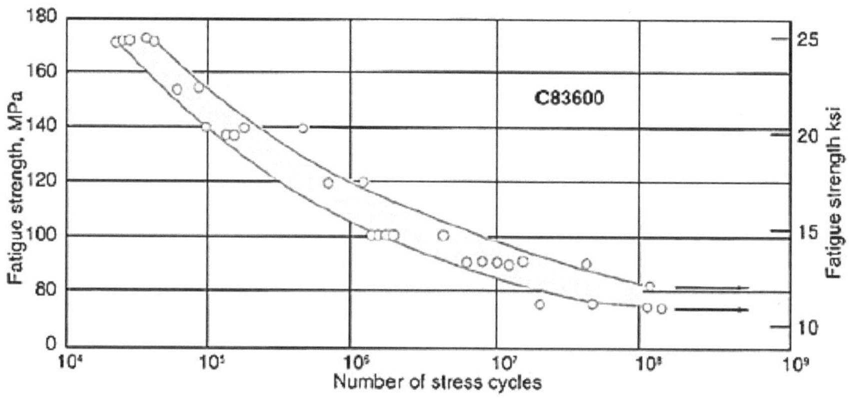

[그림 1-38] 납황동(C83600)의 피로특성

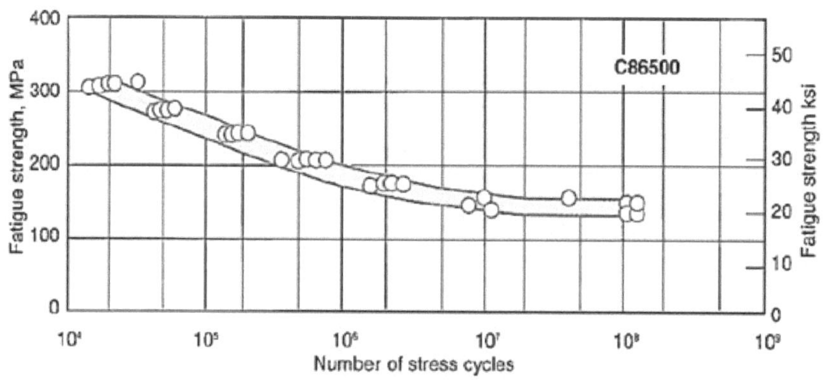

[그림 1-39] 망간청동(C86500)의 피로특성

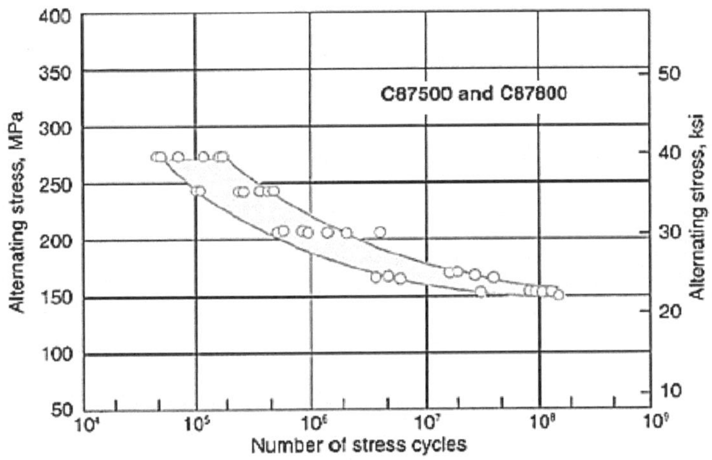

[그림 1-40] 규소청동(C87500, C87800)의 피로특성

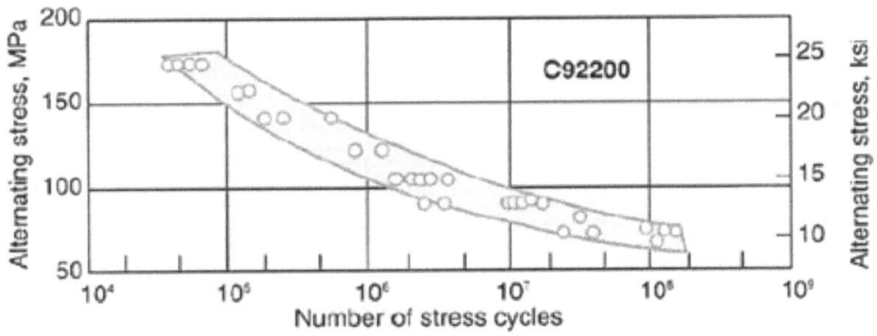

[그림 1-41] 납청동(C92200)의 피로특성

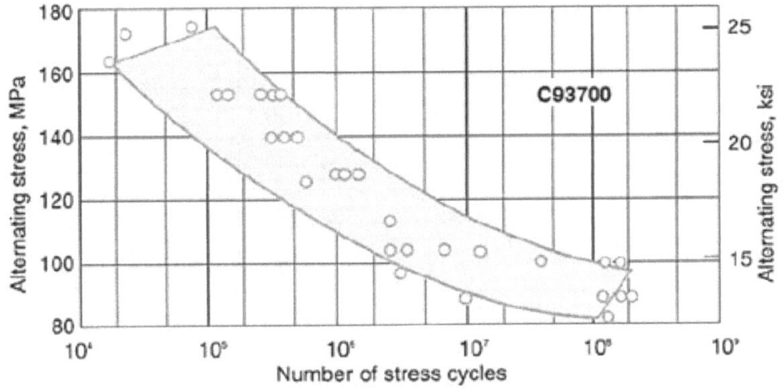

[그림 1-42] 납청동(C93700)의 피로특성

재료의 피로강도는 피로한도(Fatigue Limit) 또는 내구비(耐久比, Endurance Ratio)를 사용하여 표시한다. 합금의 인장강도가 증가할수록 피로특성도 증가하게 되는데, 합금의 강도 수준에 따라 내피로성의 증가가 일정한 비례 관계를 갖지 않는다. 내구비(Endurance Ratio)는 인장강도와 피로한계의 비 즉, 피로한도를 해당 합금의 인장강도로 나눈 값을 의미한다. 따라서 재료의 피로강도가 인장강도와 비례한다고 하여 재료 A와 B를 비교할 때 인장강도의 차로서 피로강도를 비교하는 것은 어렵다고 보기 때문에 대개 내구비(Endurance Ratio)를 가지고 상대적으로 비교하게 된다.

[표 1-18] 주요 구리합금의 피로특성(at 10^8 Cycle)

UNS No.	열처리 조건	피로한도 (ksi)	내구비	UNS No.	열처리 조건	피로한도 (ksi)	내구비
C80100	M01	9	0.360	C94500	M01	10	0.400
C81100	M01	9	0.360	C94700	M01	14	0.280
C82000	TF00	18*	0.188	C94700	TF00	14	0.165
C82400	TF00	23*	0.148	C94800	M01	12	0.267
C82500	TF00	24*	0.150	C94800	TX00	12	0.200
C83600	M01	25	0.210	C95300	TQ50	27	0.318
C86500	M01	20	0.296	C95400	M01	28	0.329
C90200	M01	25	0.658	C95500	M01	31	0.310
C90500	M01	13	0.289	C96200	M01	13	0.289
C90700	M01	25	0.568	C95200	M01	22	0.275
C92200	M01	11	0.275	C95400	TQ50	35	0.333
C93200	M01	16	0.457	C95500	TQ50	38	0.317
C93400	M01	15	0.469	C95700	M01	33	0.347
C93700	M01	13	0.375	C95800	M01	31	0.326
C93800	M01	10	0.333	C96400	M01	18	0.265
C94400	M01	11	0.344	C97600	M01	16	0.356
				C99750	M01	19	0.292

* Note : * 5×10^7 Cycles의 실험 결과

1.2.6. 크리프 특성(Creep Resistance)

고온에 노출된 합금은 일정 하중 또는 응력을 가한 상태에서 특정 온도에서 긴 시간 유지하면 하중 또는 응력에 따른 재료의 변형량이 일정하게 유지되지 않고 시간이 경과함에 따라 급격하게 증가하게 되는데, 이를 크리프(Creep) 현상이라고 한다. 크리프가 생기는 온도는 재료에 따라 다르게 되며, 크리프가 발생하게 되면 결국 그 재료는 파단에 이르게 된다. 따라서, 고온에서 사용되는 구조재를 선정할 때에 크리프 특성을 평가하는 것은 매우 중요하다.

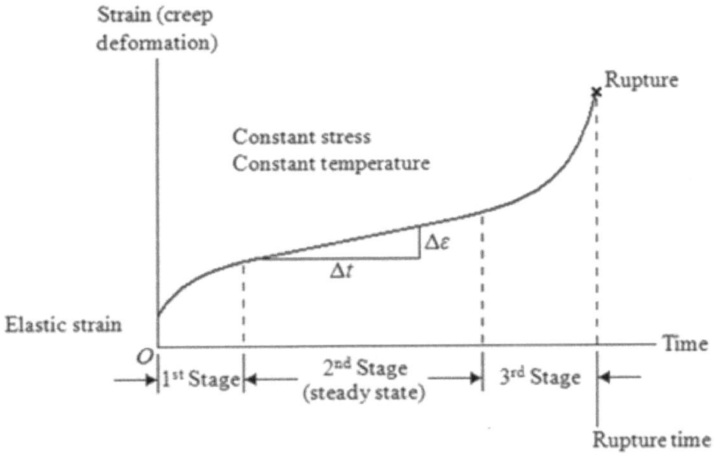

[그림 1-43] 전형적인 크리프 곡선

일반적으로 고체 재료는 저온에서는 외부 하중의 변화에 따라 소성변형이 발생하여 가공경화가 일어나게 된다. 이 때의 크리프 속도는 일정하지 않고 시간이 지날수록 감소하게 된다. 반대로 고온에서는 재료의 가공경화와 함께 회복에 의한 연화가 진행되므로 크리프 속도가 일정해지면서 크리프 현상을 뚜렷하게 확인할 수 있다. 그러므로 회복 연화하기 쉬운 재료는 저온에서는 높은 강도를 가지고 있더라도 고온에서는 재료의 미세조직이 변화하는 것이 보통이기 때문에 짧은 시간 동안 측정하여 얻어진 크리프 속도가 작다 해도 긴 시간동안 측정하면 회복 연화가 적은 재료에 비해 크리프 속도가 커지는 경우도 있다.

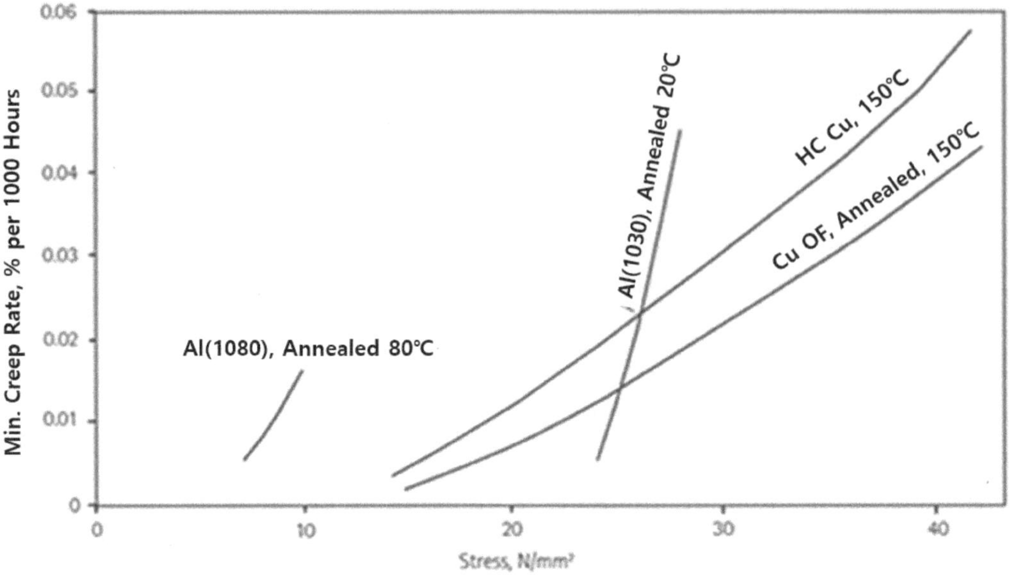

[그림 1-44] 순동과 알루미늄의 크리프 특성 비교

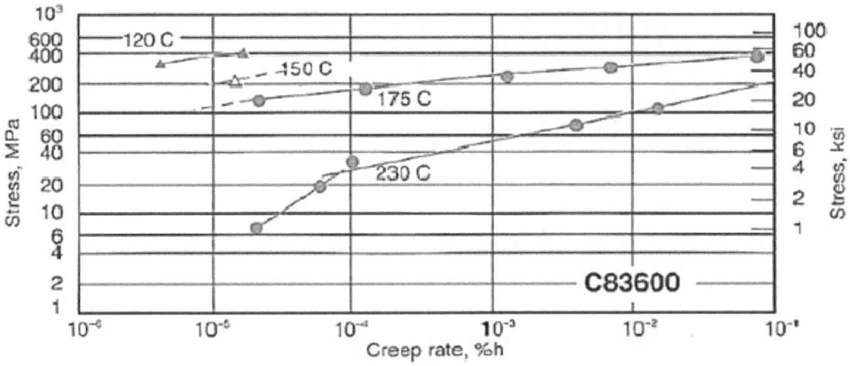

[그림 1-45] 납황동(C83600)의 크리프 특성

용융점이 낮은 금속들인 납, 주석, 구리 등의 순금속(Pure Metal) 및 연한 경합금 등은 상온에서도 크리프 현상이 나타나지만, 철강 및 강도가 높은 경합금 등에서는 250℃ 이상의 온도가 아니면 실용에 영향을 끼칠 만큼의 크리프 현상은 일어나지 않는다.

알루미늄과 같은 강종에서는 상온에서도 크리프가 발생하게 되며, 구리합금의 경우에는 대략 150℃ 이상의 온도에서 크리프가 발생한다. 순동에 비해 불순물이 소량 들어 있는 구리합금의 크리프 저항성이 더 높게 나타난다.

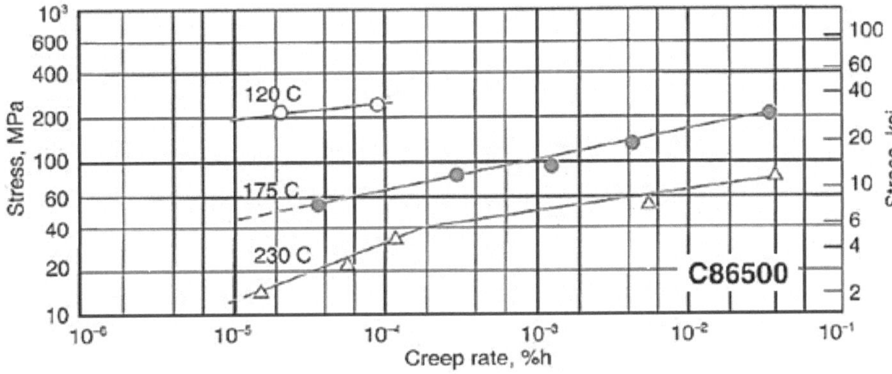

[그림 1-46] 망간청동(C86500)의 크리프 특성

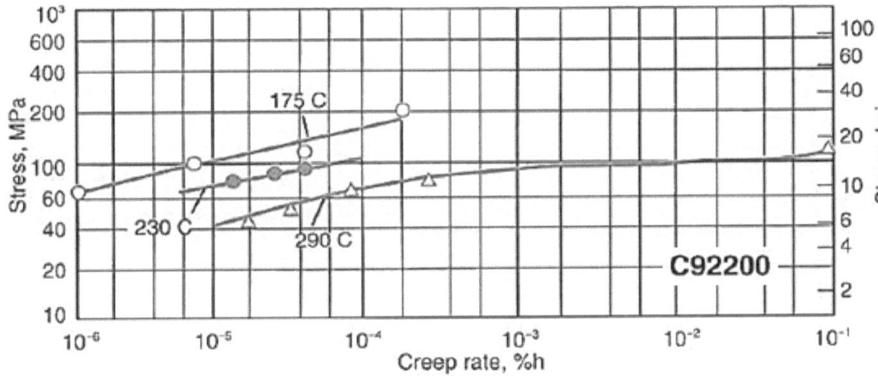

[그림 1-47] 납청동(C92200)의 크리프 특성

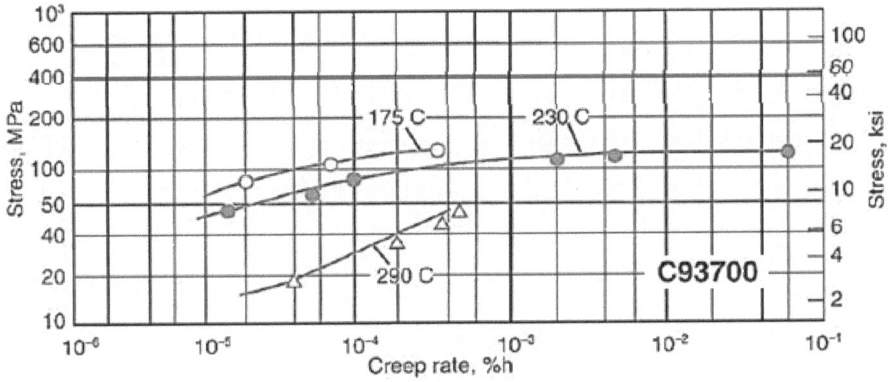

[그림 1-48] 납청동(C93700)의 크리프 특성

1.2.7. 저온 특성(Low Temperature Performance)

구리는 극한의 저온에서도 충분한 강도와 연성을 유지하고 있으며 상온에서부터 영하 270℃ 저온의 충격 시험에서도 구조재로 적합한 수준의 충격흡수에너지 값을 나타내기에 저온용 구조재로서 적합한 특성을 보유하고 있다. 인성(Toughness)은 재료가 파괴될 때까지 흡수하는 에너지로 표현되며, 인성이 좋다는 얘기는 쉽게 파괴되지 않는다는 의미로 해석될 수 있다. 구리합금은 저온에서도 인성이 좋아서 쉽게 취성파괴가 나타나지 않는 장점을 가지고 있다.

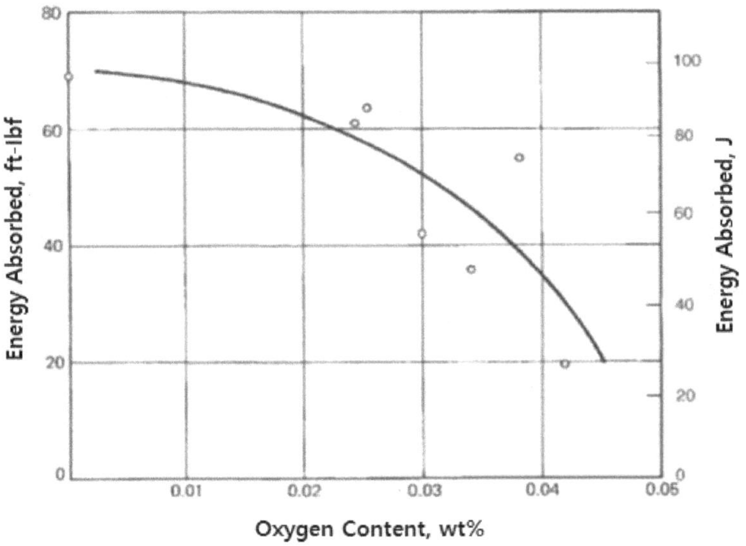

[그림 1-49] 전해인성동의 산소 농도에 따른 충격에너지 값

우리가 사용하는 거의 대부분의 구리 및 구리합금은 산소를 포함하고 있는데, 이들 산소의 농도에 따라 저온 특성의 차이가 나타난다. 산소의 농도가 높을수록 저온 충격치가 떨어지는 현상을 보이고 있다. 이하에서는 CDA(Copper Development Association)의 자료를 인용하여 구리합금들이 저온에서 어떠한 기계적 특성을 가지는 지를 소개한다.

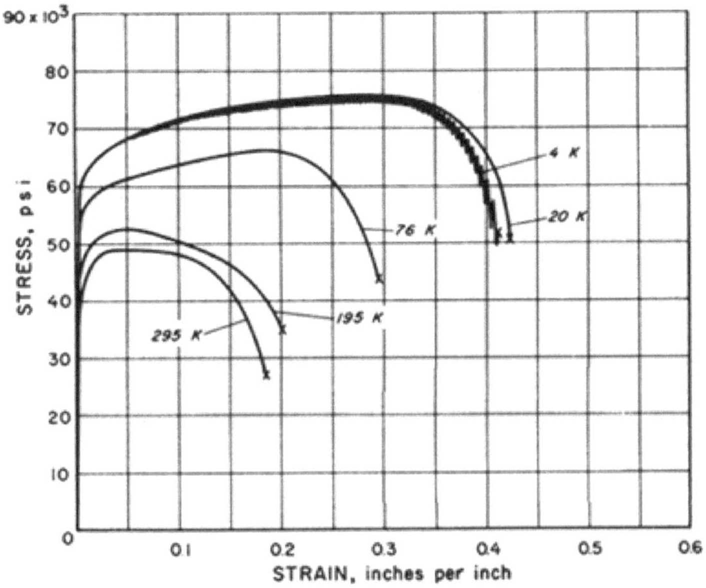

[그림 1-50] 냉간으로 60% 가공된 무산소동의 인장시험 곡선(Source : CDA Data, Publist#: 144/8)

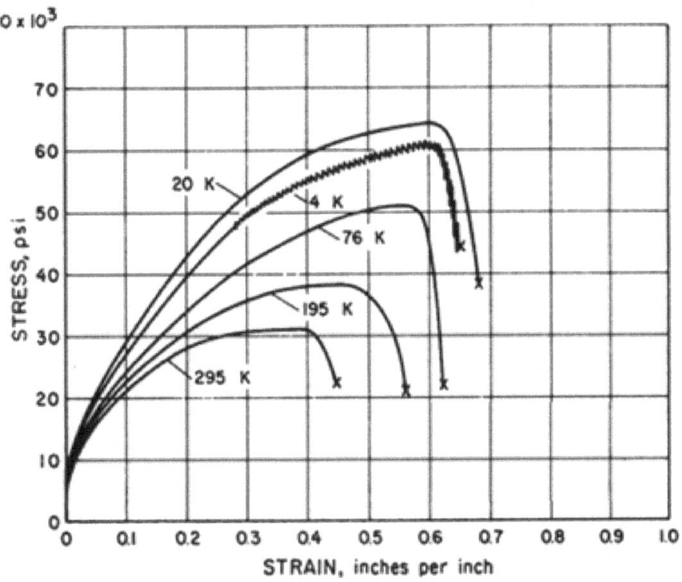

[그림 1-51] 어닐링된 인탈산동의 인장시험 곡선(Source : CDA Data, Publist#: 144/8)

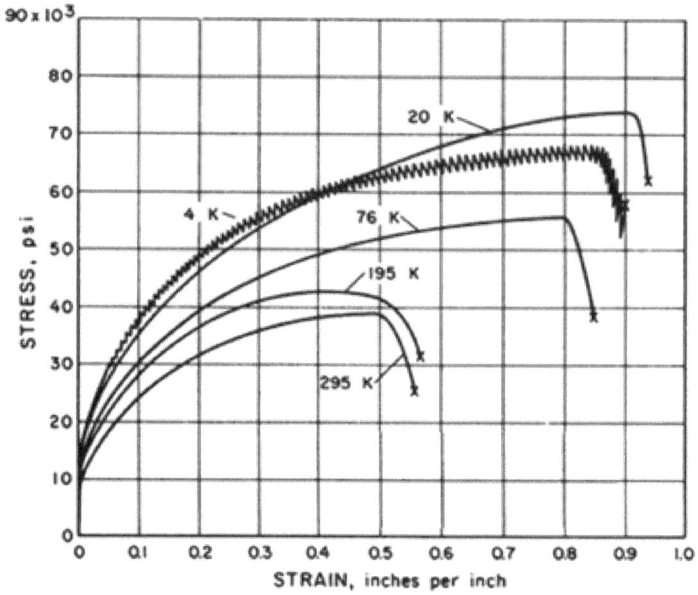

[그림 1-52] 상업용 황동의 저온 인장시험 곡선, 90%(Annealed), (Source : CDA Data, Publist#: 144/8)

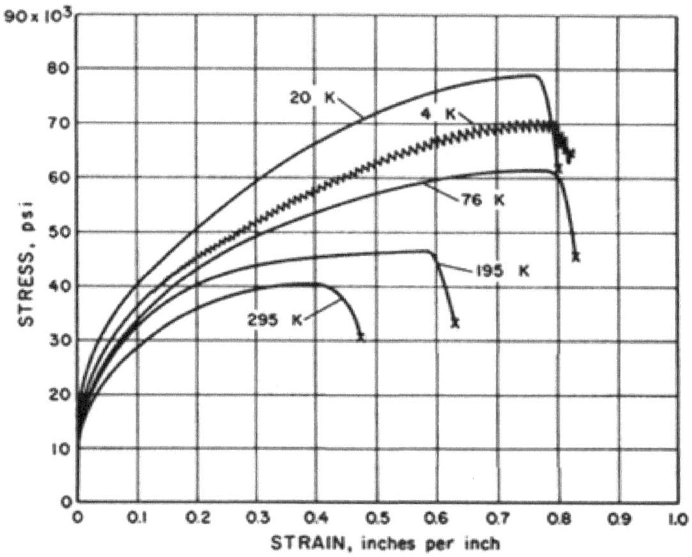

[그림 1-53] 황동의 저온 인장시험 곡선, 85%(Cold Drawn, 14%), (Source : CDA Data, Publist#: 144/8)

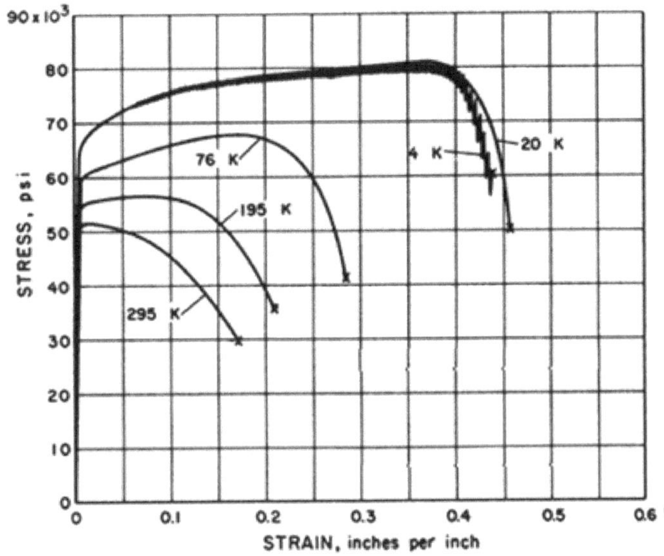

[그림 1-54] 고연청동의 저온 인장시험 곡선(Cold Drawn, 26%),
(Source : CDA Data, Publist#: 144/8)

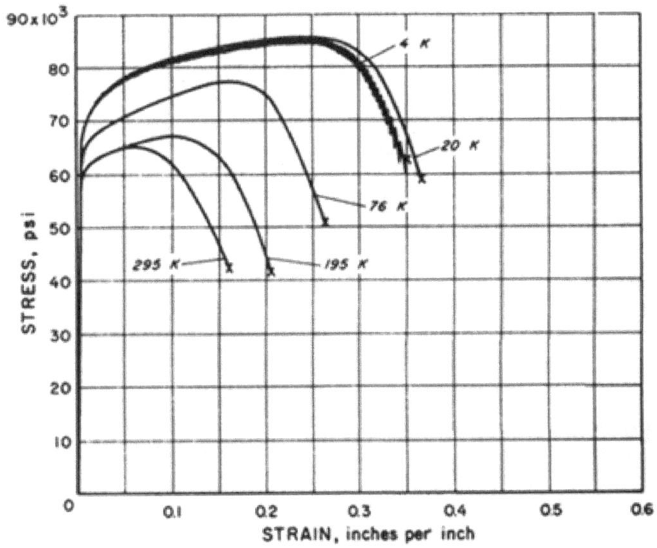

[그림 1-55] 지르코늄 청동의 저온 인장시험 곡선(Cold Drawn, Aged),
(Source : CDA Data, Publist#: 144/8)

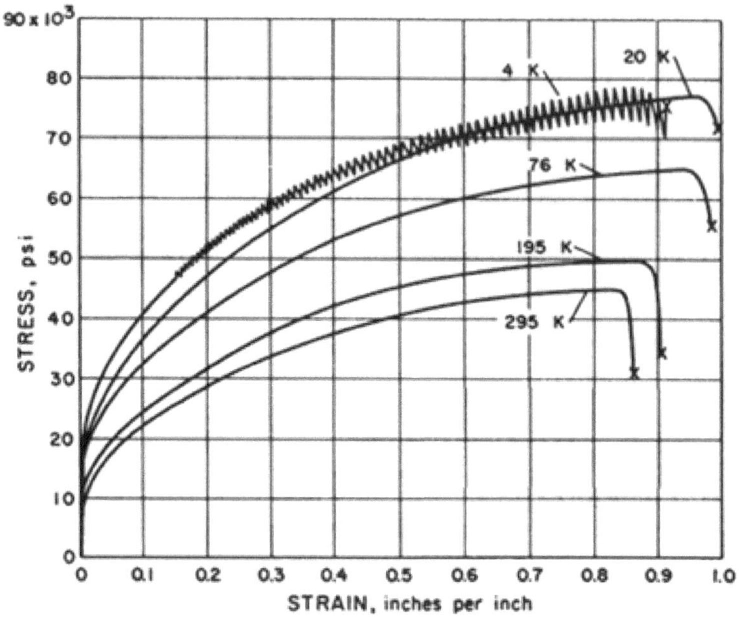

[그림 1-56] 애드머럴티 저온 인장시험 곡선(Annealed), (Source : CDA Data, Publist#: 144/8)

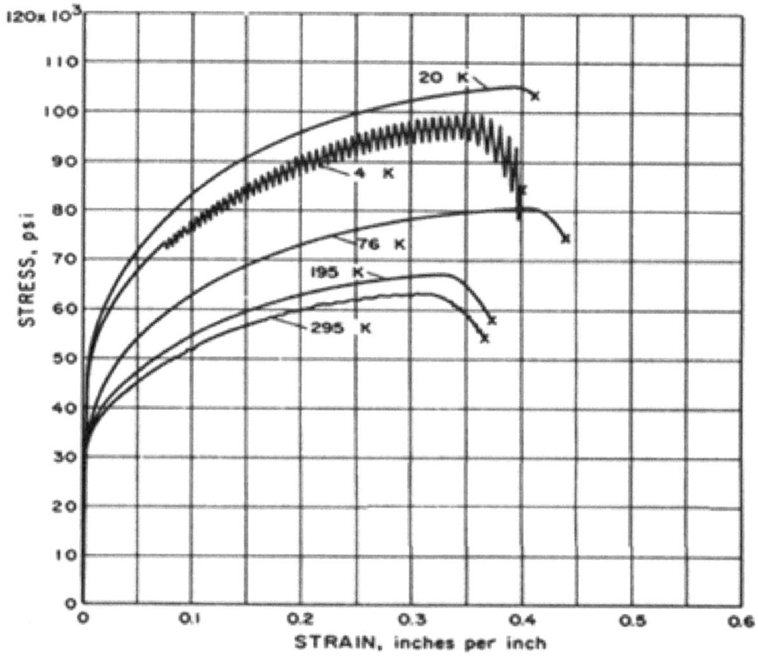

[그림 1-57] 네이벌 황동 저온 인장시험 곡선(Annealed), (Source : CDA Data, Publist#: 144/8)

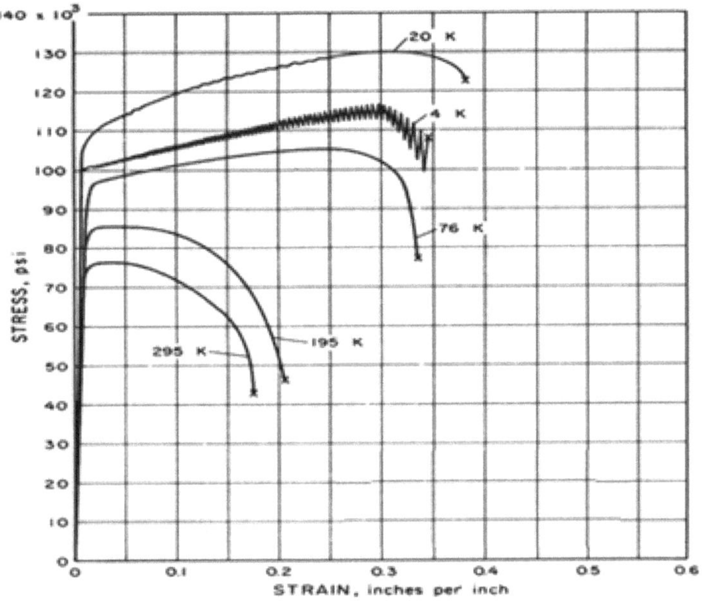

[그림 1-58] 인청동의 저온 인장시험 곡선(Cold Drawn, 85%, Spring),
(Source : CDA Data, Publist#: 144/8)

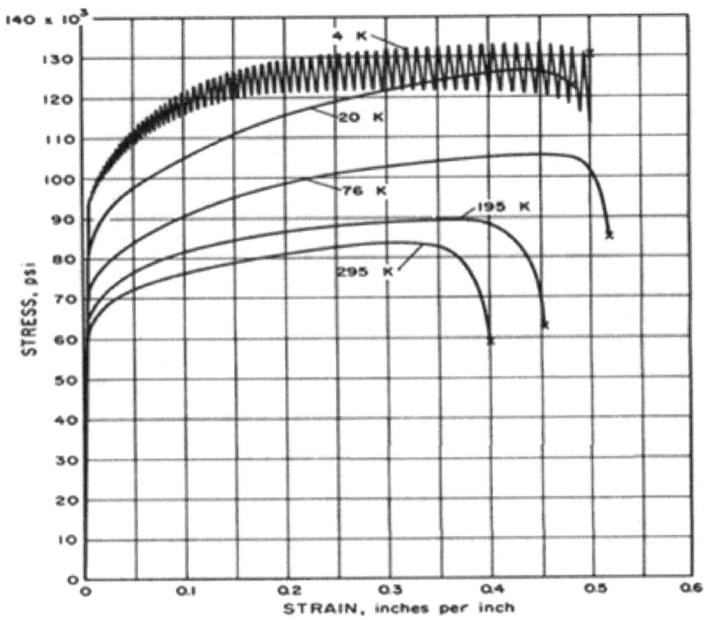

[그림 1-59] 알루미늄청동의 저온 인장시험 곡선(Annealed), (Source : CDA Data, Publist#: 144/8)

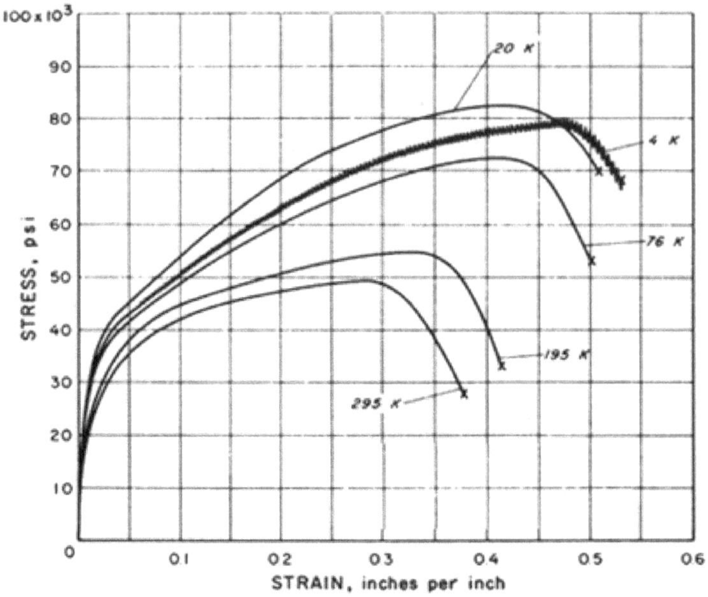

[그림 1-60] 백동(Cu-Ni 10%)의 저온 인장시험 곡선(Annealed), (Source : CDA Data, Publist#: 144/8)

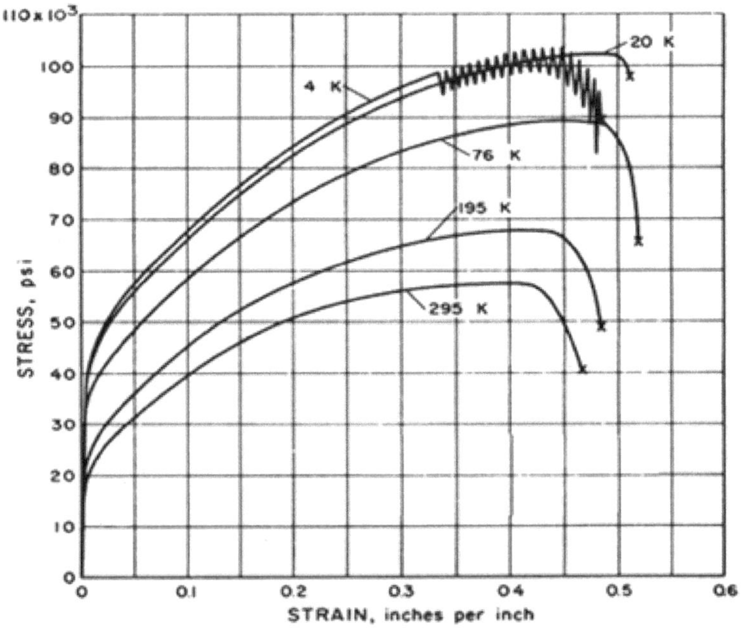

[그림 1-61] 백동(Cu-Ni 30%)의 저온 인장시험 곡선(Annealed), (Source : CDA Data, Publist#: 144/8)

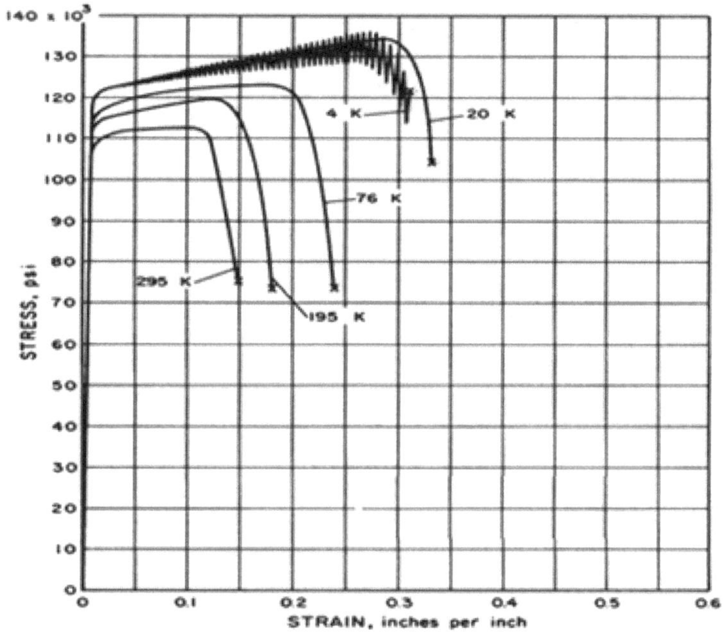

[그림 1-62] 규소백동(Cu-Ni-Si)의 저온 인장시험 곡선(Aged),
(Source : CDA Data, Publist#: 144/8)

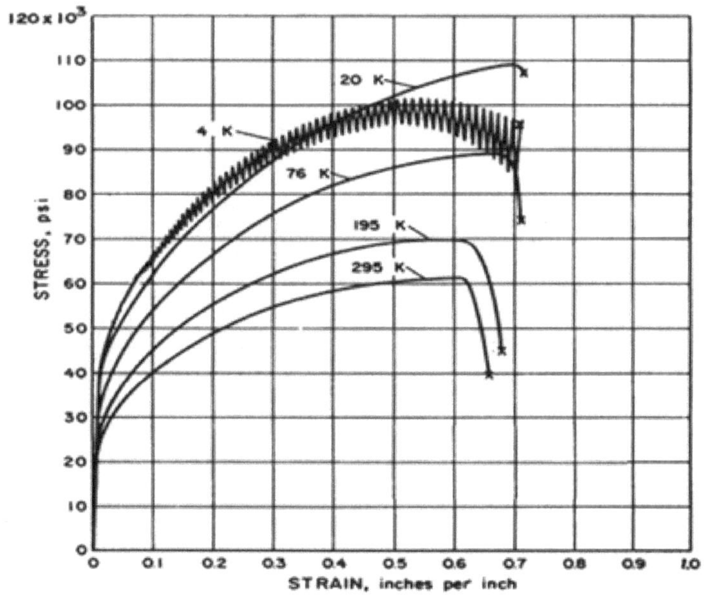

[그림 1-63] 규소청동의 저온 인장시험 곡선(Annealed, Soft),
(Source : CDA Data, Publist#: 144/8)

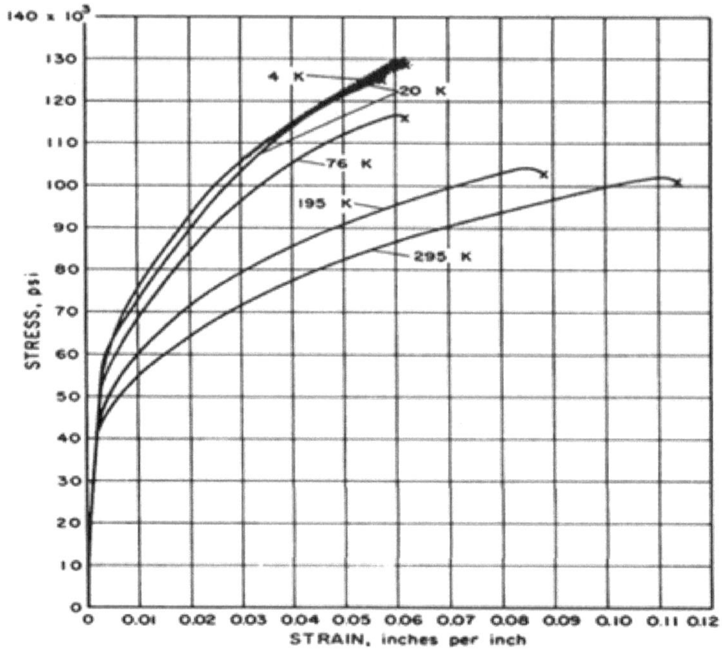

[그림 1-64] 니켈알루미늄 청동의 저온 인장시험 곡선(Sand Cast),
(Source : CDA Data, Publist#: 144/8)

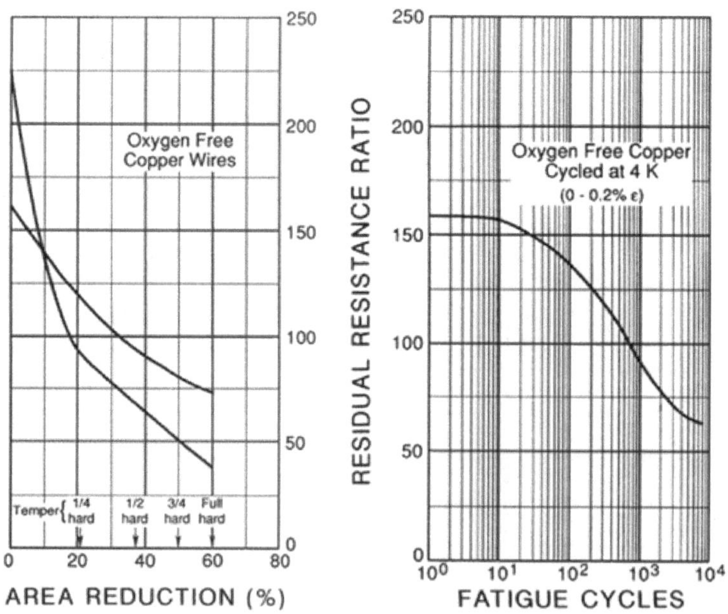

[그림 1-65] 무산소동의 가공 및 피로에 따른 잔류저항비(Residual Resistance Ratio)

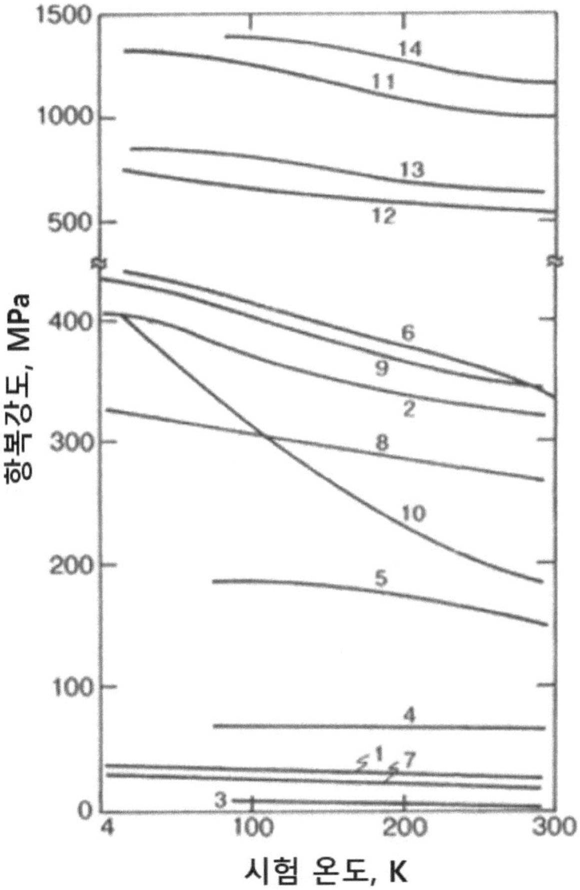

시험시편의 구분

	UNS	형상	시편 상태
1	C10100	환봉	Ann. 932 K, 1 h
2		환봉	CD 60%
3	C10200	환봉	Ann. 500 K, 2 h
4		판재	Ann. 894 K, 0.5 h
5		판재	Ann. 894 K, 0.5 h & CW 6%
6		환봉	CW 37%
7	C10400	환봉	Ann. 783 K, 1 h
8		환봉	Ann. 783 K, 1 h & CW 21%
9		환봉	Ann. 783 K, 1 h & CW 37%
10	C17200	환봉	Ann.
11		환봉	Ann. & Aged 588 K, 3 h
12		판재	CR 21%
13		환봉	CR 37%
14		환봉	CD 33% & Aged 588 K, 2 h

[그림 1-66] 온도에 따른 항복강도의 변화

1.3 구리의 화학적 성질

1.3.1. 내식성(耐蝕性)

순수 구리는 부드럽고 연성과 전성이 좋아서 가공이 용이하고 주석, 은, 인 등의 합금원소를 첨가하면 전기전도도의 감소는 최소로 하면서도 우수한 기계적 강도와 내식성을 확보할 수 있다. 중성 및 알카리성 약품, 식품 등에 내식성이 우월하기 때문에 화학공업 재료로서 널리 이용되고 있다.

[표 1-19] 순수 구리의 화학성분 기준

품 명	종별	화 학 성 분(%)					관 련 규 격		
		Cu	Zn	Pb	Fe	P	KS D5201	JIS H3100	ASTM B512
무산소동		99.95% 이상					C1020		
타프피치	1	99.9% 이상					C1100	C1100	C11000
인탈산동	1A	99.9% 이상				0.004~0.015	C1201	C1201	C12000
	1B	99.9% 이상				0.015~0.040	C1220	C1220	K12200
	2	99.75% 이상				0.004~0.040	C1221	C1221	-
단동	1	94.0~96.0	나머지	0.05 이하	0.05 이하				
	2	89.0~91.0	나머지	0.05 이하	0.05 이하				
	3	84.0~86.0	나머지	0.05 이하	0.05 이하				
	4	78.5~81.5	나머지	0.05 이하	0.05 이하				

모든 구리합금은 순수한 물, 증기에 의한 부식에 저항성이 있어서 우리 주변의 시골, 해양 및 산업 상황에서 구리합금은 부식에 강한 저항성을 가지고 있다. 구리는 식염수 수용액, 토양, 비산화 광물, 유기 산 및 부식성 물질에 저항성이 있으며, 대부분 암모니아, 할로겐 족, 황, 암모니아 이온 수용액, 질산 수용액은 구리를 부식시킨다. 구리합금은 또한 무기산(Inorganic Acid)에 대한 저항성이 약하다.

순수한 건조공기 중에서는 산화하지 않으나, 보통의 공기 중에서는 습기로 인해서 녹이 슬어, 장기간 대기속에 방치하면 $CuSO_2$(Copper (II) Hyposulfite) 및 수분 등의 작용에 의해 표면에 녹색의 염기성 탄산동($CuSO_3$, $Cu(OH)_2$), 염기성 황산동($CuSO_4$, $Cu(OH)_2$)등 녹청(綠靑)이 발생하며 이것은 용해되지 않아서 물리적 화학적으로 힘을 주지 않으면 떨어지지 않고 구리 자체에 완전 동화되어 보호피막 형태로 된다. 염분 및 이산화탄소를 함유하지 않는 순수한 물에는 녹지 않으나, 염분이 있는 물에는 녹는다. 특히, 암모늄염은 이 성질이 뚜렷하다. 공기를 단절하고 구리에 묽은 황산을 가하거나 또는 끓이거나 해도 반응하지 않으나, 공기 중에서는 서서히 녹는다. 진한 황산에는 이산화황(아황산가스)이 발생하며 녹는다. 구리는 비산화성 용액에는 거의 부식되지 않지만 고농도의 초산에 부식이 심하며 산소를 포함한 알칼리 용액에도 심하게 부식된다. NH_4OH나 암모니아염 용액에도 부식이 된다. 황, 염소, 인과도 직접 화합한다.

조직 검사를 위한 에칭(Etching)에는 염화제2철(Ferric Chloride, $FeCl_3$)을 적용하여 조직을 부식시켜서 확인한다. 조직 표면을 연마 자국이 없도록 매끈하게 연마하고 여기에 염화제2철을 도포하여 표면을 부식시켜서 조직 검사를 한다.

(1) 구리의 산화물

구리와 산소의 화합물로 산화제1구리(Cu_2O) 및 산화제2구리(CuO)가 있다. 산화제1구리는 주로 구리의 붉은 녹이며 안료, 적색 착색제 등으로 쓰인다. 산화제2구리는 천연에서 흑동석으로 존재하며 청색 착색제, 산화제 및 촉매 등으로 쓰인다.

황산 혹은 황화수소 등이 있는 환경에서는 검은색의 황화물이 형성된다. 이 황화물이 비를 만나면 물속에 탄산과 황산화물이 존재하게 되어 약산으로 바뀌게 되고 점착성과 보호 피막 성질이 있는 녹색의 층으로 바뀌게 된다. 미국 뉴욕의 자유의 여신상은 표피가 구리로 덮여 있으나, 시간이 지남에 따라 산화가 진전되어 현재의 녹색에 가까운 표면을 보여주고 있으며, 이 보호성 산화피막에 의해 내식성을 유지하게 된다.

1) 산화제1구리(Cu_2O)

구리가 대기중의 산소와 만나서 처음으로 생성되는 초기 산화물로서 아산화구리 혹은 산화제1구리(Cu_2O)라고도 하며, 자연상태에서는 적동석(赤銅石)으로서 존재한다. 암적색 또는 등황색 결정성 가루이다. 구리의 붉은 녹은 이것에 해당하며, 입자의 크기에 따라 빛깔이 달라진다. 공기나 빛에 의하여 서서히 산화가 진전되어 검은색의 산화제2구리(CuO)로 변한다.

[표 1-20] 구리의 성상에 따른 색의 변화

구리의 성상(산화물, 황화물)	색깔
Cu	붉은색
Cu_2O	붉은색
Fe_xCu_yS	금속성 황금색
CuS	푸른색
Cu_5FeS_4	어두운 황금색
$Cu_4SO_4(OH)_6$	녹색
$Cu_2CO_3(OH)_3$	녹색

물에는 녹지 않으나, 암모니아수에 녹아 무색 액체가 되는데, 이 용액은 공기 속에서 곧 청색으로 변한다. 건조한 공기 속에 구리를 방치하거나 구리를 공기 속에서 약하게 가열하면 생기며, 또 수산화구리를 물과 함께 가열하여도 생성된다. 선박 하부의 도장용 안료, 유리나 법랑제품 등의 적색 착색제로 쓰는 외에 이산화구리 정류기, 광전지(光電池) 등에 이용된다. 산화제1구리는 습기가 있는 공기 중에서 산화제2구리(CuO)로 분해되며 오염방지 도료로 사용된다.

2) 산화제2구리(CuO)

자연상태에서는 흑동석(黑銅石)으로 존재한다. 검은색 가루이며, 물에는 녹지 않으나, 산에는 녹는다. 암모니아수, 사이안화칼륨 용액 등에는 착염(錯鹽)을 만들고 녹는다. 구리를 공기 속에서 강하게 가열하면 생성되며, 또 수산화구리를 가열해도 생성된다. 안료로서 유리의 녹색 또는 청색착색제로 쓰이는 외에 도료로 쓰이고, 산화제와 촉매 등으로도 사용된다.

만약 산화구리가 대기중에서 오염물질로 황 성분이 있는 조건에 노출되면, 황화구리(CuS)의 황화물로 형성된다. 그리고 시간이 지남에 따라 산화구리와 황화구리가 대기중의 이산화탄소(CO_2)와 결합하여 다음과 같이 구리의 수산화염이 형성된다. 이들 수산화염이 형성됨에 따라 구리 표면의 색이 변화하게 되고 그 정도는 대기의 오염도와 수분에 따라 결정된다.

Equation 1 $4Cu+O_2 \rightarrow 2Cu_2O$

Equation 2 $2Cu_2O+O_2 \rightarrow 4CuO$

Equation 3 $Cu+S \rightarrow CuS$

Equation 4 $2CuO+CO_2+H_2O \rightarrow Cu_2CO_3(OH)_2$

Equation 5 $3CuO+2CO_2+H_2O \rightarrow Cu_3(CO_3)_2(OH)_2$

Equation 6 $4CuO+SO_3+3H_2O \rightarrow Cu_4SO_4(OH)_6$

(2) 대기부식(大氣腐蝕)

구리는 건축물의 지붕재를 비롯하여 외관을 장식하거나 배관의 재료로 사용되어 왔다. 대기 중에 장시간 노출된 구리 및 구리합금은 산화에 의해 점차 녹색의 보호 피막을 가지게 되는데, 이 피막은 대기로 노출된 초기에 형성된 부식생성물 층이지만, 외부의 부식성 환경으로부터 구리 및 구리합금을 보호해 주는 보호 피막의 역할을 수행하여 구조물의 수명을 유지하게 해 준다.

도심과 공업지역의 대기 조건 하에서는 이들 피막의 주요 성분은 구리-수산화물-황화물의 혼합물이며, 해양환경에서는 구리-수산화물-염소의 혼합물이다. 이러한 화합물이 형성되는데 7년 정도 걸리지만 시골지역에서는 수백 년이 걸릴 수 있다.

고온으로 올라갈수록 산화제1구리의 형성이 쉽고, 이 산화물은 쉽게 박리된다. 따라서 고온의 어닐링(Annealing) 상태에서 물에 급냉하게 되면 이들 표층이 열팽창 계수의 차이로 인해 박리되어 떨어져 나간다.

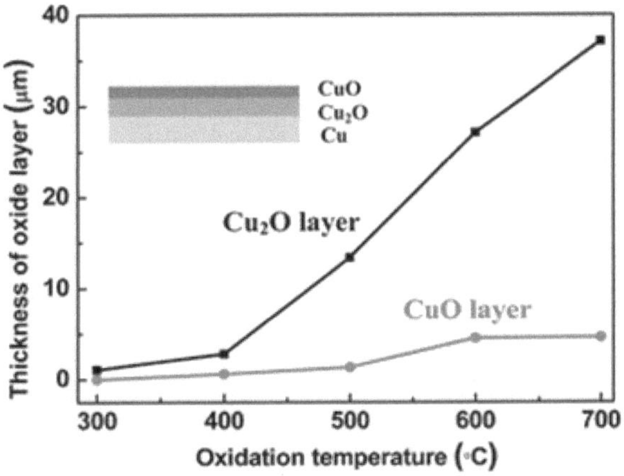

[그림 1-67] 노출 온도에 따른 구리 표면 산화층의 변화

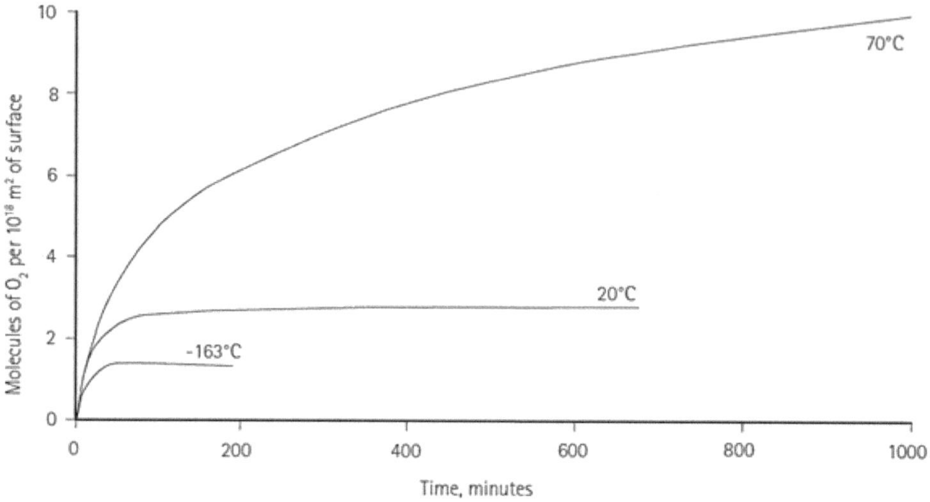

[그림 1-68] 노출온도에 따른 산화피막의 형성 정도

[그림 1-69]는 시간에 따라 구리합금 표면에 산화물 피막이 형성되는 두께를 기준으로 산화물 피막의 특성을 구분하여 보여주고 있다. 로그형태(Logarithmic)의 피막은 치밀하고 단단하여 금속을 보호하는 특성을 가진 산화피막으로 상대적으로 낮은 온도에서 형성된다. 포물선 형태(Parabolic)의 피막과 선형형태(Linear)의 피막은 로그형태(Logarithmic) 보다는 높은 온도에서 생성되며, 산화 생성물이 형성되는 초기에 두꺼운 산화층을 형성하여 금속을 보호한다. 이에 비해 무리하게 이탈한 피막(Break-away)은 형성된 산화층이 치밀하지 못하고 쉽게 박리되어 결과적으로 단면적이 감소하는 결과가 발생한다.

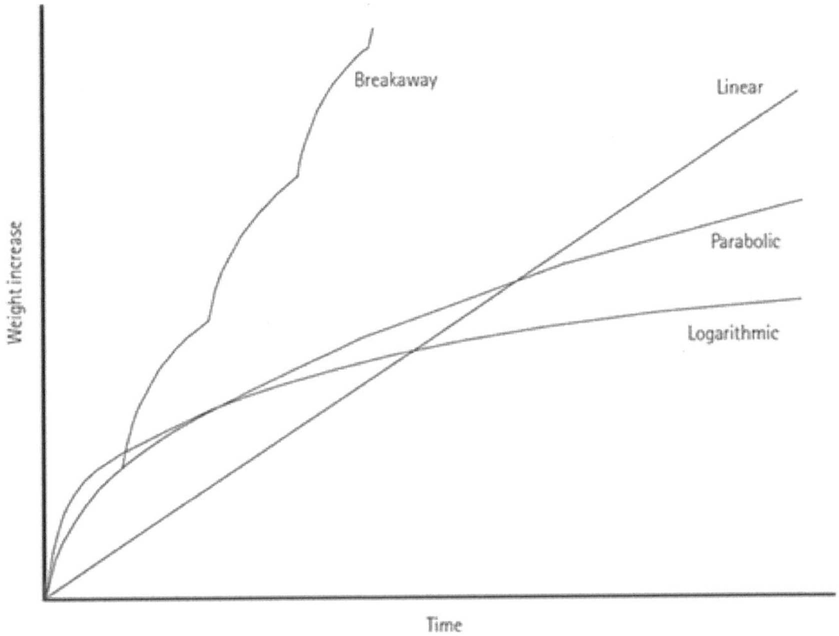

[그림 1-69] 시간에 따른 산화물 피막의 형성 구분

[그림 1-70] 구리로 표면을 감싼 자유의 여신상

가장 대표적인 미국의 상징인 자유여신상은 내부의 골조를 주철로 제작하고 그 표면에 총 80톤의 구리를 두께 2.3~2.5mm로 도포하여 1886년에 완성하였다. 처음 만들었을 때 자유의 여신상은 구리 빛깔을 그대로 품은 붉은 갈색이었다. 그러나 시간이 지나면서 산화해 대기중에 장시간 노출된 구리합금 특유의 청록색으로 바뀌었다. 표면에 도포된 구리의 두께는 겨우 2.3mm이지만, 지금까지 겨우 0.1mm의 두께 감소만 보여주고 있다. 이는 초기에 형성된 구리합금 표면의 부식성 피막이 이후에는 구리합금을 보호하는 보호성 피막으로 작용하여 더 이상의 부식진전을 막고 있기 때문이다.

구리는 갈바닉 시리즈(Galvanic Series)에서 수소 보다 안정적인(Noble) 금속이기에 구리 및 구리합금에 있어서는 수소발생을 기본으로 하는 산화성 부식 반응은 일어나지 않는다. 구리와 구리합금에서 주된 환원반응은 수산화물을 만드는 산소의 환원이다. 따라서 구리합금이 수용액중에서 부식반응을 일으키려면 용존 산소나 산화제가 반드시 있어야 한다. 산소가 없거나 비산화성 산에서는 구리의 부식반응이 일어나지 않는다. 구리 및 구리합금은 대기, 천연수, 담수, 해수에 대하여 내식성이 우수하다. 빠른 유속과 같이 유체가 유동하는 조건하에서는 마모, 충격 등에 의해 피막이 박리되기도 하며, 만일 피막이 재형성되지 않으면 내식성이 급격히 저하한다.

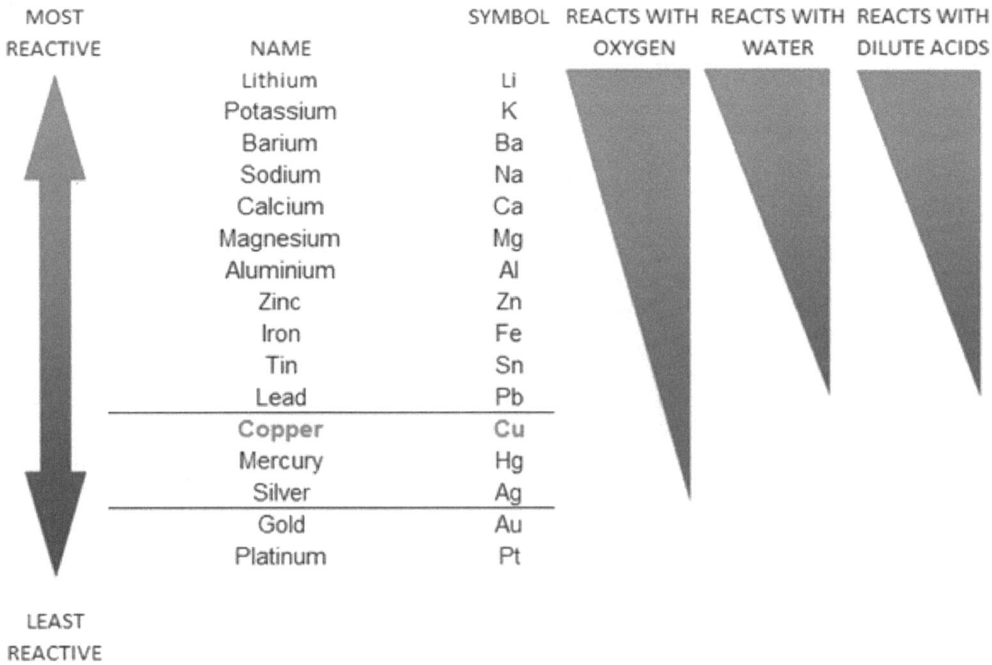

[그림 1-71] 다른 금속과 비교한 구리의 반응성

또한 구리 및 구리합금은 유황이온(S^{2-}), 유화수소 등과 급격히 반응하여 유화동을 만들기 때문에 급속히 부식된다. 시안과 암모니아는 구리와 착이온을 만들어서 결과적으로 구리를 용해시킨다. 강알칼리 용액이나 산화제가 함유된 산화성 용액은 구리를 부식시킨다.

구리합금 중에는 200℃이상의 수증기 중에서 합금원소가 선택적으로 산화되어 고온 부식이 되는 경우가 있다. 순동의 내식성은 하층에 Cu_2O, 상층에 염기성 탈산구리($Cu_2(OH)_2CO_3$)로 형성된 난용성 피막에 기인한다.

황동의 경우에는 탈아연 부식의 문제를 해결하기 위해 As, Sb 혹은 P등을 0.02% 정도 첨가한다. 그러나 β상에 대해서는 원소의 효과가 없다. 따라서 급수, 급탕용 밸브재로 사용하는 단조용 황동의 합금조성은 열간가공시에는 가공성이 좋은 β조직이 많고 상온에서는 α조직이 많도록 선정해야 한다. 유동 해수에 대한 내식성과 내마모성 그리고 내 탈아연성이 요구되는 곳에는 알루미늄(Al)과 비소(As)등이 포함된 알루미늄황동을 선택해야 한다.

[표 1-21] 보호 피막을 형성하는 구리의 부식 생성물

부식 생성물	화학조성
황화물	$Cu(OH)_{1.5}(SO_4)_{0.25}$, $Cu(OH)_{1.33}(SO_4)_{0.33}$
염화물	$Cu(OH)_{1.5}Cl_{0.5}$
탄산염	$CuOH(CO_3)_{0.5}$, $Cu(OH)_{1.33}(CO_3)_{0.33}$, $Cu(OH)_{0.67}(CO_3)_{0.67}$
질화물	$Cu(OH)_{1.5}(NO_3)_{0.5}$

보호 피막을 형성하는 부식생성물은 노출되는 대기 조건에 따라 다르지만 주된 성분은 구리 산화물과 다수의 염기성 구리 염이다.

[표 1-22] 대기에 노출된 구리합금의 색 변화

합금명	상용 이름	주요 성분	색감	
			초기상태	장시간 사용 후 변색
C11000 / C12500	순동	99.90% Cu	연분홍	붉은 갈색에서 점차 어두운 녹색으로 변화
C12200	순동	99.90% Cu -0.02% P	연분홍	붉은 갈색에서 점차 어두운 녹색으로 변화
C22000	청동(Commercial Bronze)	90% Cu -10% Zn	황금색	갈색에서 6년 정도 지나면 어두운 녹색으로 변화
C23000	적동(Red Brass)	85% Cu -15% Zn	주황색	초코렛 브라운 색에서 어두운 녹색으로 변화
C26000	카드리지 황동(Cartridge Brass)	70% Cu -30% Zn	노란색	노란색에서 점차 어두운 녹색으로 변화
C28000	문쯔금속(Muntz Metal)	60% Cu -40% Zn	주황색	붉은 갈색에서 점차 어두운 갈색으로 변화
C38500	청동(Architectural Bronze)	57% Cu -3% Pb -40% Zn	주황색	적갈색에서 점차 어두운 갈색으로 변화
C65500	규소청동(Silicon Bronze)	97% Cu -3% Si	황금색	적갈색에서 약간 얼룩이진 어두운 갈색으로 변화
C74500	백동(Nickel Silver)	65% Cu -25% Zn -10% Ni	은색	어두운 갈색에서 점차 얼룩이진 어두운 녹색으로 변화
C79600	백동(Leaded Nickel Silver)	45% Cu -42% Zn -10% Ni -2% Mn -1% Pb	은색	어두운 갈색에서 점차 얼룩이진 어두운 녹색으로 변화

도심지역에서는 주로 염기성의 황산염(Sulfate)이며 해양성 환경에서는 염기성의 염소산염(Chlorite)이다. 시골지역에서는 통상적으로 염기성의 황화물이나, 때때로 염기성의 탄산염(Carbonate)이 관찰되기도 한다. 염기성의 구리 질산염(Nitrate)이 존재한다는 것은 금속표면 위에 있는 물에 상당한 양의 질산염이 존재한다는 것을 의미한다.

대부분의 경우에 초기 부식생성물은 산화제1구리(Cu_2O)와 산화제2구리(CuO)이다. 이러한 구리 산화물이 공기중에 존재하는 SO_x, Cl^-, CO_2, NO_2같은 오염물과 천천히 반응하여 염을 만든다. 이러한 반응이 진행하기 위해서는 충분히 pH가 높아야 한다.

$$Cu_2O+0.5SO_2+1.5H_2O+0.75O_2 \rightarrow 2Cu(OH)_{1.5}(SO_4)_{0.25}$$

$$Cu_2O+Cl^-+1.5H_2O+0.25O_2 \rightarrow 2Cu(OH)_{1.5}Cl_{0.5}$$

여러 환경에서 구리의 부식속도는 시골지역에서 1년에 1㎛, 도심과 공업지역에서 1~3㎛, 해양지역에서 1~2㎛ 정도로 보고되고 있다.

(3) 습식부식(濕式腐蝕)

산소를 용존하는 수중에서 유리 탄산(Free Carbon Dioxide)이 많으면 구리는 탄산수소염으로 되어 수중에 용출한다. 이것이 급수계 구리배관에 있어 구리 용출의 원인이다. 산소를 용존하는 수중에 구리와 착이온을 형성하는 암모니아이온(NH_4^+)이 있으면 구리는 이것과 착이온($(Cu(NH_3)_4)^{2+}$)을 형성하고 용출한다. 인간이 하루에 필요로 하는 구리의 90%는 음식으로 섭취하게 되고, 나머지 10%를 물과 함께 흡수하게 된다. 따라서 건강관리 측면에서 물속에 포함된 구리의 함량은 중요한 관리 인자가 될 수 있다. 통상 물속에 녹아 있는 구리의 양이 1 리터(Liter)당 1mg을 넘으면 물맛이 변하게 되고, 2mg을 넘으면 건강에 위해 요소가 된다고 한다. 음용수로서 관리 기준은 물 1 리터당 구리 함량이 1mg을 넘지 않도록 규정하고 있다.

보일러에서 물에 의한 부식 억제제로서 암모니아나 탄산중화형 아민이 주입되어 있으면 다량의 암모니아이온(NH_4^+)이 존재한다. 증기보일러에 공급되는 물은 일반적으로 탈산소상태로 되어 있기 때문에 증기나 복수의 산소농도는 낮으나 산소농도가 높으면 구리배관 및 구리합금의 부품에 부식을 일으킬 수 있다.

일반 담수중에 암모니아이온(NH_4^+)이 존재하는 경우는 보통은 없으나 아초산염계 방식제가 투입되어 있는 수중에서 방식제 성분인 아초산이온(NO_2^-)과 평형해서 미량이지만 암모니아이온(NH_4^+)이 존재하는 경우에는 황동계의 구리합금 부품에 응력부식균열을 일으키기도 한다.

(4) 해수부식(海水腐蝕)

염화물이온(Cl^-)이 많은 수중에서는 황동이 탈아연부식을 일으키기도 한다. 탈아연부식은 아연의 양이 20% 이상인 황동에서 아연 함유율이 높을수록 일어나기 쉽다. 탈아연부식은 물이 정체하고 있는 곳에서는 볼 수 있으나 유동하는 수중에서는 잘 발생하지 않는다.

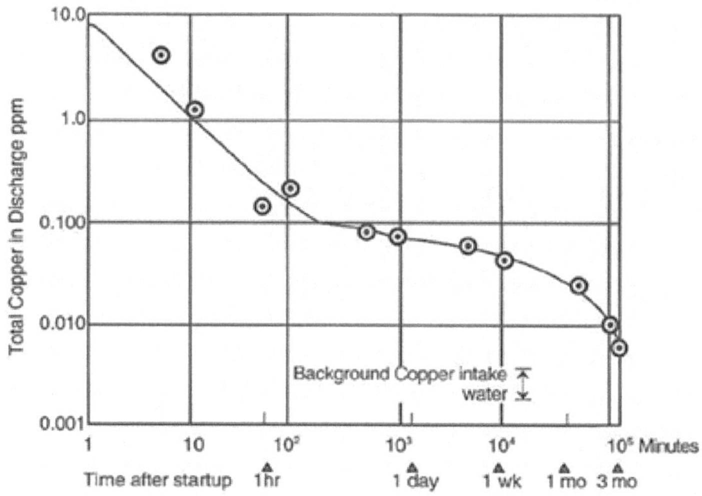

[그림 1-72] 해수 분위기에서 90-10 황동의 내식성

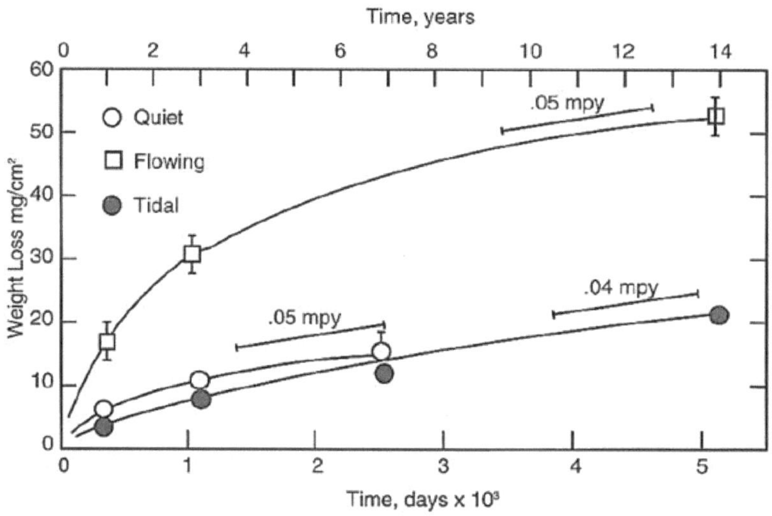

[그림 1-73] 해수 분위기에서 90-10 황동의 부식속도

모든 부식 분위기에서 구리 표면에 피막이 형성되면서 초기 부식률이 시간이 지남에 따라 감소하는 경향을 보이게 된다. 빠른 유속이나 와류 형성에 의해 이들 피막이 기계적으로 손상되지 않는다면, 구리 및 구리합금의 내식성은 유지된다고 봐야 한다. 구리-니켈 합금의 해수 분위기에서의 일반적인 부식속도는 0.02~0.002 mm/year 정도이며, 시간이 지남에 따라 감소하는 경향을 보인다.

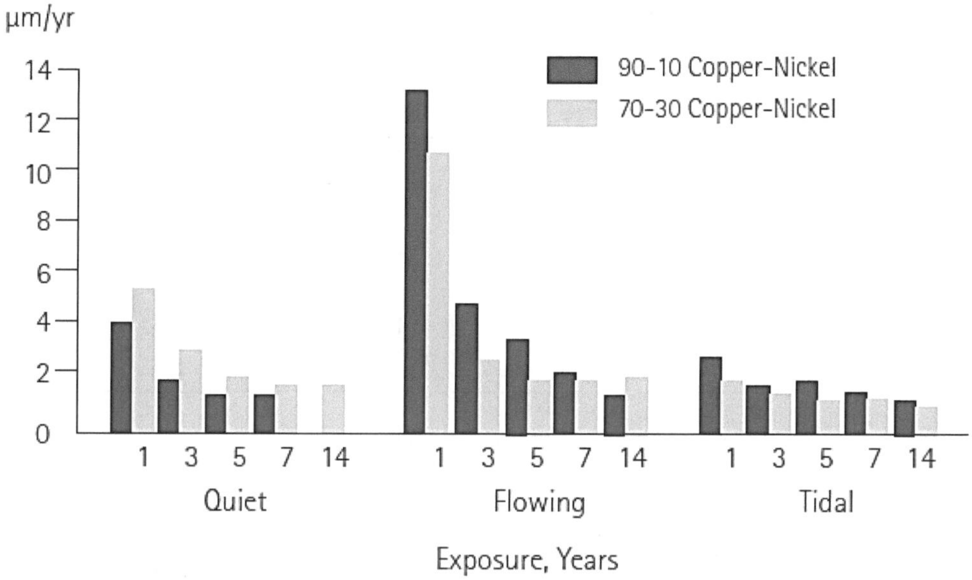

[그림 1-74] 해수 분위기에서 구리-니켈 합금의 부식속도

해수 분위기에서는 단순히 금속이온이 용출되어 나오는 부식뿐만 아니라 직접적인 마모에 의한 손상도 발생하게 된다. 이에 따라 합금별로 유속에 대한 제한을 제시하고 있다. [표 1-23]은 해부 분위기에서 내식성 재질로 사용되는 구리합금의 유속한계를 정리한 것이다.

[표 1-23] 해수용 펌프 재질로서 구리합금의 유속 한계

구리합금 (UNS No.)	유속 한계 (m/sec)
C83600	〈 9.1
C87600	〈 9.1
C90300	〈 13.7
C92200	〈 13.7
C95200	〈 22.8
C86500	〈 22.8
C95500	〈 22.8
C95700	〈 22.8
C95800	〈 22.8

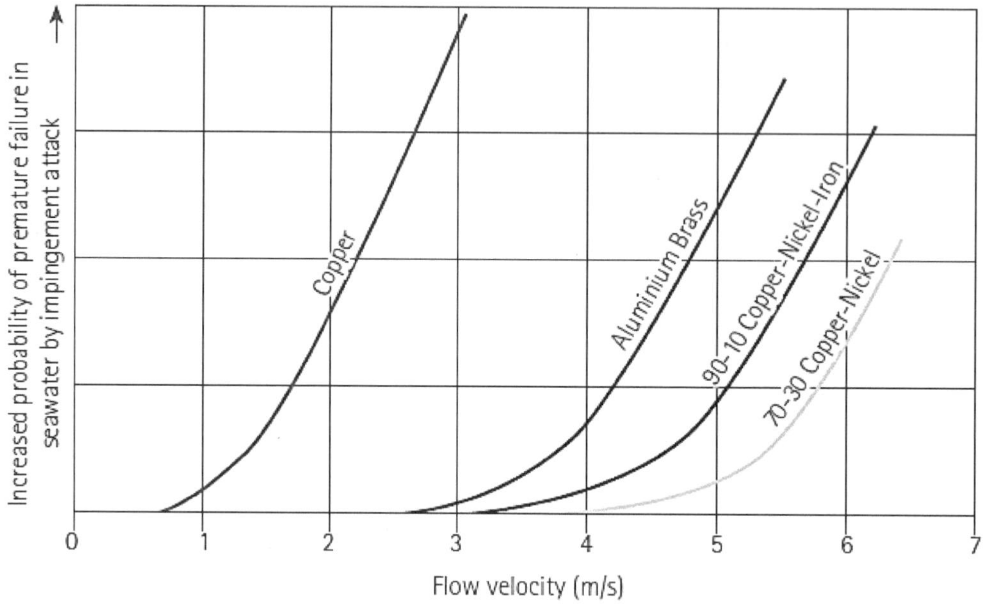

[그림 1-75] 주요 구리 합금의 해수분위기에서의 유속 한계

(5) 토양부식(土壤腐蝕)

지중에서의 수분은 여러가지 성분을 용존하고 있어서 장소에 따라 성질이 다르며 부식에 영향을 미치는 요인으로서 특히 중요한 것은 금속면에의 산소 확산량이고, 이것은 흙의 다공성, 함수량 등에 의해서 변한다. 산소량이 많을수록 부식은 가속되지만 흙 속과 같이 산소가 들어가기 어려운 경우는 부분적인 산소 농담이 생기기 쉽고 그 때문에 형성되는 산소 농담 전지작용도 부식의 생성과 전파에 중요한 요인이다.

구리는 지나치게 산성의 토양이거나 점토 성분이 많은 토양이 아니라면 대부분의 토양에서 지하 매설에도 부식 문제가 발생하지 않는다. 물을 매체로 사용하는 많은 열교환기에서 구리를 사용하는 것은 구리의 우수한 내식성 때문이다.

매설된 구리배관의 부식손상여부를 예측하기 위해서는 토양과 구리배관 사이의 전위(Potential) 차이를 측정하여 평가가 가능하다. 측정된 전위가 음(-)의 값을 가지면 매설된 배관은 음극방식에 의해 보호되고 있지만, 양(+)의 값을 가지면 부식이 진전되고 있다고 평가할 수 있다.

[표 1-24] 매설된 구리 배관의 전위 측정에 의한 부식성 평가

표준 전극 대비 전위차	부식 손상 평가
-0.5V 이하	매설된 구리 배관에 부식이 전혀 없고, 음극방식으로 보호 되는 수준
-0.25~-0.5V	대부분의 토양에서 부식이 없는 수준
-0.1~-0.25V	부식이 시작되는 것으로 의심되는 수준
0.0 V 이상	부식이 진전되는 것으로 의심되는 수준

(6) 갈바닉 부식(Galvanic Corrosion)

갈바닉 부식(Galvanic Corrosion)은 전해질 내에 두 개의 다른 금속이 서로 접촉될 경우 전위차가 발생되며 이것에 의해 금속 간에 전류가 흐른다. 그 결과 내식성이 큰 금속(음극)의 부식은 억제되고 활성이 큰 금속(양극, Anode)의 부식이 촉진되는 것이다.

구리는 다른 금속과의 접촉에서 상대적으로 부식전위가 높아서 쉽게 부식되지 않는다. 일반 탄소강 및 알루미늄이나 스테인레스강과의 접촉에서도 음극으로 작용하여 부식되지 않고 내구성을 유지할 수 있다. 그러나 구리의 내식성은 표면의 산화피막 성상에 따라 달라지게 되고, 와류가 형성되거나 빠른 유속 혹은 기타 표면의 산화피막을 기계적으로 손상시킬 수 있는 환경하에서는 산화피막이 보호 기능을 감당할 수 없게 된다.

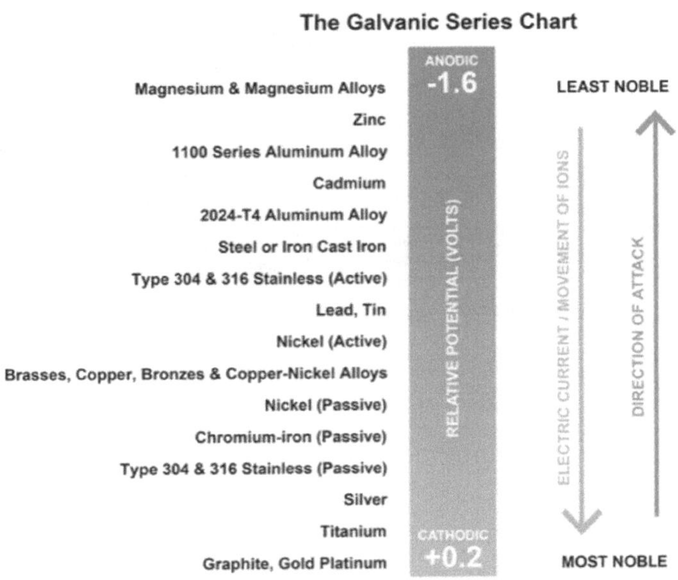

[그림 1-76] 해수 분위기에서의 갈바닉 전위

앞서 자유여신상을 대표적인 구리합금의 적용 사례로 소개하였으나, 실제로는 자유여신상은 설치된 이후 100년이 되어가면서 구리로 덮인 외부로 녹물이 흘러내리고 내부 구조체 골조의 부식 손상이 심각하여 입장객을 더 이상 수용할 수 없는 상황이 발생하게 된다.

[그림 1-77] 녹물이 흘러내리는 자유여신상

이에 따라 1982년도에 당시 레이건 대통령이 보수 공사를 약속하게 되고, 이후 1984년부터 1986년까지 약 3년에 걸친 기간 동안에 대대적인 보수 공사를 진행하게 된다. 이 보수 공사는 자유여신상의 외피를 덮고 있는 구리합금의 부분적인 균열과 부식으로 인해 수분과 부식성분이 유입되면서 내부 골조를 이루고 있는 주철의 부식이 발생하여 전체적으로 부식 손상에 의한 얼룩이 지고 구조체 자체의 건전성에 위협을 받게 된 상황을 해결하기 위한 것이었다.

이러한 손상의 주요 원인은 첫째로는 외피의 손상을 지적할 수 있겠으나, 실제로는 외피 재질이 구리합금과 내부 골조를 이루고 있는 주철의 갈바닉 전위 차이에 의한 갈바닉 부식으로 보는 것이 타당하다. [그림 1-78]과 [그림 1-79]에 자유여신상의 기본 구조와 갈바닉 부식이 발생하게 되는 과정을 설명한다.

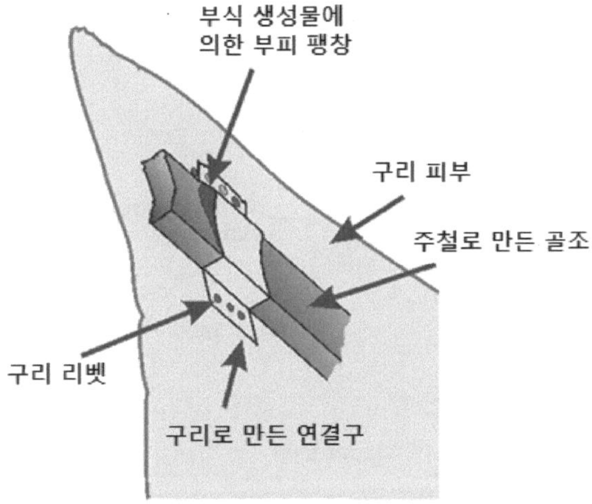

[그림 1–78] 자유여신상의 기본 골조 구조와 부식 발생

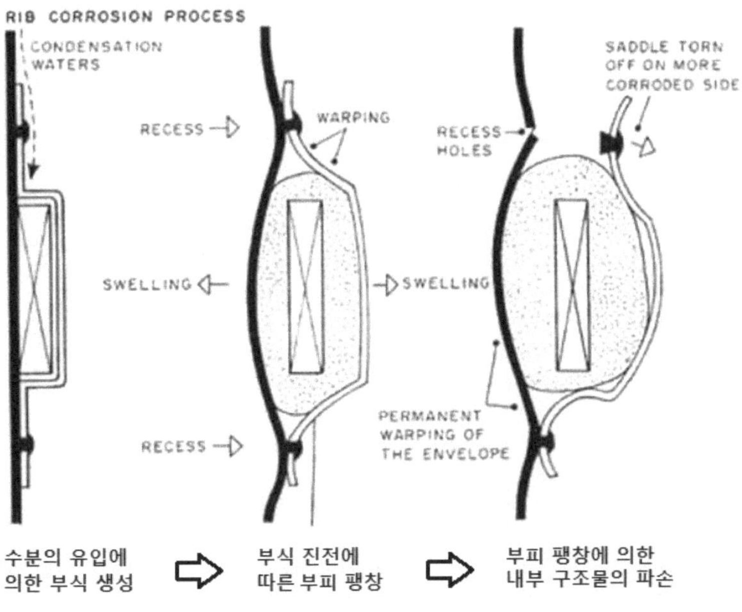

[그림 1–79] 수분 및 부식성 물질의 외부 유입에 의한 갈바닉 부식 손상 발생

이러한 자유여신상의 손상을 해결하기 위해 뉴욕시에서는 [그림 1-80]과 같이 손상된 내부 골조를 기존의 주철에서 스테인레스강 316L로 변경하여 내구성을 높이는 방향으로 개선하였다.

[그림 1-80]에 소개된 9.6과 9.4의 두 숫자는 두 재질의 열팽창계수를 비교하여 나열한 것으로 실제 대기 조건에서 두 재질의 열팽창 차이로 인한 문제점이 크지 않음을 평가한 것이다. 아울러 두 재질 사이의 갈바닉 형성을 막기 위해 테플론으로 골조를 감싸서 격리하였다.

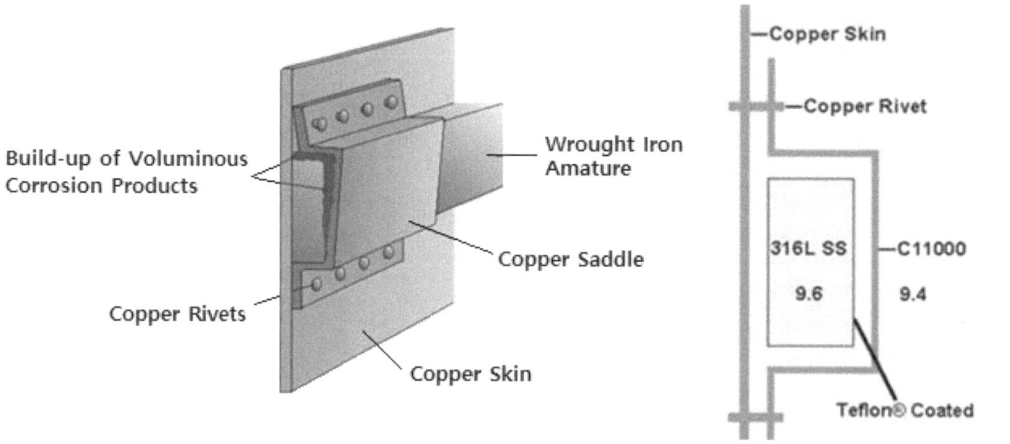

(a) 부식 손상을 입은 자유여신상 (b) 갈바닉 부식을 방지한 보수 작업

[그림 1-80] 자유여신상의 골조 변경에 의한 보수 작업

[표 1-25] 해수 분위기에서 주요 합금의 내식성 비교

합금명	전면부식		틈부식		마모한계	
	mil/yr	mm/yr	mil/yr	mm/yr	Ft/s	m/s
단련재 합금(Wrought Alloys)						
Phosphorus deoxidized copper	1.6	0.04	0.9	〈 0.025	6	1.8
Admiralty Brass	2	0.05	〈 2	〈 0.051	10	3
Aluminum Brass	2	0.05	2	0.051	13	3.9
Naval Brass	2	0.05	6	0.15	10	3
High Tensile Brass	7	0.18	29	0.74	10	3
90-10 Copper Nickel	1.6	0.04	〈 1.6	〈 0.04	12	3.7
70-30 Copper Nickel	0.9	0.023	〈 0.9	〈 0.023	15	4.6
5% Aluminum Bronze	2.3	0.06	〈 2.3	〈 0.058	14	4.3
8% Aluminum Bronze	2	0.05	〈 2	〈 0.051	14	4.3
9% Aluminum Bronze	2.3	0.06	2.9	0.074	15	4.6
Nickel Aluminum Bronze	2.9	0.074	〈 20	〈 0.5		
Aluminum Silicon Bronze	2.9	0.074	2.9	0.074	8	2.4
17% Cr Stainless Steel	〈 0.9	〈 0.023	200	5.1	〉 30	〉 9
Austenitic Stainless Steel 304	〈 0.9	〈 0.023	0.9	0.23	〉 30	〉 9
Austenitic Stainless Steel 316	0.9	0.023	0.4	0.1	〉 30	〉 9
Monel	0.9	0.023	1.8	0.5	〉 30	〉 9
주조용 합금(Cast Alloys)						
Leaded Red Brass	1.6	0.04	〈 1.6	〈 0.04	12	3.7
Red Brass (Gunmetal)	0.9	0.023	〈 0.9	〈 0.023	20	6.1
High Tensile Brass	8.7	0.22	0.9	0.23	8	2.4
Aluminum Bronze	2.9	0.074	2	0.51	14	4.3
Manganese-Aluminum Bronze	2.1	0.053	140	3.6	14	4.3
Austenitic Cast Iron (AUS 202)	2.7	0.069	0	0	〉 20	〉 6
Austenitic Stainless Steel 304	〈 0.9	〈 0.023	0.9	0.23	〉 30	〉 9
Austenitic Stainless Steel 316	0.9	0.023	0.4	0.1	〉 30	〉 9
3% or 4% Si Monel	0.9	0.023	1.8	0.5	〉 30	〉 9

* Source : Aluminum Bronze Alloys - Corrosion Resistance Guide, CDA Publication No. 80, 1981

[표 1-26] 깨끗한 담수(Fresh Water)내의 Cavitation Erosion 저항성

주요 합금	부식-침식률(Cavitation-Erosion Rate)	
	in^3/h	mm^3/h
Nickel-Aluminum Bronze	0.0037	0.6
Aluminum Bronze	0.0049	0.8
Manganese-Aluminum Bronze	0.0092	1.5
High Tensile Brass	0.0287	4.7
Gunmetal	0.0299	4.9
Monel K500 (Cold Drawn)	0.0171	2.8
Monel K500 (Aged)	0.0073	1.2
Austenitic Stainless Steel 321	0.0104	1.7
Austenitic Stainless Steel 316	0.0104	1.7
Cast Martensitic Stainless Steel 420	0.0104	1.7
Cast Austenitic Stainless Steel 347	0.0061	1.0
Spheroidal-Graphite Cast Iron	0.0079	1.3
Nickel-Resist Iron	0.0269	4.4

(7) 탈아연부식(Dezincification)

아연의 함량이 15% 이상이 되는 황동의 경우에는 특정 부식환경에서 아연(Zn)이 선택적으로 용출되어 조직에서 이탈해 버리는 탈아연(Dezincification) 현상에 의한 부식 손상을 입게 된다.

이로 인해 다공성의 구리만이 조직에 남게 되고 결과적으로 기계적 강도의 손실을 야기하여 기계구조물로 사용할 수 없게 된다. 이러한 단점을 지닌 α상의 황동에 0.02~0.05%의 비소(As)를 첨가하면 탈아연 현상을 억제하게 되며, 여기에 추가로 주석을 1.5% 이내로 첨가하면 탈아연 현상을 억제하는 탁월한 효과가 발생한다.

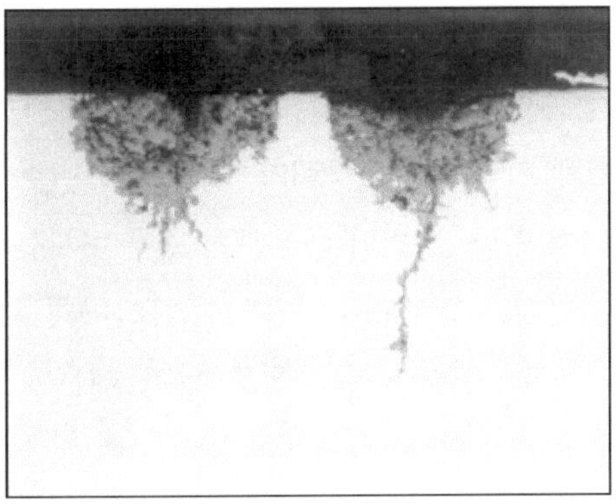

[그림 1-81] 탈아연현상이 발생한 황동의 표면

[그림 1-82] 탈아연부식이 발생한 6-4 황동재질의 밸브 스템

탈아연부식 손상이 발생하는 유체는 약산성이거나 알카리성 유체로서 산소의 공급이 원활하지 않고 정체되어 있는 곳에서 주로 발생하여 온도가 높고 표면에 이물질이 부착되어 있을 경우에 손상이 더욱 심해진다. 염화물이온(Cl^-)이 많은 수중에서는 황동이 탈아연부식을 일으키기도 한다. 탈아연부식은 아연의 양이 15% 이상인 황동에서 아연 함유율이 높을수록 일어나기 쉽다. 탈아연부식은 물이 정체하고 있는 곳에서는 볼 수 있으나 유동하는 수중에서는 흔하지 않다.

[표 1-27] 탈아연 부식에 미치는 합금원소의 영향

탈아연 부식에 미치는 영향	합금원소(0.5% 미만)
감소 (내식성 증가)	As, Ni, Al, W, Pb
조장 (내식성 감소)	Mn, Fe

(8) 마모손상(Wear)

마모는 표면의 상대운동 결과로 미세한 입자들이 접촉면에서 이탈되는 현상으로 정의되며, 모든 기계 장치에서 불가피하게 발생되는 현상이다. 마모의 원인으로는 응착, 부식, 절삭, 피로 및 화학적 상호작용 등이 알려져 있다. 그러나 대부분의 경우 마모는 한가지 원인에 의해서 발생되는 것이 아니라 여러가지 원인이 복합적으로 작용하여 나타나게 된다.

구리는 그 자체로 표면의 윤활 기능이 어느 정도 있기 때문에 일반적인 개념의 마모손상(Wear) 저항성은 상대적으로 좋다고 할 수 있다. 그러나 구리 및 구리 합금에 있어서 운동하는 두 계면이 맞닿으면서 마모손상이 발생하는 프레팅(Fretting)은 진폭이 100nm 정도만 되어도 운동하는 계면 사이의 마찰에 의해 표면의 피막이 손상되고 다시 피막이 재생되면서 손상이 가속화되어 충분하게 손상을 유발할 수 있다.

[표 1-28] 재료의 조합과 접촉 상태에 따른 마찰계수

접촉되는 재료의 조합		정적인 마찰계수 - μs	
		깨끗하고 마른표면	기름, 미끄러운표면
알루미늄	알루미늄	1.05~1.35	0.3
알루미늄-구리	강철	0.45	
알루미늄	연강	0.61	
황동	탄소강	0.35	0.19
황동	주철	0.3[1)]	
청동	연강		0.16
청동	주철	0.22[1)]	
청동 소결제품	탄소강		0.13
카드뮴	카드뮴	0.5	0.05
카드뮴	크롬	0.41	0.34
카드뮴	연강	0.46[1)]	
주철	주철	1.1, 0.15[1)]	0.07[1)]
주철	연강	0.4, 0.23[1)]	0.21, 0.133[1)]
크롬	크롬	0.41	0.34
납청동	탄소강	0.22	
구리	구리	1	0.08
구리	주철	1.05, 0.29[1)]	
구리	연강	0.53, 0.36[1)]	0.18[1)]
흑연	탄소강	0.1	0.1
주철	주철	1.0	0.15~0.20
Lead	주철	0.43[1)]	
마그네슘	마그네슘	0.6	0.08
니켈	니켈	0.7~1.1, 0.53[1)]	0.28, 0.12[1)]
니켈	연강	0.64[1)]	0.178[1)]
종이	주철	0.20	
인청동	탄소강	0.35	
백금	백금	1.2	0.25
은	은	1.4	0.55
탄소강	탄소강	0.8	0.16
텅스텐카바이드	탄소강	0.4~0.6	0.1~0.2
텅스텐카바이드	텅스텐카바이드	0.2~0.25	0.12
텅스텐카바이드	구리	0.35	
텅스텐카바이드	주철	0.8	
주석	주철	0.32[1)]	
아연(Zn)	주철	0.85, 0.21[1)]	
아연(Zn)	아연(Zn)	0.6	0.04

* Note : [1)] 동적인 마찰계수, 정적인 마찰계수는 동적인 마찰 계수 보다 조금 더 크다.

1.3.2. 구리와 건강

구리는 생명체에 있어서 매우 중요한 원소이다. 구리는 식물이나 동물에게 필수 무기물질로 사람은 체중 kg당 1.4~2.1mg을 필요로 하고 있어서 보통 사람의 몸에 약 50~120mg (milligrams) 정도가 필요하며, 철, 칼슘, 아연 등과 함께 반드시 필요로 하는 미량 원소이다. 구리는 체내에서 스스로 생성할 수 없고, 반드시 식품으로 섭취되어야 한다. 섭취되는 양의 90%는 음식으로 그리고 나머지 10%는 음료수 속에 포함되어 체내로 공급된다.

가열하면 어두운 빛깔의 산화제1구리(Cu_2O)가 되고, 1,000℃ 이상으로 가열하면 적자색인 산화제2구리(CuO)가 된다. 고등식물과 동물에게는 필수 영양소로서 역할을 하고 있으며, 여러가지 효소의 생산과 활성 등에 관여하기에 구리가 부족하면 다양한 신체 이상을 일으킬 수 있다. 갑각류, 연체동물, 일부 절지 동물들의 혈액은 산소 운반체로 철이 들어 있는 헤모글로빈(Haemoglobin) 대신에 구리가 들어 있는 헤모시아닌(Hemocyanin)을 포함하고 있어서 푸른색을 띈다.

구리는 인체의 뼈와 조직을 구성하는 성분으로 필요하기도 하며, 철분과 함께 세포내의 크렙스 에너지 사이클의 마지막 단계에서 필요하기도 하다. 구리는 위와 소장, 특히 십이지장을 통해 흡수가 되며, 흡수된 구리는 간으로 이동하여 여러 가지 역할을 하거나 담즙으로 배출된다. 흡수율은 우리 몸에서 구리를 필요로 하는 양과 연령 및 식이 요인 등에 따라 변화한다. 인체의 구리 함유량은 100~150mg으로 1일 필요량은 약 2mg으로서 발육 특히 신경계 발육에 필요한 원소이다.

구리는 철분이 우리 몸에서 흡수되고 헤모글로빈을 합성하는 것을 도와준다. 따라서 구리가 부족하면 철의 섭취가 어려워지고 적혈구 형성이 잘 안되어 헤모글로빈(Haemoglobin)의 합성 지연, 조혈장애로 인한 빈혈, 엘라스틴(Elastin) 형성장애로 인한 조직의 이상, 중추신경계 장애가 발생하며, 영양질환, 식욕부진, 성장감퇴 등도 발생할 수 있다. 곱슬머리병(Menkes's Disease)은 유전성질환으로 장기에서 구리의 흡수장애로 혈장중의 구리 농도 저하로 발생하며, 발육장애, 정신신경장애를 일으킨다. 특히 모발은 생후 2~3개월에서 갈색으로 곱슬머리, 열모를 나타내며 이외에 기도감염이 잘 일어나거나 혈관이 약화되고 골구조 장애가 발생할 수 있다

구리가 과잉으로 되면 간경변, 복통, 구토, 설사, 운동장애, 지각신경장애 등이 일어난다. 윌슨병(Wilson's Disease)은 구리 대사의 장애를 초래하는 유전성 질환으로 구리가 간담도를 통해 정상적으로 배출되지 못하고 축적되어 장기에 독성을 나타낸다. 몸의 경직, 떨림, 보행장애, 무도병(舞跳病), 정신병 등의 증상이 나타날 수 있다. 특히 임신을 하면 혈중 구리 수치가 급격하게 증가하여 임산부의 구리 수치는 일반 여성에 비해 대략 2배 정도 높아진다. 그리고 이렇게 증가된 수치는 분만 후 한 달까지 지속되므로 임산부는 일반 여성에 비해 구리에 중독될 위험이 더욱

높다. 식품 섭취를 통해 구리의 독성이 나타나기는 불가능하지만 구리 보충제 또는 병해충 관리를 위해 사용되는 구리염(Copper Salt)을 통해 독성이 나타날 수 있다. 임신기간 동안 너무 빨리 다량의 구리가 축적되면 유산과 조기분만이 유발되며 산후우울증이 발생할 수 있기 때문에 다량의 구리를 섭취하지 않도록 주의할 것을 의사들은 추천한다.

그러나 사람이 일상생활에서 먹는 음식에는 구리성분이 있기 때문에 구리의 결핍 증상은 사실상 잘 나타나지 않는다고 하며, 구리 용기나 구리 배관으로 부터 이탈된 구리에 오염된 음식물이나 음료로부터 많은 양의 구리염을 섭취하게 되면 위장장애가 일어날 우려가 있고, 구리증기를 흡입하면 금속성 열이 발생한다. 정상적인 사람의 대사관계는 구리의 선별 흡수에 매우 효과적으로 작용하고 있고 구리는 혈장내의 알부민에 필수적이며 많은 양이 간에 저장될 수도 있고 제거될 수도 있다. 인간은 유해한 영향 없이 상당히 많은 양의 구리를 먹어도 견딜 수 있다고 하며, 의학적으로 피임, 암치료용 약품에까지 사용된다.

[표 1-29]는 유럽식품안전협회(European Food Safety Authority)에서 권장하는 구리의 섭취량이다.

[표 1-29] 구리 권장 섭취량

구리 권장 섭취량 (mg/day)		
나이	여자	남자
7~11 개월	0.4	0.4
1~2살	0.7	0.7
3~9살	1.0	1.0
10~17살	1.1	1.3
≥18살	1.3	1.6
임신기 (Pregrancy)	1.5	
수유기 (Lactation)	1.5	

[표 1-30] 법령에 따른 환경의 구리함량에 대한 관리 기준

규제법령	규제기준구분	구리의 각종 기준
환경정책기본법	수질환경기준	0.02mg/L 이하(해역)
대기환경보전법	특정대기유해물질 오염물질의 배출허용기준 - 입자상 물질	구리 및 그 화합물 구리제련시설 : 20mg/sm^3 이하 기타 시설 : 20mg/sm^3 이하
수질환경보전법	특정수질 유해물질 오염물질의 배출허용기준	구리 및 그 화합물 청정지역 : 0.5mg/L 이하 가 : 3mg/L 이하 나 : 3mg/L 이하 특례 : 3mg/L 이하
	방류수 수질기준	3mg/L 이하
유해화학물질관리법	유독물	무기 구리염류(뇌동, 뇌산제외)
폐기물 관리법	광재, 분진, 폐주물사, 폐사, 폐내화물, 도자기 편류, 소각잔재물, 안정화 또는 고형화 처리물, 폐촉매, 폐흡착제, 오니에 함유된 유해물질	구리 또는 그 화합물 : 3mg/L 이하(용출액)
수도법	음용수 수질 기준	1mg/L 이하
먹는 물 관리법	먹는 물의 수질기준	1mg/L 이하
	먹는 샘물의 수질기준	1mg/L 이하
지하수법	지하수 수질 기준	
산업안전 보건법	작업환경 유해물질의 허용농도	구리흄 : TWA; 0.1mg/m^3 구리분진 및 미스트 : TWA; 1mg/m^3
토양환경 보전법	토양오염 우려기준	농경지 : 50mg/Kg 공장, 산업지역 : 200mg/Kg
	토양오염 대책기준	농경지 : 125mg/Kg 공장, 산업지역 : 500mg/Kg

* TWA(Dust, Mist) 1mg/m^3; (Fume) 0.2mg/m^3

1.3.3. 항균 및 살균 성능

구리는 지각의 구성 요소 중에 질량의 백분율로 표기하면 약 70ppm 정도로 대략 26번째로 많은 원소이다. 순수 구리는 인체에 대한 독성이 없다고 알려져 있다. 구리와 구리 화합물은 항균 작용이 있으며 표면에 생물이 부착하여 번식하는 것을 막기 때문에 선박 바닥에 구리판을 부착하는 등 해양 미생물 퇴치용도와 살균제로 사용되기도 했다. 지금은 직접적으로 구리판을 부착하는 대신에 산화제1구리(Cu_2O)를 사용한 미생물 방지 도료(Antifouling Paint)를 사용하여 생물들이 달라붙지 못하도록 하기도 한다.

구리는 그 자체로 항균성을 가진 물질로서 박테리아, 바이러스 및 각종 세균을 빠르게 박멸한다. 구리가 의료용으로 사용된 것은 최근의 현상이 아니다. 기원전 2000년경 이집트에서는 식수와 상처의 살균을 목적으로 동을 사용한 기록이 있고, 기원전 400년에는 히포크라테스가 하지정맥류와 족부궤양 치료에 동을 사용했다. 고대 이집트인의 파피루스 기록에 따르면 구리를 감염치료와 물을 소독하는데 사용했다고 한다. 그들은 구리 그릇에 식수를 보관했는데, 이는 구리의 항균 성질을 구체적으로 알고 선택한 것이 아니라 당시의 경험에 의한 선택으로 판단된다.

1850년 콜레라가 유행하던 프랑스에서는 동 관련 사업에 종사한 인부들에게서 면역이 발견됐고, 2005년부터 인도 펀자브 지역에서는 식수의 대장균을 박멸하기 위해 황동물탱크를 사용하고 있다. 가정에서 10원짜리 동전을 신발 안에 보관하면 탈취효과가 있다고 하는데, 이는 10원짜리 동전 안에 있는 구리성분이 항균작용을 하기 때문인데, 냄새와 세균증식을 억제할 수 있다고 한다.

국내외에서 항균동(抗菌銅, Antimicrobial Copper)이라는 이름으로 사용되는 이들 구리 제품은 순동 및 황동과 청동 등 일련의 동합금을 일컫는 단어로서 각종 의료용품과 병원 내장재로 사용되고 있다. 전세계적으로 많은 병원에서 환자들의 감염을 줄이기 위해 사람들의 손이 자주 닿는 시설 표면에 항균동을 사용하고 있으며, 제균 장치에 포함된 구리는 인체 감염을 유발하는 대기속 곰팡이와 같은 공기로 전파되는 오염물질을 제거하는 기능을 담당한다. 국제구리협회(International Copper Alliance)에서는 항균성이 검증된 구리합금을 사용하는 회사에 Cu+ 마크를 부여하여 그 기능을 인증해 주고 있다.

구리가 세균을 죽이는 메커니즘은 아직 알려지지 않았으나, 인류는 19세기에 들어서면서부터 질병을 유발하는 세균에 대해 이해하기 시작했다. 하지만 그 보다 훨씬 오래 전부터 구리, 황동, 청동의 항균 효과에 대해 인식하고 활용해 왔다.

1983년에 P. Kuhn은 병원 문 손잡이의 재질에 따른 박테리아 오염 수준을 조사하였고, 그 결과는 스테인레스강 재질의 손잡이가 황동 재질의 손잡이에 비해 더 많이 오염된 사실을 확인했다. [그림 1-83]은 상온의 실내에서 박테리아로 오염된 손잡이를 2시간 후에 다시 검사하여 손잡이의 재질에 따른 박테리아의 오염도 결과를 보여주고 있다. [그림 1-83]에서 확인된 바와 같이 황동 재질의 손잡이에서는 99.9% 이상의 박테리아가 박멸한 것을 확인할 수 있었고 이는 황동 재질의 우수한 살균 능력을 보여주는 것이다.

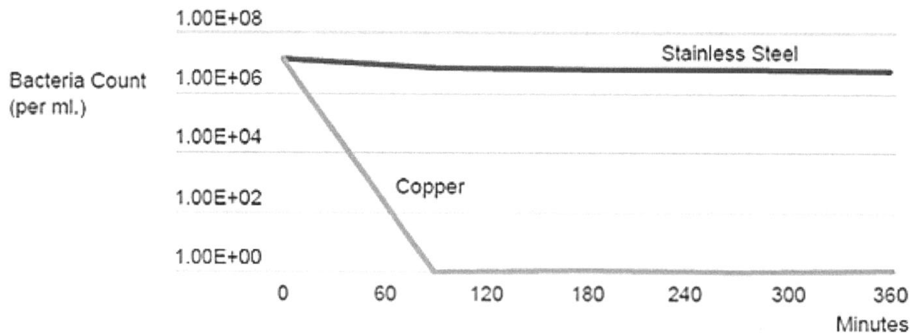

[그림 1-83] 손잡이 재질에 따른 박테리아 오염도(20℃)

비슷한 내용의 실험이 미국 EPA를 통해 다양하게 실시되었다. [그림 1-84]는 식중독을 일으키는 O-157균을 대상으로 황동의 살균 능력을 확인한 것이다.

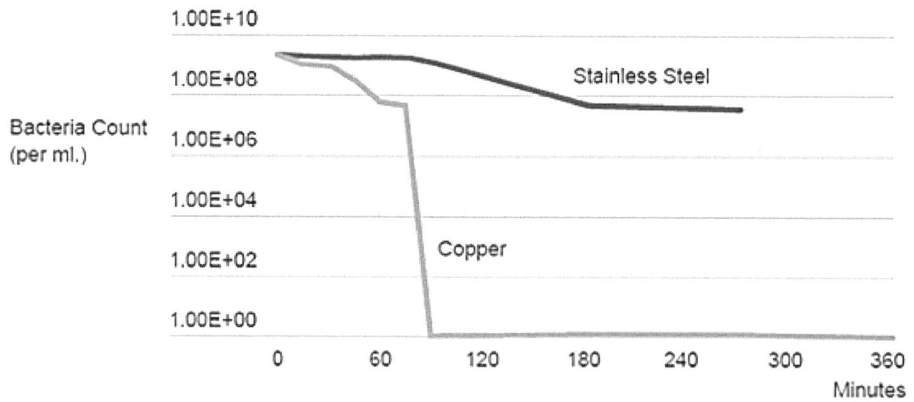

[그림 1-84] 손잡이 재질에 따른 O-157 균의 오염도

우리 조상들이 사용했던 방자유기는 우수한 살균 성능이 있는 식기 재질이니 조상들의 지혜가 돋보이는 부분이라고 볼 수 있다. 2003년도 경원대 박종현교수는 방자 유기가 식중독을 일으키는 대장균의 하나인 O-157균을 죽이는 살균 효과가 있음을 밝혔으며, 2008년도 경기도 보건환경연구원 허정원 박사는 비브리오 패혈증과 콜레라를 유발하는 비브리오균과 유해 미생물에 대한 살균 효과가 뛰어남을 소개하였다.

미국 환경청은 이미 구리 합금을 공공보건에 유익한 항미생물 물질로 지정했고, 구리 항균제품들은 현재 우리나라를 비롯해 영국, 아일랜드, 프랑스, 일본, 덴마크, 브라질 등의 병원 시설에 일부 설치되고 있다. 세계 최대의 구리 생산국인 칠레에서는 구리 양말 등 의류에도 구리를 섞은 제품을 개발하며 수요처를 확산 중이다.

2015년에는 미국미생학학회지 '엠바이오'(mBio)'에 구리(Cu)가 호흡기 바이러스 전파를 효과적으로 차단한다는 연구가 발표됐다. 대표적인 호흡기 바이러스의 일종인 인간 코로나바이러스(229E)는 보통의 감기로부터 치명적인 폐렴까지 광범위한 호흡기 질환을 일으키며, 세라믹 타일이나 유리, 고무나 스테인레스 스틸 등의 표면에서 최소 5일 동안 살아남을 수 있는 것으로 확인됐다. 연구에 따르면 구리와 구리 합금을 포함한 '항균 구리' 표면을 손가락으로 감염시켰을 때 코로나 바이러스는 수분 안에 급속하게 비활성화됐다. 구리에 대한 노출이 바이러스가 되살아날 수 없도록 완전히 사멸시키는 것으로 나타나자 연구팀은 항균 구리 표면재를 사람들이 많이 모이는 공공장소나 구역의 설비에 사용하면 호흡기 바이러스의 전파를 줄여 공공 보건에 도움을 줄 것이라고 결론 내렸다.

1.4 구리의 용도

1.4.1. 구리의 역사

구석기를 거쳐 보다 진화된 신석기 시대를 열어간 인간들이 더 좋은 도구를 개발하기 위해 새로운 소재를 찾는 노력을 하는 과정에 자연 상태의 금속을 발견하게 되었을 것이다. 그 중에서도 아마 자연금(Gold)이 먼저 발견되고 이용되었을 것이다. 금은 대개 자연금(노다지) 상태로 산출되고 금속 중에서도 빛깔이 단연 돋보여 아름답기도 하지만 굳기도 물러 가공도 쉽고 또 변치 않는 장점을 갖고 있기 때문이다. 이렇게 금을 찾아내고 활용한 인간들은 금과 유사한 아름다움을 지닌 자연구리를 또 찾아내게 되었고 가공하기도 좋고 굳기도 금 보다 더 단단해서 도구로서는 더 적합한 재료였을 것이다. 또 희귀한 금 보다는 양적으로 훨씬 풍부한 금속이어서 사냥도구로, 무기로, 장식품으로 다방면으로 활용하게 되었을 것이다. 선사시대를 대별할 때 석기, 청동기, 철기 시대로 구분하지만, 엄격히 청동기 이전에 구리시대(Copper Age)가 먼저 있었다.

인류가 처음에 활용한 구리는 자연상태에서 원소 형태로 존재하는 것이었다. 구리는 적갈색을 나타내고 비교적 큰 덩어리로 존재하기에 다른 금속에 비해 많은 양을 채집할 수 있었을 것이다. 기원전 9,000년경에 만들어진 구리 구슬이 북부 이라크에서 발견된 것으로 보아 인류가 구리를 처음 사용한 것은 최소한 1만년 전 쯤일 것으로 여겨진다. 기원전 7,500년경에 불에 구은 구리 광석을 숯과 함께 가열하면 구리가 얻어진다는 것이 중동에서 발견되었고, 중국에서는 약 기원전 2,800년경에 이러한 구리 야금법이 활용되기 시작했다. 일부 역사학자는 청동기가 만들어지기 전에 천연 또는 야금된 구리를 가공하여 사용한 시대를 구리시대(Copper Age)라고 부른다.

구리 보다 단단한 청동은 구리와 주석의 합금으로 기원전 4,000년~3,000년경에 현재의 이란 지역에 살았던 수메르(Sumer)인들이 처음 만들었고, 이를 이용하여 여러 도구를 만드는 청동기 시대(Bronze Age)가 시작되었다. 청동기 시대는 남 유럽에서는 기원전 3,700~3,300년경에, 북 유럽에서는 기원전 2,500년경에, 중국에서는 기원전 3,000년경에 그리고 한반도에서는 기원전 2,000~1,500년경에 시작된 것으로 알려지고 있다. 청동을 만들기 위해서 필요한 주석과 구리는 같은 지역에서는 나오는 경우가 거의 없어서 주석을 얻는 것이 고대 무역에서 중요한 것이 되었다.

청동기는 주로 장신구나 무기에 쓰였으며, 주로 만주에서 발견되는 비파형 동검과 한반도의 세형 동검은 권력을 상징하는 도구였다. 청동기의 특징 중 하나는 농경생활이다. 여러 청동기 유적지에서 발견된 불에 탄 벼는 정착 생활이 시작되었음을 의미한다. 청동으로 만든 농사 도구들이 제작되면서 어로나 수렵 생활에서 벗어나 부족 국가 단위의 나라가 형성되기 시작했던 것이다. 가장 오래된 구리 합금인 청동은 황동이 나타나기 전까지 2,000~3,000년 동안 사용되었다. 청동은 구리와 주석 광산에서 우연히 발생한 산불로 나무가 타서 생긴 탄소와 열에 의하여 생긴 것으로 추정된다. 신라의 뛰어난 주조기술은 범종과 금동불에 잘 나타나 있다. 그 중에서도 손꼽히는 것은 '에밀레종'으로 알려진 국보 29호이자 세계문화유산으로 등재된 무게만 해도 22톤이 넘는 성덕대왕신종(聖德大王神鐘)이다. 운동 경기에서 수상자에게 주는 동메달은 구리를 써서 동메달이라고 쓰지만 원래는 구리와 주석의 합금인 청동 메달이다.

청동과 함께 고대로부터 사용되어온 또 다른 구리합금은 구리와 아연을 조합한 황동이다. 황동과 청동은 모두 로마시대에 널리 사용되었다. 이후 기원전 1,000년경에 철기시대가 시작되면서 이들 구리합금의 용도는 많은 부분이 대체되었다.

놋쇠로 불리는 황동은 구리와 아연의 합금으로 가장 많이 쓰였다. 십원 동전에 쓰였던 것이 황동이며, 지금은 알루미늄 금속 표면에 구리를 덧씌워 사용한다. 백동은 구리에 니켈이 10~30% 정도 함유된 합금이다. 이것은 은색을 띠기 때문에 은화 대용의 동전에 사용된다. 오십원, 백원, 오백원 동전은 백동으로 만든다. 상평통보 같은 옛날 동전에도 구리가 주로 쓰였는데 조선시대에 화폐유통이 활발하지 않은 이유 중에 하나는 구리는 조선에서 생산되지 않고 대부분 일본 등에서 비싸게 수입을 해야 했기 때문에 발행비용이 비쌌고 그러니 발행량이 제한되어 있었다는 것이다. 철이나 니켈 같은 것이 화폐로 통용되는 것은 현대에 들어와서 국가 공권력이 강해지고 경제 체제가 확립된 후다.

1.4.2. 구리의 주요 용도

우수한 전기전도도를 바탕으로 전기용 재료로서 구리의 용도는 거의 절대적이며 전체 구리 사용량의 60% 이상을 차지한다. 알루미늄 보다 열을 잘 전달하는 기능이 있어서 전자기기의 방열판(Heat Sink)과 열교환기 튜브용 재질로 사용된다. 전기용 재료로 사용할 경우에는 직접 구리 그 자체로 전기 부품을 만들기도 하지만, 표면에 니켈 등 다른 금속을 도금하여 색감을 주기도 한다.

[표 1-31] 구리 생산국과 생산량

주요 구리 생산국 (2014년 기준)					
나라	칠레	중국	페루	미국	호주
생산량 (million ton)	5.7	1.7	1.3	1.2	1

우수한 내식성을 기반으로 송수관 및 지붕의 장식 재료로 사용된다. 부식에 강한 특성과 열을 잘 전달하는 특성을 활용하여 건물내 상수도관과 난방용 배관재로 사용된다. 또한 대기중에서 푸른색의 산화층인 녹청이 발생하여 독특한 색감을 보여주면서 구조재로서 구리를 보호하는 기능을 활용하여 지붕의 장식재료로 사용한다.

2008년 기준으로 미국에서 발표된 자료에 따르면 미국인 1인당 평생동안 총 595kg의 구리를 소비하고 있다고 한다.(USGS 2008 자료) 이는 우리가 미처 인식하지 못하는 가운데 매우 많은 양의 구리를 직접적으로 소비하는 것을 의미하며, 그만큼 구리가 우리 생활과 밀접하게 관련되어 있다는 것을 알려주는 것이다.

[표 1-32] 미국내 구리 소비 유형

적용 분야	점유율(%)
건축용 와이어	16
건축용 배관	15.1
공조 설비	8.8
전력 설비	8.5
통신 장비	7.2
자동차 산업	6.7
산업 설비	6.6
전기, 전자 장비	5.4
산업용 밸브, 배관재	3.2
조명 기구	3.1
기타	15.8

구리 자체는 강도가 약하지만, 합금을 하게 되면 우수한 기계적 강도를 확보할 수 있고 내식성과 열 및 전기전도도가 우수한 특성을 활용하여 다양한 종류의 합금으로 활용된다. 오랜 시간 우리 주변에서 놋쇠라고 불리웠던 아연과 구리의 합금인 황동, 아연과 주석의 합금인 청동은 물론이고 니켈과의 합금인 백동 등이 대표적인 구리합금 들이다.

이들 합금들은 우수한 주조성, 가공성, 내식성을 가진 특징을 활용하여 세계 각국에서 동전의 재료로 활용되고 있다. 우리나라의 경우에는 1원짜리만 알루미늄으로 제조되고 나머지 동전에는 모두 구리가 들어가 있다.

[그림 1-85] 구리합금으로 제조된 유로화 동전

[표 1-33] 국내 주화의 재질

주화 종류	재질 구성	비고
1원	알루미늄	
5원	65%Cu-35%Zn	
10원	48%Cu-52%Al	Al위에 Cu 도금으로 제조
50원	70%Cu-18%Zn-12%Ni	
100원	75%Cu-25%Ni	
500원		

또한 조각상, 주방기구, 각종 장식품 등에 사용되기도 하며, 중세 이후에는 해양 미생물의 부착을 막고 내구성을 확보하기 위해 선박의 외피를 덮는 용도로 사용하기도 했다.

[그림 1-86] 구리합금으로 만든 조형물

[표 1-34] KS구분에 따른 주요 구리합금의 용도

품명(KS규격)		재료특성	주요 용도			
			기계부품	수력기계	선박일반	기타
고력 황동	HBSC1	강인성	부시메탈	펌프부품일반	소형 프로펠러	스크류 박스, 선박용 장착구
	HBSC2	내식성	베어링	임펠러	대형 프로펠러	밸브축, 특수실린더, 일반기계부품
	HBSC3	내마모성	웜휠/ 베어링	–	내마모판	나사, 기어, 웜휠
알루미늄 청동	ALBC1	강인성	부시메탈	펌프부품일반	대형 프로펠러	제지용 롤러,
	ALBC2	내식성	베어링	동체커버	소형 프로펠러	브라켓, 피스톤, 안전공구
	ALBC3	내마모성	저속고압 베어링, 웜휠, 기어	임펠러, 축슬리브리너, 라이너링	샤프트슬리브 패킹글랜드	기어변환 포크, 화학용 기기부품
청동	BC1	내수압성	부시메탈	펌프부품일반	보일러부품	–
	BC2	내유압성	밸브코크	동체커버	스턴 부쉬	교량 베어링, 철도용 장착구
	BC3	내해수성	슬리브	임펠러, 플랜지, 밸브	샤프트슬리브	추진기, 펌프 동체
	BC6	베어링	베어링일반	가이드 베인	펌프	임펠러, 기관차 부품
	BC7	내식성	수압, 패킹글랜드	슬리브, 펌프 케이스	고온밸브, 해수펌프, 에어브레이크	연료펌프, 부쉬
인청동	PBC2A	내마모성	부시메탈	펌프부품일반	키스톱 슬리브	피스톤 링, 웜기어
	PBC2B	베어링	베어링일반	동체커버	스턴 부쉬	내마모판
	PBC3	내식성	웜휠, 기어	임펠러, 축슬리브리너, 라이너링	샤프트 슬리브, 피스톤 메탈	제지용 룰러

구리는 우수한 전기전도도와 적절한 기계적 강도 및 내마모성을 기반으로 전기저항 용접기의 전극용 재료로 사용된다. [표 1-35]는 전기저항 용접기협회(RWMA, Resistance Welder Manufacturers Association)에서 제정한 전극의 기준들이다.

[표 1-35] RWMA에 따른 전극용 구리 합금의 구분

CDA No.	RWMA Class	성분	밀도 (g/cc)	경도 (Rockwell)	열전도도 (Btu/hr.ft.°F)	전기전도도 (% IACS)	인장강도 (psi)
C11000	–	Pure Cu	8.94	34F	229	100	40,000
C15000	1	Cu-Zr	8.89	70B	212	90	66,000
C16200	1	Cu-Cd	8.89	70B	198	90	65,000
C18200	2	Cu-Cr	8.89	83B	187	85	75,000
C18150	2	Cu-Cr-Zr	8.89	82B	187	74	81,000
C18000	3	Cu-Ni-Si-Cr	8.71	94B	125	48	100,000
C17510	3	Cu-Ni-Be	8.75	100B	113	48	110,000
C15725	20	$Cu-Al_2O_3$	8.86	73B	199	87	75,000
C15760	20	$Cu-Al_2O_3$	8.81	82B	186	78	83,000

1.4.3. 구리의 수요

인류가 구리를 사용한 건 최소 1만 년 전이지만, 광석을 채굴해서 제련한 구리의 95% 이상은 1,900년대 이후로 채굴한 것이다. 지구에 존재하는 절대적인 구리의 양은 매우 많다. 지각에서 1km 내에 1백조 톤으로 현재의 채굴 속도로는 5백만 년을 더 캘 수 있는 분량이 존재한다고 보고되고 있다. 그러나 채굴 기술과 비용상의 문제 때문에 인류가 사용할 수 있는 것은 그중 소수에 불과하며, 한 번이라도 채굴된 구리의 약 80%는 재활용되고 있다. 구리는 가공을 하지 않은 상태이든, 제품 속에 섞여 있든 간에 100% 재활용이 가능하고 품질도 떨어지지 않기 때문에 철과 알루미늄 다음으로 재활용이 매우 활발한 금속이다.

구리를 흔히 닥터 코퍼(Dr. Copper)라고 부르는 이유는 구리가 산업 전반에 걸쳐서 폭 넓게 사용되는 주요 원자재로서 시장의 경기를 그대로 반영해 주기 때문이다. 산업규모와 경제력이 커지면서 구리의 주요 수요처로 인도와 중국이 부상하고 있으며, 전세계적으로 구리의 수요는 매년 4.2% 정도 증가하여 2019년에는 3천6백만톤의 시장이 형성되어 있다. 이에 비해 구리의 생산량은 매년 3.7%의 증가에 머물고 있으며 연간 2천 260만톤의 생산량을 보이고 있다.

국제구리협회(International Copper Association)는 2017년 5월에 발표한 보고서에서 건축 기술과 전기 제품의 친환경 및 에너지 효율화, 전기차 및 재생에너지 발전의 증대에 힘입어 구리 소비가 2030년까지 약 400만톤 이상 증가할 것으로 예상했다. 특히 자원 절약, 온실가스 배출량

감축, 화학성분 소재 사용 제한, 폐자원 축소, 기업의 사회적 책임 강조 등 5가지 법과 제도상의 트렌드 변화가 향후 구리 산업의 성장을 주도할 것이라고 밝혔다

시대 상황에 따라 가격의 부침도 있고, 생산량과 수요의 변동도 있지만, 전체적으로 보면 구리의 수요는 꾸준하게 증가하고 있고 수요에 미치지 못하는 공급 상황이 지속된다면 결국 원자재 가격은 계속 상승하게 될 것으로 예상한다.

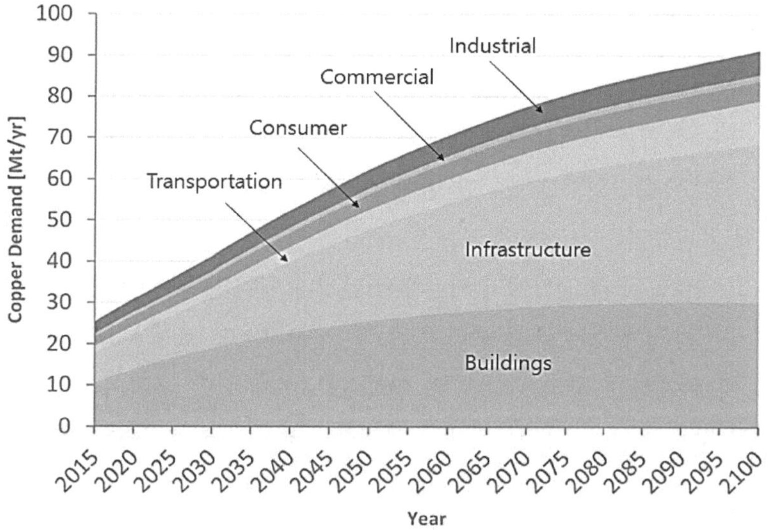

[그림 1-87] 구리의 수요 전망

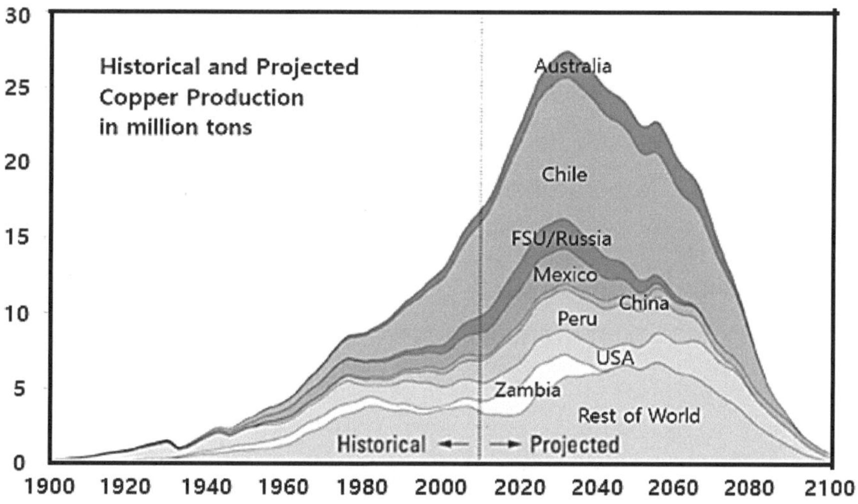

[그림 1-88] 국가별 구리 생산량과 예상치 (2014년 기준)

2 구리의 채굴과 추출

2.1 구리 광석

구리는 원소 또는 화합물 상태로 존재하는 데, 1857년 미국 미시간주에서는 무려 420톤의 원소 상태의 천연 구리가 발견되기도 했지만 현재 대부분의 구리는 화합물 상태로 발견된다. 구리 야금법이 발견되기 전까지는 원소 상태의 천연 구리를 사용하였는데, 이제는 더 이상 천연 구리를 구하기 어렵고 대부분 구리 광석에서 제련해서 얻거나 이미 사용한 것을 재활용한다.

지구 지각을 구성하는 원소 중에서 구리의 존재비는 약 0.07%로서 대략 25번째로 풍부한 원소이다. 지구상에 존재하는 구리는 대부분 황화물로 존재하며, 구리의 대표적인 함량은 약 0.5~2.0% 정도로 낮은 편이다. 자연상태에서 채취하는 동광석(銅鑛石)중에 90% 정도가 황화광(黃化鑛) 광석으로 채굴되며, 주된 불순물은 Fe이고 미량의 Zn, Sn, Pb As, Sb, Se, Te 등의 불순물과 소량의 Au과 Ag 등이 존재한다. 대표적인 황화광은 황동광($CuFeS_2$, Calcopyrite), 휘동광(Cu_2S, Chalcocite), 동람(CuS, Covellite) 등이 있다.

황동광(黃銅石, Chalcopyrite)은 가장 흔한 구리광물로서 구리와 철의 황화물이며 매우 중요한 구리 광석이다. 대부분이 황화동광(黃化銅鑛)이고, 황화동광 중에서도 황동광이 보편적이다. 대표적인 광산으로는 스페인의 리오틴토(Rio Tinto), 일본의 아니(阿仁), 미국 몬태나(Montana)주의 뷰트(Butte), 미주리(Missouri)주의 조플린(Joplin) 등과 같이 중온(中溫) 및 고온(高溫)에서 형성된 광맥에서 산출된다. 황동광($CuFeS_2$)은 구리의 원광석이다. 황동광이 풍화되어 지표 근처에서 침지되면 적동광, 남동광, 공작석 같은 산화동광(酸化銅鑛)이 된다.

휘동석(輝銅石, Chalcocite) 또는 휘동광은 가장 중요한 구리 광석 가운데 하나인 황화광물이다. 중요한 산출지로는 미국 네바다(Nevada)주 일리(Ely)에 있는 황화광물 광산과 모암(母岩)의 다른 성분이 용해되어 없어진 애리조나(Arizona)주의 모렌시(Morenci)가 있다.

원래 구리는 황과 친화하는 성질이 강하다. 따라서 천연적으로는 대부분 황동광($CuFeS_2$)이나 휘동석(Cu_2S)과 같은 황화물의 형태로 생산된다. 황산용액을 침투시켜서 철을 용해시키고 구리를 침전시켜서 황화물 상태의 휘동석(Cu_2S)으로 만들어 추출한다.

2.1.1. 매장량 및 생산량

구리 광물의 주 매장지역은 '불의 고리'로 불리는 환태평양 조산대와 중앙아프리카에 걸친 구리광산지대(Copper Belt)다. 환태평양 조산대는 현재에도 여전히 화산활동이 활발해 계속해서 광석이 생성되는 중이다.

주요 보유국은 칠레, 페루, 멕시코, 미국, 호주 등으로 환태평양 조산대의 중남미 국가에 밀집돼 있다. 그 중 칠레 매장량은 경제성을 기준을 평가하면 1억 7천만톤으로 전 세계 매장량의 약 50%에 이른다. 채굴이 어렵고 경제성이 떨어지는 것까지 합하면 총 매장량은 약 2억 1000만톤으로 전 세계 총매장량의 30%에 이른다. 이들 중남미 국가로부터 한국, 중국, 일본 등 동 제련산업이 발달한 동아시아 제련소로 광물을 운송하는 기간은 약 3개월 정도 걸린다.

구리 광물은 전세계 채굴량의 절반이 남미 지역에서 생산되고 있다. 최대 구리 광물 생산국은 칠레로서 전세계 광물 생산량의 36%를 차지하고, 최대 구리광산으로서 전세계 생산량의 8%를 차지하는 에스콘디다(Escondida) 광산을 비롯하여, 주요 10대 주요 광산들 중 5곳이 칠레에 위치하고 있다.

[표 2-1] 구리 총 매장량 및 생산량

국가명	생산량 (단위, 천톤)		총 매장량(단위, 천톤)
	2015년	2016년	
미국	1,380	1,410	35,000
호주	971	970	89,000
캐나다	697	720	11,000
칠레	5,760	5,500	210,000
중국	1,710	1,740	28,000
콩고	1,020	910	20,000
멕시코	594	620	46,000
페루	1,700	2,300	81,000
러시아	732	710	30,000
잠비아	712	740	20,000
기타	3,800	3,800	150,000
전세계	19,100	19,400	720,000

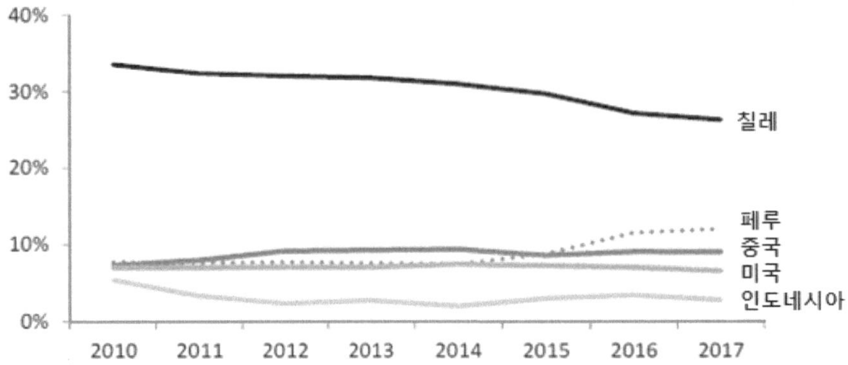

[그림 2-1] 동광석 생산 추이

인류가 약 1만년 전부터 구리를 사용해 왔지만, 채굴과 제련 기술이 발달하면서 지금 우리가 사용하는 구리의 약 90% 이상은 1900년대 이후에 채굴된 것이다. 철과 알루미늄 다음으로 많은 소비량을 자랑하는 구리의 전세계 최대 소비국은 중국으로 전체 소비량 중 21%를 차지하고, 그 다음으로 미국이 12%를 차지한다. 1990년 대 중반 중국의 전체 소비량은 10% 미만에 불과했으나, 가파른 소비 성장으로 현재 미국 구리 소비량의 두배 정도를 소비한다. 주요 소비처는 건설용 전선, 전기전자제품, 기계부품재료(청동 및 특수합금), 열교환기 튜브 재료 등에 주로 사용된다.

약 200년전 까지만 해도 영국의 콘월(Cornwall)이나 데본(Devon)은 전세계에서 가장 중요한 구리와 주석의 산지였으나, 지금은 칠레가 주산지이며 가장 큰 에스콘디다(Escondida)광산이 있고, 그 다음으로는 인도네시아에 있는 그래스버그(Grasberg) 광산이다. 구리 광석은 황화물이 대부분이며 산화물 상태로 채굴되는 것도 있다.

[표 2-2] 구리 원광석의 종류와 구리 함유량

구리 광석	화학식	구리 함량(%)
Cuprite	Cu_2O	89
Chalcocite	Cu_2S	80
Bornite	Cu_5FeS_4	63
Malachite	$CuCO_3Cu(OH)_4$	58
Azurite	$2CuCO_3Cu(OH)_4$	55
Chalcopyrite	$CuFeS_2$	35

구리광산은 구리의 함량이 0.5%만 되어도 광산의 자격이 부여되지만 2% 이상은 되어야 경제적이라고 할 수 있다. 가장 큰 구리광산은 칠레에 위치하고 있으며 이 지역의 안데스 산맥을 만들었던 화산 활동으로 인해 형성되었다. [그림 2-2]는 칠레 에스콘디다(Escondida) 구리광산의 모습이며 전세계 생산량의 5%를 감당하고 있다.

[그림 2-2] 칠레 에스콘디다(Escondida) 구리광산

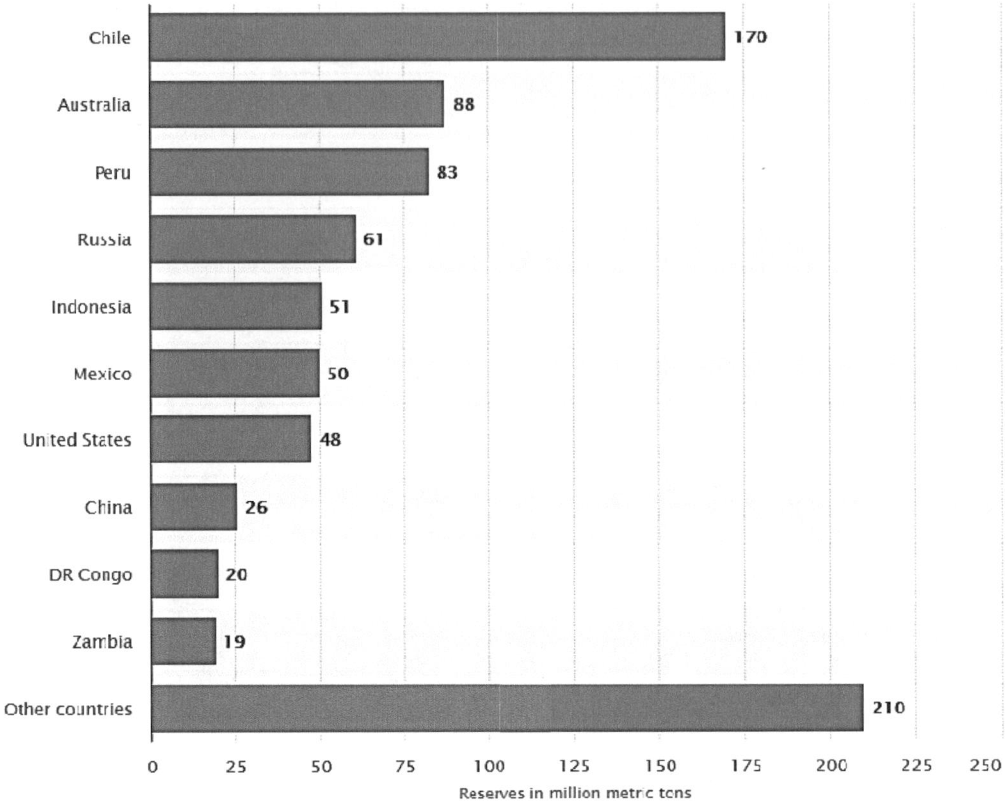

[그림 2-3] 전세계 구리 매장량 분포 (2019년)

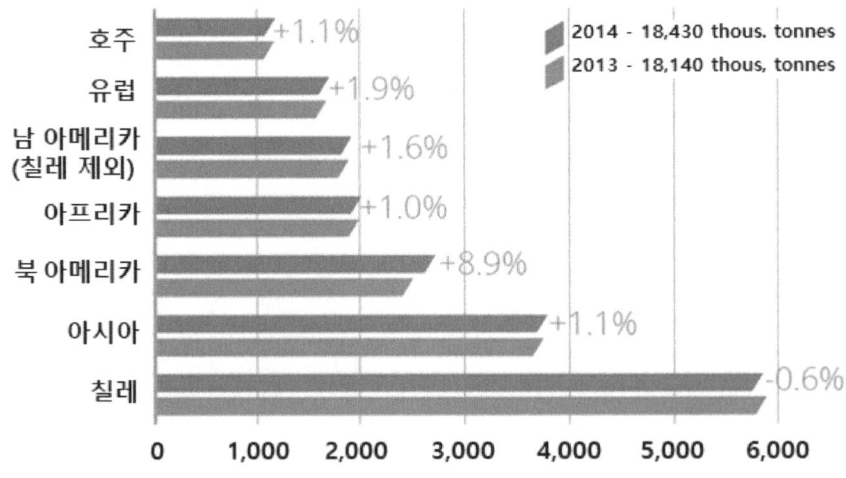

[그림 2-4] 지역별 구리 생산량 변화 추이(2013년~2014년)

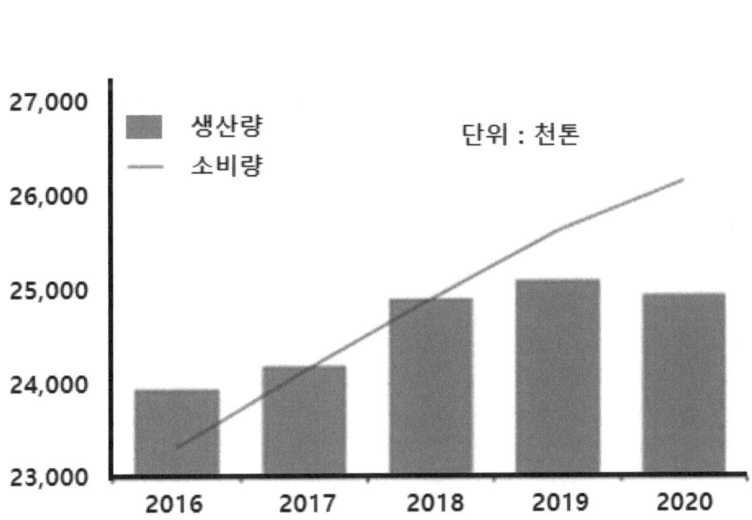

[그림 2-5] 전세계적 구리 매장량과 생산량 추이

2010년도에 들어서면서 연간 1억 8천만 톤의 구리가 생산되었고, 심해에 있는 것을 제외하고 채굴 가능한 전세계 매장량은 2005년도 조사에 따르면 약 9억 4천만 톤 정도로 추산되고 있다. 생산된 구리의 용도별 구분은 약 70%는 전기용 재료로 사용되고 있으며, 30%는 비전기용 재료로 사용되고 있다. 비전기용 재료 중에 55%는 건축용자재로, 15%는 구조용 자재로, 그리고 10%는 산업용 자재로, 10%는 수송용 자재로, 그리고 10%는 제조용 장비 자재로 사용되고 있다.

구리 생산량은 2000~2014년 사이 19% 증가했지만, 오랜 구리 채굴로 인해 광산은 점점 깊어지고 구리 추출을 위한 광석의 질은 점점 떨어지고 있다. 2014년 기준 구리 채굴을 위해서는 2000년 대비 79%의 에너지, 157%의 인력 및 178%의 자본 투자가 추가로 필요했던 것으로 나타났으며, 이와 동시에 회계 생산성은 70% 하락하였다.

[그림 2-6] 연도별 원광석의 구리함량과 채굴되는 구리 광석의 변화 추이

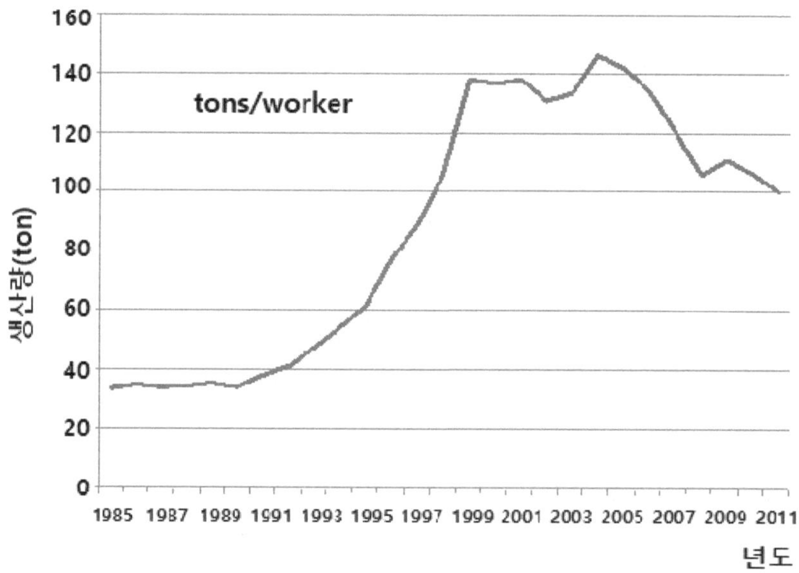

[그림 2-7] 칠레 광부 1인당 생산량 변화

또한, 2014년 작업자 한 명당 생산한 구리량은 2000년 초반대비 54% 하락하는 결과를 보여주고 있다. [그림 2-7]은 1985년부터 2011년까지 칠레 구리광산에서 작업자 1인당 생산량을 비교한 것이며, 이와 같은 생산성 악화의 경향은 칠레뿐만 아니라 전세계가 비슷하게 경험하고 있는 공통된 현상이다.

이러한 어려움을 극복하기 위해 구리 생산업체들은 광산현장의 생산성을 향상시키고자 다양한 분야에 기술 혁신 프로젝트를 진행하고 있다. 이에 따라 생산성을 향상시킬 수 있는 광산용 중장비에 대한 관심도 증가하고 있는 추세다.

우리나라에서 사용되는 주화 중에는 1원 주화는 알루미늄으로 제조되지만, 나머지 주화는 모두 구리합금이 들어 있다. 2007년부터 새롭게 보급된 신형 10원짜리는 황동 65%와 아연 35%를 합금한 구형 10원 짜리와 달리, 구리 성분을 절반 이하로 줄이고 합금 대신 알루미늄에 구리를 씌우는 방식으로 만들어졌다. 그래서 초기에 알루미늄에 구리를 씌워서 만들어진 신형 주화 10원을 세탁하게 되면 동전의 옆면이 세탁기 안에서 손상되면서 내부의 알루미늄이 세탁과정 중에 용출되어 나오는 현상이 발생하였고, 결국 [그림 2-8]과 같이 동전의 모양이 훼손되는 현상이 발생하기도 했다. 이는 일종의 갈바닉(Galvanic) 부식 현상에 의한 것으로 어떤 교수님은 이런 현상을 사회적 세태에 빗대어 "돈 세탁을 하면 안된다" 라는 농담을 하기도 했었다.

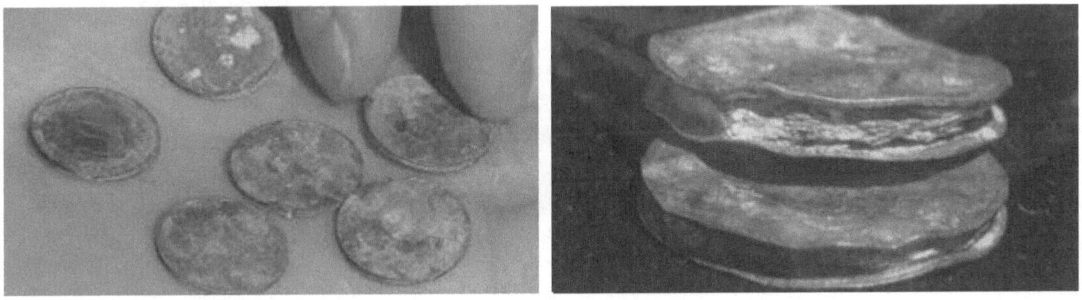

[그림 2-8] 알루미늄의 용출에 의해 손상을 입은 10원 주화

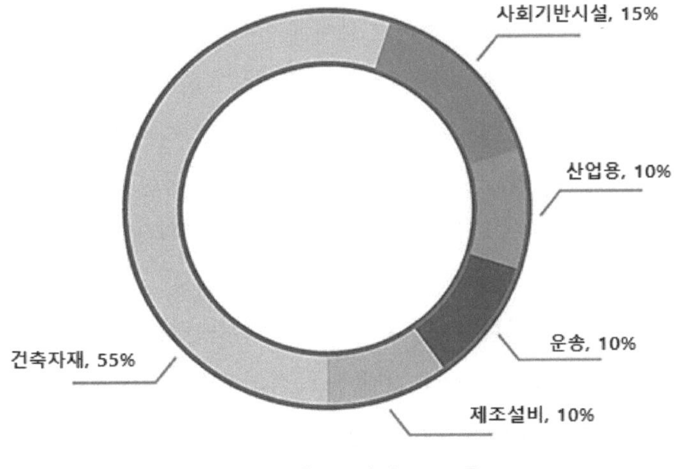

[그림 2-9] 구리의 주요 용도

아래 [그림 2-10]은 연간 생산되는 구리의 양과 그 제조 공법을 정광(Concentrate)을 생산하는 건식 제련과 용매와 전해(Solvent Extraction and Electrowinning, SX-EW)에 의한 습식 제련으로 나누어서 소개하고 있다. 1960년대 까지는 습식에 의한 구리 생산은 상업적으로 없었으나, 이후 계속 증가하여 2013년도에는 약 380만 톤 정도를 습식으로 생산하고 있다.

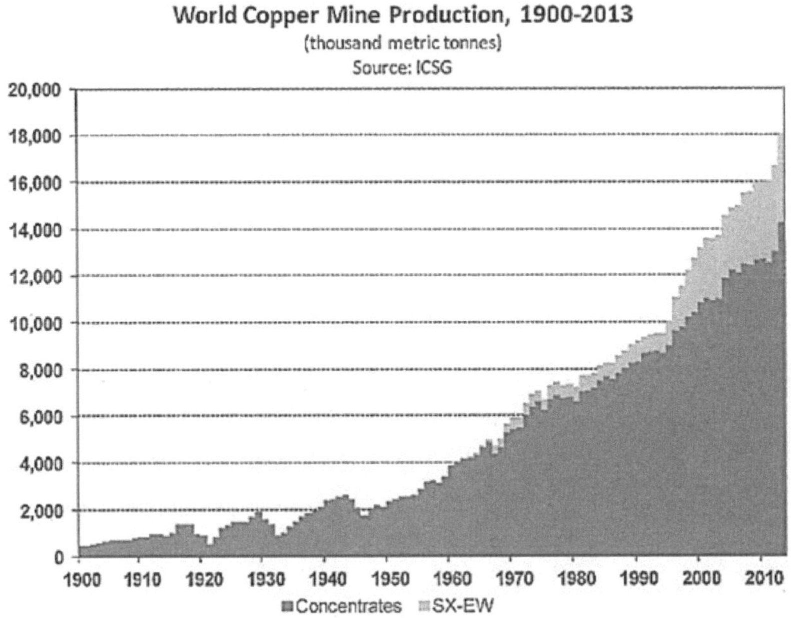

[그림 2-10] 연도별 구리 생산량과 기법의 변화

날로 증가하는 구리의 수요와 전세계적인 매장량과 채굴량만을 놓고 보면 구리의 앞날이 긍정적이지 않으나, 연간 9백만톤 이상의 구리가 폐자재로부터 재활용되고 있기에 그리 걱정할 수준은 아니다. 구리는 전체 생산량의 약 35%를 폐자재로부터 회수하여 사용하고 있으며, 지구상에 있는 자원광물 중에 재활용율이 높은 몇 안되는 금속 중에 하나이다.

한편, 세계 최대 정련동(精鍊銅) 생산국은 중국으로 전세계 생산량의 18%를 차지하고, 그 다음으로 칠레가 16%를 차지한다. 중국은 신규 프로젝트 및 설비 확대로 지난 2000년 이후 연평균 15%에 달하는 빠른 성장을 보여 2006년 최대 정련동(精鍊銅) 생산국으로 등극하였다. 정련동은 원재료를 기준으로 두가지로 구분할 수 있다. 첫째는 구리광산에서 채굴한 원광을 정련하여 만드는 기본적인 정련동이 있고, 다른 하나는 재활용 목적의 폐동(Copper Scrap)을 가공하여 만든 부차적 정련동이 있다. 중국 제련업체들은 대형 광산업체들을 통해 구리 정광을 대량 수입하여 정련된 구리를 생산한다.

2.1.2. 구리 원광의 구분

자연계에 존재하는 구리의 모습은 크게 구분하여 순수 구리 그 자체로 원소 상태로 발견되는 것과 산화물 상태의 산화광(酸化鑛), 황화물 상태의 황화광(黃化鑛), 그리고 탄산과 접촉하여 만들어지는 탄화광(炭化鑛)으로 총 4가지로 구분된다.

구리의 광석은 황화광이 많이 사용되며, 황동광, 휘동광(Cu_2S, Chalcocite), 동람(CuS, Covellite) 등의 광석이다. 황화철(Ferrous Sulfide)은 황동광(Chalcopyrite, $CuFeS_2$)과 같은 경제적으로 중요한 구리 광석 중에 존재한다. 품질이 낮은 저급의 광석은 0.1~0.4%의 구리를 함유한 것들을 의미한다. 아프리카 자이르와 인접해 있는 잠비아는 세계의 중요한 황화광의 구리광석 생산기지다. 구리광물은 현재 165종 정도가 알려져 있는데, 그 중에서도 황동광($CuFeS_2$), 휘동석(Cu_2S), 적동석(Cu_2O), 반동석(斑銅石)(Cu_5FeS_4), 공작석($CuCO_3$, $Cu(OH)_2$), 남동석(藍銅石, $2CuCO_3$, $Cu(OH)_2$) 등이 중요한 광물이다.

[표 2-3] 구리 원광석의 구분

원광석 구분	이름	조성	구리 함유율(%)
자연동	자연동(Native(pure) Copper)	Cu	100
산화광	적동석(Cuprite)	Cu_2O	88.8
	규공작석(Chrysocolla)	$CuO \cdot SiO_2 \cdot 2H_2O$	37.9
	흑동광(Tenorite)	CuO	79.9
황화광	황동광(Chalcopyrite)	$CuFeS_2$	34.5
	휘동광(Chalcocite)	Cu_2S	79.8
	동람(Covellite)	CuS	66.5
	방동광(Bornite)	$2Cu_2S \cdot CuS \cdot FeS$	63.3
	안사면동광(Tetrahedrite)	$Cu_3SbS_3+x(Fe,Zn)_6Sb_2S_9$	32~45
	방휘동광(Digenite)	Cu_9S_5	78.1
	비사면동광(Tennantite)	$Cu_{12}As_4S_{13}$	51.6
탄화광	공작석(Malachite)	$CuCO_3 \cdot Cu(OH)_2$	57.7
	남동광(Azurite)	$2CuCO_3 \cdot Cu(OH)_2$	55.1

한국에서는 황동광이 주요 광물로 발견되며, 보통 맥상(脈狀), 각력상(角礫狀), 기공 충전상, 망상 등의 광체(鑛體)를 이루고 있는데, 경북 영양 지구의 현무암 속에 자연구리가 현무암의 기공 사이에 존재한다. 지역적으로는 경남 마산 · 함안 · 고성 지역이 구리광산 지대로 알려져 있다.

이중에서 원소 상태의 자연동은 초창기 인류가 처음 발견하여 사용하기 시작하였으나, 지금은 쉽게 찾을 수 없으며, 대기중에 산소와 이산화탄소 등의 반응에 의해 형성된 녹청이라고 불리는 구리 탄화물(Copper Carbonates)은 주로 조형물이나 지붕재료의 표면에서 볼 수 있는 푸른색을 띈 부식 생성물이라고 볼 수 있다. 현재 대부분의 구리는 황동광 상태로 채굴되며 일부 산화광도 활용되고 있다.

광물의 경도는 가장 무른 활석(Talc)을 1로 하고, 가장 단단한 다이아몬드를 10으로 상대적 경도인 '모스 경도(Mohs)'로서 표기한다. 우리의 일상에서 자주 접하는 대표적인 광물로 구분하여 '1: 활석, 2: 석고, 3: 방해석, 4: 형석, 5: 인회석, 6: 정장석, 7: 석영, 8: 황옥(토파즈), 9: 강옥(루비 / 사파이어), 10: 다이아몬드'로 표시하는데, 간단히 서로 긁었을 때 스크래치가 나는 쪽이 상대경도가 낮다고 말한다.

(1) 자연동(自然銅)

인류가 처음으로 사용한 구리광석인 자연동은 지금은 거의 찾아보기 어렵지만, 자연상태에서 순수 구리가 뭉쳐진 원소상태의 구리 덩어리이다. 19세기와 20세기까지 전세계에서 가장 큰 원소상태의 구리광산은 1840년에 채굴을 시작한 미국 미시간주에 있는 키위노(Keweenaw) 광산이었다. 지금은 이런 광산을 찾기 어렵고 남아 있는 것들도 채굴에 따른 경제성이 없는 실정이다.

자연상태에서 얻어지는 자연동은 약간 붉은 오렌지색 혹은 브라운색을 가지고 있으며 표면의 일부가 대기와 접촉하여 녹청에서 볼 수 있는 푸른 계열의 색을 나타내고 있다.

[그림 2-11] 원소상태의 구리(자연동)

(2) 산화광(酸化鑛)

1) 적동석(Cuprite, 赤銅石)

화학성분은 산화제1구리(Cu_2O)로서 구리의 산화광물이다. 대부분 괴상(塊狀)·입상(粒狀)을 이루며, 팔면체 또는 육면체의 작은 결정을 나타내기도 하고, 드물게는 세침상(細針狀)을 이룬다. 굳기는 모스경도계로 3.5~4.0, 비중 5.7~6.1이며 적갈색을 나타낸다. 자연동이나 황동광의 동황화(銅黃化) 광물이 산화되어 생성되며, 순수한 것은 88.8%의 구리를 함유하고 있어서 중요한 구리 광석이 된다.

적동석을 의미하는 Cuprite는 1845년에 처음으로 명명되어 구분되기 시작했고, 우랄산맥, 알타이산맥, 사디니아(Sardinia) 등 전세계에 걸쳐서 광범위하게 분포되어 있다.

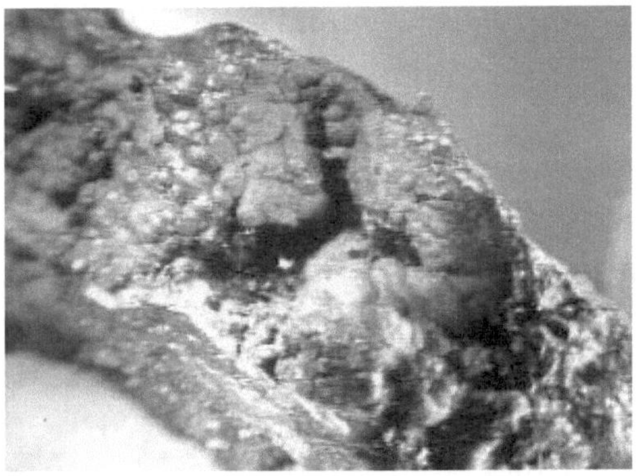

[그림 2-12] 적동석(Cuprite, Cu_2O)

2) 규공작석(Chrysocolla, 硅孔雀石)

규공작석은 구리와 규소화합물의 수화물 상태이며, $CuSiO_3 \cdot 2H_2O$의 화학식으로 표기된다. 사방정계(斜方晶系)에 속하는 것은 콜로이드상을 나타내며, 보통은 괴상(塊狀), 토상(土狀), 피각상(皮殼狀)을 이룬다. 굳기는 모스경도계로 2.5~3.5, 비중 2~2.2이다. 남청색 ·청록색을 띠며, 공작석보다 약간 푸른색을 나타낸다. 반투명하거나 불투명하며, 유리 광택 또는 토상(土狀) 광택이 난다. 순수한 것은 흰색을 나타내지만 보통은 불순물로 인해 녹백색이다. 산(酸)과 접촉하면 규산을 유리하며 녹는다.

[그림 2-13] 규공작석(Chrysocolla, 硅孔雀石)

약 45%의 산화제2구리(CuO)를 함유하고 있어서 중요한 구리 광석이 된다. 주로 함동광상(含銅鑛床)의 산화대(酸化帶)에서 공작석과 함께 산출된다. 인도네시아, 이스라엘, 칠레, 콩고, 미국 등지에서 산출되며, 독특한 색깔로 인해 준보석의 장식용으로도 쓰인다.

3) 흑동광(Tenorite, 黑銅鑛)

화학식 CuO로 표기되며 산화제2구리로 이해되는 구리의 산화 광물이다. 식물학자 M. Tenore가 발견하여 명명하였고, 경도는 3.5이며 비중은 5.8~6.4이고 강 회색에서부터 흑색까지 나타나며 약간의 금속 광택을 보인다.

(3) 황화광(黃化鑛)

1) 황동광(Chalcopyrite, 黄銅礦)

동광석은 자연동, 황화동광, 산화동광, 그리고 탄화광 등 크게 네 종류로 나누어지는데 대부분이 황화동광이고, 황화동광 중에서도 황동광이 보편적이다. 황동광(Chalcopyrite)은 '구리'를 뜻하는 그리스어 Khalkos와 황철석(Pyrite)의 합성어이며, '노란 구리 색을 띤 광석광물'을 뜻하고 1725년 Henckel에 의해 명명되었다. 파이라이트(Pyrite)는 불(Fire)을 의미한다.

이 황동광 중의 Fe를 제거하게 되면 구리의 황화물이 생성되는데 이것을 환원시켜야만 순수한 동을 얻게 된다. 황동광이 풍화되어 지표 근처에서 침적되면 적동광, 남동광, 공작석 같은 산화동광이 되며 이를 숯으로 태우면 쉽게 환원되어 구리를 얻을 수 있다. 황동광($CuFeS_2$)은 배소, 매트 형성, 매트의 배소, 환원, 슬래그 형성 등의 과정을 거쳐야만 동을 얻을 수 있다. 이러한 황동광의 제련 방법은 청동기시대에 이미 존재하고 있었던 것으로 알려져 있다.

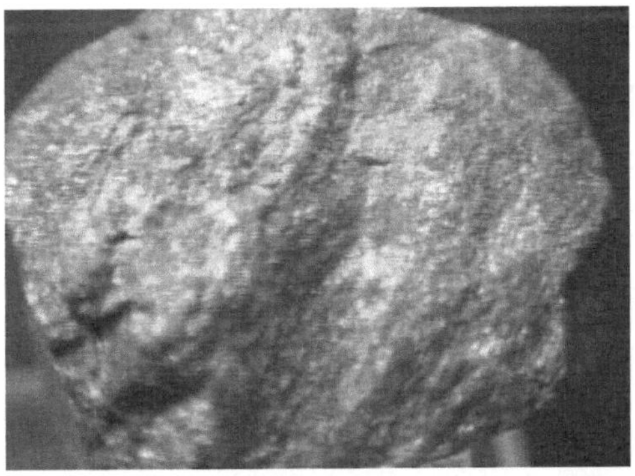

[그림 2-14] 황동광(黃銅礦, Chalcopyrite, $CuFeS_2$)

모스경도계로 3.5~4의 굳기를 가지고 있으며 비중은 4.1~4.3으로 황동색 혹은 녹색을 띤 흑색을 나타낸다. 황화물이기에 밀폐된 공간에서 가열하면 황을 발산한다. 구리 제련의 주요 원료 광석으로 활용되며, 구리 제련시에 광석 중의 황성분이 아황산 가스가 되어 부산물로 생성되므로 이것을 황산 제조에 이용한다.

$2CuFeS_2(s)+5O_2(g)+2SiO_2(s) \rightarrow 2Cu(l)+4SO_2(g)+2FeSiO_3(l)$

2) 휘동광(Chalcocite, 輝銅石)

화학성분은 Cu_2S이다. 연흑색(鉛黑色)으로 흔히 표면만 청록색으로 빛난다. 금속 광택을 가지며 때로는 무 광택이다. 103.5℃ 이상에서 육방정계(六方晶系)로 전이하고, 다시 435℃ 이상에서 입방정계(立方晶系)로 전이한다. 경도는 모스경도계로 2.5~3이며, 구리의 함량이 80 wt% 정도로 높아서 아주 경제적인 광석으로 평가된다. 에스파냐의 리오틴토(Riotinto), 미국의 뷰트(Butte), 덕타운(Ducktown), 유타주(Utah)의 빙엄(Bingham) 등이 주요 산지이다.

[그림 2-15] 휘동석(Chalcocite, Cu2S, 輝銅石)

3) 동람(Covellite, 銅藍)

구리의 황화물로서 화학성분은 CuS이고 66.48%의 구리를 함유하며 동람(銅藍) 혹은 코벨라이트(Covellite)라고 부른다. 동람의 영어 이름인 Covellite는 발견자인 니콜라 코벨리(Nicola Covelli) 이름에서 따왔다. 육각 박편상(薄片相) 또는 인상(鱗狀)결정을 이루며, 때로는 엽편상(葉片相)의 집합으로 되는 덩어리나 피각(皮角)으로 되어 있다. 밑면에 완전한 쪼개짐이 있고 박편은 휘어진다. 아름다운 남청색으로 물에 적시면 보라색이 강해진다. 조흔색(條痕色)은 연회색이며 경도는 모스경도계로 1.5~2이고 비중은 4.6이다. 주로 황화구리의 광물로부터 변성하여 구리광산의 지표에 가까운 부분에서 산출되는데, 때로는 베수비오(Vesuvio)산 등에서도 볼 수 있는 것과 같이 화산성(火山性) 가스에서 직접 생산되는 경우도 있다.

4) 반동광(Bornite, 斑銅鑛)

구리와 철의 황화광물로 화학식은 Cu_5FeS_4이고 구리의 함량은 63%이며, 18세기 오스트리아의 광물 학자 I. Born의 이름을 따서 명명되었다.

경도는 모스경도계로 3이고 비중은 5.06~5.08이며, 일반적으로 갈색이지만 공기 중에서 급격하게 변색하여 붉은 자주, 청색의 반상 모양을 나타낸다. 질산에 녹으며, 황을 유리하고, 휘동광, 황동광, 공작석 등으로 변질되기 쉽다.

[그림 2-16] 반동광(Bornite, 斑銅鑛)

5) 안사면동광(Tetrahedrite, 安四面銅鑛)

안사면동광(安四面銅鑛, Tetrahedrite)은 구리와 안티몬의 황화물로서$(Cu,Fe)_{12}Sb_4S_{13}$의 화학식을 가지고 있고, 구리 성분은 32~45% 정도이며 부성분으로 은, 수은,비스무트, 텔루르 외에 드물게는 금을 함유하기도 한다.

[그림 2-17] 안사면동광(安四面銅鑛, Tetrahedrite)

1845년 독일 학자 Freiberg, Saxony에 의해 결정형이 사면체를 이루고 있는 것에서 이름 지었다. 경도는 모스경도계로 3~4.5 이며 비중은 4.6~5.2이고, 회색 또는 철흑색을 띈다.

6) 방휘동광(Digenite, 方輝銅鑛)

구리의 황화광물로서 Cu_9S_5의 화학식으로 표현되며, 구리 순도는 78.1% 정도이다. 휘동석과 동람의 외형과 닮았다고 하여 이름이 붙여 졌다. 그리스어로 1가 구리와 2가 구리가 함께 존재한다고 추정된 것을 의미한다. 휘동광, 황철광 등의 구리 광물과 함께 산출된다. 모스 경도로 2.5~3 정도가 되며, 비중은 5.6 이다. 청색에서 흑색까지 발견되며, 질산에 녹는다. 1844년 독일의 상제하우젠 색소니안할트(Sangerhausen, Saxony-Anhalt)지역에서 처음 소개되었다.

방휘동광은 자연동, 황철광, 반동광, 공작석으로 변질한다. 멕시코, 아르헨티나, 영국, 폴란드, 스웨덴, 이란, 오스트레일리아, 나미비아 등이 주요 산지이다.

[그림 2-18] 방휘동광(方輝銅鑛, Digenite, Neodigenite)

7) 비사면동광(Tennantite, 砒四面銅鑛)

황화광중에서 비소가 풍부한 사면동광계 광물로서 황동광, 황철광 등의 황화광물 및 황염 광물과 함께 산출된다. 화학식으로는$(Cu, Fe)_{12}As_4S_{13}$로 표현되고 성분은 구리가 46.60%, 철(Fe)이 4.54%, 아연(Zn)이 0.37%, 망간(Mn) 0.35%, 비소(As) 18.07%, 그리고 황(S)이 28.80% 정도로 구성된다.

[그림 2-19] 비사면동광(Tennantite, 砒四面銅鑛)

철과 아연의 존재에 의해 검은색 혹은 진한 회색을 나타내며, 1819년 영국의 화학자인 스미슨 테난트(Smithson Tennant)가 콘웰 지방에서 발견하여 명명하였다. 모스경도계로 3~4.5 정도의 경도를 가지고 있으며 산지는 멕시코, 페루, 영국, 노르웨이, 스웨덴, 스위스, 독일, 폴란드, 한국, 나미비아 등이다.

(4) 탄화광(炭化鑛)

1) 공작석(Malachite, 孔雀石)

공작석의 영어 이름인 Malachite는 녹색의 돌을 뜻하는 그리스어 Molochitis에서 유래되었고, '공작새의 깃털 무늬를 가진 광물'을 뜻한다. 화학식은 $Cu_2CO_3(OH)_2$로 표현되는 탄화광으로서 모스경도계로 4의 경도를 가지고 있고 비중도 4이며, 색은 담녹색을 나타내는 가볍고 무른 광석이다. 구리 광석의 산화로 인해 생성되는 1차 광물로 구리광산이 있는 지역에서 많이 산출된다. 광산의 지표 가까운 부분에서 남동석(藍銅石)과 함께 발견되는 경우가 많으며, 우랄, 남아프리카에서는 크고 아름다운 덩어리로 산출되어 장식재료 및 준보석으로 활용된다.

공작석은 고유의 녹색 줄무늬가 생기는 데, 이는 구리 광석이 산화되는 과정에서 수분의 양과 관계가 있다. 수분 함량이 높으면 진한 녹색이 되고 수분이 적으면 연한 색이 형성되어 나무의 나이테처럼 줄무늬로 나타나게 된다. 연마했을 때 공작의 깃털을 연상시키는 아름다움으로 장식품과, 준 보석, 때로는 궁전의 내부를 장식하는 재료로도 사용되었고, 고대 이집트에서는 눈 화장품인 아이쉐도우의 화장품으로도 사용되기도 했다.

3,800년 전부터 돌과 짐승의 뼈로 된 도구를 활용하여 공작석을 채굴하였고, 기원전 6세기까지 약 1,760톤의 구리가 공작석으로부터 만들어졌으나 그 이후부터는 구리 광석의 이미지 보다는 장식과 보석으로 주로 활용되고 있다.

2) 남동광(Azurite, 藍銅鑛)

구리의 염기성 탄산염 광물로서 화학성분은 함수(含水)탄산구리 $Cu_3(OH)_2(CO_3)_2$이다. 푸른색을 의미하는 페르시아어의 Lazhward에서 따서 이름 지었다. 구리광산의 산화대 속에 공작석, 갈철광, 적동광, 금록석 등과 함께 2차 생성 광물로서 산출된다. 경도는 모스경도계로 3.5~4, 비중 3.7~3.9이며, 독특한 남청색으로 반투명 또는 불투명하다.

남동광은 일찍 부터 색상의 아름다움으로 고급 안료로 사용되어 왔고, 공기 중에 장기간 노출되면 초록색 공작석으로 변하는 특성이 있어 이 안료를 사용한 옛 명화의 경우 당초 색상인 남색이 초록색으로 변해 후세에 새로이 복원 작업이 필요하기도 했다. 이태리 국가 대표팀의 유니폼 색상이 이 남색으로 흔히 우리가 "아주리 군단"이라는 별칭으로 부르기도 한다.

[그림 2-20] 광석의 분쇄와 이송

2.1.3. 광석의 채굴 및 전처리

대부분의 구리 광산은 노천에 노출된 상태로 운영되기 때문에 다른 여타 광물에 비해 채굴은 비교적 쉬운 편이다. 광산에서 채굴된 구리 광석은 다양한 불순물을 함유하고 있고, 입도도 제각각 이기에 불순물을 제거하여 순도를 높이고 입도를 균질화하여 후속 공정에 적용이 쉽도록 전처리가 필요하다.

(1) 광석의 채굴

구리는 지각(Crust)내에 퇴적암과 화산암상태로 존재하며, 10km 두께의 지각내에는 1톤의 암석에 약 33g의 구리가 분포한다. 이 정도로는 상업적 가치가 없으며, 통상 1톤의 암석에 5Kg(0.5%) 정도의 구리가 포함된 경우 광산을 개발하며, 이상적으로는 2%정도의 함유량을 요구한다.

세계적으로 여러 종류의 구리광석이 존재하는데 80% 정도는 황화물 광석(Sulfide Ore)이다. 광석은 광물(Mineral)과 암석 또는 맥석(Gangue)이 혼합되어 있다. 흔하게 보이는 구리광석은 다음과 같다.

[표 2-4] 주요 구리 광석의 특성

광물	화학식	외관	구리함량(%)
적동석(Cuprite)	Cu_2O	붉은색, 흙형태	89
휘동석(Chalcocite)	Cu_2S	어두운 회색, 금속형	80
반동석(Bornite)	Cu_5FeS_4	금빛 갈색, 금속형	63
공작석(Malachite)	$CuCO_3Cu(OH)_4$	밝은 초록색, 흙형태	58
남동석(Azurite)	$2CuCO_3Cu(OH)_4$	푸른색, 유리형	55
황동광(Chalcopyrite)	$CuFeS_2$	금빛 노랑색, 금속형	35

흔히 국내 석탄광에서 볼 수 있는 것과 유사한 방식으로 수직으로 굴을 뚫고 일정 깊이에서 광석맥을 따라 수평 굴진하여 채굴하기도 하지만 대부분의 구리 광산이 지표에 노출되어 있기에 간단하게 지표 흙을 제거하고 암반표면에서부터 채석해 들어간다. 현재 90% 이상의 광산이 이렇게 노천 채굴로 진행되고 있다. 최근에는 광산안에 황산을 주입하여 구리를 녹여내는 침출법(Leaching)도 사용된다. 광석을 묽은 황산으로 녹여서 광석안에 있는 구리가 용해되면서 황산구리를 만들어서 채굴한다. 침출법을 사용하게 되면 다른 채굴 방법에 비해 에너지 사용량이 적으며, 0.1% 정도로 구리함량이 아주 적은 경우에도 구리를 추출해낼 수 있는 장점이 있다.

[그림 2-21] 러시아 노천 구리 광산의 채굴 모습

(2) 광석의 분쇄

분쇄 공정은 불필요한 맥석(脈石)으로부터 유용한 금속성분의 분리를 용이하게 하기 위해 광석을 미세입자로 파쇄하는 것을 의미한다. 광산에서 채굴해 온 2% 이상의 구리를 함유한 광석은 분쇄기를 통해 잘게 부서지고 미분기를 통해 밀가루처럼 고운 가루로 만들어 진다.

[그림 2-22] 미분기(Ball Mill)

(3) 선광 및 정광

선광(Ore Dressing)은 분쇄된 광석에서 물리적, 화학적 성질을 이용하여 맥석(脈石)을 분리하고 고 품위의 정광(Concentrate)을 얻는 과정을 의미한다. 동은 일반적으로 동 광석의 채광 → 선광 → 제련 → 정련 과정을 거쳐 만들어진다. 광산에서 채광된 동 함량 0.3~5.0% 이내의 저 품위 동광석은 선광 과정에서 품위가 20~30% 정도인 정광으로 만들어지고, 제련공정을 거치면서 품위 99%의 제련동(Blister Copper, 일반적으로 '조동'이라고 한다)이 된다. 제련동은 다시 정련 공정을 거쳐서 품위 99.9% 이상의 고품위 정련동(Refined Copper, 일반적으로 '전기동'이라고 한다)으로 만들어진다. 동 생산의 약 80%는 정광의 부선 및 제련, 정련에 의해 생산되고, 나머지 20%는 침출법(Leaching)처리에 의해 생산된다.

동광석의 경우는 암석 성분의 맥석이 많고 구리의 함유량은 보통 1~2% 정도이다. 그러므로 예비 처리로서 광석을 분쇄하여 불필요한 맥석과 필요한 광물을 분리하는 공정을 거쳐야 한다. 이 조작을 선광이라고 하며 선광에 의해서 가려진 유용 광물을 정광이라고 부른다. 선광에는 광석의 분쇄와 유용 광물의 함유율을 높이기 위한 조작이 포함된다. 선광법은 다음과 같이 5가지 정도로 구분되면 구리의 선광에는 부유 선광법이 널리 사용된다.

1) 수 선광법(Hand Picking)

유용한 광물과 맥석(脈石) 사이에 외관상 색이나 광택 등의 차이가 클 경우에 일일이 손으로 직접 선별 분리하는 방식이다. 현대의 채광 및 선광 과정에서 이런 유형의 선광을 하는 경우는 극히 제한적이다.

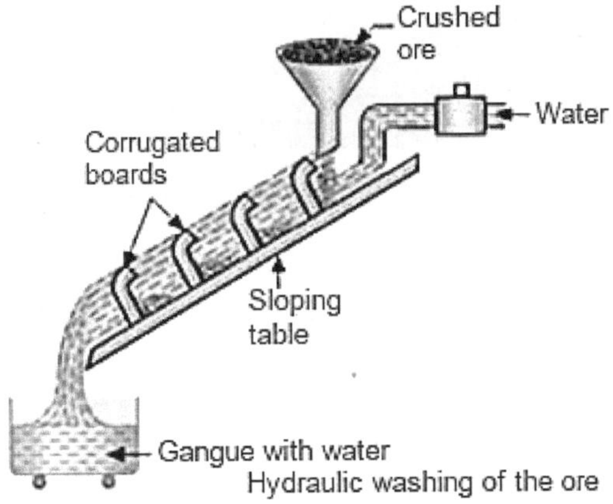

[그림 2-23] 비중선광법의 개요

2) 비중 선광법(Gravity Separation)

유용한 광물과 맥석 사이의 밀도 차이를 이용하여 분리한다. 물에 분쇄된 광석을 넣고 비중 차이에 의해 분리할 수 있다. 흐르는 물에 광석을 띄우면 비중이 클수록 바로 가라앉고 비중이 작을수록 멀리까지 흘러가는 원리를 이용한 것이다. 사금을 채취하는 과정을 보면 흐르는 물에 하천 바닥의 흙을 흘려가면서 금을 채취하는데, 이런 방법이 비중의 차이에 의해 원하는 광석을 얻는 과정으로 이해하면 된다.

3) 부유 선광법(Floatation)

분쇄된 광석을 물에 넣고 압축공기를 세게 불어주면 물에 잘 젖는 광석은 가라앉거나 물속에 섞이게 되고, 물에 잘 젖지 않는 광물만 거품에 붙어서 물위로 뜨게 된다. 이렇게 위로 뜨는 것을 프로스(Froth)라고 부르며, 유용 광물과 기포 사이의 표면 화학적 성질을 이용하여 분리하는 방식이다. 비철 금속의 90% 이상이 이 방식으로 선광을 하고 있다.

[그림 2-24] 부유선광을 위한 수조

곱게 갈린 광석에 파라핀 오일을 첨가하여 구리 광석이 물과 배수성을 갖도록 한다. 이제 파라핀 처리가 된 광석 분말을 물속에 넣고 세척과 함께 거품을 일으키면서 욕조 상부에서 제트 에어(Jet Air)를 불어준다. 이 과정에서 구리 성분은 물위에서 뜨게 되고 거품과 함께 모아져서 회수되고 나머지 광물질은 물속에 가라앉아서 제거되면서 분리된다.

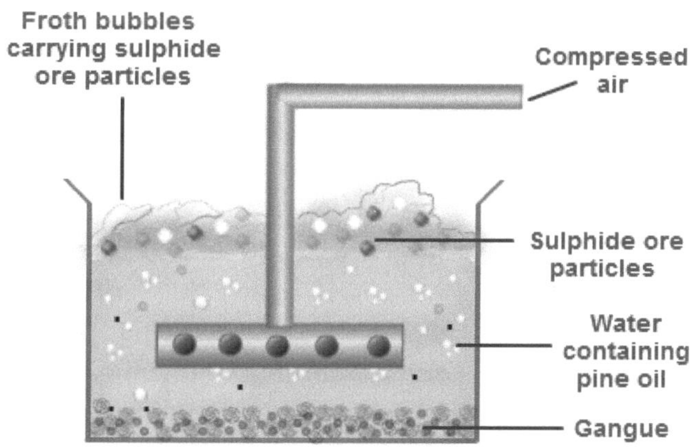

Froth floatation process for the concentration of sulphide ores.

[그림 2-25] 부유 선광법의 개요

이렇게 모아진 광석 분말을 가열하여 광석은 회수하고 사용된 물과 파라핀은 회수하여 재 사용한다. 선광 과정을 거쳐서 모인 광석의 구리 함유율은 대략 30% 미만이 된다.

구리와 같은 황화광물에 많이 쓰이는 방법은 부유 선광법이다. 우선 광석을 0.2㎜ 이하로 분쇄하여 흙탕물 모양으로 만든 다음, 활성제를 넣어서 유용광물의 표면에 내수성이 생기게 한다. 여기에 발포제를 넣어 섞으면 흙탕물 속의 광물은 발포제 때문에 생긴 거품에 흡착되어 떠오른다. 이 입자를 농축하면 정광이 된다. 이렇게 하면 함유율 5%이던 광석도 유용광물 50% 이상을 함유하게 되므로 정련하기 쉽다

4) **자력 선광법**(Magnetic Separation)

모든 물질은 자기특성에 의해 자성체로 구분되는데, 광석이 가진 자력을 이용하여 자성을 가진 유용광물을 분리하는 방식이다. 구리와 같은 비자성의 광석을 분리하는 용도로는 사용할 수 없으나, 자성을 가진 광석을 맥석으로부터 분리시킬 수 있다.

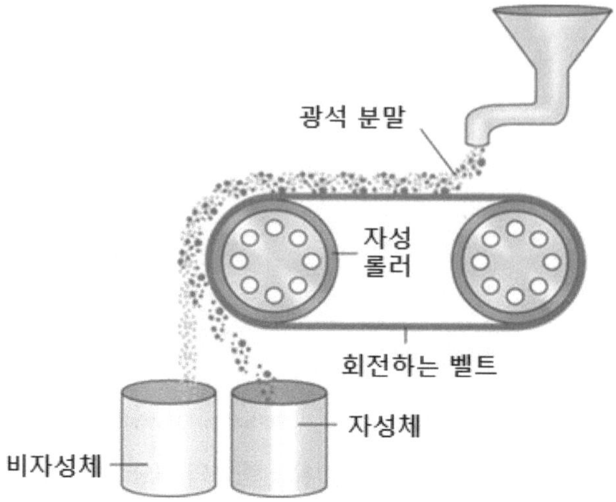

[그림 2-26] 자력 선광법의 개요

5) 정전 선광법(Electrostatic Separation)

높은 자기장 분위기에서 유용광물의 정전기적 성질의 차이를 이용하여 선별하는 방식이다. 회전하는 롤러에 원광석을 공급하고 여기에 자기장을 가하면 금속 원소에 따라 자기장을 띄는 정도가 달라지기에 [그림 2-27]과 같이 금속 원소는 물론이고 플라스틱과 같은 비금속도 분류가 가능하다.

구리의 정광은 황화동, 황화철과 선광 과정에서 미처 분리되지 않고 남은 맥석으로 되어 있다. 이것을 소형 용광로에 넣고 산화 용융하면, 산소와의 결합력이 강한 FeS가 먼저 산화해 FeO가 되고 이것은 맥석의 SiO_2 등과 함께 슬래그(Slag)를 이룬다.

구리는 Cu_2S로 그대로 남아서 FeS의 일부와 함께 녹아 슬래그 밑에 쌓인다. 이것을 전로에 넣고 공기를 분사하면 FeS가 먼저 산화하여 슬래그로 되고 황화 구리의 산화가 진행함에 따라, $Cu_2S + 2Cu_2O \rightarrow 6Cu + SO_2$로 되어 구리가 생긴다. 이 때의 구리는 순도가 낮은 조동(粗銅)이며, 그 순도를 높이기 위해서 다시 전기분해법에 의한 정련을 하여야 한다.

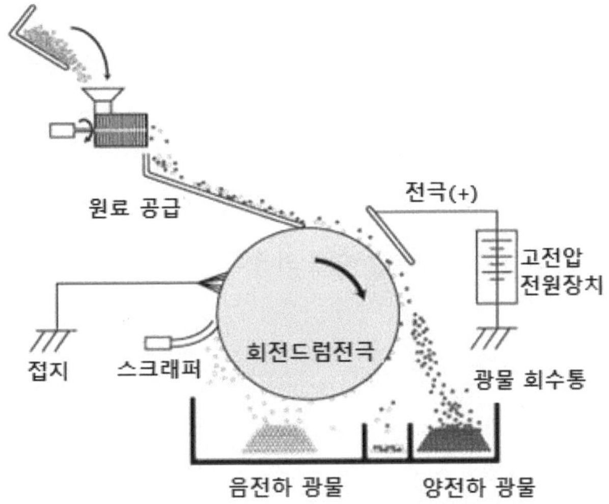

[그림 2-27] 정전 선광법

이 과정을 거치게 되면 구리 광석의 구리 함량은 약 25~30% 정도로 높아지게 되며, 이걸 구리 정광(Copper Concentrate)이라고 부른다. 칠레에서는 이 구리 정광을 직접 가공하기도 하지만 정광 상태로 해외로 수출하기도 한다.

(4) 광석의 예비 처리

지구상에 존재하는 자연상태의 구리는 90% 이상이 황화물 상태인 황동광으로 존재하게 된다. 황화물 상태로 존재하는 황동광은 채굴을 통해 얻어지는데 이 황화물에서 황을 제거하고 구리를 만들어 내는 과정이 구리의 제련이라고 할 수 있다. 산화광에 비해서 황화광은 구리의 함유율이 높고 열간으로 제련을 하게 되어, 산화광에 주로 적용되는 습식 제련에 비해 상대적으로 제련 비용이 비싸다.

1) 건조(Drying)

건조(Drying)는 부착수분을 제거하는 목적으로 독립적으로 실시하는 일은 많지 않으나, 구리 제련의 자용로, 전기로 등의 전처리로 이 조작을 한다. 자용로에서는 미분 정광에 수분이 있으면 광립 표면을 수증기 피막이 둘러싸서 산화반응의 순간적 개시를 방해하므로 미리 충분히 수분의 함량이 0.1% 정도가 되도록 하고, 전기로에서는 수증기의 폭발 위험성이 있으므로 건조를 한다.

2) 배소(Roasting, 焙燒)

황화동광을 공기중에서 서서히 가열하면 수분이 제거되면서 황의 일부가 제거되는 반응이 나타나며 이 과정을 배소(Roasting, 焙燒)라고 부른다. 황화물은 배소(焙燒)되면 산화물로 변한다.

이와 같은 산화물은 탄소에 의하여 쉽게 환원되어 금속을 유리(遊離)시키기 때문에, 옛날 사람들은 산에서 무거운 돌을 찾아 목탄(탄소)과 함께 불을 붙였다. 이것은 자연상태의 금속으로 얻어지는 은, 구리 등이 산불에 의하여 만들어진 숯에 의하여 광석이 환원되었기 때문인 것 같다.

가. 산화 배소(Oxidizing Roasting)

산화 배소의 목적은 뒤의 용련에서 산출되는 매트의 구리 함량을 높이는 데 있으며, 또 한편으로는 배소 산화열로 반사로 장입물을 건조하거나 예열함으로써, 그 열을 이용하는데 목적이 있다. 황화광 내황을 산화시켜 SO_2로 제거하는 방법으로 황화광에 포함되어 있는 As, Sb 등을 휘발제거 하는 경우에도 적용한다.

배소의 과정을 통해서 화학적 반응에 의한 제련이 시작되고, 비소 및 황 등 불순물 제거가 이루어진다. 부유 선광을 통해 걸러진 구리광을 약 700℃ 이하로 가열하여 산소와의 접촉을 통해 황을 황산화물의 형태로 제거하면서 더불어 철분 등의 불순물을 제거한다. 이때 온도가 높거나 산소 농도가 작으면 $CuSO_4$와 같은 황산염이 생기므로 주의해야 한다. 황산염이 생기게 되면, 이를 분해하기 위해 추가로 가열해야 하기에 조업에 지장이 생긴다.

$$2CuFeS_2(s)+3O_2(g) \rightarrow 2FeO(s)+2CuS(s)+2SO_2(g)$$

이 과정에서 배출되는 이산화황가스(SO_2)는 독성이 있기에 이를 황산으로 만들어서 제거한다.

나. 황화 배소(Sulphating Roasting)

황화 배소(Sulphating Roasting)는 일반으로 습식 제련의 예비 처리로서 실시하며, 황화동을 물이나 묽은 산에 녹을 수 있는 $CuSO_4$나 수반한 황화철을 불용성인 Fe_2O_3로 되는 온도나 분위기로 제어하여 배소를 한다. 많은 금속 황화물이나 산화물은 물이나 묽은 산에 용해하기 어려우므로 수용성의 황산염으로 바꾸기 위하여 황화 배소를 행한다. 예를 들어 니켈황화정광에 철이 포함되어 있는 경우 정광을 황산과 혼합시킨 후 공기를 공급하면서 680℃ 까지 올려주면 SO_3가 생성되어 반응하면서 구리와 니켈은 황산염으로 되고 철은 산화물로 멈추게 된다.

3) 단광(Agglomeration, 團鑛)

분광을 괴상으로 만드는 과정으로서 용광로 제련의 전처리로서 시행되며 가열 상태에서 압력을 가하여 괴상으로 만든다. 최근에 채굴되는 동정광은 거의 대부분이 100~200mesh 이하인 미분이며, 이 정도의 가루상은 소결이 어렵고 또한 소결법은 미리 로(Furnace)외에서 탈황을 하여서 용광로에서 좋은 능률로 고품위 매트를 얻고자 하는 방식이지만 정광 중의 유황을 없애지 않고 용광로 내에서 산화시켜 그 산화열을 연료로 이용하고자 할 때 미광을 덩어리로 만드는 단광법을 채용한다.

4) 소결(Sintering, 燒結)

분광을 부분적 용융이 일어나는 정도의 온도로 가열하여 용광로 제련에 적합한 괴상광을 얻는 조작을 소결이라고 하며 황화광에서는 고온 가열로 인해 황성분의 제거도 일어나므로 송풍배소라고도 한다. 동광의 소결을 화학반응의 면에서 보면 주반응은 황화철의 산화로서 배소반응과 큰 차이는 없다. 그러나 소결은 온도가 높아서 1,000℃에서 부분적으로는 1,200℃까지 상승되며 SiO_2가 많고 강제 통풍으로 인하여 SO_2 농도도 낮아져서 황산염은 존재하기 어렵고 또 생성산화철로는 FeO의 형으로의 존재가능성이 크다. 소결과 배소의 결정적은 차이는 물리적인 면에 있으며 적당한 크기와 다공성을 가지며, 고온강도가 큰 소결체를 얻기 위해서는 적당한 용융이 필요하고 원료의 입도, 유황, 첨가하는 SiO_2, 물의 양 등이 중요하다.

5) 침출법(Leaching)

부유선광은 유화광의 맥석 분리와 선광에는 효과적이나 산화광에는 비교적 효율성이 떨어지므로 산화광에는 전통적인 선광법보다 침출법(Leaching)이 많이 이용된다. 광석의 침출방법에는 다음 4가지 형태가 있다.

[표 2-5] 광석의 침출 방법

침출방법	내용
Dump Leaching	저품위광 폐석 위에 침출액(Leaching Solution)을 부어 구리를 침출
Heap Leaching	산화광을 아스팔트와 같이 준비된 깔개 위에 쌓고 침출액을 붓는 방법
In-Situ Leaching	보통은 유화광이 채광된 다음 폐광된 구 작업장 내에서 침출하는 것을 말하나, 최근에는 광체 내 시추공을 통한 침출액의 주입, 펌핑도 시행한다.
Vat Leaching	파쇄된 광석을 탱크나 통에 넣어 침출시키는 방법, 최근에는 파쇄광석을 미리 황산으로 적신 다음 엷은층으로 까는 Thin Layer Leaching법이 개발되었다.

침출액으로 가장 널리 쓰이는 용액은 철 유화물이 첨가된 희석 황산액이며 구리는 침출액으로 용해된 후 침전 또는 전해정련에 의해 추출된다. 침전 공정에서는 철 스크랩이 첨가되어 시멘트 동(Cement Copper)으로 침전된다. 용매추출 Electrowinning(SX-EW)법은 낮은 생산비로 광미(Tailing, 광물찌꺼기)와 저품위 광석(산화, 유화광 불문)에서 구리를 회수하는데 널리 적용될 수 있는 방법으로 Heap Leaching, Dump Leaching 및 In-Situ Leaching에도 적용되고 있다.

침출법에 의한 전기동 생산은 1990년대 중반, 칠레의 광산(Quebadra Blanca, Cerro Colorado, El Abra, Radomiro Tomic, Escondida, Lomas Bayas, El Tesoro)들이 SX-EW 공법을 추가해 광산을 개발하거나 확장하면서 본격적으로 채택되기 시작되었다

[표 2-6] 침출법에 사용되는 황산의 농도

구분	g/ℓ Cu	pH
Dump, Heap, In Situ	0.5~8	1.3~2.2
Ferric Cure, Thin Layer	3~8	1.5~2.2
Vat	6~40	1.5~2.0
Agitation Oxide Ores	1~15	1.5~2.0
Agitation Sulfide Ores	12~25	〈 1~1.6
Pressure Leach Cu Cons	25~80	〈 1~2.0
Bioleach Cu Cons	25~55	〈 1~2.2

2.1.4. 폐 구리의 재활용(Recycling)

구리는 지구상에 비교적 흔한 금속 자원이며 재활용 과정에서 손실이 거의 없이 회수가 가능한 자원이다. 산업 전반에서 구리의 수요가 증가하고 있으며, 특히 1960년대 이후 연간 250% 이상의 수요 증가가 발생하여 과거 5백만톤에서 현재 연간 2천만톤 이상으로 수요가 증가해 버린 구리합금의 시장 상황에서 원광석을 통한 구리의 공급은 한계에 직면하고 있다. 따라서 폐 구리를 활용한 공급의 균형은 필연적인 선택이 된다.

2018년 현재 전 세계 동 수요는 연간 3,000만톤, 금액으로는 약 200조원이다. 전 세계에서 동정광으로 생산하는 전기동이 2,300만톤, 재활용하는 물량이 600만톤인데 톤당 6,000달러 수준에서 거래된다.

유럽에서는 25% 그리고 미국에서는 50% 이상의 폐 구리가 회수되어 재활용되는 것으로 보고되고 있다. [그림 2-28]은 2014년도 유럽내의 구리의 수요와 이를 충당하기 위한 공급원을 구분하고 있다. 유럽내 총 수요는 약 4백 3십만 톤이며 이중에 25%에 해당하는 100 만톤 가량을 폐 구리에서 얻고 있다.

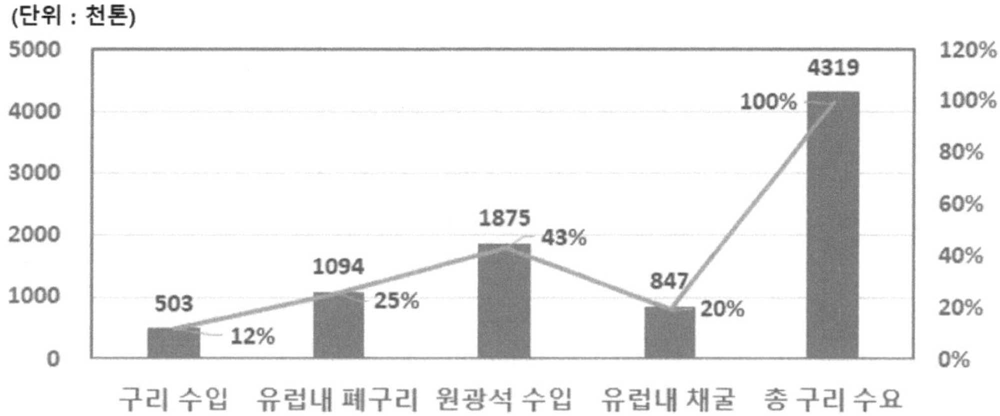

[그림 2-28] 유럽내 구리의 수요와 공급원(2014년도)

2.2 구리 제련

제련이라는 용어는 황화물 혹은 산화물의 원광석에서 황과 산소를 제거하고 유용한 금속을 얻는 과정을 제련이라고 한다. 이렇게 금속을 추출하는 과정은 황화물과 산화물을 고온에서 환원하여 금속을 얻는 건식 제련법과 침출(Leaching)후 수용액 혹은 용융염에서 전해 환원하는 습식 제련법으로 나뉜다.

세계 동 생산량의 90% 이상이 건식법에 의하여 생산되고 있으며, 습식법은 주로 저 품위 산화광이나 황화광의 폐석을 제련할 때 사용되고 있다. 건식 제련법은 선광과 예비처리를 거친 동 정광을 용광로에서 제련하여 중간 생성물인 매트(Matte)를 만든 다음, 슬래그(Slag)와 분리한 매트를 전로에서 처리하여 조동(粗銅)을 만든다. 이 조동 중에는 금, 은 등의 유가금속과 Pb, Sb, Se, Te, S 등의 불순물이 함유되어 있다. 따라서 조동을 다시 정련하여 불순물을 제거함으로써 '정련동'이 얻어지며, 부산물로 유가금속을 회수한다. 건식 제련법에는 동 광석을 제련하여 매트와 슬래그를 분리하는 방법에 따라 용광로법, 반사로법, 자용로법, 전기로법 및 연속 제련법이 있다.

이들 중에서 용광로법과 반사로법은 재래식 제련법으로 공해 문제와 경제성, 생산성이 낮아서 점차로 자용로법이나 전기로법으로 대체되었다. 현재, 전력이 풍부하고, 전기값이 싼 나라에서는 전기로법을 채택하고 있으나 그 외는 자용로법이 주종을 이루고 있다.

우수한 동 제련 기업의 기준은 제품 품질과 기술력, 생산규모, 제조비 효율성 등이다. 이러한 경쟁력을 갖춘 대표적인 제련기업은 칠레 국영기업 코델코(CODELCO)와 일본 스미토모(住友), 미쓰비시(三菱), 독일 아우루비스(Aurubis) 등을 들 수 있다. 이들 기업은 현대 산업의 주요 소재인 동을 안정적으로 공급하면서 국가 경제 발전에 이바지했다.

우리나라도 세계적인 동 제련기업을 보유하고 있다. 비철금속소재 기업인 LS-Nikko(니꼬)동제련은 핵심 제품인 전기동을 비롯해 동광석에 함유된 금, 은, 백금, 팔라듐 같은 귀금속과 희소금속, 황산 등을 생산한다. 제품별 생산능력은 전기동 68만5000톤과 금 60톤, 은 800톤, 셀레늄 500톤, 팔라듐 1.3톤 등으로 연간 매출액이 약 7조원에 이른다. 포스코와 현대제철에 이어 국내 금속업계 매출규모 3위, 비철금속업계 매출 1위 기업이다.

LS니꼬동제련은 1936년 국내 최초의 대규모 근대화 산업시설인 장항제련소로 시작했다. 대한민국 정부 수립 후 한국광업제련공사를 거쳐 1982년 럭키그룹(LG그룹)에 편입했다. 1999년 일본 Nikko(니꼬) 금속이 주축인 JKJS 컨소시엄과 합작해 LG니꼬동제련으로 다시 태어났다. 2005년 LS그룹이 출범하면서 현재 사명을 유지하고 있다.

2017년 현재 세계 2위 규모 동 제련소는 LS니꼬동제련 소유다. 울산시 울주군 온산 국가산업공단 내 LS니꼬동제련 온산제련소는 연간 전기동 생산량이 단일 제련소 기준 세계 2위다. 이 제련소는 다른 제련소와 달리 자용로 공법과 미쓰비시 연속공법 공장을 함께 가동한다. 핵심 제품인 전기동은 세계 비철금속시장의 중심기관인 런던금속거래소(LME)에서 최고 품질(Grade A)을 인증 받았다.

2.2.1. 건식 제련

금속 제련에서 건식 제련은 산화물과 황화물을 고온에서 환원하여 금속을 얻는 방법을 의미한다. 산화광인 공작석은 분해, 환원, 슬래그 형성 단계를 거쳐 쉽게 동을 얻을 수 있는 반면, 황동광($CuFeS_2$)은 배소, 매트 형성, 매트의 배소, 환원, 슬래그 형성 등의 과정을 거쳐야만 동을 얻을 수 있다. 이러한 황동광의 제련 방법은 청동기시대에 이미 존재하고 있었던 것으로 알려져 있다.

[표 2-7] 제련 과정에 따른 동의 품위

단계	공정	생산물	동 품위
1단계	채광(Mining)	광석	0.2~2%
2단계	부유선광(Froth Flotation)	정광	25~45%
3단계	제련 작업	매트(Matte)	45~75%
4단계	전로 작업	조동(Blister)	99%
5단계	건식정련 및 주조	아노드(Anode) 동	99.9%
6단계	전해 정련	전기동	99.99%

초기의 동 제련은 현대와 비교하여 온도나 열을 가하는 방식 등에서 많은 차이를 보이고 있다. 구리 광석을 녹일 수 있는 1,200℃ 이하의 비교적 낮은 온도로 가열해서 제련을 하였고, 열원은 주변에서 쉽게 구할 수 있는 나무와 숯을 사용하였으며 점토를 이용하여 제련노를 축조하였다. 경주시 황남동 376번 유적지에서 발견된 동제련용 도가니에서는 동광석 분말을 숯불로 가열하여 동을 제련한 흔적을 확인할 수 있었다.

황화동광은 그대로는 환원할 수 없기에 용광로, 반사로, 자용로 등의 용련로에서 중간 생성물인 매트(Matte)를 만들어 슬래그(Slag)와 분리하고 매트를 전로에서 녹여서 금속동이라고 불리는 조동(Blister)을 만든다.

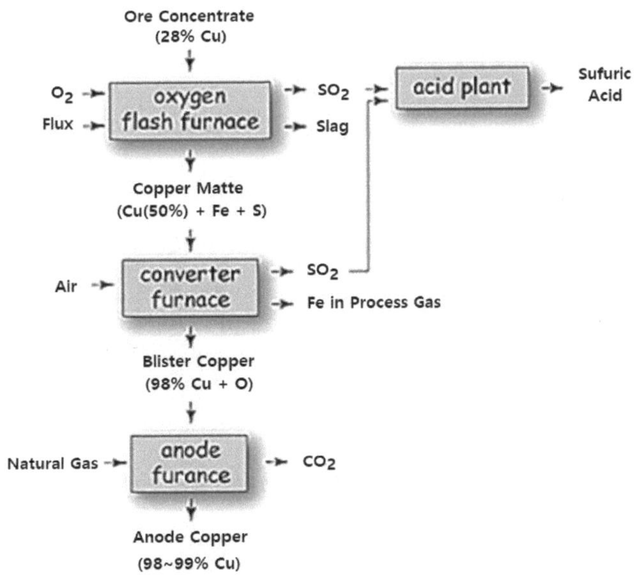

[그림 2-29] 구리 황화광의 제련 과정

전기동은 그 상태로는 취약하므로 다시 한번 반사로에서 정련을 해서 사용하며, 이를 인성동(靭性銅, Tough-pitch Copper)이라고 부른다. 인성동은 그 상태로 그대로 쓰이기도 하지만, 다시 한번 전해 정련하여 99.95%의 전해인성동(電解靭性銅, Electrolyte Tough-Pitch, ETP)으로 만든다.

고전도용 무산소동(Oxygen-Free Copper)은 산화를 방지하기 위해서 환원성분위기에서 주조한다. 산화동광은 고품위의 것은 황화광과 같이 용융하여 정련매트를 만들고 저 품위의 것은 습식법으로 처리하는 것이 보통이다.

전세계적으로 제련 용량은 총 1천435만톤으로, 제 1위 국가는 비록 구리원광의 보유량은 미미하지만 일본이 전체 6개 제련소에서 총 174만 7천톤의 제련 용량을 가지고 있고, 제 2위 국가로는 칠레로서 전체 7개 제련소에서 총 155만 5천톤, 그리고 제 3위 국가는 중국으로 전체 19개 제련소에서 총 127만 4천톤의 제련 용량을 가지고 있다. 한국은 온산의 2개 제련소에서 총 45만톤의 생산량을 가지고 있으며 북한은 홍남과 남포에서 총 4만톤의 제련 용량을 가지고 있다.

비록 총 생산량은 다른 나라에 비해 작은 규모이지만, 온산 제련소의 전기동 생산 용량은 단일 공장으로는 세계 2위의 규모를 자랑하고 있다.

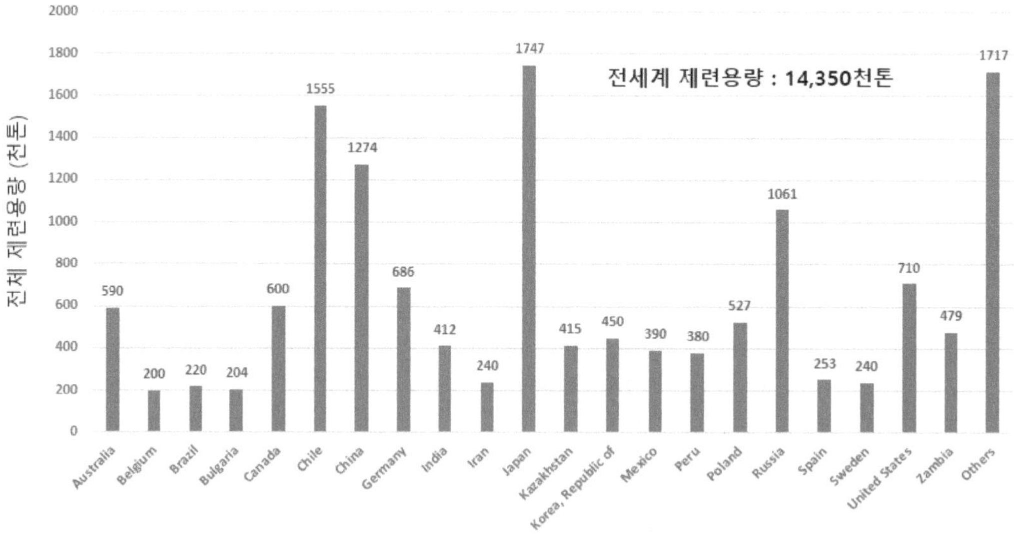

[그림 2-30] 전세계 국가별 제련 용량 (2018)

(1) 용련(Smelting)

동광석은 선광을 거쳐서 필요에 따라 건조, 배소, 소결, 단광 등의 예비처리를 한 후에 용광로 또는 반사로 등의 용련로에서 녹여서 제련을 한다. 배소를 거친 구리 광석을 처음으로 녹여서 매트(Matte)를 만드는 과정이 용련(Smelting)이다. 이 과정의 목적은 구리의 손실을 최소화하면서 황, 철 등의 불순물 원소와 맥석을 제거하여 구리의 순도를 높이기 위함이다. 농축된 구리 광석을 실리카(SiO_2)와 섞고 산소를 공급해 주면서 약 1,400°C 이상으로 가열하면 황화철(FeS)이 Cu_2S보다 먼저 산화된 다음 실리카와 반응하여 액체 구리 매트(Matte) 층 위에 슬래그(Slag)로 부상하게 되는데, 이렇게 철산화물(FeO, Fe_3O_4)이 형성되면서 황(S)은 황산화물(SO_2)로 제거가 된다. 이 반응을 화학식으로 표현하면 다음과 같다.

$$FeO+SiO_2 \rightarrow FeO \cdot SiO_2$$

이 과정에서 구리의 산화물 및 황화물 형성에 의해서 일부 손실이 발생하게 되는데, 산소 농도를 높이면 매트의 구리 순도가 높아지지만 반대로 슬래그로 손실되는 구리 산화물의 양도 증가하기 때문에 산소 농도를 무작정 높일 수는 없다. 또한, 구리 황화물의 농도는 산소 농도가 증가함에 따라 감소하게 되고 매트내의 구리 농도가 증가하는 효과가 있기에 최적의 산소 농도 관리가 중요하다.

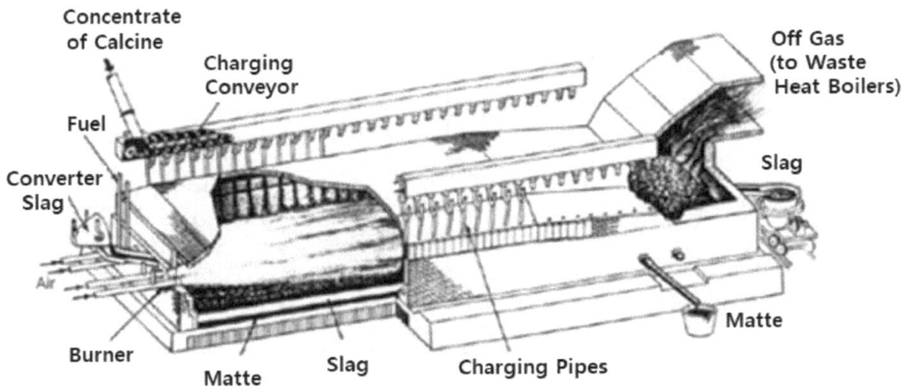

[그림 2-31] 용련(Smelting) 과정

형성되는 슬래그의 양은 공급되는 정광의 철성분의 양에 따라 결정되며 철 성분이 많으면 그만큼 슬래그의 양도 많아지게 된다. 따라서 완성된 매트의 순도와 형성되는 슬래그의 양은 상호 보완적인 관계를 갖게 된다.

전세계적으로 가장 널리 사용되는 용련법은 다음의 4가지로 구분된다.

1) 반사로(Reverberatory Furnace)

레버베라토리(Reverberatory)라고 불리우는 반사로 공정은 길이가 아주 긴 반사로에서 연속 공정으로 연속적으로 원료를 장입하고 매트와 슬래그의 분리를 주기적으로 이어가는 공정이다. 노의 한쪽 단에서 기름 혹은 천연가스를 연료로 사용하고, 그 연소열 및 반사열을 이용하여 동광을 용융하여 매트와 슬래그를 분리하며, 노 내의 온도는 1,500℃ 이상으로 유지된다. 원광은 괴상분의 습광 혹은 배소 과정을 거친 건조광 어느 것이나 사용 가능하며, 플럭스(Flux)와 함께 공급하여 안정적으로 Cu_2S와 FeS를 생산하게 되며, 여분의 황은 이산화황으로 배출된다.

반사로 용련에서는 다른 용련법에 비해 원광의 황화광의 산화발열의 이용이 작으므로 상대적으로 연료의 소비가 크며, 배출 가스중의 SO_2의 농도가 2Vol % 이하로 SO_2의 회수에 많은 비용이 필요로 하고 배출가스에 의한 환경 오염의 위험성이 있다.

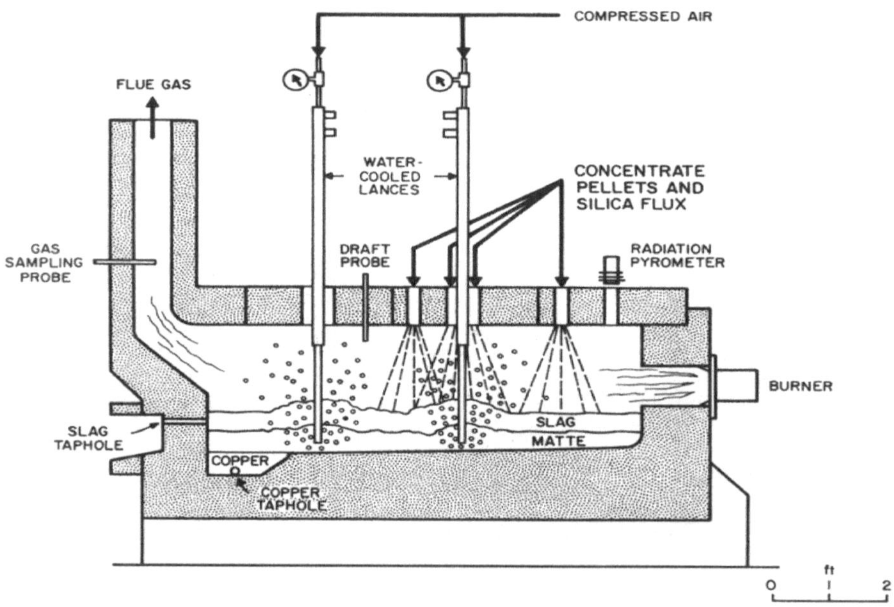

[그림 2-32] 반사로 공정(Reverberatory Furnace)

2) 전기로(Electric Arc furnace)

반사로 공정(Reverberatory Furnace)과 유사한 공정을 거치지만 열원으로 전기를 이용한 아크열이 사용되는 점이 다르다. 슬래그안에 잠겨 있는 탄소 소재의 전극에 높은 전류를 흘려보내면서 이때 발생하는 저항열을 이용하여 제련반응을 유도한다. 반사로에 비해 폐가스 배출이 적고 열 손실이 적기 때문에 매우 효율적인 공정이며 SO_2 농도가 높은 장점이 있지만 자용로에 비해 에너지 비용이 높고 SO_2의 농도가 낮은 단점이 있다. 전기값이 저렴한 곳이 아니라면 추천하기 어렵다.

3) 노란다 공정(Noranda Process)

개발 초기에 노란다 공정(Noranda Process)은 작은 용기 안에서 원석의 배소(Roasting)와 제련(Smelting) 그리고 전로(Converting) 작업 까지를 한꺼번에 할 수 있도록 고안되었다.

그러나 실제로는 금속학적인 제한으로 인해 매트를 생산하는 것으로 제한되고 있다. 제련에 소요되는 열은 황화수소(H_2S)의 산화과정에서 발생하는 발열을 이용한다. 열량이 부족하면 별도로 기름을 사용하는 버너를 가동하기도 하며, 원료와 함께 공급되는 석탄의 연소를 통해서 얻기도 한다. 조업 기술의 문제와 환경 문제가 있어서 실제로 상업 생산에 적용되는 사례는 Southern Copper와 Kennecott 이후에는 없는 것으로 알려져 있다.

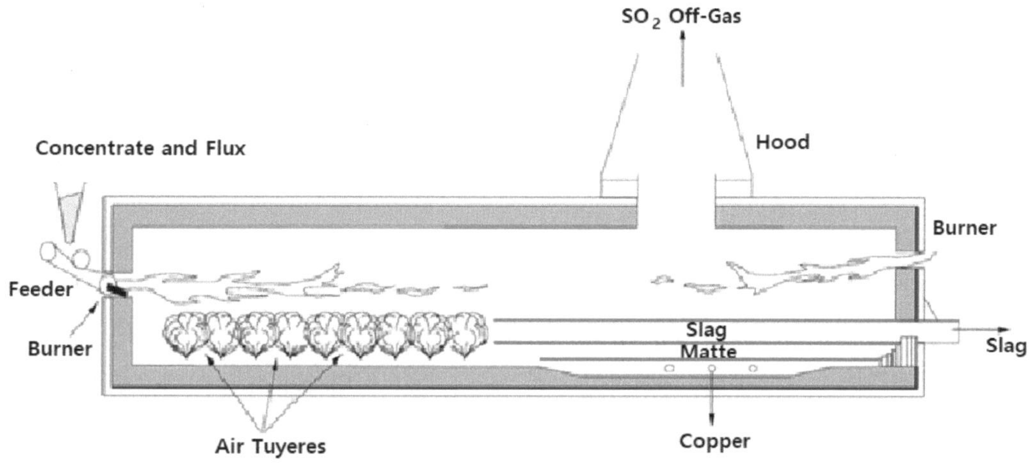

[그림 2-33] 노란다(Noranda) 공정의 개요

4) 자용로 공법(Flash Furnace Process)

자용로 공법(Flash Smelting Process)에 의한 구리의 용련은 1949년 핀란드(Finland)의 철강기업인 Outokumpu사의 Harjavalta 제련소에서 처음 시작된 이래 현재까지 구리 제련의 주력공법으로 사용되고 있다. 자용로는 개발 초기에 예열 공기(Preheated Air)를 사용하였으나, 기술의 안정성이 확보된 이후인 1960년대 후반 산소 부화공기의 사용을 채택하여 생산비용의 획기적인 감축과 환경 문제해결을 기할 수 있었으며 그 이후 비로소 구리 제련의 주력 공법의 위치를 차지하게 되었다.

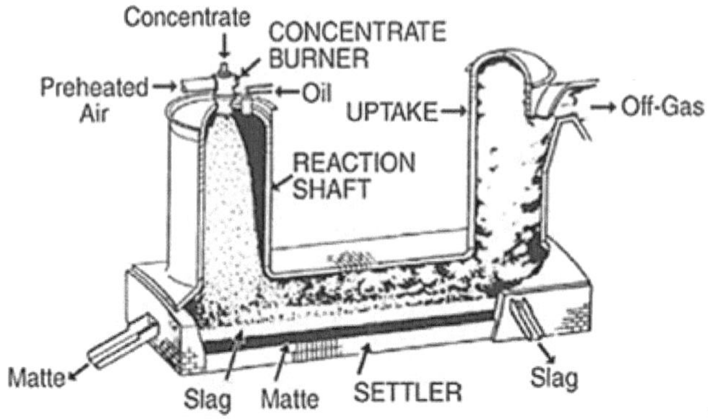

[그림 2-34] 자용로 공법

자용로 공법은 분쇄된 정광과 산소 그리고 실리콘 용재(Silica Flux)를 1250℃의 로에 투입하면서 반응이 시작되고, 일단 고온의 로에 투입되면 정광 중 황화광이 산소와 급격한 반응을 일으킨다. 이와 같은 반응은 정광 중 Fe, S의 산화 조절과 많은 열이 발생으로 광석을 용해하게 된다.

즉, 별도의 화염이나 연소반응 없이 산소와 황의 발열 반응에 의해 매트를 제조하는 과정이다.

제련하여 만들어지는 매트(Matte)는 95% 정도의 Cu_2S와 FeS 및 다른 불순물(귀금속 포함)로 구성되어 있고 매트 보다 가벼워 위로 뜨게 되는 슬래그는 각종 금속의 산화물로 구성되어 있다.

5) 미쯔비시 연속 공법(Mitsubishi Continuous Process)

하나의 로(Furnace)를 이용하여 동 광석으로부터 조동(Blister Copper)을 직접 생산하려는 연구가 끊임없이 시도되어 왔으나, 예외적인 광석 사용을 제외하면 실용화된 사례는 없으며 미쯔비시 연속 공법(Mitsubishi Continuous Process) 만이 가장 근접된 형태로 이를 실용화하여 가동중에 있다. 이 공법은 3개의 로가 탕도에 의해 연결되어 있으며, 제련과 전로 과정을 하나의 용기로 묶어서 처리하는 방법을 사용하여, 용탕은 각 로를 연속적으로 흐르며 각 로에서의 산소 농도에 따른 일련의 산화 반응을 일으켜 최종적으로 조동을 얻게 된다.

미쯔비시 공법은 연속된 하나의 로 작업으로 일정한 농도의 SO_2 방출이라는 장점과 슬래그 형성에 따른 다량의 구리 손실이 발생하는 기존 공법의 단점을 보완하였다. SO_2 방출에 따른 대기환경문제를 해결했고, 배기가스 중 SO_2 농도가 일정 하므로 황산설비가 간단해질 수 있다. 또한 철과 유황의 산화열을 에너지로 사용하기 때문에 전체적인 공정 비용의 절감이 가능하다.

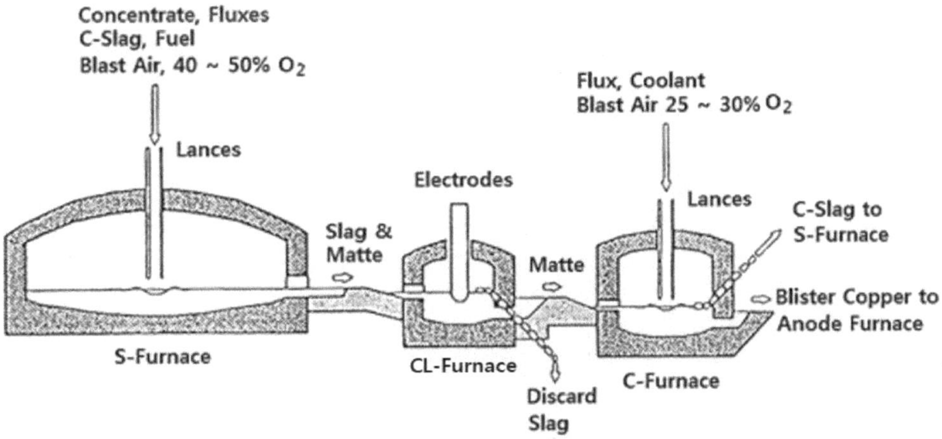

[그림 2-35] 미쯔비시 연속 공법

가. 용련로(Smelting Furnace, S-Furnace)

용련로에서는 광석과 용제(Flux), 산소 부화공기를 공급하여 동 함량 68%의 매트와 슬래그를 만든다. 생성된 매트와 슬래그는 함께 전기로(Electric Cleaning Furnace)로 연속적으로 흘러간다.

나. 전기로(Electric Cleaning Furnace, CL-Furnace)

전기로에서 연속 공정으로 분리된 매트와 슬래그는 전로(Converting Furnace)로 흘러가고 분리된 슬래그는 외부로 배출되어 물로 분해한다.

다. 전로 작업(Converting Furnace, C-Furnace)

전로(Converting Furnace)는 수직 Lance로 산소 부화공기와 석회석(Lime Flux)을 연속으로 매트(Matte)에 투입하여 용융된 조동(Molten Blister Copper)과 슬래그를 생산한다. 용융상태의 조동(Molten Blister Copper)은 연속적으로 정제로로 보내진다.

(2) 전로 작업(Converting)

용련(Smelting) 과정에서 얻어지는 매트의 구리 함량은 정광의 황과 철 함량 등에 따라 30~70% 정도가 되는데, 여기에 고온의 산소를 불어 주면 황 성분은 아래의 과정을 거쳐서 황산화물(SO_2)로 제거된다. 이때 형성된 이산화황가스는 모아서 황산을 제조하는 원료로 공급된다.

$$2Cu_2S+3O_2 \rightarrow 2Cu_2O+2SO_2$$

$$2Cu_2O \rightarrow 4Cu+O_2(\text{또는 } 2Cu_2O+Cu_2S \rightarrow 6Cu+SO_2)$$

슬래그를 제거한 후 남아있는 액체 구리 매트(Matte)에 실리카를 다시 첨가한 후 이를 전로에 넣고 공기를 불어넣으면 FeS는 산화물 상태의 슬래그가 되고, Cu_2S는 산화제1구리(Cu_2O)로 전환된다. Cu_2O를 가열하면 순도 약 98%의 구리인 조동(粗銅, Blister Copper)이 얻어진다.

$2FeS+3O_2 \rightarrow 2FeO+2SO_2$; $FeO+SiO_2 \rightarrow FeSiO_3$(규산 철, 슬래그)

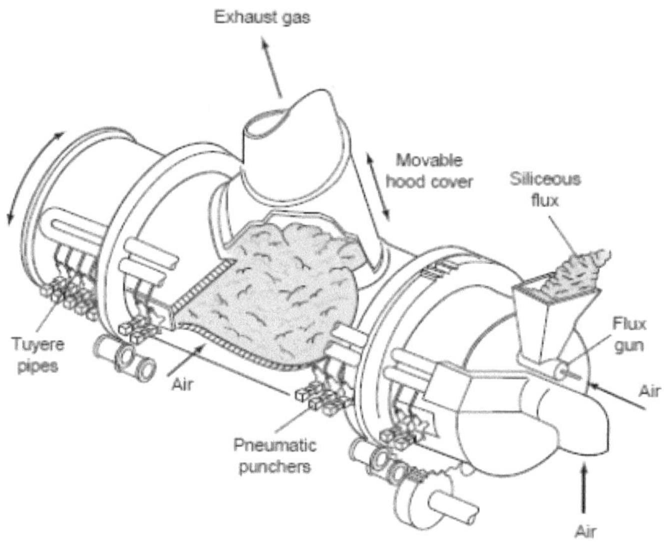

[그림 2-36] 매트에서 조동을 생산하는 전로(Converter)

[그림 2-37] 전로에서 조동을 녹여서 순동을 생산하는 과정

(3) 정제로(Fire Refining)

조동은 순도를 높이기 위해서는 전해 정련(Electrolytic Refining)과정이 필요하다. 하지만 조동을 직접 주조하여 양극을 만들면 기공이 많고 취성이 커서 양극을 만들기 어렵다. 따라서 정련이 필요 하고, 불순물이 약 2% 정도 들어있는 조동(Blister)을 다시 한번 녹여서 불순물을 산화물 상태로 제거하면 99.5%의 순동이 얻어진다.

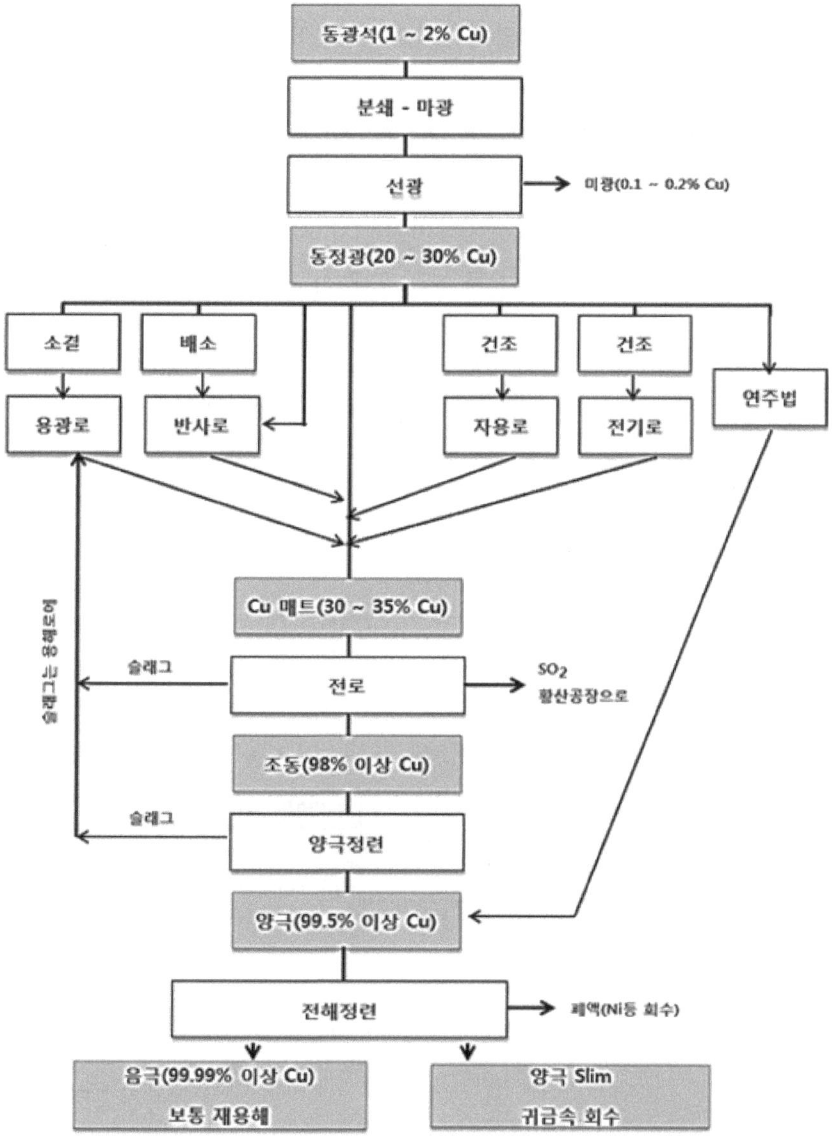

[그림 2-38] 황화동의 건식 제련 개요

전로 작업을 통해 얻어진 조동(Blister Copper)에서 아직 남아 있는 황성분과 철성분을 제거하고 산소 농도를 낮추기 위해 다시 한번 용융 과정을 거쳐서 전기분해에 의한 전기동을 생산하는 원료로 사용될 수 있도록 구리 함량 99.99% 수준으로 정련을 한다.

2.2.2. 습식 제련

습식 제련은 산이나 염기 등 금속을 녹여낼 수 있는 성분을 포함한 수용액에서 금속을 얻어내는 방법이다. 광석을 녹이는 과정이 없고 물을 사용하기에 낮은 온도에서 작업할 수 있고 작업 과정에서 대량으로 발생하는 가스 성분도 없고 간편한 것이 장점이다.

동 제련에서 습식법은 주로 저 품위광에 이용되며, 산화동광이나 배소한 활동광을 묽은 황산 용액으로 침출하여 동만을 추출하고 여과하여 용액과 잔사를 분리한다. 용액을 정화하여 화학적 방법으로 동을 침전 시키거나 전해법으로 동을 석출 시켜 금속동을 얻는다.

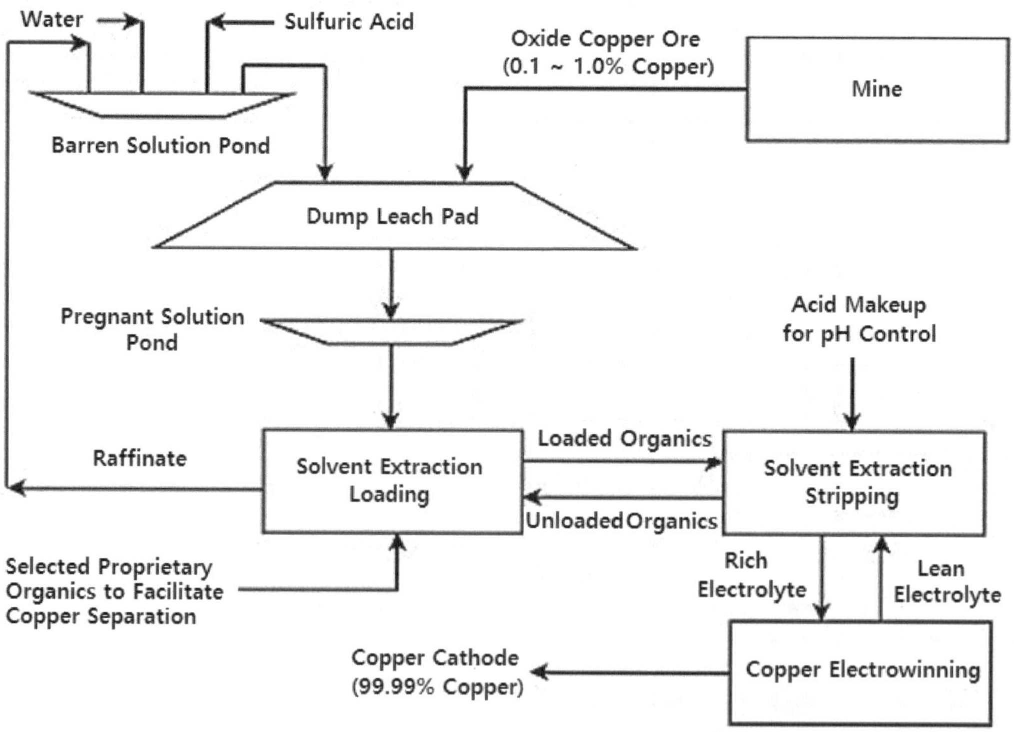

[그림 2-39] 구리 산화광의 습식 제련 개요

지구상의 구리 광석의 약 10%가 산화물 형태로 존재하며 대개 산화광의 구리 함유율이 황화광에 비해 상대적으로 낮다. 전체 매장량은 황화광 보다 작지만, 지표 가까이에서는 황화광 보다 구하기 쉬우며 습식 제련으로 인해 상대적으로 제련비용이 싸다.

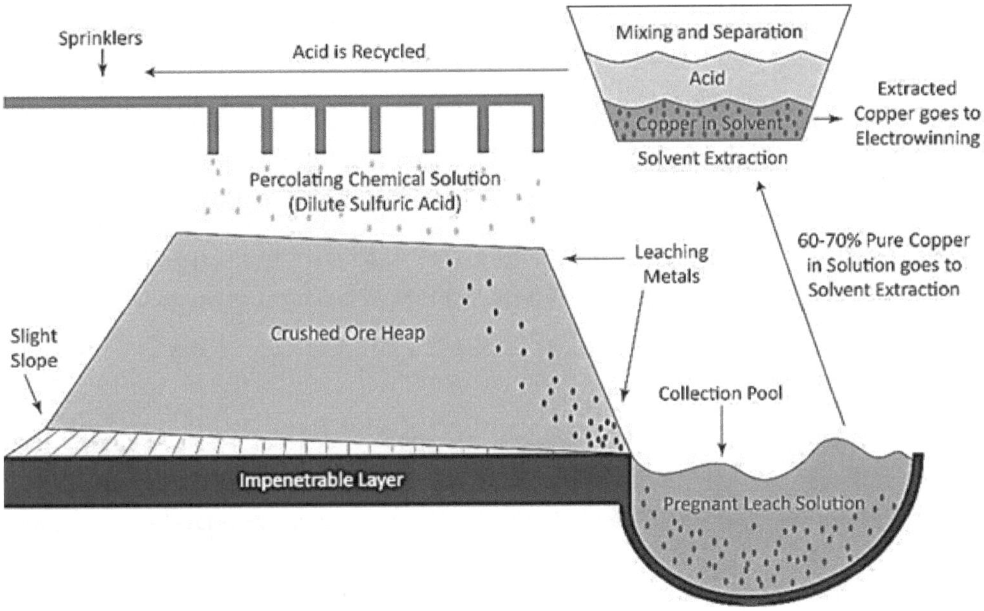

[그림 2-40] 황산을 이용한 구리 용액의 추출

구리의 습식 제련은 주로 광석 내의 구리와 아연을 함께 회수할 때 사용하는 방법이다. 광석을 배소(焙燒)하여 구리-아연의 황산염을 만들고, 물로 침출시켜 전해조(電解槽)에 넣는다. 산화 구리(II)는 흑동석과 파라멜라코나이트(Paramelaconite)에서 얻어지는 검은 분말이다. 혼합 산화 구리 광석을 1,030℃ 이하의 온도로 가열하면 많은 양을 얻을 수 있다.

이들 원광석을 잘게 부수고 여기에 묽은 황산을 투입하여 구리의 함량을 높이는 과정을 거치면서 제련이 진행된다. 과정을 Heap Leaching이라고 부르며 잘게 부순 산화광을 쌓아 놓고 여기에 묽은 황산을 뿌려서 구리를 추출해 나간다. 이렇게 추출된 구리의 순도는 약 60~70%가 된다.

황화광을 이용하여 건식으로 제련할 때와 다른 가장 큰 차이점은 열을 가하지 않고 묽은 황산으로 구리를 녹여내는 과정이라 할 수 있으며, 묽은 황산에 의해 추출된 푸른색의 고농도의 구리 용액이 얻어진다. 황동광을 이용한 습식 제련은 다음의 반응식으로 표현될 수 있다.

$$CuFeS_2+2Fe_2(SO_4)_3+2H_2O \rightarrow CuSO_4+5FeSO_4+2H_2SO_4$$

구리가 녹아 있는 황산액과 하부에 남아 있는 구리가 혼합된 구리 용액에서 황산을 분리하고 남은 용액을 전기분해의 정련 과정을 거쳐서 99.99%의 전기동을 생산한다.

[표 2-8] 침출법에 의한 습식 제련 방법의 구분

침출 방법	내용
Dump Leaching	저품위광 폐석 위에 침출액(Leaching Solution)을 부어 구리를 침출
Heap Leaching	산화광을 아스팔트와 같이 준비된 깔개 위에 쌓고 침출액을 붓는 방법
In-Situ Leaching	보통은 유화광이 채광된 다음 폐광된 구 작업장 내에서 침출하는 것을 말하나, 최근에는 광체 내 시추공을 통한 침출액의 주입, 펌핑도 시행한다.
Vat Leaching	파쇄된 광석을 탱크나 통에 넣어 침출시키는 방법, 최근에는 파쇄광석을 미리 황산으로 적신 다음 엷은층으로 까는 Thin Layer Leaching법이 개발되었다.

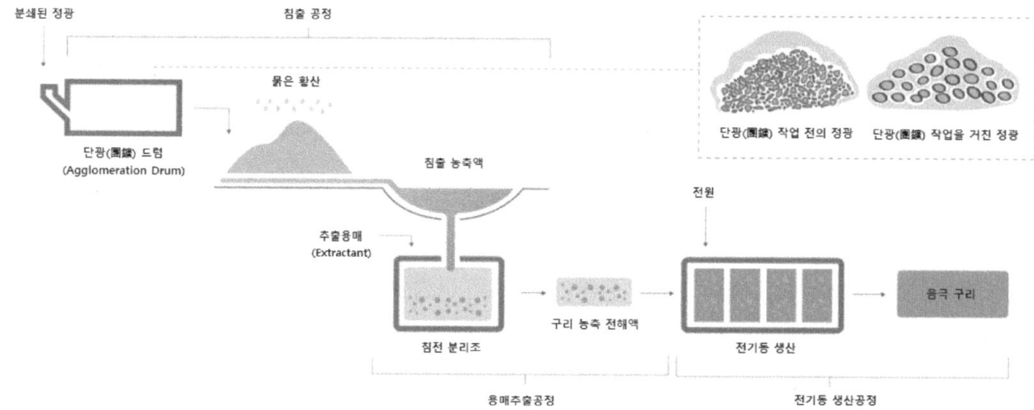

[그림 2-41] 침출법에 의한 전기동 생산

저 품위광을 농축 침출(Heap Leaching)한 침출액은 구리의 함량이 적어서 보통 철로 치환 침전시켜서 구리를 회수하였으나, 최근에는 이러한 용액에서 구리 이온만을 선택적으로 추출할 수 있는 유기 용매에 의한 추출법이 발달되어서 전해 채취에 적합한 고산성, 고농도의 구리 농축 용액을 얻을 수 있게 되었다. 용매 추출법이 용액의 정제와 침출액의 농축에 쓰이므로 습식 제련분야에 이용이 점차 증가되고 있다. 현재 전체 구리 생산의 약 15% 정도가 습식 제련법으로 생산되고 있다.

유기 용매에 의한 구리의 추출(Solvent Extraction and Electrowinning, SX-EW)은 1960년대에는 존재하지 않았으나, 2013년도에는 약 380만 톤이 이 방법으로 생산되고 있다. 용매에 의한 추출 방법의 가장 큰 장점은 기존에 경제성이 없어서 활용되지 못하던 저 품위의 구리 광석들을 활용하여 구리를 생산할 수 있다는 점이다.

[표 2-9] 침출법에 의한 전기동 생산량 증가

연도	연간 생산량(단위 : ton)
1970	11,250
1975	108,912
1980	255,122
1985	355,954
1990	800,857
1995	1,563,205
2001	2,844,200

2.2.3. 전기동 생산(Electrowinning)

정련된 조동은 아직도 불순물이 함유되어 있고 금이나 은과 같은 귀금속이 포함되어 있어서, 전해 정련하여 전기동이라는 순동을 얻는다. 이때 생기는 양극 슬라임(Anode Slime)에서는 금과 은을 산물로 회수한다. 조동을 양극으로, 3~4%의 황산 구리($CuSO_4$)와 10~16%의 황산이 들어있는 수용액을 전해질로, 순수한 구리를 음극(환원전극)으로 사용하여 0.2~0.4V의 전압으로 전기분해 시키면 음극에서 순수한 구리가 석출된다.

양극 반응: $Cu(s) \rightarrow Cu^{2+}(aq)+2e^-$

음극 반응: $Cu^{2+}(aq)+2e^- \rightarrow Cu(s)$

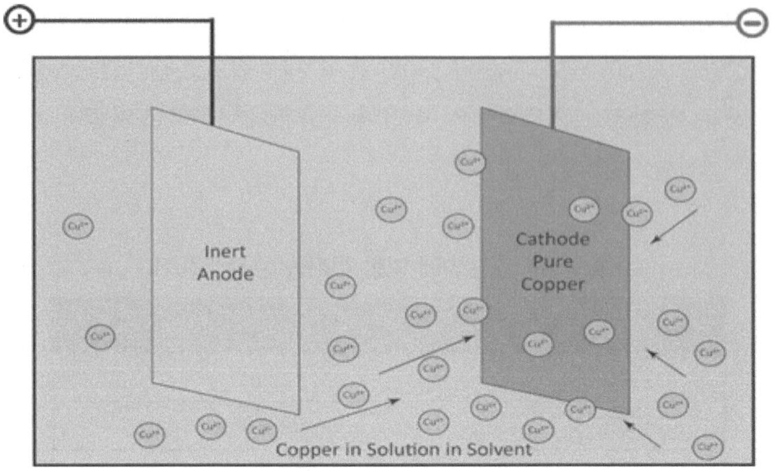

[그림 2-42] 전기 분해에 의한 전기동 생산 개요

전기분해 과정에서 조동에 포함되어 있던 금, 은, 셀레늄(Se), 텔루륨(Te)은 양극전물(Anode Slime)로 전해조 밑에 쌓이는데, 이들 부산물은 회수하여 요긴하게 사용된다.

전기동은 그 상태로는 취약하므로 다시 한번 반사로에서 정련을 해서 사용하며, 이를 인성동(靭性銅, Tough-pitch Copper)이라고 부른다. 인성동은 그 상태로 그대로 쓰이기도 하지만, 다시 한번 전해 정련하여 99.95%의 전해인성동(電解靭性銅, Electrolyte Tough-Pitch, ETP)으로 만든다.

[그림 2-43] 습식 제련된 동광으로부터 전기동 생산

우리나라는 전체 전기동 생산량 7위, 소비량 5위를 기록하고 있으며, 생산량을 기준으로 중국과 미국, 독일 등과 비교하면 우리나라는 전기동 사용량이 많은 편이다. 우리나라는 전자, 전기와 전선, 정보통신과 자동차 등 첨단 산업이 발달해 전기동 소비량도 선두권에 속한다.

전 세계 구리 수요는 약 2,900만톤이고 동 정광으로 생산하는 전기동이 2300만톤이며 재활용 동 원료(스크랩) 사용 물량이 600만톤이다. 대륙별로 보면 아시아가 최대 수요와 공급지역이다. 아시아와 유럽, 북미는 수요량이 공급량 대비 압도적으로 많다. 반대로 남미와 아프리카, 호주는 공급량 규모가 훨씬 크다. 주요 전기동 생산국은 중국과 칠레, 일본과 러시아, 한국 등이다. 소비국은 우리나라를 비롯해 중국과 미국, 독일과 일본, 인도 등이다. 이 중 중국의 생산량과 소비량이 가장 많다. 개별 기업 중 전기동 생산량이 가장 많은 곳은 칠레 국영기업 코델코(CODELCO)다.

2017년 현재 국내 연간 전기동 수요량은 약 76만톤이며 공급량은 102만톤이다. 이 중에서 국내 전기동 생산량은 65만톤이고 수입량은 37만톤이다. 국내 전기동 제련기업인 LS-Nikko(니꼬) 동제련이 국내 전체 전기동 생산량의 96.6%(62만3000톤)를 생산한다. 고려아연이 국내 전기동 생산량의 3.4%(2만2000톤)를 아연 부산물로 생산한다.

칠레와 잠비아, 필리핀 등에서 전기동 37만톤을 수입한다. 수입 전기동 중 약 50%는 칠레산이다. 2004년 한국과 칠레 사이에 자유무역협정(FTA)을 체결한 후부터 칠레산 전기동이 국내로 들어왔다. 이 외에 잠비아와 필리핀산 전기동도 수입된다. 잠비아산은 2003년부터 최빈국 특혜로 무관세 적용을 받으며 필리핀산은 2008년 한-아세안(ASEAN) FTA 발효 이후 수입량이 늘었다. 두 나라의 수입 전기동은 상대적으로 가격이 싸지만, 품질이 낮아 주로 합금용으로 쓰인다.

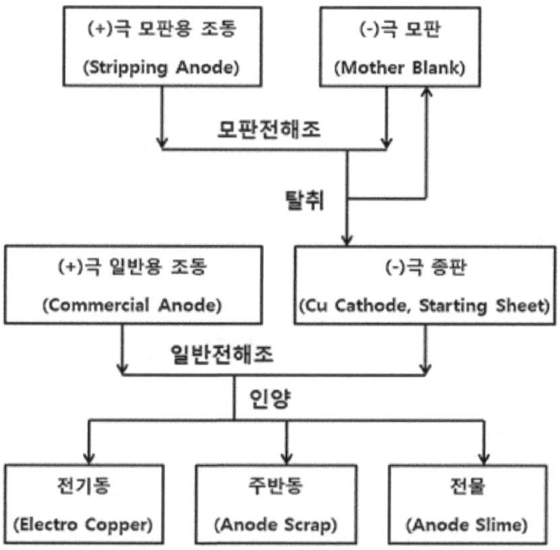

[그림 2-44] 전기동 생산 공정

2.3 정련(Refining)

정련은 제련 과정에서 추출된 구리에서 불순물을 제거하고 순도를 높여서 정련동인 전기동을 만들기 위한 과정이다. 조동을 직접 주조하여 양극을 만들면 취성이 커서 양극을 만들기 어렵기 때문에 정련 과정이 필요하다. 조동의 정련법은 건식 정련법과 전해 정련법으로 구분되는데, 실제 조업에서는 2가지 방법을 조합하여 사용한다. 건식 정련은 정련로 내에서 산화 및 환원반응으로 불순물을 제거하는데, 주로 전해 정련에 사용하는 양극관의 품위를 향상시키기 위한 1차 정련이지만 전해 정련에 의하여 얻어지는 전기동에 가공성과 높은 전도성을 부여하기 위한 목적으로도 실시한다. 전해 정련은 황산동 용액을 전해액으로 사용하고, 건식 정련을 거친 정련 동광을 양극으로 전기 분해하여 음극에 전기동을 석출시키는 공정인데, 불순물의 제거 및 유가금속의 회수가 용이하다. 현재, 세계적으로 적용되고 있는 전해 정련법에는 Conventional법(DC법), Permanent Cathode법(ISA법), PCR법이 있다.

2.3.1. 양극 주조(Anode Casting)

용광로 혹은 반사로에서 용융 과정을 통해 생산되는 조동의 순도는 99%의 순수한 구리가 된다. 조동(Blistering Copper)의 어원을 보면 기포(Blister)라는 단어가 들어가는데, 이는 구리 표면에서 황이 SO_2의 형태로 공기 방울 모양으로 제거되기 때문이다. 이렇게 만들어진 조동은 주조를 통해 전해 정련용으로 주조 된다.

[그림 2-45] 양극 주조 과정

[그림 2-46] 주조된 양극의 냉각을 위해 냉각수조에 넣는 모습

2.3.2. 전해 정련(Electrolytic Refining)

정련은 조동에서 불순물을 제거하여 구리의 순도를 높이는 과정이다. 조동의 정련법은 건식 정련법과 전해 정련법으로 대별되는데, 실제 조업에서는 2가지 방법을 조합하여 사용한다. 건식 정련은 정련로 내에서 산화 및 환원반응으로 불순물을 제거하는데, 주로 전해 정련에 사용하는 양극관의 품위를 향상시키기 위한 1차 정련이지만 전해 정련에 의하여 얻어지는 전기동에 가공성과 높은 전도성을 부여하기 위한 목적으로도 실시한다.

제련이 끝난 정제 조동을 다시 황산용액이 담긴 수조에 넣고 전류를 흘리면 이온화되면서 미리 담가 둔 금속판에 동 성분만 달라붙는다. 이 과정을 전해 정련(전기분해로 금속 순도를 높이는 공정)이라고 한다. 전해 정련을 거친 전기동은 순도 99.99%가 된다. 조동(Blister)은 정제로에서 불순물이 일부 제거되어 구리 순도 99.5%의 정제동 양극(Anode)으로 주조된 후 전해조를 거쳐 구리 순도 99.99%의 전기동(Cathode)으로 생산된다.

전해 정련은 황산동 용액을 전해액으로 사용하고, 건식 정련을 거친 정련 동광을 양극으로 전기 분해하여 음극에 전기동을 석출시키는 공정인데, 불순물의 제거 및 유가금속의 회수가 용이하다. 현재, 세계적으로 적용되고 있는 전해 정련법에는 Conventional법(DC법), Permanent Cathode법(ISA법), PCR법이 있다.

조동(Blister) 만으로도 이미 순수 구리라고 이름 붙일 만큼 구리의 순도가 높지만 오늘날의 산업계에서 요구하는 수준의 성능을 갖기 위해서는 좀더 순도를 높일 필요가 있다. 이를 위해서 전해 정련을 실시하여 전기동을 생산하게 되며, 습식 제련에서 만들 수 없었던 99.99%의 순수 구리를 생산할 수 있게 되었다. 순도가 높은 전기동은 전도성이 뛰어나 전기, 전자, 통신, 자동차, 항공우주 등 첨단산업 주요 소재로 사용된다.

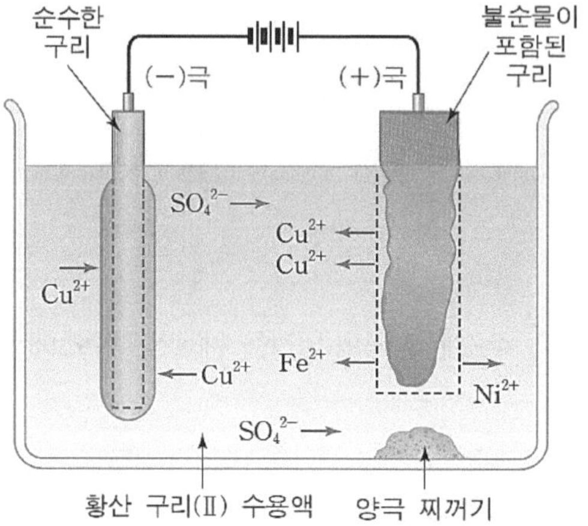

[그림 2-47] 조동의 전해 정련 과정

건식법에 의하여 생성된 조동은 Au, Ag, Pb, Zn, Fe 등의 불순물을 함유하고 있어, 전해에 의하여 순 구리를 정제함과 동시에 이들 불순물을 양극 슬라임(Slime)으로 회수한다. 양극은 전기화학적으로 전해액에 용해되어 이온화 되고 전해액을 통하여 음극으로 이동하여 금속으로 석출되고, 전해 정련에서는 양극 용해의 난이와 음극 석출의 난이 사이의 두 단계로 불순물의 분리가 이루어지는 과정을 통해 불순물이 분리되는 것이다.

전해 정련은 정제 조동을 양극(Anode), 순도 99.99% 이상의 엷은 순동판을 음극(Cathode)으로 하고, 강산성의 $CuSO_4$ 용액을 전해액으로 하여 전해온도 55~65℃에서 전기 분해한다.

$$\text{양극에서의 반응} : Cu(s) \rightarrow Cu^{2+}(aq) + 2e^-$$
$$\text{음극에서의 반응} : Cu^{2+}(aq) + 2e^- \rightarrow Cu(s)$$

[그림 2-48] 조동의 전해 정련 과정

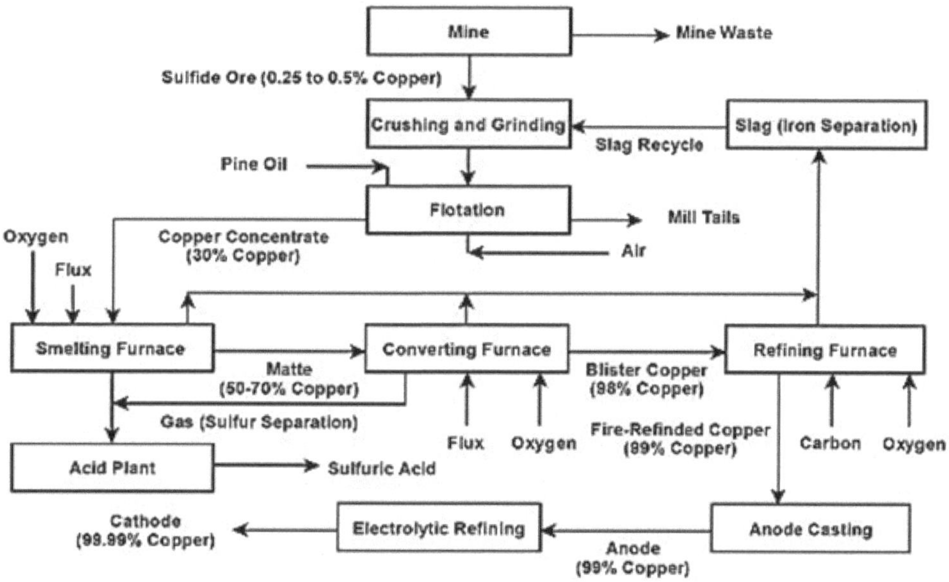

[그림 2-49] 구리의 전해 정련 공정

2.3.3. 귀금속 회수

구리 광석에는 금, 은 등의 많은 귀금속이 불순물로 존재하게 되는데, 전해 정련 과정에서 이들 성분의 회수가 진행된다. 슬라임(Anode Slime)은 제련 과정에서 여과된 정제조동 불순물이 점액질 형태로 침전된 물질을 뜻한다. 슬라임 안에는 동광석에 들어 있던 금과 은, 백금, 팔라듐 등 다양한 귀금속과 희소 금속이 들어 있다. 귀금속 공정은 이런 금속을 추출하는 공정을 의미한다.

제련소는 슬라임을 가열하고 제련 과정을 거듭해 은, 금, 백금 등을 차례로 추출한다. 귀금속을 생산하려면 별도 생산 시설과 귀금속 회수 기술이 필요하다. 회수 기술 우수성에 따라 같은 원료에서 추출하는 금속 종류와 양에 차이가 생긴다. 귀금속 공장을 함께 가동하는 제련소는 고품질 슬라임을 확보하고 운송비를 절감하는 효과를 얻는다. 반면 귀금속 공장이 없는 제련소는 슬라임을 외부에 판매한다.

울산에 위치한 LS-Nikko 동제련소에서는 슬라임을 가공하여 금, 은 뿐만 아니라 셀레늄, 팔라듐 같은 생소한 희소금속도 추출해 내는데, 금 10돈(37.5g)을 얻기 위해선 약 3톤의 동광석이 필요하다.

2

구리합금의 종류

1 구리합금의 명명법

우리 주변에서 흔히 사용되는 구리 및 구리합금은 무산소동(99.95% Cu), 베릴륨청동(0.2 to 2.0% Be), 문쯔금속(Muntz Metal, Cu-40Zn), 네이벌황동(Naval Brass, Cu-39.25Zn-0.75Sn), 그리고 상용청동(Cu-10Zn) 등으로 구분되어 불린다. 하지만, 이들 이름은 공식명칭이라고 하기엔 좀 부족하고, 정식 명칭은 UNS No.를 기준으로 구분되며, 가공용 구리합금은 1xxxx~7xxx번까지 분류하고, 주조용 구리합금은 8xxxx과 9xxxx으로 분류하며, 일부 가공용 및 주조용 모두로 생산된다.

초창기 구리합금의 이름은 CDA(The Copper Development Association)에 의해 정리된 3자리 숫자였으며 지금도 많은 문서에서 이런 표기법을 준수하고 있다. 전세계의 표준이 되는 UNS No.는 이 CDA 번호에 두자리를 추가하여 구분한다. 예를 들어 CDA 360 재질은 UNS No. C36000으로 정리되었고, 지금 ASTM, ASME, SAE등의 많은 구격에서 이런 기준을 채용하고 있다.

따라서 UNS No.를 그냥 CDA No.로 이해하고 구분해도 현업에서는 문제가 없다. 이하에서는 UNS System에 따른 구리합금의 구분법과 ASTM 및 EN 규격의 기준을 설명하고 국내에서 적용하는 KS의 내용도 소개한다.

1.1 UNS에 따른 구분

미국표준협회의 재질 표기 방법인 UNS(The Unified Numbering System)에 따른 구리합금의 명명법은 1974년에 제정되었고 미국자동차협회(SAE, Society of Automotive Engineers)와 미국재료시험표준인 ASTM(American Society for Testing and Materials)에서 수용하여 국제 표준으로 사용되고 있다.

1.1.1. 합금 성분에 따른 구분

UNS에서는 구리합금을 판재와 튜브 혹은 바(Bar) 형태의 2차 가공을 위한 단련재(가공재)와 더 이상의 추가 성형가공 없이 완성품으로 제조하는 주조재로 구분하여 아래와 같이 구분하고 있다. UNS 번호 기준으로 C10000에서 C79999까지는 단련재(가공재) 구리합금을 의미하고, C80000부터 C99999까지는 주조재를 의미한다.

[표 1-1] UNS에 따른 구리합금의 구분

합금명	단련재(Wrought)	주조재(Casting)
순동(Copper)	C10100~C13000	C80100~C81200
황동(Brass)	C20500~C28580	C83300~C85800
주석황동(Tin Brass)	C40400~C48600	C83300~C84800
인청동(Phosphor Bronze)	C50100~C52400	C90200~C95900
알루미늄청동(Aluminum Bronze)	C60800~C64210	C95200~C95900
실리콘청동(Silicon Bronze)	C64700~C66100	C87000~C87999
실리콘황동(Silicon Red Brass)	C69400~C69710	C87300~C87900
백동(Copper Nickel)	C70100~C72950	C96200~C96900
양은(Nickel Silver)	C73500~C79900	C97300~C97800
납황동(Leaded Coppers)		C98000~C98999
특수 구리합금(Special Alloys)		C99000~C99999

[표 1-2] 단련재(가공재) 구리 합금의 분류

상용 합금명		주요 화학 성분	UNS No.
Coppers		〉= 99.3% Cu	C10100~C15999
High-copper alloys		〉 96% Cu이고 〈 99.3% Cu	C16000~C19999
Brasses	Yellow Brasses	Cu-Zn	C21000~C28999
	Leaded Brasses	Cu-Zn-Pb	C30000~C39999
	Tin Brasses	Cu-Zn-Sn-Pb	C40000~C49999
Bronzes	Phosphor Bronzes	Cu-Sn-P	C50000~C52999
	Lead Phosphor Bronzes	Cu-Sn-Pb-P	C53000~C54999
	Copper-Phosphorous alloys	Cu-P, Cu-P-Ag	C55000~C55299
	Copper-Silver-Zinc Alloys	Cu-Ag-Zn	C55300~C60799
	Aluminum Bronzes	Cu-Al-Ni-Fe-Si-Sn	C60800~C64699
	Silicon Bronzes and Silicon Brasses	Cu-Si-Sn	C64700~C66199
	Other copper-zinc alloys	Cu-Zn-~	C66200~C69999
Copper-Nickels (Copper-Nickel-Iron Alloys) Spinodal Bronzes		Cu-Ni-Fe Cu-Ni-Sn	C70000~C73499
Nickel Silvers		Cu-Ni-Zn	C73500~C79999

[표 1-3] 주조재 구리합금의 분류

상용 합금명명		주요 화학 성분	UNS No.
Coppers		〉= 99.3% Cu	C80000~C81399
High-Copper Alloys		〉 96% Cu but 〈 99.3% Cu	C81400~C83299
Brasses	Red Brasses and Leaded Red Brasses	Cu-Sn-Zn Cu-Sn-Zn-Pb	C83300~C84999
	Yellow Brasses	Cu-Zn	C85000~C85999
Bronzes	Manganese Bronzes and Leaded Manganese Bronzes	Cu-Zn-Mn-Fe-Pb	C86000~C86999
	Silicon Bronzes and Silicon Brasses	Cu-Zn-Si	C87000~C87999
	Copper-Bismuth Copper-Bismuth-Selenium alloys	Cu-Bi Cu-Bi-Se	C88000~C89999
	Tin Bronzes and Leaded Tin Bronzes	Cu-Sn-Zn Cu-Sn-Zn-Pb	C90000~C94500
	Nickel-Tin Bronzes	Cu-Ni-Sn-Zn-Pb	C94600~C94999
	Aluminum Bronzes	Cu-Al-Ni-Fe	C95000~C95999
Copper-Nickels (Copper-Nickel-Iron Alloys) Spinodal Bronzes		Cu-Ni-Fe Cu-Ni-Sn	C96000~C96999
Nickel Silvers		Cu-Ni-Zn-Pb-Sn	C97000~C97999
Copper-Lead Alloys		Cu-Pb	C98000~C98999
Special alloys		Cu-…	C99000~C99999

[표 1-4] 대표적인 구리합금명과 특성

UNS No.	합금 명	화학 성분	전기전도도 (%, IACS)	인장강도 (ksi, min.)
C11000	순동(Copper)	99 Min Cu	101	42
C12200	인탈산동 (Phosphorous Deoxidized Corrper)	0.025 P	85	42
C17200	베릴륨동(Beryllium Copper)	1.90 Be	22	128
C23000	적동(Red Brass)	15 Zn	37	56
C26000	7-3 황동, 카트리지 브라스 (Cartridge Brass)	30 Zn	28	62
C28000	6-4 황동, 문쯔 금속(Muntz Metal)	40 Zn	28	70
C42500	주석황동(Tin Brass)	10 Zn-2 Sn	28	63
C51000	인청동 A(Phosphor Bronze A)	5 Sn-0.2 P	15	68
C52400	인청동 D(Phosphor Bronze D)	10 Sn-0.2 P	11	83
C65500	실리콘 청동 A (High Silicon Bronze A)	3.3 Si-1.0 Mn	7	78
C70600	백동 10%(Copper Nickel, 10%)	10 Ni-1.4 Fe	9	65
C71500	백동 30%(Copper Nickel, 30%)	30 Ni-0.7 Fe	4.6	73
C74500	양백 65-10(Nickel Silver, 65-10)	25 Zn-10 Ni	9	73
C75200	양백 65-18(Nickel Silver 65-18)	17 Zn-18 Ni	6	74

1.1.2. 열처리 조건 표기

대부분의 구리합금은 열처리를 실시하지 않으나, 일부 석출경화형 합금의 시효 경화를 위한 열처리를 요구하거나, 주조와 성형 이후에 조직을 균질하게 하기 위한 열처리 및 냉간가공 이후의 응력제거를 위한 열처리를 별도로 실시하는 경우가 있다. 아래의 [표 1-5]와 [표 1-6]은 'ASTM B601 - 02 Temper Designation for Codes for Copper and Copper Alloys - Wrought and Cast'에 따른 구리 및 구리합금의 열처리 조건을 구분한 것이다. 각 제품의 목적에 따라 강도를 향상시키기 위한 목적으로 열처리를 하기도 하고 주조와 단조의 제조 공정에 따라 구분하기도 한다.

[표 1-5] ASTM B601 - 02에 따른 Annealed Condition의 열처리 표기

Annealed to Meet Mechanical Properties, O	
Annealed Tempers-O	Temper Names
O10	Cast and Annealed (Homogenized)
O11	As Cast and Precipitation Heat Treated
O20	Hot Forged and Annealed
O25	Hot Rolled and Annealed
O30	Hot Extruded and Annealed
O31	Extruded and Precipitation Heat Treated
O32	Hot Extruded and Temper Annealed
O40	Hot Pierced and Annealed
O50	Light Anneal
O60	Soft Anneal
O61	Annealed
O65	Drawing Anneal
O68	Deep Drawing Anneal
O70	Dead Soft Anneal
O80	Annealed to Temper-1/8 Hard
O81	Annealed to Temper-1/4 Hard
O82	Annealed to Temper-1/2 Hard
Annealed to Meet Nominal Average Grain Size, OS:	
Annealed Tempers, with Grain Size Prescribed-OS	Temper Designations Nominal Avg Grain Size, mm
OS005	0.005
OS010	0.010
OS015	0.015
OS025	0.025
OS035	0.035
OS045	0.045
OS050	0.050
OS060	0.065
OS070	0.070

OS100	0.100
OS120	0.120
OS150	0.150
Os200	0.200

[표 1-6] ASTM B601 – 02에 따른 냉간가공 이후의 열처리 표기

Cold-Worked Tempers to Meet Standard Requirements Based on Cold Rolling or Cold Drawing, H	
Cold-Worked Tempers-H	Temper Names
H00	1/8 Hard
H01	1/4 Hard
H02	1/2 Hard
H03	3/4 Hard
H04	Hard
H06	Extra Hard
H08	Spring
H10	Extra Spring
H12	Special Spring
H13	Ultra Spring
H14	Super Spring
Cold-Worked Tempers to Meet Standard Requirements Based on Temper Names Applicable to Particular Products, H	
Cold-Worked Tempers-H	Temper Names
H50	Extruded and Drawn
H52	Pierced and Drawn
H55	Light Drawn, Light Cold-Worked
H58	Drawn General Purpose
H60	Cold Heading, Forming
H63	Rivet
H64	Screw

H66	Bolt
H70	Bending
H85	Medium Hard-Drawn Electrical Wire
H86	Hard-Drawn Electrical Wire
H90	As-Finned
Cold-Worked Tempers with Added Treatments, HR	
Cold Worked and Stress Relieved	
HR01	1/4 Hard and Stress Relieved
HR02	1/2 Hard and Stress Relieved
HR04	Hard and Stress Relieved
HR06	Extra Hard and Stress Relieved
HR08	Spring and Stress Relieved
HR10	Extra Spring and Stress Relieved
HR12	Special Spring and Stress Relieved
HR20	As-finned and Stress Relieved
Drawn and Stress Relieved,	
HR50	Drawn and Stress Relieved
Cold Rolled and Order Strengthened, HT	
HT04	Hard Temper and Treated
HT08	Spring Temper and Treated
Hard Drawn End Annealed, HE	
HE80	Hard Drawn and End Annealed

[표 1-7] ASTM B601 - 02에 따른 제조상태의 구분 표기

As-Manufactured Tempers, M	
M01	As Sand Cast
M02	As Centrifugal Cast
M03	As Plaster Cast
M04	As Pressure Die Cast
M05	As Permanent Mold Cast
M06	As Investment Cast
M07	As Continuous Cast
M10	As Hot Forged-Air Cooled
M11	As Forged-Quenched
M20	As Hot Rolled
M25	As Hot Rolled and Rerolled
M30	As Hot Extruded
M40	As Hot Pierced
M45	As Hot Pierced and Rerolled

[표 1-8]은 C26000재질의 구리합금 1mm두께의 열처리 조건에 따른 기계적 특성의 차이를 정리한 것이다.

[표 1-8] 두께 1mm의 C26000 재질의 열처리 조건에 따른 기계적 특성(min.)

열처리 조건	냉간가공 정도(%)	인장강도(ksi)	항복강도(ksi)	연신율(%)
OS040 (Annealed)	0	48	16	59
H01 (1/4 Hard)	11	55	33	46
H02 (1/2 Hard)	21	62	51	30
H04 (Hard)	37	76	72	10
H06 (Extra Hard)	50	88	83	3
H08 (Spring)	60	94	89	2
H10 (Extra Spring)	68	99	92	1

[표 1-9] ASTM B601 - 02에 따른 구리합금의 열처리 구분 표기

Heat-Treated Tempers, T	
Quench Hardened, TQ	
TQ00	Quench Hardened
TQ30	Quench Hardened and Tempered
TQ50	Quenched Hardened and Temper Annealed
TQ55	Quench Hardened and Temper Annealed, Cold Drawn and Stress Relieved
TQ75	Interrupted Quench
Solution Heat Treated, TB:	
TB00	Solution Heat Treated (A)
Solution Heat Treated and Cold Worked, TD	
TD00	Solution Heat Treated and Cold Worked: 1/8 Hard
TD01	Solution Heat Treated and Cold Worked: 1/4 Hard (1/4 H)
TD02	Solution Heat Treated and Cold Worked: 1/2 Hard (1/2 H)
TD03	Solution Heat Treated and Cold Worked: 3/4 Hard (3/4 H)
TD04	Solution Heat Treated and Cold Worked: Hard (H)
Solution Heat Treated and Precipitation Heat Treated, TF	
TF00	Precipitation Hardened (AT)
TF01	Precipitation Heat-Treated Plate-Low Hardness (ATLH)
TF02	Precipitation Heat-Treated Plate-High Hardness (ATHH)
Solution Heat Treated and Spinodal Heat Treated, TX	
TX00	Spinodal Hardened (AT)
Solution Heat Treated, Cold Worked, and Precipitation Heat Treated, TH	
TH01	1/4 Hard and Precipitation Heat Treated (1/4 HT)
TH02	1/2 Hard and Precipitation Heat Treated (1/2 HT)
TH03	3/4 Hard and Precipitation Heat Treated (3/4 HT)
TH04	Hard and Precipitation Heat Treated (HT)
Cold-Worked Tempers and Spinodal Heat Treated to Meet Standard Requirements Based on Cold Rolling or Cold Drawing, TS:	
TS00	1/8 Hard and Spinodal Hardened (1/8 TS)
TS01	1/4 Hard and Spinodal Hardened (1/4 TS)
TS02	1/2 Hard and Spinodal Hardened (1/2 TS)
TS03	3/4 Hard and Spinodal Hardened (3/4 TS)

TS04	Hard and Spinodal Hardened
TS06	Extra Hard and Spinodal Hardened
TS08	Spring and Spinodal Hardened
TS10	Extra Spring and Spinodal Hardened
TS12	Special Spring and Spinodal Hardened
TS13	Ultra Spring and Spinodal Hardened
TS14	Super Spring and Spinodal Hardened
Mill Hardened, TM	
TM00	AM
TM01	1/4 HM
TM02	1/2 HM
TM03	3/4 HM
TM04	HM
TM05	SHM
TM06	XHM
TM08	XHMS
Precipitation Heat Treated or Spinodal Heat Treated and Cold Worked, TL	
TL00	Precipitation Heat Treated or Spinodal Heat Treated and 1/8 Hard
TL01	Precipitation Heat Treated or Spinodal Heat Treated and 1/4 Hard
TL02	Precipitation Heat Treated or Spinodal Heat Treated and 1/2 Hard
TL04	Precipitation Heat Treated or Spinodal Heat Treated and Hard
TL08	Precipitation Heat Treated or Spinodal Heat Treated and Spring
TL10	Precipitation Heat Treated or Spinodal Heat Treated and Extra Spring
Precipitation Heat Treated or Spinodal Heat Treated, Cold Worked, and Thermal Stress Relieved, TR	
TR01	Precipitation Heat Treated or Spinodal Heat Treated, 1/4 Hard and Stress Relieved
TR02	Precipitation Heat Treated or Spinodal Heat Treated, 1/2 Hard and Stress Relieved
TR04	Precipitation Heat Treated or Spinodal Heat Treated, Hard and Stress Relieved

[표 1-10] ASTM B601 - 02에 따른 용접 튜브의 구분 표기

Tempers of Welded Tube, W	
As-Welded, WM	
WM50	As-Welded from Annealed Strip
WM00	As-Welded from 1/8 Hard Strip
WM01	As-Welded from 1/4 Hard Strip
WM02	As-Welded from 1/2 Hard Strip
WM03	As-Welded from 3/4 Hard Strip
WM04	As-Welded from Hard Strip
WM06	As-Welded from Extra Hard Strip
WM08	As-Welded from Spring Strip
WM10	As-Welded from Extra Spring Strip
WM15	As-Welded from Annealed Strip, Thermal Stress Relieved
WM20	As-Welded from 1/8 Hard Strip, Thermal Stress Relieved
WM21	As-Welded from 1/4 Hard Strip, Thermal Stress Relieved
WM22	As-Welded from 1/2 Hard Strip, Thermal Stress Relieved
Welded Tube and Annealed, WO	
WO50	Welded and Light Annealed
WO60	Welded and Soft Annealed
WO61	Welded and Annealed
Welded Tube and Light Cold-Worked, WC	
WC55	Welded and Light Cold-Worked
Welded Tube and Cold Drawn, WH	
WH00	Welded and Drawn: Eighth Hard
WH01	Welded and Drawn: Quarter Hard
WH02	Welded and Drawn: Half Hard
WH03	Welded and Drawn: Three Quarter Hard
WH04	Welded and Drawn: Hard
WH06	Welded and Drawn: Extra Hard
WH55	Welded and Cold Reduced or Light Drawn
WH58	Welded and Cold Reduced or Drawn, General Purpose

WH80	Welded and Reduced or Hard Drawn
Welded Tube, Cold Drawn, and Stress Relieved, WR	
WR00	Welded, Drawn, and Stress Relieved from: Eighth Hard
WR01	Welded, Drawn, and Stress Relieved from: Quarter Hard
WR02	Welded, Drawn, and Stress Relieved from: Half Hard
WR03	Welded, Drawn, and Stress Relieved from: Three Quarter Hard
WR04	Welded, Drawn, and Stress Relieved from: Hard
WR06	Welded, Drawn, and Stress Relieved from: Extra Hard

1.2 ASTM에 따른 구분

ASTM은 미국재료시험표준으로서 제품의 형상과 제조 공법 그리고 용도에 따라 이름을 달리하여 구분하고 세부 강종은 UNS No.를 써서 표기한다. 예를 들어 주조품 혹은 재 용융하여 제품을 생산하기 위한 원료로 사용되는 구리합금의 잉곳(Ingot) 제품은 다음의 [표 1-11]과 같이 구분한다. [표 1-12]는 ASTM에 따르는 구리합금의 판재 규격이다.

[표 1-11] ASTM 구리합금의 주조품 및 잉곳 제품 구분

규격번호	제목
B22 / B22M-17	Standard Specification for Bronze Castings for Bridges and Turntables
B30-16	Standard Specification for Copper Alloys in Ingot Form
B61-15	Standard Specification for Steam or Valve Bronze Castings
B62-17	Standard Specification for Composition Bronze or Ounce Metal Castings
B66-15	Standard Specification for Bronze Castings for Steam Locomotive Wearing Parts
B67-14	Standard Specification for Car and Tender Journal Bearings, Lined
B148-14	Standard Specification for Aluminum-Bronze Sand Castings

규격번호	제목
B176-17	Standard Specification for Copper-Alloy Die Castings
B208-14	Standard Practice for Preparing Tension Test Specimens for Copper Alloy Sand, Permanent Mold, Centrifugal, and Continuous Castings
B271 / B271M-15	Standard Specification for Copper-Base Alloy Centrifugal Castings
B369-09(2016)	Standard Specification for Copper-Nickel Alloy Castings
B427-09(2015)	Standard Specification for Gear Bronze Alloy Castings
B505 / B505M-14	Standard Specification for Copper Alloy Continuous Castings
B584-14	Standard Specification for Copper Alloy Sand Castings for General Applications
B644-11(2017)	Standard Specification for Copper Alloy Addition Agents
B763 / B763M-15	Standard Specification for Copper Alloy Sand Castings for Valve Applications
B770-15	Standard Specification for Copper-Beryllium Alloy Sand Castings for General Applications
B806-14	Standard Specification for Copper Alloy Permanent Mold Castings for General Applications
B824-17	Standard Specification for General Requirements for Copper Alloy Castings

[표 1-12] ASTM의 구리합금 판재 규격

규격번호	제목
B19-15	Standard Specification for Cartridge Brass Sheet, Strip, Plate, Bar, and Disks
B36 / B36M-13	Standard Specification for Brass Plate, Sheet, Strip, And Rolled Bar
B96 / B96M-16	Standard Specification for Copper-Silicon Alloy Plate, Sheet, Strip, and Rolled Bar for General Purposes and Pressure Vessels
B100-13	Standard Specification for Wrought Copper-Alloy Bearing and Expansion Plates and Sheets for Bridge and Other Structural Use
B101-12	Standard Specification for Lead-Coated Copper Sheet and Strip for Building Construction

규격번호	제목
B103 / B103M-15	Standard Specification for Phosphor Bronze Plate, Sheet, Strip, and Rolled Bar
B121 / B121M-16	Standard Specification for Leaded Brass Plate, Sheet, Strip, and Rolled Bar
B122 / B122M-16	Standard Specification for Copper-Nickel-Tin Alloy, Copper-Nickel-Zinc Alloy(Nickel Silver), and Copper-Nickel Alloy Plate, Sheet, Strip, and Rolled Bar
B129-17	Standard Specification for Cartridge Brass Cartridge Case Cups
B130-13	Standard Specification for Commercial Bronze Strip for Bullet Jackets
B131-17	Standard Specification for Copper Alloy Bullet Jacket Cups
B152 / B152M-13	Standard Specification for Copper Sheet, Strip, Plate, and Rolled Bar
B169 / B169M-15	Standard Specification for Aluminum Bronze Sheet, Strip, and Rolled Bar
B171 / B171M-12	Standard Specification for Copper-Alloy Plate and Sheet for Pressure Vessels, Condensers, and Heat Exchangers
B194-15	Standard Specification for Copper-Beryllium Alloy Plate, Sheet, Strip, and Rolled Bar
B248-17	Standard Specification for General Requirements for Wrought Copper and Copper-Alloy Plate, Sheet, Strip, and Rolled Bar
B248M-17	Standard Specification for General Requirements for Wrought Copper and Copper-Alloy Plate, Sheet, Strip, and Rolled Bar(Metric)
B370-12	Standard Specification for Copper Sheet and Strip for Building Construction
B422 / B422M-17	Standard Specification for Copper-Aluminum-Silicon-Cobalt Alloy, Copper-Nickel-Silicon-Magnesium Alloy, Copper-Nickel-Silicon Alloy, Copper-Nickel-Aluminum-Magnesium Alloy, and Copper-Nickel-Tin Alloy Sheet and Strip
B432-14	Standard Specification for Copper and Copper Alloy Clad Steel Plate
B465-16	Standard Specification for Copper-Iron Alloy Plate, Sheet, Strip, and Rolled Bar

규격번호	제목
B506-16	Standard Specification for Copper-Clad Stainless Steel Sheet and Strip for Building Construction
B508-16	Standard Specification for Copper Alloy Strip for Flexible Metal Hose
B534-14e1	Standard Specification for Copper-Cobalt-Beryllium Alloy and Copper-Nickel-Beryllium Alloy Plate, Sheet, Strip, and Rolled Bar
B569-14	Standard Specification for Brass Strip in Narrow Widths and Light Gage for Heat-Exchanger Tubing
B591-15	Standard Specification for Copper-Zinc-Tin and Copper-Zinc-Tin-Iron-Nickel Alloys Plate, Sheet, Strip, and Rolled Bar
B592-15	Standard Specification for Copper-Zinc-Aluminum-Cobalt Alloy, Copper-Zinc-Tin-Iron Alloy Plate, Sheet, Strip, and Rolled Bar
B694-13	Standard Specification for Copper, Copper-Alloy, Copper-Clad Bronze(CCB), Copper-Clad Stainless Steel(CCS), and Copper-Clad Alloy Steel(CAS) Sheet and Strip for Electrical Cable Shielding
B740-09(2015)	Standard Specification for Copper-Nickel-Tin Spinodal Alloy Strip
B747-15	Standard Specification for Copper-Zirconium Alloy Sheet and Strip
B768-11(2016)	Standard Specification for Copper-Cobalt-Beryllium Alloy and Copper-Nickel-Beryllium Alloy Strip and Sheet
B882-10	Specification for Pre-Patinated Copper for Architectural Applications
B888 / B888M-17	Standard Specification for Copper Alloy Strip for Use in Manufacture of Electrical Connectors or Spring Contacts
B936-13	Standard Specification for Copper-Chromium-Iron-Titanium Alloy Plate, Sheet, Strip and Rolled Bar

1.3 EN 규격에 따른 구분

미국의 구리합금에 대한 명명법과는 달리 유럽의 구리합금 명명법은 용도에 따른 구분 기호(Symbol)과 세부 합금의 종류를 구분하는 숫자의 조합으로 구성되어 있고 여기에 열처리 조건을 나타내는 기호를 추가하여 표기한다. 기존에 국제표준 ISO System 상에서 CuZn37 이라고 표현하면 이는 구리와 아연의 함량이 63 : 37인 강종을 의미했고, 이런 표기 기준을 유럽의 기술 표준인 EN 에서는 그대로 차용했기에 원론적으로 EN 규격의 재질 표기와 ISO의 재질 표기는 동일하다고 볼 수 있으나, 세부 성분의 제한치는 용도에 따라 약간씩 달라질 수 있기에 실제 업무에서는 주의를 요한다.

1.3.1. 용도별 구분

EN 규격에 따른 구리합금의 표기는 총 6자리 숫자와 문자의 조합으로 이루어지며, 그 첫번째 문자는 이 강종이 어떻게 만들어지고 어떤 용도로 사용될 것인지를 보여준다. 예를 들어 C로 시작되는 합금이라면 이는 주조로 만들어진 합금을 의미한다. 또한 F로 시작되는 합금은 용접봉 재료 혹은 브레이징용 소재를 의미한다. 각 문자가 의미하는 내용은 다음과 같다.

[표 1-13] EN 규격에 따른 구리합금의 구분

문자 구분	세부 내용
B	Materials in ingot form for re-melting to produce cast products
C	Materials in the form of cast products
F	Filler materials for brazing and welding
M	Master alloys
R	Refined unwrought copper
S	Materials in the form of scrap
W	Materials in the form of wrought products
X	Non-standardized materials

1.3.2. 합금 성분에 따른 구분

제조 공법과 용도를 구분하는 알파벳 문자들 뒤에 3자리 숫자가 이어지며 각 숫자는 세부 합금의 종류에 따라 001~999까지로 구분된다. 이들 숫자 뒤에 다시 문자가 하나 붙게 되는데, 이 문자는 합금 성분을 그룹으로 나누어 표기한다.

[표 1-14] EN 규격에 따른 합금 성분별 구분

숫자와 문자의 조합 표기	세부 내용
000-099 A or B	Copper
100-199 C or D	Copper alloys, low alloyed(less than 5% alloying elements)
200-299 E or F	Miscellaneous copper alloys(5% or more alloying elements
300-349 G	Copper-Aluminum alloys
350-399 H	Copper-nickel alloys
400-449 J	Copper-nickel-zinc alloys
450-499 K	Copper-tin alloys
500-599 L or M	Copper-zinc alloys, binary
600-699 N or P	Copper-zinc-lead alloys
700-799 R or S	Copper-zinc alloys, complex

이렇게 표기를 할 때에 기준은 ISO 1191 Pt1에 따라서 명기하며 합금 성분은 구리를 첫번째로 놓고 이후에 성분 양에 따라서 순서대로 명기한다. 만약 성분의 함량이 같은 경우에는 알파벳순서로 표기하고 1% 미만의 성분은 표기 대상이 아니다.

1.3.3. 열처리 조건 표기

이상에서 표기한 5개의 문자와 숫자의 조합에 이어 맨 마지막에는 열처리 조건을 명기한다. 열처리 조건을 표기하는 기준은 EN1173에 따라 실시하며, 열처리의 목적과 원하는 기계적 성질에 따라 표기하게 된다. 열처리 조건의 그 세부 표기 방법과 의미는 다음과 같다.

[표 1-15] EN 규격에 따른 열처리 조건 구분

열처리 조건 표기	세부 내용
A	Elongation
B	Spring bending limit
D	As drawn, without specified mechanical properties
G	Grain size
H	Hardness(Brinell or Vickers)
M	As manufactured, without specified mechanical properties
R	Tensile strength
Y	0.2% proof strength

1.3.4. 주조품의 표기

UNS와 마찬가지로 EN 규격에서도 주조품에 대해서는 주조 방법에 따라 다음과 같이 구분하여 표기한다.

[표 1-16] EN 규격에 따른 주조품의 구분

주조품 기호	세부 내용
GS	Sand Casting
GM	Permanent Mould Casting
GZ	Centrifugal Casting
GC	Continuous Casting
GP	Pressure Diecasting

이상의 내용을 이해하고 있다면 도면에 표기된 기호만으로 해당 재질이 무엇인지 찾을 수 있다. 예를 들어 CW614N - R420 이라고 도면에 표기되어 있다면, 이 재질은 구리와 아연의 비율이 58 : 39인 재질에 추가로 납이 3 들어 있는 가공용 단련재이며, ISO 표기로는 CuZn39Pb3에 해당하고 인장강도가 420N/mm^2 이상인 구리합금이다. 또한 CC750S-GS라고 표기되면, 사형주조로 만들어진 CuZn33Pb2 재질을 의미하게 된다.

[표 1-17] EN 및 BS에 따른 구리합금의 규격 기준

EN No.	규격 제목	유사한 과거 BS 규격
Unwrought Products		
1976	Cast unwrought copper products	6017
1977	Copper drawing stock (wire rod)	6926
1978	Copper cathodes	6017
1981	Master alloys	–
1982	Ingots and castings	1400
Rolled Flat Products		
1172	Sheet and strip for building purposes	2870
1652	Plate, sheet, strip and circles for general purposes	2870, 2875
1653	Plate, sheet and circles for boilers, pressure vessels and hot water storage units	2870, 2875
1654	Strip for springs and connectors	2870
1758	Strip for lead frames	–
13148	Hot dip tinned strip	–
14436	Electrolytically tinned strip	–
Tubes		
1057	Seamless, round tubes for water and gas in sanitary and heating applications	2871 Pt 1
12449	Seamless, round tubes for general purposes	2871 Pt 2
12450	Seamless, round capillary tubes	–
12451	Seamless, round tubes for heat exchangers	2871 Pt 3
12452	Rolled, finned, seamless tubes for heat exchangers	–
12735	Seamless round tubes for air conditioning and refrigeration	–
	Part 1: Tubes for piping systems	–
	Part 2: Tubes for equipment	–
13348	Seamless, round copper tubes for medical gases	–
13349	Pre-insulated copper tubes with solid covering	–
Rod/Bar, Wire, Profiles		
12163	Rod for general purposes	2874
12164	Rod for free machining purposes	2874
12165	Wrought and unwrought forging stock	2872
12166	Wire for general purposes	2873
12167	Profiles and rectangular bar for general purposes	2874
12168	Hollow rod for free machining purposes	–
13347	Rod and wire for welding and braze welding	1453, 1845, 2901
Electrical Purposes		
13599	Copper plate, sheet and strip for electrical purposes	4608

EN No.	규격 제목	유사한 과거 BS 규격
13600	Seamless copper tubes for electrical purposes	1977
13601	Copper rod, bar and wire for general electrical purposes	1433, 1432, 4109
13602	Drawn round copper wire for the manufacture of electrical conductors	4109
13604	Products of high conductivity copper for electronic tubes, semiconductor devices and vacuum applications	3839
13605	Copper profiles for electrical purposes	–
60317-0-1	Enamelled copper wire	6811
Forgings and Fittings		
1254 Pt 1-5	Plumbing fittings	864
1254 Pt 6-7	Plumbing fittings	–
12420	Forgings	2872
14905	Recommended practice for the installation of plumbing fittings	–
Test Methods		
723	Combustion method for determination of carbon on the inner surface of copper tubes or fittings	–
1971	Eddy current test for tubes	–
12384	Determination of spring bending limit on strip	–
12893	Determination of spiral elongation number	DD79
13147	Determination of residual stresses in the border area of strip	–
13603	Test methods for assessing protective tin coatings on drawn round copper wire for electrical purposes	–
ISO 196	Detection of residual stress – mercury(I) nitrate test	–
ISO 2624	Estimation of average grain size	–
ISO 2626	Hydrogen embrittlement test	5899
ISO 6509	Determination of dezincification resistance of brass	–
Miscellaneous		
1173	Material condition or temper designation	–
1412	European numbering system	–
1655	Declarations of conformity	–
10204	Metallic products – types of inspection documents	–
12861	Scrap	–
CR13388	Copper and copper alloys – compendium of compositions and products	–

1.4 KS / JIS 규격에 따른 구분

한국의 KS 규격과 일본의 JIS 규격도 ASTM이나 EN 규격의 구분과 같이 제품의 형상과 제조공법 등을 기준으로 대분류를 실시하고 세부 강종은 ISO System의 UNS No.를 차용하여 구분한다. 예를 C1020은 구리가 99.9%인 강종을 의미하고, C2720은 구리와 아연의 합금인 황동을 의미하며, C5191은 인청동을 의미한다.

UNS 명명법의 기준이 6자리인데 비해 한국이나 일본에서는 4자리로 줄여서 구분한다. KS 규격과 JIS 규격은 서로 동일하거나 비슷한 내용이 많아서 대부분 혼용되곤 한다.

[표 1-18] KS 규격에 따른 구리 및 구리합금의 구분

규격 번호	규격 상세 이름
KS D2104	구리 및 구리합금 스크랩 분류 기준
KS D2320	주물용 구리합금 잉곳
KS D3603	구리 및 구리합금 클래드강
KS D5101	구리 및 구리합금 봉
KS D5103	구리 및 구리합금 선
KS D5201	구리 및 구리합금 판 및 띠
KS D5301	이음매 없는 구리 및 구리합금 관
KS D5530	구리 버스 바
KS D5545	구리 및 구리합금 용접관
KS D5579	저항 용접용 구리합금 전극 재료
KS D5581	전기저항용 구리-니켈 합금 선, 띠, 조 및 판
KS D5582	전기저항용 구리-망가니즈 합금 선, 봉 및 판
KS D6024	구리 및 구리합금 주물
KS D6025	구리합금 연속 주조 주물
KS D7044	구리 및 구리합금 비활성 가스 아크 용접봉 및 와이어
KS B8023	기름 연소 기기용 급유 구리관
KS D8049	동 및 황동 경납땜 용가재

[표 1-19] KS 규격에 따른 구리합금의 구분 (부분 발췌)

종류	KS번호	기호	화학 성분%					
			Cu	Pb	Fe	Sn	Zn	Al
황동판	KSD 5201	C2720P	62.0~64.0	〈0.07	〈0.07		나머지	
쾌삭 황동봉	KSD 5101	C3601	59.0~63.0	1.8~3.7	〈0.30	Fe+Sn 0.50	나머지	
단조용 황동봉	KSD 5101	C3711	57.0~61.0	1.0~2.5	Fe+Sn 〈1.0			
고강도 황동봉	KSD 5101	C6782	56.0~60.5	〈0.50	0.10~1.0	-	나머지	0.20~2.0
동선	KSD 5103	C1100	〉99.90					
황동선	KSD 5103	C2700	63.0~67.0	〈0.05	〈0.05	나머지		
이음매없는 동관	KSD 5301	C1020	〉99.96					
인청동판	KSD 5506	C5111				3.5~4.5		
이음매 없는 황동관	KSD 5301	C2700	63.0~67.0	〈0.05	〈0.05	-	나머지	
스프링용 인청동판	KSD 5202	C5210P		〈0.05	〈0.10	7.0~9.0	〈0.20	
인청동판	KSD 5506	C5111				3.5~4.5		
황동주물	KSD 6001	YBsC1	83.0~88.0			11.0~17.0	〈0.1	
		YBsC3	58.0~64.0			30.0~41.0	〈1.0	
고강도 황동주물	KSD 6007	HBsC1	55.0~60.0	〈0.4	0.5~1.5	〈1.0	33.0~42.0	0.5~1.5
		HBsC2	55.0~60.0	〈0.4	0.5~2.0	〈1.0	30.0~42.0	0.5~2.0
청동주물	KSD 6002	BC2	86.0~90.0	〈1.0	〈0.2	7.0~9.0	3.0~5.0	〈0.01
		BC3	86.5~89.5	〈1.0	〈0.2	9.0~11.0	1.0~3.0	〈0.01
연입청동주물	KSD 6011	LBC3	77.0~81.0	9.0~11.0	〈0.3	9.0~11.0	〈1.0	〈0.1
		LBC4	74.0~78.0	14.0~16.0	〈0.3	7.0~9.0	〈1.0	〈0.1

구리 및 구리합금 선재의 강종 구분은 'KS D5103 및 JIS H3260의 구리 및 구리합금 선'을 기준으로 세부 구분을 살펴보면 다음과 같이 구분된다.

[표 1-20] KS D5103에 따른 구리 및 구리합금 선재의 특성

합금명	열처리 조건	표기 기호	인장강도(Mpa)	합금 구분
C1020	O	C1020W-O	195 이상	무산소동 (Oxygen Free Copper)
	1/2H	C1020W-1/2H	255~365	
	H	C1020W-H	345 이상	
C1100	O	C1100W-O	195 이상	인성동 (Tough Pitch Copper)
	1/2H	C1100W-1/2H	255~365	
	H	C1100W-H	345 이상	
C2600	O	C2600W-O	275 이상	황동 (Brass)
	1/8H	C2600W-1/8H	345~440	
	1/4H	C2600W-1/4H	390~510	
	1/2H	C2600W-1/2H	490~610	
	3/4H	C2600W-3/4H	590~705	
	H	C2600W-H	685~805	
	EH	C2600W-EH	785 이상	
C2700	O	C2700W-O	295 이상	황동 (Brass)
	1/8H	C2700W-1/8H	345~440	
	1/4H	C2700W-1/4H	390~510	
	1/2H	C2700W-1/2H	490~610	
	3/4H	C2700W-3/4H	590~705	
	H	C2700W-H	685~805	
	EH	C2700W-EH	785 이상	

JIS규격은 KS규격을 만들 때에 참고용으로 사용하여 많은 부분이 일치한다. 따라서 현장에서 사용되는 용어들 중에는 아직도 많은 부분이 일본 JIS 규격의 내용을 그대로 답습하는 것들이 있다.

[표 1-21] JIS 5115에 따른 알루미늄 청동 주물의 화학성분

구분	종류	기호	화학성분				
			Cu	Mn	Fe	Al	Ni
알루미늄 청동	1종	ALBC1	85 이상	1.0 이하	1.0~4.0	8.0~10.0	1.0 이하
	2종	ALBC2	78 이상	1.5 이하	2.5~5.0	8.0~10.5	1.0~3.0
	3종	ALBC3	78 이상	1.5 이하	3.0~6.0	8.5~10.0	3.0~6.0
	4종	ALBC4	71 이상	7.0~15.0	2.0~5.0	6.0~9.0	1.0 이하

[표 1-22] JIS 5115에 따른 알루미늄 청동 주물의 기계적 특성

구분	종류	기호	인장시험 (min.)		
			인장강도	연신율	경도
알루미늄 청동	1종	ALBC1	45	20	90
	2종	ALBC2	50	20	120
	3종	ALBC3	60	15	150
	4종	ALBC4	60	15	150

[표 1-23] JIS 5115에 따른 연청동과 황동 주물의 화학성분

구분	종류	기호	화학성분						
			Cu	Zn	Fe	Al	Sn	Ni	Pb
연청동	2종	LBC2	82.0~86.0	–	–	–	9.0~11.0	1.0 이하	4.0~6.0
	3종	LBC3	77.0~81.0	–	–	–	9.0~11.0	1.0 이하	9.0~11.0
	4종	LBC4	74.0~78.0	–	–	–	7.0~9.0	1.0 이하	14.0~16.0
	5종	LBC5	70.0~76.0	–	–	–	6.0~8.0	1.0 이하	16.0~22.0
황동	1종	YBSC1	83.0~88.0	나머지	Fe+Al+Sn=1.0 이하				0.5 이하
	2종	YBSC2	65.0~70.0	나머지	0.8 이하	0.5 이하	1.0 이하		0.5~3.0
	3종	YBSC3	60.0~65.0	나머지	0.8 이하	0.5 이하	1.0 이하		0.5~3.0

[표 1-24] JIS 5115에 따른 연청동과 황동 주물의 기계적 특성

구분	종류	기호	인장시험 및 경도		
			인장강도	연신율	경도
연청동	2종	LBC2	–	–	65 이상
	3종	LBC3	–	–	60 이상
	4종	LBC4	–	–	55 이상
	5종	LBC5	–	–	45 이상
황동	1종	YBSC1	15 이상	25 이상	–
	2종	YBSC2	20 이상	20 이상	–
	3종	YBSC3	25 이상	20 이상	–

[표 1-25] 구리합금의 KS 규격

규격번호	규격명	KS기호	기호설명
KS D 2301	타프피치 황동	B–TCu, C–TCu	B–Billet, C–Cake, T–Tough Pitch
KS D 2320	주물용 구리합금 잉곳	BsIC	Bs–Brass, I–Ingot, C–Casting
KS D 2321	주물용 청동 지금	BrIC	B–Bronze, I–Ingot, C–Casting
KS D 2322	주물용 인청동합금 지금	PBrIC	P–Phosphor, B–Bronze, I–Ingot, C–Casting
KS D 2323	주물용 고력 황동 합금 지금	HBsC	H–High Strength, Bs–Brass, C–Casting, I–Ingot
KS D 2324	주물용 연입 청동 합금 지금	PbBrIC	Pb–Lead, Br–Bronze, C–Casting, I–Ingot
KS D 2325	주물용 알루미늄 청동 합금 지금	AlBrCI	Al–Aluminum, Br–Bronze, C–Casting
KS D 5501	이음매 없는 타프피치 동관	TCup	T–Touph Pitch, Cu–Copper Pipe
KS D 5502	타프피지 동봉	TCuBE TCuBD	T–Touph Pitch, Cu–Copper, B–Bar, E–Extruded, D–Drawing
KS D 5503	쾌삭 황동봉	MBsBE MBsBD	M–Machinable, Bs–Brass, B–Bar, E–Extruded, D–Drawing
KS D 5504	타프피치 동판	TCuS	T–Touph Pitch, Cu–Copper, S–Sheet

규격번호	규격명	KS기호	기호설명
KS D 5505	황동판	BsS	Bs-Brass, S-Sheet
KS D 5506	인청 동판 및 조	PBS PBT	P-Phospor, B-Bronze, S-Sheet, T-Tape
KS D 5507	단조용 황동봉	FBsBE FBsBD	F-Forging, Bs-Brass, B-Bar, E-Extruded, D-Drawing
KS D 5508	스프링용 인청동판 및 조	PBSS PBTS	P-Phosphor, B-Bronze, S-Sheet S-Spring, T-Tape
KS D 5509	악기 리드용 황동판	BsMR	Bs-Brass, M-Musical, R-Reed
KS D 5510	이음매 없는 황동관	BsSTx BsSTxS	B-Brass, S-Seamless T-Tube, S-Special
KS D 5511	인쇄용 동판	CuSP	Cu-Copper, S-Sheet, P-Printing
KS D 5513	황동조	BsT	Bs-Brass, T-Tape
KS D 5514	함연 황동조	PbBsT	Pb-Lead, Bs-Brass, T-Tape
KS D 5516	인청동 봉	PBR	P-Phosphor, B-Bronze, R-Rod
KS D 5517	타프피치 동조	CuT	Cu-Copper, T-Tape
KS D 5518	인청동 선	PBW	P-Phosphor, B-Bronze, W-Wire
KS D 5520	고강도 황동봉	EBsRE HBsRD	H-High, Bs-Brass, Rod, E-Extruded, D-Drawing
KS D 5521	특수 알루미늄 청동봉	ABRF ABRE ABRD	A-Aluminum, B-Bronze, R-Rod, F-Forging, E-Extruded, D-Drawing
KS D 5522	이음매 없는 인탈산 동관	DCuP DCuPS	D-Deoxidized, Cu-Copper, P-Pipe, S-Special
KS D 5523	인탈산 동판	DCuS	D-Deoxidized, Cu-Copper, S-Sheet
KS D 5524	네이벌 황동봉	NBsBE NBsBD	N-Naval, Bs-Brass, B-Bar, E-Extrusion, D-Drawing
KS D 5525	이음매 없는 단동관	RBsPxS	R-Red, Bs-Brass, P-Pipe, S-Special
KS D 5526	백동판	NCuS	N-Nickel, Cu-Copper, S-Sheet
KS D 5527	이음매 없는제지롤 황동관	BsPp	Bs-Brass, P-Paper
KS D 5528	네이벌 황동관	NBsS	N-Naval, Bs-Brass, S-Sheet
KS D 5529	황동봉	BsBD	Bs-Brass, B-Bar, D-Drawing,

규격번호	규격명	KS기호	기호설명
		BsBE	E-Extrusion
KS D 5530	동 부스바	CuBB	Cu-Copper, B-Bus, B-Bar
KS D 5531	뇌관용 동조	CuTD	Cu-Copper, T-Tape, D-Detonator
KS D 5532	베리륨·동 합금판 및 조	BeCuS BeCuT	Be-Beryllium, Cu-Copper, S-Sheet, T-Tape
KS D 5533	베리륨·동 합금봉	BeCuB	Be-Beryllium, Cu-Copper, B-Bar
KS D 5534	베리륨·동합금선	BeCuW	Be-Beryllium, Cu-Copper, W-Wire
KS D 5535	단동선	RBsW	R-Red, Bs-Brass, W-Wire
KS D 5536	특수 알루미늄 청동판	ABS	A-Al, B-Bronze, S-Sheet
KS D 5537	이음매 없는 복수기용 황동관	BsPF	Bs-Brass, P-Pipe, F-(복수기)
KS D 5538	이음매 없는 복수기용 청동관	SiBP	Si-Silicon, B-Bronze, P-Pipe
KS D 5539	이음매 없는 니켈동합금관	NCuP	N-Nickel, Cu-Copper, P-Pipe
KS D 5545	황동 용접관	BsPW	Bs-Brass, P-Pipe, W-Welding
KS D 5551	함연 황동선	PbBsW	Pb-Lead, Bs-Brass, W-Wire
KS D 5552	함연 황동판	PbBsS	Pb-Lead, Bs-Brass, S-Sheet
KS D 5553	타프피치 동선	CuW	Cu-Copper, W-Wire
KS D 5554	황동선	BsW	Bs-Brass, W-Wire
KS D 5555	양백선	NSW	N-Nickel, S-Silver, W-Wire
KS D 5561	무산소 동판	OFCuS	O-Oxygen, F-Free, Cu-Copper, S-Sheet, T-Tape
KS D 5562	무산소 동조	OFCuT	
KS D 5563	전자관용 무산소 동봉	EoFCuB	E-Electron, O-Oxygen, F-Free, Cu-Copper, B-Bar
KS D 5564	무산소 형동	B-OFCu C-OFCu	B-Billet, C-Cake, O-Oxygen, F-Free, Cu-Copper
KS D 5565	인탈산 형동	B-DCu C-DCu	B-Billet, C-Cake, D-Deoxidized, Cu-Copper
KS D 5566	이음매 없는 무산소 동판	OFCuP	O-Oxygen, F-Free, Cu-Copper, P-Plate, B-Bar
KS D 5568	무산소 동봉	OFCuB	
KS D 5569	니플용 황동선	PbBsW	Pb-Lead, Bs-Brass, W-Wire

규격번호	규격명	KS기호	기호설명
KS D 5570	날염롤용 이음매 없는 동관	CuPN	Cu–Copper, P–Pipe, N–Textile Printing
KS D 5581	전자관용 무산소 동선	EOFCu–W	E–Electron, O–Oxygen, F–Free, Cu–Copper, W–Wire, S–Sheet, T–Strip
KS D 5582	전자관용 무산소 동판 및 조	EOFCuS–T	
KS D 6601	황동 주물	BsC	Bs–Brass, C–Casting
KS D 6002	청동 주물	BrC	Br–Bronze, C–Casting
KS D 6003	화이트 메탈	WM	W–White, M–Metal
KS D 6004	베아링용 동연 합금주물	KM	K–Kelment, M–Metal
KS D 6007	고강도 황동 주물	HBsC	H–High, Bs–Brass, C–Casting
KS D 6010	인청동 주물	PBrC	P–Phosphor, B–Bronze, C–Casting
KS D 6011	연입청동 주물	PbBrC	Pb–Lead, Br–Bronze, C–Casting
KS D 6014	실진 청동 주물	SzBrC	Sz–Siluzin, Br–Bronze, C–Casting
KS D 6707	양백판 및 조	NSPx NSTx	N–Nickel, S–Sheet, P–Plate, T–Tape
KS D 6708	양백봉	NSB	N–Nickel, S–Silver, B–Bar
KS D 6709	스프링용 양백판 및 조	NSSS NSST	N–Nickel Silver, S–Sheet, S–Spring, T–Tape

1.5 기타 용도의 구리합금 분류

1.5.1. 전기저항 용접기용 구리합금

(1) 전기저항 용접기 제조자 협회(RWMA) 분류

1) RWMA의 분류

전기저항을 이용하여 금속을 접합하는 전기저항 용접기(Electrical Resistance Welding)에 사용되는 전극은 짧은 시간에 높은 전류를 흘려 보내야 하고, 스스로 낮은 저항값을 가져서 발열이 적어야 하며, 반복된 접촉에 의해서 외형이 손상되지 않는 내마모성과 고온에서 적절한 기계적 특성을 가져야 한다. 이러한 특성을 갖춘 가장 대표적인 금속이 구리합금이며, 그 중에서 특히 Cr, Zr, Be, 산화알루미늄 등이 혼합된 구리합금이 널리 사용된다. 전기저항 용접기 제조자 협회(RWMA, Resistance Welding Manufacturer Association)에서는 이렇게 내마모성과 고온강도, 그리고 전기전도도가 우수한 구리합금을 RMWA Class 1~20번까지 아래와 같이 구분하여 제시하고 있다.

[표 1-26] 전기저항 용접용 전극재료

Material CDA #	RWMA Class	주요 성분	경도 (HR, min.)	열전도도 (Btu/hr.ft.°F)	전기 전도도 (%IACS)	기계적 강도 (psi, min.)	
						인장	항복
C11000	---	Pure Copper	34 F	229	100%	40,000	-
C15000	1	Cu-Zr	70 B	212	90%	66,000	56,000
C16200	1	Cu-Cd	70 B	198	90%	65,000	54,000
C18200	2	Cu-Cr	83 B	187	85%	75,000	70,000
C18150	2	Cu-Cr-Zr	82 B	187	74%	81,000	72,000
C18000	3	Cu-Ni-Si-Cr	94 B	125	48%	100,000	75,000
C17510	3	Cu-Ni-Be	100 B	113	48%	110,000	95,000
C17200	4	Cu-Be	38 C	75	22%	170,000	150,000
C15725	20	Cu-AL_2O_3	73 B	199	87%	75,000	69,000
C15760	20	Cu-AL_2O_3	82 B	186	78%	83,000	79,000

이들 전기저항 용접용 전극 재료들은 전극의 합금 성분에 따라 그룹 A~C로 나누어지며, 각각의 재료별로 RWMA의 Class 1~20까지 세부 분류되며, 주요 합금의 특성은 다음과 같다.

- Group A : 구리합금으로 Class 1~Class 5까지 구분
- Group B : 텅스텐과 구리의 소결합금으로 Class 10~Class 14까지 구분
- Group C : 산화알루미늄과 같은 성분으로 분산 강화시킨 특수 합금

[표 1-27] RWMA에 따른 전극 구분

Material Group	RWMA Class 구분	구리합금 성분
Group A – Copper Base Alloys	RWMA Class 1	Zirconium Copper Cadmium Copper Chromium Copper
	RWMA Class 2	Chromium–Zirconium Copper Chromium Copper
	RWMA Class 3	Cobalt–Beryllium Copper Nickel–Beryllium Copper Beryllium–Free Copper
	RWMA Class 4	Beryllium Copper
	RWMA Class 5	Aluminum Copper
Group B – Refractory Metals and Refractory Metal Composites	RWMA Class 10	Copper Tungsten
	RWMA Class 11	Copper Tungsten
	RWMA Class 12	Copper Tungsten
	RWMA Class 13	Tungsten
	RWMA Class 14	Molybdenum
Group C – Specialty Material	RWMA Class 20	Dispersion–Strengthened Copper

[표 1-28]에 RWMA에 따른 전극 재료의 화학성분 구분 기준을 제시한다. 그러나 실제 현업에서는 이러한 기준을 그대로 따르는 경우도 있으나, 현장의 필요에 따라서 약간씩 합금 성분을 변화하여 기계적 강도나 내마모성 등을 추구한다.

[표 1-28] RWMA에 따른 전극 재료의 화학성분

RWMA Table 1.8.12 Chemical Composition Group A Copper Based Alloys		
RWMA CLASS	CDA	Chemical Composition
1	C15000	Cu+0.10~0.20% Zr
1	C16200	Cu+0.7~1.2% Cd+Fe (0.2 max)
2	C18150	Cu+0.5~1.5% Cr+0.02~0.20% Zr
2	C18200	Cu+0.6~1.2% Cr+Fe (0.1 이하)+Si (0.1 이하)+Pb (0.05 이하)
3	C17510	Cu+1.4~2.2% Ni +0.2~0.6% Be+Fe (0.1 이하)+Co (0.3 이하)+Si (0.2 이하)+Al (0.2 max)
3	C18000	Cu+1.8~3.0% Ni+0.4~0.8% Si+0.1~0.8% Cr+Fe (0.15 이하)
4	C17200	Cu+1.8~2.0% Be+Si (0.2 이하)+Al (0.2 이하)+Pb (0.02 이하) Ni+Co, .20% 이상, Ni+Fe+Co .6% 이하
RWMA Table 1.8.12 Chemical Composition Group B Refractory Metals		
10	10.74450	W+43~47% Cu
11	11.74400	W+23~27% Cu (ASTM B702 C1 D)
12	12.74350	W+18~22% Cu (ASTM B702 C1 E)
13	13.74300	이상 99.9% W
14	14.42300	이상 99.9% Mo (ASTM B387 alloy 360 or 361)
RWMA Table 1.8.12 Chemical Composition Group C Specialty Materials		
20	C15760	98.7% Cu+0.58~0.62 Al_2O_3+Fe (0.01 이하)+Pb (0.01 이하) Dispersion Strengthened Copper

2) 전극 재료 특성

이하에서는 RWMA의 구분에 따른 전극 재료의 특성을 간략하게 정리한다. 제 (2) 항에 소개되는 KS Code에 따른 구분도 동일한 기준이므로 이 내용을 그대로 갈음해도 된다.

가. RWMA Class 1

지르코늄이 소량 합금된 구리는 전기저항 용접기법 중에 스팟(Spot) 용접의 전극이나 심(Seam) 용접의 휠 재질로 사용된다. 일반적인 구리합금은 고온에 노출되면 쉽게 기계적 강도가 저하하는 연화 현상이 발생하는데, 지르코늄이 소량 들어간 구리합금은 연화 온도가 높아서 전기저항 용접기 전극 재료로 우수한 기계적 특성을 가지고 있어서 쉽게 기계적 강도가 저하하지 않고 변형에 강한 특징을 나타낸다. 경도는 HRB 65 이상 수준이고, 전기전도도는 IACS 80% 이상이다.

알루미늄, 마그네슘, 황동과 청동 등의 용접에 적합하며 특히 열전도도가 높아서 용접과정에서 고착되지 않기 때문에 표면에 코팅된 합금 혹은 아연 도금된 강재의 용접에 널리 사용된다. 기계적 성질을 개선하기 위해서 Ag, Cd, Mg 등을 첨가한 구리합금도 사용된다.

나. RWMA Class 2

RWMA Class 2에 해당하는 구리합금은 크롬이 포함된 열처리 합금으로서 열간 및 냉간 압연된 탄소강, 스테인레스강, 그리고 전기전도도가 낮은 황동과 청동 제품의 전기저항용접을 통한 대량생산에 적합하다. 크롬(Cr) 함량이 0.5~1.5%의 동합금을 적절하게 열처리를 하면, 전기전도도와 기계적 성질이 우수하다. 전기전도도는 IACS 75% 이상이고, 경도는 HRB 80 정도이며, 연화온도는 500℃이다. 기계적 특성의 향상을 위해 크롬(Cr) 이외에 Si, Ag, Be, Li 등을 첨가하고 Zr을 소량 첨가하기도 한다. 크롬의 함량이 증가하게 되면 전기전도도는 감소하여 크롬 함량이 1.5%인 동합금은 주물상태에서 경도는 HRB 80이지만, 전기전도도는 IACS 65%로 감소한다.

합금 제조 과정에서 탈산을 하게 되면, 전기전도도가 증가한다. 탈산제로서는 0.002~0.01%의 리튬(Li)을 첨가한 Cu-Cr-Li 합금의 전기전도도는 IACS 85~90%에 달하며, 냉간가공에 의해 경도는 HRB 85정도가 된다.

구리-크롬 합금은 우수한 기계적 특성과 내열성이 있지만, 500℃ 이상의 고온에서 장시간 사용하게 되면 기계적 성질의 떨어지고 수명이 단축되기 때문에 전기저항 용접기 전극으로 사용하기 위해서는 적절한 냉각시스템을 추가하는 것이 좋다.

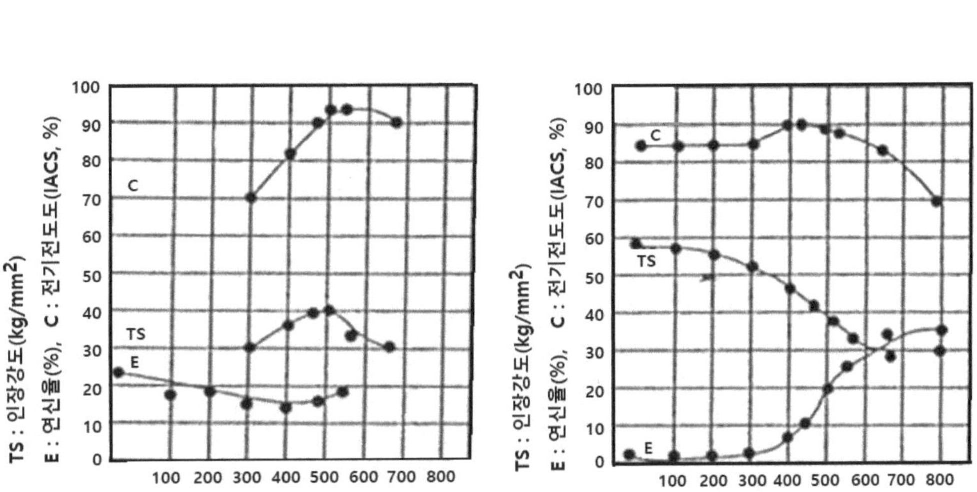

(a) 열처리 (b) 열처리 후 75% 냉간가공

[그림 1-1] 구리-크롬 합금의 열처리에 의한 기계적 특성의 변화

구리-크롬합금에 지르코늄을 추가한 합금은 고온의 크리프(Creep) 강도가 좋아서 아연도금 및 기타 금속 코팅된 강재의 전기저항 용접용 전극으로 활용된다.

다. RWMA Class 3

이 그룹에 속하는 구리합금은 합금원소로 베릴륨이 없이 Copper-Nickel-Silicon-Chromium로 구성된 C18000 합금과 Copper-Nickel-Beryllium으로 구성된 C17510 합금으로 구분된다.

두가지 모두 열처리 합금으로 고강도를 특징으로 하고 있으며, 돌기(Projection) 용접이나 플래쉬(Flash Butt) 용접 등의 전극 재료로 사용되고 있다. 베릴륨(Be)이 포함된 열처리 합금에 니켈(Ni)이 추가된 구리합금은 특히 전기저항이 큰 스테인레스강 등의 전기저항용접 전극재료로 적합하다.

라. RWMA Class 4

베릴륨(Be)이 합금된 구리로서 니켈이 들어간 Class 3종에 비해 더 낮은 전기전도도를 가지고 있으나, 경도가 크고 내마모성이 좋아서 전극으로서 수명이 길다. 고강도로서 내마모성도 좋지만, 전기전도도가 IACS 20% 정도로 낮아서 발열이 심할 수 있기 때문에 과열되지 않도록 적절한 냉각 시스템을 고려하거나 구조적으로 발열이 심하지 않을 구조물의 용접에 적용된다.

Cu-Be 합금은 시효경화성 합금으로 적당한 열처리에 의해 전기전도도 25~60%, 인장강도 80kg/mm^2 정도가 된다. 베릴륨의 함량에 따라 고강도가 향상되지만 반대로 전기전도도는 낮아진다. 따라서 베릴륨의 함량을 1% 이상으로 하여 고강도를 목적으로 하는 합금과 베릴륨의 함량을 1% 미만으로 하여 높은 전도도를 목적으로 하는 합금의 두 가지로 구분된다.

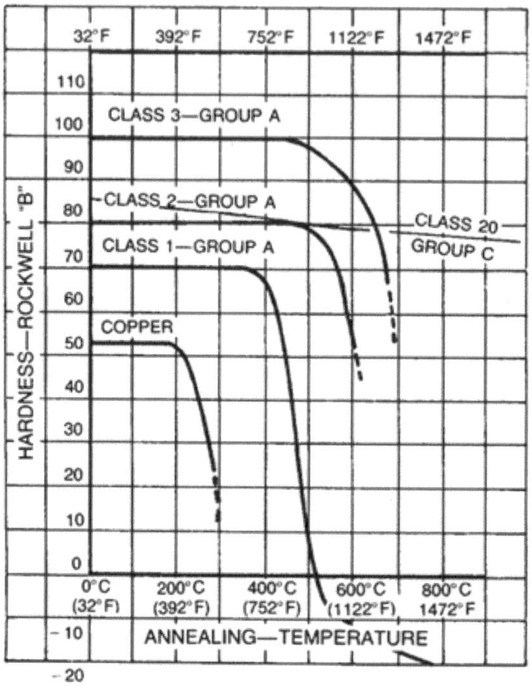

[그림 1-2] 전극 재료의 온도와 경도의 관계

마. RWMA Class 5

구리와 알루미늄의 합금으로 주조로 제조되며 고강도와 다른 전극 재료에 비해 중간 정도의 전기전도도를 가진 재료이다. 다른 전극 재료에 비해 가격이 싸면서도 고강도를 확보할 수 있는 장점이 있고 우수한 내마모성과 비자성의 특성을 가지고 있다.

바. RWMA Class 10

융점이 높은 텅스텐 55%와 구리 45%를 분말 야금상태로 구성하여 소결을 통해 생산되는 전극 재료이다. 양호한 열과 전기전도도를 가지고 있으며, 소결에 의해 치밀한 조직 구조를 얻을 수 있으며 이를 통해 우수한 내마모성과 고온 기계적 강도를 얻을 수 있다. 경도는 HRB 72이상이고 전기전도도는 IACS 45% 정도가 된다.

사. RWMA Class 11

Class 10에 비해 텅스텐의 함량을 75%로 높여서 분말 야금에 의한 소결을 통해 경도가 HRB 94 수준으로 매우 강한 재질이 얻어진다. 전기전도도는 IACS 40% 수준이다. 고온 강도가 높고 융점도 높아서 쉽게 고착이 발생하지 않지만, 용접 과정에서 고착이 발생하게 되면 몰리브덴이나 좀더 텅스텐의 함량이 높은 Class 13으로 변경하여 적용한다.

아. RWMA Class 12

텅스텐의 함량을 좀더 높여서 80%까지 끌어올린 분말 소결로 생산되는 고강도 합금이다. 표면 경도는 HRB 98로 매우 높아서 내마모성이 좋고 고온 강도가 우수하여 쉽게 변형이 발생하지 않으며, 전기전도도는 IACS 기준 35% 정도이다.

자. RWMA Class 13

Class 13은 텅스텐 그 자체로 인식하면 된다. 텅스텐은 3,422℃의 융점을 가지고 있어서 용융하여 제품을 만들기가 어려우며, 매우 강하고 연성이 부족한 강종이기 때문에 성형이 매우 어렵고 절단도 쉽지 않아서 다루기 참 어려운 강종이다. 그러다 보니 분말 야금에 의해 소결로 생산하는 가장 대표적인 금속재료 중에 하나다. 경도는 HRA 69 수준이고 전기전도도는 IACS 기준으로 30% 정도이다.

차. RWMA Class 14

텅스텐 못지 않게 높은 2,623℃의 융점을 자랑하면서도 열과 전기전도도가 매우 높은 금속이 몰리브데늄이다. Class 14는 몰리브데늄으로 만들어진 전극 재료를 의미한다. 텅스텐과 마찬가지로 융점이 높아서 용접과정에서 고착이 일어나기 어려우며, 텅스텐과는 달리 기계적 가공이 가능한 장점이 있다. 우리가 사용하는 상용 전극 재료 중에 가장 낮은 열팽창계수를 가지고 있기에 장시간 고온에서 작업을 해도 치수의 안정성을 확보할 수 있다.

표면 경도는 HRB 85이상이고 전기전도도는 IACS 기준 30% 정도이다.

[표 1-29] RWMA Group B 재질의 특성(min.)

GROUP B REFRACTORY METALS		경도 (HRB)	전기전도도 (% IACS)	압축 강도 (ksi)
CLASS 10	ROD, BAR, INSERTS	72 HRB	45%	135
CLASS 11	ROD, BAR, INSERTS	94 HRB	40%	160
CLASS 12	ROD, BAR, INSERTS	98 HRB	35%	170
CLASS 13	ROD, BAR, PLATE, INSERTS	69 HRB	30%	200
CLASS 14	ROD, BAR, PLATE, INSERTS, TUBE	85 HRB	30%	88

카. RWMA Class 20

융점이 높고 내마모성이 좋은 산화알루미늄 분말을 0.6% 정도 포함하여 분산 강화를 추구한 구리합금으로서 높은 강도와 변형에 강한 기계적 특징을 가지고 있다. 용접과정에서 고온에 노출되어도 강도가 저하하는 연화 온도가 높기 때문에 고온 강도가 좋고 전체적으로 Class 2에 준한 기계적 특성을 보이고 있다. 용접과정에서 고착 현상이 작아서 아연도금과 같이 주로 금속으로 코팅된 강재의 전기저항 용접용 전극 재료로 사용된다.

[표 1-30] RWMA Class 20의 재질 특성(min.)

GROUP C DISPERSION STRENGTHENED COPPER		경도 (HRB)	전기전도도 (% IACS)	항복강도 (ksi)	인장강도 (ksi)	연신율 (%)
CLASS 20	ROD, BAR, PLATE	75 HRB	75%	75	80	20

(2) KS 규격에 따른 전극재료의 분류

KS D5579에서는 ISO의 분류 방식을 차용하여 A 그룹의 구리와 구리합금 계열 4종류, B 그룹의 소결제품 6종류로 총 10 종류의 전극 재료를 구분하고 있으며, 각 그룹의 재료들을 다시 Class 1~15까지 총 15개 세부 구분으로 나누어 규정하고 있다. 여기에서 차용된 ISO 규정은 ISO 1187, ISO 1337, ISO 1634-1, ISO 1637, ISO 3486~3491이며, 전극 재료의 화학성분, 모양, 기계적 성질, 전기적 성질, 치수 공차 등을 규정하고 있다.

[표 1-31] KS D 5579의 전극 재료 구분

A그룹 : 구리 및 구리합금	
제 1종	제조 중 상온 가공 등에 의해 그 경도를 증대한 고전도율의 구리합금
제 2종	제 1종 보다도 단단하고, 열처리 또는 열처리와 상온가공에 의해 기계적 특성을 얻음과 동시에 뛰어난 고온 특성을 가진 구리합금
제 3종	제 2종 보다도 단단하고, 제 1종 또는 제 2종 보다 낮은 도전율을 가진 열처리 구리합금
제 4종	상온가공 또는 열처리에 의해 얻은 특수한 성질의 합금
B 그룹 : 소결재료	
제 10, 11종	구리-텅스텐의 소결품
제 12종	구리-탄화텅스텐의 소결품
제 13종	몰리브덴 소결 및 가공품
제 14종	텅스텐 소결 및 가공품
제 15종	은과 텅스텐 소결품

ISO에서 소재의 종류에 따른 구분을 그룹으로 분류하고 다시 세부 강종의 구분을 Class로 표기하여 구분하는 것과 유사하게 KS D5579에서는 각 그룹의 전기저항 용접용 구리합금의 전극재료를 다음과 같이 전극의 특성과 모양 그리고 재질에 따라 제 1종~제 5종 까지 총 5개 종류로 구분하고 있다.

- 제 1종 : 제조 중 상온 가공 등에 의해 그 경도를 증대한 고전도율의 구리합금
- 제 2종 : 제 1종 보다 단단하고, 열처리 또는 열처리와 상온 가공에 의해 기계적 특성을 얻음과 동시에 뛰어난 고온 특성을 가진 구리합금
- 제 3종 : 제 2종 보다 단단하고, 제 1종 또는 제 2종 보다 낮은 전도율을 가진 열처리 구리합금
- 제 4종 : 제 3종 보다도 더욱 단단한 열처리 구리합금
- 제 5종 : 알루미나, 그 밖의 미세한 분말을 구리중에 분산시키는 것에 의해 연화특성 온도를 높게 하도록 한 비열처리 구리합금

[표 1-32] KS D5579에 따른 전기저항 용접용 구리 전극재료 구분

종류	모양	합금	형상 (mm)	기계적 성질 (min.) 인장강도 (N/mm^2)	연신율 (%)	경도 (Hv3.0)	도전율 (%, 20℃)	연화온도 (℃)	용도
1종	봉 (원형)	경동, 카드뮴동, 지르코늄동	25 이하	410	20	125	85	250 이상	알루미늄 합금 판재
			25~50	380	25	115			
	판		25 이하	410	20	110			
			25 초과	340	25	105			
2종	본 (원형)	크롬동 크롬-지르코늄동	25 이하	450	15	145	75	475 이상	연동판, 고장력 동판, 도금 동판
			25~50	410		135			
	판		25 이하	450					
			25 초과	380		125			
	주물			310	12	110			
3종	판, 봉, 단조품	저베릴륨동	–	690	9	200	45	475 이상	스테인레스 동판, 내열 동관
	주물		–	590	5				
4종	판, 봉, 단조품	고베릴륨동	–	970	–	310	20	–	특수 용도
	주물		–	620	–		18	–	
5종	봉 (원형)	알루미나분산 강화동	25 이하	450	5	145	75	850 이상	연동판, 고장력 동판, 도금 동판

[표 1-32]에서 경동은 상온 가공에 의해서 경도가 커진 구리를 말한다. 안테나, 스위치 등에 사용된다. 한자로는 硬銅으로 표기되고 영문으로는 Hard Copper로 구분한다.

[표 1-33] KS D 5579에 따른 전극 재료의 종류 및 특성

그룹	타입	No.	표시	공칭 성분 값(%)	모양 (mm)	경도 (Hv 30kg, min.)	전기 전도도 (S/m, min.)	연화 온도 (℃)
A	1	1	Cu-ETP	Cu(+Ag) min. 99.90	인발 25 이상	85	56	150
					인발 25 미만	90	56	
					단조	50	56	
					주조	40	50	
		2	CuCd1	Cd 0.7~1.3	인발 25 이상	90	45	250
					인발 25 미만	95	43	
					단조	90	45	
	2	1	CuCr1	Cr 0.3~1.2	인발 25 이상	125	43	475
					인발 25 미만	140	43	
					단조	100	43	
					주조	85	43	
		2	CuCr1Zr	C 0.5~1.4	인발 25 이상	130	43	500
					인발 25 미만	140	43	
					단조	100	43	
		3	CuCrZr	Cr 0.4~1.0 Zr 0.02~0.15	열처리	160	43	500
					연마제 45 미만	160	43	
		4	CuZr	Zr 0.11~0.25	열처리	130	47	500
					연마제 30 미만	130	47	
	3	1	CuCo2Be	Co 2.0~2.8 Be 0.4~0.7	인발 25 이상	180	23	475
					인발 25 미만	190	23	
					단조	180	23	
					주조	180	23	
		2	Ni2Si	Ni 1.6~2.5 Si 0.5~0.8	인발 25 이상	200	18	500
					인발 25 미만	200	17	
					단조	168	19	

그룹	타입	No.	표시	공칭 성분 값(%)	모양 (mm)	경도 (Hv 30kg, min.)	전기 전도도 (S/m, min.)	연화 온도 (℃)
					주조	158	17	
	4	1	CuNiP	Ni 0.8~1.2 P 0.16~0.25	인발 25 이상	130	29	475
					인발 25 미만	140	29	
					단조	130	29	
					주조	110	29	
		2	CuBe2Co Ni	Be 1.8~2.1 Co-Ni-Fe 0.20~0.60	인발 25 이상	350	29	300
					인발 25 미만	350	12	
					단조	350	12	
					주조	350	12	
		3	CuAg6	Ag 6~7	단조 25 미만	140	40	400
					주조 25~50	120	40	
		4	CuAl10Fe 5Ni5	Al 8.5~11.5 Fe 2.0~6.0 Ni 4.0~6.0 Mn 0~2.0	단조	170	4	650
					주조	170	4	
B	10		W75Cu	Cu 25		220	17	1,000
	11		W78Cu	Cu 23		240	16	1,000
	12		WC70Cu	Cu 30		300	12	1,000
	13		Mo	Mo 99.5		150	17	1,000
	14		W	W 99.5		420	17	1,000
	15		W65Ag	Ag 35		140	29	900

1.5.2. 반도체(Semiconductor Lead Frames)용 구리합금

구리는 높은 열전도성으로 인해 냉각이 빠르고 국부적으로 과열되지 않으며 우수한 전기전도도를 가지고 있기에 전기 및 반도체용 재질로 널리 사용되고 있다. 사용되는 목적에 따라 순동에 은(Ag), 코발트(Co), 크롬(Cr), 철(Fe), 망간(Mn), 니켈(Ni), 인(P), 실리콘(Si), 주석(Sn), 티타늄(Ti), 아연(Zn), 알루미늄(Al) 등을 혼합하여 다양한 특성을 추구하고 있다.

세계적으로 50종 이상의 리드프레임(Lead Frames)용 동합금이 있으며, 이들 합금을 특성과 변천에 따라 다음과 같이 구분한다.

(1) 내열, 고전도율 합금

순동에 미량의 합금원소를 첨가하여 강도보다 전열성 및 내열성을 중시하는데 사용되는 합금이다. 90% IACS 전후의 도전율이 있어야 하며 순동보다 100℃ 이상 높은 내열성을 갖는다.

1) C14410

구리에 0.15%의 주석(Sn)과 0.01%의 인(P)을 혼합한 합금으로 원래 열교환기용으로 개발된 것이지만, 70년대부터 반도체 리드프레임 재료로 사용되고 있다. 무산소동에 주석을 첨가하여 사용되고 있는 고용강화합금으로 도금성, 땜납 성능이 우수하다.

2) C18030

C14410의 내열성과 강도를 크롬(Cr)과 철(Fe)를 추가하여 개선한 합금으로 개선 주석동이라고 불리기도 한다. 주석의 양을 0.1%로 줄이고 여기에 크롬을 0.15% 첨가하고 약간의 철(Fe)을 추가한 합금들이 적용되고 있다. 이들 합금은 모두 석출경화형으로 내열성과 고강도를 추구하고 있지만, 주석의 양을 줄여서 전기 및 열전도도 저하는 막고 있다. 0.15%의 크롬 첨가로 약 5kg/㎟의 강도 및 100℃ 전후의 내열성 향상이 가능하다.

3) C19210

구리에 0.1%의 철과 0.01%의 인을 합금하여 Fe_xP의 석출을 통한 고강도를 추구하는 석출경화형 합금으로 앞서 소개한 C18030의 개선 주석동과 비슷한 강도 및 내열성을 나타낸다. 일반전기 용도 및 열교환기재로 개발되어 리드프레임에 응용 발전되었다.

4) C15500

미국 Copper Range사가 종래 은(Ag)을 첨가한 구리합금의 내열성 및 강도 강화를 목적으로 0.11%의 마그네슘과 0.06%의 인 그리고 0.04%의 은(Ag)을 첨가한 석출형 합금으로 주석 첨가 구리합금 및 Fe첨가 구리합금에 비해 가격 및 제조기술상의 어려움으로 거의 사용되지 않고 있다.

(2) Cu-Fe 계 합금

고 철합금이 리드프레임에 많이 사용되고 있는데, Cu+Fe계는 포정 미세화 효과 및 탈산제로서 첨가된 인에 의해 석출이 발생하여 동중의 Fe, Fe_xP의 미세립이 분산되어 강도 및 내열성의 향상이 가능하다. 실용합금은 비열 Cu-Fe, Cu-Fe-P의 석출, 강화기구는 옛날부터 연구되었으며 모상과 정합을 이룬 Fe, Fe_xP의 구상입자의 석출 등이 확인되어지고 있다.

1) C19400

미국 OLIN사가 60년대에 개발한 합금으로 2.4%의 철(Fe)과 0.12%의 아연(Zn) 그리고 0.04%의 인(P)으로 구성되며, 70년대에 리드프레임 재료로서 확고한 위치를 차지했다. 전도율 65% IACS 정도이고, 인장강도는 30~50kgf/㎟ 이상이며, 450℃ 이상의 내열성을 갖고 있다.

2) C19500

미국 OLIN사 개발한 합금으로 Cu+1.5Fe+0.8Co+0.6Sn+0.1P의 조성을 가진다. 주석의 고용강화와 Co_xP의 석출경화형으로서 55kgf/㎟이상의 고강도 소재로서 사용된다. 미국에서 C19400에 보완적으로 사용되는 대표 합금의 위치를 점하고 있다.

3) C19700, C19750

다량의 Fe_xP 및 Fe입자를 분산한 C19400, 19500가 성형가공성, 도금성, 납땜성 등의 2차 특성에 문제가 제기되었기에 Fe의 함량을 줄이는 대안이 필요하게 되었다. Cu+0.8 Fe+0.8 Sn+0.03 P 및 Cu+0.1 Fe+0.5 Sn+0.5 Zn은 Fe계 석출량을 억제한 주석의 고용강화를 적극적으로 이용하여 C19500에 대등한 성능을 실현시키며, Cu+1.0Fe+0.5Sn+0.15Zn과 탈산제에 아연을 이용하여 도금성, 납땜성 등을 개선했다. 최근 OLIN사는 정밀 리드프레임 용도로 C19700 (Cu+0.6Fe+0.5Mg+0.2P), C19750 (Cu+0.6 Fe+0.05 Mg+0.23 Sn+0.2 P)를 발표했으며, Fe_xP량을 감소시키고 Mg_xP의 석출을 병행한 합금이다.

(3) Cu-Sn 계 합금

1) C52100

주석 함량이 1.25~8%까지 함유된 인청동은 주석의 양에 따라 35~75kgf/㎟까지의 넓은 범위의 강도를 갖게 된다. 가공성형성이 우수한 특징을 갖고 있으나 전도율, 내열성 특히 가격 대비 성능에서는 Cu-Fe계에 뒤떨어지며 리드프레임 재료로서 일부 사용되고 있다. 리드프레임용 인청동의 고성능화는 주석 함량 2.0%에서 적절한 수준의 전도율을 확보할 수 있기에 실용화가 성공했다. 고용강화형 합금의 특징이 있으며 소량의 Ni_xP, Fe_xP, Cr 등의 미세 석출을 병행하여 주석함량 4%인 인청동(C51100)에 필적한 강도를 실현시키고 있다.

2) C50710, C18990

주석 함량 2%에 0.2%의 니켈과 0.1%의 인을 포함한 C50710과 0.1%의 철과 0.03%의 인을 함유한 C18990은 여타 인청동과 비슷한 전기 및 기계적 특성이 있지만 도전율, 납땜성, 도금성 등이 유리해서 널리 사용되고 있다.

(4) Cu-Ni-Si 계 합금

Cu-Ni-Si계 합금은 통상 코르손 합금(Corson Alloy)으로 불리우고 있다. 강화기구로 Ni_2Si 석출물을 분산시킨 석출경화형 합금으로 높은 전도성과 강도, 응력완화 특성 및 굴곡 가공성을 겸비하고 있다. 응력완화 상한온도는 베리륨동합금 다음으로 높고 160~180℃ 수준이다.

이 합금은 열처리 합금으로서 고강도, 고전도 합금으로서 전기, 기계용도에 실용화되었는데 리드프레임 소재로서 응용은 비교적 초기부터 검토되어 비열처리형 합금으로서 실용화되었다.

리드프레임용 Corson합금은 C19400 등의 강도, 전도율을 얻기 위해 1%대의 니켈 합금부터 최근은 Cu+3 Ni+0.65 Si+0.15 Mg의 조성을 가진 C70250까지 확대되었다. 1.3%의 주석 첨가 Corson합금은 전도성이 약간 저하되더라도 가공성 및 인장강도 60kgf/㎟ 이상의 고강도를 확보할 수 있다.

(5) Cu-Cr 계 합금

Cu+0.8 Cr, Cu+0.6 Cr+0.1 Zn 등의 고전합금을 개량하여 리드프레임에 응용하는 시험이 성행되었다. 크롬의 고용한계는 0.05%이며 금속상 크롬을 석출한다.

Cu-Cr-Zn합금은 내열성, 고전도 합금으로서 비열처리공정에서 인장강도 50kgf/㎟ 전후이며, 0.1~0.3%의 주석을 병용한 Cu-Cr-Sn 합금은 60kgf/㎟ 전후의 강도, 고전도 합금이며 소량의 주석은 크롬 석출을 제어하는 성질을 이용한 것이다. Cu+0.3 Cr+0.25 Sn+0.1 Zn 등의 저 크롬 합금이 대표적이며 Cu-Cr-Sn합금은 앞서 소개한 Cu-Sn계 및 내열고강도 합금에도 실용화되고 있다.

(6) Cu-Ti 계 합금

스프링용 고강도 합금인 Cu-Ti계 합금은 1.4% Ti을 이용, 진공용해에 의해 제조되며 리드프레임용의 합금은 0.2~0.5%정도의 저 농도 티타늄 합금이다. 티타늄과 금속간 화합물을 석출한 Cu-Ti-X계를 이용한 경우가 많다. X로서는 Sb, Co, Si, Cr 등도 가능하지만 Ni, Fe가 유력하다.

(7) 기타 합금

프랑스의 CLAL사에서 개발한 Cu+0.22 CoP합금은 C19400보다 고전도의 합금으로서 유럽에서 주로 사용된다. Cu-Ni-Sn계중 리드프레임용은 저 농도의 C72500(Cu+9 Ni+2.3 Sn)도 있다. C72500은 7% IACS의 저 전도성 합금으로 Package의 열장해에서 소자를 보호하는 목적으로 이용된다.

이들 반도체 리드 프레임에 적용되는 구리합금의 대표적인 합금 종류는 다음과 같이 총 18개의 번호로 세부 구별을 하고 있다. 하지만 대부분 특허로 보호되고 있기에 이런 구리합금은 유럽의 EN 규격이나 미국의 UNS에 등재되지 않은 것들이 대부분이다. 일례로 BS EN 1578을 보면 아래 [표 1-34]의 Alloy 번호 3번에 해당하는 CuFe2P/CW107C와 Cu-DLP/CW023A, 그리고 CuSn0.15/CW117C 만을 명기하고 있다.

[표 1-34] 반도체 리드 프레임용 구리합금

합금 구분	화학성분(wt.%, max.)											
	Ag	Co	Cr	Fe	Mg	Ni	P	Si	Sn	Ti	Zn	Al_2O_3
1						9.0			2.0			
2		0.8	1.5		0.1	0.6						
3				2.4			0.03				0.12	
4						3.2		0.7	1.2		0.3	
5	무산소동(Oxygen-free High Conductivity Copper)											
6					0.01	2.0		0.4			0.2	
7			0.3						0.25		0.2	
8						1.5			2.0	0.25	0.5	
9			58.0		42.0							
10		0.28					0.08					
11	0.05				0.1		0.07		0.2			
12	0.6					0.05						
13				2.4	0.05		0.08				0.01	
14			0.3					0.02		0.15		
15			0.5			1.0			1.0	0.5		
16						9.0			2.0			
17				2.4			0.03				0.12	
18												1.1

2 구리합금의 분류

2.1 구리합금의 조직

대부분의 구리합금은 합금원소가 고용된 상태로 구리 조직내에 존재하게 되면서 격자를 왜곡하여 고용강화를 유도하게 된다. 이렇게 고용강화된 합금은 열처리에 의해 경화가 되지 않지만, 구리합금 중에는 석출물을 형성하여 경화를 유도하는 열처리 합금도 존재한다.

2.1.1. 상태도에 따른 구분

구리합금의 조직은 2원계로 구성되며, 황동형, 청동형, 공정형, 그리고 전율고용형으로 구분된다. 이들 조직의 특성을 상태도를 기준으로 구분하면 다음과 같이 세가지로 구분할 수 있다. 각 합금별로 세부 미세 조직은 해당 합금을 설명하면서 세부적으로 다루기로 한다.

(1) 황동형(黃銅形)

포정 반응의 생성물인 β상이 상온까지 존재하는 조직이다. 실용 합금으로는 α단상과 $\alpha+\beta$의 혼합 조직으로 구분된다. α상은 연성이 좋고 가공성이 좋은 특성이 있으나 기계적 강도가 약하고 여기에 합금 원소의 함량 증가에 따라 $\alpha+\beta$의 복합상이 나타나게 되면 기계적 강도가 향상한다.

[그림 2-1]의(a)에 해당하며, Cu-Zn, Cu-Ti, Cu-Cd 등이 여기에 속한다.

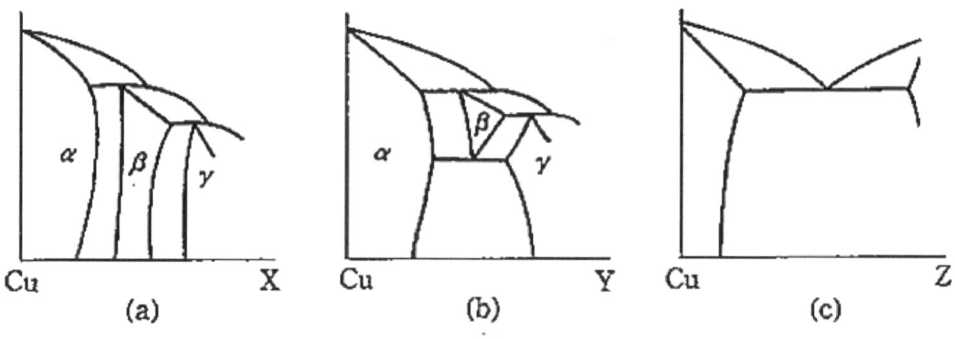

[그림 2-1] 구리합금의 2원계 상태도

1) Cu-Zn계

일반적으로 황동이라고 부르며 생산량이 가장 많고 단동, 7-3황동, 65-35황동, 4-6황동 등이 있고 용도에 맞게 아연의 함량을 조정하고 여타 합금원소를 추가한 다양한 강종이 활용되고 있다. 아연의 함량 증가와 온도 영역에 따라 α단상과 $\alpha+\beta$의 혼합 조직이 나타난다.

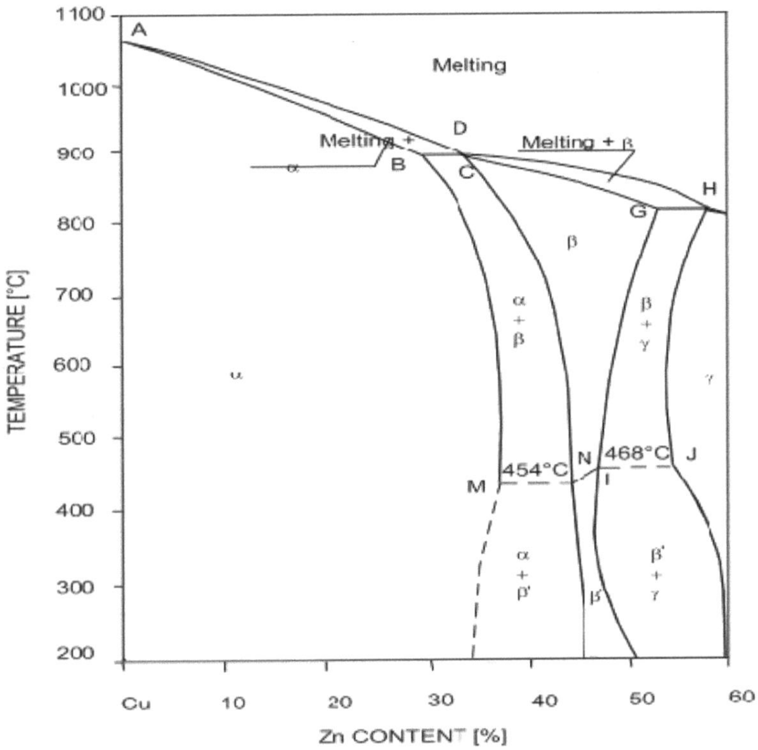

[그림 2-2] 황동에서 아연 함량과 온도에 따른 조직 구성

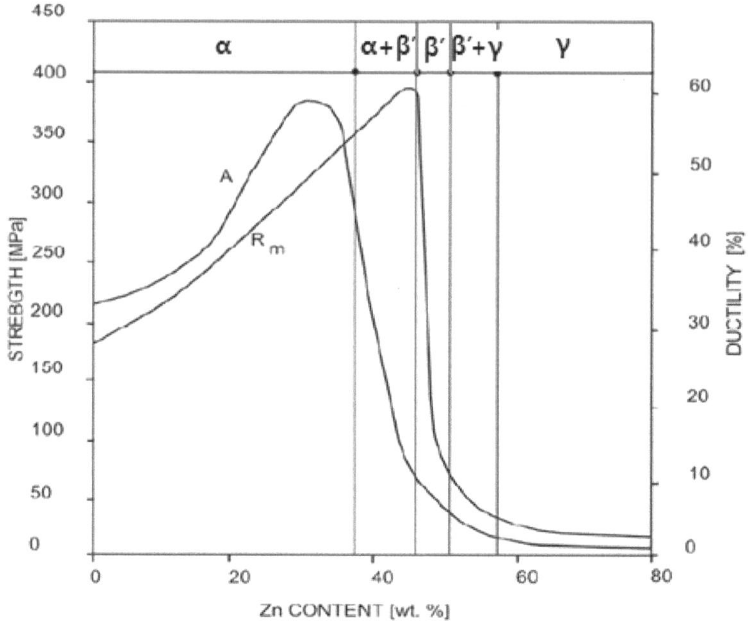

[그림 2-3] 황동에서 조직 구성에 따른 기계적 특성의 변화

2) Cu-Ti계

온도에 따라 용해도가 변하는 담금질-템퍼링에(Quenching & Tempering) 의한 시효경화형 합금으로 고력스프링 재료나 고력전도용 재료로 사용된다.

(2) 청동형

포정 반응 이외에 공석반응이 존재하여 β가 $\alpha+\gamma$조직으로 분해된다. 공석변태를 급냉으로 저지하거나 열처리를 통하여 조직의 제어가 가능하다. [그림 2-1의 (b)]에 해당하며, Cu-Sn, Cu-Si, Cu-Al, Cu-Be, Cu-In 등이 여기에 속한다.

1) Cu-Sn계

청동이라고 부르며 강도, 스프링성 개선에 유효하며 인을 0.03~0.5% 첨가하면 유동성이 개선된다. 주석 6~8%의 합금을 250℃에서 어닐링하면 인청동이 되며 주석 4%, 연 4%, 아연 3%의 합금은 절삭성이 좋아 쾌삭인청동이라고 한다.

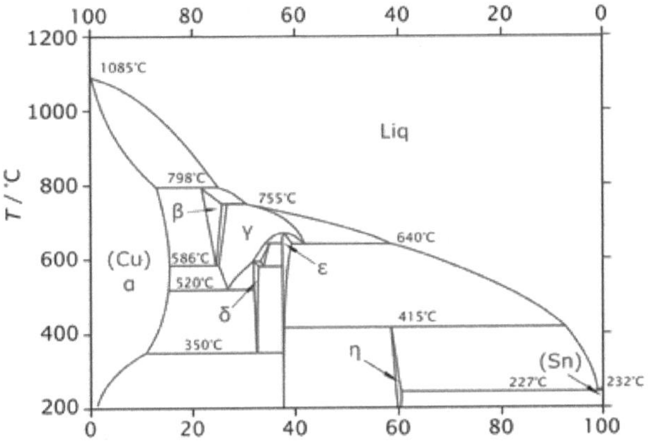

[그림 2-4] 구리-주석의 상태도

2) Cu-Al계

알루미늄을 7~12% 함유하는 합금을 알루미늄청동이라고 하고 강도, 내식성이 뛰어나 선박의 추진기, 프로펠러 재료로서 사용된다.

3) Cu-Be계

석출경화형 합금으로 동에 베릴륨 0.4~2.0%, 코발트 0.2~0.6% 를 첨가하는 것이 일반적이며 내마모성, 내식성 등이 우수해 고급 스프링 재료, 용접용 전극 등으로 사용된다.

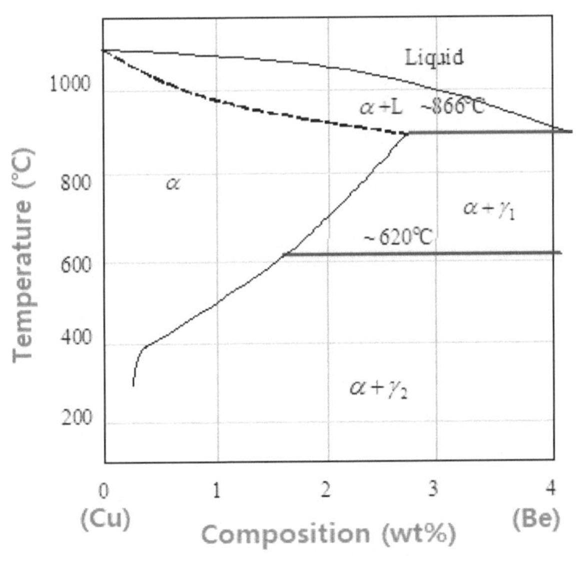

[그림 2-5] 구리-베릴륨의 상태도

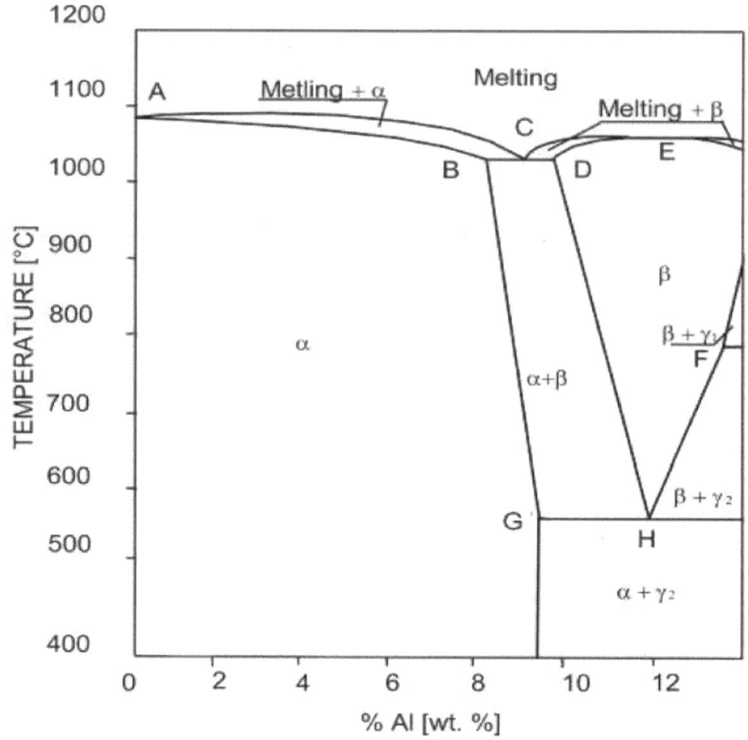

[그림 2-6] 알루미늄 함량에 따른 조직 구분

(3) 공정형

알루미늄 합금과 같이 석출경화를 통해서 시효강화 효과를 기대할 수 있다. [그림 2-1의 (c)]에 해당하며, Cu-Ag, Cu-P 등이 여기에 속하며, Cu-Cr계는 석출경화형 합금으로 용접용 전극재료에 적합하다.

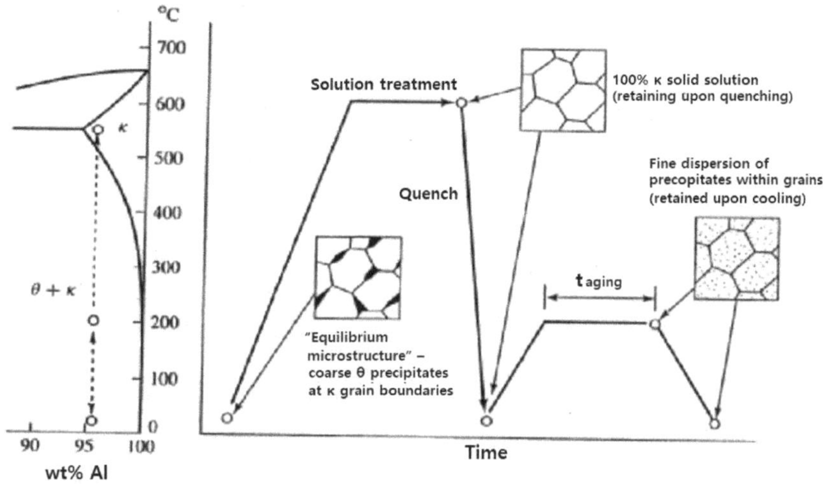

[그림 2-7] 알루미늄 합금의 석출 경화 기구(Age Hardening)

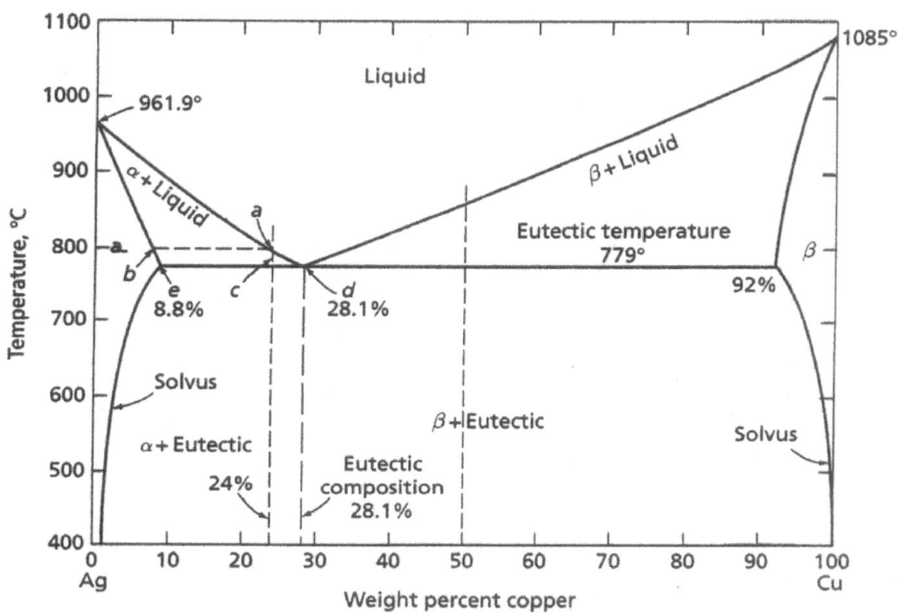

[그림 2-8] 구리와 은의 상태도

(4) 전율고용형

Cu-Ni 구리합금들이 여기에 속한다. 니켈 10~30% 합금에 소량의 철, 망간을 첨가한 것을 큐프로 니켈이(Cupro-Nickel)라고 하며 내해수성이 뛰어나다. 또한 니켈의 일부를 아연으로 치환한 금속을 양은이라고 한다. 전율고용체 형식을 갖추고 있으나, 용융선과 응고선의 간격이 좁기 때문에 응고 과정에서 합금 성분의 확산이 용이하지 못하면 편석이 발생하여 Core 구조가 만들어 진다. 이렇게 Core 구조의 편석이 심하게 발생하는 경우에는 주조 이후에 추가적으로 Solution Annealing 열처리를 실시하여 조직을 균질화 시킬 필요가 있다.

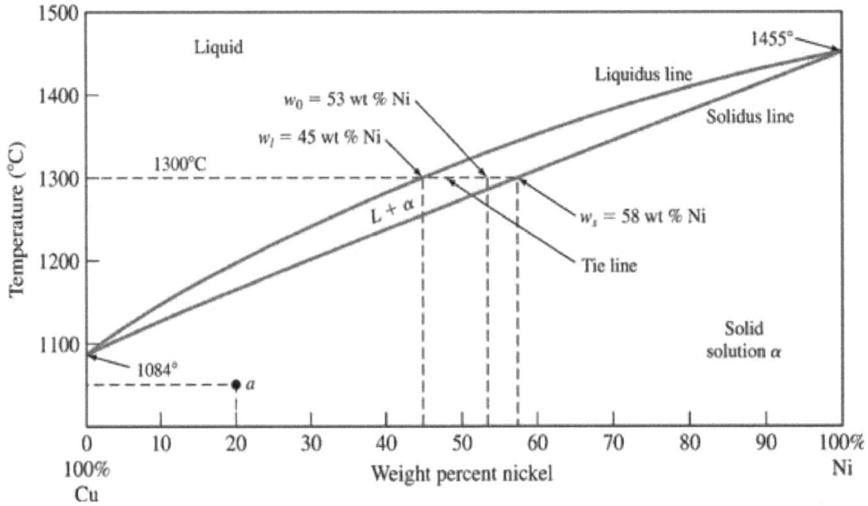

[그림 2-9] 구리와 니켈의 고용체 상태도

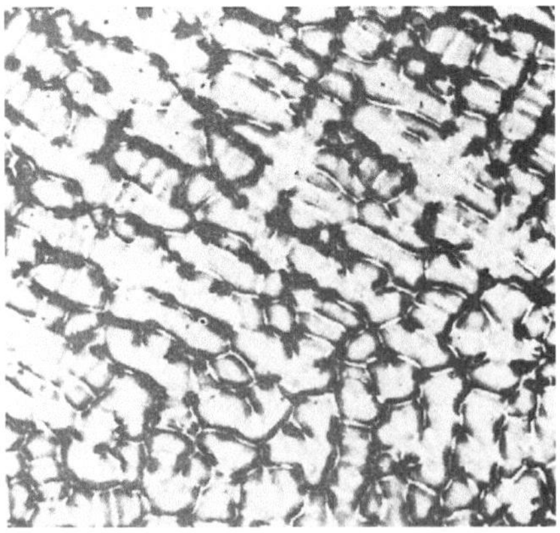

[그림 2-10] 응고 과정에서 합금성분의 확산이 늦어서 형성된 Core 구조

2.1.2. 구리합금의 미세 조직

광학현미경을 이용한 금속 미세 조직검사를 통해 해당 금속이 어떤 제조 및 가공 과정을 거쳤는지 확인할 수 있으며, 성분의 분포와 조직의 성장 양상을 통해 대략적인 기계적, 화학적 특성도 평가할 수 있다. 이하에서는 대표적인 구리합금 몇가지의 미세 조직과 조직 검사를 위한 준비 과정의 주의사항에 대해 간략하게 소개한다.

(1) 순동

순동(純銅)의 경우에는 합금원소가 거의 없기에 냉간가공에 의해 가공경화 하는 경향이 있고, 산화물이 끼여 있어서 시편을 연마하고 준비하는 과정에서 표면에 스크래치가 발생하기 쉽다. [그림 2-11]은 압연하지 않은 순동의 가장 일반적인 미세 조직이다. 약간의 불순물 이외에 합금원소가 별로 없다 보니 조직이 단상으로 형성되고 열처리에 의해 석출물이 생성될 수 없으며, 가공에 의해 경화가 발생할 수 있다.

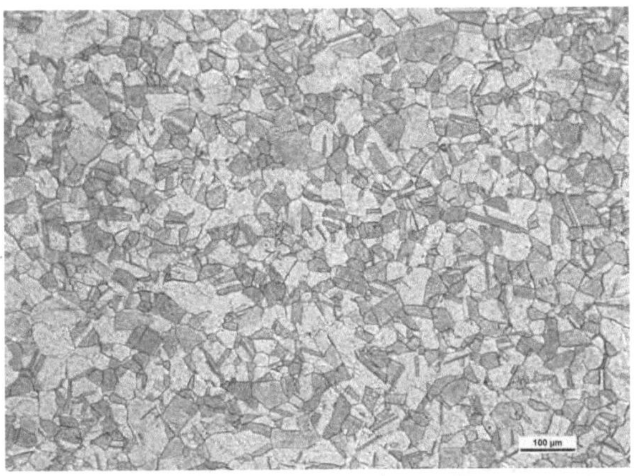

[그림 2-11] 순동의 미세 조직(X100)

이에 비해 [그림 2-12]는 주조된 순동의 조직인데, 주조 과정에서 표면과 내부의 응고 속도가 다르다 보니 입자의 크기가 다르게 형성된다.

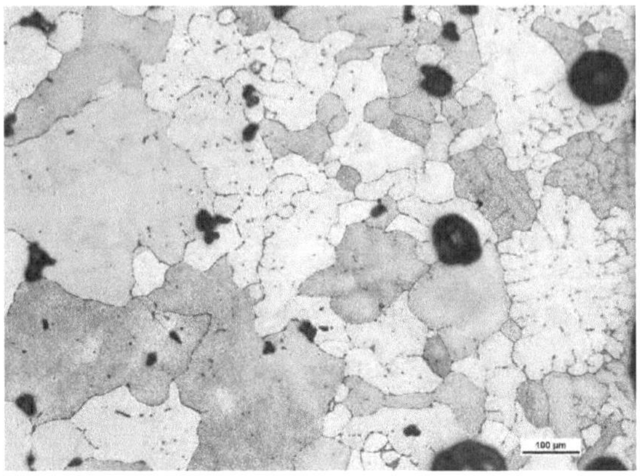

[그림 2-12] 순동의 주조 조직 (X100)

(2) 황동

황동은 다른 구리합금에 비해 고강도이고 내식성이 우수하여 미세 조직을 검사하는 과정에서 조직의 부식이 어려운 특징이 있다. [그림 2-13]은 압연 가공을 하지 않은 7-3 황동의 전형적인 미세 조직 형태를 보여준다. 초정인 α단상과 $\alpha+\beta$의 혼합조직으로 구성된다.

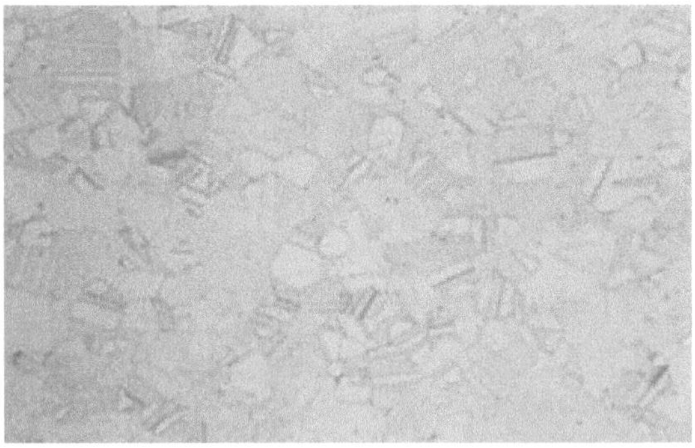

[그림 2-13] 황동(7-3)의 미세 조직(X200)

(3) 청동

청동계열은 합금원소가 많고, 주철과 대등하거나 우수한 수준의 기계적 강도와 인성을 가지고 있다. 수지상 조직으로 성장하면서 합금 성분이 수지상 조직의 사이로 편석된다.

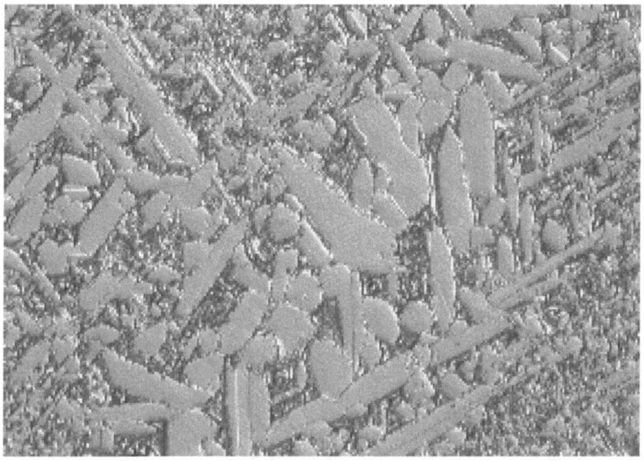

[그림 2-14] 망간-알루미늄 청동의 미세 조직 (x400)

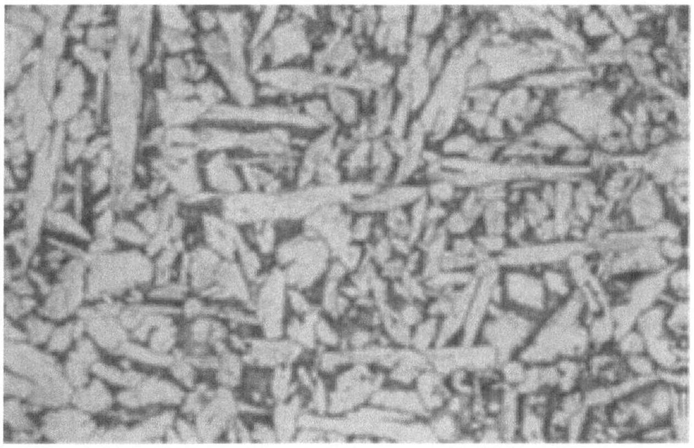

[그림 2-15] 니켈-철 청동의 미세 조직(x200)

2.2 제조 공법에 따른 구분

구리합금은 판재 혹은 선재로 제조되어 성형과 절삭 등의 재 가공 단계를 거쳐서 다양한 형상으로 만들어지는 단련재로 공급되는 것과 초기부터 최종 형상을 갖춘 주조재로 구분된다.

너무 복잡하고 외형이 큰 제품은 당연하게 주조가 선호되고 있으며, 판재 혹은 선재로 제조되어 재 가공되는 제품에 비해 가공비가 적게 드는 이점이 있다. 하지만 주조 과정에서 응고 속도의 차이 등으로 인해 합금원소가 고르게 분포하지 못하고 부분적으로 편석이 생기거나 수축공(Cavity) 등의 결함이 발생하는 어려움이 있기 때문에 제조 과정의 선정은 제품 개발 단계에서부터 매우 중요한 부분이다.

2.2.1. 주조품(鑄造品)

대부분의 구리 및 구리합금은 상대적으로 낮은 용융점과 양호한 유동성으로 인해 주조로 제조되기 용이한 특성을 가지고 있기에 가장 널리 사용되는 제조 공법이다. 모래를 사용하는 사형주조가 형틀의 제작이나 관리에 용이한 특징을 가지고 있으며, 상대적으로 치수의 정밀도가 좀 떨어지는 아주 작은 제품부터 매우 큰 주조품까지 다양하게 적용되고 있다. 선재나 형강류와 같이 정밀한 치수를 요하는 제품은 연속 주조로 제조되기도 한다. 원형 제품이나 파이프 등은 원심주조를 적용한다.

순수한 구리는 주조 과정에서 표면의 균열, 기공, 내부의 수축공 발생 등으로 주조 과정에서 어려움이 있다. 이러한 문제를 해결하기 위해 베릴륨, 실리콘, 니켈, 아연, 크롬 등의 합금원소를 미량 추가하여 주조성을 개선한다. UNS 번호로 C80000에서부터 C99999까지의 주조용 구리합금들이 각각의 기계적, 화학적 목적에 맞게 구분되어 있고 완성된 주조품의 용도와 생산 계획 등의 특성에 따라 다양한 주조 방법들이 적용되고 있다.

(1) 용탕의 응고 과정

순수한 금속은 용융점(Melting Point)과 동일한 응고점(Freezing Point)에서 응고되기 시작한다. 그래서 응고 과정에서 단일상이 형성되고 응고 속도에 따른 조직의 변화가 없는 것이 특징이다.

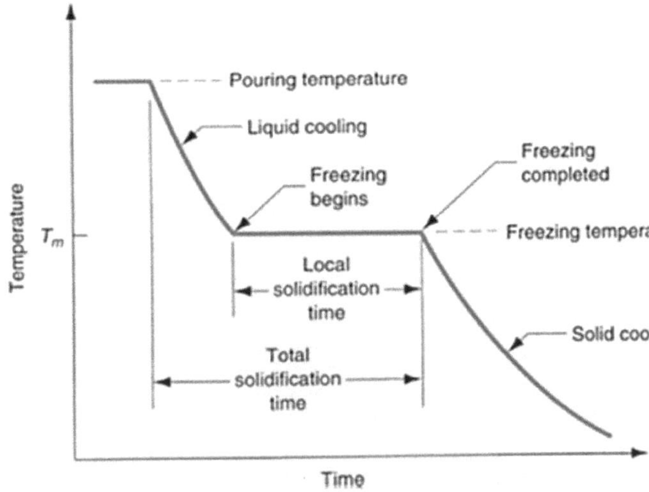

[그림 2-16] 순수한 금속의 응고 과정

순수한 금속과는 달리 대부분의 합금은 어떤 온도범위 내에서 응고된다. [그림 2-17]은 구리-니켈 합금계의 상태도(Phase Diagram)와 50% 니켈 - 50% 구리 성분의 냉각곡선(Cooling Curve)을 보여주고 있다. 그림에서 확인되는 바와 같이 합금원소가 포함됨에 따라 용융과 냉각의 온도 차이가 발생하게 되고, 응고 속도에 따라서 부분적으로 합금 성분에 따른 조직이 균질하게 분포하지 않는 편석(Segregation)이 발생한다.

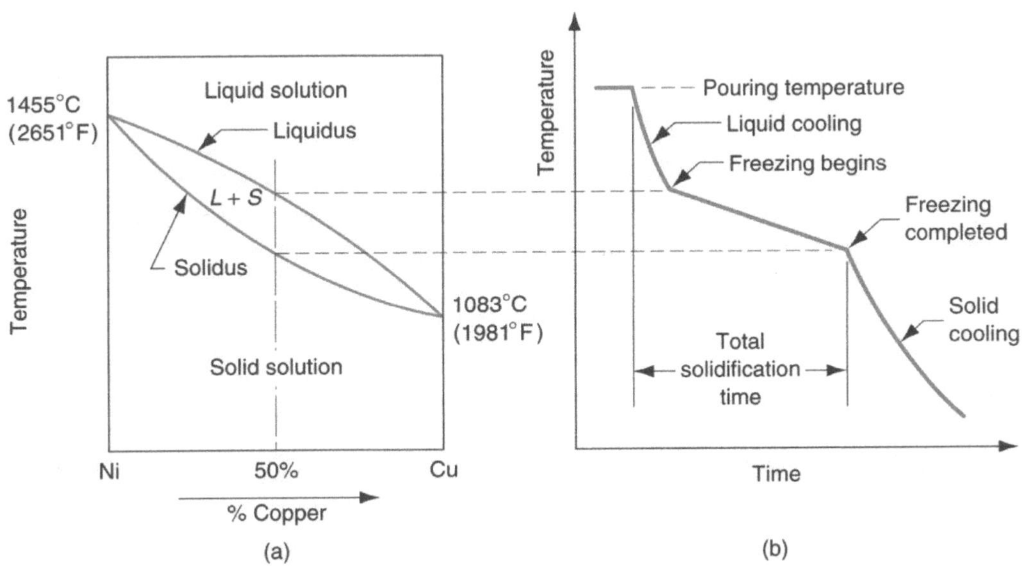

[그림 2-17] 구리-니켈 합금의 상태도(a)와 50-50 합금의 냉각곡선(b)

합금 주물의 결정립 구조 특징은 주물 중앙에서 용융 금속이 응고할 때 먼저 응고하는 부분과 나중에 응고하는 부분에 따라서 조직이 달라지는 합금원소의 편석(Segregation)현상이 일어난다. [그림 2-18]에서 보여지는 바와 같이 주형의 외벽을 따라서 급격한 냉각이 진행되면서 작은 입자들이 형성되고 있으며, 이후 냉각과 응고가 진행됨에 따라 안쪽으로 수지상 조직이 완성된다. 이때에 가장 중심부의 조직은 냉각 속도에 따라 합금원소의 분포가 불균일하게 발생하여 편석 조직을 갖게 된다.

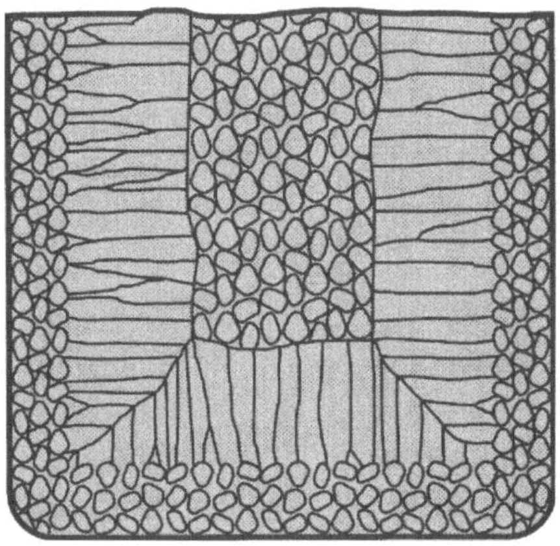

[그림 2-18] 응고 과정에 따른 조직의 변화

(2) 주조 조직의 구분

다양한 구리합금의 특성을 이해하기 위해서는 우선 소량의 합금원소가 구리와 만나게 되면서 응고와 냉각 과정에서 어떠한 조직변화가 일어나는지 알아야 한다.

학자들의 연구에 의해 이러한 응고 조직이 상태도라는 이름으로 정리되고 있으며, 면심입방격자(FCC)의 주조용 구리합금은 그 조직의 특성을 기반으로 3가지로 구분된다. 일부 문헌에서는 이러한 분류를 Group 1, 2, 3로 구분하기도 하는데, 여기에서는 편의상 조직으로 구분하여 설명한다.

주조용 구리합금은 그 상(Phase)에 따라 다음과 같이 3가지로 구분된다.

- 단상의 고용 합금 (Single-phase Solid Solution Alloys)
- 여러 개의 상을 가진 합금 (Polyphase Alloys)
- 복합 재료(Composite Materials)

1) 단상의 고용합금 (Single-phase Solid Solution Alloys)

불순물이나 합금원소가 거의 없는 순동의 경우 혹은 합금원소가 면심입방격자(FCC)의 구리를 치환하여 자리를 잡고 단상(Single Phase)의 α상을 만드는 경우가 이에 속한다. 합금원소의 양이 비교적 작거나 합금원소가 구리와 비슷한 원자반경 및 같은 면심입방격자(FCC)를 가지고 있어서 쉽게 치환이 되는 경우에 발생한다. 액상선과 고상선의 온도 차이가 50℃ 이내로 매우 좁은 합금이 여기에 속한다. 대표적인 합금으로는 황동, 망간청동, 알루미늄청동, 니켈청동 등과 순동이 여기에 속한다.

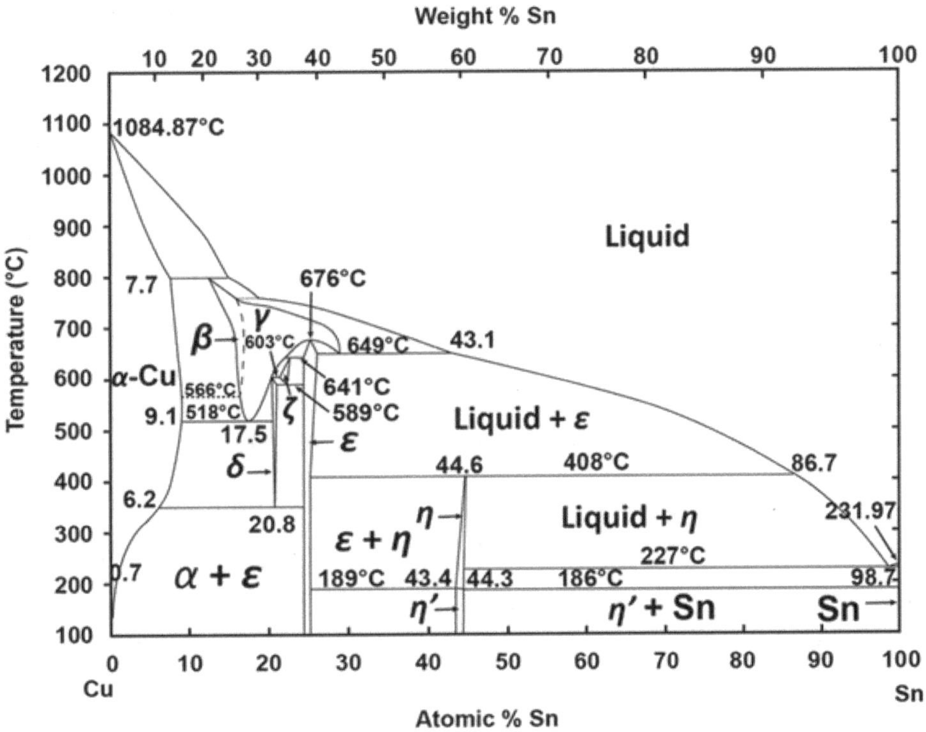

[그림 2-19] 구리와 주석의 상태도

[그림 2-19]의 구리와 주석의 상태도에서 대략 주석의 함량이 11% 이하인 경우에는 응고 과정에서 온도 범위에 따라 다양한 상들이 나타날 수 있으나, 액상선과 고상선의 온도 차이가 50℃ 이하로 좁게 형성되어 최종적으로 상온까지 냉각된 경우에는 α상을 가지게 된다. 이러한 합금은 조직 사진을 보면 약간의 Delta상 조직이 검게 남아 있으나 전체적으로 α상의 단일 조직임을 확인할 수 있다.

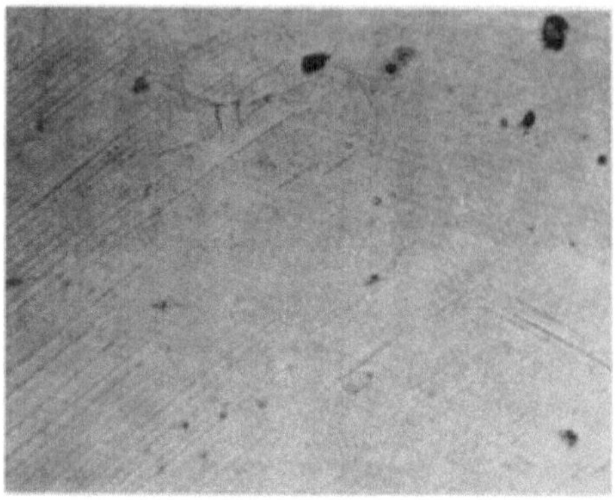

[그림 2-20] α 상의 단일 상을 가진 구리합금의 조직 사진 (x200)

여기에 속하는 구리합금은 순동(C81100), 크롬구리(C81500), 황동(C85200, C85400, C85700, C85800, C87900), 망간청동(C86200, C86300, C86400, C86500, C86700, C86800), 알루미늄청동(C95200, C95300, C95400, C95410, C95500, C95600, C95700, C95800), 니켈청동(C97300, C97600, C97800), 백동(C99700, C99750) 등이 있다. 각각의 특징을 간단하게 정리한다.

가. 순동과 크롬구리(Pure Copper and Chromium Copper)

순동과 크롬구리는 용탕을 유지하고 가스 성분을 배제하는 것이 매우 어렵다. 순동은 용탕을 만들었을 경우에 대기중의 수분 분해에 의해 형성된 수소를 흡수하는 경향이 크고, 크롬구리의 경우에는 크롬의 산화에 의한 손실을 관리하는 것이 중요하다. 따라서 이들 구리합금을 용융할 때에는 유동층의 플럭스를 형성하여 그 아래에서 대기와 차단하면서 용탕을 형성해야 한다. 크롬구리의 용탕을 만들때에는 1,260℃의 온도에 도달하게 되면, 칼슘보라이드(Calcium Boride) 혹은 리튬을 탈산제로 용탕에 넣어 주어야 한다. 그리고 주형에 주입할 때에도 플럭스 층이 상부에 떠서 용탕을 보호할 수 있도록 유지해 주어야 한다.

나. 황동(Yellow Brasses)

아연이 포함된 이들 구리합금은 용융점 근처의 온도에서 아연이 기화하여 소실된다. 이를 방지하기 위해 알루미늄을 0.15~0.35% 정도 넣어서 용탕의 유동성을 확보하고 아연의 기화에 의한 손실을 최소화할 수 있도록 한다. 만약 이 보다 더 많은 양의 알루미늄이 포함되면 응고수축에 의한 수축공 형성이 발생하기 쉽기 때문에 반드시 라이저(Riser)를 설치해서 응고수축에 의해 부족한 용탕을 보충해 주어야 하고 기화에 의해 소실되는 아연을 감안하여 주형에 주입 직전에 아연을 추가해 주어야 한다.

다. 망간청동(Manganese Bronzes)

이 합금은 황동에 철, 망간, 알루미늄이 합금원소로 들어간 복합체로 구성되어 있다. 아연의 산화물이 기화되는 온도까지 가열하여 용탕을 형성한 후에 바로 주형에 주입한다. 용탕을 보호하고 탈산의 기능을 부여해주는 플럭스(Flux)는 필요하지 않으며, 주형 주입 직전에 아연을 보충해 준다.

라. 알루미늄청동(Aluminum Bronzes)

이 합금은 주조를 위해 산화성 분위기에서 가열하여 용탕을 형성하고 주형에 주입한다. 수소, 산소와 같은 가스를 제거하기 위해 주형에 주입전에 용탕을 휘저어 주기도 한다. 탈산을 하기 위해 별도로 불화물 등을 분말 상태로 플럭스에 추가하기도 한다.

마. 니켈청동(Nickel Bronzes)

니켈청동의 주조는 니켈 성분으로 인해 수소의 고용도가 높아지고 이에 따라 주조와 응고 과정에서 가스가 형성되기 때문에 매우 어렵다. 이러한 현상은 주입 온도가 높아질수록 수소의 고용도가 커지기 때문에 더 심해진다. 따라서 용탕의 온도를 너무 높게 가져가면 안되고 산화성 분위기에서 신속하게 주조 작업을 진행해야 한다. 망간, 실리콘, 칼슘, 마그네슘 등의 성분을 함유한 플럭스를 주입하고 용탕을 휘저어서 수소와 산소를 제거해야 한다.

바. 백동(White Manganese Bronze)

이 합금은 황동에 망간의 함량이 큰 종류와 니켈의 함량이 큰 종류의 두 가지로 구분된다. 망간이 많이 들어간 합금의 경우에는 낮은 온도에서도 유동성이 매우 좋기 때문에 온도를 높이지 않아도 된다. 만약 이 합금을 너무 높은 온도에서 유지하면 아연 기화에 의한 소실이 발생하게 된다.

2) 복합상의 조직 (Polyphase Alloys)

합금원소가 구리와 화합하여 구리의 면심입방격자(FCC)와 다른 새로운 조직을 형성하는 경우가 이에 속하며, 합금원소의 양이 많고 구리와 화합하여 별도의 상을 생성하기 쉬운 경우에 발생한다. 액상선의 온도와 고상선의 온도 차이가 50~110℃ 정도로 차이가 나는 합금에서 발생하며, 대표적인 합금으로는 베릴륨동(C81400, C82000, C82200, C82400, C82500, C82600, C82800), 규소청동(C87300, C87600, C87610, C87800)과 규소황동(C87500) 그리고 구리-니켈합금(C96200, C96400)이 있다.

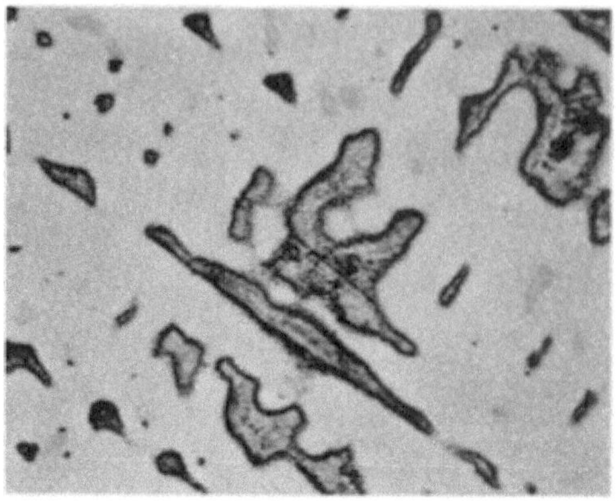

[그림 2-21] Delta 상이 포함된 C92500구리합금 조직 사진(X400)

[그림 2-19]의 구리와 주석의 상태도에서 주석의 함량이 대략 11% 이상이 되면 다양한 상들이 나타나게 되는데, 그 중에 δ(Delta)상이 있다. 주석의 함량이 11% 이상이 되고 온도가 400℃를 넘게 되면 α상이 다른 상들로 변화하려고 하는데, 그때에 나타나는 대표적인 상이 δ(Delta)상이다. 합금 성분에 의한 영향으로 특정 상이 남게 되는 경우뿐만 아니라 냉각 속도가 빠른 경우에도 고온의 안정된 상들이 상온까지 남아 있게 되는데, [그림 2-21]의 조직 사진에서 검은색의 상들이 δ(Delta)상이라고 보면 된다.

가. 베릴륨구리(Beryllium Coppers)

비록 미량이긴 하지만 구리에 합금되는 베릴륨은 용접과 마찬가지로 주조 과정에서도 베릴륨의 흄(Fume)이 발생하게 되고 이 흄을 제대로 배기하지 못하면 독성으로 인해 매우 위험한 상황이 발생할 수 있다. 약간 산화성 분위기에서 신속하게 용융을 진행하여 베릴륨의 손실을 최소화해야 한다. 유동성이 좋아서 낮은 온도에서도 쉽게 주조가 가능하다.

나. 규소청동(Silicon Bronzes)과 규소황동(Silicon Brasses)

규소청동으로 구분되는 C87300, C87600, C87610는 용융과 주조가 모두 상대적으로 용이한 합금이다. 주조 과정에서 너무 높은 온도로 용탕을 유지하면 수소를 흡수하여 문제를 야기하게 되므로 주의해야 한다.

규소황동으로 구분되는 C87500과 C87800는 매우 양호한 유동성을 가지고 있어서 응고점 바로 위의 낮은 온도로도 주조가 가능하다. 규소청동과 마찬가지로 용탕을 보호하기 위한 플럭스(Flux)가 필요 없으며 과열은 피해야 한다.

다. 구리-니켈합금(Copper-Nickel Alloys)

니켈 함량 10%의 C96200와 니켈 함량 30%의 C96400가 가장 대표적인 합금이며, 니켈의 함량이 증가함에 따라 수소의 고용도가 커지기 때문에 용탕 관리에 조심해야 한다. 연료를 사용하는 용융로 보다는 빠른 시간안에 용융이 가능한 전기유도로를 주로 사용하고 있으며, 0.1% 정도의 마그네슘을 투입하여 탈산을 철저하게 실시하고, 신속하게 주형에 장입해야 한다. 이렇게 탈산을 실시하지 않으면 흡습된 수소가 산소와 결합하여 용탕 내부에 수증기가 형성되고 이후 냉각 과정에서 기공으로 남게 된다. 주형에 장입하기 전에 주입구와 라이저 내부를 철편 블라스팅(Shot Blast)으로 깨끗하게 관리했다면 굳이 용탕을 보호하기 위한 플럭스를 사용할 필요는 없다.

아래 [표 2-1]은 구리합금의 합금 성분에 따라 형성되는 상과 간단한 특성을 구분하여 비교한 것이다.

[표 2-1] 구리합금의 조직과 특성 비교

구분	단상 조직(Single-Phase)		복합상 조직(Polyphase)	
	C90300	C90700	C92500	C95400
Cu	88	89	87	85
Sn	8	11	11	
Pb			1	
Zn	4			
Al				11
Ni			1	
Fe				4
인장강도(ksi, min.)	49	52	50	85
항복강도(ksi, min.)	23	29	25	35
연신율(%, min.)	25	18	20	18
경도(BHN, min.)	77	95	83	170

3) 복합조직 (Composite Mixtures)

합금원소가 응고하는 구리 격자에 포용 되지 못하고 격자와 격자 사이에 끼여서 독자적으로 응고와 성장을 하는 경우가 이 합금에 속한다. 내마모성을 가지고 베어링용도로 사용되는 구리합금의 대부분이 여기에 속하며, 단상 혹은 복합상의 구리 조직에 납이 독립적으로 존재하는 조직을 가진다.

고상선과 액상선의 온도 차이가 110~170℃로 매우 커서 응고 범위가 넓게 형성되는 합금이 여기에 속하며, 대표적인 합금으로는 적동(C83450, C83600, C83800), 주석청동(C90300, C90500, C90700, C91100, C91300), 납청동(C8400, C84800) 그리고 납(Pb) 이 포함된 연입청동(C92200, C92300, C92600, C92700, C92900, C93200, C93400, C93500, C93700, C93800, C94300)등이 여기에 속한다.

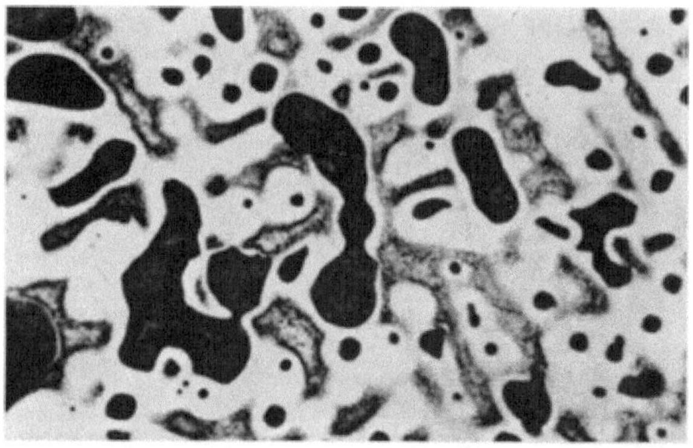

[그림 2-22] 납 함량이 20%인 C94100의 조직 사진

[그림 2-22]에서 검게 표시되는 납(Pb) 조직은 주변의 구리와 융화되지 못하고 독립적으로 존재하게 된다. 응고 과정에서 이렇게 독립적으로 형성되는 납의 분포를 매우 미세하게 가져가면 베어링 재료로 적합한 특성을 갖게 된다. 최근에는 납의 함량을 30% 이상으로 높인 구리합금도 베어링 소재로 활용된다. 이들 합금은 납의 윤활성으로 인해 마찰계수를 줄이면서 베어링이 가져야할 윤활 기능을 제공해 준다. 또한 납이 포함된 조직은 납이 없는 구리합금에 비해 상대적으로 기계적 강도가 약해서 기계적 가공이 용이하고, 마찰 과정에서 샤프트의 손상을 최소화 하면서 스스로 변형과 마모의 주체가 되어 해당 부재를 보호할 수 있게 된다.

[표 2-2] 금속 조합에 따른 마찰계수의 변화

금속 조합	마찰계수(Sliding)
Steel on Copper	0.9
Steel on C94300(23% Pb)	0.18
Steel on C94300 after extended use	0.30
Steel on Steel	1.00

[표 2-3] 납 함량에 따른 기계적 특성의 변화

구분	C83600	C93200	C93700	C93800	C94300
Cu	85	83	80	78	70
Sn	5	7	10	7	5
Pb	5	7	10	15	25
Zn	5	3			
인장강도(ksi, min.)	45	45	41	34	27
항복강도(ksi, min.)	21	24	24	23	13
연신율(%, min.)	28	16	10	12	15
경도(BHN, min.)	72	72	80	62	48

냉각 범위가 넓기 때문에 주형에 금속조각을 삽입하여 냉각을 유도하는 칠(Chill)을 적용하거나 용탕의 온도를 단계적으로 제어해서 냉각 과정을 조정해야 한다. 따라서 주형에 주입하는 용탕의 온도를 가능한 낮게 가져가는 것이 필요하다. 용탕의 용융은 약간 산화성 분위기에서 빠른 속도로 진행하고 주형에 주입하기 전에 인(P)과 같은 탈산제를 추가한다. 탈산의 목적을 달성한 이후 잔류 인(P)의 함량은 0.010~0.020% 정도로 제한한다. 만약 이 보다 많은 양이 남아 있게 되면 기공을 형성하고 심하면 주조 이후의 추가 가공 단계에서 누설 발생 등의 문제를 야기할 수 있다. 또한 기화되어 소실되는 아연의 함량을 주형에 주입 직전에 보충해 주어야 한다.

(3) 주조 과정

1) 주형에 따른 구분

가. 사형(Sand Mold) 및 칠(Chill Mold) 주조

모래로 주형을 만들거나 금속 소재의 주형을 이용하여 주조품을 만드는 것이다. 사형 주조는 원하는 모양의 제품을 얻기 위해 모래(주물사)를 사용해 만든 소정의 공간(주형 공간)에 용융 금속을 주입한 후 응고시켜 원하는 모양의 제품을 얻는 방법이다. 일반적으로 금속 소재는 변형 저항이 커 원하는 모양으로 제작하기가 쉽지 않다. 사형 주조 기술은 변형 저항이 큰 고체 상태의 금속을 용해해 변형이 자유로운 액체 상태로 사형에 주입해 원하는 모양의 제품을 얻는다. 사형 주조 공정은 주조 방안 수립, 조형, 용해, 주입 및 후처리 순으로 진행한다. 칠(Chill) 주조는 모래 주형 일부분에 금속조각이나 금형을 조합한 주형에 용탕을 주입하면 금형에 접촉되는 부분은 급냉되어 단단하고 내마모성이 향상된다.

아주 작은 소형 제품을 생산하거나 선박 부품처럼 대형의 주조품을 생산할 때 등 다양한 용도로 실제 생산 현장에 적용된다. 납의 함량이 16% 정도가 되면 주조와 응고 단계에서 납의 편석이 발생하여 문제가 될 수 있지만, 그 이외의 경우에서는 거의 모든 구리합금이 제품의 형상이나 크기에 관계없이 주조로 생산 가능하다.

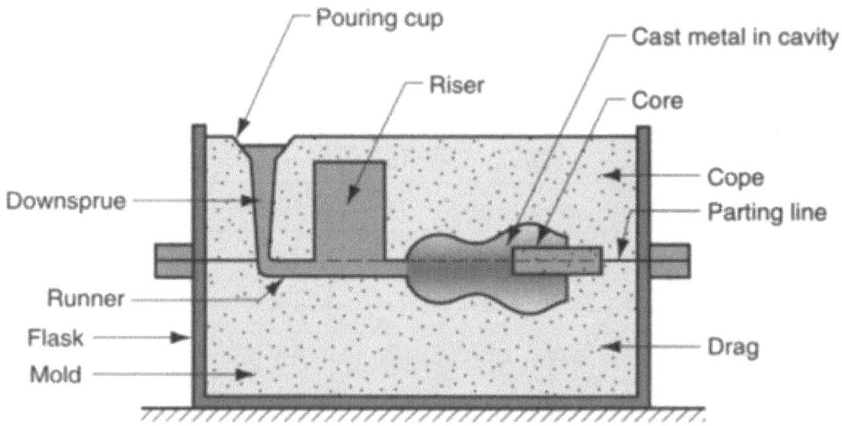

[그림 2-23] 사형주조의 개요

나 .원심 주조(Centrifugal Casting)

원심 주조는 300~3,000RPM으로 고속 회전하는 금형에 금속 용탕을 주입하여 원심력에 의해 치밀한 조직을 얻는 동시에 비중차에 의한 불순물의 분리를 통해 우수한 특성의 주물을 제조하는 방법이다. 용탕(용융금속)을 주입 응고시킬 때 주형을 고속으로 회전시켜 그 원심력을 이용하여 주조하는 기술로서, 완성된 조직이 치밀하고 기공이 없으며, 비중 차이로 인한 금속 개재물의 분리 제거가 용이한 특징이 있다. 주형의 회전축에 따라 수평형과 수직형으로 분류된다.

전통적인 방식은 튜브 형태의 제품을 제조하는 수평형 원심 주조 공법이며, 최근에는 링 혹은 원반 형태의 제품을 제조하는 수직형 원심 주조 공법이 적용되기도 한다.

납의 함량이 20% 정도로 납함량이 높은 주석청동을 제외하고는 거의 모든 구리합금은 원심 주조에 의해 쉽게 주조품으로 생산된다. 이들 합금은 납의 편석으로 인한 문제점 때문에 주조에 많은 어려움이 있다.

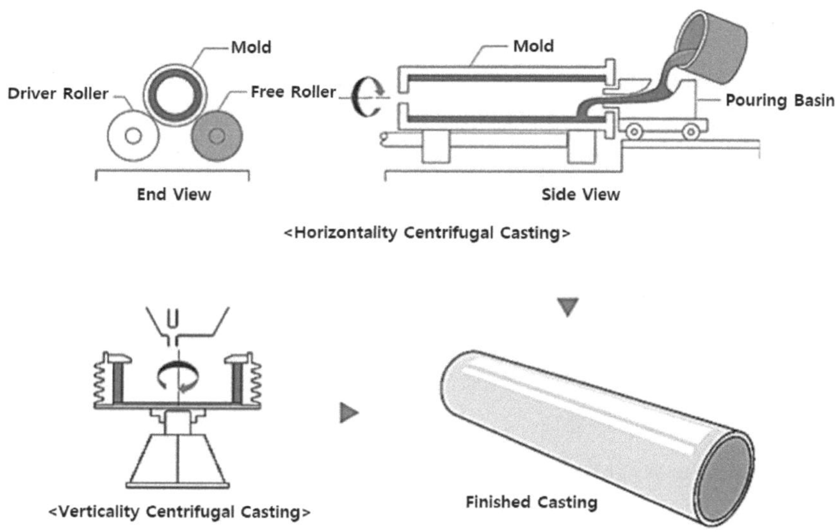

[그림 2-24] 원심 주조의 개요

다. 연속 주조(Continuous Casting)

용탕이 냉각수가 순환하는 금형을 통과하면서 표면이 급속히 응고되어 연속적으로 빌렛(Billet) 등을 주조하는 방법이다. 연속 주조는 용융된 구리합금이 연속 주조기에 주입되면서 빌렛으로 연속 주조되는 공정이다. 금형 주조에 비해 단순화된 공정으로 에너지 절약이 가능하고 연속적인 제품의 생산이 가능한 장점을 가지고 있다. 제품 생산 과정에서 절단이나 표면 마무리를 감안한 공차를 최소화할 수 있는 이점이 있지만, 연속적으로 대량 생산되는 공정이다 보니 생산품의 보관 등과 같은 추가적인 고려가 필요하다.

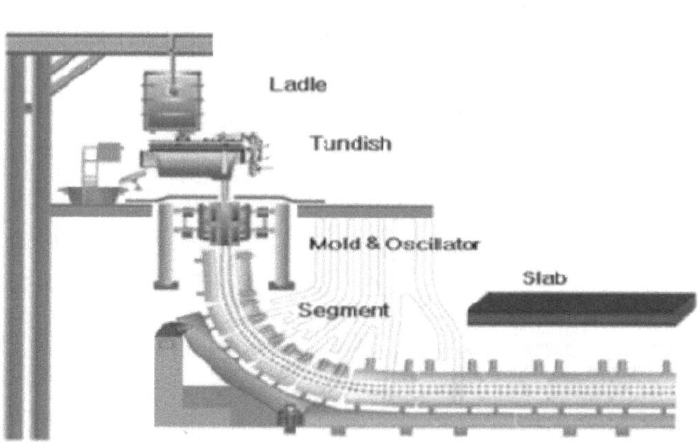

[그림 2-25] 연속 주조의 개요

2) 용해로(Furnaces)

용해로는 장입 소재를 용해해, 원하는 재질의 제품을 얻을 수 있도록 용탕의 화학 조성을 조절하고, 불순물을 제거하고 주형 내에서 유동도가 충분해 주입이 잘되고 온도가 알맞게 유지될 수 있도록 설계 및 선택해야 한다. 주조용 용해로로는 큐폴라, 유도로, 반사로 및 도가니로 등이 주로 이용되는데 열원과 용융 금속의 종류에 따라 아래와 같이 분류할 수 있다.

가. 큐폴라(Cupola)

큐폴라 용해로는 주로 주철의 용해를 위해 이용되며 용해 경비가 가장 적게 든다. [그림 2-26]에서 보이는 바와 같이 노저부에 출탕구(Tapping Spout)가 있고 출탕구보다 높은 위치에 출재구(Slag Spout)가 있다. 큐폴라의 용량은 시간당 용해 능력(tons/hr)으로 표시하며 보통 사용되는 큐폴라의 용량은 시간당 3~10톤 정도이다. 큐폴라의 규격은 용해층의 내부 직경과 풍구에서 장입구까지의 높이로 표시한다. 노 내부에 바르는 내화 점토층인 라이너(Liner)에 따라 분류하면 산성로와 염기성로가 있다. 전자의 라이닝 소재의 주성분은 SiO_2이며 인(P)과 황(S)은 잘 제거되지 않으나 탄소(C), 규소(Si) 및 망간(Mn) 등은 제거된다. 후자의 주성분은 산화마그네슘(MgO)이며 P와 S를 제거할 수 있다.

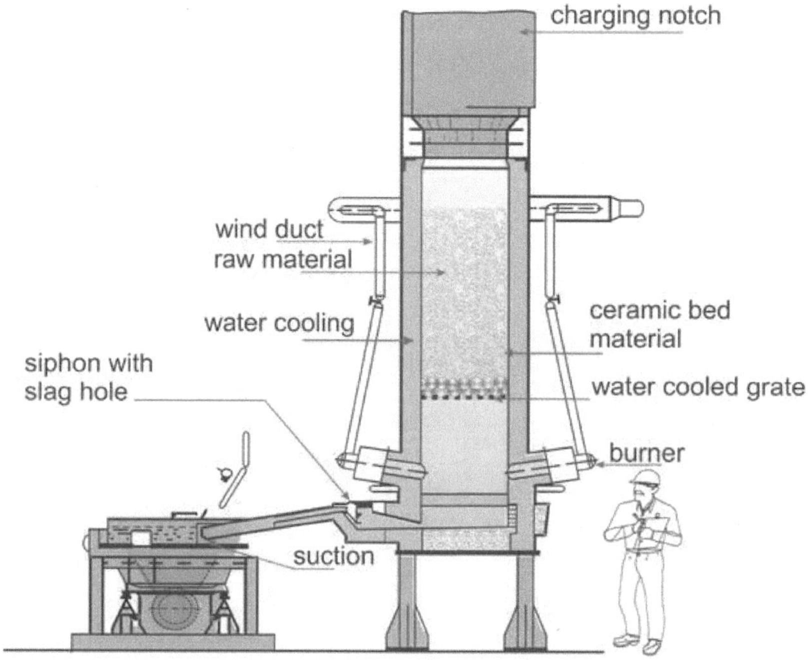

[그림 2-26] 큐폴라(cupola) 용해로

큐폴라는 다른 종류의 로에 비해 열효율이 좋고, 구조가 단순해 시설비가 싸고, 작업이 간편하며 연속 조업하는 동안 노에서 수시로 출탕할 수 있는 장점이 있다. 그러나 금속 장입 소재가 고온에서 연료와 장시간 접촉하기 때문에 화학 조성의 변화가 많고 감량되는 단점이 있다.

나. 유도로(Induction Furnace)

유도로는 고주파 유도 용해로와 저주파 유도 용해로가 있으며 장입물의 크기에 따라 선택된다. 에너지원은 전기이며 전자 유도 작용에 의해 장입 소재인 금속 물체 중에 생기는 유도 전류가 금속 물체 중의 저항에 의한 손실 때문에 열로 변환돼 가열되고 용해하는 현상을 이용한 용해법이다.

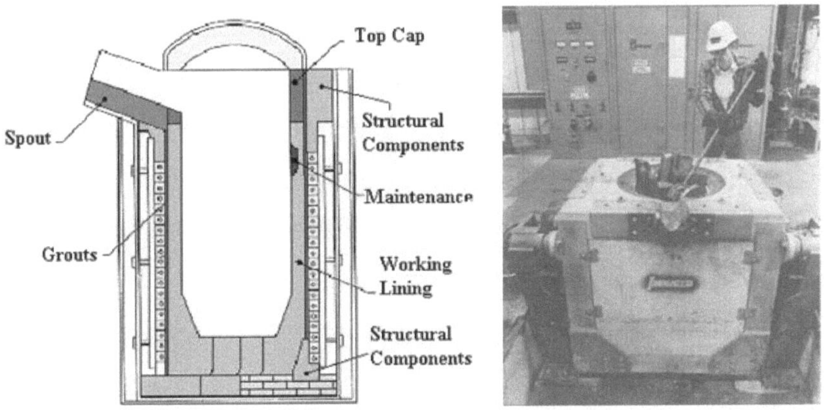

[그림 2-27] 무철심 유도로의 구조(左)와 조업 모습(右)

구조적으로는 철심형과 무 철심형이 있다. 철심형은 장입물의 크기가 클 경우에 사용하며 대용량의 용해를 할 수 있다. 현재 사형 주조 공장에서는 무 철심형을 주로 사용한다. 유도로는 급속 가열에 의한 빠른 용해가 가능하며, 전력 효율이 가장 높고, 용탕의 화학 조성 제어가 용이한 장점이 있다. 그러나 전력 비용이 많이 들고 설비비가 비싼 단점이 있다.

다. 아크로(Electric Arc Furnace)

탄소 전극사이의 아크(Arc)에 의해 발생하는 간접적인 열에 의해 장입물을 용해하는 간접 아크로와 탄소 전극과 장입물이 각각의 극으로 작용해 발생하는 아크에 의해 장입물을 용해하는 직접 아크로 그리고 유도 전류에 의해 가열하는 유도로가 있다. 각각의 아크로는 [그림 2-28]에서 보이는 바와 같다.

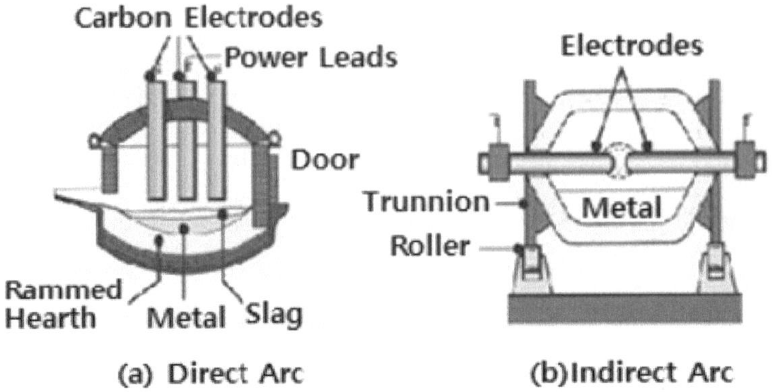

[그림 2-28] 아크로의 종류 (a) 직접 아크로 (b) 간접 아크로

간접 아크로와 유도로는 온도가 낮고 용해율이 낮기 때문에 주로 융점이 낮은 동합금과 합금주철의 용해에 이용된다. 직접 아크로는 단상 및 3상이 있으며 전극과 장입물 사이의 아크 열과 전류가 장입물을 흐를 때의 저항열에 의해 가열 · 용해한다. 약 1,800℃ 정도로 고온에 도달하므로 휘발성이 적은 고력주철, 가단주철 및 주강의 용해에 주로 이용된다.

라. 반사로(Reverberatory Furnace)

반사로는 용탕 표면을 직접 연료의 연소에 의해 가열할 뿐만 아니라 천정과 측면으로부터 반사열에 의해 가열하는 로(Furnace)다. 비철합금의 용해를 위해 많이 이용되며 열원으로는 가스, 경유 또는 전기가 사용된다. [그림 2-29]에서 보이는 바와 같이 연소실과 용해실이 별도로 구분돼 있으며, 용해실에는 깊이 300~350mm 정도의 용탕이 고이는 노상이 있다.

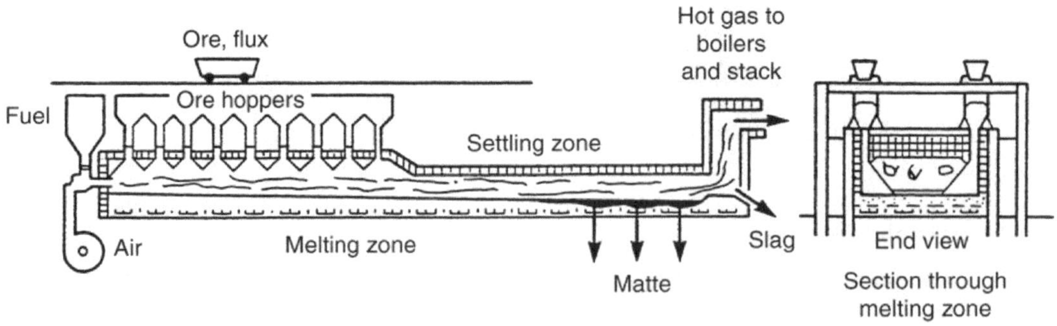

[그림 2-29] 반사로(Reverberatory Furnace)

석탄, 중유 또는 가스 연료의 연소 가스가 장입물을 직접 가열함과 동시에 내화 벽돌로 축조된 벽에서 반사되는 열로 금속을 가열해 용해한다. 출탕부는 용해실 측벽에 설치돼 있으며 노상은 실리카(Silica)로 라이닝 돼있다. 용해 능력은 1회의 용해량으로 표시되며 15~40톤(ton) 정도로 용량이 많아 비교적 순수한 용탕을 얻을 수 있으며 한 번의 용해로 다량의 용탕을 얻을 수 있다. 따라서 대형 주조품을 얻을 때 주로 사용한다.

마. 도가니로(Crucible Furnace)

도가니로는 노(Furnace) 내에 넣어 놓은 도가니 내에 장입물을 넣어 용해하는 방식으로 그 역사는 매우 길다. 장입물과 용탕을 직접 가열하지 않고 노 내에 넣어 놓은 도가니를 직접 가열한다. 구리 및 알루미늄 합금과 같은 융점이 낮은 비철 합금의 용해에 주로 이용된다. 장입물이 직접 연료와 접촉하지 않으므로 비교적 깨끗한 용탕을 얻을 수 있고, 설비비는 적게 드나 열효율이 낮은 단점이 있다.

도가니로의 종류에는 연료에 따라 코크스로, 중유로, 가스로 및 전지저항로 등이 있다. 또한 정치식과 가경식이 있으며 자연 통풍식과 강제 통풍식이 있다. 도가니는 구리 및 알루미늄 합금 등의 용해에 사용되는 흑연 도가니와 마그네슘 및 아연 합금 등의 용해에 사용되는 철제 도가니가 있다.

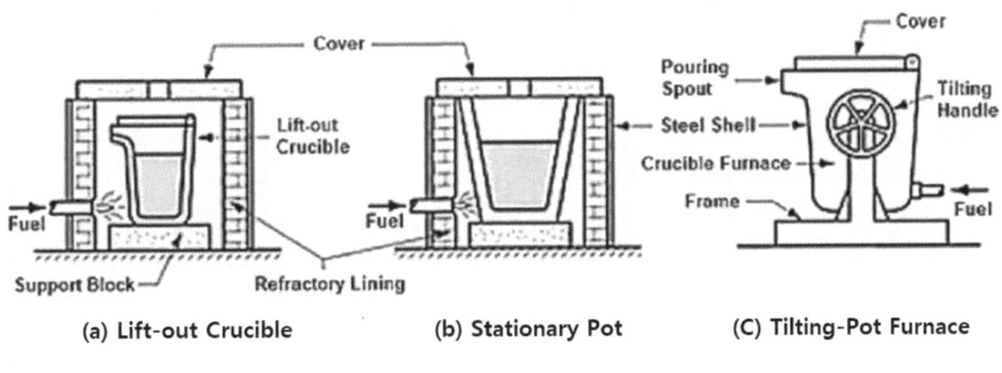

[그림 2-30] 도가니로

3) 용해 작업

용해 작업은 주조품의 품질에 직접 영향을 미치므로 매우 중요하다. 합금원소의 융점이 낮을 때에만 순수한 합금원소를 첨가해 용탕의 화학 조성을 제어한다. 융점이 높은 경우에는 저 융점 금속과 잘 섞이지 않으므로 융점을 낮춘 모합금을 첨가한다. 모합금은 중력 편석이 일어나는 경향이 작은 것을 선택해야 한다. 합금 용해를 하는 경우 일반적으로 융점이 낮은 합금을 먼저 용해하고 융점이 높은 합금을 첨가한다.

용탕 표면을 분위기와의 반응과 오염으로 부터 보호하고, 열손실을 차단하고, 용탕을 정련하기 위해 용탕 표면을 분위기와 차단해야 한다. 이를 위해 일반적으로 용제로 용탕 표면을 덮거나 용탕과 용제를 혼합해 슬래그를 형성하게 한다. 출탕 및 주입 시에는 용탕이 가스와 비금속 개재물로 오염되지 않도록 주의해서 용탕을 다루어야 한다.

가. 플럭스(Flux) 도포

플럭스(Flux)라는 용어는 주로 분말 상태로 수동 혹은 자동으로 공급되어 용탕에 액상으로 존재하면서 용탕을 보호하고, 합금 성분을 추가하고, 입자를 미세화 하고, 탈기의 기능을 담당하며 불순물을 제거하는 등 일련의 역할을 수행하는 화학물질 들을 통칭하여 언급한다.

플럭스의 종류는 구성 성분과 역할에 따라 산화성, 환원성, 중성, 입자 미세화용 그리고 연속 주조용 플럭스로 구분된다.

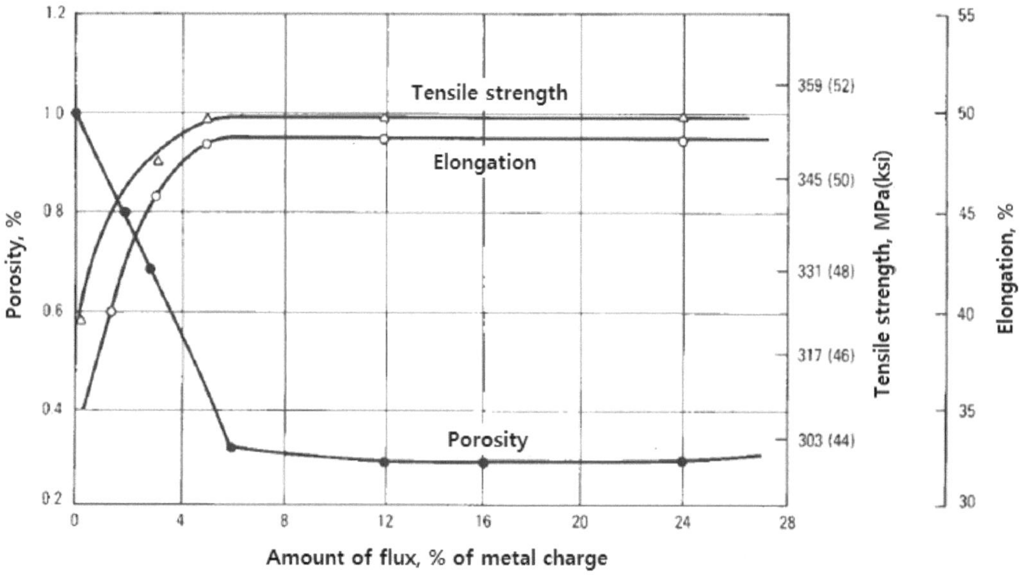

[그림 2-31] 플럭스 양에 따른 기공 형성 정도

① 산화성 플럭스(Oxidizing Fluxes)

도가니로 등에서 불완전 연소에 의해 수소가 용탕에 들어가면서 수증기를 형성할 수 있는 경우에 용탕의 수소 농도를 조절하기 위해 적용되며 산화망간(MnO_2)와 같은 산화물을 사용한다.

용탕에 형성된 수증기는 응고 과정에서 기공으로 남게 되어 주조품의 품질을 저해한다. [그림 2-31]은 플럭스의 공급양에 따른 주석청동 주조품의 기공 형성 정도와 이에 따른 기계적 특성의 변화를 보여주고 있다.

② 중성 플럭스(Neutral Cover Fluxes)

용탕 표면에 플럭스 층을 형성하여 산화에 의한 합금의 손실을 최소화하는 역할을 수행한다. 주로 보론, 혹은 보론화합물, 불소, 불소화합물, 유리 등으로 구성되며, 구리의 융점 근처에서 슬래그층을 형성하여 대기로부터 용탕을 보호한다.

아연이 들어가 있는 구리합금의 경우에는 용탕의 온도가 올라가면서 아연이 기화되어 약 3~10%의 손실이 발생하게 되는데, 용탕을 덮어주는 플럭스 층으로 인해 이러한 손실을 최소화할 수 있다. 또한 크롬이 들어간 구리합금에서도 발생하는 크롬의 산화에 의한 손실도 이 플럭스 층을 통해 최소화된다. 또한 이들 플럭스 층은 용탕내의 불순물을 흡착하여 제거하는 기능도 담당한다.

③ 환원성 플럭스(Reducing Fluxes)

아연의 함량이 낮은 적동의 경우에는 목탄이나 흑연 등의 탄소성 물질을 플럭스로 사용한다. 이들 플럭스는 용탕 표면에서 스스로 산화 연소반응을 통해 용탕에 산소가 흡착되는 것을 최소화한다. 이러한 용도로 사용되는 플럭스는 황화가스의 생성이 최소화 되도록 황 함량이 낮아야 하고, 수소 형성을 방지하기 위해 충분하게 건조하여 관리되어야 한다.

④ 불순물 제거용 플럭스(Melt Refining Fluxes)

구리합금의 용융과정에서 불순물 원소를 산화물 형태 등으로 만들어 슬래그층으로 응집하여 제거하는 역할을 한다. 특정 합금에서는 반드시 필요한 합금원소가 다른 합금에서는 불순물로 작용할 수 있으므로 정련하고자 하는 불순물의 종류에 따라 적절한 플럭스를 사용하여 해당 불순물을 제거해야 한다.

불순물 제거용 플럭스로는 주로 구리산화물 혹은 아연산화물 등의 산화물이 사용되며, 이들 산화물이 불순물 원소와 결합하여 산화된 상태로 제거된다. 산화를 통한 불순물의 제거를 용이하게 하기 위해 용탕을 기계적으로 휘저어주면 효과적이다.

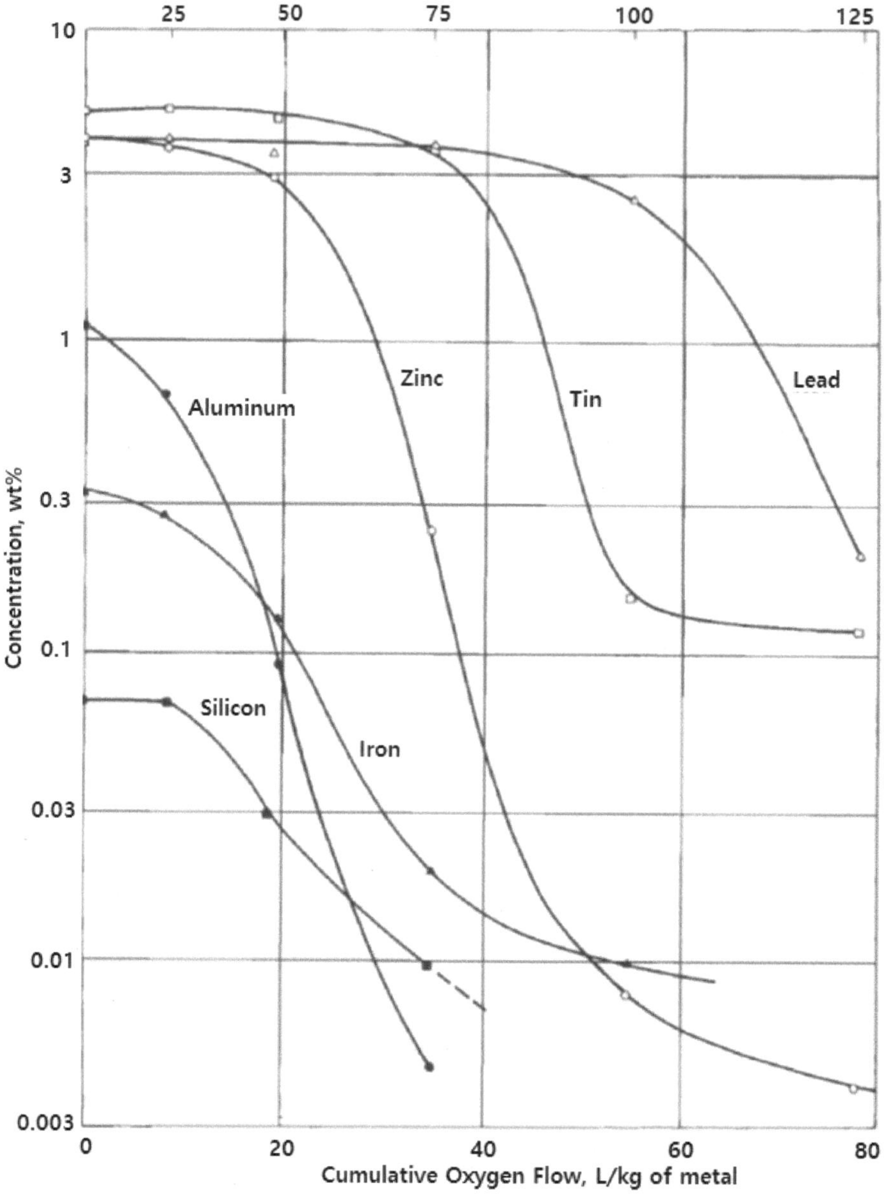

[그림 2-32] 산소 유량에 따른 불순물 원소의 감소 정도

⑤ 주형 플럭스(Mold Fluxes)

연속 주조시에 주형에 도포하여 주조시에 마찰을 줄이고, 주형으로부터 급냉이 유도되지 않도록 하며, 주조 과정에서 용탕의 산화를 최소화하고, 주형으로부터 주물이 쉽게 분리되도록 하는 용도로 플럭스를 적용한다. 특히 구리합금의 경우에는 초정으로 응고되면서 산화된 아연의 연소와 아연산화물(ZnO) 형성에 의한 표면의 터짐 현상을 유발하고 미려하지 않은 결함을 형성하는 위험성이 있게 되어 이후 단조나 성형 등의 공정에서 불량품을 초래하게 된다.

주로 보론이나 불소 화합물, 소다회(Soda Ash) 등의 성분이 들어간 플럭스를 사용하게 되면 주조 과정 중에 주형 안쪽에서 용융상태로 존재하면서 이러한 위험성을 최소화 하고 안정적인 주조가 진행될 수 있도록 해 준다.

나. 탈기 작업(Degassing)

구리 및 구리합금의 용융과 주조 과정에서 용탕이 가지는 높은 수소 고용도로 인해 수소의 흡착이 발생한다. 이에 비해 응고가 완료된 고상의 구리 및 구리합금이 가지는 수소 고용도는 매우 작기 때문에 주조 전에 수소를 충분하게 제거하지 않으면 완성된 주조품에 기공 형태의 결함을 남기게 된다. 이들 기공은 해당 주조품의 기계적 특성을 저해하고 성능을 저해하는 위험요소가 된다. 용융과 주조 과정에서 이들 수소를 제거하는 과정을 탈기(Degassing)로 표현한다.

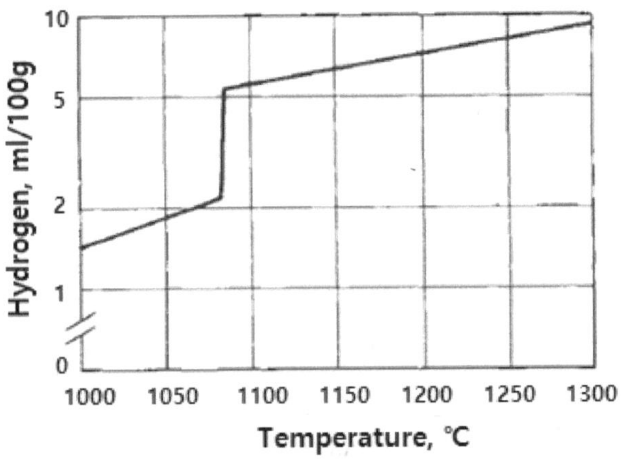

[그림 2-33] 구리의 수소 고용도

주조 과정에서 수소의 발생원은 매우 다양하다. 주조 과정에서 습기의 분해에 의해 생성되기도 하고, 대기로부터 흡착되기도 하고, 플럭스나 기타 용탕의 화학적 반응에 의해서도 형성된다.

연료를 연소하는 연소로의 경우는 가끔 연료의 불완전 연소로 인해 용해시 수소가 발생한다. 잉곳, 스크랩 및 주물공장 재활용 합금은 산화물, 부식물질, 모래, 몰딩(Molding) 부스러기, 윤활제 등을 함유할 수 있다. 모든 이들 불순물은 유기물의 환원 또는 습기의 물 성분의 분해 등을 통해 수소의 공급원이 될 수 있다. 구리의 용융처리시 사용되는 대부분의 염기성 플럭스는 흡습성이다. 그러므로 습기를 함유한 플럭스는 물 분해에 의해 용탕내에 수소를 공급한다.

수소를 제거하기 위한 방법은 다양하게 선택될 수 있는데, 그중에 가장 대표적인 방법은 아래의 화학식으로 표현된 바와 같이 산화구리를 넣어주어 수소가 산소와 반응하여 수증기를 형성하도록 하는 방법이다.

$$2H+Cu_2O \rightarrow H_2O\ (Steam)+2Cu$$

그런데, 이 방법을 쓰게 되면, 급냉되거나 너무 두꺼운 후판의 경우에 형성된 수증기가 주조품 밖으로 빠져나오지 못하고 고착되어 응고하게 되어 커다란 기공을 형성하는 위험성이 있다.

아연의 농도가 20% 이상이 되면, 고온에서 아연은 쉽게 기화가 되는데, 이때 아연의 높은 분압으로 인해 수소가 용탕속에 남아 있기 어렵게 된다. 용탕속에 불활성가스를 불어 넣어 주어 가스 성분을 제거하거나, 심지어 흔하지는 않지만 진공 상태에서 용탕을 유지하여 가스 성분을 제거하기도 한다.

다. 탈산 작업(Deoxidation of Copper Alloys)

모든 구리합금은 용융과정에서 산화가 발생하게 되고, 이들 구리의 산화물은 용탕속에 잘 섞여 있게 된다. 그리고 응고가 진행되면서 산소 농도 0.39%에서 1,065℃의 공정점(Eutectic)을 갖게 되며, 이들 산화물의 낮은 융점으로 인해 기공 등의 주조 결함이 발생하고, 결과적으로 기계적 특성이 저하한다.

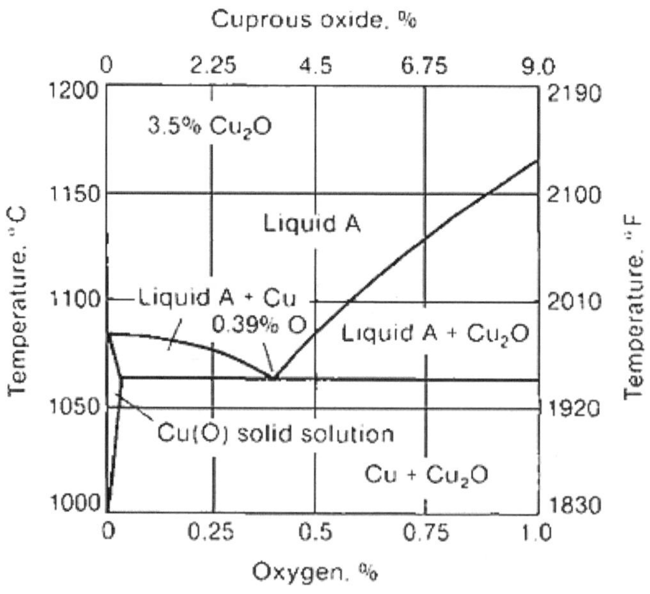

[그림 2-34] 구리와 산소의 상태도

따라서 이러한 주조 결함을 막기 위해서 탈산(Deoxidation) 작업은 필요하며, 탈산이 진행됨에 따라 용탕의 유동성이 증가하여 주조가 용이 해진다. 가장 일반적인 탈산 작업은 인(P)을 이용하여 아래의 반응에 따라 산소를 제거하는 과정이며, 같은 방식으로 보론(B), 리튬(Li), 마그네슘(Mg) 등을 이용하기도 한다.

$$2P+4Cu + 7O \rightarrow 2Cu_2O \cdot P_2O_5$$

아래 [표 2-4]는 주요 탈산제의 반응에 의해 형성되는 산화물의 성상과 0.01%의 산소를 제거하기 위해 필요한 탈산제의 소요량을 정리한 것이다.

[표 2-4] 탈산제의 종류와 소요량

탈산제	탈산반응물	0.01%의 산소 제거용 탈산제 양	
		g/100 kg	oz/100 lb
Carbon	CO	7.5	0.12
	CO_2	3.8	0.06
Phosphorus	P_2O_5	7.5	0.12
	$2Cu_2P_2O_5$	5.6	0.09
Cu-15P	P_2O_5	49.3	0.79
	$2Cu_2P_2O_5$	36.8	0.59
Boron	B_2O_3	4.4	0.07
Cu-2B	B_2O_3	224.5	3.60
Lithium	Li_2O	8.7	0.14
Magnesium	MgO	15.0	0.24

라. 입자 미세화(Grain Refining)

금속재료는 일반적인 주조 과정을 통해서 충분히 입자 미세화를 추구할 수 있기에 별도로 입자를 미세화 하는 공정을 거치는 일은 그리 흔한 일은 아니다. 하지만 특별한 목적을 가지고 급냉을 유도하거나, 알루미늄을 넣어서 핵생성을 촉진하거나, 기계적으로 용탕을 흔들어 주거나, 기타의 방법으로 핵생성을 촉진하고 입자의 성장을 저해하는 원소들을 넣어서 입자를 미세화 한다.

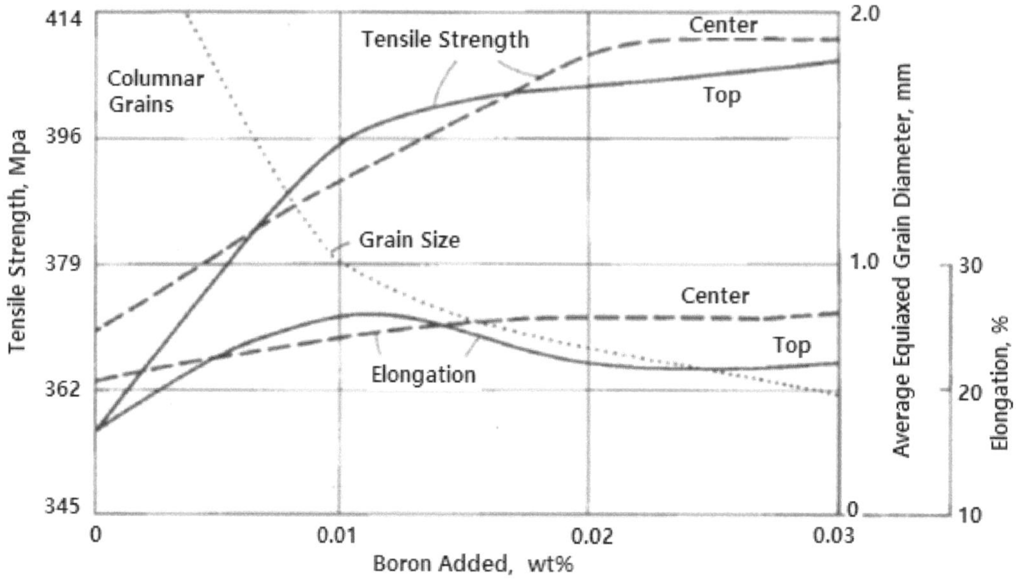

[그림 2-35] Cu-10Al 합금에서 보론(B)의 첨가에 따른 입자 미세화 효과와 기계적특성 변화

또한 대부분의 상용 구리합금은 합금원소가 많기에 냉각 과정에서 조성적과냉(Constitutional Super Cooling) 현상이 일어나는데, 상용 순동의 경우에는 주조 과정에서 약간의 리튬, 비스무트, 납 혹은 철의 혼합만으로도 충분한 조성적과냉 현상을 초래하여 핵생성을 도우면서 입자의 성장이 제한되는 효과를 얻게 된다. 황동의 경우에는 철, 지르코늄, 보론을 첨가하여 입자를 미세화 할 수 있다. 여기에 기계적인 진동을 통한 입자 미세화를 추가하면 더욱 효과를 크게 가져갈 수 있다. 알루미늄 청동의 경우에는 0.02~0.05%의 보론(Boron)을 추가하여 입자 미세화를 얻을 수 있다.

마. 정제(Filtration)

정제(Filtration)은 주조 과정에서 용탕을 다공성의 필터에 걸러서 불순물을 제거하는 공정으로 이해하면 된다. 이때 걸러서 제거되는 것은 구리의 금속간 화합물이나 각종 산화물 등이며, 이를 제거하기 위해 적용하는 필터는 내열성과 충분한 고온강성 및 내마모성 등을 갖춘 재질로 만들어져야 한다. 가장 널리 사용되는 필터 재질은 대부분 세라믹으로 제작되며, 10㎛ 이상의 불순물을 제거한다.

(4) 합금별 주조 특성

1) 순동 및 고순도 구리합금

가. 상용 순동(Commercially Pure Copper and High Copper Alloys)

상용 순동 및 고순도의 구리합금은 대기중의 가스 성분과의 반응으로 인해 용융과 주조가 매우 까다롭다. 크롬구리는 산소에 의해 크롬이 손실되는 위험성이 있다. 산소에 의한 소실과 수소의 혼입에 의한 수증기(기공)의 형성을 막기 위해서는 플럭스층 아래에서 용탕을 보호해 가면서 용융 작업을 진행해야 한다. 순수 구리의 경우에는 흑연을 플럭스로 사용하여 용탕을 덮어주는 경우도 있다. 용탕의 탈산 작업은 필수적으로 요구되며, 이를 위해 용탕의 온도가 1,260℃가 되면, 칼슘보라이드(Calcium Boride) 혹은 리튬을 장입한다. 주조시에도 표면을 덮고 있는 플럭스 층을 제거하지 않고 그대로 주형에 용탕을 주입한다.

나. 베릴륨동(Beryllium Coppers)

베릴륨동은 합금원소인 베릴륨 가스가 독성이 강하므로 비록 미량의 베릴륨이 포함되어도 용융과 주조시에 매우 위험하기 때문에 적절한 배기 및 환기시설이 반드시 필요하다. 베릴륨의 손실을 막기 위해 가능한 빠른 시간내에 용융과 주조를 마무리하며, 약간 산화성 분위기에서 작업을 진행한다. 융점이 낮고 유동성이 좋기 때문에 주조성은 양호한 편이다.

다. 백동(Copper Nickel Alloy)

니켈이 10~30%까지 포함된 백동은 용해와 주조시에 니켈의 함량이 증가함에 따라 수소를 고용하는 능력이 커서 주의해야 한다. 빠른 용해속도를 얻기 위해 유도로에서 용해시키며, 마그네슘 0.1%를 용탕 하부에 주입하여 탈산 작업을 진행한다.

2) 황동(Brass)

가. 황동(Brass)

아연을 23~41%까지 함유한 황동은 목적에 따라 3% 이내의 납(Pb)과 1.5% 이내의 주석을 추가로 포함한다. 아연의 낮은 융점으로 인해 용해와 주조 과정에서 아연이 기화하여 손실되기 때문에 알루미늄을 0.15~0.35% 추가한다. 알루미늄의 추가로 인해 아연의 손실을 줄일 수 있으며, 더불어 용탕의 유동성을 증대할 수 있게 된다. 그러나 알루미늄의 함량이 많으면 응고 수축에 의한 수축공이 생길 수 있으므로 주의해야 한다. 황동의 용해와 주조는 비교적 간단하여 용탕을 보호하기 위한 별도의 플럭스는 필요하지 않으며, 아연의 손실은 주조 전까지 계속 확인해야 한다.

나 .규소황동(Silicon Brasses)

규소가 4~5% 들어간 규소황동은 높은 용탕의 유동성으로 인해 용융점 이상의 온도만 되면 주조에 어려움이 없다. 만약 너무 높은 온도로 가열하게 되면 수소의 혼입이 발생하여 문제가 된다.

다. 적동(Red Brasses and Leaded Red Brasses)

적동은 2~15%의 아연을 함유하고 여기에 5%이내의 주석과 8% 이내의 납을 혼합한 구리합금으로 표면의 색이 붉은 색을 나타내서 적동(赤銅)으로 부린다. 용탕의 응고영역이 넓어서 편석이 생기기 쉬우므로 주형에 칠(Chill)과 라이저(Riser)를 사용하는 주조 방안을 고려해야 한다. 주조시에 장입 온도를 높이지 않고 가능한 낮게 온도를 유지하고 약간 산화성 분위기에서 작업하는 것이 좋으며, 주입시에 탈산제로 15% 정도의 인청동(Phosphorus Copper)를 추가한다. 이때에 잔류 인의 함량이 0.01~0.02% 이내로 관리되어야 하며, 만약 이 보다 많은 양의 인이 남아있게 되면 내부 기공이 형성되는 위험이 있다. 또한 과열로 인해 손실되는 아연의 양을 보충하기 위해 아연을 추가로 공급해 주어야 한다.

라. 납황동(Leaded Red Brasses)

납의 함량이 1.5~3% 정도 포함된 황동으로서 통상 1~2% 정도의 기공이 형성되기 때문에 깨끗하고 건전한 주물을 얻기가 매우 어렵다. 절삭성이 우수하고 대량 생산에도 적합하지만, 소형제품이라고 해도 1% 이내의 기공을 가지게 된다. 응고속도를 조절하여 전체적으로 균질한 주물을 얻도록 노력해야 한다.

3) 청동(Bronzes)

가. 망간청동(Manganese Bronzes)

황동에 약간의 철, 망간 그리고 알루미늄을 첨가하여 제조한다. 고온으로 올라가게 되면 아연의 산화물이 기화되기 시작하며 용탕 상태에서 이러한 기화된 가스상은 주조 전에 제거되어야 한다. 산화물의 기화로 손실되는 아연의 양을 보충해 주어야 하며, 용탕을 보호하기 위한 플럭스는 굳이 필요하지 않다.

망간청동에 망간을 좀더 많이 넣은 합금과 니켈을 추가한 합금은 흰색을 띄기에 백색망간청동으로 구분되며, 용융점이 낮고 유동성이 좋아서 주조에 매우 용이하지만 고온으로 올라가면 일반적인 망간청동과 마찬가지로 아연의 산화물이 기화되어 손실이 발생한다.

응고 온도 범위가 40℃로 비교적 좁기 때문에 대형 구조물의 주조시에는 주조방안을 잘 설계하여 냉각 과정을 잘 관리해야 한다.

나. 알루미늄청동(Aluminum Bronzes)

산화성 분위기에서 용탕을 형성해야 하며, 주조 전에 수소와 산소를 제거하기 위한 탈기 작업을 진행해야 한다. 주조 작업 전에 시험 주조를 실시하여 용탕의 탈기 정도를 확인해야 하며, 주로 불소 계열의 플럭스를 도포하여 용탕을 대기로부터 차단하고 용탕 상부의 산화물을 제거하는 작업해야 한다. 용탕의 응고 온도 범위가 망간청동 보다 더 좁은 14℃ 이기에 주조 방안을 잘 설계하여 냉각 과정을 안정적으로 관리해야 한다.

다. 양은, 양백(Nickel Bronzes)

양은 혹은 양백으로 알려진 니켈-구리합금은 니켈의 함량이 증대함에 따라 수소의 고용도가 높아져서 주조시에 기공을 형성할 위험성이 커지기 때문에 주의해야 한다. 산화성 분위기에서 용탕을 형성해야 하고, 주조에 충분한 온도까지 빠르게 가열하여 플럭스의 손실을 최소화하면서 주조 작업을 진행한다. 수소와 산소를 제거하기 위한 플럭스의 주요 성분으로는 망간, 칼슘, 실리콘, 마그네슘, 그리고 인이 포함된다.

라. 규소청동(Silicon Bronzes)

용해가 쉽지만, 과열되면 수소의 고용도가 높아져서 문제가 된다. 알루미늄청동 등을 활용한 탈기 작업을 진행해야 한다. 용탕을 보호하기 위한 플럭스는 굳이 고려하지 않아도 된다.

마. 주석청동(Tin Bronzes)

응고 온도범위가 넓기 때문에 편석(Segregation)이 발생하기 쉽고 전체적으로 수지상 조직이 형성된다. 따라서 주조시에 탕구 방안과 응고 및 냉각 속도를 제어할 수 있도록 칠 적용 등의 주조설계를 해야 한다. 납황동과 마찬가지로 기공이 형성되기 쉽다. 주조품에도 1~2%의 기공이 형성되곤 하며, 아주 소형의 제품이라고 해도 1% 내외의 기공이 남게 된다. 두께 25mm 정도는 특별한 어려움 없이 주조가 가능하며, 50mm까지는 냉각 속도 관리 등의 주의를 기울이면 주조가 가능한 것으로 평가하지만, 50mm가 넘으면 주조로는 제작이 매우 어려운 것으로 평가한다.

[그림 2-36] 유도로에서 구리합금의 주조

2.2.2. 단련재(鍛鍊材)

주조 이외의 방법으로 생산되는 모든 제품이 여기에 속한다고 보면 된다. 영어로는 Wrought 라고 표현하며, 잉곳(Ingot)이나 불룸(Bloom)등의 형태로 생산된 원소재를 압연과 인발 등의 성형 과정을 거쳐서 판재 혹은 선재 등으로 생산된다. 구리합금의 특성상 파이프, 튜브 혹은 판재 등의 최종 완제품으로 가공되는 단련재의 경우에는 주로 황동 제품이 적용되며 소준 열처리를 통해 응력을 제거한 상태이거나 약간의 냉간가공을 통해 가공경화된 상태로 공급된다.

(1) 단련재 합금

1) 톰백(Tombac)

황금과 비슷한 색감으로 인해 인조금(人造金)이라고도 불리는 구리의 함량이 80% 이상인 황동 제품으로 순동과 화학적, 물리적 특성이 많이 유사하지만 인장강도 등의 기계적 특성이 더 우수한 구리합금이다. 판재로 제작되어 동전이나 메달 등으로 가공되며 구리의 함량에 따라 표면색이 옅은 노란색에서부터 황금색까지 다양하게 나타나기 때문에 황금을 대용하여 장식품 등의 용도로 사용된다. 톰백으로 제작된 메달은 실제로 황금 도금을 하여 사용하기도 한다.

2) 인발가공용 황동(Deep-drawing Brasses)

약 70% 정도의 구리 함량을 가진 합금은 적당한 연성과 기계적 강도를 가지고 있어서 주로 인발가공용으로 사용된다. 인발가공시의 결함 방지를 위해 불순물의 함량을 최대한 낮춘다. 아연의 함량이 32% 인 합금이 가장 연성과 강도의 조합이 좋은 합금으로 인발가공에 최적인 상태로 평가된다.

3) 고 아연 황동(Brass with Higher Zn Content)

아연의 함량이 37% 이상이 되면 구리의 함량이 작기 때문에 다른 황동 제품에 비해 상대적으로 경제적인 소재가 된다. 아연의 함량이 증가함에 따라 소량의 β 상이 형성되기 시작하기 때문에 연성과 가공경화 경향성이 줄어들지만, 여전히 우수한 기계적 강도와 우수한 내식성 등의 화학적 특성을 가진 냉간가공용 소재로 적절한 특성을 가지고 있다.

아연의 함량이 40%를 넘게 되면 고온에서는 $\alpha+\beta$, 상온에서는 $\alpha+\beta'$ 상이 복합적으로 존재하면서 기계적 강도가 향상되지만 상대적으로 연성이 저하되고 냉간가공성은 좀 떨어지는 소재가 된다. 고온에 안정한 β 상이 형성됨에 따라 700~800℃ 구간에서 열간가공성은 향상된다. 아연의 함량이 증가함에 따라 탈아연(Dezincification) 현상 등이 발생하기 쉽고 그에 따라 부식균열 발생 가능성이 높아지는 단점이 있다. 탈아연 현상은 아연 함량이 15% 이하에서는 잘 발생하지 않는 것으로 보고된다.

4) 납황동(Leaded Brass)

납황동은 구리함량이 60% 이내인 황동에 1~3%의 납을 추가하여 기계 절삭성을 향상시킨 합금이다. 납은 구리에 고용되지 않고 입계에 분리된 형상으로 존재하면서 절삭가공이 용이하도록 한다. 매우 강하고 고온에 안정한 β 상이 형성되기 때문에 열간가공이나 단조가 가능하지만, 냉간가공성은 떨어진다.

5) 베어링용 구리합금

단련재용은 물론이고 연속 주조 이후에 열처리를 통해 주조품으로도 생산되는 인청동 합금인 C51000, C52100, C52400, C54400은 현장에서 베어링용 소재로 활용된다. 외경이 3인치 이하의 것은 단련재를 통해서 제조가 가능하지만, 그 이상이 되면 주조품으로 변경해야 한다. 또한 납의 함량이 4% 정도되는 C54400 소재 까지는 단련재로 생산이 가능하지만 그 이상의 납 함량을 가지게 되면 인발이나 압연 가공이 불가하게 된다.

[그림 2-37] 전열기 튜브용 구리합금의 가공

2.3 열처리에 따른 구분

구리의 가장 큰 용도 중에 하나가 우수한 전기전도도를 활용한 전기용 재료로 사용되는 것이지만, 여기에 기계적 특성이나 내식성 등의 추가적인 기능을 부여하여 다양한 용도로 사용되고 있다. 이들 기능을 부여하기 위해 합금원소를 추가하게 되는데, 이들 합금원소의 영향에 따라 전기적 특성은 저하하게 되는 단점이 있다.

대부분의 합금원소가 고용된 상태로 구리 조직내에 존재하게 되면서 격자를 왜곡하여 고용강화를 유도하게 된다. 이렇게 고용강화된 합금은 열처리에 의해 강화되지 않지만, 구리합금 중에는 석출물을 형성하여 강화를 유도하는 열처리 합금도 존재한다.

2.3.1. 비열처리 합금(Non-Heat Treatable Alloy)

구리 조직내에 들어간 미량의 합금원소는 완전하게 고용되어 단상(Single Phase)을 형성하게 된다. 만약 합금원소의 고용도가 구리가 허용할 수 있는 수준을 넘어서게 되면, 새로운 상을 형성하게 되고 경도가 다른 조직이 형성된다. 구리 자체가 워낙 부드럽고 연한 재질이기에 주석, 아연, 알루미늄, 니켈 등의 약간의 합금원소 첨가 만으로도 더 단단하고 강하며 내식성이 더 우수한 재질의 단일상 조직을 만들 수 있으며 이 경우에는 열처리에 의해 강화되지 않고 고용강화와 가공경화에 의해 강화가 발생한다. 따라서 이들 구리합금은 모두 비열처리 합금으로 구분된다,

구리 조직내에 미량의 합금원소만을 합금하여 전기전도도를 낮추지 않으면서도 기계적 강도를 갖도록 만든 전기 전도용 구리합금들이 주로 여기에 속한다. 이하에서는 순수 단일상의 α조직을 가지고 있으면서 열에 의해 조직의 변화가 발생하지 않는 황동이나 청동의 조직 이외에 열에 의해 강화가 발생하지 않거나 강화의 목적으로 사용되지 않는 대표적인 두가지 구리합금을 소개한다.

(1) 구리-카드뮴 합금(Copper-Cadmium)

순수한 구리는 부드럽고 연성이 좋으며 0.7% 이내의 불순물을 함유하고 있다. 구리-카드뮴 합금은 98~99%의 구리와 0.1~1.5%의 카드뮴(Cadmium) 그리고 미량의 다른 합금원소들로 구성되어 있다. 구리합금에 카드뮴이 들어가게 되면 고온에서 연화 현상을 줄일 수 있는 장점이 있다. [그림 1-3]의 전기전도도 항목에서 소개한 바와 같이 순동에 카드뮴을 약간 합금하게 되면, 전기전도도의 감소는 최소로 유지하면서도 기계적 특성을 높일 수 있다. 우수한 기계적 강도로

인해 전차선의 전력 공급선 등의 용도로 사용되었다. 주조와 제조 과정에서 카드뮴의 기화로 인해 발생하는 독성이 문제가 되면서 이 구리합금은 대부분의 국제 표준에서 제외되고 제한적인 용도로만 사용되고 있다. 하지만 여전히 폐 구리합금의 재활용 과정에서 이 Cu-Cd 합금은 문제가 되고 있으며, Cu-Ag, Cu-Mg, Cu-Sn 등이 이 재질의 대용품으로 사용되고 있다.

구리-카드뮴합금의 조직은 순동의 것과 유사하며, 미량의 불순물이 α상의 구리에 고용된 상태로 존재하게 된다. 냉간가공 및 열간가공이 용이하며, 가공된 구리-카드뮴합금은 등축정(Equiaxed) 및 쌍정(Twin) 입자 조직을 가지게 되며, 입자(Grain) 내부에 불순물의 산화물이 존재할 수 있다.

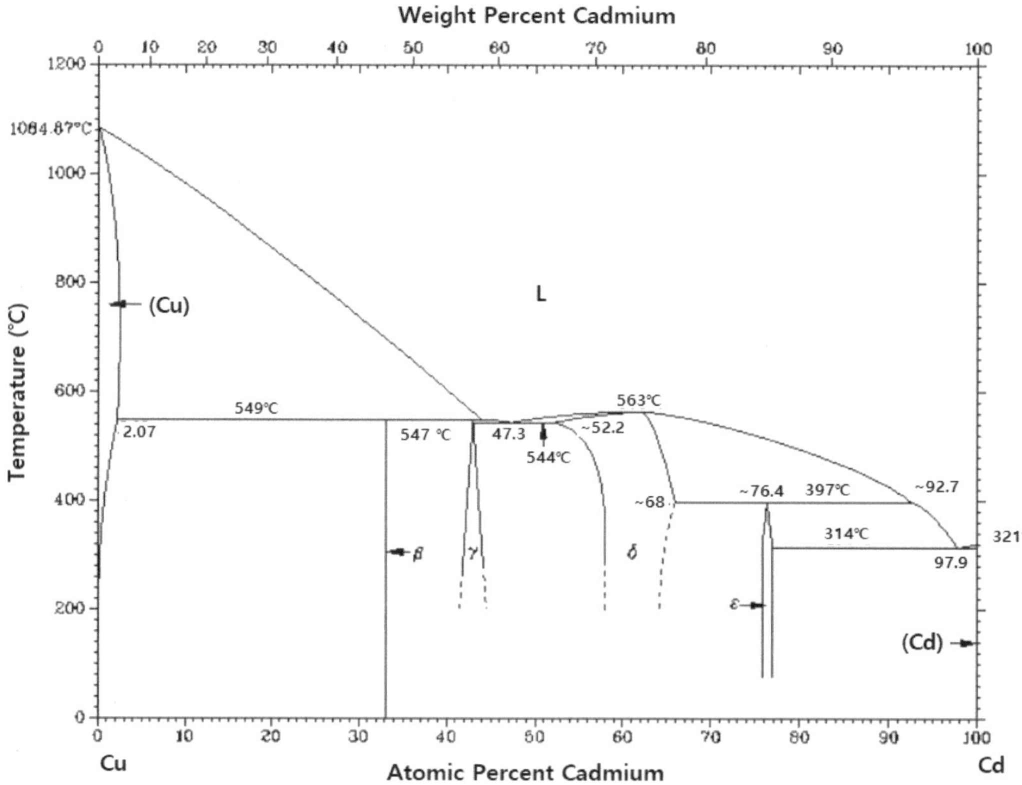

[그림 2-38] 구리-카드뮴 합금의 상태도

(2) 쾌삭성 구리합금

인성동이나 무산소동 등은 우수한 연성을 가지고 있고, 기계가공성도 적절한 수준이다. 하지만 기계가공의 절삭성을 기준으로 보면 이들 합금은 쾌삭성 구리합금에 비길 바 아니다.

부드럽고 연한 구리일수록 절삭과정에서 절삭 공구의 선단에 늘어 붙는 경향이 커지게 된다, 최근에는 드릴의 형상을 개선하여 이런 문제점을 최소화하는 노력도 실시되고 있다. 고용되지 않는 2차상 형성 원소를 미량 첨가하면 기계가공성이 향상되면서도 전기전도도 감소를 최소로 할 수 있다. 이런 용도로 사용되는 합금원소가 황(S)과 텔루륨(Te)이며, 납(Pb)도 0.1% 이하로 첨가하면 효과가 있다. 하지만 황과 텔루륨의 농도를 높이게 되면 폐 구리합금의 재활용시에 이들 성분의 제거에 환경적인 어려움과 추가적 비용 고려 때문에 경제적인 관점에서 합금량을 높이지는 못하고 있다.

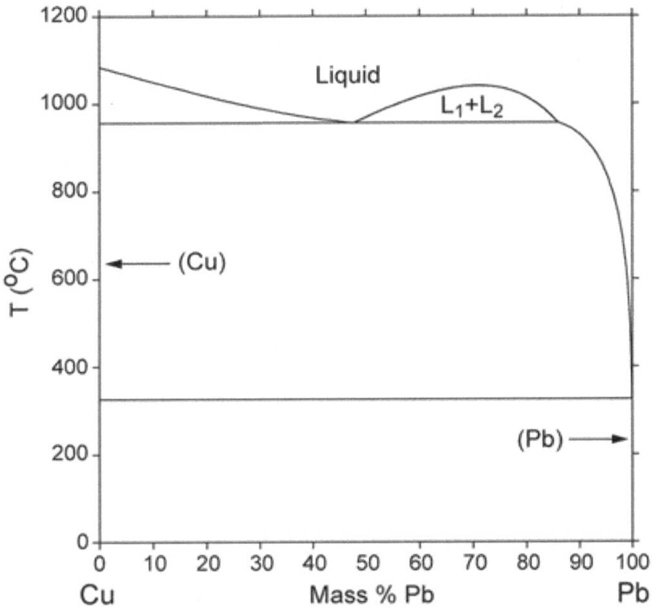

[그림 2-39] 구리-납 합금의 상태도

약 0.5% 정도의 황과 텔루륨 첨가만으로 쾌삭성 구리합금의 기계가공성을 20~90%까지 상승시킨다. 황화구리 혹은 황화텔루륨의 첨가로 인해 기계 절삭성이 획기적으로 개선되지만 전기전도도는 IACS 기준으로 93% 정도로 유지된다. 대표적인 합금으로는 C3560, C3561, C3710, C3713 등이 이에 속한다.

2.3.2. 열처리 합금(Heat Treatable Alloy)

고강도의 높은 전기전도도를 가진 구리합금은 제조와 성형과정에서 그 합금이 가질 수 있는 최고의 기계적 강도를 얻기 위해 좀 특별한 열처리를 별도로 갖게 된다. 이들 합금은 고온에서 합금원소들이 구리 조직에 고용된(Solid Solution) 상태로 제조되며, 이후 "시효(Aging)"의 과정을 거치면서 과포화 된 합금원소들이 석출되어 제 2상을 형성하게 된다. 그 과정에서 이들 석출물에 의해 조직이 왜곡되면서 전기전도도가 다소 낮아지고 기계적 강도는 향상된다.

이러한 구리합금의 시효는 철강제품에 비해 상대적으로 낮은 온도 범위에서 실시되고 있기에 경제적인 부담은 없지만, 열처리 과정에서 과도한 산화 발생을 항상 주의해야 하고 고온 사용시에 과다 시효에 의한 취성 및 기계적 특성의 저하가 발생할 수 있다.

고강도이면서 전기전도도가 우수한 구리합금은 합금원소의 고용도를 약간 넘어서는 수준으로 합금원소를 넣고 과포화 된 상태로 만든다. 이 합금을 고용화 열처리와 급냉 및 냉간가공 과정을 통해 최고의 강도를 확보하면서도 전기전도도를 해치지 않는 수준으로 만들기 위한 석출물 상을 만드는 과정을 거치게 된다. 고용화 열처리는 900~925℃에서 실시하고 이후에 급냉을 통해 입자의 미세화를 추구한다. 이렇게 입자가 미세화된 구리합금을 만들기는 쉽지만 조직 내부의 응력과 변형으로 인해 전기전도도는 약간 낮아진다.

이 구리합금에 석출물 상을 만들기 위해 400~425℃에서 유지하면서 시효처리를 실시한다. 이 열처리는 일반적으로 경제적인 관점에서 대기상의 열처리 노에서 실시하게 되는 데, 과도한 산화 발생을 주의해야 한다. 완전히 고용된 구리합금에서는 최고 수준의 전기전도도를 확보하게 되지만 기계적 강도가 다소 약하므로 이어지는 석출물 상을 만들기 위한 시효 열처리와 냉간가공을 통해 약 10~30% 정도의 강도 향상을 추구한다.

[표 2-5] 시효경화형 구리합금

합금명	고용화 열처리 온도[(a)] ℃	시효 열처리		경도
		온도 ℃	시간 (hr)	
Precipitation hardening				
C15000	980 이상	500~550	3	30 HRB
C17000, C17200, C17300	760~800	300~350	1~3	35~44 HRC
C17500, C17600	900~950	455~490	1~4	95~98 HRC
C18000[(b)], C81540	900~930	425~540	2~3	92~96 HRB
C18200, C18400, C18500, C81500	980~1,000	425~500	2~4	68 HRB
C94700	775~800	305~325	5	180 HB
C99400	885 이상	482 이상	1	170 HB
Spinodal hardening				
C71900	900~950	425~760	1~2	86 HRC
C72800	815~845	350~360	4	32 HRC

a) Solution treating is followed by water quenching.

b) Alloy C18000 (81540) must be double aged, typically 3h at 540℃ followed by 3 h at 425℃.

이러한 열처리 구리합금은 이후에 시효 열처리 온도 이상에서 실시되는 용접이나 브레이징 및 열간가공을 통해 기계적 강도의 저하가 발생한다. 완성된 제품을 다시 고용화 열처리와 시효 열처리 과정을 거치고 적당한 수준의 냉간가공을 하게 되면 원제품에 준한 기계적 특성을 확보할 수 있으나, 실제 제품에서 이렇게 완벽한 복원은 기대하기 어렵다.

(1) 구리-베릴륨 합금(Copper-Beryllium Alloys)

구리에 0.5~3% 정도의 베릴륨을 합금한 것으로 고강도와 비자성 및 스파크가 발생하지 않는 특성으로 인해 스프링구리(Spring Copper) 혹은 그냥 베릴륨구리(Beryllium Copper)라고도 불린다.

주조품이 아닌 단련재로서 가장 널리 사용되는 합금은 UNS No.로 C17200~C17400 이며, 베릴륨의 함량이 1.6~2.1% 정도의 범위이며, 단지 강도만을 추구할 경우에는 베릴륨의 함량을 2.7%까지 높이기도 한다. 여기에 니켈, 코발트 등을 추가하여 기계적 특성을 증대한 강종도 사용된다. 주조재로는 UNS No.로 C82000~C82800이 있다.

이들 합금은 전기전도도는 IACS 30%로 낮은 편이지만, 열처리와 냉간가공을 통해 매우 높은 수준의 강도와 경도를 얻을 수 있다. 경도와 강도는 조금 낮지만 우수한 연성을 확보하기 위해서는 베릴륨의 함량을 0.5% 정도로 낮추고 코발트 혹은 코발트와 니켈의 함량을 2.5% 정도로 추가한 합금도 사용된다.

석출경화를 위한 시효 온도가 100℃ 정도이므로 350~400℃ 범위의 고온에서 사용하게 되면 과시효(Overaging)의 위험성이 있다.

전기전도도를 얻기 위해서는 베릴륨의 함량을 0.2~0.7% 정도로 낮추고 니켈과 코발트의 함량을 높인 강종을 생산하며, 스파크가 발생하지 않기 때문에 주로 전기용 재료로 많이 사용된다. 우수한 내식성과 적절한 기계적 강도를 활용하여 플라스틱의 주형으로 사용되며, 높은 열전도도로 인해 생산성과 주형의 수명을 높이는 장점이 있다.

베릴륨 가스는 매우 독성이 강하고 흡입할 경우에는 폐에 심각한 문제점을 만들게 되기 때문에 용융, 주조 및 용접과 같은 열간 작업 및 기계가공 과정에도 주의해야 한다. 일단 구리와 베릴륨이 합금으로 만들어지면 매우 안전하고 안정적인 재료가 되지만 재활용시에는 다른 구리합금과 분리하여 관리를 해야 한다. 대용 합금으로는 Cu-Ni-Sn 합금이 사용될 수 있다.

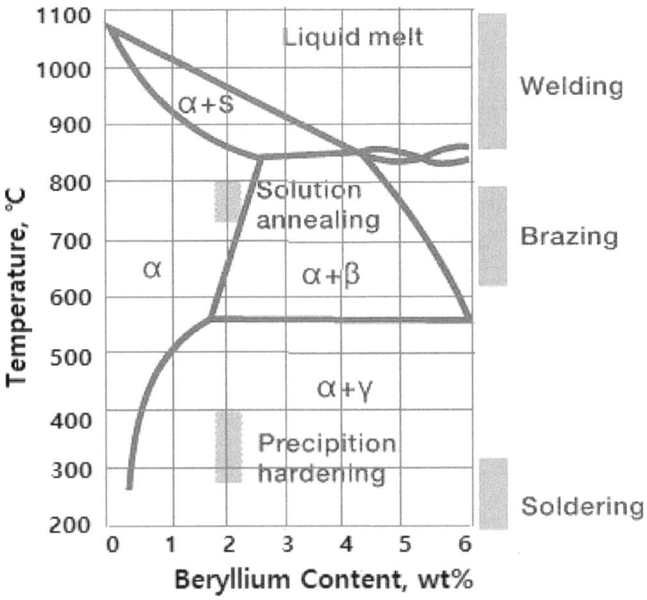

[그림 2-40] 납땜 및 용접 온도 범위에서 CuBe2의 상태도

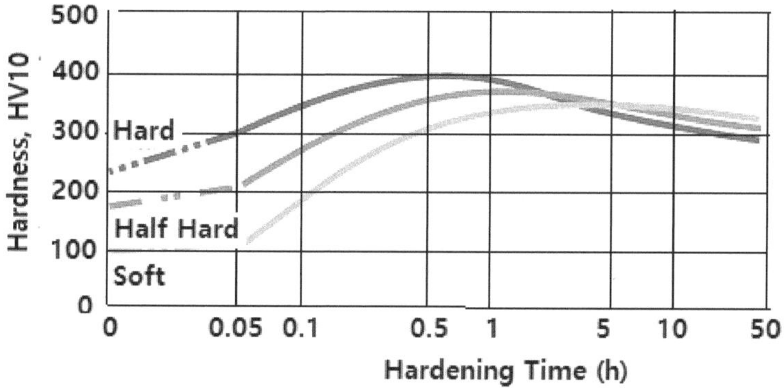

[그림 2-41] 냉간가공 정도에 따른 CuBe2 합금의 325℃에서의 석출경화정도

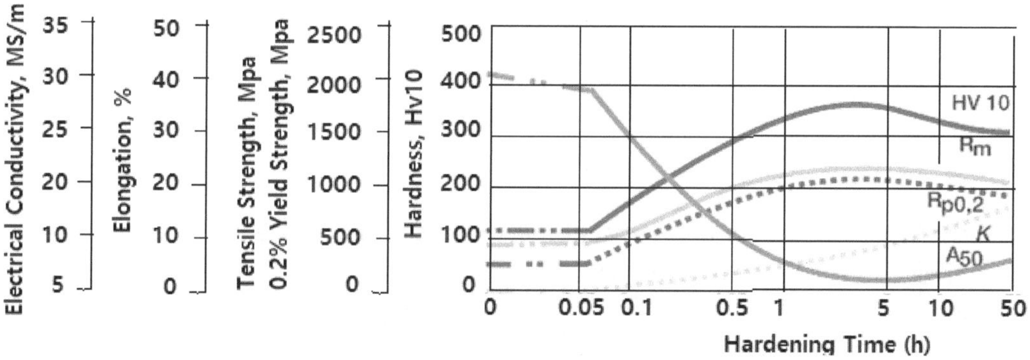

[그림 2-42] 베릴륨구리(CuBe2)의 325℃에서 석출경화

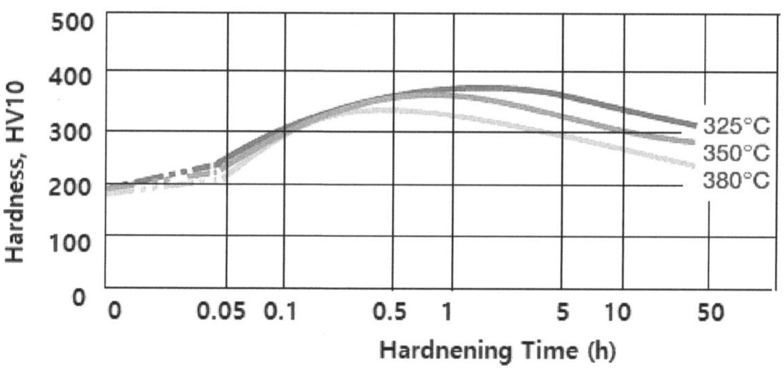

[그림 2-43] 베릴륨 구리(CuBe2)의 온도에 따른 석출경화도 (Half Hard까지)

이 합금은 반복된 응력하에서 피로 저항성이 매우 좋아서 예로부터 스프링이나 다이아프램, 벨로우즈 등의 반복된 응력에 내성이 필요한 용도로 많이 사용되어 왔다. 자성이 없고 마찰이나 충

격에 의해 스파크(Spark)를 발생하지 않는 소재로서 스파크 발생이 위험한 채굴현장이나 오일 가스 및 석유화학 분야의 소재로 사용되어 왔으며 특히 고강도이면서 접촉부의 융착이 발생하지 않는 특성과 우수한 내식성을 가지고 있기에 정유 산업의 시추 드릴 장비의 소재로 활용되어 왔다.

열처리를 하고 냉간가공을 실시한 Cu-Be 합금은 경도는 100~420Hv10 정도를 나타내고 인장강도는 410~1400 N/mm^2를 가지게 되어, 거의 탄소강에 준하는 강도를 가지면서도 Ni-Ag에 상응하는 수준의 우수한 내식성과 IACS 기준으로 16~65% 수준의 전기전도도 그리고 210 W/mK의 높은 열전도도를 가지고 있다. 단련재 가공용 합금은 고용화 열처리 된 상태로 생산되며, 이후에 200~400℃ 범위에서 시효 경화를 거쳐서 베릴라이드(Beryllide)라고 불리는 이차상(二次相)이 석출하여 강도가 향상된다. 이 과정은 일반적인 석출경화형 알루미늄 합금의 시효 과정과 동일하게 이해하면 된다. 주조 합금은 α상의 순수 구리가 응고된 수지상 조직에 베릴라이드(Beryllide) 조직이 섞인 형태를 가지고 있으며, 이들 베릴라이드(Beryllide) 조직은 약간 어둔운 청색으로 나타나며 초정이 10 마이크론(Micron) 정도의 길이로 굳이 부식을 시키지 않아도 표면연마 만으로도 쉽게 현미경 조직에서 관찰이 가능한 수준이다.

[표 2-6] 주요 구리-베릴륨 합금의 물리적 특성

합금명 (EN UNS)	주요 성분 (wt%)	밀도 (g /cm^3)	전기 전도도 (% IACS)	전기저항 ($\mu\Omega\cdot$cm)	열전달 계수 (W/(m·K))	열팽창 계수 (10^{-6}/K)	탄성 계수 (GPa)	연화 온도 (10%) (℃)	융점 (℃)
CuBe1.7 CW100C C17000	Be 1.6~1.8 Co 0.3 Ni 0.3 Cu 나머지	8.4	14~16 21~22 19	11~12.5[a] 7.7~8.3[b] 9.1[c]	110	17	125[a] 135[b]	380	890 ~ 1000
CuBe2 CW101C C17200	Be 1.8~2.1 Co 0.3 Ni 0.3 Cu 나머지	8.3	14~16 21~22 19	11~12.5[a] 7.7~8.3[b] 9.1[c]	110	17	125[a] 135[b]	380	870 ~ 980
CuCo2Be CW104C C17500	Co 2.0~2.8 Be 0.4~0.7 Ni 0.3 Cu 나머지	8.8	19~24 43~47 47~59	7.1~9.1[a] 3.7~4.0[b] 2.9[c]	210	18	131[a] 138[b]	450	1030 ~ 1070
CuNi2Be CW110C C17510	Ni 1.4~2.2 Be 0.2~0.6 Co 0.3 Cu 나머지	8.8	19~24 43~47 47~59	7.1~9.1[a] 3.7~4.0[b] 2.9[c]	230	18	131[a] 138[b]	480	1060 ~ 1100

* Note : [a] 고용화 열처리 및 냉간가공

[b] 고용화 열처리, 냉간가공 및 석출경화

[c] 밀(Mill)에서 고용화 열처리, 냉간가공 및 석출경화

[표 2-7] 주요 구리-베릴륨 합금의 기계적 특성

합금명	인장강도 R_m (MPa)	0,2% 항복강도 R_{p02} (MPa)	연신율 A_{50} (%, min.)	비커스경도 HV	스프링 굽힘한도 σ_{FB}(MPa)	스프링 피로한도 σ_{BW}(MPa)
CuBe1,7	380 ~520	≥ 180	35	80~135		
	680~820	≥ 600	2	210~250		
	1,030~1,240	≥ 900	3	330~380	700	260
	1,240~1,380	≥ 1070	1	360~420	1,000	280
	680~750	≥ 480	18	220~350	390	
	1,100~1,200	≥ 930	3	330~370	790	260
CuBe2	410 ~540	≥ 190	35	90~140		
	690~820	≥ 650	2	215~260		
	1,140~1,310	≥ 1000	3	350~400	800	270
	1,310~1,480	≥ 1150	1	380~450	1,040	300
	690~760	≥ 480	18	220~250	400	
	1,200~1,320	≥ 1030	3	360~410	900	280
CuCo2Be CuNi2Be	250~380	≥ 140	20	60~90		
	550~700	≥ 450	2	160~200		
	650~820	≥ 520	10	195~230	360	220
	850~1,000	≥ 750	1	240~290	650	250
	520~620	≥ 340	5	150~180	300	210

* Note: [1)] t: 판재의 두께는 최대 0.5 mm

(2) 구리-크롬 합금(Copper-Chromium)

크롬 함량은 0.5~1.2% 정도로 고강도에 높은 전기전도도를 가지고 있으며 여기에 추가하여 실리콘, 황, 마그네슘 등을 기계적 특성과 가공성을 향상시키기 위해 추가한다.

주조품, 단조품 모두 다양한 형태로 제작이 가능하지만 주조 과정에서 산화물이 용탕의 점도를 높이기 때문에 주조 과정에서 산화물이 개재물로 들어가지 않도록 주의해야 한다

강도가 크고 경도도 높아서 전기저항용접의 전극 재료로 사용되고 있으며, CuCr1, CC140C과 같은 주조재의 경우에는 IACS 90%의 전기전도도로 인해 각종 전기재료로도 많이 활용되고 있다.

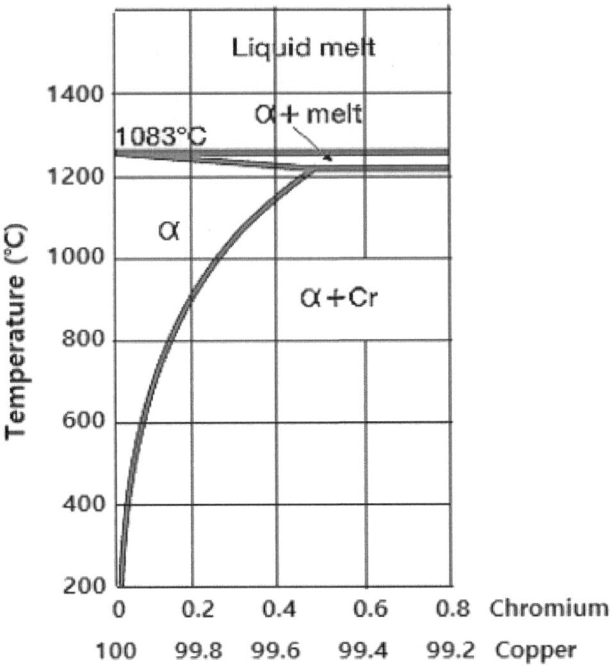

[그림 2-44] 구리와 크롬의 상태도 (0.8%까지)

시효(Aging)에 의해 경화하기 때문에 고온 사용시에 기계적 특성의 변화가 발생할 수 있다. 석출물이 충분하게 잘 발달한 구리-크롬 합금은 순수 구리에 비해 2배 정도의 기계적 강도를 가지면서도 전기전도도는 IACS 기준으로 85% 정도가 된다. 크롬 산화피막에 의해 우수한 내식성을 갖게 되며, 고온에서 강도가 우수한 장점을 활용하여 각종 전기재료로 사용된다. 우수한 기계적 강도에 추가하여 성형성과 가공성이 좋아서 전기저항용접의 전극재료로 사용된다. 단련재로는 UNS No. C18050~C18600이 있고, 주조용으로는 C81400~C81540이 있다.

시효 경화는 구리에 대한 크롬의 고용도가 온도가 내려 감에 따라 감소하기 때문에 발생하는데, 그러다 보니 서냉하게 되면 조직이 단상이 아닌 크롬과 α상의 이중구조로 된다. 고용화 온도에서 급냉하게 되면 크롬이 단일상에 과포화된 상태로 고용되는 효과로 인해 고용강화가 발생하여 거의 순수 구리와 유사한 수준의 미세 조직과 아주 우수한 기계적 특성을 확보할 수 있다.

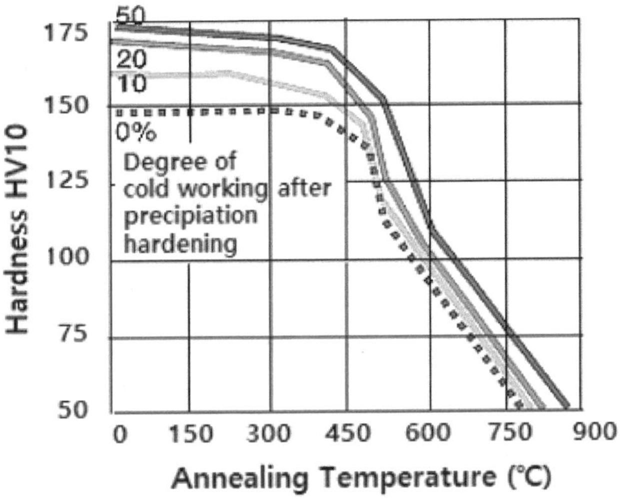

[그림 2-45] 냉간가공되고 시효된 CuCr1 합금을 4시간 열처리했을 때의 연화도

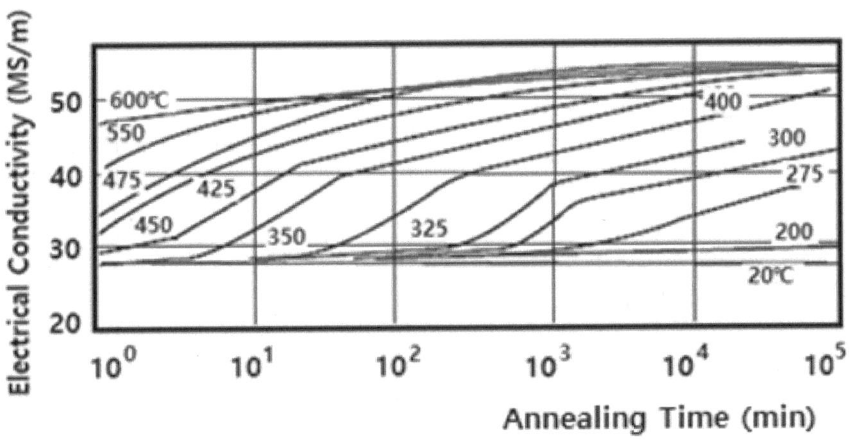

[그림 2-46] 석출경화된 CuCr0.6의 노출 온도와 시간에 따른 전기전도도의 변화

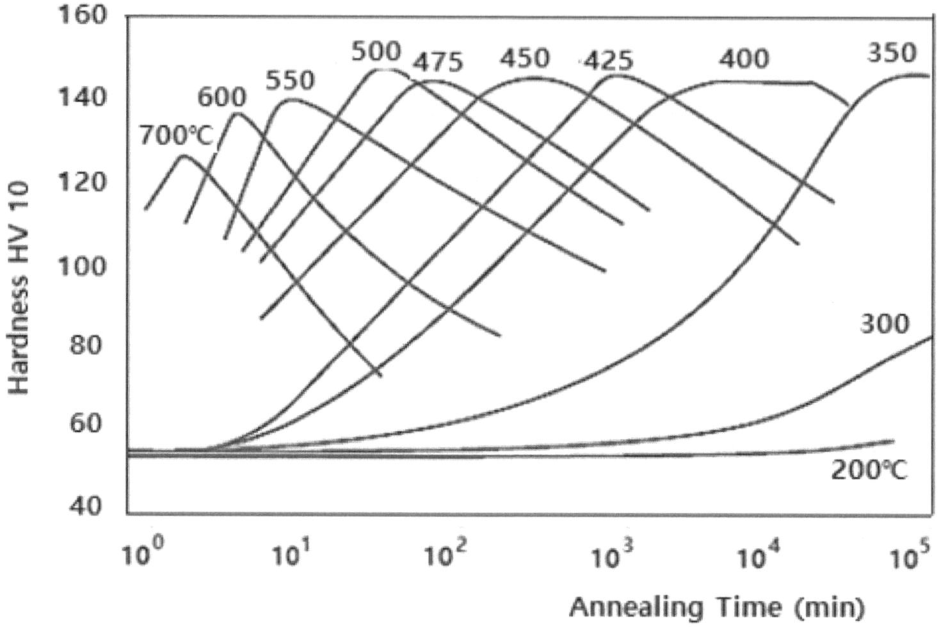

[그림 2-47] 시효경화된 CuCr0.6합금의 노출온도와 시간에 따른 경도 변화

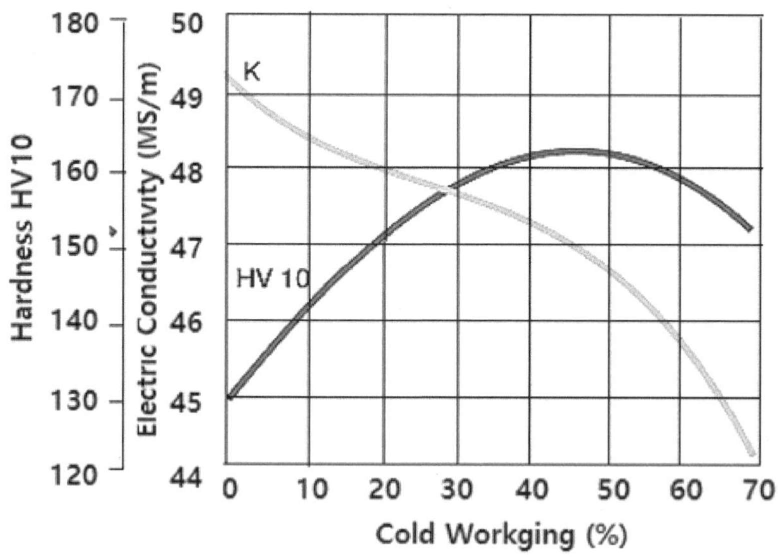

[그림 2-48] 냉간가공 정도에 따른 CuCr0.6 합금의 전기전도도와 경도의 변화

(3) 구리–지르코늄 합금(Copper–Zirconium)

순동에 0.05~0.15% 정도의 지르코늄을 넣으면 열처리 합금의 특성을 갖게 되어 900~925℃의 고용화 온도에서 수냉으로 급속 냉각한 후에 400~425℃ 정도에서 시효를 해서 최종 제품 형상으로 냉간가공을 하게 되면, 인장강도 250~300 N/mm^2, 항복강도 170-260 N/mm^2, 연신율은 30~50% 정도가 되며, 전기전도도는 60~95% IACS 정도가 된다. 일반적인 구리의 연화 온도가 200℃이고 구리-은 합금의 연화 온도가 300℃인데 비해 이 합금의 연화 온도는 500℃ 이상으로 올라가며 IACS 기준 95%의 전기전도도를 갖게 되며, 이러한 특성으로 인해 고온에서 장시간 사용해도 기계적 성능의 저하가 발생하지 않는다. 피로 강도는 10^7 사이클에서 인장강도의 약 1/3 정도가 된다. 이러한 특성을 살려서 전기저항용접의 전극 재료 및 각종 전기용 재료로도 활용된다.

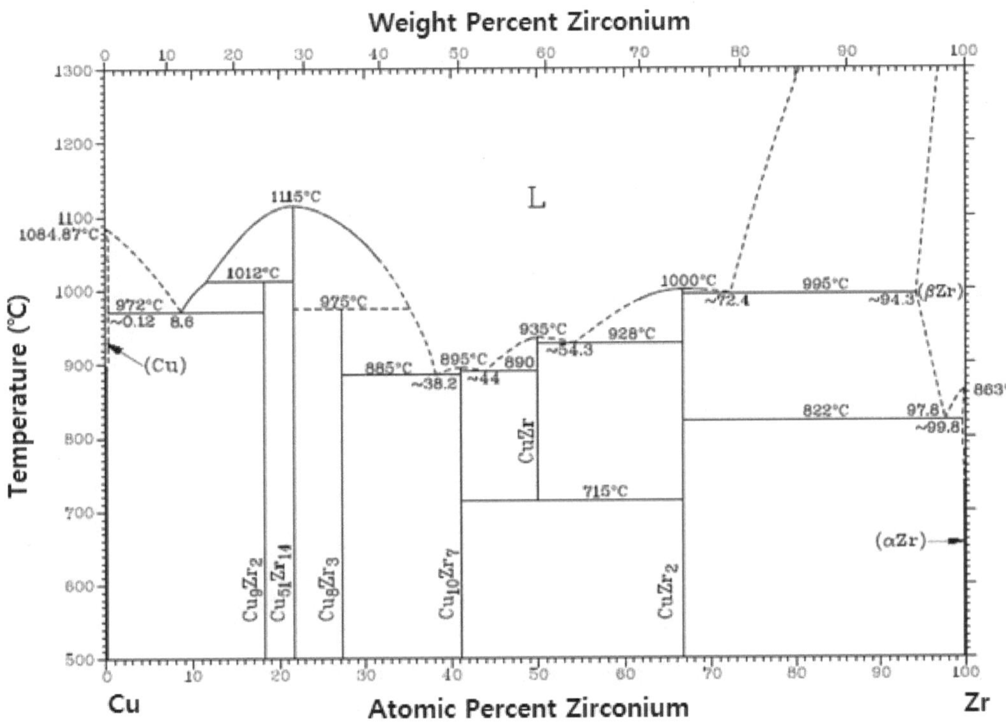

[그림 2–49] 구리–지르코늄 합금의 상태도

공정점인 980℃ 이상에서 구리에 고용되는 지르코늄의 양은 0.15% 이며 그 이하의 온도에서는 석출물로 존재하게 된다.

수증기가 있는 환경하에서 수소에 의한 취성이 발생하지 않는 장점을 가지고 있으며, 우수한 내식성과 특히 해수 분위기에 대한 저항성이 순수 구리와 유사한 수준으로 우수하다.

(4) 구리-크롬-지르코늄 합금(Copper-Chromium-Zirconium)

구리-크롬 합금에 고온의 연화 저항성 및 크리프(Creep) 저항성을 갖게 하기 위해서 0.03~0.3% 정도의 지르코늄을 추가한다. 주조품으로 생산되기 보다는 인발가공용 와이어 등으로 생산되고 우수한 기계적 강도와 전기전도 및 고온 특성으로 인해 전기저항용접의 전극 재료 등 구리-크롬 합금과 유사한 용도로 많이 사용된다. 전기전도도는 IACS 기준으로 75~85% 정도에 해당하며, IACS 74%의 Cu-Mg이 대체 재질로 적용될 수 있다.

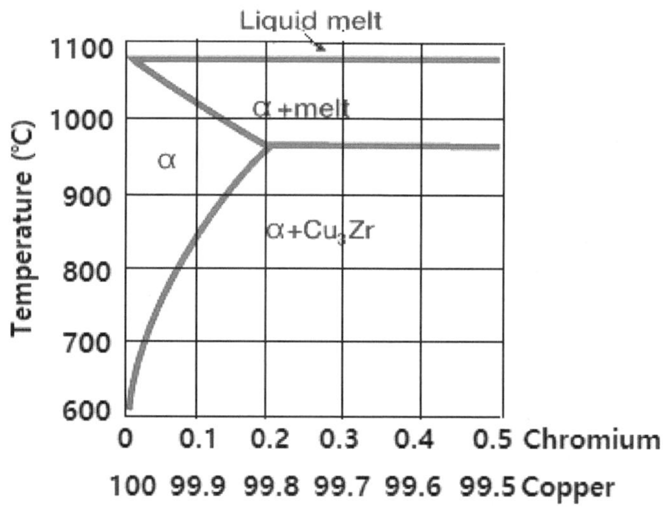

[그림 2-50] 구리-지르코늄 상태도

이 합금의 높은 전기전도도는 구리에 대한 크롬과 지르코늄의 고용도가 매우 낮기 때문이며, 이들 합금 성분의 석출 때문에 우수한 기계적 강도가 확보된다.

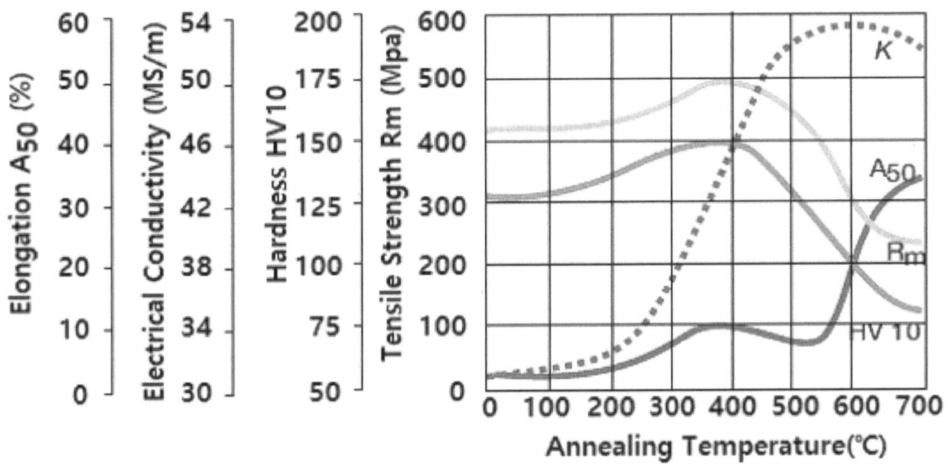

[그림 2-51] 냉간가공 후 1시간 고온 노출 온도에 따른 CuCr1Zr의 연화 정도

(5) 구리-크롬-망간 합금(Copper-Chromium-Magnesium)

구리-크롬 합금이 전기저항용접의 전극으로 활용되는 등 우수한 기계적 특성을 보이고 있으나, 고온에서 인장응력을 받으면서 장시간 사용할 경우에는 입계에 기공이 형성되는 문제점으로 인해 고온 사용시에 크리프(Creep) 저항성이 낮은 단점을 가지고 있다. 이러한 단점을 해결하기 위해 망간을 소량 첨가하여 대용량 모터의 소재 등으로 사용하고 있으나, 아직 EN 규격 등에 등재되지는 않고 있으며, 일반적인 기계적 특성은 구리-크롬 합금과 유사한 수준이다.

(6) 구리-니켈 합금(Copper-Nickel Alloys)

흔히 백동 혹은 큐프로니켈(Cupronickel)이라고 불리며 우수한 기계적 특성을 가지고 있으며, 용접성과 주조성이 우수하고, 뛰어난 내식성으로 인해 해양 구조물의 배관 재질이나 해수용 열교환기 튜브 재질로 사용된다. 저항값이 크고 전기적 특성이 온도에 따라 변하는 경향이 작기 때문에 전기저항 용접기의 재료로 사용된다.

구리와 니켈의 비율이 90-10인 C70600 혹은 CW352H 강종이 가장 널리 사용되며 주로 해양 및 조선 구조물에 적용된다. 이 합금 보다 니켈의 함량이 더 높은 C71500 혹은 C71640 합금은 니켈의 함량이 30% 정도이며 여기에 알루미늄, 크롬, 주석 등이 기계적 성능 향상과 내마모성을 확보하기 위해 추가된다.

해양 구조물의 재료로 사용되는 것 이외에 구리-니켈 합금의 가장 큰 용도는 주화와 살균 작용의 특성을 살린 기능성 부자재들이다. 유럽에서 사용되는 1 유로와 2 유로 동전 그리고 미국의 5 센트짜리 동전은 모두 구리-니켈 합금으로 만들어져 있고, 뛰어난 살균 작용을 살려서 여러 사람이 사용하는 병원 문 손잡이 등의 재료로 사용하여 병원균의 전달을 차단하는 효과를 추구한다.

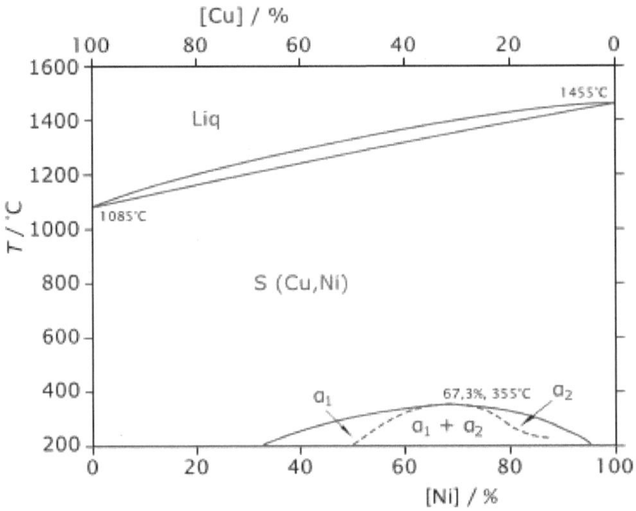

[그림 2-52] 구리-니켈 합금의 상태도

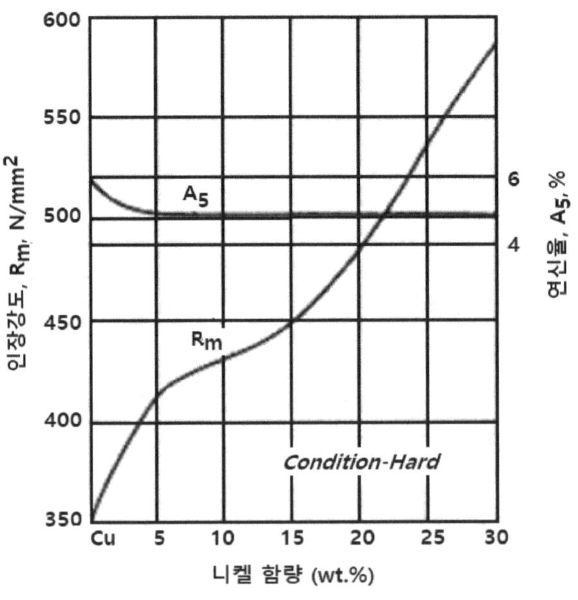

[그림 2-53] 니켈 함량에 따른 구리-니켈합금의 기계적 특성

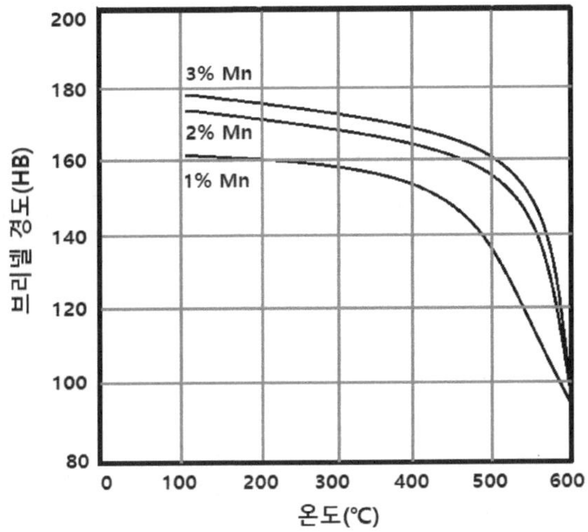

[그림 2-54] 니켈 함량 20% 구리-니켈합금에서 망간 추가에 따른 경도 변화

(7) 구리-니켈-실리콘 합금(Copper-Nickel-Silicon)

순동에 니켈 함량이 1.3%, 2.0%, 3.5%인 세 종류의 합금이 적용되고 있으며, 여기에 실리콘은 0.5~1.2% 정도 합금되어 기계적 강도가 우수하고 전기전도도를 갖춘 주조, 단조 및 각종 성형품으로 제작된다. 우수한 전기전도도로 인해 용접기 등의 전기 소재로 많이 사용되고 있으며, 니켈 2.0%에 실리콘이 0.6% 혼합된 $CuNi_2Si$ 혹은 CW111C이 가장 대표적인 합금이다.

(8) 구리-니켈-인 합금(Copper-Nickel-Phosphorus)

순동에 니켈 1%와 인(P)이 0.2% 혼합된 합금으로 가장 대표적인 것이 C19000이며, Cu-Ni-Si 합금처럼 강하지는 않지만 전기전도도와 연성이 우수하여 다양한 형상으로 제작되는 전기용품의 주조와 단련재 소재로 활용된다. 고용화 온도는 700~800℃가 되며, 시효전에 냉간가공을 위해 연화를 시켜야 할 필요가 있다면 620℃에서 어닐링(Annealing) 열처리를 실시한다.

어닐링 이후에 급냉을 실시할 필요는 없고, 시효(Aging)를 위해서는 425~475℃ 범위의 온도에서 1~3시간 정도 유지한다.

(9) 구리-니켈-주석 합금(Copper-Nickel-Tin)

스피노달 분해(Spinodal Decomposition)에 의해 고강도를 갖게 되며, Cu-Be 합금을 많이 대체하고 있다. 조직은 같지만 스피노달 분해에 의해 입계에 화학적 조성이 다른 나노 스케일(Nano SCale)의 두가지 상을 형성하게 되고 이로 인해 기계적 강도가 향상되고 내마모성과 함께 우수한 내식성을 갖게 된다. 고온에서도 우수한 기계적 특성과 안정성을 확보하게 된다.

니켈 9%와 주석 6%를 함유한 No C72700과 순동에 니켈 15%와 주석 8%를 합금한 C72900이 가장 대표적인 합금이다.

[표 2-8] 열처리 합금(석출경화형)의 물리적 특성

합금 구분 (EN UNS)	주요 성분 (wt%)	밀도 (g/cm^3)	전기전도도 (MS/m)	전기전도도 (%IACS)	전기저항 ($\mu\Omega\cdot$cm)	열전달계수 (W/(m·K))	선팽창계수 (10^{-6}/K)	탄성계수 (GPa)	연화온도 (10% 감소) (℃)	융점 (℃)
CuCr	Cr 0.3~1.2 Cu 나머지	8.89	26[a] 48[b]	45[a] 83[b]	3.8[a] 2.1[b]	170[a] 315[b]	17	112	450	980 ~ 1080
CuZr	Zr 0.1~0.3 Cu 나머지	8.9	35[a] 52[b]	60[a] 90[b]	2.9[a] 1.9[b]	340[a]	16	135	500	1020 ~ 1080
CuCr1Zr CW106C C18150	Cr 0.5~1.2 Zr 0.03~0.3 Cu 나머지	8.92	20[a] 43[b]	34[a] 74[b]	5.0[a] 2.3[b]	170[a] 310~330[b]	16	110[a] 130[b]	500	1070 ~ 1080

[a] 고용화 열처리 및 냉간가공

[b] 고용화 열처리, 냉간가공 및 석출경화

[표 2-9] 열처리 합금(석출경화형)의 기계적 특성(min.)

합금 구분(EN UNS)	경화조건	인장강도(MPa)	항복강도(MPa)	연신율(%)	경도(HV)
CuCr	R 230a R 400a R 450b R 550b	230 400 450 550	80 295 325 440	30 10 10 8	55 120 130 150
CuZr	R 260a R 370a R 400b R 420b	260 370 400 420	100 270 280 400	35 12 12 10	55 100 105 115
CuCr1Zr	R 200a R 400b R 450b	200 400 450	60 210 360	30 12 10	70 140 155

2.4 화학성분에 따른 구분

2.4.1. 합금 성분에 따른 구분

가장 대표적인 구리합금의 구분은 그 성분에 따라 구분하는 것으로 앞서 1.1장의 UNS 기준으로 구분하여 소개한 바와 같이 총 11가지로 구분한다. 전통적으로 순동과 여기에 아연을 조금 섞은 황동 그리고 그 외의 합금원소를 섞은 청동 계열로 구분한다.

각 강종에 대한 세부 설명은 제 3장에서 자세하게 소개한다.

- 99.3% 이상의 구리를 함유한 순동
- 5% 이내의 합금성분을 함유한 순동
- 아연(Zn)를 최대 40%까지 함유한 황동
- 주석 10%와 인 0.2%를 함유한 인청동
- 알루미늄이 10%이내로 포함된 알루미늄청동
- 실리콘이 3% 이내로 함유된 실리콘 청동
- 니켈이 30% 이내로 함유된 백동(Copper-Nickle)
- 아연 27%와 니켈 18% 미만을 함유한 양은(Nickel Silver)
- 기타 목적에 따라 합금 조성을 달리한 구리합금

2.4.2. 합금 성분의 역할

구리합금은 주어진 환경하에서 적절한 기계적 강도와 내식성, 내마모성, 피로 저항성, 내충격성 등의 기계적 및 화학적 특성과 전기 및 열에 대한 전도도 등의 물리적 특성을 확보하기 위해 다양한 합금 조성을 추구하게 된다.

[표 2-10] 합금원소의 역할

첨가원소		구리합금 원소별 첨가 효과
Pb	납	1% 이내로 합금하면 가공성 및 절삭성 향상
Sn	주석	4% 미만으로 합금될 경우에는 내하중성의 증가(Load Carrying Ability)를 추구할 수 있다. 5~11% 정도로 함유하게 되면, 내마모성이 저하하고 변형저항이 감소하여 베어링용 재질로는 사용이 곤란하다. 11% 이상이 들어가면 경도와 인장강도의 증가 역할을 하지만, 연성을 줄이고 취성이 증가하는 단점이 있다.
Zn	아연	청동계열에 3% 미만으로 첨가하면 탈산제 역할 및 부식저항성이 증가한다. 주조시 쇳물의 유동성을 좋게 하지만 강도 저하의 원인이 된다.
Ni	니켈	결정립을 미세화하여 밀도와 강도를 증가시키고, 마모율을 감소 시키며, Ni의 첨가로 부식저항을 증가시키게 된다.
Mn	망간	알루미늄청동과 망간 청동에서 결정립을 미세화하여 강도 증가 및 탈산제 역할을 한다.
Al	알루미늄	항복강도와 경도를 증가시킴(ALBC, HBSC), Al의 증가는 연신율과 연성을 감소(약 10%, ALBC) 시킨다.
Fe	철	알루미늄청동과 고력황동에서 결정 성장 억제제 역할을 한다.

이상의 내용을 추구하는 특성을 기준으로 간단하게 표현하면 다음과 같이 정리될 수 있다.

[표 2-11] 합금원소에 첨가에 따른 특성 변화

추구하는 특성	합금원소
기계적 강도 향상	Al, Mn, Ni, P, Si, Sn, Zn, Zr
내식성 향상	Al, As, Mn, Ni, Si, Zn
전기전도도를 해치지 않으면서 기계적 강도 향상	Cr, Fe, Ni+Si+Cr, Ti
내마모성 향상	Al, Ag, Cd, Si, Sn
절삭성 향상	Pb, S, Zn
내열성 향상	Cr, MG, Zr

3 구리합금의 특성

구리합금은 합금원소의 종류와 함량에 따라 구분되며, 크게 구분하면 순동, 아연을 넣은 황동, 그리고 주석을 넣은 청동의 세 종류로 구분될 수 있으나, 실제로는 이보다 훨씬 다양한 구리합금들로 구분된다. 이하에서는 각 구리합금의 종류별로 개략적인 특징과 주요 용도 등을 소개한다.

[표 3-1] 구리합금 분류

구리합금 종류	합금원소	UNS 번호
황동(Brass)	아연(Zn)	C1xxxx~C4xxxx, C66400~C69800
인청동(Phosphor Bronze)	주석(Sn)	C5xxxx
알루미늄청동(Aluminum Bronzes)	알루미늄(Al)	C60600~C64200
실리콘 청동(Silicon Bronzes)	실리콘(Si)	C64700-C66100
백동(Nickel Silver)	니켈(Ni)	C7xxxx

[표 3-2] 일반적인 구리합금의 기계적 성질

이름	주성분	형태와 조건	강도 (ksi, min.)		연신율	경도 (HB, min.)	특징 및 용도
			항복	인장	(%, min.)		
순동(ASTM B1, B2, B3, B152, B124, R133)"	Cu 99.9	Annealed	10	32	45	42	전기 장비, 루핑, 스크린
		Cold Drawn	40	45	15	90	
		Cold Rolled	40	46	5	100	
Gilding Metal (ASTM B36)	Cu 95.0, Zn 5.0	Cold Rolled	50	56	5	114	동전, 총알 재킷
카트리지 황동 (ASTM B14, B19, B36, B134, B135)	Cu 70.0, Zn 30.0	Cold Rolled	63	76	8	155	우수한 냉간가공성. 라디에이터, 하드웨어, 전기, 그립 카트리지 케이스

이름	주성분	형태와 조건	강도 (ksi, min.)		연신율	경도 (HB, min.)	특징 및 용도
			항복	인장	(%, min.)		
인청동 (ASTM B103, B139, B159)	Cu 89.75, Sn 10.0, P 0.25	Spring Temper	–	122	4	241	높은 피로 강도 및 스프링 품질
적동, 단동 (ASTM B36, B134, B135)	Cu 65.0, Zn 35.0	Annealed	18	48	60	55	내식성 양호
		Cold Drawn	55	70	15	115	
		Cold Rolled(HT)	60	74	10	180	
망간 청동 (ASTM 138)	Cu 60.0, Zn 39.25, Sn 0.75	Annealed	30	60	30	95	단조
		Cold Drawn	50	80	20	180	
네이벌 황동 (ASTM B21)	Cu 60.0, Zn 39.25, Sn 0.75	Annealed	22	56	40	90	소금 부식 저항성
		Cold Drawn	40	65	35	150	
문쯔 금속 (ASTM B111)	Cu 60.0, Zn 40.0	Annealed	20	54	45	80	콘덴서 튜브
알루미늄청동 (AST M B169 합금 A, B124, B150)	Cu 92.0, Al 8.0	Annealed	25	70	60	80	–
		Hard	65	105	7	210	
베릴륨 구리 (ASTM B194, B196, B197)	Cu 97.75, Be 2.0, Co 또는 Ni 0.25	Annealed	32	70	45	60 (HRB)	전기, 밸브, 펌프, 유전 공구, 항공기 랜딩 기어, 로봇, 용접, 금형 제작
		Cold Rolled	104	110	5	81 (HRB)	
쾌삭 황동	Cu 65.0, Zn 17.0, Ni 18.0	Cold Drawn	44	70	18	80 (HRB)	나사, 너트, 기어, 열쇠
니켈 실버 (ASTM B122)	Cu 65.0, Zn 17.0, Ni 18.0	Annealed	25	58	40	70	하드웨어
		Cold Rolled	70	85	4	170	
니켈 실버 (ASTM B149)	Cu 76.5, Ni 12.5, Pb 9.0, Sn 2.0	Cast	18	35	15	55	장식품, 배관

이름	주성분	형태와 조건	강도 (ksi, min.)		연신율 (%, min.)	경도 (HB, min.)	특징 및 용도
			항복	인장			
큐프로 니켈 (ASTM B111, B171)	Cu 88.35, Ni 10.0, Fe 1.25, Mn 0.4	Annealed	22	44	45	–	응축기, 소금물 파이프
		Cold Drawn Tube	57	60	15	–	
큐프로 니켈	Cu 70.0, Ni 30.0	Wrought	–	–	–	–	열교환 장비, 밸브
적동, C83600 (ASTM B62)	Cu 85.0, Zn 5.0, Pb 5.0, Sn 5.0	Cast	17	37	25	60	–
Gunmetal	Cu 80~90%, Zn 〈 5%, Sn~10%, 기타 〈 1%						

[표 3-3] 구리 개발 협회(CDA) 구리합금의 기계적 성질

합금 구분	CDA 번호	인장강도 (ksi)		항복강도 (ksi)		연신율 (%, min.)	경도(HB)	가공성 (YB = 100)
		min.	Typ.	min.	Typ.			
적동 (Red Brass)	833		32		10	35	35 이상	35
	836	30	37	14	17	30	50~65	84
	838	29	35	12	16	25	50~60	90
반 붉은 황동 (Semi-red Brass)	844	29	34	13	15	26	50~60	90
	848	25	36	12	14	30	50~60	90
망간청동	862	90	95	45	48	20	170~195	30
	863	110	119	60	83	18	225 이상	8
	865	65	71	25	28	30	130 이상	26
주석청동	903	40	45	18	21	30	60~75	30
	905	40	45	18	22	25	75 이상	30
	907	35	44	18	22	20	80 이상	20
Leaded Tin Bronze	922	34	40	16	20	30	60~72	42
	923	36	40	16	20	25	60~75	42
	926	40	44	18	20	30	65~80	40
	927	35	42		21	20	77 이상	45
High-leaded Tin Bronze	932	30	35	14	18	20	60~70	70
	934	25	32		16	20	55~65	70
	935	25	32	12	16	30	55~65	70
	936	33	30	16	21	15	79~83	80
	937	25	35	12	18	20	55~70	80
	938	25	30	14	16	18	50~60	80
	943	21	27		13	10	42~55	80
알루미늄청동	952	65	80	25	27	35	110~140	50
	953	65	75	25	27	25	140 이상	55
	954	75	85	30	35	18	140~170	60
	955	90	100	40	44	12	180~200	50
	958	85	95	35	38	25	150~170	50
규소청동	878	80	83	30	37	29	115 이상	40

[표 3-4] 구리합금의 화학적 조성(wt.%, Nominal)

합금구분	CDA	AMS	UNS	Cu	Sn	Pb	Zn	Ni	Fe	Al	기타
붉은 황동	833		C83300	93	1.5	1.5	4				
			C83400	90			10				
	836	4855B	C83600	85	5	5	5				
	838		C83800	83	4	6	7				
반 붉은 황동	844		C84400	81	3	7	9				
	845		C84500	78	3	7	12				
	848		C84800	76	3	6	15				
망간청동			C86100	67	0.5		21		3	5	Mn 4
	862		C86200C 86200	64 64			26		33	44	Mn 3
	863	4862B4 862B	C86300C 86300	63 63			25		33	66	Mn 3
	865	4860A	C86500	58	0.5		39.5		11	11	Mn 0.25
주석청동	903		C90300C 90300	88 88	88		4				
	905	4845D	C90500	88	10	0.3 max.	2				
	907		C90700	89	11	0.5 max.	0.5 max.				
납청동	922		C92200	88	6	1.5	4.5				
	923		C92300	87	8	1 max.	4				
	926	4846A	C92600	87	10	1	2				
	927		C92700	88	10	2	0.7 max.				
	932		C93200	83	7	7	3				
	934		C93400	84	8	8	0.7 max.				

합금구분	CDA	AMS	UNS	Cu	Sn	Pb	Zn	Ni	Fe	Al	기타
	935		C93500	85	5	9	1	0.5 max.			
	937	4842A	C93700	80	10	10		0.7 max.			
	938		C93800	78	7	15		0.75 max.			
	943	4840A	C94300	70	5	25		0.7 max.			
알루미늄 청동	952		C95200	88					3	9	
	953		C95200	89					1	10	
	954	4870B 4870B 4872B	C95400	85					4	111	
			C95410	85					4	11	Ni 2
	955		C95500	81				4	4	11	
			C95600	91						7	Si 2
			C95700	75				2	3	8	Mn 12
	958		C95800	81				5	4	9	Mn 1
규소청동			C87200	89							Si 4
			C87400	83			14				Si 3
			C87500	82			14				Si 4
			C87600	90			5.5				Si 4.5
	878		C87800	80			14				Si 4
			C87900	65			34				Si 1

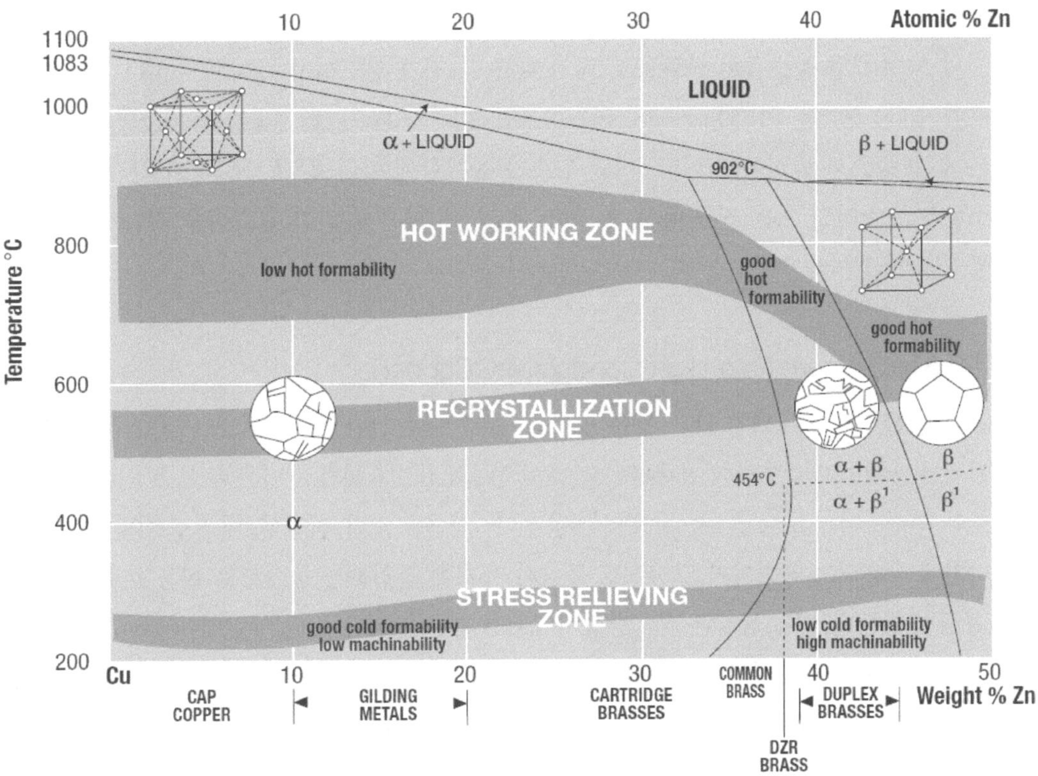

[그림 3-1] 아연의 함량과 온도에 따른 합금 조직 구분

3.1 순동(純銅)

순동은 일반적으로 부드럽고 연성이며, 0.7% 미만의 불순물을 포함한다. 상업적으로 순수 구리 종류는 UNS 번호 C10100~C13000로 지정되어 있다. 불순물이 적어서 약간의 합금원소 첨가만으로도 기계적, 전기적, 화학적 특성의 변화가 발생한다.

3.1.1. 산소 함량에 따른 순동의 구분

우리가 순동이라 부르는 재료는 산소를 소량 함유하고 있는 동(Cu)을 말하나, 산소함량에 따라 전해인성동 혹은 정련동, 인탈산동, 그리고 무산소동 등으로 분류된다.

순동은 산소의 함유량에 따라 성질이 다르게 된다. 소량의 산소(0.01~0.07%)를 함유하는 구리는 동중의 유해한 불순물이 산화물로 되기 때문에, 전기 전도성이 극히 우수하나 수소취성이 발생하기 쉽다. 산소를 거의 함유하지 않는(0.08% 이하) 구리는 탈산동과 무산소동이 있다. 탈산동은 Si, P 등으로 탈산한 것이고, 이들 원소가 잔류함에 따라 전기 전도성이 약간 저하된다. 무산소동은 수소환원 또는 진공 용해에 의해 제조되기 때문에 전기 전도성을 저하시키지 않고 산소를 억제한 것이다.

(1) 무산소동(Oxygen-Free High Conductivity Copper)

산소나 탈산제가 함유되지 않은 동을 말한다. 고순도의 전기동을 진공 또는 CO 등의 환원성 분위기에서 용해하고 주조하여 잔류하는 산소의 양을 0.001% 이하로 만든 무산소동은 높은 전기 전도도와 내수소취성이 요구되는 용도로 사용된다. 정련동 보다 전연성, 내피로성이 우수하므로 전자기기에 사용되고 유리와의 밀착성도 좋아서 유리에 봉입하는 동선으로 이용된다. 무산소동에도 등급이 있는데, 최고 등급은 산소함량이 5ppm 미만, 전체 불순물 함량이 40ppm 미만이다.

무산소동은 수소 취화성이 있는 정련동과 전기전도도가 저하되는 인탈산동의 단점을 개선한 재료로 전자관, 입자가속기 등의 고진공 기기용 재료로 사용되고 있으며, 또한 각종 전자기기에 많이 사용되는 구리합금의 원소재로도 이용이 되고 있는 등 무산소동은 특히 전자산업 핵심소재 중의 하나로 알려져 있다.

무산소 구리 C10100 및 C10200은 낮은 수소 분율의 환원성 대기 상태의 입상 흑연 수조 덮개와 비산화성 조건하에서 유도 용해 고급 음극 구리를 통해 생산된다.

무산소동의 용해, 주조 및 가공 등 전 공정의 능력을 갖춘 나라는 미국, 일본, 핀란드, 이태리 등 5~6개 나라 정도이며, 우리나라는 현재 경제성 문제 때문에 중소업체 몇 군데에서 소량 생산하고 있는 실정이다. 무산소동 제품은 화학성분에 따라 다음과 같이 구분된다.

[표 3-5] 무산소동의 구분

품명	Cu	Ag	O_2
C10100	99.99% 이상	–	5ppm 이하
C10400	99.95% 이상	0.0272% 이상	10ppm 이하
C10500	99.95% 이상	0.034% 이상	10ppm 이하
C10700	99.95% 이상	0.085% 이상	10ppm 이하

[표 3-6] 무산소동의 일반적인 특징

구 분		ASTM B170 Grade 1
화학성분	Copper, Cu	99.99% 이상
	Oxygen, O_2	5ppm 이하
	Bismuth, Bi	1ppm 이하
	Cadmium, Cd	1ppm 이하
	Lead, Pb	10ppm 이하
	Mercury, Hg	1ppm 이하
	Phosphorous, P	3ppm 이하
	Selennium, Se	10ppm 이하
	Sulfur, S	18ppm 이하
	Tellurium, Te	10ppm 이하
	Zinc, Zn	1ppm 이하
	Total Impurities	100ppm 이하
전기비저항	Electrical Resistivity	최대 0.15176 Ω-g/m²(at 20 ℃)
전기전도도(도전율)	Electrical Conductivity	최소 101% IACS

1) 무산소동의 구분

가. 전기용 무산소동, 전기동(OFE, Oxygen Free Electric)

0.0005%의 산소 함량을 가진 순도 99.99%의 순동으로 보면 된다. 전기분해에 의해 얻어지는 순동을 의미하며, 99.3~99.99%로 매우 높은 순도를 가지고 있지만, 전해 정련시 유입되는 수소 등의 불순물 때문에 취약하여 가공용으로 사용하기 곤란하다. 추가적으로 용융 정련을 실시하여 가공용으로 활용한다. 최소 101%의 IACS 전기전도도를 가지고 있다. 은(Ag)은 전기용 무산소동(OFE) 중에서 불순물로 간주되며, 3 가지 무산소동 중에서 가장 비싸다.

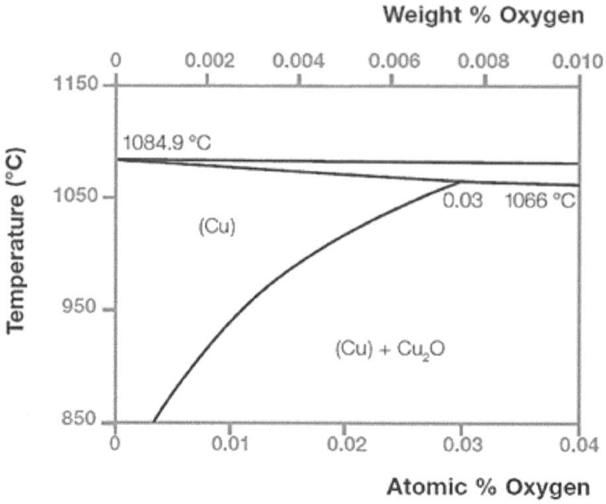

[그림 3-2] 산소 농도에 따른 산화물의 존재

나. 무산소동(OF, Oxygen-Free Copper)

고순도의 전기동을 진공 혹은 CO 등의 환원 분위기에서 용해, 주조하여 생산한다. 무산소동은 높은 전기전도도와 내수소취성이 요구되는 용도로 사용한다. 무산소동(OF)는 산소가 없는 것으로 간주되지만 전도도 등급은 아래의 일반적인 ETP 등급보다 우수하다. 이 제품은 0.001%의 산소 함량, 99.95%의 순도 및 최소 100%의 IACS 전도도를 가지고 있다. 정련동보다 전연성, 내피로성이 우수하므로 전자기기의 부품 용도로 사용한다. 유리와의 밀착성도 좋아서 유리를 봉인하는 동선으로 이용된다. 순도 백분율을 계산하는 과정에서 은(Ag) 함량은 구리(Cu)로 계산된다.

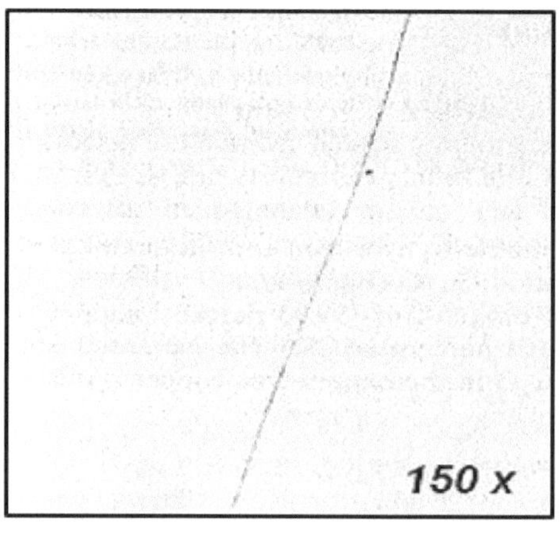

[그림 3-3] 주조 상태의 무산소동

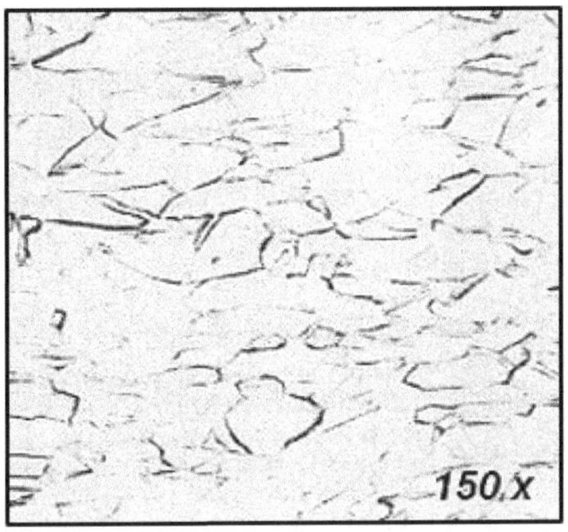

[그림 3-4] 400℃ 이상에서 열간가공한 무산소동

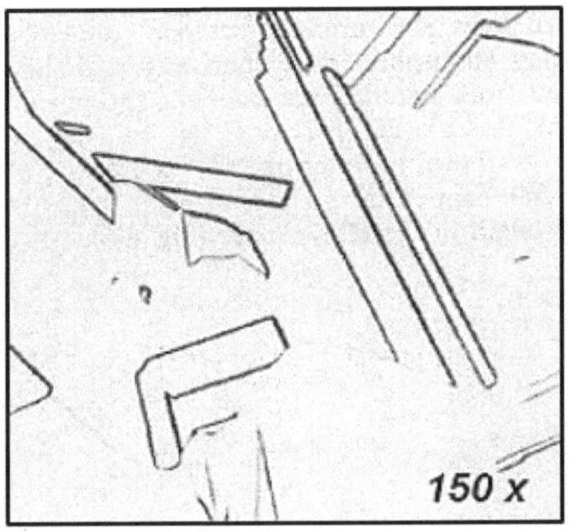

[그림 3-5] 800℃ 이상의 수소 분위기에서 30분 노출된 무산소동

2) 특징 및 용도

무산소동의 특징은 전성 및 연성이 우수하고, 수소취화를 일으키지 않으며, 가공시 Cu_2O, CuO 등의 산화물에 의한 동분 발생량이 적다. 내굴곡성 및 연성 등 가공성이 우수하고 장기간 고온 수소 분위기에서도 수소취성이 발생되지 않으며, 고온에 잘 견디며 충격에 강한 특징을 가지고 있다. 또한 전기전도도가 IACS 101% 이상이고, 잔류저항(RRR, Residual Resistivity Ratio)이 300 이상이며, 가스성분이 매우 적어서 진공 중에서의 가스 방출량이 적다.

이러한 특성을 가지고 있으므로 무산소동은 반도체 리드프레임(Lead Frame)재 및 각종 커넥터(Connector) 재료 등 전자제품의 소형화, 집적화에 필수적인 고전도도 및 고강도가 요구되는 각종 전자소재합금의 베이스소재로 많이 쓰이고 있다. 또한 향후 성장세가 기대되는 입는(wearable) TV, 컴퓨터 모니터 등 전자기기의 혁신의 바탕이 되는 FCCL(Flexible Copper Clad Laminate) 제조용으로 쓰이고 있으며, 초고순도 무산소동은 전자관용(송신관, 수신관, 마이크로파 관 등), 초전도용 안정화재(초전도 상태에서 국부적인 파괴가 있을 때 정상 전류를 바이패스시켜 조기에 원래의 초전도 상태로 복귀시키는 역할)로 쓰이고 있다.

CR008A(주조재)와 CW008A(단련재)로 구분되는 무산소동은 산소와 탈산제가 없는 고 순도의 순동이다. 고온의 환원성 분위기에서도 높은 전기전도도를 유지하고 고속 인발가공이 가능하다.

고순도 무산소동은 표면의 산화필름이 금속과 유리 사이의 기밀성을 유지해 주기 때문에 진공을 유지해야 하는 용도로 사용되며 CW009A로 구분된다. 무산소동은 정제된 고품질의 전기동(LME A등급, 순도99.99%)을 사용하여 진공 상태 또는 일산화탄소(CO) 가스에 의한 환원성 분위기 상태에서 용해 주조하여 산소 함유량이 10ppm 미만(ASTM기준)인 구리를 말하며 일반 정련동보다 높은 도전율, 열전도도, 재결정 온도와 우수한 가공성을 갖고 있다. 또한 무산소동은 전자, 전기기기의 중요한 재료로써 높은 효율과 정밀성, 내구성이 요구되는 곳에 사용되고 있다.

[표 3-7] 각국의 무산소동 규격

<table>
<tr><th colspan="2" rowspan="2">관련규격</th><th colspan="2">한국</th><th colspan="2">일본</th><th colspan="2">미국</th><th colspan="2">영국</th><th>독일</th></tr>
<tr><th colspan="2">KS D5101
KS D5401</th><th colspan="2">JIS H2123, H3100, H3140, H3250, H3300, H3510</th><th colspan="2">ASTM B75/B75M, B152/B152M, B170, B248
ASTM F 68</th><th colspan="2">BS 6017 BS 2870~2875</th><th>DIN 1787 DIN 40500 –Part4</th></tr>
<tr><td colspan="2">기호</td><td>C1011</td><td>C1020</td><td>C1011 (1종)</td><td>C1020 (2종)</td><td>C10100 (grade 1)</td><td>C10200 (grade 2)</td><td>C103 (Cu–OFE)</td><td>C110 (Cu–OF)</td><td>2.0040 (OF–Cu)</td></tr>
<tr><td rowspan="3">성분</td><td>Cu (%)</td><td>99.99 이상</td><td>99.96 이상</td><td>99.99 이상</td><td>99.96 이상</td><td>99.99 이상</td><td>99.95 이상</td><td>99.99 이상</td><td>99.95 이상</td><td>99.95 이상</td></tr>
<tr><td>O_2 (ppm)</td><td>10 이하</td><td>–</td><td>10 이하</td><td>–</td><td>5 이하</td><td>10 이하</td><td>10 이하</td><td>–</td><td>–</td></tr>
<tr><td>P (ppm)</td><td>3 이하</td><td></td><td>3 이하</td><td></td><td>3 이하</td><td></td><td>3 이하</td><td></td><td></td></tr>
<tr><td colspan="2">전기전도도 (%IACS)</td><td>101</td><td>100</td><td>101</td><td>101</td><td>101</td><td>98</td><td></td><td></td><td></td></tr>
</table>

3) 규격

[표 3-7]은 각국의 무산소동의 규격으로 관련 규격 번호는 제품에 따라서 규정되어 있는데, 순도적인 측면에서는 보통 2개의 등급으로 나누어져 있다. 이 중 가장 등급이 높게 규정되어 있는 것은 ASTM 규격으로, C10100은 산소 함유량이 5ppm 이하로 규정되어 있다.

[그림 3-6]은 ASTM F-68의 전자기기용 무산소동의 결정조직 판정 기준을 그림으로 표시한 것이며, 무산소동 중의 불순물 및 산소 함유량이 적을수록 결정립의 크기가 커지고 있다. 조직판정은 잉곳(Ingot)을 절단하여 수소분위기 중 850℃에서 30분간 가열한 후, 조직을 관찰하는데, 조직 중에 오염이 없고, 결정립 크기가 약 350㎛ 이상으로 성장하는 것이 Class1의 조건이다.

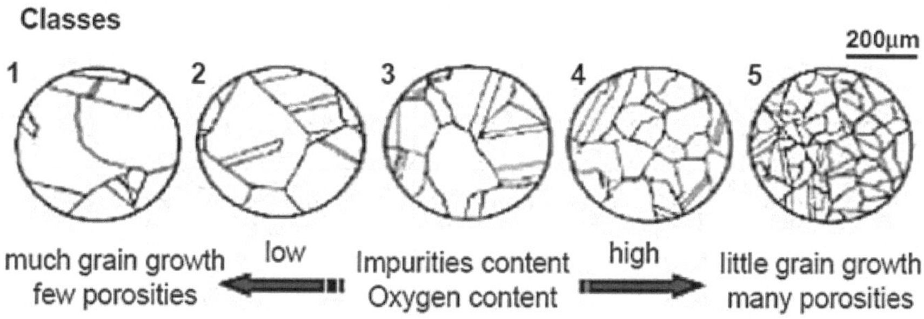

[그림 3-6] ASTM F-68의 전자기기용 무산소동의 결정조직 판정 기준

4) 기계적 성질

실제 현장에서 무산소동을 구조용 재료로 사용하는 경우는 극히 예외적이라고 할 수 있다. 무산소동은 구조적인 강도의 관점 보다는 전기적인 특성을 중심으로 사용되고 있다. [표 3-8]은 대표적인 무산소동인 C1020의 가공 정도와 형태에 따른 기계적 특성을 정리한다.

[표 3-8] C1020 봉, 사각바의 기계적 특성

합금번호	질별	기호	지름, 변 또는 맞변거리 mm	인장시험	
				인장강도(N/㎟)	연신율(%)
C1020 (봉, 사각)	F	C1020BE-F	6 이상	195 이상	25 이상
	O	C1020BD-O	6~75	195 이상	30 이상
	1/2H	C1020BD-1/2H	6~25	245 이상	15 이상
			26~50	225 이상	20 이상
			51~75	215 이상	25 이상
	H	C1020BD-H	6~25	275 이상	–
			26~50	245 이상	–

[표 3-9] C1020 판재의 기계적 성질

질별	기 호	인장 시험			굽힘 시험			경도 시험	
		두께 (㎜)	인장강도 (N/㎟)	연신율 (%)	두께 (㎜)	굽힘 각도	안쪽 반지름	두께 (㎜)	비커스 HV (0.5이상)
O	C1020P-O	0.3~30	195 이상	35 이상	≤ 2	180˚	밀착	–	–
	C1020R-O	0.3~3			≤ 2	180˚			
1/4H	C1020P-1/4H	0.3~30	215~275	25 이하	≤ 2	180˚	두께의 0.5배	0.3 이상	55~100
	C1020R-1/4H	0.3~3			≤ 2	180˚			
1/2H	C1020P-1/2H	0.3~20	245~315	15 이상	≤ 2	180˚	두께의 1배	0.3 이상	75~120
	C1020R-1/2H	0.3~3			≤ 2	180˚			
H	C1020P-H	0.3~10	275 이상	–	≤ 2	180˚	두께의 1.5배	0.3 이상	80 이상
	C1020R-H	0.3~3			≤ 2	180˚			

[표 3-10] C1020 합금 배관 파이프의 기계적 특성

질 별	기 호	인장시험				경 도 시 험			
		바깥 지름 (㎜)	두께 (㎜)	인장강도 (N/㎟)	연신율 (%)	두께 (㎜)	로크웰 경도 HR30T	HR15T	HRF9 (참고)
O	C1020T-O	4 이상	0.25 이상	205 이상	40 이상	0.6 이상	–	60 이하	50 이하
OL	C1020T-OL	4 이상	0.25 이상	205 이상	40 이상	0.6 이상	–	65 이하	55 이하
	C1020TS-OL	100 이하	30 이하						
1/2H	C1020T-1/2H	4 이상	0.25 이상	245~325	–	–	30~60	–	–
			25 이하						
H	C1020T-H C1020TS-H	25 이하	0.25 이상	315 이상	–	–	55 이상	–	–
		25~50	0.9~4				–	–	–
		50~100	1.5~6				–	–	–

(2) 정련동, 전해인성동(Electrolytic Tough–Pitch Copper)

주로 전기용 재료로 많이 사용되는 이 구리합금은 정련동, 전해인성동, 인성동 혹은 영어 이름 그대로 타프피치동(Tough Pitch Copper)라고도 불리는 순동으로 전기동을 용융 정제하여 구리 중의 산소 농도를 300~600ppm 정도로 정제한 구리로서 가장 일반적인 표준 조성은 99.9%의 구리에 산소 농도가 400ppm 정도이다. 용해할 때 노(爐) 내 분위기를 산화성으로 만들어서 수소 함량을 저하시킨 후에 다시 산소함량을 300~600ppm 정도로 탈산 한다.

가장 일반적인 전기재료용 구리로서 전해인성동 혹은 정련동이라고 불리는 정련동(ETP)은 최소 전기전도도가 100% IACS이다. 99.9%의 순도를 가지며, 산소 함량은 0.02%~0.04% 이다. 전기전도도는 좋으나, 산소가 많이 들어 있기에 소재에 취성이 발생하기 쉬우며 심한 가공을 요하는 제품에는 사용을 주의해야 한다. 최근에 생산되고 판매되는 대부분의 정련동(ETP)은 101% IACS 사양을 충족하거나 초과한다. 무산소동(OF)과 마찬가지로 은(Ag) 함량은 구리(Cu)로 계산된다.

불활성 기체 분위기에서 생산되어야 하고 불순물을 최소화해야 한다. 무산소동(Cu-OF)에 비해 Cu-OF1이 좀더 고급 순동으로 산소의 함량이 작아서 고온에서 수소취성이 발생하지 않음을 의미한다. 산소 농도 10~200ppm 정도로 진공중에서 생산되며, 전기전도도와 가공성이 우수하여 컨넥터(Connector) 및 동축케이블 등에 사용된다.

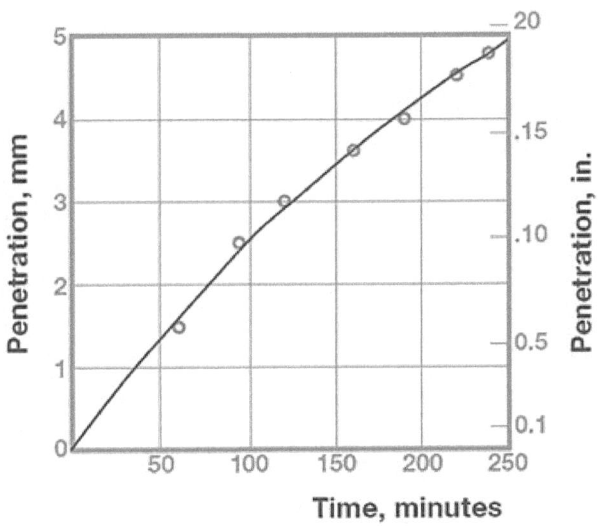

[그림 3-7] 정련동(ETP)의 열간 압연과정에서 수소의 침입

정련동 C11000은 전기용 구리 종류 중 가장 일반적인 재질이며, 높은 전기전도도 즉 100% 이상의 IACS 값을 가지고 있다. C12500과 동일한 산소 함량을 가지고 있지만, 황 함량과 전체 순수도에서 차이가 있다. C11000는 황을 포함하여 50ppm 미만의 총 금속 불순물을 가지고 있다.

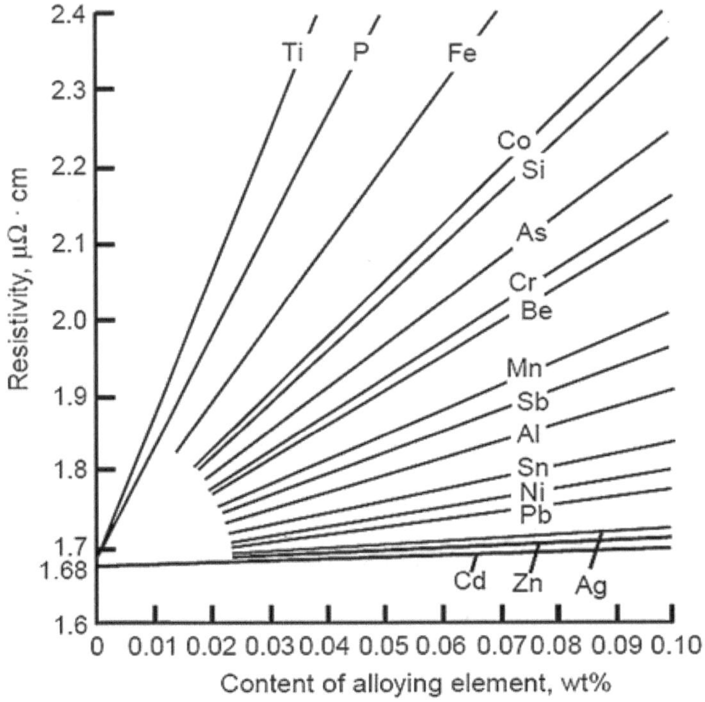

[그림 3-8] 불순물 함량에 따른 순동의 전기저항값 변화

산소가 존재하게 되면 용탕내의 불순물들이 대부분 산화물로 존재하면서 그들 금속 원소가 구리 조직내에서 연성과 전성을 저하하고 전기전도도를 낮추는 효과를 감소시킨다. 또한 산소는 수소와 결합하여 증기를 형성하여 작은 기공을 만들게 되는데, 이러한 작은 기공은 주조시 응고과정에서 응고 수축을 최소화 시키는 효과도 있다. 이렇게 만들어진 구리합금은 열간가공을 통해 기공이 축소된다. 그래서 최소한의 산소 함량을 가진 구리합금은 적절한 인성을 확보할 수 있기 때문에 인성동(Tough Pitch Copper)이라고 부르고 대부분의 전기용 구리합금은 이 정련동을 사용한다.

최근에는 순동의 제조 과정에서 산소의 함량을 극소로 유지할 수 있게 되면서 더 우수한 전기전도도를 확보할 수 있게 되었다. 또한 주조 과정을 환원성 분위기로 하면서 수소의 침입을 최소화할 수 있도록 하여 산소의 함량을 0.06~0.02%까지 낮추고 있다.

전기용 순동의 용접과 열처리 과정에서 부적절하게 환원성 분위기로 유지하게 되면 수소에 의한 취성이 발생하게 된다. 구리합금을 수소가 포함된 환원성 분위기에서 충분히 오랜 시간 가열 상태로 유지하게 되면 수소가 금속내부로 침투하면서 산소의 함량이 낮아진다. 수소와 산소가 만나면서 증기가 형성되고 구리합금에 손상을 입히게 된다. 그래서 구리합금의 열간가공은 산화성 분위기에서 실시하여 이러한 문제점을 방지한다.

[표 3-11] KS 기준에 따른 전해인성동의 특성

종별	기 호		질별	인장시험			굽힘시험			경도 (Hv)
	신기호	구기호		두께 mm	인장강도 kgf/mm²	연신율 %	두께 mm	굽힘 각도	안쪽 반지름	
1	D5201	H3100	0	0.5~30	20 이상	35 이상	2 이하	180°	밀착	–
			1/4H	0.5~30	22~28	25 이상	2 이하	180°	0.5 × 두께	55~100
	C1100	C1100	1/2H	0.5~20	25~32	15 이상	2 이하	180°	1.0 × 두께	75~120
			H	0.5~10	28 이상	–	2 이하	180°	1.5 × 두께	80 이상

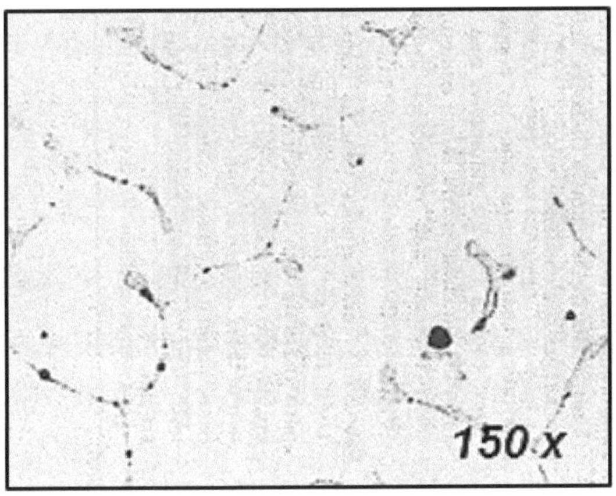

[그림 3-9] 주조 상태의 정련동

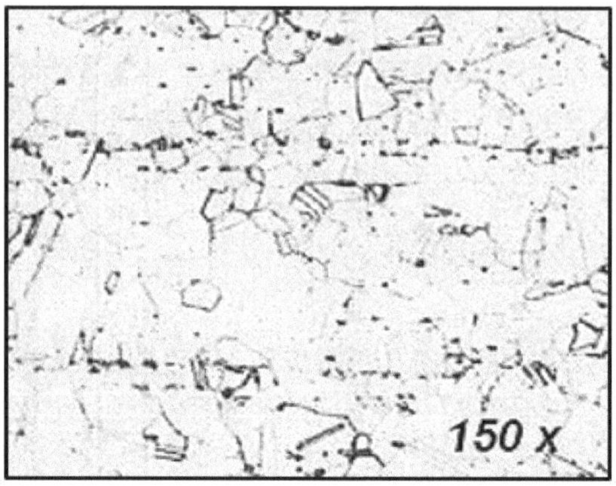

[그림 3-10] 400℃ 이상에서 열간가공한 정련동

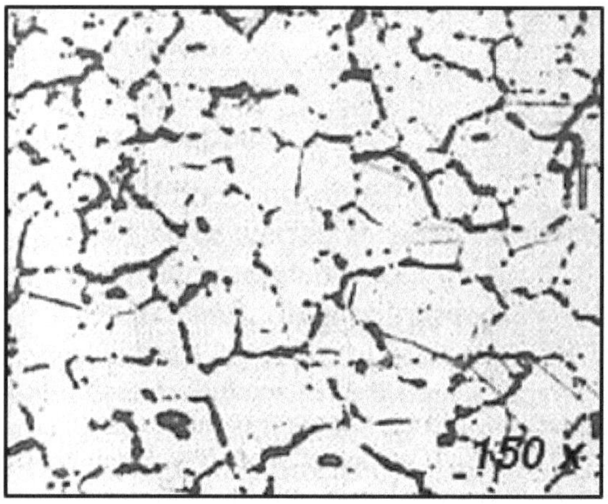

[그림 3-11] 800℃의 수소 분위기에서 30분 노출된 정련동

(3) 탈산동(Deoxidized Copper)

통상 그냥 탈산동으로 불리기도 하지만, 탈산을 위해 인(P)를 넣기 때문에 인탈산동으로 구분하기도 한다. 인으로 탈산하여 조직내에 산소 잔류량은 200ppm 이하로 하고 탈산제로 사용되는 인의 함량은 0.004~0.04%로 하여 제조한다. 고온에서 산소를 흡수하지 않아 용접시에 기공을 형성하지 않고, 연화 온도도 약간 높기 때문에 용접용으로 적합하지만, 인의 함량으로 인해 전기 전도도는 약간 저하된다. 대부분 가스관, 열교환기용, 중유 버너용, 난방배관, 급수 급탕용 등의 배관이나 튜브 재질로 사용되고 판이나 선재는 구리선, 건축용 내외장재 등에 사용되고 있다.

[표 3-12] 탈산동의 성분

종별	화학성분(%)							
	Cu	Zn	Pb	Fe	P	Ni	Mn	기타
1A	99.9 이상	–	–	–	0.004~0.015	–	–	–
1B	99.9 이상	–	–	–	0.015~0.040	–	–	–
2	99.9 이상	–	–	–	0.004~0.040	–	–	–

인의 함유량에 따라 D.L.P와 D.H.P로 구분되며, D.L.P는 잔존하는 인의 함량이 0.004~0.015%이고 D.H.P는 0.015~0.04%인 것을 말한다. 이러한 구분을 KS 규격에서는 [표 3-13]과 같이 1A, 1B, 2의 종별로 구분한다.

[표 3-13] 탈산동의 국제 규격

종별	관련규격				
	KS	JIS	ASTM	BS	DIN
1A	D5201 C1201	H3100 C1201	B152/B152M C12000	2870, 2875 C106	1787 SW-CU
1B	C1220	C1220	C1220	C106	SW-CU
2	C1221	C1221	–	–	–

용해시에 흡수된 산소를 인(P)으로 탈산한 것으로 산소량을 0.02% 이하로 하고 잔류하는 인(P)의 양이 0.009% 이하가 되도록 한다. 조직내에 잔류하는 인(P)이 산소의 흡착을 방해하므로 고온에서 수소취성이 방지되고 용접이 가능하다.

[표 3-14] 탈산동의 기계적 특성

종별	기 호		질별	인장강도 kgf/mm²			굽힘시험			경도시험
	신기호	구기호		두께 mm	인장 강도	연신율 %	두께 mm	굽힘 각도	안쪽 반지름	Hv
1A	C 1201P C 1201R	DCuS1A DCuT1A	0	0.3~30	20 이상	35 이상	2 이하	180°	밀착	–
1B	C 1220P C 1220R	DCuS1B DCuT1B	1/4H	0.3~30	22~28	25 이상	2 이하	180°	0.5 × 두께	55~100
			1/2H	0.3~20	25~32	15 이상	2 이하	180°	1.0 × 두께	75~120
2	C 1221P C 1221R	DCuS2 DCuT2	H	0.3~10	28 이상	–	2 이하	180°	1.5 × 두께	80 이상

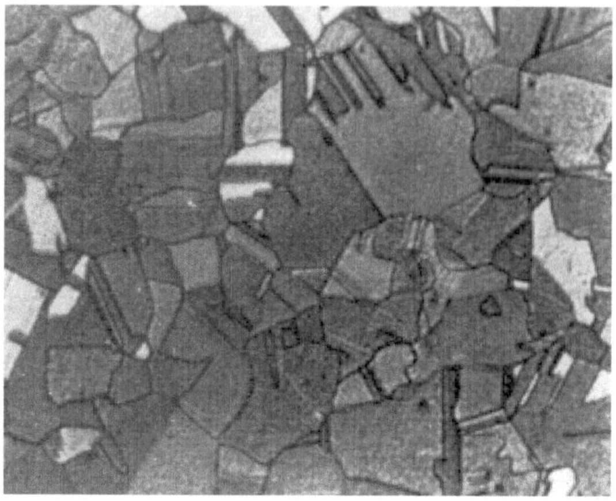

[그림 3-12] 열간 압연된 인탈산동의 미세 조직(X150)

3.1.2. 용도별 순동의 구분

(1) 전기용 순동

우수한 연성과 전기전도도로 인해 구리는 전선, 튜브, 판재 등 다양한 형태로 사용되고 있다. 모터의 코일에 들어가는 전선이나 빌딩의 전력선 등은 산소의 함량이 0.02~0.04% 정도인 인성동(Electrolyte Tough Pitch Copper, CW004A)을 사용한다. 비록 미량이긴 하지만 산소가 들어있기에 전기전도도에서는 약간의 손해를 보겠지만, 일반적인 용도로 사용하기에는 문제가 없으며, 용접이나 납땜을 할 경우에는 환원성 분위기에서 작업을 해야 한다. 만약 더 우수한 전기전도도를 필요로 한다면 CW008A와 같이 산소의 함량을 더 낮춘 정련동을 사용해야 한다.

CW004A와 CW008A와 같은 정련동은 인발이나 굽힘과 같은 냉간가공에 의해 경화될 수 있으며, 인장강도 $250N/mm^2$에 연신율은 12% 정도가 된다. 만약 더 높은 강도가 필요하다면 고용강화형 원소인 은, 카드뮴, 망간, 주석 등을 1% 이하로 첨가하여 열처리를 통해 강도 향상을 추구할 수 있다. 이들 합금원소는 고용강화형으로 작용하며 냉간에서 가공경화 효과를 높이게 되지만 이들 합금원소의 첨가는 결과적으로 전기전도도를 낮추는 부작용이 있게 된다.

구리합금에 대한 국제기술표준은 1913년 국제전기위원회(The International Electrotechnical Commission)에서 영상 20℃의 온도에서 측정한 전기적인 특성을 기준으로 [표 3-15] 및 [표 3-16]과 같이 구분하였다.

[표 3-15] IACS 기준 100%의 특성 기준(at 20℃)

Volume conductivity, σv	58 MS/m
Density, d	8890 kg/m³
Temperature coefficient of resistance, α	0.00393/K

[표 3-16] 전기용 구리합금의 IACS 100%에 따르는 세부 항목의 기준(at 20℃)

Volume resistivity, ρv(= 1/σ v)	1.7241 mWcm
Mass conductivity, σm(= σv /d)	6524 Sm²/kg
Mass resistivity, ρm(= 1/σm)	153.28 mWkg/m²

1) 전기전도도와 불순물

가. 불순물의 영향

불순물과 합금원소는 전기전도도에는 악영향을 미치게 된다. 구리에 고용되는 특성을 가진 합금원소는 원자의 직경에 따라 전기전도도에 영향을 미치게 되지만, 고용되지 않고 석출물 상태로 존재하게 되는 금속 원소는 분리된 별도의 상으로 존재하기 때문에 전기전도도에 영향을 미치지 못한다.

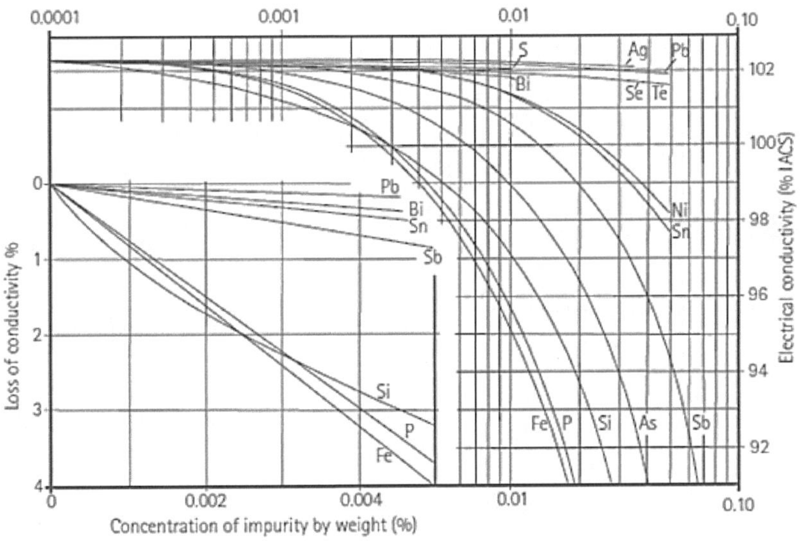

[그림 3-13] 무산소동에서 불순물의 영향에 따른 전기전도도

나. 산소의 영향

불순물의 존재는 전기전도도를 떨어뜨리고 특히 산소는 산화물을 만들어서 기계적 특성을 저하시키는 개재물로 남게 한다. 구리합금에 존재하는 산소는 산화구리의 화합물을 형성하여 전기전도도를 저하시키고 환원성 분위기에서 열을 가하게 되는 용접과정에서 수소취성을 유발하게 된다. 수소에 의한 문제점은 증기취성(Steam Embrittlement)라고도 불린다.

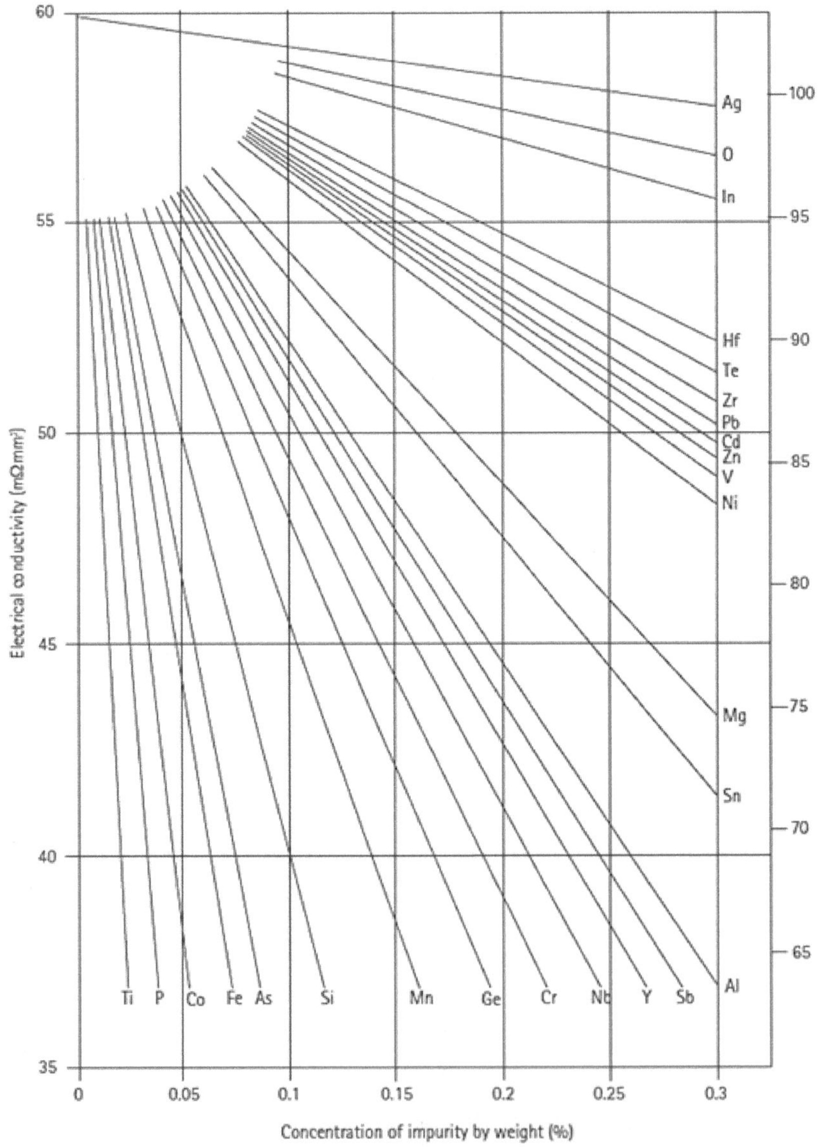

[그림 3-14] 순동의 불순물의 함량에 따른 전기전도도의 변화

2) 전기용 순동의 특성

가. 가공경화

순동은 굽힘이나 인발과 같은 냉간가공에 의해 경화되어 기계적 강도가 향상하게 되는 고용강화형 합금이다. 열처리에 의해서 경화되지 않으며 우수한 전기전도도를 필요로 하는 전기용 구리합금에 기계적 강도를 필요로 할 경우에는 1% 미만의 미량으로 은, 망간, 주석 등의 합금원소를 첨가하여 고용강화 효과를 극대화한다.

인발이나 굽힘과 같은 냉간가공의 기계가공에 의해 구리합금은 경화하고 기계적 특성의 변화가 발생한다. 만약 냉간가공의 효과가 너무 커서 이후의 추가 가공에 어려움이 예상된다면 전체적으로 조직을 연화시키는 응력완화 열처리를 실시할 필요가 있다. 이러한 응력 완화 열처리는 짧은 시간 동안에 최소의 온도 범위에서 실시하는 것이 좋으며 만약 그 보다 긴 시간을 높은 온도에 노출하게 되면 입자가 성장하면서 오렌지껍질(Orange Peel)처럼 표면이 거칠어지는 현상이 발생하게 된다.

빠른 속도도 대량 생산의 인발가공을 하는 공정에서는 원소재의 경화도가 너무 크면 인발가공에 어려움이 있을 수 있기에 원소재의 특성을 평가할 필요가 있다. 이를 위해서 EN12893에서는 Spiral Elongation 시험을 명기하고 있다. 이 실험에서는 직경 2mm의 나선형으로 인발가공하여 스프링 형태로 만들고 여기에 응력을 가해서 늘어나는 정도를 평가하도록 하고 있다.

[표 3-17]은 전기용 재료로 많이 사용되는 정련동인 Cu-FTP/CW004A의 물리적 특성을 정리한 것이다.

[표 3-17] 정련동(Cu-ETP, CW004A)의 물리적 특성

Properties		Value	Units
Density:	IEC standard value(1913)	8.89	g/cm^3
	Typical value at 20℃	8.92	g/cm^3
	at 1083℃(solid)	8.32	g/cm^3
	at 1083℃(liquid)	7.99	g/cm^3
Melting Point		1083	℃
Boiling Point		2595	℃
Linear Coefficient of Thermal Expansion at:	−253℃	0.3×10^{-6}	/K
	−183℃	9.5×10^{-6}	/K
	−191 to 16℃	14.1×10^{-6}	/K
	25 to 100℃	16.8×10^{-6}	/K

Properties		Value	Units
	20 to 200℃	17.3×10^{-6}	/K
	20 to 300℃	17.7×10^{-6}	/K
Specific Heat(Thermal Capacity) at:	−253℃	0.013	J/gK
	−150℃	0.282	J/gK
	50℃	0.361	J/gK
	20℃	0.386	J/gK
	100℃	0.393	J/gK
	200℃	0.403	J/gK
Thermal Conductivity at:	−253	12.98	Wcm/cm^2K
	−200	5.74	Wcm/cm^2K
	−183	4.73	Wcm/cm^2K
	−100	4.35	Wcm/cm^2K
	20	3.94	Wcm/cm^2K
	100	3.85	Wcm/cm^2K
	200	3.81	Wcm/cm^2K
	300	3.77	Wcm/cm^2K
Electrical Conductivity (Volume) at	20℃(annealed)	58.0−58.9	$MS/m(m/\Omega mm^2)$
	20℃(annealed)	100.0−101.5	% IACS
	20℃(fully cold worked)	56.3	$MS/m(m/\Omega mm^2)$
	20℃(fully cold worked)	97.0	% IACS
Electrical Resistivity (Volume) at:	20℃(annealed)	0.017241−0.0170	
	20℃(annealed)	1.724−1.70	
	20℃(fully cold worked)	0.0178	
	20℃(fully cold worked)	1.78	
Electrical Resistivity(Mass) at 20℃(Annealed) Mandatory maximum		0.15328	$\mu\Omega g/m^2$
Temperature Coefficient of Electrical Resistance	Annealed copper of 100% IACS (applicable from −100℃to 200℃)	0.00393	/℃
	Fully cold worked copper of 97% IACS(applicable from 0℃to 100℃)	0.00381	/℃
Modulus of Elasticity (Tension) at 20℃	Annealed	118,000	N/mm^2

Properties		Value	Units
	Cold worked	118,000~132,000	N/mm^2
Modulus of Rigidity(Torsion) at 20℃	Annealed	44,000	N/mm^2
	Cold worked	44,000~49,000	N/mm^2
Latent Heat of Fusion		205	J/g

나. 기계적 강도

전기전도도가 우수한 순동의 주조 상태의 인장강도는 150~170 N/mm^2 정도인데, 이를 열간에서 가공하는 것 만으로도 200~220 N/mm^2로 인장강도가 향상된다. 이 순동을 다시 냉간가공을 하게 되면 [그림 3-15]에서 제시된 바와 같이 가공정도에 따라 가공경화 효과에 의해서 인장강도가 향상되는 등 기계적 특성의 변화가 발생한다.

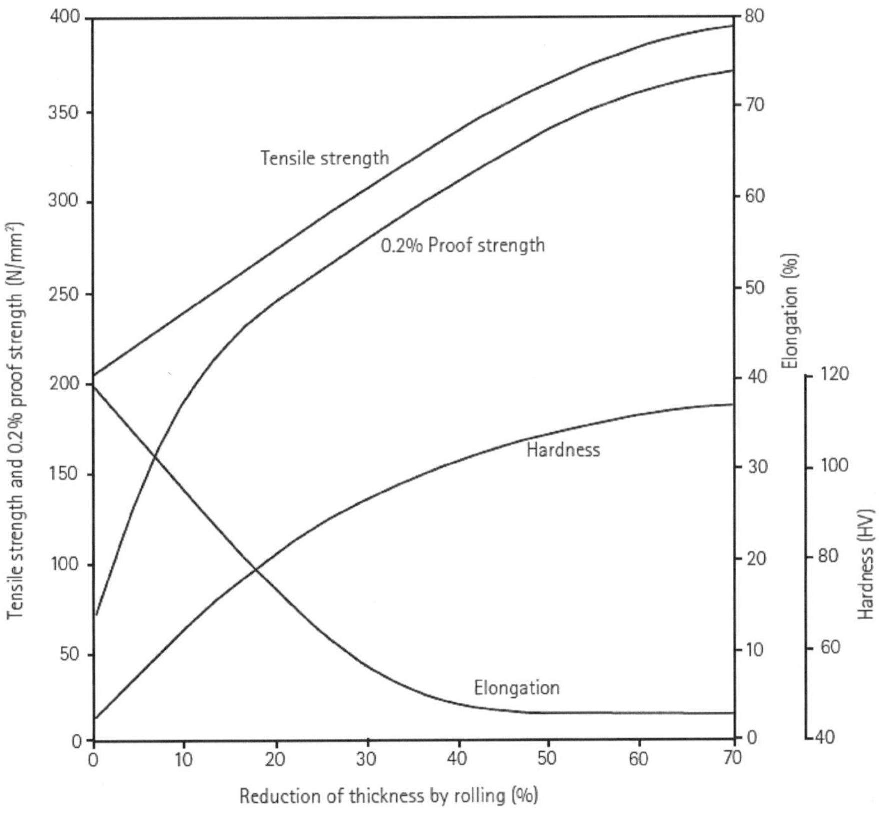

[그림 3-15] 냉간가공에 따른 순동의 기계적 특성 변화

다. 경도(Hardness)

전기용 재료로 사용되는 순동의 경우에는 기계적 특성을 평가하는 지표로 경도를 요구하지는 않는다. 하지만 인장강도를 평가하는 것 보다 쉽게 측정이 가능하고 측정된 수치를 기준으로 강도를 유추할 수 있기에 현장에서는 경도 측정을 선호한다. [그림 3-15]에 제시된 바와 같이 다른 철계 강종에 비해 구리합금의 경도는 인장강도와 직선적인 상관 관계를 갖지는 않는다. 그리고 두께가 두꺼운 경우에 약간의 냉간가공을 하게 되면 제품 표면의 경도와 내부의 경도가 달라지게 되어 표면은 경도가 높은 딱딱한 경화층을 가지지만 내부는 부드러운 초기 조직을 유지하게 된다.

열처리 및 가공 정도에 따라 경도는 달라지지만 전기용 재료로 사용되는 순동은 대략적으로 [표 3-18]과 같은 수준의 경도 값을 가지게 된다. 다만, [표 3-18]의 경도 기준에 제시된 경도 값은 일반적인 기준을 표시하는 것이므로 합부의 판단 기준으로 사용될 수는 없다.

[표 3-18] 전기용 순동의 경도 기준

열처리 및 가공 정도	기호	경도(Hv)
Annealed	O	60 이하
Half-hard	$\frac{1}{2}$H	70~95
Hard	H	90 이상

라. 시효 연화(Age Softening)

냉간가공에 의해 경화된 제품은 고온으로 유지시에 경화를 잃어버리게 되고 기계적 특성이 초기 상태로 돌아가게 된다. 여기에서 언급하는 고온의 의미는 세부 강종별로 다를 수 있고 구리의 특성상 그 온도가 탄소강이나 스테인리스강에 비해 상대적으로 낮기 때문에 재료를 선정하고 적용함에 있어서 이런 부분도 고려 대상이 된다.

특히 전기용 순동의 경우에는 저항 발열에 의해 상대적으로 고온에 노출될 수 있기에 이렇게 시간에 따라 연화하는 정도를 평가하는 기준으로 반감기(Half-Softening)이라는 개념을 적용한다. 실용적으로 전기용 순동의 경우에는 150℃ 이상에서 이런 현상이 발생한다고 보고되고 있고, 실험적으로는 약 50% 정도 가공경화된 순동의 경우에 105℃에서 20~25년간 사용에 문제가 없었던 동일 재질을 250℃에 노출할 경우에는 불과 몇 초의 짧은 시간에 기계적 특성의 변화가 발생한다. 구리합금이 가지는 이런 고유한 특성을 최소화하기 위해서 순동에 0.06% 정도 합금하면 고온 연화 개시 온도를 기계적 특성을 저해하지 않으면서도 약 100℃ 정도 상승시킨다.

마. 크리프(Creep) 저항성

고온에서 사용되는 금속재료 특히 초기 변형값이 큰 부재의 경우에는 크리프 저항성은 재료를 선정하고 적용하는 실무자에게 매우 중요한 고려 사항이 될 수 있다. 아주 심하게 냉간가공을 받은 알루미늄의 경우에는 상온에서도 크리프 변형이 발생한다고 보고되고 있다. 전기용 재료로 사용되는 순동의 경우에는 150℃ 이상의 온도에서 크리프 변형이 발생하는 것으로 알려져 있고 이 온도는 실제로 이들 제품이 사용되는 온도 보다 충분하게 안정적인 것으로 평가된다.

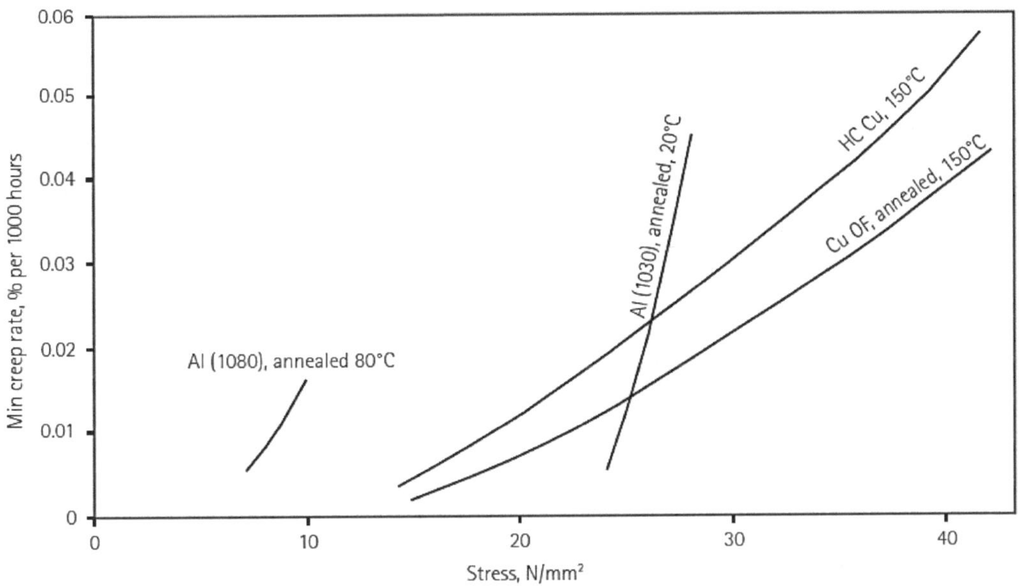

[그림 3-16] 전기용 재료로 사용되는 순동과 알루미늄의 크리프 특성

[표 3-19] 전기용 순동과 알루미늄의 크리프 특성 비교

재료 구분	시험 온도(℃)	최소 크리프 속도 (% per 1,000hr)	응력(N/mm^2)
Aluminum(1030) Annealed	20	0.022	26 *
High Conductivity Copper Annealed	150	0.022	26 *
CuAg0.10(0.086% Ag) 50% Cold Worked	130	0.004	138
	225	0.029	96.5

* [그림 3-16]에서 외삽하여 계산한 추정 값

220℃ 이상의 온도에서 무산소동이나 정련동을 사용할 경우에는 은을 합금하여 고온의 크리프 특성을 개선할 수 있다. 크리프는 고온에서 변형에 저항하는 특성이기에 조직의 특성과도 관련이 있다. 무산소동에서는 비록 미량의 불순물일지라도 불순물이 고용상태로 남아 있지만 정련동에서는 불순물이 산화물 형태로 남아 있기 때문에 무산소동의 크리프 저항성이 더 우수하다.

바. 피로(Fatigue) 특성

피로는 진동 등 반복된 응력에 의해 생기는 물질의 열화현상이다. 일단 균열이 발생하게 되면, 유효 단면적의 감소로 인해 응력이 집중되면서 더욱 빠른 속도로 균열이 전파된다.

[표 3-20] 전기용 순동과 알루미늄의 피로특성 비교

재료 구분		피로강도, N/mm^2	반복횟수(x 10^6)
High conductivity Aluminum	Annealed	20	50
	Half-hard(H8)	45	50
High conductivity copper	Annealed	62	300
	Half-hard	115	300

사. 응력제거 열처리(Annealing)

냉간가공 과정에서 발생하는 잔류응력을 제거하고 합금을 연화시키기 위해서는 열처리를 실시하는 데, 합금에 따라 다르지만 대략 350~600℃ 정도의 온도에서 약 1시간 정도 가열해주면 냉간가공의 효과가 사라지게 된다. 그렇지만 이 과정에서 약간의 변형이 발생하게 되므로 만약에 잔류응력 완화를 추구하면서도 변형이 없는 제품을 원한다면 150~200℃ 정도에서 가열해 주면 된다. 하지만 이렇게 낮은 온도에서는 완전한 연화는 발생하지 않는다.

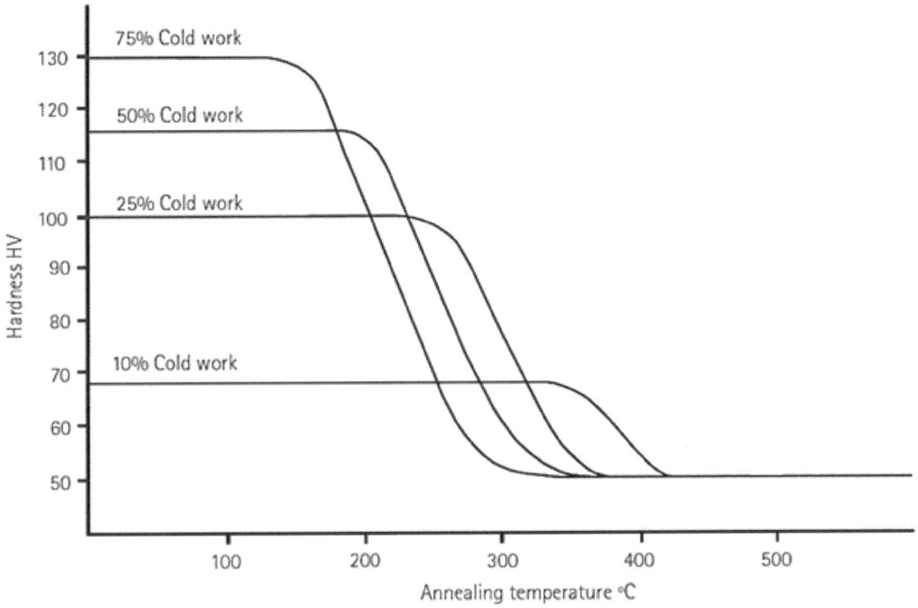

[그림 3-17] 정련동(ETP)의 냉간가공 정도와 열처리 온도에 따른 경도 변화

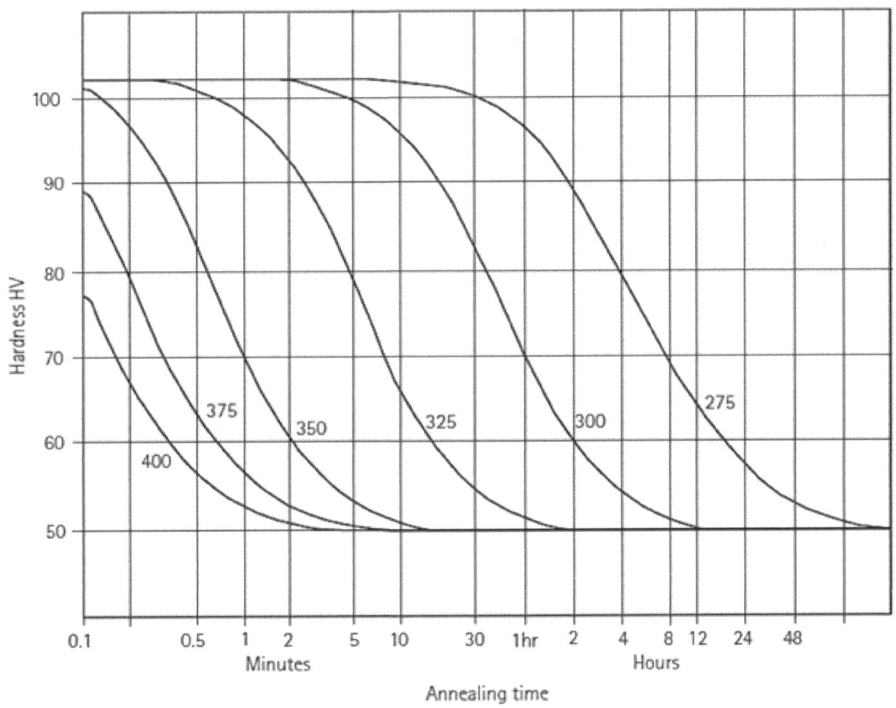

[그림 3-18] 정련동의 열처리 온도와 시간에 따른 경도 변화

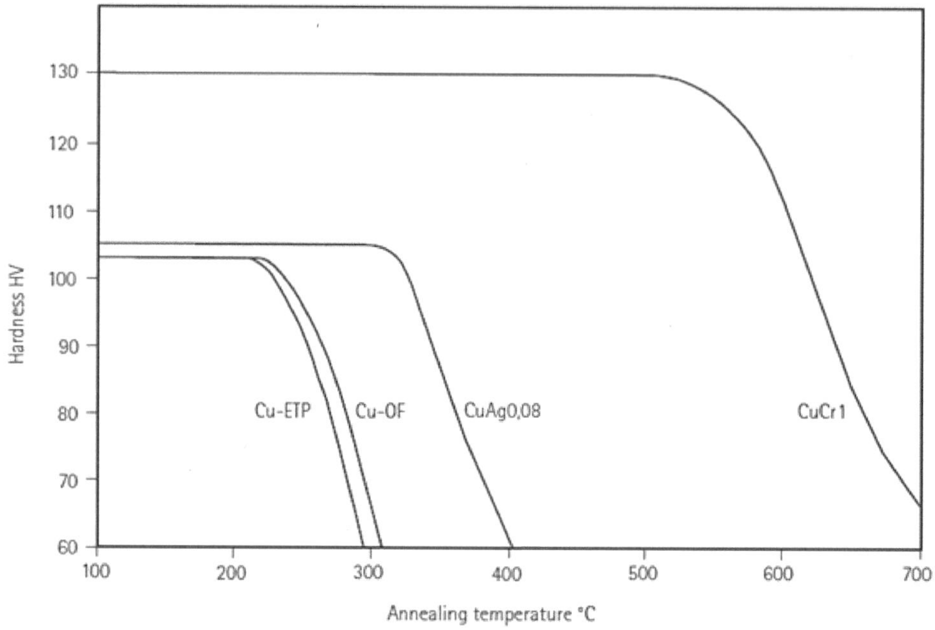

[그림 3-19] 대표적인 전기용 순동의 열처리와 경도 변화

3) 전기용 순동의 종류

가. 고순도 전기용 순동(High Conductivity Copper Grades, Non-Alloyed)

유럽의 EN 규격에서는 고순도의 전기용 순동에 대한 기준을 순도와 그들이 가지고 있는 전기 전도도를 기준으로 제시하고 있다. 각 순동들의 세부적인 화학성분이나 기계적 특성을 여기서 모두 소개하는 것은 어려울 것이고 개략적인 구분만 [표 3-21]에 제시한다.

[표 3-21] 고순도 순동의 종류와 특성 및 용도

합금 구분	주조용	단련용	주요 용도와 특성
Copper Cathode			
Cu-CATH-1	CR001A		정련된 구리는 전기 증착에 의해 음극에 형성되며, 대부분 용해 및 주물 목적의 소재로 사용된다. Cu-CATH-1이 가장 높은 등급이다. 구리 음극은 취성이 커 제작이 어렵다.
Cu-CATH-2	CR002A		
Coppers ex Cu-CATH-1			
Cu-ETP1	CR003A	CW003A	고속 어닐링과 에나멜 칠에 적합한 와이어 제작을 위한 인발 소재로 사용.

합금 구분	주조용	단련용	주요 용도와 특성
Cu-OF1	CR007A	CW007A	환원성 분위기와 극저온에서 사용되는 Cu-ETP1의 무산소(Oxygen Free) 등급.
Cu-OFE	CR009A	CW009A	무산소 및 인함량이 낮은 고순도 구리; 마지막 기호 'E'는 전기 진공 장비에 사용이 적절함을 의미함.
Cu-PHCE	CR022A	CW022A	
Other Unalloyed Coppers			
Cu-ETP	CR004A	CW004A	대부분 전도체와 전기 구성품의 용도로 사용됨.
Cu-FRHC	CR005A	CW005A	용융 정련한 높은 전기전도도의 구리
Cu-OF	CR008A	CW008A	환원성 분위기에서 사용하기 위한 Cu-ETP의 무산소 등급
Cu-FRTP	CR006A	CW006A	용융 정련 인성동은 단련재로 제작이 어렵다. 주물 잉곳 형태로 제공된다.
Phosphorus-containing Coppers			
Cu-PHC	CR020A	CW020A	브레이징 또는 용접을 위해 인을 이용하여 탈산한 구리
Cu-HCP	CR021A	CW021A	
Cu-PHCE	CR022A	CW022A	
Cu-DLP	CR023A	CW023A	
Cu-DHP	CR024A	CW024A	Cu-DHP는 가열용 구리 튜브와 배관 설비에 선호되는 재질이다. 일반적으로 Cu-DHP와 Cu-DXP는 전기용 재료로는 사용되지 않는다.
Cu-DXP	CR025A	CW025A	
Silver-bearing Coppers			
Tough Pitch			
CuAg0,04	CR011A	CW011A	은(Ag)의 함량을 늘리면 고온의 크립 강도와 연화 저항성이 증가한다. 250℃까지 우수한 크립 저항성(350℃에서는 짧은 시간)으로 인해 전기 모터의 부품, 반도체 부품 및 에칭 판재의 용도에 적합하다.
CuAg0,07	CR012A	CW012A	
CuAg0,10	CR013A	CW013A	

합금 구분	주조용	단련용	주요 용도와 특성
Phosphorus Deoxidised Silver-bearing Alloys			
CuAg0,04P	CR014A	CW014A	
CuAg0,07P	CR015A	CW015A	
CuAg0,10P	CR016A	CW016A	
Oxygen-free Silver-bearing Alloys			
CuAg0,04OF	CR017A	CW017A	
CuAg0,07OF	CR018A	CW018A	
CuAg0,10OF	CR019A	CW019A	

* Unwrought coppers in EN 1976 – Cast Unwrought Copper Products and EN 1978 – Copper Cathodes
# BS 6017(confirmed 1989)

① 음극순동(Cathode Copper, Cu-CATH-1 and Cu-CATH-2)

정련 과정을 거친 음극순동은 재 용해를 통해 다른 주조품을 만들기 위한 원료로 사용된다. Cu-CATH-1와 Cu-CATH-2 두가지 종류가 존재하며, 전자가 불순물의 순도가 더 낮은 고품질의 순동으로 전기전도도가 더 좋다. Cu-CATH-2는 음극순동이 가져야 할 일반적인 기준에는 충족하지만 고속 인발가공용으로는 품질이 떨어진다. 아래 내용은 EN 1978에 따른 음극순동의 특성 자료들이다.

[표 3-22] 음극순동의 구리 함량과 전기저항

음극순동의 구분	구리의 함량	전기저항	
		Mass Resistivity	Nominal Volumetric Resistivity
Cu-CATH-1 ; CR001A	Cu 99.9935% 이상	0.15178 $\Omega \cdot g/m^2$ 이하	0.01707$\mu\Omega \cdot m$ 이하
Cu-CATH-2 ; CR002A	Cu 99.97% 이상	0.15328 $\Omega \cdot g/m^2$ 이하	0.01724 $\mu\Omega \cdot m$ 이하

[표 3-23] 음극순동의 불순물 함량 기준

Group	Elements	Value (ppm)
I	Bi+Se+Te	3 이하
II	As+Cd+Cr+Mn+P+Sb	15 이하
III	Pb	5 이하
IV	S	15 이하
V	Co+Fe+Ni+Si+Sn+Zn	20 이하
VI	Ag	25 이하

② 고순도 용융 정련 순동(Fire-refined High Conductivity Copper, Cu-FRHC)

용융 정련을 통해 얻어지는 고순도의 순동이며 CW005A로 구분된다. 정련동(Cu-ETP)과 유사한 수준의 높은 전기전도도를 가지고 있다. 정련동에 비해 약간 불순물의 함량이 높은 편이다. 오늘날 대부분이 순동이 전해 정련을 거쳐서 생산되기에 용융 정련을 통해 생산되는 이런 순동은 찾아보기 어렵다.

③ 고순도 용융 정련 인성동(Fire-refined Tough Pitch Copper, Cu-FRTP)

앞서 소개한 바와 같이 용융 정련에 의해 만들어지는 순동이 극히 제한적이기에 용융 정련에 의해 생산되는 인성동도 실제 현장에서 찾아보기는 어렵다. CW006A로 구분 관리되며, 주로 다른 주조품이나 합금을 만들기 위한 원료로 사용된다.

④ 전해인성동(Electrolytic Tough Pitch Copper, Cu-ETP and Cu-ETP1)

전해 정련한 Cu-CATH-2를 다시 전해 정련하여 약간의 산소를 포함하고 있지만 전체적으로 불순물의 함량을 0.03% 이하로 맞춘 순동으로 정련동이라고도 불린다. Cu-ETP라고 하면 IACS 기준으로 100%의 전기전도도 이상을 확보해야 하며 주조재로는 CR004A가 있고 단련재로는 CW004A가 있다. 이 재질은 과거 영국에서 C101로 불렸던 순동이며 열간 및 냉간가공을 거쳐 다양한 형태로 제조되고 있다.

좀더 품질이 우수한 것으로 평가되는 Cu-ETP1은 주조재와 단련재가 각각 CR003A와 CW003A로 명명되며 과거 영국에서는 C100이라고 불리우는 가장 일반적인 전기용 순동이었다. IACS 기준으로 101% 이상의 전기전도도를 가져야 하며, 연성과 전성이 좋아서 고속도 인발가공용으로도 사용된다. 불순물 함량을 낮추기 위해서는 고순도의 양극 순동인 Cu-CATH-1을 사용하여 제조한다.

⑤ 무산소동(Oxygen-free Copper, Cu-OF and Cu-OF1)

CR008A(주조재)와 CW008A(단련재)로 구분되는 무산소동은 산소와 탈산제가 없는 고 순도의 순동이다. 고온의 환원성 분위에서도 높은 전기전도도를 유지하고 고속인발가공이 가능하다.

불활성 기체 분위기에서 생산되어야 하고 불순물을 최소화해야 한다. Cu-OF에 비해 Cu-OF1이 좀더 고급 순동으로 구분되며, 산소가 없다는 것은 고온에서 수소취성이 발생하지 않음을 의미한다.

고순도 무산소동은 표면의 산화필름이 금속과 유리 사이의 기밀성을 유지해 주기 때문에 진공을 유지해야 하는 용도로 사용되며 CW009A로 구분된다.

무산소동은 정제된 고품질의 전기동(LME A등급, 순도 99.99%)을 사용하여 진공 상태 또는 일산화탄소(CO) 가스로 보호되는 환원성 분위기 상태에서 용해 주조하여 산소 함유량이 10ppm 미만(ASTM기준)인 구리를 말하며 일반 인성동(Tough Pitch Copper)보다 높은 도전율, 열전도도, 재결정 온도와 우수한 가공성을 갖고 있다.

또한 무산소동은 전자, 전기 기기의 중요한 재료로써 높은 효율과 정밀성, 내구성이 요구되는 곳에 사용되고 있다.

무산소동의 특징은 다음과 같이 정리된다.

- 가공시 Cu_2O, CuO 등의 산화물에 의한 동분 발생량이 적음
- 전기전도도 및 열전도도가 우수
- 내굴곡성 및 연성 등 가공성이 우수
- 장기간 고온 수소 분위기에서도 수소취성이 발생되지 않음
- 고온에 잘 견디며 충격에 강함

나. 저합금 전기용 순동(Low-Alloyed High Conductivity Copper Alloys)

① Copper-Silver(Cu-Ag)

순동에 미량의 은(Ag)을 혼합하면 기계적 강도가 급격하게 저하되는 연화온도(Softening Temperature)를 높이면서도 전기전도도를 해치지 않으며, 크리프(Creep) 저항성을 높여주고 기계적 특성을 좋게 한다. 따라서 대형 모터의 정류자처럼 고온에 장시간 노출될 경우에 이 순동을 선호한다. 산소의 함량을 제어하기가 어렵기 때문에 정련동은 주조 직전에 은을 혼합하여 생산한다.

[표 3-24] 순동의 종류와 구분

Wrought Materials – Coppers			
ISO Designation	Material	Old BS Designation	EN Designation
Cu–ETP	Electrolytic tough–pitch copper	C101	CW004A
Cu–FRHC	Fire–refined tough–pitch high–conductivity copper	C102	CW005A
Cu–FRTP	Fire–refined tough–pitch copper	C104	CW006A
Cu–OF	Oxygen–free copper	C103	CW008A
Cu–DLP	Phosphorus–deoxidised copper (low residual phosphorus)	–	CW023A
Cu–DHP	Phosphorus–deoxidised copper (high residual phosphorus)	–	CW024A
Wrought Materials – Low–Alloyed Coppers			
ISO Designation	Material	Old BS Designation	EN Designation
Cu–DPA	Phosphorus–deoxidised arsenical copper	C107	Not made
Cu–LSTP	Silver–bearing tough–pitch copper(low silver)	–	CW011A CW012A CW013A
Cu–OFS	Silver–bearing oxygen–free copper	–	CW017A CW018A CW019A
CuS	Copper–sulphur	C111	CW114C
CuTe	Copper–tellurium	C109	CW118C
Wrought Materials – High Copper Alloys(96–99% Cu)			
ISO Designation	Material	Old BS Designation	EN Designation
CuCd	Copper–cadmium	C108	CW130C CW131C
CuCdSn	Copper–cadmium–tin	–	Not made
CuCr	Copper–chromium	C101	CW105C
CuBe1.7CoNi	Copper–beryllium(1.7% Be)	CB101	CW100C
CuBe2CoNi	Copper–beryllium(2% Be)	–	CW101C
CuCo2Be	Copper–cobalt–beryllium	C112	CW104C
CuNi2Si(Trade name: Colsibro' Columbia)	Copper–nickel–silicon	BSB25 Aerospace Series	–
CuSi3Mn1	Copper–silicon–manganese	CS101	CW116C

같은 은(Ag)의 함량을 가지지만 제조 과정에 따라 인성동, 인탈산동, 무산소동의 세 종류로 구분된다. CuAg0,04(CW011A)는 은의 함량이 0.03% 이상이며 변압기의 소재로 사용된다. 납땜과 같이 열을 가하는 과정에서 연화가 발생하지 않도록 하기 위해서는 은의 함량을 좀더 높여서 0.06~0.08% 함유한 CuAg0,07(CW012A)을 사용한다. 고온의 크리프 저항성을 높이기 위해서는 은의 함량을 0.08~0.12% 함유한 CuAg0,10(CW013A)를 사용한다. 이들 순동의 전기전도도는 IACS 기준으로 100%에 해당한다.

CuAg0,04P(CW014A), CuAg0,07P(CW015A), 그리고 CuAg0,10P(CW016A)는 탈산의 정도는 비슷한데, 인(P)의 함량을 0.001~0.007% 추가한 순동으로 전기전도도는 IACS 기준으로 98.3%에 해당한다.

CuAg0,04OF(CW017A), CuAg0,07OF(CW018A), 그리고 CuAg0,10OF(CW019A)는 무산소동으로 전기전도도는 IACS 기준으로 100%에 해당한다. 탈산제에 의한 취성이 우려된다면 무산소동을 선택해야 한다.

② 인(P) 탈산동(Phosphorus Deoxidised Copper)

수소가 포함된 환원성 분위기에서 용접이나 납땜, 열간가공 등을 하면서 수소취성이 우려된다면 탈산동을 사용해야 한다. 인(P)을 통한 탈산을 실시한 순동은 여러 종류가 있으나, 전기전도도가 필요한 경우에는 가능한 범위내에서 인의 함량을 낮게 가져가야 한다.

Cu-PHC(CW020A)는 인의 함량이 0.001~0.006%(10~60ppm) 정도이며, IACS기준 100%의 전기전도도를 유지한다. Cu-PHCE(CW021A), Cu-HCP(CW022A), 그리고 Cu-DLP(CW023A)는 인의 함량이 0.013%(130ppm)까지 포함하여 수소취성에 대한 저항성이 높으면서 IACS 기준으로 91.5%의 전기전도도를 가지고 있다.

Cu-DHP(CW024A)와 Cu-DXP(CR025A)의 인의 함량은 0.015~0.060% 정도로 조직내에 잔류하는 산소가 없고 용접이나 열처리에 제한이 없다. 하지만 전기전도도가 IACS 기준으로 70~80% 수준이기 때문에 전기용 자재로는 제한되며 열교환기 튜브 또는 기타 인발가공용으로 사용된다.

[표 3-25]는 전기용 순동의 종류별 화학성분과 특성을 요약한 것이며, 여기에서 화학성분의 19가지 기타 불순물은 Ag, As, Bi, Cd, Co, Cr, Fe, Mn, Ni, O, P, Pb, S, Sb, Se, Si, Sn, Te, Zn 등이다.

[표 3-25] 순동의 종류와 특성

순동 종류 구분			화학 성분(%)		전기 특성 (주조재, at 20℃)	
합금명	구분		구리(0.015% 이하 Ag)	기타 19가지 불순물 원소	저항값 (Ω·g/m²)	전기전도도 (% IACS)
	주조재	단련재				
Copper Cathods						
Cu-CATH-1	CR001A		나머지	0.0065	0.15176	101.0
Cu-CATH-2	CR002A		99.90 이상	0.03	0.15328	100.0
Copper from Cu-CATH-1						
Cu-ETP1	CR003A	CW003A	나머지	0.0065 O 0.040 이하	0.15176	101.0
Cu-OF1	CR007A	CW007A	나머지	0.065	0.15176	101.0
Cu-OFE	CR009A	CW009A	99.99 이상		0.15176	101.0
Cu-PHCE	CR022A	CW022A	99.99 이상	P 0.001~0.006	0.15328	100.0
Other Unalloyed Copper						
Cu-ETP	CR004A	CW004A	99.99 이상	0.03	0.15328	100.0
Cu-FRHC	CR005A	CW005A	99.99 이상	0.04	0.15328	100.0
Cu-OF	CR008A	CW008A	99.95 이상	0.03	0.15328	100.0
Cu-FRTP	CR006A	Cw006A	99.90 이상	0.05		
Phosphorus-containing Copper						
Cu-PHC	CR020A	CW020A	99.95 이상	0.03 P 0.001~0.006	0.15596	100.0
Cu-HCP	CR021A	CW021A	99.95 이상	0.03 P 0.002~0.007		98.3
Cu-DLP	CR023A	CW023A	99.90 이상	0.03 P 0.005~0.013		Approx. 91.5
Cu-DHP	CR024A	CW024A	99.90 이상	P 0.015~0.040		Approx. 80
Cu-DXP	CR025A	CW025A	99.90 이상	0.03 P 0.04~0.06		Approx. 70
Silver-bearing Copper-Tough Pitch						
CuAg0.04	CR011A	CW011A	나머지	0.03 Ag 0.03~0.05 O 0.040 이하	0.15328	100.0

순동 종류 구분			화학 성분(%)		전기 특성 (주조재, at 20℃)	
합금명	구분		구리(0.015% 이하 Ag)	기타 19가지 불순물 원소	저항값 (Ω·g/m²)	전기전도도 (% IACS)
	주조재	단련재				
CuAg0.07	CR012A	CW012A	나머지	0.03 Ag 0.06~0.08 O 0.040 이하	0.15328	100.0
CuAg0.10	CR013A	CW013A	나머지	0.03 Ag 0.08~0.012 O 0.040 이하	0.15328	100.0
Phosphorus Deoxidized Silver-bearing Copper						
CuAg0.04P	CR014A	CW014A	나머지	0.03 Ag 0.03~0.05 P 0.001~0.007	0.15596	98.3
CuAg0.07P	CR015A	CW015A	나머지	0.03 Ag 0.06~0.08 P 0.001~0.007	0.15596	98.3
CuAg0.10P	CR016A	CW016A	나머지	0.03 Ag 0.08~0.12 P 0.001~0.007	0.15596	98.3
Oxygen-free Silver-bearing Copper						
CuAg0.04(OF)	CR017A	CW017A	나머지	0.0065 Ag 0.03~0.05	0.15328	100.0
CuAg0.07(OF)	CR018A	CW018A	나머지	0.0065 Ag 0.06~0.08	0.15328	100.0
CuAg0.10(OF)	CR019A	CW019A	나머지	0.0065 Ag 0.08~0.12	0.15328	100.0

(2) 구조용 순동

구리합금을 그 성분이나 용도에 따라 세분할 수 있으나, 가장 일반적으로는 전기적인 용도에 따라 전기용 합금과 건축물 등에 사용되는 구조용 합금으로 구분하게 된다. 구조용 순동은 각각의 기계적 특성과 열 및 전기의 전도도 등에 따라 선정되며, 구조용 재질로 가장 일반적으로 사용되는 순동은 과거 C106으로 구분되던 CW024A이다.

구리가 구조용 재질 특히 배관재 등으로 선호되는 가장 큰 이유는 394W/mK로 알루미늄의 2배 혹은 스테인리스강의 3배에 해당하는 열전도도를 가지고 있어서 열을 전달하는 목적에는 아주 충실한 재료이기 때문이다. 또한, 우수한 내식성으로 녹이 잘 발생하지 않으며 반짝임이 작고, 쉽게 납땜을 통해 접합이 가능한 이점이 있다. 미생물에 대한 저항성이 크고 살균 능력이 있으며 성형이 쉽고 미려한 외관을 만들 수 있으며 재활용이 용이하여 소재의 활용도가 높은 장점이 있다.

1) 고장력 순동

미량의 은, 카드뮴, 망간, 주석 등을 혼합하여 약간의 기계적 강도를 향상시킬 수 있으며, 이보다 더 큰 강도 향상을 원한다면 구리에 크롬을 0.5~1.2% 정도 합금하거나 구리에 아연을 0.1% 정도 합금하여 열처리를 하면 석출경화에 의해 강도 향상을 꾀할 수 있다.

이들 합금은 인장강도 450N/mm^{2}에 연신율은 400°C까지 약 10%를 확보할 수 있으며 IACS 기준으로 75~78%의 전기전도도를 나타낸다. 이렇게 고강도를 갖기 위해서는 합금을 950~1000°C로 가열하여 고용화 열처리를 실시하고 바로 물속에서 급냉을 한 후에 다시 425~500°C 로 가열하여 석출물 상을 만들게 한다. 이렇게 만들어진 구리합금은 고강도로 전기용접시의 전극이나 전기용 접점, 기어 등의 용도로 사용된다.

2) 절삭 가공용 순동

순동에 0.5%의 텔루륨(Te, Tellurium)이나 황을 혼합하게 되면 절삭성이 20~90%까지 크게 향상되어 대량 가공에 유리하다. 이들 합금 성분은 IACS 기준으로 93% 이상을 확보할 수 있기에 전기전도도를 해치지 않으면서도 구리텔루라이드 혹은 구리황화물을 만들어서 절삭성을 향상시키게 된다. 구멍을 뚫고 절삭을 통해 대량 생산을 해야 하는 용접절단기 팁이나 노즐 및 각종 고정구 등의 제품 생산에 용이하다.

[표 3-26] 순동의 기계적 성질 (Annealed Condition)

순동의 종류		경도 (HB)		인장강도 (N/mm^2)	항복강도 (N/mm^2)	연신율 (%)
기호	번호	이상	이하	이상		이상
Cu-ETP	CW004A	-	-	200	120 이하	35
Cu-FRHC	CW005A					
Cu-OF	CW008A	65	90	-	-	-
CuAg 0,04	CW011A	-	-	250	200 이하	12
CuAg 0,07	CW012A	-	-	250	180 이하	15
CuAg 0,10	CW013A	-	-	230	160 이하	18
CuAg 0,04P	CW014A					
CuAg 0,07P	CW015A	85	110	-	-	-
CuAg 0,10P	CW016A	75	100	-	-	-
CuAg 0,04(OF)	CW017A	-	-	300	260 이하	8
CuAg 0,07(OF)	CW018A	-	-	280	240 이하	10
CuAg 0,10(OF)	CW019A	-'	-	260	220 이하	12
Cu-PHC	CW020A					
Cu-HCP	CW021A	100	-	-	-	-

3.2 적동(赤銅), 단동(丹銅) (Red Brass)

적색이 강해서 붉은 황동(Red Brass) 혹은 건메탈(Gunmetal), 톰백(Tombac) 이라고도 불리우며, 아연의 함량이 5~20%인 황동을 말한다. 강도는 낮으나 전연성이 좋고 색깔이 금색에 가까워 모조금이나 판 및 선 등에 사용된다. 아연이 5~20% 정도로 소량 함유된 황동의 여러 종류를 통칭해서 동양에서는 붉은 색으로 인해 적동(赤銅), 혹은 단동(丹銅) 이라고 불리우며 서양에서는 톰백(Tombac)이라고 한다.

이 단동은 비교적 아연이 적게 함유되어 색상이 황동에 비해 붉은 빛이 띠며, 성질은 순동과 황동의 중간에 해당된다.

[표 3-27] 단동의 종류와 특징

합금 종류		합금 성분	용도 및 특징
단동 1종(Gilding Metal)	C2100	95Cu-5Zn	화폐, 메달 등에 사용
단동 2종 (Commercial Bronze)	C2200	90Cu-10Zn	청동과 유사한 색으로 띄므로 청동 대용으로 사용, Deep-Drawing용 소재, 메달, 뱃지 등에 사용
단동 3종 (Rich Low or Red Brass)	C2300	85Cu-15 Zn	건축용, 금속잡화, 소켓, 장신구 등에 사용
단동 4종(Low Brass)	C2400	80Cu-20Zn	장식용, 금속잡화, 악기 등에 사용

3.2.1. 길딩메탈(Gilding Metal, 95Cu-5Zn)

단동 1종에 해당하며, 아연을 5% 정도 포함한 C21000에 속하는 합금이다. 순동과 색상 및 성질이 유사하나, 순동의 너무 무른 단점을 보완하고 기계적 강도를 확보하여 유럽의 금속공예가들이 애용하는 금속 판재이다. 순동과 같이 연하여 가공성이 좋아서 화폐, 메달, 토큰 등에 사용된다.

[표 3-28] 길딩메탈의 종류와 화학성분(wt.%)

UNS No.	상용 합금명	ISO No	KS/JIS No	구리(Cu)	아연(Zn)	납(Pb)
C21000	95/5 Gilding metal	CuZn5	C2100	94.0~96.0	~ 5	〈 0.03
C22000	90/10 Gilding metal	CuZn10	C2200	89.0~91.0	~ 10	〈 0.05
C23000	85/15 Gilding metal	CuZn15	C2300	84.0~86.0	~ 15	〈 0.05
C24000	80/20 Gilding metal	CuZn20	C2400	78.5~81.5	~ 20	〈 0.05

[표 3-29] 길딩메탈의 색깔

UNS No.	상용 합금명	표면 색깔
C11000	ETP Copper	Soft pink
C21000	95/5 Gilding metal	Red-brown
C22000	90/10 Gilding metal	Bronze-gold
C23000	85/15 Gilding metal	Tan-gold
C26000	70/30 Brass	Green-gold

3.2.2. 커머셜 브론즈(Commercial Bronze, 90Cu-10Zn)

단동 2종에 해당하며, 아연의 함량이 10%인 구리합금으로 색깔이 청동과 비슷하여 청동 대용품으로 사용된다, 합금명은 C2200으로서 가구용, 건축용 등에 사용된다. 이름은 청동(Bronze)라고 붙여졌지만, 실제로는 아연이 포함되어 있어서 단동으로 구분된다.

[표 3-30] C22000의 기계적 특성(두께 6mm 기준, min.)

기계적 특성 / 열처리 조건	OS035	H02	M20
인장강도(MPa)	260	360	255
항복강도(MPa)	83	310	69
연신율 (%)	50	15	45
전단강도(MPa)	205	240	195

[표 3-31] C22000의 화학성분(wt.%)

화학성분(wt. %)	Cu	89.0~91.0
	Pb	0.05 max
	Fe	0.05 max
	Zn	나머지

[표 3-32] C22000의 열처리(Annealed, OS) 조건에 따른 입자 사이즈(mm, B601)

열처리 조건	평균	최소	최대
OS050	0.050	0.035	0.090
OS035	0.035	0.025	0.050
OS025	0.025	0.015	0.035
OS015	0.015		0.025

3.2.3. 뉴-골드(New-gold, 88Cu-12Zn)

구리에 아연이 12% 섞인 황동의 일종이다. 황동과 흡사하나 금 14K와 유사한 색감을 가지고 있어서 서양에서 장신구 소재뿐만 아니라 다양한 금속공예 재료로 널리 쓰인다. CDA No. 230으로 새로운 황금이라는 뜻의 New Gold라고 불리기도 하지만, 금속공예 분야에서는 Nu-Gold라는 이름이 더 익숙한 재질이며 Merlin's Gold라고 불리기도 한다. 일반적인 황동 제품에 비해 표면의 오염이 적어서 오랫동안 황동 고유의 색을 유지한다.

3.2.4. 레드브라스(Red Brass, 85Cu-15Zn)

국내에서는 표면 색이 붉은 색이어서 적동(赤銅)이라고 불리우며 단동 3종에 해당한다. 아연 함량이 15%인 구리합금으로 부드럽고 내식성이 좋아 건축용 금속잡화, 체결공구, 열교환기 튜브 등에 사용된다.

합금명은 C23000으로서 C22000보다 붉은 색이 더 강하고 기계적 강도도 더 우수하다.

[표 3-33] C23000의 기계적 성질

기계적 특성	Metric	Imperial
인장강도	269~724MPa	39~105ksi
항복강도	69~434MPa	10~70ksi
연신율(min.)	55%	55%
포아송 비(Poisson's ratio)	0.34	0.34
탄성계수(Elastic modulus, min.)	117GPa	16,969ksi

3.2.5. 로우브라스(Low Brass, 80Cu-20Zn)

단동 4종에 해당하며, 아연 함량이 20%인 구리합금으로 얇은 박판으로 만들기 쉬워서 금박의 대용으로 사용되고 색깔이 아름다워서 장식용, 금속잡화, 악기 등에 사용된다. 합금명은 C24000이며 열처리 조건에 따라 기계적 강도는 다양하게 얻을 수 있다.

[표 3-34] C24000의 화학성분(wt.%)

합금원소	성분(wt. %)
Cu	78.5~81.5
Fe	0.05 이하
Pb	0.05 이하
Zn	나머지

[표 3-35] C24000의 기계적 특성 (min.)

열처리	두께	인장강도	항복강도	연신	경도(Rockwell)				전단강도	피로한도
					B	C	F	30T		
H01	1mm (0.04in)	365MPa (53ksi)	273MPa (40ksi)	30%	55	-	-	54	248MPa (36ksi)	-
H02	1mm (0.04in)	421MPa (61ksi)	345MPa (50ksi)	18%	70	-	-	64	269MPa (39ksi)	-
H04	1mm (0.04in)	510MPa (74ksi)	407MPa (59ksi)	7%	82	-	-	71	296MPa (43ksi)	-
H08	1mm (0.04in)	627MPa (91ksi)	448MPa (65ksi)	3%	91	-	-	77	331MPa (48ksi)	165MPa (24ksi)
OS015	1mm (0.04in)	345MPa (50ksi)	138MPa (20ksi)	46%	91	-	75	42	228MPa (33ksi)	-
OS025	1mm (0.04in)	331MPa (48ksi)	117MPa (17ksi)	47%			69	32	-	-
OS050	1mm (0.04in)	303MPa (44ksi)	97MPa (14ksi)	50%			61	16	221MPa (32ksi)	-
OS070	1mm (0.04in)	290MPa (42ksi)	83MPa (12ksi)	52%			57	8	-	-

[표 3-36] 순동과 단동의 기계적 특성 비교

품명		순동			단동		
		C1100	C1201	C1220	C2100	C2200	C2300
화학성분	Cu	99.90 % 이상			94.0~96.0	89.0~91.0	84.0~86.0
	Alloy (%)	O : 0.02~0.045	O : 0.004~0.015	O : 0.015~0.04	Pb : ≤0.05 Fe : ≤0.05		
비중(gm/㎤)		8.94	8.94	8.94	8.86	8.8	8.75
열전도율 (Cal/cm/sec/℃)		0.935	0.87	0.81	0.45	0.45	0.38
전기전도도(IACS, %)		100	95	80	55	43	32
인장강도 (Kgf/㎟, min.)	O	23~26	23~26	23~26	23	23	25
	1/4H	26~28	26~28	26~28	28~34	28~34	30~37
	1/2H	29~32	29~32	29~32	30~37	30~37	32~39
	H	32	32	32	33	33	35
연신율 (%, min.)	O	40	40	40	35	35	40
	1/4H	32	32	32	25	25	28
	1/2H	20~30	20~30	20~30	20	20	23
경도 (Hv)	O	70 이하	70 이하	70 이하	70 이하	70 이하	70 이하
	1/4H	70~85	70~85	70~85	70~95	70~95	70~95
	1/2H	85~105	85~105	85~105	95~120	95~120	95~120
	H	105 이상	105 이상	105 이상	120 이상	120 이상	120 이상

3.2.6. 오동(烏銅)

구리 90%~95%, 금 5~10%를 섞어 만든 우리나라 고유의 구리합금이다. 전통적인 방법으로 요소에 담가 착색을 하면 까마귀처럼 검은 색을 얻을 수 있어 오동(烏銅)이라 부른다. 여기에 다시 은을 1% 정도 추가하면 검붉은 색을 얻을 수 있는데, 이 때문에 흔히 적동(赤銅, Red Copper)이라고도 불린다. 이 합금을 약품으로 처리하면 아름다운 보라빛을 띈 검은색 광택을 얻을 수 있어서 예로부터 자동(紫銅)이라고도 불렸다. 구리에 금을 합금한 것을 진오동(眞烏銅)이라고 부르며 금 대신에 은을 사용한 것을 가오동(假烏銅)이라고 구분해서 부르기도 한다.

3.3 황동(黃銅, Brass)

황동이라고 부르는 합금은 구리에 아연이 포함된 합금 종류 전체를 통칭하는 명칭으로 이 그룹 내에는 합금의 성분에 따라 다양한 기계적 특성과 내식성, 경도, 색, 전기전도도 등이 존재하게 된다. 황동은 순동의 23~44% 수준의 전기전도도를 가지고 있고, 우수한 열전도성을 가지고 있기에 열교환기의 재료로 사용된다.

황동은 우리말로 놋쇠라고도 부른다. 한자로는 말 그대로 누를 황(黃)자에 구리 동(銅)자 쓰는 황동(黃銅). 일본어로는 신주(眞鍮, 진유)라고 하며, 일본어의 영향을 많이 받은 건설 현장 용어에서도 아직까지 이 표현이 많이 쓰인다. 관악기로 이루어진 밴드를 브라스 밴드라고 부르는 것은 관악기를 이루는 주요 소재가 황동으로 만들어졌기 때문에 영어로 황동을 뜻하는 브라스(Brass) 밴드라고 부르게 되었다.

황동은 이름에서 느껴지는 색은 노란색을 연상하게 되지만, 실제로는 합금 성분에 따라 노란색, 오렌지색에서부터 시작하여 황금색, 은색까지 다양하다. 1% 정도 망간을 혼합하게 되면 색은 초콜릿과 같은 검은색이 되고, 니켈이 들어간 양은(Nickel Silver)은 표면을 연마하게 되면 밝은 은색에 가까운 색감을 가질 수 있다. 다양한 색감과 성형이 쉬운 장점으로 인해 건축물 외장재를 비롯하여 다양한 용도로도 사용된다.

황동의 역사는 중국에서 BC 5세기 초에 생산되었으며 BC 2세기와 3세기까지 중앙아시아에서 널리 사용되었다. 청동과 마찬가지로 구리와 아연의 조합을 처음부터 인위적으로 구상했을 가능성은 없기에 초기의 황동은 아연이 들어 있는 구리 광석을 제련하는 과정에서 자연발생적으로 얻어진 것으로 예상할 수 있다. 기원전 1세기에 현대의 황동과 유사한 합금을 의도적으로 생산하기 시작했으며, 이때에는 산화아연과 소량의 산화철이 혼합된 칼라민(Calamine)과 구리를 혼합하여 황동을 만들게 된다. 구리를 칼라민이 든 도가니에서 용융하게 되면 칼라민에 들어있는 아연이 증기로 변화하면서 구리에 함유되어 17~30% 정도의 아연 함량을 갖는 황동이 생산된다. 이렇게 생산된 황동을 칼라민황동(Calamine Brass)이라고 불렀으며, 옛 로마인들은 이를 주화로 만들어서 로마 전역에 사용하도록 하였다.

아연의 함량이 40%인 6-4 황동에 납(Pb)을 1~3% 첨가한 납입황동은 절삭시에 고용되지 않은 납(Pb)이 윤활제의 역할을 하므로 절삭 가공성이 양호하다. 셀레늄(Se) 혹은 텔루륨(Te)을 첨가한 쾌삭성 황동도 있다. 보통의 황동에 Mn(망간), Sn(주석), Fe(철), Al(알루미늄), Ni(니켈) 등을 첨가해서 내식성, 강도 등을 개선한 특수 황동이 있다.

황동은 놋쇠라고도 불리는데, 아연의 함량이 높아질수록 융점이 낮아지고 유동성이 좋아서 주조에 유리하게 되고, 아연의 함량이 작아질수록 연성이 좋아져서 단조가공에 유리하게 된다. 우리 조상들이 방자 유기를 제조한 것은 황동의 이런 우수한 가공성을 활용한 것이다.

청동에 비하여 가격이 싸고 색깔이 아름답다. 황동이 가장 많이 쓰이는 곳 중 하나는 탄피다. 연성이 좋아서 쉽게 깨지거나 찢어지지 않고, 적당히 항복강도가 높으면서도 탄성계수는 철에 비해 낮으므로 황동은 탄피로서 가장 이상적인 재질이다. 특히 순간적인 압력변화는 크면서도 크기의 제약 때문에 두껍게 만들기 힘든 소구경탄의 경우 대부분 황동으로 만들어진다.

3.3.1. 황동의 조직

(1) 황동 조직의 구분

황동은 아연의 함량에 따라 상이 변화하게 되며, 이를 조직을 크게 구분하여 각각 α황동, $\alpha+\beta$ 황동, 그리고 β황동으로 구분한다.

1) α황동(Alpha Brass)

구리(Cu)의 1차 고용체에 있는 α상의 조성범위 내의 아연이 함유된 황동으로 금속격자 구조로는 면심입방격자(FCC, Face Centered Cubic) 구조를 가지며, 부드럽고 연신율이 좋아서 상온 가공에 적합하다. 아연의 함량이 30% 미만으로 내식성이나 기계적 강도 측면에서는 다른 황동에 비해 아쉬움이 있지만, 적당한 내식성과 함께 가공성이 우수한 장점이 있다.

아연을 2% 함유한 뇌관용 황동, 5~15% 함유한 카트리지 황동(Cartridge Brass), 7-3 황동에 주석(Sn)을 첨가한 애드머럴티 황동(Admiralty Brass), 망간(Mn)을 함유한 망간황동, 알루미늄을 추가한 알루미늄황동 등이 있다.

2) $\alpha+\beta$ 황동(Alpha Plus Beta Brass, Multi Phase Brass)

구리(Cu)와 아연(Zn)을 주성분으로 하는 구리합금을 황동(黃銅)이라 부르고, 이 중에서 Cu의 1차 고용체에 있는 α상과 체심입방정 β상의 2상 혼합조직으로 이루어진 구리합금을 $\alpha+\beta$황동이라고 한다. 아연의 함량이 40%인 6-4 황동, 네팔 황동 등이 대표적인 $\alpha+\beta$ 황동이다.

동과 아연의 합금으로서 순동에 비해 강도가 높고, 연신성이 우수하다. 아연을 약 30% 함유한 7-3 황동은 실온 가공성이 뛰어난 α 고용체 합금이다. 아연을 40% 함유한 6/4 황동은 $\alpha+\beta$ 2상 혼합 합금으로 열간가공성이 좋지만, 균열이 발생하기 쉽다.

아연 함량 40%의 6-4 황동은 $\alpha+\beta$의 조직이 되고, 아연이 약 45% 이상이 되면 β상으로만 되어 β황동이라고 부른다. 이 이상 아연 함량이 높은 합금은 취성이 있기에 실용되지 않는다.

이 합금계의 물리적 성질은 아연(Zn) 함량과 함께 변화된다. 비중은 순동의 8.9에서 Zn 50%로 8.29까지 대부분 직선적으로 감소하지만 열팽창 계수는 아연(Zn) 함량과 함께 조금씩 증대되며 전도율은 처음에 급격히 저하되고 약 37%에서 조금 증가를 보인다.

강도는 아연(Zn) 함량 약 45%까지는 증가하지만 이후는 감소하고 연신율 비는 아연 함량 30%의 7-3 황동에서 최고가 된다. 경도도 강도와 대체로 같은 경향을 보인다.

내식성은 비교적 좋은 편이지만 사용 조건에 따라서는 탈아연 현상을 나타낸다. 냉간가공재는 놓아두면 깨지는 경향이 있고 그 경향은 아연(Zn) 함량과 함께 증대된다. 특히 암모니아성 분위기 속에서 더욱 심하다. 이것을 피하기 위해서는 약 200℃ 부근의 저온에서 어닐링(Annealing)을 한다. [표 3-37]에 대표적인 황동의 기계적 성질을 나타냈다.

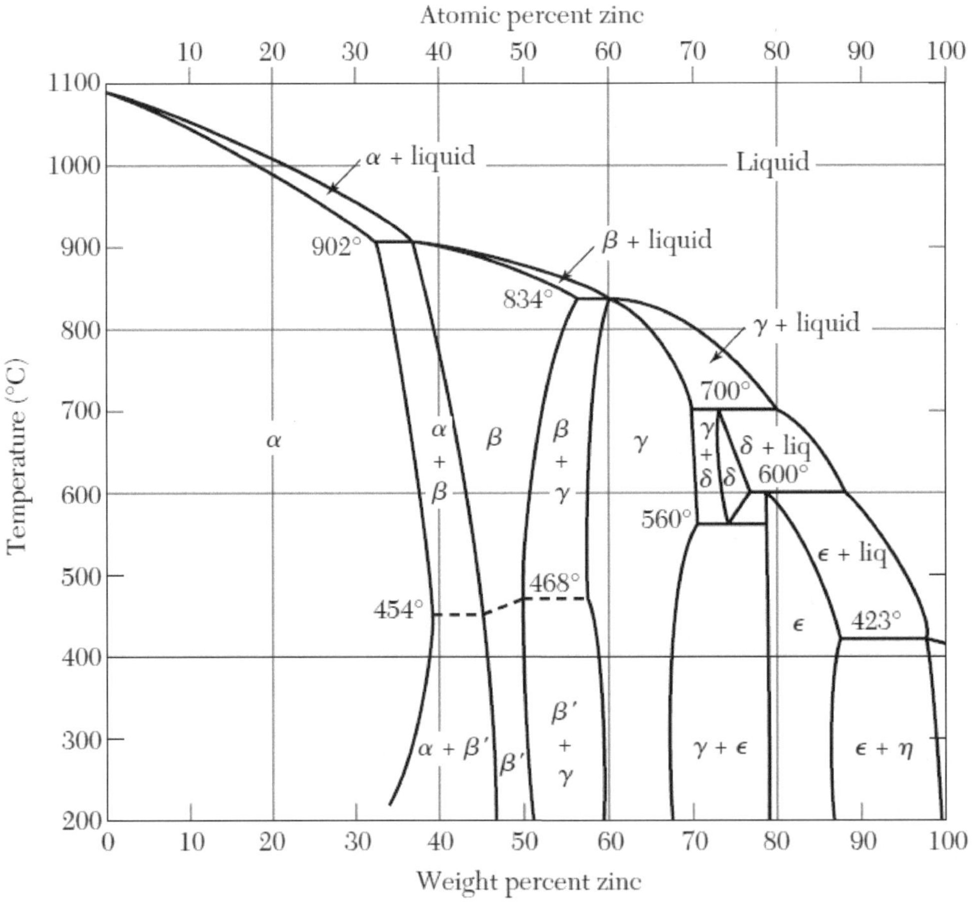

[그림 3-20] 황동의 상태도

3) β황동(Beta Brass)

α상의 조직은 냉간가공이 가능하지만, β상이 혼합된 조직은 취성을 유발하는 β상의 특성으로 인해 냉간가공이 어렵고 주로 β'상이 β상으로 변화하는 임계온도인 500℃ 이상의 고온에서 열간가공을 실시한다.

β상은 열간가공성이 좋고 실온 강도는 높지만, 아연 함량이 40%를 넘으면 강도와 연신율이 급격하게 저하하기 때문에 일반적으로 가공용으로 사용되는 황동 제품의 아연 함량의 한계 수치는 43%로 제시한다.

황동의 전성(展性)은 구리 함량에 따라 좌우되는데 구리 함량이 55% 이하인 황동은 연성과 전성이 너무 작아서 가공이 불가능하며 백황동(白黃銅)이라 불린다.

[표 3-37] 황동의 기계적 성질

합금명	기계적 성질 (min.)			
	인장강도(kg/mm^2)	내력(kg/mm^2)	연신율 비(%)	브리넬경도
7-3황동(가공 후 어닐링)	30~34	9	60~70	45~50
6-4황동(가공 후 어닐링)	40~44	10~13	45~55	70

4) β' phase – BCC structure(ordered)

[그림 3-20]의 황동의 상태도에서 제시된 바와 같이 아연의 함량이 증가함에 따라 발생하는 β상은 규칙격자(Ordered) 조직을 갖는 저온의 β'상과 고온에서 확인되는 비규칙격자(Disordered) 상태의 β상으로 세분된다. 두가지 조직이 모두 체심입방격자(BCC)구조를 가지고 있으며, 조직의 비규칙격자의 무질서도 정도는 합금원소의 인력과 반발력의 차이로 인해 온도에 따라 변화하게 된다. β상은 상온 및 저온에서는 규칙화된 격자 조직을 갖게 되지만, 고온에 노출되면 조직의 규칙화 정도가 무너지고 무질서도가 증가하는 비규칙격자 조직이 형성된다.

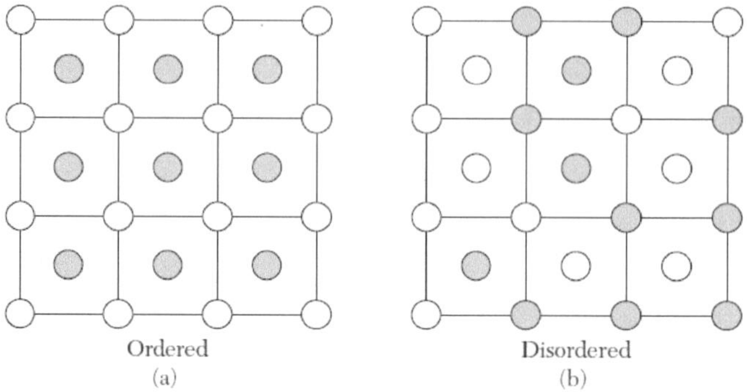

[그림 3-21] 규칙격자(Ordered)와 비규칙격자(Disordered) 구조

5) 기타 조직

황동의 조직은 면심입방격자(FCC) 구조를 갖는 α상과, 체심입방격자를 갖는 β상 그리고 아연의 함량이 50%를 넘게 증가함에 따라 나타나는 복합조직으로 단위 Cell에 25개의 원자를 갖는 γ상과 조밀육방격자(HCP) 구조를 갖는 ε상과 η상이 존재하게 된다.

ε상과 η상은 c/a의 값으로 구분되며, 순수 아연 ε상의 경우에 c/a값은 1.56 정도이고, η상의 c/a값은 1.86으로 약간의 차이점을 보인다. 이러한 조직을 가진 황동을 백색황동(White Brass)라고 부르며, 이들 조직은 다들 취성을 가지고 있기에 성형이나 가공이 불가능한 것으로 평가된다.

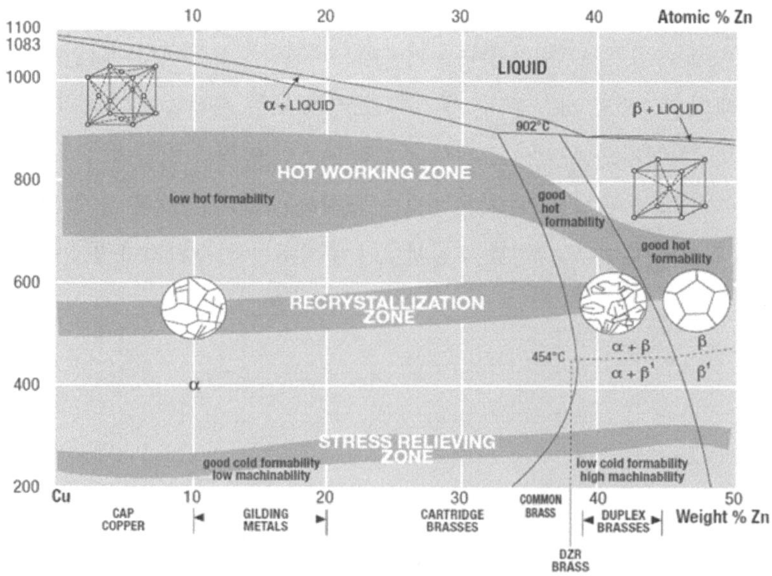

[그림 3-22] 아연 함량과 황동의 조직과 가공 온도

(2) 합금 성분의 역할

1) 아연(Zn)

아연(Zn)은 황동을 구성하는 가장 중요한 합금원소로서 황동의 기계적, 화학적 특성을 좌우하게 된다. 아연의 함량이 증가함에 따라 내식성은 저하하는 것으로 평가되며, 탈아연현상과 응력부식균열(SCC)에 취약해진다. 아연의 함량이 증가함에 따라 기계적 강도가 향상하기는 하지만 43%가 넘으면 β상 때문에 취약해진다. 열과 전기전도도는 아연의 함량이 증가함에 따라 감소하게 된다.

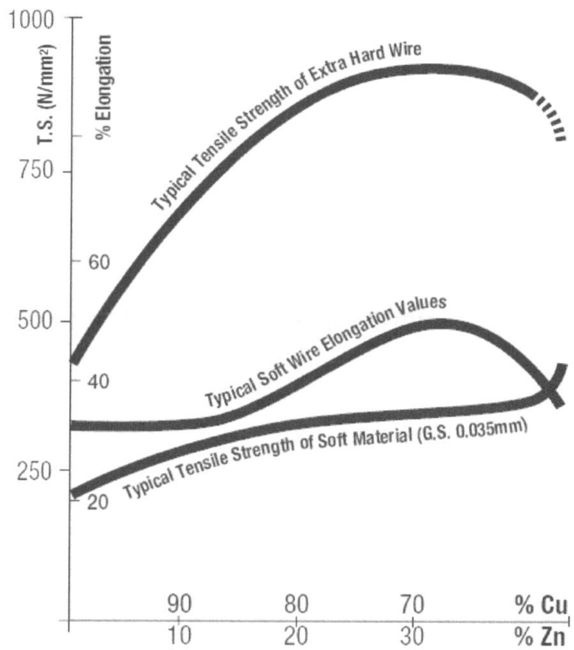

[그림 3-23] 아연의 함량과 가공경화도에 따른 기계적 강도

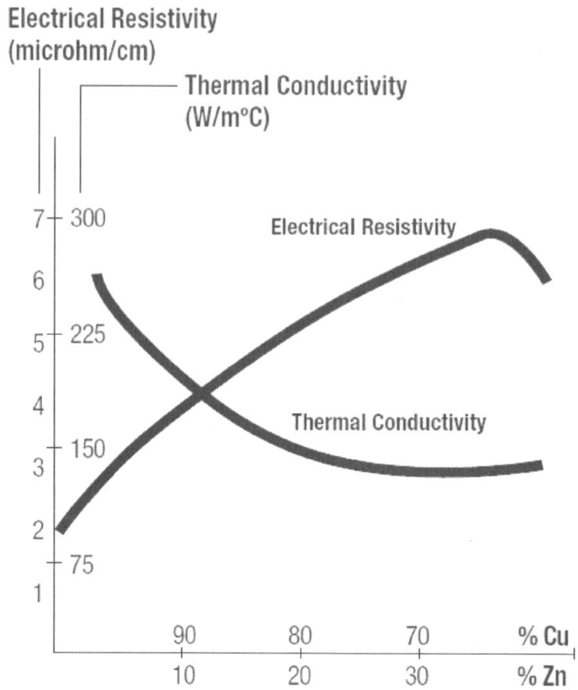

[그림 3-24] 아연의 함량에 따른 열과 전기저항의 변화

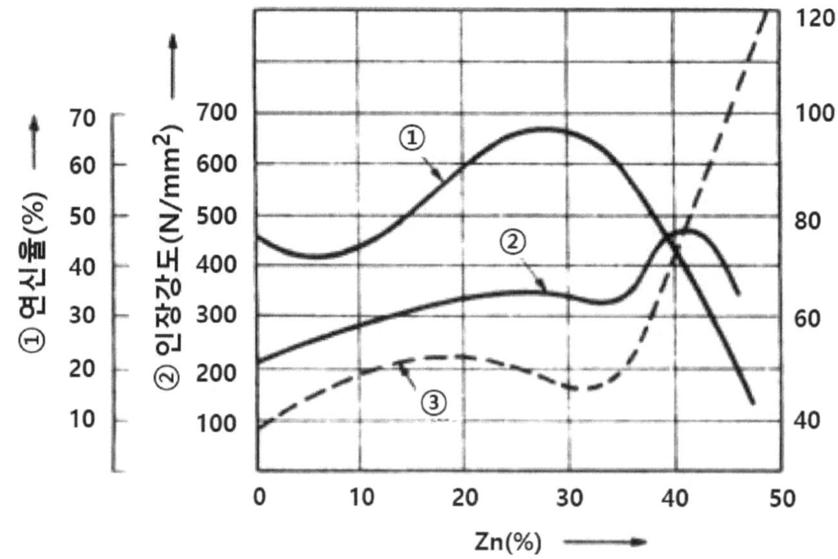

[그림 3-25] 아연 함량에 따른 황동의 기계적 성질

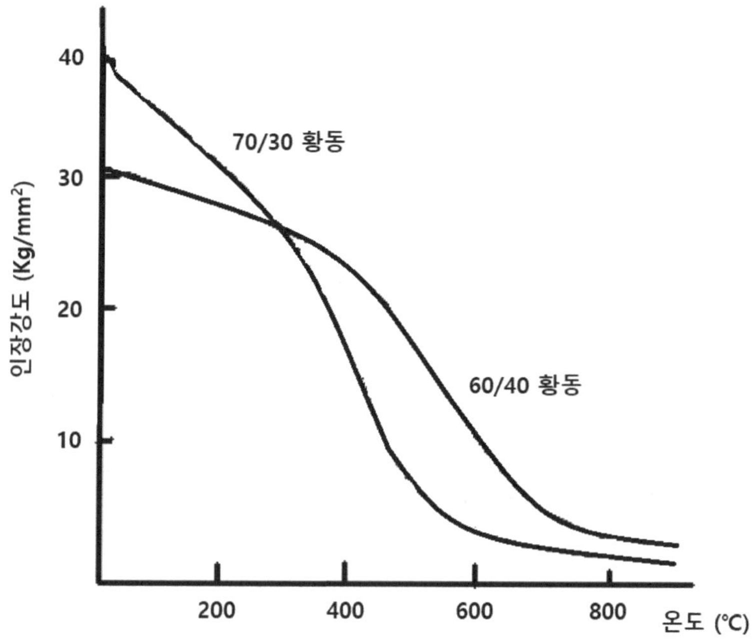

[그림 3-26] 온도에 따른 황동의 강도 변화

2) 납(Pb)

황동 조직에 고용화 되지 않으며 입계에 석출물로 존재하게 되어 절삭성을 개선한다. 납의 존재는 내식성에는 별 관계가 없으며, 열간가공을 한 황동에는 입계에 석출하여 저융점을 형성하여 열간균열을 유발할 수 있기 때문에 납의 함량을 제한해야 한다.

3) 주석(Sn)

해수부위기에서의 부식저항성이 증대하며, 1% 이내의 함량은 황동의 기계적 특성에 영향을 주지 못한다. 비소(As), 안티몬(Sb) 등과 함께 탈아연현상을 막아주는 긍정적인 역할을 한다.

4) 실리콘(Si)

내식성과 내마모성을 증대시키며, 산화 저항성을 높이고 주조 및 용접시에 용탕의 유동성을 증가시킨다.

5) 비소(As)

α상을 가진 황동에서 탈아연현상을 막아주는 역할을 한다.

6) 니켈(Ni)

양백(Nickel Silver)에서 볼 수 있는 은색을 나타내기 위해 10~20% 정도 합금 된다. 내식성을 유지하면서도 변색과 응력부식균열(SCC)에 대한 저항성을 높인다.

7) 알루미늄(Al)

황동의 강도를 향상시키고 Al_2O_3의 얇은 산화피막을 만들어서 황동의 내식성과 내마모성을 증대 시킨다.

[표 3-38] 주요 황동의 특성과 용도

구분	특 성	단 점	주사용처	비 고
Admiralty Brass (71Cu-28Zn-1Sn)	일반 용수나 해수에 대하여 내식성이 뛰어남	SCC 발생	열교환기 Tube	비소(As), 안티몬(Sb)등을 첨가 Dezincification 현상 방지
Aluminum Brass (76Cu-22Zn-2Al)	Al을 첨가하여 질긴 산화피막 형성으로 다른 유속에 의한 Erosion 방지	SCC 발생	열교환기 Tube	비소(As), 안티몬(Sb)등을 첨가 Dezincification 현상 방지
Naval Brass (69Cu-30Zn-1Sn)	Admiralty Brass와 비슷하나 Plate로만 공급됨	SCC 발생	열교환기 Tube Sheet, Baffle.	비소(As), 안티몬(Sb)등을 첨가 Dezincification 현상 방지
Cupro Nickel (70Cu-30Ni)	ACC, Erosion에 강하여 내식성이 뛰어남. (Erosion은 Al-Brass 보다 좋음)		열교환기 Tube	80% Cu-20% Ni 또는 90% Cu-10% Ni의 조성도 있음

3.3.2. 황동의 재료 특성

황동으로 구분되는 구리합금의 종류와 관련 규격은 다음의 [표 3-39]과 같이 정리된다.

[표 3-39] 황동의 종류와 관련 규격

품명	종별	관련규격		
		KS	JIS	ASTM
황동	1	D5301 C2600	H3300 C2600	B135/B135M C26000
	2	C2700	C2700	B135/B135M C27000
	3	C2800	C2800	B135/B135M C28000
복수기용 황동	1	D5301 C4430	H3300 C4430	B111/B111M C44300
	2	C6871	C6871	B111/B111M C68700
	3	C6872	C6872	B111/B111M C68700
	4	C6870	C6870	B111/B111M C68700
쾌삭 황동	1종보통	D5101 C3602	H3300 C3602	B135/B135M C36000
	1종특수	C3601	C3601	
	2종보통	C3604	C3604	B16/B16M C36000
	2종특수	C3603	C3603	
연입 황동		D5201 C3710	H3100 C3710	
단조용 황동	1	D5201 C3712	H3250 C3712	B124/B124M C37700
	2	C3771	C3771	B21/B21M C46200
네이벌 황동	1	D5101 C4622	H3250 C3622	B21/B21M C46400
	2	C4641	C4641	
고력황동	2	D5101 C6782	H3250 C6782	
	3	C6783	C6783	

(1) 황동의 물리적 성질

기계적 성질과 마찬가지로 황동의 물리적 성질도 합금 성분에 따라 다르게 나타난다.

[표 3-40] 주요 황동의 물리적 성질(min.)

물리적 특성		90-10	80-20	Al-Brass	70-30	60-40	60-40 + Lead	High Tensile Brass
밀도 (상온, g/cm^3)		8.8	8.6	8.3	8.5	8.4	8.5	8.1~8.4
선팽창계수 (20~200℃, $X10^{-6}$ per ℃)		18	19	20	20	21	21	19~22
비열(상온, J/g ℃)		0.38	0.38	0.3	0.38	0.3	0.38	0.38
열전도율 (W/m℃)	At 20℃	190	140	101	120	125	120	-
	At 200℃	225	168	127	147	142	-	-
전기전도도 (% IACS)	At 20℃ (Annealed)	44	32	23	28	28	28	6~19
	At 200℃ (Annealed)	33	25	18	22	21	-	-
	At 20℃ (Cold Worked)	40	27	-	22	-	-	-
전기저항 (μΩm)	At 20℃ (Annealed)	0.039	0.054	0.075	0.062	0.062	0.062	0.055~0.096
	At 200℃ (Annealed)	0.053	0.070	0.096	0.079	0.082	-	-
	At 20℃ (Cold Worked)	0.043	0.064	-	0.078	-	-	-
영율 (인장, x 10^3 N/mm^2)	At 20℃ (Annealed)	127	121	110	117	104	98	93~100
	At 20℃ (Cold Worked)	120~127	106~121	-	99~177	95~104	-	-
영율 (비틀림, x 10^3 N/mm^2)	At 20℃ (Annealed)	46.5	44.0	40.0	41.5	39.0	30.0	
	At 20℃ (Cold Worked)	44.0~46.5	41.5~44.0	-	37.0~41.5	35.0~39.0	-	-

(2) 황동의 화학적 성질

황동은 구리에 아연을 합금한 것을 기본으로 하고 여기에 필요에 따라 니켈, 알루미늄, 실리콘 등의 보조 합금원소를 추가한다.

[표 3-41] 황동의 화학적 성질

품명	종별	화학성분(wt.%)								
		Cu	Zn	Pb	Fe	Sn	Al	As	Mn	기타
황동	1	68.5~71.5	나머지	0.07 이하	0.05 이하					
	2	63.0~67.0		0.07 이하	0.05 이하					
	3	59.0~63.0		0.01 이하	0.07 이하					
복수기용 황동	1	70.0~73.0	나머지	0.07 이하	0.06 이하	0.9~1.2		0.02~0.06		
	2	76.0~79.0		0.07 이하			1.8~2.5	0.02~0.06		Si: 0.2~0.5
	3	76.0~79.0		0.07 이하						Ni: 0.2~1 Cr: 0.1 이하
	4	76.0~79.0		0.07 이하						
쾌삭 황동	1종보통	59.0~63.0	나머지	1.8~3.7	0.5 이하	Sn+Fe 1.2이하				
	1종특수	59.0~63.0		1.8~3.7	0.3 이하	Sn+Fe 0.5이하				
	2종보통	57.0~61.0		1.8~3.7	0.5 이하	Sn+Fe 1.2이하				
	2종특수	57.0~61.0		1.8~3.7	0.35 이하	Sn+Fe 0.6이하				
연입 황동		58.0~62.0	나머지	0.6~1.2	0.1 이하					
단조용 황동	1	58.0~62.0	나머지	0.25~1.2		Sn+Fe 0.8이하				
	2	57.0~		1.0~		Sn+Fe				

품명	종별	화학성분(wt.%)								
		Cu	Zn	Pb	Fe	Sn	Al	As	Mn	기타
		61.0		2.5		1.0 이하				
네이벌 황동	1	61.0~ 64.0	나머지	0.3 이하	0.2 이하	0.7~ 1.5				
	2	57.0~ 62.0		0.5 이하	0.3 이하	0.5~ 1.0				
고력 황동	2	56.0~ 60.5	나머지	0.5 이하	0.1~ 1.0		0.2~ 2.0		0.5 ~2.5	
	3	55.0~ 59.0		0.5 이하	0.2~ 1.5		0.2~ 2.0		1.0~ 3.0	
알루미늄 황동	2	76~79	나머지	0.07 이하	0.06 이하		1.8~ 2.5	0.02~ 0.06		
	3	76~79		0.07 이하					0.2 이하	Ni: 0.2 ~1.0
	4	76~79		0.07 이하						Ni: 0.2 ~0.5
악기용 황동		61~65	나머지	0.1~ 1.0		0.7~1.5			1.0	

[표 3-42] 황동 주물(Brass Castings)의 화학 성분

종류	기호	화 학 성 분(%)							인장시험(min.)	
		Cu	Zn	Pb	Sn	Al	Fe	Ni	인장강도 (kgf/mm^2)	연신율(%)
1종	YBsC1	83.0~ 88.0	11.0~ 17.0	0.5 이하	0.1 이하	0.2 이하	0.2 이하	0.2 이하	15	25
2종	YBsC2	65.0~ 70.0	24.0~ 34.0	0.5~ 3.0	1.0 이하	0.5 이하	0.8 이하	1.0 이하	20	20
3종	YBsC3	58.0~ 64.0	30.0~ 41.0	0.5~ 3.0	1.0 이하	0.5 이하	0.8 이하	1.0 이하	25	20

(3) 황동의 기계적 성질

황동은 아연 함유량의 변화에 따라 인장강도, 연신율, 및 경도와 같은 기계적 성질이 변화한다. 아연의 함량에 따라 인장강도가 증가하지만, 아연의 함량이 40%를 넘어서면 취성이 발생하여 구조재로 사용하기 어렵다.

[표 3-43] 황동의 기계적 성질

품명	종별	기호		질별	인장시험			경도시험	
		신기호	구기호		바깥지름 (mm)	인장강도 Kgf/mm^2	연신율 %	비커스 (HV)	로크웰 (HR)
황동	1	C2600	BSB1	F	6 이상	28 이상	35 이상		
				O	6~75		45 이상		40 이하
				1/2H	6~50	36 이상	20 이상		53 이상
				H	6~20	42 이상			70 이상
	2	C2700	BSB2	F	6 이상	30 이상	30 이상		
				O	6~75		40 이상		40 이하
				1/2H	6~50	36 이상	20 이상		53 이상
				H	6~20	42 이상			70 이상
	3	C2800	BSB3	F	6 이상	32 이상	25 이상		
				O	6~75	32 이상	35 이상		55 이상
				1/2H	6~50	38 이상	15 이상		
				H	6~20	46 이상			
쾌삭 황동	1종 보통	C3602	MBSB1	F	6~75	32 이상		75 이상	
	1종 특수	C3601	MBSB1	F	6 이상	30 이상	15 이상		
				O	6~75		25 이상		
				1/2H	6~50	35 이상		95 이상	
				H	6~20	46 이상		130 이상	
	2종	C3604	MBSB2	F	6~75	34 이상		80 이상	
	2종 특수	C3603	MBSB2	F	6 이상	32 이상	10 이상		
				O	6~75	32 이상	20 이상		
				1/2H	6~50	37 이상		100 이상	
				H	6~20	46 이상		130 이상	

품명	종별	기 호		질별	인장시험			경도시험	
		신기호	구기호		바깥지름 (mm)	인장강도 Kgf/mm²	연신율 %	비커스 (HV)	로크웰 (HR)
연입 황동		C3710	PBBS	1/4H	0.3~10	38~47	20 이상		
				1/2H		43~52	13 이상		
				H		48 이상			
단조용 황동	1	C3712	FBSB1	F	6 이상	32 이상	15 이상		
	2	C3771	FBSB2	F					
네이벌 황동	1	C4622	NBSB1	F	6~50	35 이상	20 이상		
	2	C4641	NBSB2	F	6~50	35 이상	20 이상		
고력 황동	2	C6782	HBSB2	F	6~50	52 이상	15 이상		
	3	C6783	HBSB3	F		55 이상	15 이상		
복수 기용 황동	1	C4430	BSPF1	O	5~250	315 이상	30 이상		
	2	C6871	BSPF2	O	5~250	355 이상	40 이상		
	3	C6872	BSPF3	O		355 이상			
	4	C6870	BSPF4	O					

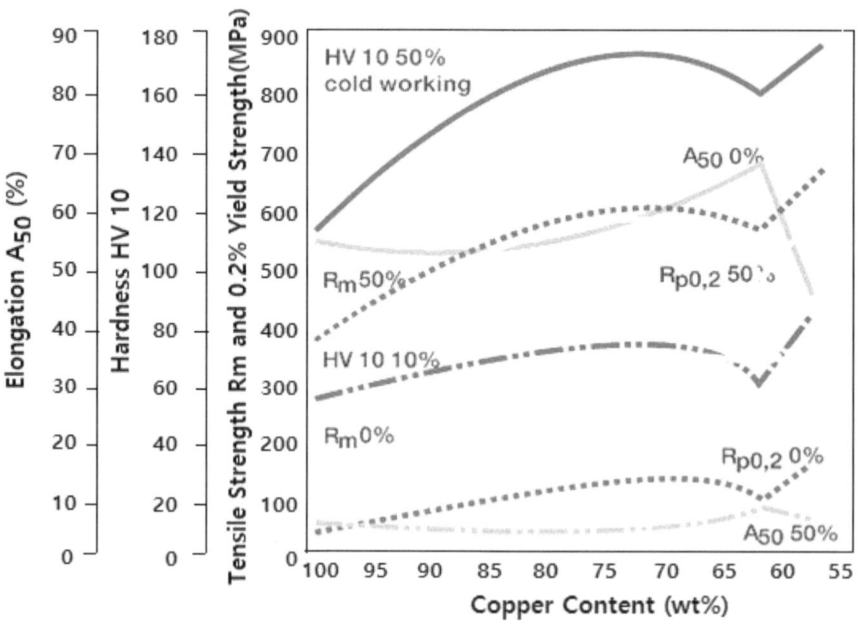

[그림 3-27] 냉간가공된 황동의 기계적 특성

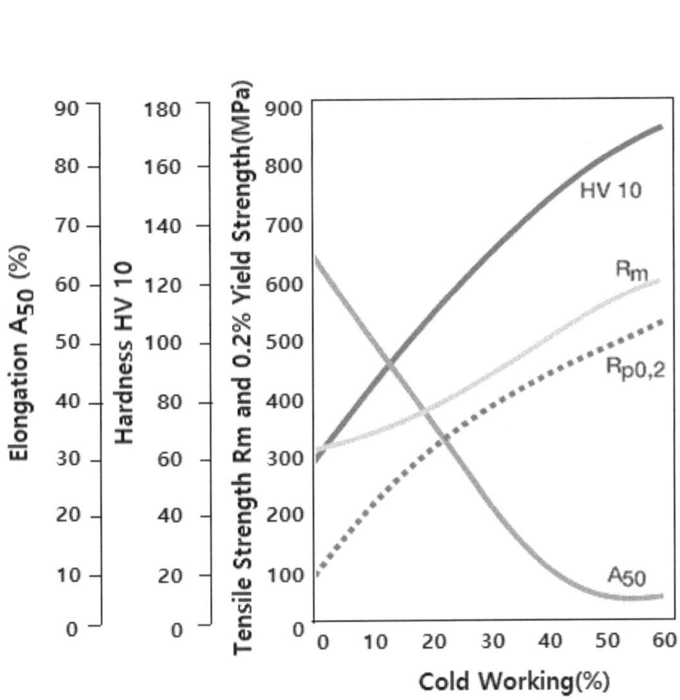

[그림 3-28] CuZn36 재질의 가공경화

황동은 가공경화 조건에 따라 기계적 특성이 달라지게 되는데, 원하는 특성을 갖도록 냉간가공을 했어도 시간이 지남에 따라 경도와 강도가 변화하기 때문에 주조재 설계시에는 이를 감안해야 한다. 이런 변화의 가장 대표적인 것이 경년 연화이며, 황동 가공재를 상온에서 방치하면 저온 풀림 현상이 발생하여 경화로 얻은 스프링재가 사용 중 시간의 경과에 따라 강도와 경도 등 기계적 특성이 저하하는 경향이 있다. 이는 가공에 의한 불균일 변형이 시간이 지나면서 점차 균일화 함에 따라 발생하는 현상으로 가공도가 낮을수록 경년 연화의 경향이 더 심해진다.

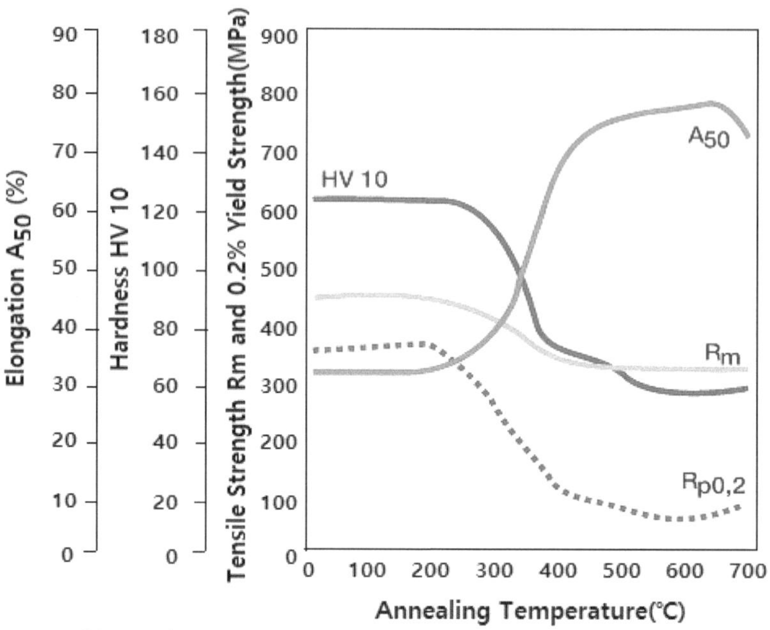

[그림 3-29] 25% 냉간가공후 3시간 어닐링한 CuZn36의 연화 현상

[표 3-44] 냉간가공에 의한 경화 조건에 따른 황동의 기계적 성질

합금 종류와 냉간가공 기준	인장시험			굽힘시험			경도시험	
	두께 (mm)	인장강도 (N/㎟)	연삭율 (%)	두께 (mm)	굽힘 각도	안쪽반 지름	두께 (mm)	비커스 (HV)
C2100P-O	0.3~30	205 이상	33 이상	2 이하	180°	밀착	–	–
C2100R-O	0.3~30							
C2100P-1/4H	0.3~30	225~305	23 이상	2 이하	180°	두께의 0.5배	–	–
C2100R-1/4H	0.3~30							
C2100P-1/2H	0.3~30	265~345	18 이상	2 이하	180°	두께의 1배	–	–
C2100R-1/2H	0.3~30							
C2100P-H	0.3~10	305 이상	–	2 이하	180°	두께의 1.5배	–	–
C2100R-H	0.3~3							
C2200P-O	0.3~30	225 이상	35 이상	2 이하	180°	밀착	–	–
C2200R-O	0.3~3							
C2200P-1/4H	0.3~30	255~335	25 이상	2 이하	180°	두께의 0.5배	–	–
C2200R-1/4H	0.3~3							

합금 종류와 냉간가공 기준	인장시험			굽힘시험			경도시험	
	두께 (mm)	인장강도 (N/㎟)	연삭율 (%)	두께 (mm)	굽힘 각도	안쪽반 지름	두께 (mm)	비커스 (HV)
C2200P-1/2H	0.3~20	285~365	20 이상	2 이하	180°	두께의 1배	–	–
C2200R-1/2H	0.3~3							
C2200P-H	0.3~10	335 이상	–	2 이하	180°	두께의 1.5배	–	–
C2200R-H	0.3~3							
C2300P-O	0.3~30	245 이상	40 이상	2 이하	180°	밀착	–	–
C2300R-O	0.3~3							
C2300P-1/4H	0.3~30	275~355	28 이상	2 이하	180°	두께의 0.5배	–	–
C2300R-1/4H	0.3~3							
C2300P-1/2H	0.3~20	305~380	23 이상	2 이하	180°	두께의 1배	–	–
C2300R-1/2H	0.3~3							
C2300P-H	0.3~10	355 이상	–	2 이하	180°	두께의 1.5배	–	–
C2300R-H	0.3~3							
C2400P-O	0.3~30	255 이상	44 이상	2 이하	180°	밀착	–	–
C2400R-O	0.3~3							
C2400P-1/4H	0.3~30	295~375	30 이상	2 이하	180°	두께의 0.5배	–	–
C2400R-1/4H	0.3~3							
C2400P-1/2H	0.3~30	325~400	25 이상	2 이하	180°	두께의 1배	–	–
C2400R-1/2H	0.3~3							
C2400P-H	0.3~30	375 이상	–	2 이하	180°	두께의 1.5배	–	–
C2400R-H	0.3~3							
C2600P-O	0.3~10	275 이상	40 이상	2 이하	180°	밀착	0.3 이상	–
	1~30	275 이상	50 이상					
C2600R-O	0.3~3	275 이상	40 이상					–
	1~30	275 이상	50 이상					
C2600P-1/4H	0.3~3	325~410	35 이상	2 이하	180°	두께의 0.5배	0.3 이상	75~125
C2600R-1/4H	0.3~3							
C2600P-1/2H	0.3~10	355~440	28 이상	2 이하	180°	두께의 1배	0.3 이상	85~145
C2600R-1/2H	0.3~3							

합금 종류와 냉간가공 기준	인장시험			굽힘시험			경도시험	
	두께 (mm)	인장강도 (N/㎟)	연삭율 (%)	두께 (mm)	굽힘 각도	안쪽반 지름	두께 (mm)	비커스 (HV)
C2600P−H	0.3~10	410~540	−	2 이하	180°	두께의 1.5배	0.3 이상	105~175
C2600R−H	0.3~3							
C2600P−EH	0.3~10	520 이상	−	2 이하	180°	−	0.3 이상	145 이상
C2600R−EH	0.3~3							
C2680P−O	0.3~10	275 이상	40 이상	2 이하	180°	밀착	0.3 이상	−
	1~30	275 이상	50 이상					
C2600R−O	0.3~3	275 이상	40 이상					−
	1~30	275 이상	50 이상					
C2680P−1/4H	0.3~30	325~410	35 이상	2 이하	180°	두께의 0.5배	0.3 이상	75~125
C2680R−1/4H	0.3~3							
C2680P−1/2H	0.3~20	355~440	28 이상	2 이하	180°	두께의 1배	0.3 이상	85~145
C2680R−1/2H	0.3~3							
C2680P−H	0.3~10	410~540	−	2 이하	180°	두께의 1.5배	0.3 이상	105~175
C2680R−H	0.3~3							
C2680P−EH	0.3~10	520 이상	−	2 이하	180°	−	0.3 이상	145 이상
C2680R−EH	0.3~3							
C2720 P−O	0.3~10	275 이상	40 이상	2 이하	180°	밀착	0.3 이상	−
	1~30	275 이상	50 이상					
C2720 R−O	0.3~3	275 이상	40 이상					−
	1~30	275 이상	50 이상					
C2720 P−1/4H	0.3~30	325~410	35 이상	2 이하	180°	두께의 0.5배	0.3 이상	75~125
C2720 R−1/4H	0.3~3							
C2720 P−1/2H	0.3~20	355~440	28 이상	2 이하	180°	두께의 1배	0.3 이상	85~145
C2720 R−1/2H	0.3~3							
C2720 P−H C2680 R−H	0.3~10 0.3~3	410 이상	−	2 이하	180°	두께의 1.5배	0.3 이상	105 이상

합금 종류와 냉간가공 기준	인장시험			굽힘시험			경도시험	
	두께 (mm)	인장강도 (N/㎟)	연삭율 (%)	두께 (mm)	굽힘 각도	안쪽반 지름	두께 (mm)	비커스 (HV)
C2801 P-O	0.3~1	325 이상	35 이상	2 이하	180°	두께의 1배	0.3 이상	–
	1~30	325 이상	40 이상					
C2801 R-O	0.3~1	325 이상	35 이상					
	1~3	325 이상	40 이상					
C2801 P-1/4H	0.3~30	355~440	25 이상	2 이하	180°	두께의 1.5배	0.3 이상	85~145
C2801 R-1/4H	0.3~3							
C2801 P-1/2H	0.3~20	410~490	15 이상	2 이하	180°	두께의 1.5배	0.3 이상	105~160
C2801 R-1/2H	0.3~3							
C2801 P-H	0.3~10	470 이상	–	2 이하	180°	두께의 1배	0.3 이상	130 이상
C2801 R-H	0.3~3							
C3560 P-1/4H	0.3~10	345~430	18 이상	–	–	–	–	–
C3560 R-1/4H	0.3~2							
C3560 P-1/2H	0.3~10	375~460	10 이상	–	–	–	–	–
C3560 R-1/2H	0.3~2							
C3560 P-H	0.3~10	420 이상	–	–	–	–	–	–
C3560 R-H	0.3~2							
C3561 P-1/4H	0.3~10	375~460	15 이상	–	–	–	–	–
C3561 R-1/4H	0.3~2							
C3561 P-1/2H	0.3~10	420~510	8 이상	–	–	–	–	–
C3561 R-1/2H	0.3~2							
C3561 P-H	0.3~10	470 이상	–	–	–	–	–	–
C3561 R-H	0.3~2							
C3710 P-1/4H	0.3~10	375~460	20 이상	–	–	–	–	–
C3710 R-1/4H	0.3~2							
C3710 P-1/2H	0.3~10	420~510	18 이상	–	–	–	–	–
C3710 R-1/2H	0.3 이상 2 이하							
C3710 P-H	0.3 이상 10 이하	470 이상	–	–	–	–	–	–
C3710 R-H	0.3 이상 2 이하							

합금 종류와 냉간가공 기준	인장시험			굽힘시험			경도시험	
	두께 (mm)	인장강도 (N/㎟)	연삭율 (%)	두께 (mm)	굽힘 각도	안쪽반 지름	두께 (mm)	비커스 (HV)
C3713 P-1/4H	0.3 이상 10 이하	375~460	18 이상	–	–	–	–	–
C3713 R-1/4H	0.3 이상 2 이하							
C3713 P-1/2H	0.3 이상 10 이하	420~510	10 이상	–	–	–	–	–
C3713 R-1/2H	0.3 이상 2 이하							
C3713 P-H	0.3 이상 10 이하	470 이상	–	–	–	–	–	–
C3713 R-H	0.3 이상 2 이하							

(4) 황동의 내식성

황동은 우수한 내석성을 기반으로 해수 등 각종 부식환경하의 구조재로 널리 사용된다. 그러나 모든 금속재료가 다 나름의 단점을 가지고 있는 것처럼 황동도 특정 환경하에서 취약한 특성이 있다.

1) 탈아연 부식(Dezincification)

아연의 함량이 15% 이상인 황동에서 발생하며 주로 아연의 함량이 20% 이상인 구리합금이 정체되어 있는 물속에 잠겨 있을 경우에 잘 발생한다. 물속에서 아연이 선택적으로 침출되어 구리합금의 조직에 다공성의 손상된 조직을 남긴다. 아연의 함량이 상대적으로 작을 경우에는 국부적인 부식 손상이 발생하지만, 아연의 함량이 많을수록 쉽게 광범위한 면적에 걸쳐서 아연이 용출되는 탈아연(Dezincification) 현상이 나타나게 되며, 염소와 같이 부식성이 있는 정체되어 있는 물에 산소와 이산화탄소가 쉽게 공급되는 조건이면 더욱 잘 발생한다.

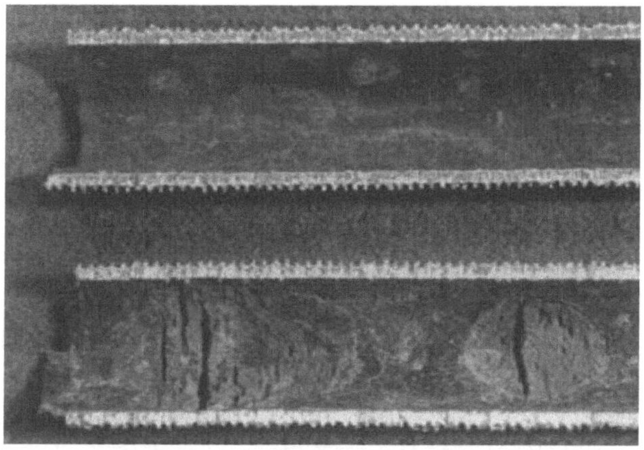

[그림 3-30] 탈아연현상으로 부식된 배관

2) 암모니아 부식(Season Cracking)

모든 구리합금은 물속에 녹아 있는 암모니아 성분에 의해 부식 생성물이 발생하고 이로 인해 구조적인 기능이 손상될 수 있다.

암모니아는 물속에서 구리와 화합하여 $Cu(NH_3)_4$ 조성을 가지는 밝은 녹색의 부식생성물을 만들게 된다. 그리고 매우 낮은 암모니아 농도에서도 부식이 발생하고 여기에 응력이 가해지면 균열이 발생하는 응력부식균열(SCC, Stress Corrosion Cracking)로 이어지게 된다. 이런 현상을 흔히 자연균열(Season Cracking)이라고도 부른다. 이러한 손상이 처음 발견되고 보고된 것은 19세기말이며, 인도에 주둔하고 있던 영국군이 습한 날씨 탓에 훈련을 중지하였는데, 이후에 보관되어 있던 탄약에서 균열이 발견되면서 그 원인과 대안에 대한 연구가 시작되었다. 말의 오줌에서 나오는 암모니아와 탄알을 제조하면서 생기는 잔류응력이 복합작용을 하여 균열을 유발하게 된 것이다.

예방법은 암모니아로부터 황동 제품을 멀리하고 응력제거 열처리를 통해 잔류응력을 제거하는 방안이 제시되고 있으나, 현실적으로 실무에 적용하기에는 많은 어려움이 있다.

3) 마모부식(Erosion Corrosion)

구리합금 표면의 산화물 피막이 지속적으로 벗겨지면서 두께 감육이 발생하는 현상이다. 유속 및 와류 형성의 정도에 따라 영향을 받게 되며, 구리합금별로 유속을 다음과 같이 제한하고 있다.

- Admiralty brass CW706R(CZ111) : 3.0
- Aluminum brass CW702R(CZ110) : 4.0(better than 90/10 Cu-Ni)
- 90/10 copper-nickel CW352H(CN102) : 3.5
- 70/30 copper-nickel CW354H(CN107) : 4.5

4) 해수부식(Seawater Corrosion)

황동이 해수 분위기에서 우수한 내식성을 가지고 있으나, 용존 산소와 박테리아 같은 미생물 및 모래와 같은 이물질의 존재에 따라 표면의 산화피막이 손상되는 등의 다양한 부식 손상을 입게 된다. [그림 3-31]은 해수 분위기에서 노출된 각종 구리합금의 부식 손상 정도를 표시한 것이다.

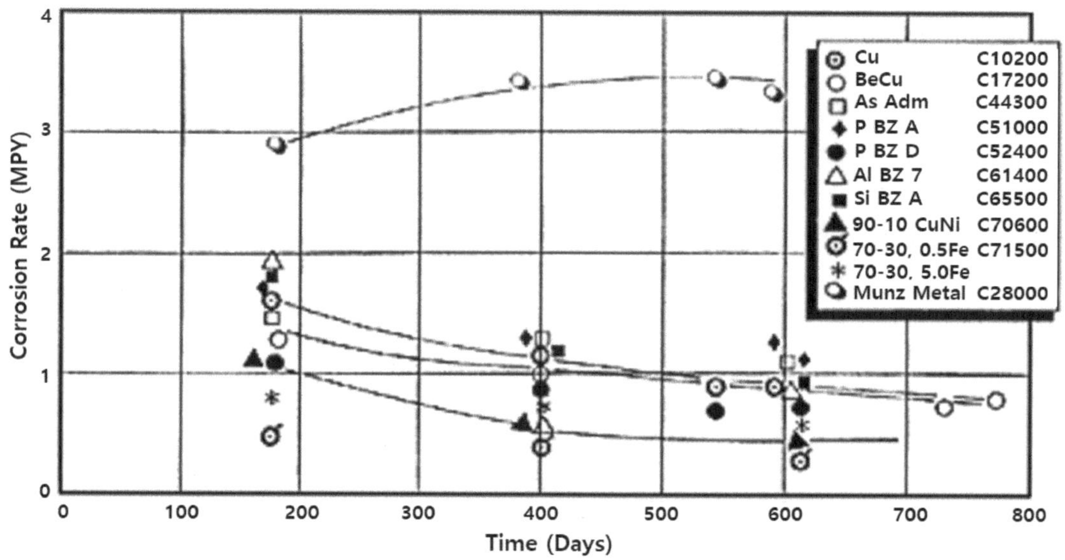

[그림 3-31] 해수 분위기에서 800일 동안 노출된 구리합금의 부식 손상

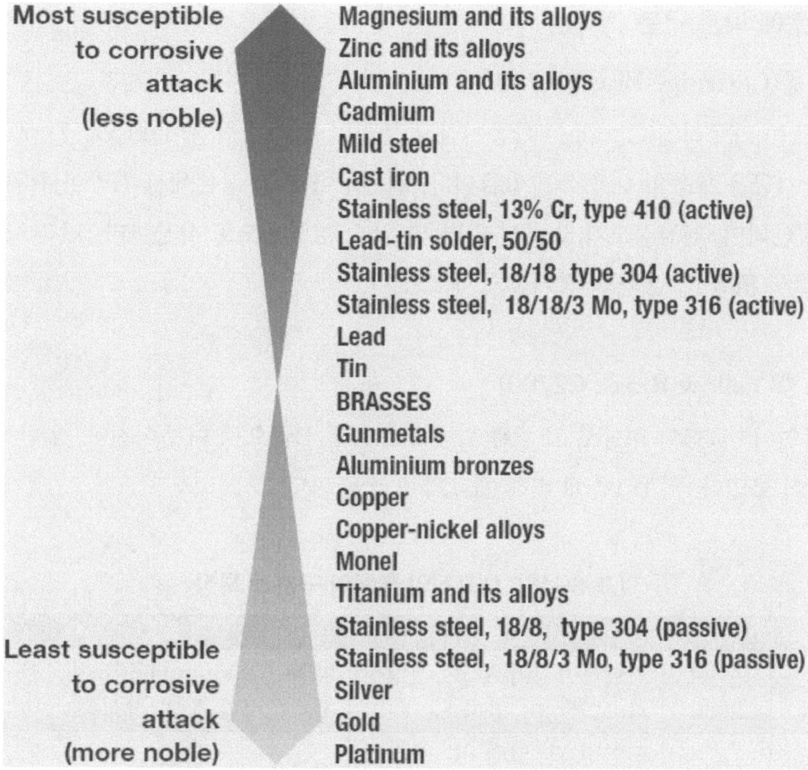

[그림 3-32] 주요 금속재료의 갈바닉 부식 경향

5) 갈바닉 부식(Galvanic Corrosion)

구리합금은 탄소강에 비해서는 내식성이 좋지만, 일반적인 산세를 통해 부동태 피막이 형성된 스테인레스강 등과 이종 재질 접촉이 이루어지면 이들 금속에 비해 우선적으로 부식된다.

이렇게 이종 재질의 접촉시에 전위차에 의해 우선적으로 부식되는 현상을 갈바닉 부식(Galvanic Corrosion)이라고 부른다. [그림 3-32]는 주요 금속재료들이 해수 분위기에 노출되었을 경우의 갈바닉 부식의 경향성을 그림으로 표시한 것이다.

3.3.3. 황동의 종류와 특징

아연이 포함된 구리합금인 황동은 가장 널리 사용되며, 우수한 내식성과 기계적 특성으로 인해 주로 해양플랜트 및 선박용 재료와 전기용 소재로 널리 사용되고 있다.

(1) 아연 성분에 따른 구분

1) 황동 1종(Cartridge Brass, C2600)

7-3 황동 또는 카트리지(Catridge) 황동이라고 불리며 구리의 함량이 68.5%~71.5%, 아연 30% 정도 포함된 가공용 황동의 대표적인 합금이다. 전연성이 크고 상온에서 가공이 쉬워 판, 봉, 관, 선 등으로 생산되며, 인장강도가 높아서 인발 및 압출 성형용으로 사용한다. 탄피, 자동차 방열판, 전구의 소켓 체결구, 일용품, 장식품 등에 쓰인다.

2) 황동 2종(Yellow Brass, C2700)

구리와 아연이 65:35의 비율로 조성된 합금으로 A급, B급으로 나누어진다. 일반적으로 인발 가공용에 많이 쓰인다. 황동 1종에 비해 재료비가 조금 싸다.

[표 3-45] 대표적인 황동의 구분과 특징

황동의 종류	기호	특성	주요 용도
황동 1종	C2600	인발가공성이 좋고, 전영성과 도금성이 좋다.	방열판(Radiator)용 소재, 전구, 악기, 시계문자팜 등의 장식품, 인발가공용제품
황동 2종 A	C2680		
황동 2종 B	C2720	전연성,과 납땜 및 용접성이 양호하다.	전구 소켓, 지퍼 등
황동 2종 C	C2801	열가공성이 우수하고 단조용으로 적합하다	일반 판금 가공용
연입 황동	C3710	피절삭성이 우수하다	시계부품, 악기 등

3) 황동 3종(Muntz Metal, C2800)

구리와 아연이 6:4의 비율로 합금된 것으로 상온에서 전연성은 낮으나 강도가 높다. 고온 가공 후 상온에서 완성하여 판, 봉 등으로 만든다. 내식성은 우수하지만, 탈아연 부식을 일으키기 쉽기 때문에 부식환경별로 선정에 주의해야 한다. 기계적 강도가 크기 때문에 강도를 요구하는 기계부품으로 널리 사용하며 볼트, 너트, 열교환기용 판, 열간단조품, 대포, 탄피 등에 사용한다.

[표 3-46] KS D5201에 따른 황동의 구분과 기계적 특성

품명	종별	합금명		열처리	인장시험				경도시험
		신기호	구기호		바깥지름	두 께	인장강도 (Kg/㎟)	연신율	로크웰
황 동	1	C2600T	BsST1	O	4~250	0.3~15	275	45	40 이하
				OL	4~250	0.3~15	275	45	60 이하
				1/2H	4~100	0.3~6	375	20	53 이하
					100~250	2.0~10	355	20	53 이하
				H	4~100	2.0~6	450	–	70 이하
					100~250	2.0~10	390	–	70 이하
	2	C2700T	BsST2	O	4~250	0.3~15	295	40	40 이하
				OL	4~250	0.3~15	295	40	60 이하
				1/2H	4~100	0.3~6	375	20	53 이하
					100~250	2.0~10	355	20	53 이하
				H	4~100	0.3~6	450	–	70 이하
					100~250	2.0~10	390	–	70 이하
	3	C2800T	BsST3	O	10~250	1~15	315	35	–
				OL	10~250	1~15	315	35	60 이하
				1/2H	10~250	1~6	375	15	55 이하
				H	10~100	1~6	450	–	–

아연의 함량이 61~67% 이고 구리의 함량이 33~39%로 구리합금이라기 보다는 아연의 합금으로 구분되는 것이 타당한 합금을 감마브라스(Gamma Brass)라고 부르며, 아연의 함량이 50% 이상인 것을 백동(White Brass)으로 구분한다. 백동은 구리색이 아닌 은과 같은 흰색을 나타내며 취성이 강해서 주조를 통한 장식품 제조 등의 제한된 용도로 사용한다.

(1) 실용 황동

1) 단조황동(Forging Brass)

열간단조성을 가지고 있으며, 절삭성과 정밀 단조성이 우수하여 단조용 및 압착(Press) 가공용으로 활용되어 밸브, 기계 부품 등의 용도로 사용된다.

KS D5101에 관련 내용이 규정되어 있었으나, 폐지되고 현재는 JIS H3250을 인용하여 현장 적용하고 있다. 납은 저융점으로 단조성을 해치는 원소이지만, 입계에 분포하면서 쾌삭성을 증대하는 효과를 가진다. 단조용 황동은 단조성을 저해하지 않으면서 쾌삭성도 확보할 수 있도록 1~2.5% 수준으로 납 함량을 관리한다. 대표 강종으로 C3771과 C3712 두가지 합금이 있다.

[표 3-47] JIS H3250에 따른 단조용 황동의 구분

구분		C3712 (제 1종)	C3771 (제 2종)	주요 용도
화학성분(%)	구리(Cu)	58.0~62.0	57.0~61.0	기계 부품 제조, 밸브 등의 단조용 소재로 활용
	납(Pb)	0.25~1.2	1.0~2.5	
	아연(Zn)	나머지	나머지	
	Fe +Sn	0.8 이하	1.0 이하	
기계적 특성	인장강도(MPa)	315 이상	315 이상	
	연신율(%)	15 이상	15 이상	

2) 내식황동(Dezincification Resistance Brass)

아연의 함량이 15% 이상이 되는 황동의 경우에는 특정 부식환경에서 아연이 선택적으로 용출되어 조직에서 이탈해 버리는 탈아연현상에 의한 부식 손상을 입게 된다. 이로 인해 다공성의 구리만이 조직에 남게 되고 결과적으로 기계적 강도의 손실을 야기하여 기계구조물로 사용할 수 없게 된다. 이러한 단점을 지닌 α상의 황동에 0.02~0.05%의 비소(As)를 첨가하면 탈아연 현상을 억제하게 되며, 여기에 추가로 주석을 1.5% 이내로 첨가하면 탈아연 현상을 억제하는 탁월한 효과가 발생한다. 이러한 특징을 더욱 활용하여 해수분위기에서 내식성을 강화한 것이 네이벌황동(Naval Brass) 이다.

비소나 주석과 비슷한 효과를 내는 합금원소는 니켈, 알루미늄, 텅스텐, 납 등이 있으며, 망간과 철은 도리어 탈아연현상을 조장하는 단점이 있다. 단조성과 가공성이 우수하여 건축용 내외장재, 냉-온수 및 음용수용 배관 자재로 사용된다.

3) 노랑황동(Yellow Brass)

아연의 함량이 35%이며 냉간단조성, 전연성, 전조성, 열간가공성이 우수하여 지퍼(Zipper) 가공용 소재, 인발 압출 가공용 소재, 신선용 소재, 판재 등으로 사용된다.

[표 3-48] 노랑황동의 화학성분 (wt. %)

CDA Number	Cu	Sn	Pb	Zn	Fe	Ni
C85200	70.0~74.0	0.7~2.0	1.5~3.8	20.0~27.0	0.6 이하	1 이하
C85400	65.0~70.0	0.50~1.5	1.5~3.8	24.0~32.0	0.7 이하	1 이하
C85500	59.0~63.0	0.2 이하	0.2 이하	나머지	0.2 이하	0.2 이하
C85700	58.0~64.0	0.50~1.5	0.8~1.5	32.0~40.0	0.7 이하	1 이하
C85800	57.0 이상	1.5 이하	1.5 이하	31.0~41.0	0.5 이하	0.5 이하

4) 쾌삭황동(Free Cutting Brass), 납황동(Leaded Brass)

황동에 납(Pb)을 소량 합금하면 α 조직에는 거의 고용하지 않고 결정립계(結晶粒界) 또는 결정립 내에서 미립으로 유리(遊離)된 상태에서 존재하게 되므로 기계적 강도와 연신율은 감소하지만, 쾌삭성, 절삭성이 좋아서 가공면이 미려하기 때문에 큰 기계적 강도를 요구하지 않는 볼트, 너트, 시계 부품 등에 사용된다. 납이 들어 있어서 연(鉛)황동이라고도 불린다.

피절삭성 향상을 위해 0.5~3%의 납(Pb)을 첨가한 황동을 쾌삭황동이라고도 부른다, 납(Pb)은 구리합금에 고용이 안되지만, 합금의 기지 내에 미세하게 분산되어 윤활제로서 거동하기 때문에 공구수명을 길어지게 한다. 또한, 절단 부스러기가 미세하게 되므로 절삭저항이 작아진다.

열처리 조건에 따라 KS D5101에서 1종 보통급 C3602, 1종 특수급 C3601, 2종보통 C3603, 2종특수급 C3604의 총 4종류의 세부 강종으로 구분하고 있었으나, 해당 규격이 폐지되고 현재는 JIS H3250의 내용을 따르고 있으며, KS C3771에서는 화학성분에 따라 5가지로 구분한다.

[표 3-49] 쾌삭황동의 화학성분 (wt.%)

합금명		화학성분				
KS/JIS	UNS	Cu	Pb	Fe	Sn	Zn
C3601	C36000	59.0~63.0	1.8~3.7	0.30 이하	(Fe+Sn) 0.5	나머지
C3602	C36000	59.0~63.0	1.8~3.7	0.50 이하	(Fe+Sn) 1.2	나머지
C3603	–	57.0~61.0	1.8~3.7	0.35 이하	(Fe+Sn) 0.6	나머지
C3604	–	57.0~61.0	1.8~3.7	0.50 이하	(Fe+Sn) 1.2	나머지
C3605	–	56.0~60.0	3.5~4.5	0.50 이하	(Fe+Sn) 1.2	나머지

황동의 조직에 납을 추가하면, 대기중의 내식성과 함께 우수한 절삭성 그리고 기계적 강도를 확보할 수 있다. 납의 함량이 증가함에 따라 절삭 과정에서 절삭칩(Cutting Chip)이 쉽게 떨어져 나오게 되며, 약간의 윤활성 기능까지 제공한다. 앞서 소개한 쾌삭황동이 모두 여기에 속하는 것으로 볼 수 있다. 3.5% 이내의 납을 포함한 황동은 주로 건축구조용 및 배관재, 베어링 등의 용도로 사용된다. UNS No.로 C31200부터 C38500까지의 재료들이 가공용 납황동의 재질들이며, 주조품으로는 C83000~C97300까지 구분된다.

납이 들어 있는 황동이 미세 조직은 일반 황동과 큰 차이를 보이지는 않으며, 입계 혹은 초정의 수지상 조직을 따라 납이 판상으로 존재하는 것을 확인할 수 있다. 납이 구리에 고용되지 않기 때문에 모두 입계에 불연속적인 점(판상)의 형태로 석출하게 되며, 조직사진에서 입계를 따라 검은색으로 나타나게 된다. 아연의 함량이 적은 황동에서는 조직이 α상의 단일상이 되고 이때에는 초정의 수지상 조직사이에 불연속적으로 납이 분포하게 된다. 아연의 함량이 많은 황동에서는 α와 β가 혼합된 조직이 나타나게 되며, 연속적이지 않은 작은 검은색의 점(판상)으로 나타나게 된다.

[표 3-50] 쾌삭 황동 C36000의 기계적 특성 (상온 20℃ 기준, 대표값)

제품 형태	열처리 기호		인장강도 (ksi)	항복강도 (ksi)	연신율 (%)	경도 (HRB)
바 (Bar)	1/2 Hard	H02	45	17	15	60
		H02	40	15	20	
		H02	40	15	20	
		H02	50	25	10	65
		H02	45	17	15	
	Soft Anneal	O60	44	18	20	
		O60	40	15	25	22
판재(Flat)	1/2 Hard	H02	56	45	20	62
선재 (Rod)	1/2 Hard	H02	57	25	7	65
		H02	50	20	15	65
		H02	45	15	20	55
		H02	40	15	20	25
		H02	55	25	10	70
		H02	58	45	25	
		H02	55	44	32	
		H02	68	52	18	
	Annealed	O61	49	18	53	
	Hard	H04	65	30	6	
		H04	70	35	4	78
		H04	80	45		80
	Soft Anneal	O60	48	20	15	28
		O60	44	18	20	
		O60	40	15	25	
형재 (Shapes)	1/4 Hard	H01	56	45	20	62
		H01	56	45	20	
	As Hot Extruded	M30	49	18	50	
		M30	49	18	50	

5) 무연황동(Lead Free Brass)

납(Pb)을 포함한 황동이 우수한 기계적 성질과 내식성 그리고 절삭성을 가지고 있지만, 납이 가지는 인체의 독성 때문에 사용에 제한이 있다. 따라서 우수한 절삭 가공성을 유지하면서도 납 용출이 없는 친환경적인 소재로서 주로 식품관련 제품, 상수도 수전기구, 음용수용 배관 등에 사용되는 황동 제품이 필요하게 된다.

납의 함량을 0.09% 이하로 관리하면서 납 대신에 비스무스(Bismuth)나 셀레늄(Selenium) 같은 원소를 추가하여 절삭성을 유지하고 전체적으로 입자를 미세화 할 수 있도록 하여 기계적 강도를 확보하도록 제조된다.

미국 캘리포니아에서는 2010년부터 납이 들어간 배관 자재를 음용수용으로 사용하지 못하도록 의회 조례로 제한하는 등 국제적으로 점차 납이 들어간 황동의 사용이 환경규제에 제한을 받으면서 납이 들어가지 않은 무연황동의 수요가 점차 증대되고 있다.

[표 3-51] 무연황동의 화학성분(wt. %)

UNS No.	Cu	Pb	Zn	Fe	Si(max.)	Bi	Sn	Other
C89833	86.0~91.0	〈0.05	2.0~6.0	〈0.30	0.005	1.7~2.7	4.0~6.0	–
C89835	85.0~89.0	〈0.05	2.0~4.0	〈0.20	0.005	1.7~2.7	6.0~7.5	–
C89836	87.0~91.0	〈0.05	2.0~4.0	〈0.35	0.005	1.5~3.5	4.0~7.0	

6) 고력황동(High Tensile Brass Or High Strength Brass)

Cu-Zn 합금 중에서 최고 강도를 가지는 황동 3종(6-4)를 기본 조성으로 하고 합금 성분 중에 Zn의 일부를 Mn, Ni, Al, Sn, Si등의 원소로 치환하여 강도 및 내식성을 개선한 것으로 관습적으로 망간청동(Manganese Bronze)라 부르기도 한다. 1879경에 선박용 프로펠러 재료로 사용한 것이 시초이며 주물과 단조용으로 사용하며 선박용 프로펠러, 광산용 기계기구, 밸브 등에 사용한다.

[표 3-52] 고력황동의 합금원소 영향

원소	특징
Al	소량첨가로 경도를 증가시킴(MAX 3%), 많아지면 취화됨
Fe	결정립을 미세화 시킴(약 0.6%~1.2%의 첨가로 효과를 볼 수 있음)
Mn	인성을 향상시킴 다량첨가는 응력부식균열을 초기에 비해 첨가량이 감소됨
Si	경화 원소로 Mn과 만나 취화하므로 용해시 주의 필요
Ni	Zn을 감소시키는 효과와 내식성 향상으로 펌프등의 재료에 첨가
Sn	탈아연현상을 방지하는 효과, 1%이상이 되면 급격히 취화하므로 허용량은 0.2%이하
Pb	결정립계(結晶粒界)에 석출되어 충격값에 영향을 주며 피삭성을 개선하는 효과
기타	불순물등의 영향으로 경점이 발생/절삭성을 해침

6-4황동에 Al, Fe, Mn 등을 첨가하여 기계적 성질을 개선한 구리합금으로 초기에는 망간(Mn) 함량이 높아 망간청동(Manganese Bronze) 혹은 망간황동(Manganese Brass)이라고 불렸으나, 알루미늄(Al)이 합금강도에 큰 영향을 미침을 알고 망간황동이라는 이름에서 망간(Mn)을 의미하는 망간을 빼고 고장력황동 혹은 이를 더 줄여서 고력황동(高力黃銅)이라고 불리게 되었다.

고력황동에 첨가되는 원소의 효과에 의해 나타나는 기계적 강도 향상의 정도를 지수화 한 것이 1906년에 Guillet에 의해 제안된 아연당량(Zinc Equivalent, Q)이다. 이 아연당량을 이용하여 고력황동의 조직을 Cu-Zn 2성분계로 환산해서 추정할 수 있으며, 첨가원소의 1%는 Zn의 몇%에 상당하는 조직변화를 일으키는 가를 계산에 의해 추정해 볼 수 있다.

$$\text{아연당량} = \frac{B + \Sigma qt}{A + B + \Sigma qt} \times 100$$

위 식에서 A(Cu%), B(Zn%), q(합금원소의 아연당량), t(구리와 아연 이외 합금원소의 양%)을 의미한다. 주요 합금원소에 따른 아연당량에 미치는 효과는 [표 3-53]과 같다.

[표 3-53] 합금원소의 아연당량

첨가원소	Ni	Mn	Fe	Pb	Mg	Sn	Al	Si
아연당량	−1.3	0.5	0.9	1	2	2	6	10

연성은 철과 유사하며 높은 인장강도와 항복강도를 가지고 있으며, 저속(약 250 rpm)에서 진동과 회전에 높은 압축강도를 가진다. 7-3 황동에 망간(Mn)을 1.2% 하면 성형성이 좋고, 전기

전도도가 좋으며, 다양한 색을 구현할 수 있다. 일반적인 화학약품에는 약하지만 탈아연 부식 특히 해수 분위기에서 내식성이 좋아서 선박기계부품, 피스톤, 밸브 등의 소재로 사용된다.

구리합금 중에서 비교적 단가가 저렴하고 우수한 베어링 성능으로 무급유 베어링의 기본 소재로 사용되며 주로 선박용 프로펠러, 임펠러, 기어, 감속기 부품 등에 사용된다.

[표 3-54] 고력황동의 화학성분

고력황동 주물	JIS H5120	ASTM B584	화학성분(wt.)							
			Cu	Zn	Mn	Fe	Al	Sn	Ni	others
CAC301 (HBSC1)	CAC301	C86500	55~60	33~42	1.5	0.5~2	0.5~1.5	1	1	0.5
CAC302 (HBSC2)	CAC302	C86400	55~60	33~42	3.5	0.5~2	0.5~2	1	1	0.5
CAC303 (HBSC3)	CAC303	C86200	60~65	22~28	2.5~5	2~4	3~7.5	0.5	0.5	0.3
CAC304 (HBSC4)	CAC304	C86300	60~65	22~28	2.5~5	2~4	5~7.5	0.2	0.5	0.3

* Note: 범위가 표시되지 않은 성분양은 모두 최대값

[표 3-55] 고력황동의 기계적 특성

고력황동 주물	해외 규격		인장강도(N/㎟)	연신율(%)	경도(HB)
	JIS H5120	ASTM B584			
CAC301(HBSC1)	CAC301	C86500	430 이상	20 이상	90 이상
CAC302(HBSC2)	CAC302	C86400	490 이상	18 이상	100 이상
CAC303(HBSC3)	CAC303	C86200	635 이상	15 이상	165 이상
CAC304(HBSC4)	CAC304	C86300	765 이상	12 이상	200 이상

7) 특수 황동

보통 황동에 Sn, Al, Si, Pd, Mn, Ni, Pb 등을 첨가하여 색, 내마모성, 내식성 및 기계적 특성을 개선한 합금을 말한다.

가. 주석황동(Tin Brass)

황동이 가진 단점 중에 하나가 탈아연현상(Dezincification)에 의한 부식손상이다. 앞서 내식

황동 편에서 소개한 바와 같이 비소(As)를 소량 첨가하는 것만으로도 탈아연현상을 많이 억제할 수 있는데, 여기에 주석을 0.2~3% 정도로 추가하면 탈아연현상에 대한 내성이 생기고 기계적 강도가 증가하는 이점이 생긴다. 우수한 내식성과 기계적 강도를 가지고 있으며 냉간가공과 열간가공성도 우수하여 스프링, 선박 부품, 해수용 펌프 등의 용도로 사용된다.

애드머럴티 황동(Admiralty Brass)나 네이벌 황동(Naval Brass)이 이 부류에 속하며 아연의 함량에 따라 색이 달라진다. 아연의 함량이 8% 이하가 되면 좀더 구리에 가까운 붉은 색을 갖게 되고, 아연의 함량이 15% 정도가 되면 좀더 밝은 붉은 색까지 다양하게 색을 구현할 수 있다. 아연의 함량이 많아질수록 탈아연현상이 잘 발생하여 내식성을 저해하지만 기계적 강도는 증가하게 된다. 가공용 단련재로는 UNS C40400~C48600까지 구분되고, 주조재로는 UNS C83300~C84800까지 구분된다.

① 애드머럴티 황동(Admiralty Brass)

황동 1종에 주석(Sn)을 1% 첨가한 것으로 전연성이 좋고 해수, 식염수 등에 내식성이 좋으며 경쟁 상대인 스테인레스강 재질에 비해 열전달이 우수하여 복수기관, 가열관, 증발기관, 냉동기관 등에 쓰인다.

[표 3-56] 애드머럴티 황동의 국제 규격

Standard / Symbol	BS 2871 PART3	ASTM B111/B111M	DIN 1785	NFA 51 102	JIS H3300	IS 1545
	CZ 111	C 44300	CuZn28Sn1	CuZn29Sn1	C 4430	CuZn29Sn1As
Cu	70.0~73.0	70.0~73.0	70.0~72.5	70.0~73.0	70.0~73.0	70.0~73.0
Sn	1.0~1.5	0.9~1.2	0.9~1.3	0.9~1.2	0.9~1.2	1.0~1.5
Pb	0.07 이하	0.07 이하	0.07 이하	0.07 이하	0.07 이하	0.07 이하
Ni	–	–	0.1 이하	–	–	–
Fe	0.06 이하	0.06 이하	0.07 이하	0.06 이하	0.06 이하	0.06 이하
Zn	나머지	나머지	나머지	나머지	나머지	나머지
As	0.02~0.06	0.02~0.06	0.02~0.035	0.02~0.06	0.02~0.06	0.02~0.06
P	–	–	0.01	–	–	–
Total Impurities	0.03 이하	–	0.1 이하	0.3 이하	–	0.3 이하

KS에서는 이 강종을 복수기용 황동이라고 구분하고 있으며, 복수기용 황동은 내식성이 좋고 특히 2종, 3종, 4종은 내해수성이 좋은 것으로 평가된다. 화력발전용 복수기, 선박용 복수기, 급수 가열기, 증류기, 기름 냉각기 등의 열교환기 소재로 사용된다.

[표 3-57] KS D5301규격에 따른 복수기용 황동

종별	세부 강종	화학 성분 (wt. %)								
		Cu	Zn	Pb	Fe	Sn	Ni	Al	As	Others
1	C4430	70.0 ~73.0	나머지	0.05 이하	0.05 이하	0.9 ~1.2			0.02 ~0.06	
2	C6871	76.0 ~79.0	나머지	0.05 이하	0.05 이하			1.8 ~2.5	0.02 ~0.06	Si 0.20 ~0.50
3	C6872	76.0 ~79.0	나머지	0.05 이하	0.05 이하		0.20 ~1.0	1.8 ~2.5	0.02 ~0.06	Cr 0.10 이하
4	C6873	76.0 ~79.0	나머지	0.05 이하	0.05 이하			1.8 ~2.5	0.02 ~0.06	

② **네이벌 황동**(Naval Brass, C4622~C4641)

구리가 59%, 아연이 40%인 황동 3종에 주석(Sn)을 1% 정도 첨가하고 0.2% 이하의 미량의 납을 추가한 합금을 네이벌 황동(Naval Brass)이라고 부른다. 주석의 영향에 의해 탈아연현상을 방지하는 효과가 있고, 미량의 납의 존재로 인해 기계가공성이 향상된다. 전반적인 대기부식 저항성 뿐만 아니라 특히 해수분위기에서의 내식성이 우수하며 선박의 추진축, 기어, 플랜지, 볼트 등에 쓰인다. 관련 국제 규격은 ASTM B171/B171M, B21/B21M, B124/B124M 등이 있으며, UNS No.로는 C46400으로 표기된다.

KS D5201에 따르면 C4621은 로이드 선급용 및 NK선급용으로 사용되고, C4640은 AB선급용으로 사용된다.

[표 3-58] KS D5201의 C4640의 특성

구분	세부 구분	특성
화학성분(wt. %)	구리	59.0~62.0
	주석	0.5~1.0
	납	0.20 이하
	철	0.10 이하
	아연	나머지
인장강도(MPa, min.)	두께 0.8 이상, 20 이하	375 이상
	두께 20 초과, 40 이하	345 이상
	두께 40 초과, 125 이하	316 이상
연신율(%)		25 이상

아연의 함량의 증가에 따라 $\alpha+\beta$의 복합상을 가지게 되며, α 단일상을 가진 합금에 비해 기계적 강도가 증가한다.

[표 3-59] 네이벌 황동의 기계적 특성 (상온 20℃, min.)

열처리 조건	인장강도(MPa)	항복강도(MPa)	연신율(%)	경도 (Rockwell)		
				B	F	30T
H80	538	441	8	82	–	73
OS015	365	152	54	–	78	43
H02	427	359	25	70	–	65
H06	593	448	5	88	–	76
OS100	303	76	66	–	54	11
OS035	338	117	57	–	68	31
H04	524	434	8	82	–	73
H08	648	448	3	91	–	77
OS050	331	110	65	–	65	–
H00	379	276	48	60	–	–
OS025	359	138	55	–	75	40
OS070	317	97	65	–	58	15
H02	483	359	30	80	–	–
OS050	324	103	62	–	64	26
OS050	324	103	65	–	64	26
H10	683	448	3	93	–	78
H01	372	276	43	55	–	54
OS025	352	131	55	–	72	36

[표 3-60] 네이벌 황동의 제품 형상에 따른 규격

재품 형상	국제 규격
Bar	ASTM B36, B19
	SAE J463, J461
Brazing Filler Metal	FEDERAL QQ-B-650
Cups, Cartridge Case	ASTM B129
	MILITARY MIL-C-10375
Disk	ASTM B19
Plate	AMS 4507, 4505
	ASTM B19, B36
Rod	SAE J461, J463
Sheet	AMS 4507, 4508, 4505
	ASTM B19, B36
	SAE J463, J461
Shim Stock, Laminated	MILITARY MIL-S-22499
Strip	AMS 4507, 4505
	ASTM B36, B569, B19, B888
	SAE J463, J461
Tube, Seamless	ASTM B135
	FEDERAL WW-T-791
	MILITARY MIL-T-20219
	SAE J461, J463
Tube, Welded	ASTM B587, B587

나. 철황동(Delta Metal)

6-4황동에 1%의 철(Fe)을 첨가한 것으로 델타메탈(Delta Metal) 이라고 하며 결정립 미세화로 강한 인성을 가지고 있다. 철의 함량이 2% 이상이 되면 인성이 저하한다. 내식성도 증가하여 광산기계, 선박용 기계, 화학 기계 등에 청동의 대용품으로 사용한다.

다. 니플(Nipple)용 황동

구리 함량이 60~64%이고 납이 0.5~1.5% 그리고 기타 불순물의 함량은 철(Fe)이 0.3wt% 이하, 철과 주석의 합이 0.5 wt% 이하이며, 나머지는 아연(Zn)으로 구성된 화학적 성분을 가진다. 기계적 성질은 열처리 조건에 따라 O 질일 경우 인장강도 30kgf/mm² 이상이고 연신율 20이상이며, 1/2H일 경우 인장강도 35~45kgf/mm²로서 연신율 10이상을 가지게 되고, H질일 경우 인장강도 43 kgf/mm² 이상을 나타낸다.

라. 알루미늄황동(Aluminum Brass)

황동에 알루미늄을 2% 이내로 합금하면 결정립이 미세해지고 특히 내식성이 커지므로 현재까지 황동 1종이나 애드머럴티(Admiralty) 황동의 대용품으로 열교환기 튜브의 재료에 쓰이며 구리는 76~80%, 알루미늄은 1.6~3% 그리고 나머지는 아연으로 되어 있다. 알루미늄의 함량이 2% 이상이 되면, 연신율이 급격히 감소하고 취성이 생기므로 주의해야 한다. 급수 가열기, 열교환기, 증류기 등의 튜브 재질로 사용된다. [표 3-61]은 알루미늄황동의 화학성분과 기계적 특성을 정리한 것이다.

[표 3-61] 알루미늄황동 C68700의 규격 비교와 특성

기호	BS 2871 PART3	ASTM B 111	DIN 1785	NFA 51 102	JIS H3300	IS 1545
Symbol	CZ 110	C68700	CuZn20Al2	CuZn22Al2	C6870	CuZn21Al2As
Cu	76.0~78.0	76.0~79.0	76.0~79.0	76.0~79.0	76.0~79.0	76.0~78.0
Al	1.8~2.3	1.8~2.5	1.8~2.3	1.8~2.5	1.8~2.5	1.8~2.3
Pb	0.07 이하	0.07 이하	0.07 이하	0.07 이하	0.07 이하	0.07 이하
Ni	–	–	0.1 이하	–	–	–
Fe	0.06 이하	0.06 이하	0.07 이하	0.06 이하	0.06 이하	0.06 이하
Zn	나머지	나머지	나머지	나머지	나머지	나머지
As	0.02~0.06	0.02~0.06	0.02~0.35	0.02~0.06	0.02~0.06	0.02~0.06
P	–	–	0.01 이하	–	–	–
불순물 총량	0.03 이하	–	0.1 이하	0.3 이하	–	0.3 이하
항복 강도 N/mm²	–	125 이상	150~230	–	–	400MPa 이하
인장 강도 N/mm²	–	345 이상	390 이상	–	373 이상	–
연신율 (%)	–	–	45 이상	–	40 이상	85 이하
경도 HV5	150 이상	–	–	80~130	–	–
입자 사이즈 mm(75X)	0.05 이하	0.010 ~0.045	–	0.010 ~0.045	0.010 ~0.045	0.010 ~0.045

마. 규소황동(Silicon Brass)

규소(Silicon)가 4~5%, 아연이 14% 수준으로 합금된 황동으로 주조성이 우수하고 해수에 대한 저항성이 좋고 강도가 우수하여 선박 부품으로 활용된다. 규소황동 혹은 영문을 따서 실리콘황동이라고도 불리며, 국내에서는 실진청동(Silzin Bronze)라고 불리는데 이는 실리콘에 징크(Zinc)가 약 14% 정도 들어가 있어서 그렇게 이름을 부른다. 구조용 탄소강 수준의 기계적 강도와 용접성을 가진 우수한 구조용 재료이다. 이는 청동으로 구분하여 일본에서는 규소청동(Silicon Bronze)으로 불리고, 아연(Zinc)가 들어 있어서 미국에서는 규소황동(Silicon Brass)으로 구분한다. [표 3-62]은 실리콘황동 주물의 주요 성분과 기계적 특성이다.

[표 3-62] 실리콘황동 주물

종류	기호	화 학 성 분(%)							인장시험 (min.)	
		Cu	Si	Zn	Mn	Fe	Pb	Al	인장강도 (kgf/mm^2)	연신율 (%)
1종	SzBC1	84.0 ~88.0	3.5 ~4.5	9.0 ~4.5	–	–	0.14 이하	0.5 이하	35	25
2종	SzBC2	78.5 ~82.5	4.0 ~5.0	14.0 ~16.0	–	–	0.3 이하	0.3 이하	45	12
3종	SzBC3	80.0 ~84.0	3.2 ~4.2	13.0 ~15.0	0.2 이하	0.3 이하	0.2 이하	0.3 이하	40	20

[표 3-63] UNS 기준에 따른 규소황동의 화학성분 (Wt.%)

UNS No.	Cu	Pb	Zn	Fe	Al	Si	Mn	기타
C87300	94.0 이상	〈 0.05	〈 0.25	〈 0.2	〈 0.10	3.5~4.5	0.8~1.5	
C87500	79.0 이상	〈 0.05	12.0~16.0		〈 0.10	3.0~5.0		
C87600	88.0 이상	〈 0.05	4.0~7.0	〈 0.2	〈 0.10	3.5~5.5	〈 0.25	
C87610	90.0 이상	〈 0.09	3.0~5.0	〈 0.2	–	3.0~5.0	〈 0.25	
C87800	80.0 이상	〈 0.05	12.0~16.0	〈 0.15	〈 0.15	3.8~4.2	〈 0.15	Sn 0.25, Sb 0.5
C87850	75.0~78.0	〈 0.09	나머지	〈 0.05	–	2.7~3.4		P 0.05~0.20

바. 악기용 황동(Brass Sheet For Musical Reed)

악기용 황동은 관악기, 타악기, 오르간, 아코디온, 하모니카 등의 악기에 쓰이며 1종은 구리가 58%~62%, 납이 0.1~1.0%, 망간이 0.05~1%, 기타 불순물(Fe+Al+Si)의 합이 1% 이하, 그리고 나머지가 아연으로 구성되어 있다. 경도(HV)는 60이상을 유지한다.

2종은 구리가 61%~65%, 주석은 0.7~1.5, 납이 0.1~1.0, 망간이 0.05~1.0, 그리고 기타 불순물(Fe+Al+Si)의 합이 1% 이하이고, 나머지는 아연으로 구성되며, 경도(HV)는 190이상이다.

사. 전기황동(Electric Brass)

전기황동은 스위치 및 기타 전기 부품 제작에 쓰이는 황동으로 성분 비율은 구리가 80~85, 주석이 2%, 납이 0.25%, 그리고 미량의 철과 나머지는 아연으로 구성된다.

3.4 청동(靑銅, Bronze)

인류 역사상 석기 시대를 벗어나서 금속을 사용하게 된 첫번째 금속은 청동이었다. 청동이 철기 보다 먼저 인류에게 다가갈 수 있었던 이유는 청동이 갖는 여러 가지 장점 중에 상대적으로 낮은 융점을 언급할 수 있다. 구리의 융점이 1,085℃고 주석의 녹는점은 232℃인데, 청동은 주석의 합금 비율에 따라 대략 875~994℃에서 녹는다. 철의 융점이 1,538℃인 점을 감안한다면 불을 다루는 기술이 아직 미숙했던 인류가 철기 대신에 먼저 청동기를 개발하고 사용하게 된 것은 자연스러운 선택이라고 할 수 있다.

청동을 가진 인류는 더 강한 내구성과 내식성 그리고 강도를 바탕으로 청동 도구, 무기, 갑옷 및 장신구들을 만들게 되었다. 초기의 청동은 우리가 알고 있는 청동의 개념처럼 구리에 주석을 혼합한 합금이 아니라 구리에 비소(As)가 첨가된 비소청동으로 기원전 5천년경에 이란의 고원지대 등에서 사용된 것으로 알려져 있다. 이후에 주석만을 사용한 청동은 기원전 4천년경이며, 주석을 혼합한 청동은 강한 독성을 가진 비소(As)를 사용하지 않았기 때문에 합금 생산이 쉬웠고 비소청동 보다 강도가 더 우수했다.

한국의 청동기시대를 대표하는 문화유산은 무기로 사용되었던 비파형동검(琵琶形銅劍), 세형동검(細形銅劍)과 거울인 다뉴세문경(多鈕細文鏡)을 손꼽을 수 있다. 무기와 거울의 용도 차이는 형태에서만 나타나는 것이 아니라 합금기술에서도 나타난다.

청동기 시대에는 주석의 함량에 따라 크게 두 가지 형태의 청동이 일반적으로 사용되었다. 주석의 함량이 상대적으로 많은 약 10% 정도의 주석 함량을 가진 합금과 이 보다 작은 약 6% 정도의 주석 함량을 가진 2 종류의 청동으로 구분된다. 주석의 함량이 많으면 강도가 강해져서 주로 무기나 도구를 만드는 용도로 사용되었고, 주석의 함량이 작은 쪽은 주물로 만든 것을 판재로 성형하여 갑옷이나 장신구 등을 만들었다. 현존하는 비파형동검과 세형동검의 합금 비율을 조사한 결과에 의하면 구리:주석:아연의 비율이 대략 75:14:7 정도이며. 반면 다뉴세문경 의 구리:주석 합금 비율은 65:33 정도이다.

동검이 무기로 기능하려면 살상력이 높아야 하고, 다뉴세문경이 거울로 기능하려면 반사율이 높아야 한다. 동검의 살상력을 높이기 위해서는 적당한 강도와 탄성이 필요하다. 청동의 살상력을 최대한 높이기 위한 주석의 합금 비율이 바로 14% 전후인데 한국의 청동기시대 사람들은 바로 이 합금 비율을 알고 비파형동검과 세형동검에 적용했으며, 여기에 7% 정도의 아연을 합금하여 강도를 더 높였던 것이다. 이에 비해 거울의 기능이 필요했던 다뉴세문경은 반사율을 극대화하기 위해 주석의 합금 비율을 33%까지 올렸다.

청동은 구리와 주석의 합금 또는 주석의 일부를 다른 원소로 바꾼 것을 의미하나 주석을 함유하지 않고 Al, Si 등을 첨가한 합금도 알루미늄청동, 규소청동이라 부르며 황동에 소량의 Mn, Ni 등을 첨가한 것도 망간청동 니켈청동이라 한다. 넓은 의미로 청동이라 함은 구리를 주성분으로 Cu-Zn계 이외의 것으로 강하고 단단하며 쉽게 녹슬지 않는 합금을 말한다.

청동은 순동이나 황동에 비하여 주조성이 좋고 부식에 강하며 종, 화폐, 미술공예품, 일용품, 밸브류, 선박용 판재, 동상, 탄성을 요하는 스프링 이외에 병기, 기계의 부품, 베어링 재료, 전기, 반도체 재료에도 사용된다.

3.4.1. 청동의 조직

광의의 의미로 구분하여 황동 이외의 구리합금을 통칭하여 청동이라고 부르기도 한다. 구리에 주석이 주로 함유되어 있는 합금을 주석청동(Tin Bronze)이라고 부르며, 주조할 때에 탈산제로서 보통 인(P)이 사용되기 때문에, 상업적으로는 주석 청동을 인청동(燐青銅, Phosphor Bronze)이라고 부른다.

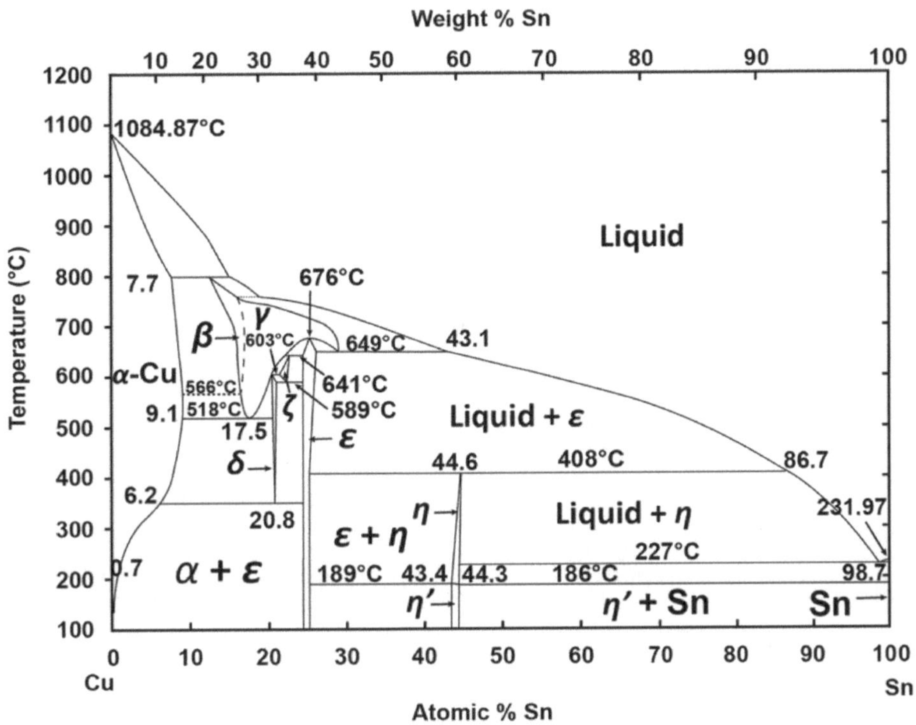

[그림 3-33] 청동(Cu-Sn)의 상태도

청동은 구리에 주석이 포함된 합금으로 구리와 주석의 합이 99.3% 이상으로 구성된다. 주석의 함량이 증가함에 따라 취성을 가진 금속간화합물이 형성된다. 용융상태에서는 구리와 주석은 서로 고용되지만, 상온에서 냉각 상태에서는 주석의 고용도는 제한적이다.

주석 함량이 5% 이하에서는 주석이 구리에 완전 고용되는 평형 상태를 이루면서 면심입방격자인 α상의 단일 상을 가지게 되며, 5~20%까지는 응고 과정에서 초정과 이후에 응고되는 조직 내 주석의 함량이 증가하게 되어 α상과 $\alpha+\delta$상이 복합된 수지상 조직을 갖게 된다.

δ상은 $Cu_{31}Sn_8$ (e/a = 21/13)을 기본적으로 하는 격자 구조를 가지고 있으며, 연성이 작고 취성이 강해서 주석 함량이 20%가 넘게 되면 전체적인 강도를 저해하는 특성이 있다. ε상은 육방격자(CuSn, e/a=7/4)인 조직인데, 350℃ 이하의 온도에서는 주석의 확산속도가 낮아서 실제로는 잘 안 생긴다.

(1) Cu-Sn 합금

구리에 대한 주석의 고용도는 520~568℃에서 최대 15.8%이며, 798℃에서 포정 반응에 의해 β상(BCC)이 나타난다. 이 β상은 586℃에서 $\alpha+\gamma$로 분해하고 γ상은 다시 520℃에서 $\alpha+\delta$상으로

공석 변태한다. δ상은 $Cu_{31}Sn_8$의 조성에 해당하는 취성이 강하고 매우 딱딱한 조직으로서 이 δ상은 다시 350℃~375℃에서 α+ε(Cu_3Sn)으로 공석 변태한다. 그러나 변태속도가 대단히 느려서 실제 δ상의 분해는 일어나지 않는다.

주석청동은 응고 온도범위가 대단히 넓어 결정편석이 심하게 일어난다. 약 10% Sn에서도 δ상이 형성된다. 매우 경한 조직인 δ상 때문에 주조재의 경우 우수한 강도와 내마모성이 얻어지지만 이 상태로는 가공이 어려운 단점이 있다. 가공재의 경우 불균질한 주조조직을 600℃ 정도에서 어닐링(Annealing)하면 α 단상이 되어 강도, 경도가 감소하고 연신율이 증가하므로 냉간 및 열간가공이 가능해진다.

[표 3-64]의 내용은 KS D6002, JIS H5111에 따른 주요 청동 주물의 특성과 용도 요약이다.

[표 3-64] KS D6002, JIS H5111에 따른 주요 청동 주물의 특성

종류	기호	화학성분(%)				인장강도 (kg/mm²)	연신율 (%)
		Cu	Sn	Zn	불순물		
제1종	BC1	88.0~92.0	2.0~6.0	~ 9	〈 3.0	〉 17	〉 10
제2종	BC2	86.0~90.0	7.0~9.0	3~5	〈 1.5	〉 21	〉 15
제3종	BC3	86.5~89.5	9.0~11.0	1~3	〈 1.5	〉 22	〉 15
제4종	BC4	84.5~87.5	11.0~13.0	1~3	〈 1.5	〉 22	〉 10

(2) Cu-Sn-Zn 계 합금

공업적으로 사용하고 있는 주석 청동은 주석(Sn)을 1.25~10% 포함하고 있으며, 가공용 주석 청동은 황동보다 강도가 우수하며, 특히 냉간가공 상태에서의 강도가 매우 높고, 황동보다 우수한 내식성을 갖는다. 적동(Red Brass)이나 단동에 비해 연성이 좋으면서도 기계적 강도가 커서 내마모성이 좋고 철에 비해 마찰계수가 작은 특징을 가지고 있다.

주석(Tin, Sn)은 상온에서 구리에 고용한도가 작은 편이지만, 주석함량 15.8%까지는 상온에서 단일상의 α 상을 유지하면서 고용강화형 합금의 특성을 가진다. 베어링, 기어, 피스톤링이나 밸브 부품 소재로 주로 사용되고 있다.

[표 3-65] Cu-Sn-Zn 계 합금

합금명		용도	특징
BC2종	88Cu-8Sn-4Zn	밸브코크 (내유압성)	아연이 BC3종 대비 2% 높음 (가포발생 억제, 압탕효과 우수)
BC3종	88Cu-10Sn-2Zn	슬리브, 임펠러 (내해수성)	Sn 10%의 영향으로 수축주소 발생 및 내압성 나빠짐

청동 주물의 조직은 전형적인 수지상(Dendrite) 조직을 가지며, 주석의 함량에 따라 수지상 조직이 성장하면서 성분의 편차(편석)가 생기게 된다. 가장 늦게 응고된 수지상 조직은 주석의 함량이 높게 되며, $\alpha+\delta$상이 복합된 조직을 갖게 된다.

이 계의 합금은 옛날 포신에 사용되어 포금(Gunmetal)이라는 명칭이 있으며 청동중에서 기계적 성질이 좋고 내해수성, 내마모성이 우수하여 베어링, 슬리브, 기어, 펌프 부품 등에 사용된다.

(3) Cu-Sn-Pb-Zn 계 합금

납을 조금 첨가하면 절삭성을 개선하고 기밀성을 증대시키는 장점이 있지만, 연성을 저하하고 기계적 강도를 낮추는 단점이 있다. 납을 첨가함으로 인해 고착(Galling)의 위험성을 줄일 수 있기에 회전체의 슬리브(Sleeve) 베어링의 소재로 사용된다.

주조 응고 과정에서 수지상 조직의 성장에 따라 합금 성분의 불균일 분포(편석)가 나타나는 현상은 납이 포함된 청동 주물에서도 유사하게 나타나며, 납은 구리에 고용되지 않고 낮은 융점의 특성으로 인해 가장 늦게까지 액상으로 남아 있다가 입계(Grain Boundary)를 따라서 거의 순수한 납의 상태로 응고가 진행된다. 납을 포함한 청동의 절삭성이 개선되는 것은 이렇게 입계를 따라 존재하는 납의 층 때문으로 이해하면 된다.

가스흡수나 응고양식을 BC2종 보다 더욱 주조에 적합하게 Sn량을 줄이고 Zn량은 늘려 내압성이나 피삭성을 더욱 좋게 하기 위해서 Pb를 첨가한 합금이다. 5% Pb로 쾌삭황동 기준대비 약 80% 정도에 가까운 효과를 얻을 수 있다.

[표 3-66] Cu-Sn-Pb-Zn 계 합금

합금명		용도	특징
BC1종	81Cu-3Sn-7Pb-9Zn	벨브메탈	기계적성질 가장 낮음 (피삭성 우수)
BC6종	88Cu-5Sn-5Pb-5Zn	레드브라스, 온스메탈	청동 생산량 상당부분을 차지
BC7종	88Cu-6Sn-1.5Pb-2.5Zn	벨브청동	BC2종과 BC6종의 중간 성질

3.4.2. 청동의 재료 특성

(1) 물리적 성질

순동의 비중이 8.95 정도인데 비해 주석이 포함된 청동의 비중은 주석 함량 20%에서 8.85로 합금원소의 함량에 따라 비중의 변화가 거의 없으며 선팽창계수도 순동이 $16.8X10^{-6}$인데 비해 주석 함량이 20%인 청동이 $18.9X10^{-6}$정도를 나타내고 있다. 또한 전기전도도는 주석함량 약 30%까지는 급격히 감소하고 주석 10%에서 순동의 약 1/50 정도이며, 열전도도도 비슷한 수준으로 감소한다. 청동은 주석의 함량에 따라 다양한 색깔을 나타내게 된다.

[표 3-67] 주석 함량에 따른 색 변화

주석 함량	3 미만	3~10	10~12	12~15	15~20	20~27	27~32	32~49	48~90	90 ~100
색깔	구리색 붉은색	붉은색을 띤 노란색	회색빛을 띤 노란색	흰빛과 노란 빛의 얼룩색	붉은색을 띤 노란색	붉은색을 띤 회색	은백색	은회색	푸른 회색	은백색

(2) 청동의 기계적 성질과 화학적 성질

청동은 황동보다 주조성이 좋고 내식성과 내마모성이 좋아 예로부터 화폐, 종, 미술공예품, 동상, 병기, 기계부품에 사용되었다. 주석 함량이 증가할 수록 내마모성 및 내해수성이 좋아서 선박용 부품을 주조로 제작하여 사용한다.

주석을 20% 함유한 청동의 비중 및 선팽창률은 순동과 비슷하다. 주석 3~10%을 함유한 청동의 열전도율은 순 구리에 비하여 1/8 정도이다. 청동은 고온에서 산화하기 쉬우며 납 함유량이 증가할수록 내식성은 나빠지고 산이나 알칼리 수용액 중에서는 부식율이 높아진다.

청동의 기계적 성질은 주석 함유량, 주조시 냉각속도, 열처리 조건에 따라 변화한다. 인장강도 및 경도는 주석 함유량이 증가하면 상승하고, 연신율은 주석 함량이 7~10% 일 때 최대가 된다.

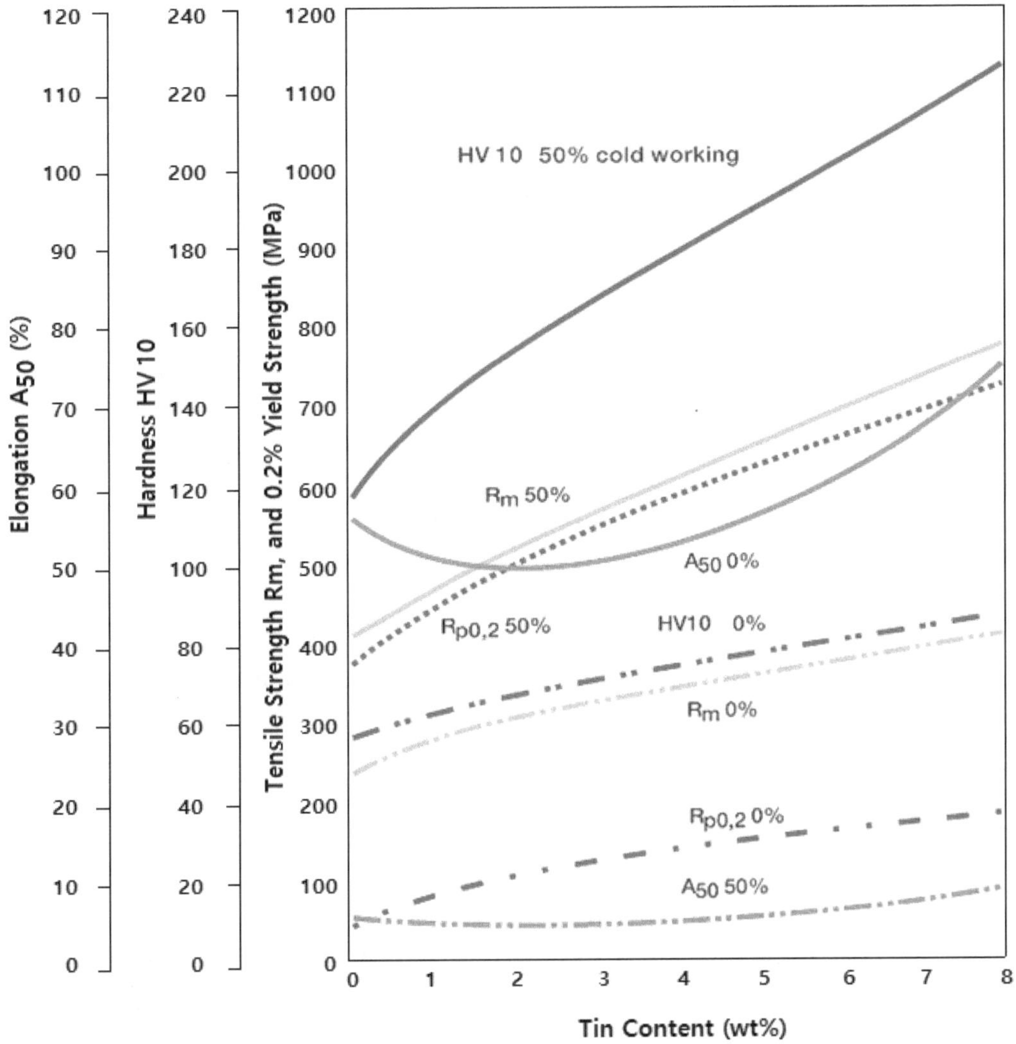

[그림 3-34] 주석(Sn) 함량에 따른 청동의 기계적 성질(냉간가공 0%와 50% 조건)

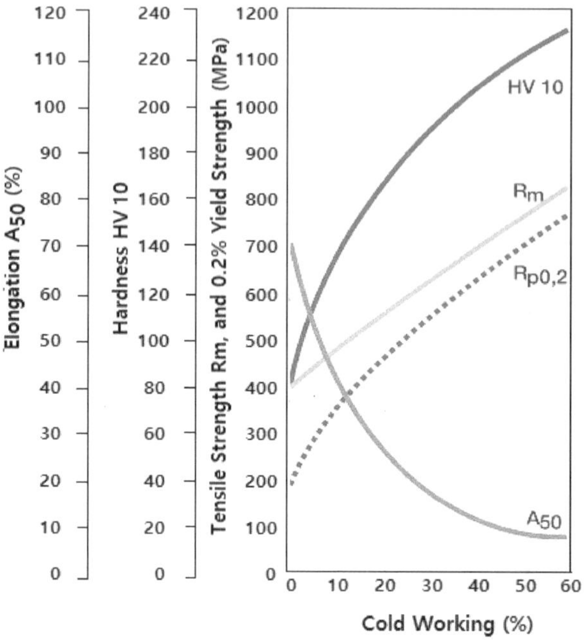

[그림 3-35] 주석 함량 8% 청동의 냉간가공에 따른 기계적 특성

청동의 기계적 성질은 주조할 때 냉각속도와 열처리의 조건에 따라 달라지게 되며, 주조품의 풀림 열처리 이후의 기계적 특성과 용도는 청동의 종류에 따라 [표 3-68]과 같다.

[표 3-68] 청동의 주요 성분과 기계적 특성

종류	기 호	화학 성분					인장시험		용 도
		Cu	Sn	Zn	Pb	불순물	인장강도 Kg/mm^2	연신율 %	
1종	BRC1	86.0 ~90.0	7.0 ~9.0	3.0 ~5.0	1.0 이하	1.0 이하	25 이상	20 이상	내식성 우수, 밸브, 기계, 부품
2종	BRC2	86.5 ~89.5	9.0 ~11.0	1.0 ~3.0				15 이상	
3종	BRC3	81.0 ~87.0	4.0 ~6.0	4.0 ~7.0	3.0 ~6.0	2.0 이하	20 이상		절삭성 양호, 밸브, 코오크
4종	BRC4	86.0 ~90.0	5.0 ~7.0	3.0 ~5.0	1.0 ~3.0	1.5 이하	22 이상	18 이상	
5종	BRC5	79.0 ~83.0	2.0 ~4.0	8.0 ~12.0	3.0 ~7.0	2.0 이하	17 이상	15 이상	절단성 양호, 건축용 배수구

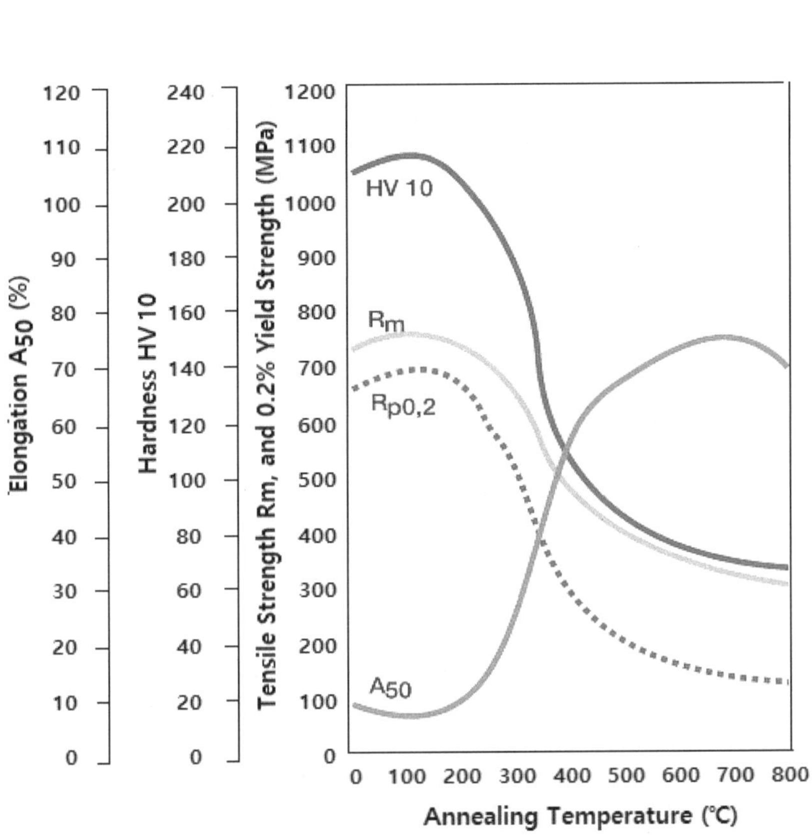

[그림 3-36] 50% 냉간가공후에 열처리 온도에 따른 주석 함량 8% 청동의 연화 현상

[표 3-69] 황동과 인청동의 비교

품명		황동			인청동		
		C2600	C2680	C2720	C5102	C5191	C5210
화학성분(%)		Cu:69.5 ~71.5	Cu:64.0 ~68.0	Cu:62.0 ~64.0	Sn:4.5 ~5.5	Sn:5.5 ~7.0	Sn:7.0 ~9.0
		Pb:≤0.07			P:0.03~0.35		
		Fe:≤0.05					Pb:≤0.05
							Fe:≤0.10
							Zn:≤0.20
비중(gm/㎤)		8.55	8.47	8.4	8.9	8.8	8.8
열전도율 (Cal/cm/sec/℃)		–	–	–	0.17	0.16	0.15
전기전도도 (%IACS, 20℃)		28 이상	28 이상	27 이상	15 이상	13 이상	11 이상
인장강도 (Kgf/㎟)	O	37 이하			31 이상	–	–
	1/4H	37~39			38~48	42~48	–
	1/2H	39~44			48~58	52~58	52~58
	H	45~50			58~68	62~68	62~68
	EH	51 이상			63 이상	66~72	71~77
	SH	–			–	74 이상	78 이상
연신율 (Elongation, %)	O	52 이상			40 이상	–	–
	1/4H	49 이상			28 이상	40 이상	–
	1/2H	28~38			15 이상	30 이상	30 이상
	H	16~24			7 이상	25 이상	–
	EH	5~15			4 이상	10 이상	15 이상
	SH	–			–	2 이상	11 이상
비커스 경도 (Hv)	O	90 이하			–	–	–
	1/4H	90~120			90~130	120~140	–
	1/2H	125~140			130~170	160~175	165~185
	H	145~160			170~190	180~200	190~210
	EH	165~180			190 이상	200~230	220~230
	SH	180 이상			–	220 이상	230 이상

3.4.3. 청동 합금의 종류

가장 일반적인 청동의 종류는 아래와 같으며, 약 4천년 전에 처음 청동이 사용되기 시작한 이래 역사적으로 제일 먼저 사용된 것은 인(P)을 첨가한 청동이다.

(1) 청동의 용도별 구분

1) 기계용 청동(Gunmetal)

근대에 들어서 포금(砲金, Gunmetal)이라고 하면 주석이 2~11%, 아연이 1~10% 포함된 구리합금을 의미한다. 여기에 필요에 따라서 납을 최대 7% 혹은 니켈을 최대 6% 정도 함유하기도 한다.

주석과 아연 그리고 납이 포함된 합금으로 우수한 주조성과 절삭 가공성 그리고 우수한 기계적 강도와 내식성을 가지고 있어서 2,000년 이상 인류가 사용해온 구리합금이다. 성형성이 좋아서 장식품이나 거울의 소재로 사용되었고, 총기가 개발되면서 가공성과 강도가 좋은 장점을 활용하여 포신의 재료로 사용되었다. 16~19세기 중반의 유럽에서는 무기 기술이 발전하면서 화약의 위력이 매우 크게 발전하였는데, 주로 사용하던 철제 화약 무기의 성능이 그 위력을 따라가지 못했다. 이 때문에 청동으로 만든 장비를 대량으로 주조한 적이 있었다. 화약 무기는 밀폐가 잘 돼야 성능이 오르고, 밀폐성을 높이기 위해서는 정밀하게 제조해야 한다.

철의 경우 청동에 비해 주조 난이도가 높다 보니 당시 기술력으론 청동으로 만드는 것이 주조 난이도가 낮은 만큼 정밀하게 만들 수 있었고, 그만큼 성능도 더 높았다. 포금이라는 단어는 이렇게 이들 청동의 용도가 포신의 재료로 활용된 것에 기인하며, Gunmetal 혹은 Gun-Metal이라고 쓰기도 한다. 그래서 무기사(武機史)에서는 이 시기를 제2의 청동기 시대로 부르기도 한다.

기계용 청동은 과거에는 포신의 재료로 사용되었으나, 근래에서는 우수한 내식성과 강도를 기반으로 밸브, 파이프 연결구, 펌프 등의 소재로 활용되고 있다.

세부 합금을 구분하여 1종은 보통 포금(砲金 : Gunmetal)이라 하고 Cu 90%와 Sn 10%의 합금으로 대포용 포신과 주로 밸브나 기어 플랜지 피스톤 스핀들 등에 쓰인다. 2종은 애드미럴티 포금(Admiralty Gunmetal) 이라고도 불리며 내해수성이 좋다.

[그림 3-37] 청동 밸브와 배관 자재

2) 화폐용 청동(Coin Bronze)

주석이 3~8% 합금된 강종으로 단조성이 좋고 프레스 가공 성형 작업이 용이하고 단단하고 강인하면서 내마모성이 좋아서 동전 화폐, 상패 등에 사용된다.

[그림 3-38] 청동 재질의 화폐 동전

3) 미술용 청동

주석이 2~8%, 아연이 1~12% 포함된 합금에 약간의 납을 추가하여 사용한다. 아연이 들어 감에 따라 유동성이 좋아져서 정밀 주조 작업이 용이하고, 납을 소량 첨가하여 절삭 가공성이 좋아진다. 성당이나 실내장식 등 건축물에 사용한다. 주조하기가 쉬워서 예로부터 미술품 또는 동상 따위에 많이 쓰였으며, 청동으로 만든 동상을 브론즈(Bronze)라고 일컬을 만큼 동상은 청동 제품이 대표가 되어 왔다.

[그림 3-39] 청동으로 만든 인물상과 불상

4) 베어링용 청동(Bearing Bronze)

주석을 10~40%를 함유한 청동은 연성은 없으나 경도가 높고 내마모성이 좋아서 베어링, 차축 등 마모가 많은 부분에 사용된다. 납(Pb)이 5~15% 함유되면 윤활성이 좋아져서 철도 차량이나 공작기계 부품으로 사용된다. 납이 20~45% 합금되고 여기에 소량의 니켈(Ni), 은(Ag), 황(S)가 포함된 청동합금을 켈밋(Kelmet Alloy)이라고 부르며 고속 베어링용 재질로 사용된다.

켈밋은 주조 과정에서 편석의 어려움으로 인해 제조가 곤란하지만, 수명이 아주 길어서 항공기, 내연기관, 압축기의 주축 베어링 등 고하중, 고속에 견디는 용도로 사용된다.

[그림 3-40] 청동 재질의 슬리브 베어링

(2) 상용청동(Commercial Grade Bronze)

흔히 그냥 청동이라고 얘기하면 대략 주석이 10% 정도 들어 있는 상용의 일반적인 구리합금을 의미하며, 앞서 단동을 설명하면서 소개한 상용청동(Commercial Bronze, 90% Cu - 10% Zn)과 구조용청동(Architectural Bronze (57% Cu - 3% Pb - 40% Zn)은 합금성분으로 아연(Zn)이 들어 있어서 이름은 청동으로 불리지만, 각각 단동과 황동으로 구분된다. 가장 일반적인 청동으로 대표 강종은 ASTM B140/B140M C31400 혹은 Mil-V-18436이 여기에 속한다.

[표 3-70] 상용청동의 물리적 특성

물리적 특성	SI Unit
녹는점(액상선)	1,038°C
녹는점(고상선)	1,010°C
밀도	8.83gm/cm^3 @ 20°C
비중	8.83
전지저항(풀림처리기준)	4.11 microhm-cm @ 20°C
전기전도도(풀림처리기준)	0.246 MegaSiemens/cm @ 20°C
열전달계수	180.0 W/m·°K @20°C
열팽창계수	18.4×10^{-6} per℃(20~300°C)
비열	377.1 J/kg · °K @293°K
탄성계수	117,000MPa

[표 3-71]는 KS D 6002에 제시된 청동의 화학성분이다.

[표 3-71] 상용청동의 성분

청동 주물		기호	화학성분(%, 범위 표시 이외에는 이하)									
			Cu	Sn	Zn	Pb	Ni	Fe	P	Sb	Al	Si
1종	사형주조	BC1	79.0~	2.0~	8.0~	3.0~	0.1	0.35	0.05	0.2	0.01	0.01
1종C	연속주조	BC1C	83.0	4.0	12.0	7.0			0.5			
2종	사형주조	BC2	86.0~	7.0~	3.0~	1.0	0.1	0.2	0.05	0.2	0.01	0.01
2종C	연속주조	BC2C	90.0	9.0	5.0				0.5			
3종	사형주조	BC3	86.5~	9.0~	1.0~	1.0	0.1	0.2	0.05	0.2	0.01	0.01
3종C	연속주조	BC3C	89.5	11.0	3.0				0.5			
6종	사형주조	BC6	83.0~	4.0~	4.0~	4.0~	0.1	0.3	0.05	0.2	0.01	0.01
6종C	연속주조	BC6C	87.0	6.0	6.0	6.0			0.5			
7종	사형주조	BC7	86.0~	5.0~	1.0~	1.0~	0.1	0.2	0.05	0.2	0.01	0.01
7종C	연속주조	BC7C	90.0	7.0	3.0	3.0			0.5			

[표 3-72] 주요 청동 주물의 특성과 용도

종류	주조방법	기호	기계적 특성		주요 용도
			인장강도 (kgf/mm^2)	연신율(%)	
1종	사형주조	BC1	17 이상	15 이하	배관재 또는 건축용 자재
1종C	연속주조	BC1C	20 이상	15 이하	
2종	사형주조	BC2	25 이상	20 이하	내압성, 내마모성 및 내식성이 좋고 기계적 강도도 높아서 베어링, 슬리브, 부싱, 펌프, 밸브, 모터부품, 기어 등에 사용.
2종C	연속주조	BC2C	28 이상	15 이하	
3종	사형주조	BC3	25 이상	15 이하	
3종C	연속주조	BC3C	28 이상	13 이하	
6종	사형주조	BC6	20 이상	15 이하	내압성, 내마모성, 가공성 및 단조성이 좋아서 일반 밸브류, 기계부품 등에 사용
6종C	연속주조	BC6C	25 이상	15 이하	
7종	사형주조	BC7	22 이상	18 이하	기계적 성질이 BC6보다 다소 높아 베어링, 소형 펌프 부품 및 밸브 등에 사용
7종C	연속주조	BC7C	26 이상	15 이하	

[표 3-73] 상용청동의 접합 및 기계가공성

접합 및 가공 방법			
연납땜(Soldering)	우수	냉간가공성	양호
경납땜(Brazing)	양호	열간가공성	부적절
산소-아세틸렌 가스 용접	추천 안함		
가스메탈아크용접(GMAW)	추천 안함	최저 응력제거 열처리 온도	427°C
플럭스코어드아크용접(FCAW)	추천 안함	최고 응력제거 열처리 온도	649°C
전기저항용접(ERW)	Spot	추천 안함	
	Seam	추천 안함	
	Butt	양호	

1) 인청동(Phosphor Bronze)

인청동은 구리에 0.5~11%의 주석(Sn)과 0.01~0.35%의 인(P)을 첨가하여 탈산 기능을 강화한 구리합금을 통칭하여 일컫는다. 청동을 용해하여 주조할 때 탈산제로 사용하는 인(P)의 함량을 많게 하여 합금 중에 0.01~0.35%의 인을 남게 하면 합금의 경도와 강도가 증가하고 내마모성과 탄성이 개선된다. 이러한 목적으로 청동에 1% 이하의 인을 첨가하여 만든 합금을 인청동이라고 부른다.

주석의 첨가는 내부식성과 강도를 증가시켜 주며, 미량의 인을 첨가하면 내마모성과 강성이 높아진다. 뛰어난 스프링 성능을 가지고 있으며 높은 피로 저항, 가공성 및 납땜성 및 내식성을 지닌 구리합금이다. 일반적으로 인청동의 내식성은 청동계보다 우수한 것으로 평가되는데, 이것은 인(P)에 의한 영향보다는 내식성을 저하시키는 아연(Zn) 및 납(Pb)을 함유하지 않고 주석(Sn)량이 많기 때문이다. 주석이 10~20% 정도 들어 있는 인청동은 주물로 제작하여 고압용 베어링의 소재로 사용된다.

[표 3-74] KS D6010에 따른 인청동의 화학성분과 주요 용도

종류	기 호	화학성분(wt.%)			용 도
		Sn	P	Sn+P+Cu	
1종	PBC1	3.0~5.5	0.03~0.05	99.5 이상	탄성, 내마모성 내식성등이 필요한 곳에 사용한다.
2종	PBC2	5.5~7.0	0.03~0.35	99.5 이상	
3종	PBC3	7.0~9.0	0.03~0.35	99.5 이상	

UNS C50100~C54200으로 구분되는 인청동은 주석(Sn)의 양이 많아 질수록 매우 단단한 내마모재(프레스 부품)의 합금이 되며, 밀도, 전기전도도는 인(P)의 함량이 많아지면 감소하고, 연신율은 인(P) 및 주석(Sn)의 증가에 따라 저하하지만 인장강도와 경도는 향상된다.

[표 3-75] 인청동 주물의 성분 및 기계적 성질

인청동 주물 (KS D 6024)	JIS H5120	ASTM B505	화학성분(wt.%)				인장강도 (N/㎟)	연신율 (%)	경도 (HB)
			Cu	Sn	P	기타			
CAC502A (PBC2A)	CAC502A	–	87.0 ~91.0	9.0 ~12.0	0.05 ~0.2	1 이하	196 이상	5 이상	60 이상
CAC502B (PBC2B)	CAC502B	C90700	87.0 ~91.0	9.0 ~12.0	0.15 ~0.5	1 이하	294 이상	5 이상	80 이상
CAC503B (PBC3B)	CAC503B	C91000	84.0 ~88.0	12.0 ~15.0	0.15 ~0.5	1 이하	265 이상	5 이상	90 이상

여기에 납이 합금원소로 추가되면 UNS No. C53400~C54400으로 구분되며, 기계적 강도와 피로저항성이 증대되고 기계가공성이 향상되며, 내마모성과 내식성이 향상되는 효과가 있다.

청동의 용해 주조시에 탈산제로서 인동(燐銅) 또는 인석(燐錫)등을 첨가하며 첨가량을 다소 많게 하여 인(P)을 0.05~0.5% 정도 남게 하면 용탕의 유동성이 좋아지고 합금의 강도, 경도가 증가하고 내마모성 및 탄성이 개선된다. 인청동의 쓰임에는 펌프부품, 기어, 선박용 부품, 화학기계용 부품 등의 주물로 사용된다.

가. 인청동의 종류

인청동은 종별로 제1종에서 제3종까지 구분하여 여기에 추가하여 스프링용 인청동을 포함한다. KS 규격에는 D5506에 제1종을 A와 B로 구분하여 C5100과 C5102, 제2종 C5191, 제3종 C5212로 구분하고 있으며, KS D5202에서는 스프링용 인청동을 C5210으로 구분하고 있다. 강종별 구분에서 C5111P와 같이 뒤에 P가 붙은 것은 가공용 소재로서 판재를 의미하고 C5111R 처럼 R이 붙은 것은 역시 가공용 소재로서 코일(Coil)을 의미하며, C5111과 같이 아무것도 붙지 않은 것은 일반 주조재를 의미한다.

인청동 제1종은 중간 정도의 강도와 우수한 내식성을 갖고 있으며, 인청동 제2종은 화학적 내구성이 우수하고 양호한 강도를 가지고 있고, 인청동 제3종은 화학적 내구성과 강도가 특히 우수하며, 스프링성, 내마모성이 좋은 특징을 가지고 있다.

[표 3-76] 인청동 관련 국제 규격

종별	KS D5506	JIS H3100	ASTM B103/B103M	BS 2870, 2875	DIN 17662
1A	C5111	C5111	C51000	PB102	–
1B	C5102	C5102	–		
2	C5191	C5191	–	PB103	CuSn6
3	C5212	C5212	C521000	NS104	CuSn8
스프링용 인청동	KS D5202 C5210	JIS H3130 C5210	ASTM B103 C521000	BS 2870, 2875 NS104	DIN 17662 CuSn8

[표 3-77] 인청동의 화학성분

종 별	화학성분(wt.%)					
	Pb	Fe	Sn	Zn	P	Cu+Sn+P
인청동 1A종	–	–	3.5~4.5	–	0.03~0.65	99.5 이상
인청동 1B종	–	–	4.5~5.5	–	0.03~0.05	99.5 이상
인청동 2종	–	–	5.5~7.0	–	0.03~0.35	99.5 이상
인청동 3종	–	–	7.0~9.0	–	0.03~0.35	99.5 이상
스프링용 인청동	0.05 이하	0.10 이하	7.0~9.0	0.20 이하	0.03~0.35	99.7 이상

나. 용해와 주조

용해와 주조 과정에서 수소용해도는 주석(Sn)의 증가에 따라서 감소하고 인(P)을 함유한 용탕에서는 수소의 흡수 속도가 빨라진다.

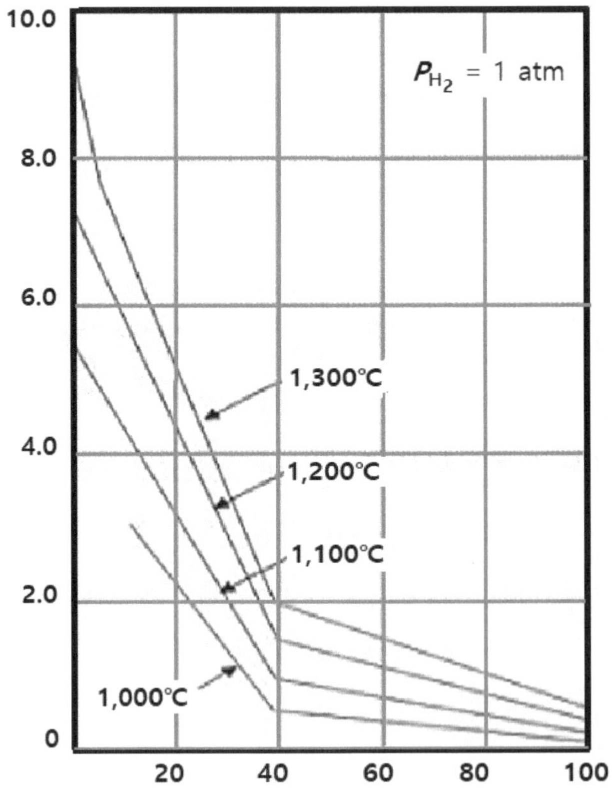

[그림 3-41] 주석 함량에 따른 청동의 수소 용해도(cc/100g)

인청동에서 발생하는 주물속 기포는 수소만에 의한 것인데 탈산이 불충분할 때는 순수 구리와 같이 화합물 가스가 생겨 기포가 많아진다.

청동의 용해는 수소 흡수의 방지와 탈산제의 적절한 사용이 중요하며 주조 방안은 압탕 효과가 적은 것에 유의하여 주입 온도, 주입 속도, 주형의 냉각 속도, 압탕이나 칠의 부착 방법 등 특히 내압주물에서는 응고 진행방향을 고려하여야 한다.

다. 주요 용도

인청동을 사용하면 강재 샤프트 축을 보호함과 동시에 구리합금 마모를 최소화할 수 있다. 또한, 샤프트-동베어링 사이에서 높은 하중을 견딜 수 있으며 강재에 대한 최소한의 마찰계수를 가지게 된다. 이러한 특성을 활용하여 인청동 제2종인 PBC2는 웜기어로 많이 사용되며, 거의 독보적인 존재로 사용되고 있다. 약 10%의 주석 첨가로 베어링의 강도를 증가시켜 주며, 구리합금과 상대재인 강재와의 상호 운동에 있어서 강재를 보호하는 역할을 행하며 강재는 모재인 구리합금 표면보다 고강도가 요구된다.

인청동은 Cu_3P상(相)과 $\alpha+\delta$상(相)이 많으므로 보통의 청동 주물에 비해 내마모성이 우수하다. 통상적인 건조 마모의 실험 결과 마모량이 적지만 산화성 분위기에서 산화에 이어 마모되는 경향이 있으며, 내마모성 재료로 사용되긴 하지만 윤활제가 불충분한 경우에는 상대재가 마모된다.

[표 3-78] 인청동의 특징과 주요 용도

품 명	기 호	특 징	용 도
인청동 1A종	C5111	전연성, 내피로성, 내식성이 우수하다.	전기기기용, 스프링 스위치, 휴즈, 클립, 고성능 스프링재, 계전기, 계측기기.
인청동 1B종	C5102		
인청동 2종	C5191		
인청동 3종	C5212	스프링성, 내식성, 내피로성이 매우 우수하다	
스프링용 인청동	C5210		

라. 기계적 특성

인청동의 주물은 주조 이후에 열처리에 따라 다양한 기계적 특성을 갖게 된다.

[표 3-79] 인청동의 기계적 특성

종별	신기호 (구기호)	질별	인장강도 kgf/mm²			굽힘시험		경도시험	
			두께 mm	인장강도	연신율 %	두께 mm	안쪽 반지름	두께 mm	비커스 Hv
1A	C5111P (PBS1) C5111R (PBT1)	0	0.2~5	30 이상	38 이상	1.6 이하	밀착	–	–
		1/4H	0.2~5	35~45	25 이상	1.6 이하	0.5 X t	0.2 이상	80~150
		1/2H	0.2~5	42~52	12 이상	1.6 이하	1 X t	0.2 이상	120~180
		H	0.2~5	50~60	7 이상	1.6 이하	2 X t	0.2 이상	150~200
		EH	0.2~5	58 이상	3 이상	–	–	0.2 이상	170 이상
1B	C5102P C5102R	0	0.2~5	21 이상	40 이상	1.6 이하	밀착	–	–
		1/4H	0.2~5	38~48	28 이상	1.6 이하	0.5 X t	0.2 이상	90~160
		1/2H	0.2~5	48~58	15 이상	1.6 이하	1 X t	0.2 이상	130~190
		H	0.2~5	58~68	7 이상	1.6 이하	2 X t	0.2 이상	170~220
		EH	0.2~5	63 이상	4 이상	–	–	0.2 이상	190 이상
2	C5191P C5191R	0	0.2~5	32 이상	42 이상	1.6 이하	0.5 X t	–	–
		1/4H	0.2~5	40~52	35 이상	1.6 이하	1 X t	0.2 이상	100~160
		1/2H	0.2~5	50~62	20 이상	1.6 이하	1.5 X t	0.2 이상	150~205
		H	0.2~5	60~70	8 이상	1.6 이하	2 X t	0.2 이상	180~230
		EH	0.2~5	65 이상	5 이상	–	–	0.2 이상	200 이상
3	C5212P C5212R	0	0.2~5	35 이상	45 이상	1.6 이하	0.5 X t	–	–
		1/4H	0.2~5	40~52	40 이상	1.6 이하	1 X t	0.2 이상	100~160
		1/2H	0.2~5	50~62	30 이상	1.6 이하	1.5 X t	0.2 이상	150~205
		H	0.2~5	60~72	8 이상	1.6 이하	3 X t	0.2 이상	180~235
		EH	0.2~5	70 이상	5 이상	–	–	0.2 이상	210 이상
스프링용	C5210S C5210T	1/2H	0.2 이상	48~62	27 이상	1.6 이하	1 X t	0.15 이상	140~205
		H	0.2 이상	60~72	20 이상	1.6 이하	1.5 X t	0.15 이상	185~235
		EH	0.2 이상	70~80	11 이상	1.6 이하	3 X t	0.15 이상	210~260
		SH	0.2 이상	75~85	9 이상	–	–	0.15 이상	230~270

[표 3-80] 인청동의 주조 방법에 따른 기계적 특성

종류	주조방법	기호	인 장 시 험			경도시험
			인장강도kgf/mm²	연신율(%)	내구력kgf/mm²	브리넬경도HB
2종	사형주조등	PBC2	20 이상	5 이상	12 이상	60 이상
2종B	금형주조	PBC2B	30 이상	5 이상	15 이상	80 이상
2종C	연속 주조	PBC2C	30 이상	10 이상	17 이상	80 이상
3종B	금형주조	PBC3B	27 이상	3 이상	15 이상	90 이상
3종C	연속 주조	PBC3C	30 이상	5 이상	17 이상	90 이상

2) 알루미늄청동(Aluminum Bronze)

알루미늄청동은 구리에 대략 5~12%까지의 알루미늄을 합금하고 여기에 용도에 따라 6% 이내의 철과 니켈을 첨가한 합금이다. 기계적 성질, 내식성, 내마모성 등이 극히 우수하기 때문에 화학, 기계장치, 선박, 항공기, 차량부품 선박 용품 등에 이용되고 있다.

이 합금에는 일반적으로 주석(Sn)을 첨가하지 않으며, 주석이 합금된 것을 청동(Bronze)이라고 부르는 통상의 관점에서 보면 이 알루미늄청동은 예외적인 청동 합금으로 구분할 수 있다. 보통 알루미늄의 함유량이 12%까지의 것을 판 · 관 · 봉 등의 가공용 단련재로 하거나 주물로 제조하여 사용하는데, 800℃에서 담금질하면 가장 강해진다. 알루미늄의 산화피막에 의해 우수한 내식성 효과가 증대된다.

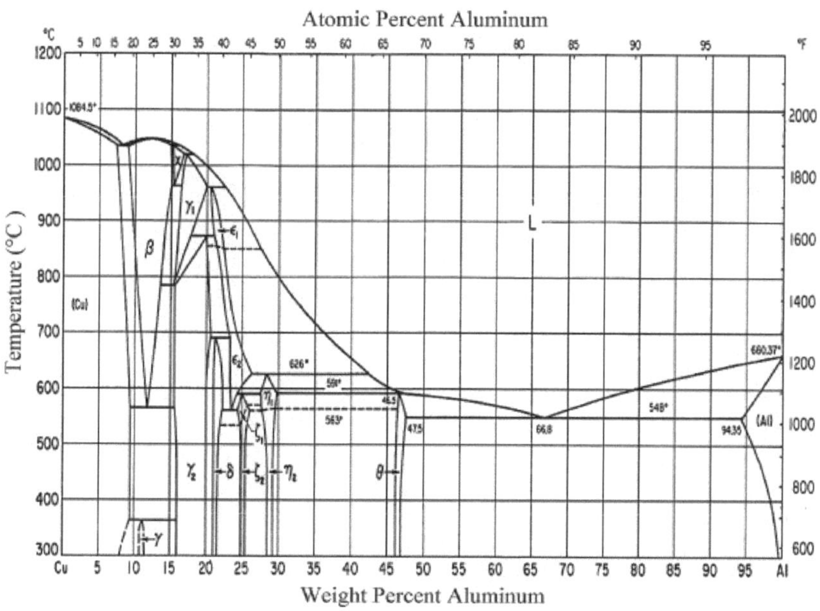

[그림 3-42] Cu-Al(알루미늄청동)의 상태도

알루미늄의 함량이 11% 이하에서는 고용강화형의 단일상인 α상과 철 및 니켈의 함량이 높은 Kappa(κ) 상으로 구성되어 있으며, Kappa상은 알루미늄의 함량이 11%를 넘지 않는 범위에서는 알루미늄을 흡수-고용하여 취성을 가진 β상의 형성을 막는 역할을 하며, 기계적 강도를 향상하면서도 연성이 약화되지 않도록 한다. β상은 연성을 낮추고 취성을 유발하며 주조 및 응고시에 급냉 과정에서 발생한다. 급냉에 의해 형성된 β상은 다시 고온에서 열간 시효과정을 거치면 $\alpha+\kappa$ 상으로 변화된다.

[표 3-81] 알루미늄청동의 화학성분

종별	화 학 성 분(wt.%)				
	Cu	Fe	Mn	Al	기타
1	83~90	2~4	0.5~2.0	7~10	Ni 0.5~2.0
2	81~88	3~5	0.5~2.0	8~11	
3	80~87	3~5	0.5~2.0	9~12	
4	78~85	1.5~3.5	0.5~2.0	8~11	
5	77~84	3.5~6	0.5~2.0	8.5~10.5	

8% 정도의 알루미늄 함량은 냉간가공이 가능하지만 이를 초과하면 고강도로 인해 열간가공이나 단조 작업을 실시해야 한다. 선박용 추진기, 펌프, 임펠러 등 담수 속에서 사용하는 회전 부품에 사용되며, 반복 하중을 받는 프레스 부품이나 충격을 받는 저속 저하중 베어링으로도 사용된다.

알루미늄청동은 그 용도와 목적에 따라 합금 성분을 조정하고 있으며 각종 규격에서 알루미늄의 성분과 여기에 추가되는 세부 합금 성분에 따라 다양하게 분류하고 있다. 알루미늄의 함량에 따라 크게 구분하면 α상의 단상 조직과 $\alpha+\beta$의 두가지 상이 복합된 조직으로 나눌 수 있다. 알루미늄의 함량이 8% 이상이 되면 β상의 존재에 따라 강도가 증가하고 연신율은 줄지만 알루미늄의 산화피막효과에 의해 고온 및 상온에서 내식성이 증대되는 특징을 가진다. 각종 규격에 따른 분류를 합금 성분과 이에 따르는 조직의 차이를 기준으로 분류하면 [표 3-76]과 같이 4가지로 분류된다.

[표 3-82] 알루미늄청동의 구분과 특징

합금 구분	특징 및 용도
Al함량 8% 미만의 단상(Single Phase)의 알루미늄청동	FCC의 단상 구조를 가지고 있으며, 우수한 연성과 전성으로 고온 및 냉간에서 가공성이 우수하다.
Al함량 8~11%의 이상조직(Two-Phase, Duplex)의 알루미늄청동	알루미늄(Al) 함량이 9% 이상이 되면 철(Fe)을 3% 정도 추가하고 여기에 필요에 따라 니켈을 추가하여 고강도를 추구한다. Al 함량이 10%를 넘어서게 되면 점차적으로 보다 강한 BCC 구조를 가지게 되고, 고강도로 인해 열간가공과 주조로 제작해야 하며, 내마모성이 향상된다. Fe는 입자 미세화의 효과를 가지고 있어서 기계적 강도 향상에 효과가 있고, 니켈은 항복강도 향상과 내식성 증대에 효과가 있다.
Si이 2% 이내, Al이 6% 함유된 알루미늄청동	α상의 단일상으로 구성되어 고강도와 함께 연성이 좋다. Si의 함유로 인해 일반적인 알루미늄청동에 비해 고강도를 확보할 수 있으며, 열간가공 및 주조에 적합하다. Si은 알루미늄청동의 기계가공성을 향상시켜서 단련재로서도 좋은 합금으로 사용된다.
Mn이 13%, Al이 8~9% 함유된 알루미늄청동	주조성이 좋고, 다른 알루미늄청동 합금에 비해 기계적 강도는 낮으나, 충격과 내마모에 우수한 저항성을 가지고 있어서 캐비테이션 분위기와 같은 손상 환경에 적합하다. 용접성이 우수하고 낮은 자화도를 가지고 있다.

[표 3-83] 알루미늄청동의 구분과 화학성분

합금명	Cu	Sn	Pb	Zn	Fe	Ni	Al	Mn	기타
C99300	나머지	0.05 이하	0.02 이하		0.40~1.0	13.5~16.5	10.7~11.5		Co 1.0~2.0 Si 0.02 이하
C99350	나머지		0.15 이하	7.5~9.5	1.0 이하	14.5~16.0 incl Co	9.5~10.5	0.25 이하	
C99400	나머지		0.09 이하	0.50~5.0	1.0~3.0	1.0~3.5	0.50~2.0	0.50 이하	Si 0.5~2.0
C99500	나머지		0.09 이하	0.50~2.0	3.0~5.0	3.5~5.50	0.50~2.0	0.50 이하	Si 0.5~2.0
C99600	나머지	0.10 이하	0.02 이하	0.20 이하	0.20 이하	0.20 이하	1.0~2.8	39.0~45.0	C 0.05 이하 Co 0.20 이하 Si 0.10 이하
C99700	54.0 이상	1.0 이하	2.0 이하	19.0~25.0	1.0 이하	4.0~6.0	0.50~3.0	11.0~15.0	
C99750	55.0~61.0		0.50~2.5	17.0~23.0	1.0 이하	5.0 이하	0.25~3.0	17.0~23.0	

상이한 조성의 다양한 알루미늄청동이 공업용으로 사용되며, 대부분 알루미늄이 5~12%를 차지하고 철, 니켈, 망간 및 규소와 같은 다른 합금원소들이 필요에 따라 추가된다. 구리와 알루미늄의 합금 조직에 Fe, Ni, Mn 등의 용질 원소로 이루어져 있으며 제품 응고 과정에서 응고 온도 범위가 좁아 편석이 잘 일어나지 않는다. 실용 합금으로는 Cu-Al-Fe계 및 Cu-Al-Ni-Fe계가 주로 사용되며, 높은 온도에서 물리적 기계적 성질을 유지하여 해수에서 높은 부식저항성을 보여준다.

[표 3-84] 가장 널리 사용되는 알루미늄청동의 종류 (ISO 428기준)

합금명	Al	Fe	Ni	Mn	Zn	As	Cu
CuAl5	4.0~6.5	0.5 이하	0.8 이하	0.5 이하	0.5 이하	0.4 이하	나머지
CuAl8	7.0~9.0	0.5 이하	0.8 이하	0.5 이하	0.5 이하		나머지
CuAl8Fe3	6.5~8.5	1.5~3.5	1.0 이하	0.8 이하	0.5 이하		나머지
CuAl9Mn2	8.0~10.0	1.5 이하	0.8 이하	1.5~3.0	0.5 이하		나머지
CuAl10Fe3	8.5~11.0	2.0~4.0	1.0 이하	2.0 이하	0.5 이하		나머지
CuAl10Fe5Ni5	8.5~11.5	2.0~6.0	4.0~6.0	2.0 이하	0.5 이하		나머지
Alloy C60800	5.0 이하						95.0 이상
Alloy C61000	8.0 이하						92.0 이상
Alloy C61400	7.0 이하	2.0 이하					91.0 이상

이 합금은 고용강화형으로 냉간가공에 의해 경화 될 수 있으나, 여기에 미량의 합금원소로 들어간 철의 편석에 의한 Fe-Rich 상이 석출하면서 강화되기도 한다. 알루미늄의 함량이 많은 합금은 고용화 열처리 이후에 급냉하고 시효과정을 거쳐서 고용강화기구와 병행하여 합금의 경화를 촉진하기도 한다. UNS No. C60800~C64210의 합금은 우수한 기계적 특성을 살려 베어링 등의 용도로 사용하고 있으며, UNS C95200~C95900의 합금은 우수한 기계적 강도와 내식성, 인성 그리고 주조와 용접이 용이한 특성을 살려서 다양한 용도로 사용되고 있다.

가. 알루미늄청동의 종류

알루미늄청동은 주로 주조에 의해 완성품으로 제조되지만, 내부에 기공이 없는 상태로 제조된 빌렛(Billet)은 가공용 단련재로도 널리 활용된다.

[표 3-85] 주조용 알루미늄청동 합금

UNS No.	Cu	Pb	Fe	Ni (Co 포함)	Al	Mn	Mg	Si	Zn	Sn
C95200	86.0 이상	–	2.5 ~4.0	–	8.5 ~9.5	–	–	–	–	–
C95210	86.0 이상	0.05 이하	2.5 ~4.0	1.0 이하	8.5 ~9.5	1.0 이하	0.05 이하	0.25 이하	0.50 이하	0.10 이하
C95220	나머지	–	2.5 ~4.0	2.5 이하	9.5 ~10.5	0.50 이하	–	–	–	–
C95300	86.0 이상	–	0.8 ~1.5	–	9.0 ~11.0	–	–	–	–	–
C95400	83.0 이상	3.0 ~5.0	1.5 이하	10.0 ~11.5	0.5 이하					
C95500	78.0 이상	3.0 ~5.0	3.0 ~5.5	10.0 ~11.5	3.5 이하					
C95700	71.0 이상	2.0 ~4.0	1.5 ~3.0	7.0 ~8.5	11.0 ~14.0	1.5 이하	–	–	–	–
C95800	79.0 이상	3.5 ~4.5	4.0 ~5.0	8.5 ~9.5	0.8 ~1.5					

[표 3-86] 알루미늄청동의 화학성분 (KS D6015 / JIS H5114 / ASTM B 148)

표준 규격			화학성분(wt.%)				
KS	JIS	ASTM	Cu	Al	Fe	Ni	Mn
AlBrC1	AlBrC1	9A	85.0~90.0	8.0~10.0	1.0~3.0	1.0 이하	1.0 이하
AlBrC2	AlBrC2	9C	80.0~88.0	8.0~10.5	2.5~5.0	1.0~1.5	1.0~1.5
AlBrC3	AlBrC3	9D	78.0~85.0	8.5~10.5	3.0~6.0	3.0~6.0	1.0~1.5
AlBrC4	AlBrC4	9F	71.0~84.0	6.0~9.0	2.0~5.0	1.0~4.0	7.0~15.0

[표 3-87] 알루미늄청동의 기계적 특성 (KS D6015, JIS H5111, ASTM B148)

표준 규격			기계적 특성		
KS	JIS	ASTM	인장(N/㎟)	연신(%)	경도(HB)
AlBrC1	AlBrC1	9A	440 이상	25 이상	8 이상
AlBrC2	AlBrC2	9C	490 이상	20 이상	120 이상
AlBrC3	AlBrC3	9D	590 이상	15 이상	150 이상
AlBrC4	AlBrC4	9F	590 이상	15 이상	160 이상

[표 3-88] 고강도 주조용 니켈-알루미늄청동 합금

UNS No.	Cu (min.)	Pb	Fe	Ni (Co 포함)	Al	Mn	Mg	Si	Zn	Sn	기타
C95400	83.0	-	3.0 ~5.0	1.5	10.0 ~11.5	0.50	-	-	-	-	-
C95410	83.0	-	3.0 ~5.0	1.5 ~2.5	10.0 ~11.5	0.50	-	-	-	-	-
C95420	83.5	-	3.0 ~4.3	0.50	10.5 ~12.0	0.50	-	-	-	-	-
C95500	78.0	-	3.0 ~5.0	3.0 ~5.5	10.0 ~11.5	3.5	-	-	-	-	-
C95510	78.0	-	2.0 ~3.5	4.5 ~5.5	9.7 ~10.9	1.5	-	-	0.30	0.20	-
C95520	74.5	.03	4.0 ~5.5	4.2 ~6.0	10.5 ~11.5	1.5	-	0.15	0.30	0.25	0.20Co 0.05Cr
C95800	79.0	.03	3.5 ~4.5	4.0 ~5.0	8.5 ~9.5	0.8 ~1.5	-	0.10	-	-	-
C95810	79.0	.10	3.5 ~4.5	4.0 ~5.0	8.5 ~9.5	0.8 ~1.5	0.05	0.10	0.50	-	-
C95820	77.5	.02	4.0 ~5.0	4.5 ~5.8	9.0 ~10.0	1.5	-	0.10	0.20	0.20	-

* Note : 단위는 wt.%, 범위 표기 이외에는 최대 값

[표 3-89] 알루미늄함량 8% 이하의 가공용 알루미늄청동의 종류와 화학 성분

UNS No.	Cu (Ag 포함)	Pb	Fe	Ni (Co 포함)	Al	Mn	Si	Zn	Sn	기타
C60800	나머지	0.10	0.10	–	5.0 ~6.5	–	–	–	–	0.02 ~0.35As
C6100	나머지	0.02	0.50	–	6.0 ~8.5	–	0.10	0.20	–	–
C61300	나머지	0.01	2.0 ~3.0	0.15	6.0 ~7.5	0.20	0.10	0.10	0.20 ~0.50	0.015P
C61400	나머지	0.01	1.5 ~3.5	–	6.0 ~8.0	1.0	–	0.20	–	0.015P
C61500	나머지	0.015	–	1.8 ~2.2	7.7 ~8.3	–	–	–	–	–
C61550	나머지	0.05	0.20	1.5 ~2.5	5.5 ~6.5	1.0	–	🕗	0.05	0.8Zn
C61800	나머지	0.02	0.50 ~1.5	–	8.5 ~11.0	–	0.10	0.02	–	–
C61900	나머지	0.02	3.0 ~4.5	–	8.5 ~10.0	–	–	0.8	0.6	–

*Note : 단위는 wt.%, 범위 표기 이외에는 최대 값

[표 3-90] 고강도 가공용 알루미늄청동의 종류와 화학성분

UNS No.	Cu (Ag 포함)	Pb	Fe	Ni (Co 포함)	Al	Mn	Mg	Si	Zn	Sn
C62200	나머지	0.02	3.0~4.2	–	11.0~12.0	–		0.10	0.02	–
C62300	나머지	–	2.0~4.0	1.0	8.5~10.0	0.50		0.25	–	0.6
C62400	나머지	–	2.0~4.5	–	10.0~11.5	0.30		0.25	–	0.20
C62500	나머지	–	3.5~5.5	–	12.5~13.5	2.0		–	–	–
C62580	나머지	0.02	3.0~5.0	–	12.0~13.0	–		0.04	0.02	–
C62581	나머지	0.02	3.0~5.0	–	13.0~14.0	–		0.04	0.02	–
C62582	나머지	0.02	3.0~5.0	–	14.0~15.0	–		0.04	0.02	–

* Note : 단위는 wt.%, 범위 표기 이외에는 최대 값

[표 3-91] 낮은 자화도를 위해 실리콘을 첨가한 가공용 알루미늄청동 합금

UNS No.	Cu (Ag 포함)	Pb	Fe	Ni (Co 포함)	Al	Mn	Si	Zn	Sn	기타
C63400	나머지	0.05	0.15	0.15	2.6 ~3.2	–	0.25 ~0.45	0.50	0.20	0.15As
C63600	나머지	0.05	0.15	0.15	3.0 ~4.0	–	0.7 ~1.3	0.50	0.20	0.15As
C63800	나머지	0.05	0.20	0.20	2.5 ~3.1	0.10	1.5 ~2.1	0.8	–	0.25 ~0.55Co
C64200	나머지	0.05	0.30	0.25	6.3 ~7.6	0.10	1.5 ~2.2	0.50	0.20	0.15As
C64210	나머지	0.05	0.30	0.25	6.3 ~7.0	0.10	1.5 ~2.0	0.50	0.20	0.15As

* Note : 단위는 wt.%, 범위 표기 이외에는 최대 값

[표 3-92] 고강도 가공용 니켈알루미늄청동

UNS No.	Cu (Ag 포함)	Pb	Fe	Ni (Co 포함)	Al	Mn	Si	Zn	Sn	기타
C63000	나머지	–	2.0 ~4.0	4.0 ~5.5	9.0 ~11.0	1.5	2.5	0.30	0.20	–
C63010	78.0 이상	–	2.0 ~3.5	4.5 ~5.5	9.7 ~10.9	1.5	–	0.30	0.20	–
C63020	74.5 이상	0.03	4.0 ~5.5	4.2 ~6.0	10.0 ~11.0	1.5	–	0.30	0.25	0.2 Co, 0.05 Cr
C63200	나머지	0.02	3.5 ~4.3	4.0 ~4.8	8.7 ~9.5	1.2 ~2.0	0.10	–	–	–
C63280	나머지	0.02	3.0 ~5.0	4.0 ~5.5	8.5 ~9.5	0.6 ~3.5	–	–	–	–
C63380	나머지	0.02	2.0 ~4.0	1.5 ~3.0	7.0 ~8.5	11.0 ~14.0	0.10	0.15	–	–

* Note : 단위는 wt.%, 범위 표기 이외에는 최대 값

나. 물리적 특성

모든 합금의 물리적 성질은 합금원소의 함량과 성상 그리고 노출되는 온도에 따라 달라지게 된다. 알루미늄청동의 경우에도 다른 구리합금과 마찬가지로 주요 합금원소인 철과 알루미늄 그리고 니켈 등의 함량에 따라 약간씩 전기적 특성과 열전도도 등의 물리적 특성에 변화가 나타난다.

알루미늄청동은 마찰이나 절삭 등의 기계적인 가공 과정에서 불꽃이 생성되지 않는 비점화성(Non-Sparkable)으로 석유화학 및 채굴 장비, 가스나 폭발물 취급 장비 등에 화재와 폭발의 위험성이 없는 공구 재질로 사용할 수 있다.

[표 3-93] 알루미늄청동의 합금 성분에 따른 밀도

구분	화학성분(wt.%, max.)				
밀도	Cu	Fe	Ni	Al	Mn
7.45 g/cm^3 at 68°F	Bal	4		10.8	1
7.64 g/cm^3 at 68°F	Bal	4	4.5	9	1

[표 3-94] 알루미늄청동의 합금 성분에 따른 전기저항

구분	화학성분(wt.%, max.)				
전기저항	Cu	Fe	Ni	Al	Mn
13.3 micorohm-cm at 68°F	Bal	1		10	1
20.4 micorohm-cm at 68°F	Bal	1	4.5	11	

[표 3-95] 알루미늄청동의 합금 성분에 따른 열전도도

구분	화학성분(wt.%, max.)				
열전달 계수	Cu	Fe	Ni	Al	Mn
36.0 W/m x deg.K at 68°F	81.0 이상	4	4.5	9	1
58.7 W/m x deg.K at 68°F	83.2 이상	4		10.8	

[표 3-96] 알루미늄청동의 합금 성분에 따른 전기전도도

구분	화학성분(wt.%, max.)					비고
전기전도도	Cu	Fe	Ni	Al	Mn	
7% IACS at 68°F	81.0 이상	4	4.5	9	1	0.041 Siemens/cm at 20℃
13% IACS at 68°F	83.2 이상	4		10.8		0.075 Siemens/cm at 20℃

다. 기계적 특성

알루미늄청동 주물은 400℃까지는 대개 인장강도가 저하되지 않으며, 내식성 및 내산화성이 우수하기 때문에 증기기관, 내연기관 및 화학기계 등의 내열성을 필요로 하는 부분에 많이 쓰인다. 또한 저온에서는 취성을 보이지 않고 강도를 유지한다. 알루미늄청동의 기계적 성질은 고온에서 다른 황동, 청동에 비교하면 2배의 강도를 가지고 있고, 또 내산화성과 고온 내식성도 양호하기 때문에 열교환기, 특수엔진 부품 및 화학반응장치 등에도 사용된다.

[표 3-97] 상용 알루미늄청동의 형상에 따른 단련재의 기계적 특성

제품 형상	인장강도(ksi)	항복강도(0.5%, ksi)	연신율(%)	경도(HRB)
Plate	50~65	17~27	30 이상	85 이상
Sheet	50~120	17~27	25~8	60~100
Strip	50~145	17~135	45~1	60~72
Bar	75~100	35~50	92~80	85 이상
Rod	60~120	30~75	64~1	29~98
Wire	60~140		67~1	
Tube	60 이상	27 이상	55 이상	77(HRF) 이상
Forgings	80 이상	40 이상	30 이상	78 이상

고력황동과 다른 청동계열 구리합금과는 달리 높은 온도(약 400℃)에서도 기계적 강도가 변하지 않는다. 우수한 내식성과 더불어 고온 강도가 유지되는 특성으로 인해 다양한 부식성 환경하에서 알루미늄청동이 널리 사용되고 있다.

[표 3-98] 알루미늄청동 주조재의 합금 종류에 따른 기계적 특성

합금 종류	인장강도(ksi)	항복강도(0.5% ksi)	연신율(%)	경도(HB)
Aluminum Bronze (Cu-9Al-3Fe)	80 이상	27 이상	35 이상	125 이상
Nickel-Aluminum Bronze (Cu-10Al-5Ni-4Fe-1Mn)	95 이상	40 이상	25 이상	160 이상
Nickel Aluminum Bronze (Cu-11Al-4Ni-4Fe), Heat Treated	120 이상	70 이상	10 이상	230 이상
Manganese Bronze (Cu-18Mn-8Al-3Fe-2Ni)	90 이상	40 이상	15 이상	220 이상
Bearing Material (Cu-13Al-4Fe)				250 이상

라. 내식성, 내 마모성

알루미늄청동은 부식에 매우 강한 특성을 가지고 있다. 이것은 알루미늄 산화물의 층에 의해서 형성된 것이며, 이러한 층이 산화 및 벗겨짐을 미연에 방지하며 자가 치유 특성을 지니게 된다. 또한, 화학적 물질들의 다양한 공격에도 부식되지 않으며, 불꽃이 일어나지 않는 Non-Sparking 성능을 활용하여 화재와 폭발의 위험성이 있는 오일과 가스산업 분야에서 매우 유용하게 적용하고 있다. 표면에 형성되는 알루미늄 산화층으로 인하여 해수와 화학물질, 대기 등에서 뛰어난 부식저항성을 가진다. 알루미늄청동은 해수에 대해 내식성이 대단히 크며, 또 피로한도가 높기 때문에 해수 중에서 사용되는 선박용 스크류(Screw) 재질로 가장 적합하다.

알루미늄청동은 여타 구리합금이 가지는 내식성 보다 더 우수한 내식성을 보이고 있기에 고온 및 해수 분위기와 같은 부식 환경뿐만 아니라 산과 염기의 화학적 분위기에서도 양호한 내식성을 나타낸다. 300~600℃의 범위에서 산화막 또는 유화물의 얇은 보호막은 0.1%의 염산가스(HCl Gas) 및 5% 이산화황 가스(SO_2 Gas)의 화학적 분위기에서 약간의 단점을 보이고는 있으나, 여전히 탈산동이나 다른 구리합금에 비하면 양호한 저항력을 가지고 있다.

내식성 뿐만 아니라 적절한 기계적 강도를 가지고 있기에 우수한 내마모성을 보이고 있다. 일반 탄소강 위에 용사 혹은 육성 용접으로 알루미늄청동을 쌓아 올려서 내마모 용도로 사용한다. 알루미늄의 함량이 14%가 되면 가장 우수한 내마모성을 나타내는 것으로 알려져 있으나, 반대로 취성이 강해서 쉽게 균열이 발생하는 위험성이 있기에 가공용 보다는 주로 육성 용접용으로 사용한다.

마. 성형, 절삭 가공성

브리넬 경도가 200 정도의 알루미늄청동주물은 일반적으로 쓰이는 비슷한 경도의 동합금과 유사한 피삭성을 가지고 있으나, 보통의 일반적인 동합금에 비교하면 피삭성이 좋지 못하다. 절삭성 황동의 피삭성을 100으로 한다면, 알루미늄청동의 피삭성은 20정도 높게 보아야 한다.

그러므로 이 피삭성을 개량하기 위해, Pb 1%를 첨가하면 좋다. 알루미늄청동의 주조성과 열처리 및 기계적 성질, 용접성에 영향이 미치지 않고 절삭성을 개선할 수도 있다. 용접은 특별한 제한이나 고려 사항 없이 잘되는 편이며, 이를 활용하여 배관재나 압력용기를 생산하고 있다.

알루미늄 함량이 8% 미만인 경우에는 쉽게 냉간가공을 통해 튜브, 펠렛, 와이어 등의 제품을 생산할 수 있으나, 알루미늄의 함량이 8%를 넘어서게 되면 강도와 경도가 증가하여 열간가공으로 성형해야 한다. 알루미늄 함량이 8~10%인 경우 기계적 강도 및 경도가 증가하며 열간가공이 가능해진다. 열간가공시의 온도는 약 700℃ 정도에서 진행한다.

바. 열처리

단일상이 아닌 두가지 조직을 가지고 있는 합금은 고강도와 우수한 내식성을 확보하기 위해 660℃에서 유지한 후에 대기중에 서냉을 한다. 특히 길이 방향 분할 베어링인 경우 고강도를 확보하기 위해 열처리가 필요하며, 이때에는 660℃에서 모재의 두께에 따라 행하며, 대기중에서 냉각을 한다. 과도한 기계가공 등으로 생긴 응력을 해소하고 변형을 방지하기 위한 응력제거 열처리의 경우에는 약 350℃에서 실시한다.

사. 용해 및 주조

일반적으로 고융점의 Fe, Ni, Cu의 일부를 먼저 용해한 다음 나머지 Cu를 첨가하여 용해 온도를 저하시키고 나서 Al을 첨가하는 방법을 취하며 용해 손실은 황동계 재료에 비해서 적다.

Al은 강력한 탈산제 역할을 하지만 반대로 수소 흡수를 용이하게 하며 수소 흡수시 탈가스를 실시한다.

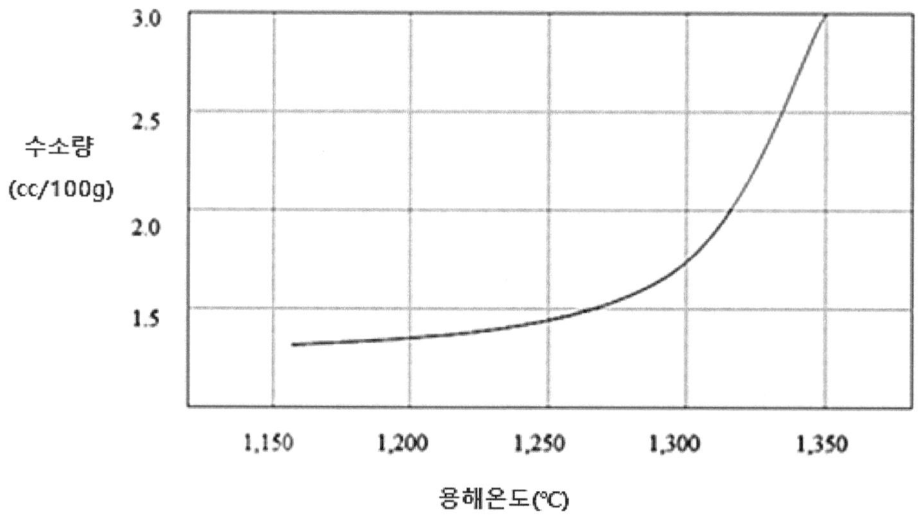

[그림 3-43] 알루미늄청동의 용해 온도와 수소 함유량 관계

알루미늄청동은 응고범위가 작기 때문에 주조시에 용탕을 주입하는 과정을 주의해야 한다. 또한 알루미늄청동은 다량의 알루미늄을 함유하고 있으므로 주조시의 용탕 흐름에서 Al의 산화물이 혼입해 주물의 건전성을 해칠 수 있다. 따라서, 아래 방향으로 용탕을 주입하면서 탕면상승 속도를 표면의 산화알루미늄막이 파괴되지 않을 정도로 관리해야 한다.

3) 연청동, 연입청동(LBC, Leaded Tin Bronze Casting, 鉛靑銅)

이름에서 예상되는 것처럼 구리에 납(Pb)을 합금한 청동이다. 납(Pb)을 4~22%, 주석(Sn)을 6~11% 함유한 청동으로 연성은 저하되지만 경도, 내마모성이 크므로 베어링의 소재로 널리 사용된다.

연청동(鉛靑銅) 혹은 연입청동(鉛入靑銅)이라고 불리는 이 합금은 높은 충격저항과 내마모성 및 내식성을 가진 합금으로 납이 포함되어 연질의 특성을 가지고 있다. 내마모성이 우수하고 충분한 강도와 경도, 적절한 연성 및 훌륭한 기계가공성을 지니고 있어, 기어, 스프라켓(Sprocket), 임펠러(Impeller), 와셔(Washer) 등으로 사용되며 펌프, 실린더, 공작기계, 중장비, 발전설비 등 광범위한 범위에서 사용되는 합금이다.

모든 구리합금들은 특정 작동환경 속에서 베어링 성능을 가질 수 있도록 기계적/물리적인 물성치를 갖고 있는데 12%가 넘는 납 함유량은 높은 표면속도에 적합하게 작동하지만 하중이 높지 않은 곳에서만 제한적으로 사용된다. (LBC3종 주로 사용) 다른 베어링용 재질에 비해 가격이 상대적으로 싸기에 경제적인 이점이 있다.

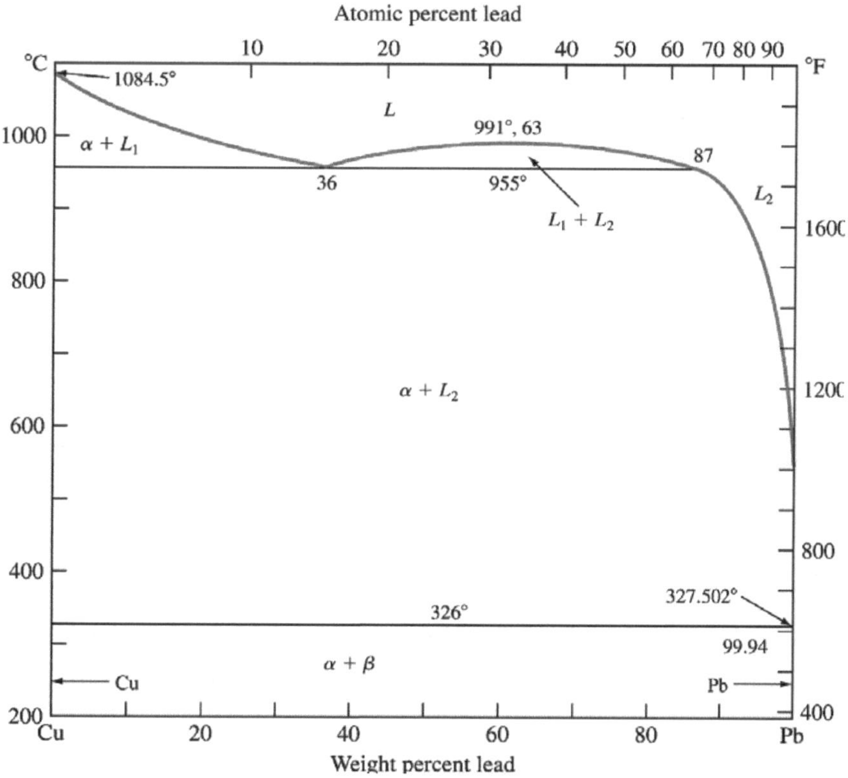

[그림 3-44] 구리와 납의 상태도

가. 연청동의 구분

연청동은 주물로 제작되며, 가장 대표적인 강종은 C93200으로 주로 베어링의 재료로 사용된다. [표 3-99]는 세계 각국의 연청동 주물의 구분을 정리한 것이다.

[표 3-99] 연청동 주물의 세계 각국의 재료 구분

CDA	ASTM	ASARCON	SAE	AMS	Federal	Military	기타 표기법
C31400	B140					MIL V-18436	
C92200	B505 B61 B143, 2A	61	622 J461 J462		QQ-C-390, D4; QQ-B-1005, COMP 1	MIL-B-11553, COMP 1; MIL-B-16541	NAVY M BRONZE
C92300	B505 B143, 2B	81	621 J461 J462		QQ-C-390, D3; QQ-B-1005, COMP 6	MIL-B-11553, COMP 6	
C92700	B505	102	63 J461 J462				
C92800	B505			7320			RING METAL
C93200	B505 B144, 3B	77	660 J461 J462		QQ-C-390, E7; QQ-B-1005, COMP 12	MIL-B-11553, COMP 12	BEARING BRONZE

[표 3-100] KS/JIS에 따른 연청동의 구분 (KS D6011 / JIS H5115 / ASTM B144)

규격명			화학성분(wt.%)					HB
KS D6011	JIS H5115	ASTM B144	Cu	Sn	Pb	Zn	Fe	(10/500)
PbBrC2	LBC2	-	82.0~86.0	9.0~11.0	4.0~6.0	1.0	0.3	65 이상
PbBrC3	LBC3	3A	77.0~81.0	9.0~11.0	9.0~11.0	1.0	0.3	60 이상
PbBrC4	LBC4	3D	74.0~78.0	7.0~9.0	14.0~16.0	1.0	0.3	55 이상
PbBrC5	LBC5	3E	70.0~76.0	6.0~8.0	16.0~22.0	1.0	0.3	45 이상

* Note : 단위는 wt.%, 범위 표기 이외에는 최대 값

나. 성분 및 기계적 성질

[표 3-101]은 UNS No.에 따른 연청동 주물의 주요 화학성분을 정리한 것이며, [표 3-102]는 이에 따른 기계적 특성의 구분이다.

[표 3-101] 연청동 주물의 화학성분(wt.%)

UNS No.	Cu	Sn	Pb	Zn	Fe	Ni
C31400	87.50~90.50		1.30~2.50		0.10	0.70
C83300	92.0~94.0	1.0~2.0	1.0~2.0	2.0~6.0		
C83450	87.0~89.0	2.0~3.5	1.5~3.0	5.5~7.5	0.3	0.8~1.5
C83600	84.0~86.0	4.0~6.0	4.0~6.0	4.0~6.0	0.3	1
C84400	78.0~82.0	2.3~3.5	6.0~8.0	7.0~10.0	0.4	1
C84500	77.0~79.0	2.0~4.0	6.0~7.5	10.0~14.0	0.4	1
C84800	75.0~77.0	2.0~3.0	5.5~7.0	13.0~17.0	0.4	1
C85200	70.0~74.0	0.7~2.0	1.5~3.8	20.0~27.0	0.6	1
C85400	65.0~70.0	.50~1.5	1.5~3.8	24.0~32.0	0.7	1
C85700	58.0~64.0	.50~1.5	.8~1.5	32.0~40.0	0.7	1
C85800	57.0 이상	1.5	1.5	31.0~41.0	0.5	0.5
C90300	86.0~89.0	7.5~9.0	0.3	3.0~5.0	0.2	1
C90500	86.0~89.0	9.0~11.0	0.3	1.0~3.0	0.2	1
C90700	88.0~90.0	10.0~12.0	0.3	0.5	0.15	0.5
C92200	86.00~90.00	5.50~6.50	1.00~2.00	3.00~5.00	0.25	
C92300	85.00~89.00	7.50~9.00	0.30~1.00	2.50~5.00	0.25	
C92700	86.00~89.00	9.00~11.00	1.00~2.50	0.70	0.20	
C92800	78.00~82.00	15.00~17.00	4.00~6.00	0.80	0.20	
C93200	82.0~84.0	6.5~7.5	6.5~7.7	2.4~4.0	0.2	0.8
C93700	78.0~81.0	9.3~10.7	8.3~10.7	0.8	0.1	0.5
C93800	76.0~79.0	6.5~7.5	14.0~16.0	0.8	0.1	0.8
C94100	74.0~79.0	4.7~6.5	14.0~16.0	1.0	0.1	0.8
C94500	70.0~75.0	6.3~8.0	16.0~21.5	1.0	0.1	0.8

* Note : 단위는 wt.%, 범위 표기 이외에는 최대 값

[표 3-102] ASTM B505/B505M에 따른 연청동의 기계적 특성

	인장강도(min.)		항복강도(at 0.5% 연신, min.)		연신율(%, min.)	경도(min.)
	ksi	MPa	ksi	MPa		
C92200	38	262	19	131	18	N/A
C92300	40	276	19	131	16	N/A
C92700	38	252	20	138	8	N/A
C92800	N/A	N/A	N/A	N/A	N/A	Rockwell "B" 72~82
C93200	35	241	20	138	10	

[표 3-103]은 KS/JIS에 따른 구분과 이에 따른 화학성분 및 기계적 특성을 정리한 것이다.

[표 3-103] 연청동 주물의 화학성분 (KS D6011 / JIS H5115)

<table>
<tr><th rowspan="2">종류</th><th rowspan="2">주조방법</th><th rowspan="2">기호</th><th colspan="10">화 학 성 분 (wt.%)</th></tr>
<tr><th>Cu</th><th>Sn</th><th>Pb</th><th>Ni</th><th>Zn</th><th>Fe</th><th>Sb</th><th>P</th><th>Al</th><th>Si</th></tr>
<tr><td>2종</td><td>사형주조 등</td><td>LBC2</td><td>82.0
~86.0</td><td>9.0
~11.0</td><td>4.0
~6.0</td><td>1.0</td><td>1.0</td><td>0.3</td><td>0.3</td><td>0.1</td><td>0.01</td><td>0.01</td></tr>
<tr><td>3종</td><td>사형주조 등</td><td>LBC3</td><td rowspan="2">77.0
~81.0</td><td rowspan="2">9.0
~11.0</td><td rowspan="2">9.0
~11.0</td><td rowspan="2">1.0</td><td rowspan="2">1.0</td><td rowspan="2">0.3</td><td rowspan="2">0.5</td><td>0.1</td><td rowspan="2">0.01</td><td rowspan="2">0.01</td></tr>
<tr><td>3종C</td><td>연속주조</td><td>LBC3C</td><td>0.5</td></tr>
<tr><td>4종</td><td>사형주조 등</td><td>LBC4</td><td rowspan="2">74.0
~78.0</td><td rowspan="2">9.0
~11.0</td><td rowspan="2">14.0
~16.0</td><td rowspan="2">1.0</td><td rowspan="2">1.0</td><td rowspan="2">0.3</td><td rowspan="2">0.5</td><td>0.1</td><td rowspan="2">0.01</td><td rowspan="2">0.01</td></tr>
<tr><td>4종C</td><td>연속주조</td><td>LBC4C</td><td>0.5</td></tr>
<tr><td>5종</td><td>사형주조 등</td><td>LBC5</td><td rowspan="2">70.0
~76.0</td><td>7.0
~9.0</td><td rowspan="2">16.0
~22.0</td><td rowspan="2">1.0</td><td rowspan="2">1.0</td><td rowspan="2">0.3</td><td rowspan="2">0.5</td><td>0.1</td><td rowspan="2">0.01</td><td rowspan="2">0.01</td></tr>
<tr><td>5종C</td><td>연속주조</td><td>LBC5C</td><td>6.0
~8.0</td><td>0.5</td></tr>
</table>

* Note : 단위는 wt.%, 범위 표기 이외에는 최대 값

[표 3-104] 연청동주물의 기계적 특성 (KS/JIS)

종류	주조방법	기호	인 장 시 험			경도시험
			인장강도 (kgf/mm^2)	연신율(%)	내구력 (kgf/mm^2)	브리넬 경도 HB
2종	사형주조 등	LBC2	20 이상	10 이상	10 이상	65 이상
3종	사형주조 등	LBC3	18 이상	7 이상	8 이상	60 이상
3종C	연속주조	LBC3C	23 이상	10 이상	14 이상	65 이상
4종	사형주조 등	LBC4	17 이상	5 이상	8 이상	55 이상
4종C	연속주조	LBC4C	22 이상	8 이상	10 이상	60 이상
5종	사형주조 등	LBC5	15 이상	5 이상	6 이상	45 이상
5종C	연속주조	LBC5C	18 이상	7 이상	8 이상	50 이상

[표 3-105] ASTM B584에 다른 연청동 주물의 특성

연청동 주물(Lead Tin Bronze Casting)					
기호		OLD	LBC3C	LBC4C	LBC5C
		NEW	CAC603C	CAC604C	CAC605C
UNS No.			C93700	C93800	C94300
화학성분(wt.%)	주요 성분	Cu	77.0~81.0	74.0~78.0	70.0~76.0
		Sn	9.0~11.0	7.0~9.0	6.0~8.0
		Pb	9.0~11.0	14.0~16.0	16.0~22.0
	기타 성분	Zn	1.0 이하	1.0 이하	1.0 이하
		Fe	0.3 이하	0.3 이하	1.0 이하
		Sb	0.5 이하	0.5 이하	0.3 이하
		Ni	1.0 이하	1.0 이하	0.5 이하
		P	0.5 이하	0.5 이하	1.0 이하
		Al	0.01 이하	0.01 이하	0.5 이하
		Si	0.01 이하	0.01 이하	0.01 이하
항복강도(0.2%, N/mm^2)		JIS/KS	135 이상	100 이상	80 이하
인장강도(N/mm^2)		JIS/KS	225 이상	220 이상	175 이상
		ASTM	207 이상	179 이상	165 이상
ASTM B584, JIS H5120/5121, KS D6024/6025					

4) 규소청동(Silicon Bronze)

규소(Si)를 4~5% 이하로 함유한 구리합금으로 비자성이며, 기계적 특성이 우수하고 고온 및 저온에서 내식성, 내마모성 및 용접성이 우수하여 화학공업용 재료로 이용되며 응력부식균열(Stress Corrosion Cracking)에 대한 저항성이 크다. 구리에 규소가 약 4% 추가되고 여기에 아연이 14% 추가되어 국내에서는 실리콘+진크의 머리글자를 따서 실진청동(Silzin Bronze)라고 부르며, 일본에서는 규소청동(Silicon Bronze), 미국 ASTM에서는 규소황동(Silicon Brass)로 부르며, 규소의 영문인 실리콘을 따서 그냥 실리콘청동이라고도 부른다.

주조성이 우수하고 성형성도 좋으며, 망간이 1% 정도 추가된 규소청동 합금은 강도와 연성이 좋아서 다양한 제품으로 가공이 가능하다. 열간 및 냉간가공성이 좋고 황금빛의 색감을 나타내기에 창문 틀이나 힌지와 같은 각종 건축용 자재뿐만 아니라 우주항공분야의 소재 및 화학공업 분야의 구조재료에 이용된다. 557℃ 이상의 고온에서는 조직이 단상의 α상에서 γ상으로 변화하면서 어두운 브라운색을 나타낸다.

[표 3-106] 대표적인 규소청동의 화학성분 (wt.%, max.)

구리합금	Cu	Sn	Si	Pb	Zn	Mn	S	As
Cu-2.5%Si	97.0	0.396	2.12	0.010	0.015	0.002	–	0.005
Cu-5%Si	93.83	0.276	5.16	0.16	0.427	0.002	0.042	0.074
Cu-5%Si	93.7	0.001	6.10	0.01	0.015	0.002	–	0.009

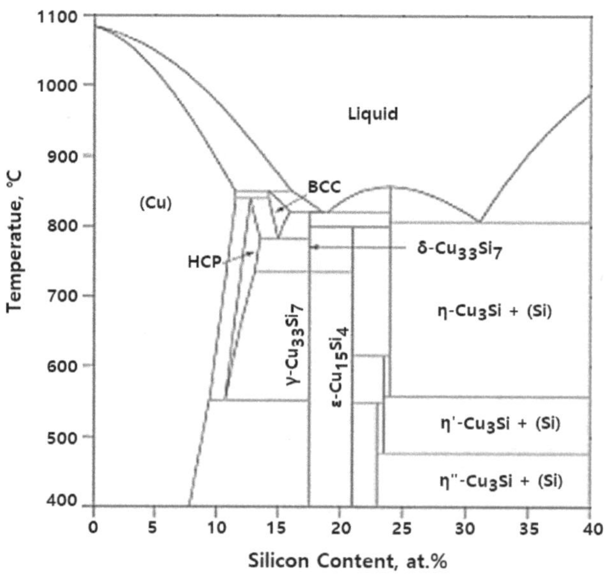

[그림 3-45] 구리와 실리콘의 상태도

5) 기타 청동 합금

가. 베릴륨청동(Beryllium Bronze)

구리에 0.5~3% 정도의 베릴륨(Be)을 합금한 것으로 고강도와 비자성 및 마찰시에 스파크가 발생하지 않는 특성으로 화재와 폭발의 위험성이 있는 곳에 사용되며 우수한 기계적 특성으로 인해 스프링용으로 많이 사용되어 스프링용 구리(Spring Copper) 혹은 그냥 베릴륨구리(Beryllium Copper)라고도 불린다.

구리합금중에서 가장 높은 강도와 경도를 가지며, 연성이 좋고 용접이 가능한 합금이다. 베릴륨청동은 상온에서 고형의 상태에서는 무해한 것으로 알려져 있으나, 기계가공 및 용접 등의 가공 과정에서 미세한 분진 혹은 흄(Fume)의 상태로 폐에 흡수되면 심각한 문제를 일으킨다. 베어링, 기어, 고급 스프링, 공업용 전극에 사용된다.

이들 합금의 전기전도도는 IACS 30%로 낮은 편이지만, 열처리와 냉간가공을 통해 매우 높은 수준의 강도와 경도를 얻을 수 있다. 경도와 강도는 조금 낮지만 우수한 연성을 확보하기 위해서는 베릴륨의 함량을 0.5% 정도로 낮추고 코발트 혹은 코발트와 니켈의 함량을 2.5% 정도로 추가한 합금도 사용된다.

석출경화를 위한 시효 온도가 100℃ 정도이므로 350~400℃ 범위의 고온에서 사용하게 되면 과시효(Overaging)의 위험성이 있다.

전기전도도를 얻기 위해서는 베릴륨의 함량을 0.2~0.7% 정도로 낮추고 니켈과 코발트의 함량을 높인 합금을 생산하며, 스파크(Spark)가 발생하지 않기 때문에 주로 전기용 재료로 많이 사용된다. 우수한 내식성과 적절한 기계적 강도를 활용하여 플라스틱의 주형으로 사용되며, 높은 열전도도로 인해 생산성과 주형의 수명이 길어지는 장점이 있다.

베릴륨 가스는 매우 독성이 강하고 흡입할 경우에는 폐에 심각한 문제점을 만들게 되기 때문에 용융, 주조 및 용접과 같은 열간 작업 및 기계가공 과정에도 주의해야 한다. 일단 구리와 베릴륨이 합금으로 만들어지면 매우 안전하고 안정적인 재료가 되지만 재활용시에는 다른 구리합금과 분리하여 관리를 해야 한다. 대용 합금으로는 Cu-Ni-Sn 합금이 사용될 수 있다.

이 합금은 반복된 응력하에서 피로 저항성이 매우 좋아서 예로부터 스프링이나 다이아프램(Diaphragm), 벨로우즈(Bellows) 등의 반복된 응력에 내성이 필요한 용도로 많이 사용되어 왔다. 자성이 없고 마찰이나 충격에 의해 스파크(Spark)를 발생하지 않는 소재로서 스파크 발생이 위험한 채굴현장이나 오일 가스 및 석유화학 분야의 소재로 사용되어 왔으며, 특히 고강도이면서 접촉부의 융착이 발생하지 않는 특성과 우수한 내식성을 가지고 있기에 정유 산업의 시추 드릴 장비의 소재로 활용되어 왔다.

열처리를 하고 냉간가공을 실시한 Cu-Be 합금은 경도는 100~420 Hv10 정도를 나타내고 인장강도는 410~1,400 N/mm^{2}를 가지게 되어, 거의 탄소강에 준하는 강도를 가지면서도 Ni-Ag에 상응하는 수준의 우수한 내식성과 IACS 기준으로 16~65% 수준의 전기전도도 그리고 210 W/mK의 높은 열전도도를 가지고 있다.

단련재 가공용 합금은 고용화 열처리된 상태로 생산되며, 이후에 200~400℃ 범위에서 시효경화를 거쳐서 베릴라이드(Beryllide)라고 불리는 이차상이 석출하여 강도가 향상된다. 이 과정은 일반적인 석출경화형 알루미늄 합금의 시효 과정과 동일하게 이해하면 된다.

주조 합금은 α상의 순수 구리가 응고된 수지상 조직에 베릴라이드(Beryllide) 조직이 섞인 형태를 가지고 있으며, 이들 베릴라이드(Beryllide) 조직은 약간 어두운 청색으로 나타나며 초정이 10 마이크론(Micron) 정도의 길이로 굳이 부식을 시키지 않아도 표면 연마 만으로도 쉽게 현미경 조직에서 관찰이 가능한 수준이다.

나. 망간청동(Manganese Bronze)

망간(Mn)이 5~15% 함유된 구리합금으로 가장 대표적인 강종은 CuZn40Mn1Pb1 (CW720R)이며, 건축용 내장재 등으로 사용되며 아연의 존재로 인해 황동으로 오해되기도 한다. 망간이 있으므로 초코렛 색을 나타낸다.

[표 3-107] 망간청동의 화학성분

UNS No.	Cu	Ni	Fe	Al	Mn	Zn	기타
C86100	66.0~68.0		2.0~4.0	4.0~5.5	2.5~5.0	나머지	-
C86200	60.0~66.0	1	2.0~4.0	3.0~4.9	2.5~5.0	22.0~28.0	-
C86300	60.0~66.0	1	2.0~4.0	5.0~7.5	2.5~5.0	22.0~28.0	-
C86400	56.0~62.0	0.8	0.40~2.0	0.50~1.5	0.10~1.0	34.0~42.0	-
C86500	55.0~60.0	1	0.40~2.0	0.50~1.5	0.10~3.0	36.0~42.0	Sn 0.50~1.0 Pb 0.5~1.3
C86700	55.0~60.0	0.8	1.0~3.0	1.0~3.5	1.0~3.5	30.0~38.0	Sn 1.5 Pb 0.5~1.5

* Note : 단위는 wt.%, 범위 표기 이외에는 최대 값

다. 크롬청동(Chromium Bronze)

크롬을 0.5~1.2% 정도로 함유한 구리합금으로 고강도에 높은 전기전도도를 가지고 있으며 여기에 추가하여 실리콘, 황, 마그네슘 등을 기계적 특성과 가공성을 향상시키기 위해 추가한다. 주조품, 단조품 모두 다양한 형태로 제작이 가능하지만 주조 과정에서 산화물이 용탕의 점도를 높이기 때문에 주조 과정에서 산화물이 개재물로 들어가지 않도록 주의해야 한다. 강도가 크고 경도도 높아서 전기저항용접의 전극 재료로 사용되고 있으며, CuCr1, CC140C과 같은 주조재의 경우에는 IACS 90%의 전기전도도로 인해 각종 전기재료로도 많이 활용되고 있다.

시효(Aging)에 의해 경화되기 때문에 고온 사용시에 기계적 특성이 변화될 수 있다. 석출물이 충분하게 잘 발달된 구리-크롬 합금은 순수 구리에 비해 2배 정도의 기계적 강도를 가지면서도 전기전도도는 IACS 기준으로 85% 정도가 된다. 크롬 산화피막에 의해 우수한 내식성을 갖게 되며, 고온 강도가 우수한 장점을 활용하여 각종 전기재료로 사용된다. 우수한 기계적 강도에 추가하여 성형성과 가공성이 좋아서 전기저항용접의 전극재료로 사용된다.

시효 경화는 구리에 대한 크롬의 고용도가 온도가 내려감에 따라 감소하기 때문에 발생되는데, 그러다 보니 서냉을 하게 되면 조직이 단상이 아닌 크롬과 α상의 이중구조로 된다. 고용화 온도에서 급냉을 하게 되면 크롬이 단일상에 과포화된 상태로 고용되는 효과로 인해 고용강화가 발생하여 거의 순수 구리와 유사한 수준의 미세 조직과 아주 우수한 기계적 특성을 확보할 수 있다.

[표 3-108] 크롬청동의 화학성분(wt.%)

합금명	Cu(Ag 포함)	Zn	Sn	Cr	Fe	기타
C18150	99.7 이상			0.50~1.5		Zr : 0.02~0.20
C18200	99.5 이상			0.6~1.2	0.10 이하	Pb : 0.05, Si : 0.10
C18400	99.5 이상	0.7 이하		0.40~1.2	0.15 이하	P : 0.05, Si : 0.10, As : 0.005, Ca : 0.005, Li : 0.05
C18550			0.14 이하	0.6~1.0		

라. 티탄청동(Titanium Bronze)

구리에 5% 이내의 티타늄(Ti)을 함유한 합금으로 진공로에서 885℃로 가열후 물에 담금질하여 시효 처리한 것이다. 전기전도도가 우수하고 기계적 강도가 좋아서 주로 전기용 재료로 많이 사용한다.

[표 3-109] 주요 티탄청동의 특성 요약

<table>
<tr><th colspan="3" rowspan="2">Copper Alloy Name</th><th colspan="4">TiCu</th></tr>
<tr><th>C1990</th><th>C1990HP</th><th>C1990HC</th><th>NKT322</th></tr>
<tr><td colspan="3">화학성분 (wt%)</td><td>Cu : 나머지
Ti : 3.0</td><td>Cu : 나머지
Ti : 3.0</td><td>Cu : 나머지
Ti : 3.0</td><td>Cu : 나머지
Ti : 3.2
Fe : 0.2</td></tr>
<tr><td rowspan="4">물리적 특성</td><td colspan="2">밀도 (g/cm³)</td><td>8.70</td><td>8.70</td><td>8.70</td><td>8.70</td></tr>
<tr><td colspan="2">탄성계수 (MPa)</td><td>127,000</td><td>127,000</td><td>127,000</td><td>120,000</td></tr>
<tr><td colspan="2">전기전도도
(%IACS @20℃)</td><td>13</td><td>13</td><td>20</td><td>10~13</td></tr>
<tr><td colspan="2">포아송비</td><td>0.33</td><td>0.33</td><td>0.33</td><td>0.33</td></tr>
<tr><td rowspan="17">기계적 특성</td><td rowspan="10">인장강도
(MPa)</td><td>O</td><td>-</td><td>-</td><td>-</td><td>-</td></tr>
<tr><td>1/4H</td><td>735~930</td><td>-</td><td>-</td><td>-</td></tr>
<tr><td>1/2H</td><td>-</td><td>-</td><td>-</td><td>-</td></tr>
<tr><td>H</td><td>-</td><td>-</td><td>-</td><td>900~1,000</td></tr>
<tr><td>EH</td><td>885~1,080</td><td>885~1,080</td><td>950 이상</td><td>920~1,020</td></tr>
<tr><td>SH</td><td>-</td><td>910~1,110</td><td>-</td><td>970~1,100</td></tr>
<tr><td>ESH</td><td>-</td><td>1,000~1,180</td><td>-</td><td>1,010~1,200</td></tr>
<tr><td>XSH</td><td>-</td><td>1,050~1,400</td><td>-</td><td>-</td></tr>
<tr><td>USH</td><td>-</td><td>1,200~1,550
(두께≦
0.1㎜)</td><td>-</td><td>-</td></tr>
<tr><td>GSH</td><td>-</td><td>1,300~1,600
(Thickness
≦0.1㎜)</td><td>-</td><td>-</td></tr>
<tr><td rowspan="7">항복강도
(0.2%, MPa)</td><td>O</td><td>-</td><td>-</td><td>-</td><td>-</td></tr>
<tr><td>1/4H</td><td>-</td><td>-</td><td>-</td><td>-</td></tr>
<tr><td>1/2H</td><td>-</td><td>-</td><td>-</td><td>-</td></tr>
<tr><td>H</td><td>-</td><td>-</td><td>-</td><td>800~900</td></tr>
<tr><td>EH</td><td>800~900</td><td>820~920</td><td>900 이상</td><td>850~950</td></tr>
<tr><td>SH</td><td>-</td><td>850~950</td><td>-</td><td>900~1,000</td></tr>
<tr><td>ESH</td><td>-</td><td>940~1,040</td><td>-</td><td>950~1,050</td></tr>
</table>

Copper Alloy Name			TiCu			
			C1990	C1990HP	C1990HC	NKT322
		XSH	–	1,120	–	–
		USH	–	1,320	–	–
		GSH	–	1,390	–	–
	연신율 (%)	O	–	–	–	–
		1/4H	10 이상	–	–	–
		1/2H	–	–	–	–
		H	–	–	–	12.0 이상
		EH	5 이상	10 이상	2.0 이상	10.0 이상
		SH	–	8 이상	–	6.0 이상
		ESH	–	–	–	3.0 이상
		XSH	–	–	–	–
		USH	–	–	–	–
		GSH	–	–	–	–
	비커스 경도 (Hv)	O	–	–	–	–
		1/4H	250 이상	–	–	–
		1/2H	–	–	–	–
		H	–	–	–	300 이상
		EH	280 이상	300 이상	300 이상	310 이상
		SH	–	320 이상	–	330 이상
		ESH	–	340 이상	–	340 이상
		XSH	–	340 이상	–	–
		USH	–	360 이상	–	–
		GSH	–	400 이상	–	–
곡률가공성 *Badway 90° W bend Width=10mm	Minimum Bend Radius / t Badway	1/2H	–	–	–	–
		H	–	–	–	–
		EH	4.0	1.0	0	0.5
		SH	–	2.0	–	1.0
		ESH	–	5.0 이상	–	2.0

3.5 백동(白銅, Copper-Nickel Alloy)

백동은 주요 합금 요소로서 니켈을 1.5~45% 포함하는 구리합금이며, 아연의 함량은 1% 미만으로 미미하다. 구리와 니켈의 두 합금원소는 주기율 표에서 각각 29번과 28번을 차지하는 원소로서 원자량과 크기가 비슷하여 액체 상태는 물론이고 응고 상태에서도 전율고용체로 존재하며, FCC의 격자 구조를 가진다.

동(Cu)과 니켈(Ni)은 전율 고용체를 만들기 때문에 열처리에 의한 시효경화는 없지만, 전기적 성질, 내식성, 기계적 성질 등을 살린 여러 가지 조성의 고용체 합금이 실용화되어 있다. 대표적인 것으로는 니켈 함량이 낮은 대표 합금으로 백동(10~30% Ni)있고, 이 보다 높은 니켈의 함량을 가진 저항용 합금(40~45% Ni)이 있으며, 모넬 메탈(60~75% Ni)이 있으며, 양백의 주요 합금원소 중에 하나인 니켈의 일부를 아연으로 바꾼 큐프로니켈(Cupro-Nickel, 니켈 + 아연 : 35~55%)이 있다.

니켈의 함량이 증가하면 은빛이 강해져서 은의 대용품으로 화폐나 장신구 소재로 활용된다. 니켈 함유량에 따라 색이 달라지며, 10% 이하는 적동색, 20% 이상은 은백색이 되어 중간인 18~20%의 니켈을 함유하는 것은 황금색을 나타내기 때문에 이를 릴리골드(Really Gold)라 한다.

니켈의 함량이 15% 정도가 되는 것은 주로 장식품 소재로 활용되고, 25%를 함유한 것은 내식성의 향상과 함께 연성과 가공성이 좋아지며, 40~50% 정도가 되면 전기저항이 생겨서 전열기의 발열재로 사용된다. UNS C70000~UNS C73499에 해당하는 합금이 구리와 니켈의 합금인 백동이다. 백동은 황동 보다 우수한 내식성과 기계적 특성을 가지고 있고, 황동에 비해 전성이 뛰어나서 더 얇게 만들 수 있는 장점이 있어서 각종 동전, 해수 장비, 증발기, 열교환기 튜브, 자동차 유압 및 냉각 시스템 제조에 사용된다.

3.5.1. 백동의 구분

국내에서는 예로부터 은(Ag)을 대신하는 장식품의 소재로 사용되고 백동(白銅)이라는 이름이 붙었으나, 영국에서는 20세기 초부터 20% 니켈이 함유된 구리합금을 큐프로니켈(Cupro-Nickel)이라고 불렀다. 이 합금은 니켈의 함량이 10%와 30%의 두 종류로 구분된다. 니켈의 함량이 4.5% 이하이고 소량의 실리콘(Si)과 베릴륨(Be)이 함유된 합금은 석출경화형으로서 이 장에서 설명하는 백동과는 거리가 있다.

상용되는 백동의 가장 대표적인 합금은 90-10 합금과 70-30 합금인데, 실제로는 이 보다 훨씬 다양한 합금들이 각 나라별로 규정되어 있다.

[표 3-110] 각 나라별 백동의 구분

UNS	EN	DIN	BS	France NF	ISO
C 72500	CuNi9Sn2	CuNi9Sn2	–	–	CuNi9Sn2
C 70600	CuNi10Fc1-Mn	CuNi10Fe1Mn	CN 102	CuNi10Fe1Mn	CuNi10Fe1Mn
C 71300	CuNi25	CuNi25	CN 105	CuNi25	CuNi25
C 71500	CuNi30Mn1-Fe	CuNi30Mn1Fe	CN 107	CuNi30Mn1Fe	CuNi30Mn1Fe
C 71640	CuNi30Fe2-Mn2	CuNi30Fe2Mn2	CN 108	CuNi30Fe2Mn2	CuNi30Fe2Mn2
C 72150	CuNi44Mn1	CuNi44Mn1	–	CuNi44	CuNi44Mn1
C 96200	CuNi10Fe1-Mn1-C	G-CuNi10	–	–	–
–	CuNi30Fe1-Mn1-C	–	–	–	–
–	CuNi30Cr2-FeMnSi-C	–	–	–	–
C 96400	CuNi30Fe1-Mn1NbSi-C	G-CuNi30	CN 2	–	G-CuNi30Nb

백동의 주요 용도중에 하나는 우수한 내식성을 이용하여 해수용 열교환기 튜브 재질로 활용하는 것이다. 이들 복수기용 백동은 크게 4가지 종류로 구분하며, 나라별로 다음과 같이 정리된다.

[표 3-111] 복수기용 백동의 나라별 규격

복수기용 백동		관련규격				
		KS D5301	JIS H3300	ASTM B111/B111M	BS 2871	DIN 17664
종별	1	C7060	C7060	C70600	CN102	CuNi10Fe
	2	C7100	C7100	C71000	CN107	CuNi20Fe
	3	C7150	C7150	C71500	CN106	CuNi30Fe
	4	C7164	C7164	C71520	–	–

[표 3-112] EN 구분에 따른 가공용 백동의 구분

Symbol	Strip and sheet to EN 1652	Spring strip to EN 1654	Condenser plates to EN 1653	Tubes to EN 12449	Condenser tubes to EN 12451 and EN 12452	Bar to EN 12163	Wires to EN 121661	Die forgings to EN 12420
CuNi9Sn2	X	X					X	
CuNi10Fe1Mn	X		X	X	X	X		X
CuNi25	X							
CuNi30Mn1Fe			X	X	X	X		X
CuNi30Fe2Mn2	X				X			

3.5.2. 백동의 특성

백동은 열처리에 의해 경화하지 않는 고용체 합금의 특성을 가지고 있으며, 니켈의 함량에 따라 열 및 전기전도도가 증가하는 특징을 보이고 있다. 또한 우수한 내식성을 가지고 있어서 해수용 기기의 소재로 활용된다.

(1) 백동의 물리적 특성

구리와 니켈 합금은 강자성체의 특성을 보이고 있으나, 니켈의 함량이 68% 이상이면서 온도가 낮은 영역에서는 상자성체의 특성을 보이고 있다. 예를 들어 [그림 3-46]의 상태도에서 니켈의 함량이 80% 이상이고 온도가 150℃ 이상에서는 강자성체의 특성을 보이지만, 같은 니켈 함량에서 상온 및 150℃ 이하의 온도에서는 상자성체의 특성을 나타낸다.

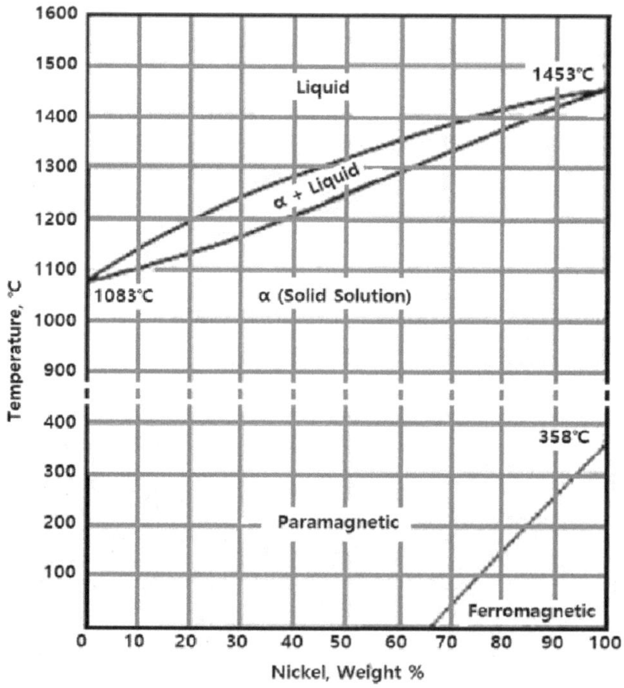

[그림 3-46] 구리와 니켈의 합금 상태도

백동의 물리적 특성과 기계적 성질의 변화는 주로 니켈의 함량과 관련되며, 다음과 같이 요약될 수 있다.

[표 3-113] EN 규격에 따른 가공용 백동의 물리적 성질

Symbol EN	융점℃	전기전도도 20℃, (m/Ω . mm^2)	열전도도 20℃, W/(m . K)	선팽창계수 (25 to 300℃) 10^{-6}/K	탄성계수 kN/mm^2
CuNi9Sn2	1,060~1,130	6.4	48	17.6	140
CuNi10Fe1Mn3	1,100~1,145	5.3	46	17.0	130
CuNi25	1,150~1,210	3.1	29	15.5	145
CuNi30Mn1Fe3	1,180~1,240	2.7	29	16.0	150
CuNi30Fe2Mn2	1,160~1,240	2.0	21	15.0	140

[표 3-114] EN1982에 따른 주조용 백동의 물리적 성질

Symbol	융점 ℃	전기전도도 20℃, m/(Ω . mm^2)	열전도도 20℃, W/(m . K)	열팽창계수 (25 to 300℃) 10^{-6}/K	탄성계수 kN/mm^2
CuNi10Fe1Mn1-C	1,105~1,140	5.5	59	17	123
CuNi30Fe1Mn1NbSi-C	1,170~1,240	2.5	29	16	145

백동의 주요 구성 원소인 니켈의 함량이 증가함에 따라 저항이 심해져서 열과 전기전도도가 감소하고 열팽창 계수도 감소하게 된다.

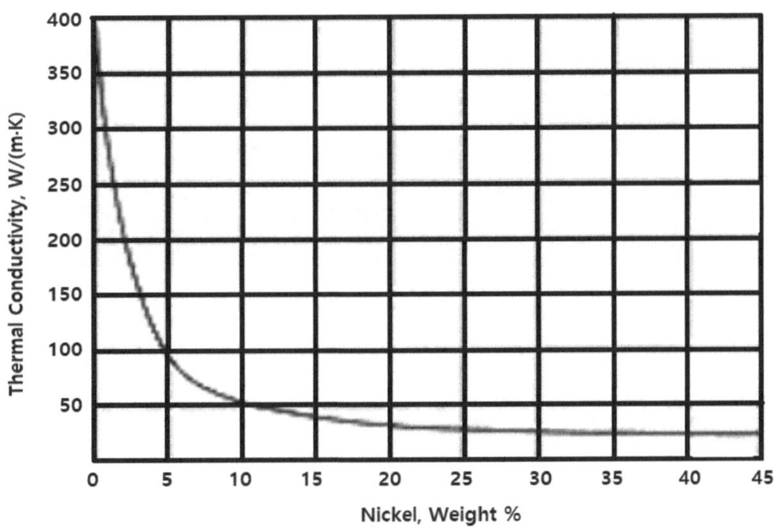

[그림 3-47] 니켈 함량에 따른 백동의 열전도도의 변화 (20℃)

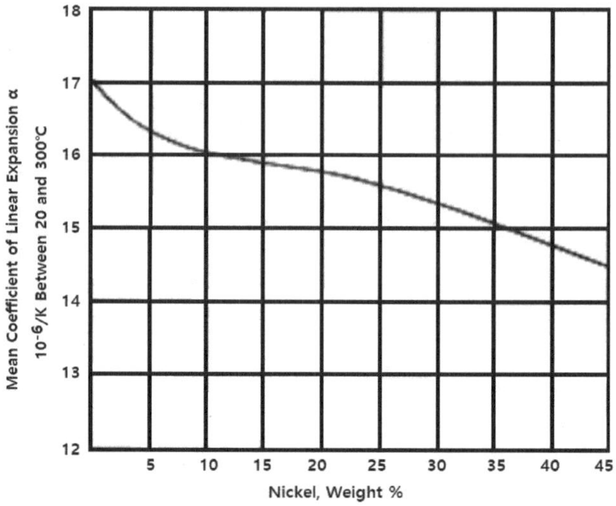

[그림 3-48] 니켈 함량에 따른 백동의 선팽창계수의 변화

[표 3-115] UNS 분류에 따른 백동의 물리적 특성

UNS	주요 성분(wt%)	전기전도도(min.)		전기저항 ($\mu\ \Omega$ · cm)	열전달계수 (W/ (m · K))	선팽창계수 (10^{-6}/K)
		(MS/m)	(% IACS)			
C75700	Cu 63~66, Ni 11~13 Mn 0.5, Fe 0.3, Zn 나머지	4.4	7	30	42	18
C76400	Cu 60~63, Ni 17~19 Mn 0.5, Fe 0.3, Zn 나머지	3.3	5	23	33	17.7
C77000	Cu 53~56, Ni 17~19 Mn 0.5, Fe 0.3, Zn 나머지	3.3	5	23	32	17.7

[표 3-116] 복수기용 백동의 화학성분

복수기용 백동		화학성분(wt.%)					
		Zn	Pb	Fe	Ni	Mn	기타
종별 구분	1	0.5 이하	0.5 이하	1.0~ 1.8	9.0~11.0	0.20~1.0	Cu+Ni+Fe+Mn 99.5 이상
	2	0.5 이하	0.5 이하	0.50~1.0	19.0~23.0	0.20~1.0	Cu+Ni+Fe+Mn 99.5 이상
	3	0.5 이하	0.5 이하	0.40~1.0	29.0~330	0.20~1.0	Cu+Ni+Fe+Mn 99.5 이상
	4	0.5 이하	0.5 이하	1.7~2.3	29.0~32.0	1.5~2.5	Cu+Ni+Fe+Mn 99.5 이상

(2) 백동의 화학적 특성

구리에 니켈을 합금하면 니켈의 함량이 증가함에 따라 강도가 증가하고 내식성이 향상되면서도 연성이 유지되어 가공이 용이 해진다. 이렇게 얻어진 백동은 해수 분위기에서 우수한 내식성을 보이고 있으며 특히 구리의 독성으로 인해 미생물이 쉽게 달라붙지 못하는 특성을 보인다. 가장 대표적인 백동 합금으로는 90-10 합금과 70-30 합금이 있는데, 이중에서 90-10 합금이 싼 가격을 무기로 시장에서 선호도와 활용도가 좀더 높다. 해수용 배관 재질, 열교환기 재질, 어로 작업에 사용되는 어구의 재질 등으로 널리 활용된다.

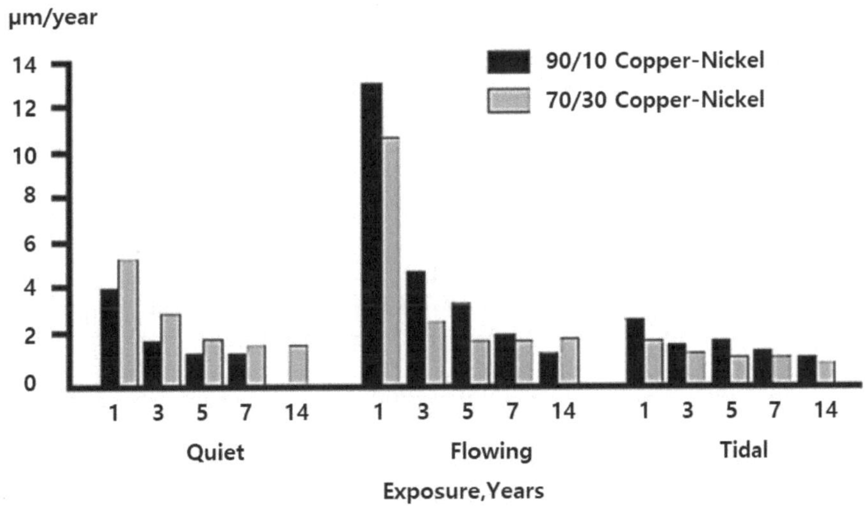

[그림 3-49] 백동 합금의 해수 분위기 부식율 비교

(3) 백동의 기계적 특성

백동은 기본적으로 구리와 니켈의 전율고용체로서 추가로 합금되는 성분이나 불순물의 영향을 제외한다면 시효에 의해 경화하거나 고온에 노출되었다고 해서 기계적 강도가 저하하는 연화 현상이 나타나지 않는다. 따라서 열처리 효과가 아닌 가공경화의 효과에 따라 기계적 특성의 변화가 나타난다. 이하에서는 EN 규격에서 제시하는 백동의 기계적 특성을 대표값 수준으로 제시한다.

[표 3-117] EN1652에 따른 가공용 백동 판재의 기계적 특성

Symbol		Number	인장강도 (N/mm^2)	항복강도 (N/mm^2)	연신율(%)		경도 (Hv)
					T ≤ 2.5mm	T 〉 2.5mm	
CuNi9Sn2	R340	CW351H	340~410	250 이하	30	40	–
	H075		–	–	–	–	75~110
	R380		380~470	200 이상	8	10	–
	H110		–	–	–	–	110~150
	R450		450~530	370 이상	4	–	–
	H140		–	–	–	–	140~170
	R500		500~580	450 이상	2	–	–
	H160		–	–	–	–	160~190
	R560		560~650	520 이상	–	–	–
	H180		–	–	–	–	180~210
CuNi10-Fe1Mn	R300	CW352H	300 이상	100 이상	20	30	–
	H070		–	–	–	–	70~120
	R320		320 이상	200 이상	–	15	–
	H100		–	–	–	–	100 이상
CuNi25	R290	CW350H	290 이상	100 이상	–	–	–
	H070		–	–	–	–	70~100
CuNi30-Mn1Fe	R350	CW354H	350~420	120 이상	–	35	–
	H080		–	–	–	–	80~120
	R410		410 이상	300 이상	–	14	–
	H110		–	–	–	–	110 이상

[표 3-118] 복수기용 백동의 기계적 특성

복수기용 백동		기 호		열처리 기준	인장시험			
		신기호	구기호		바깥지름	두께 (mm)	인장강도 (N/㎟)	연신율(%)
종별	1	C7060T	CNTF1	O	5~250	0.8~5	275 이상	30 이상
	2	C7100T	CNTF2	O	5~50	0.8~5	315 이상	
	3	C7150T	CNTF3	O	5~50	0.8~5	365 이상	
	4	C7164T	CNTF4	O	5~50	0.8~5	430 이상	

[그림 3-50]은 백동의 냉간가공 정도에 따라 기계적 특성이 변화하는 것을 보여준다.

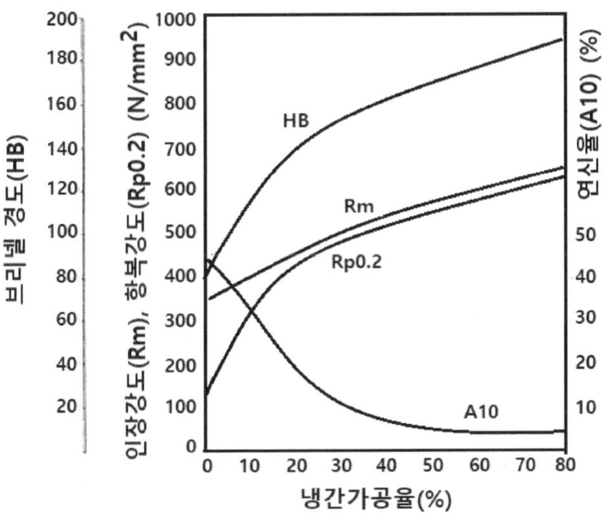

[그림 3-50] 니켈 함량 9%인 CuNi9Sn2 백동 합금의 냉간가공에 따른 가공경화 효과

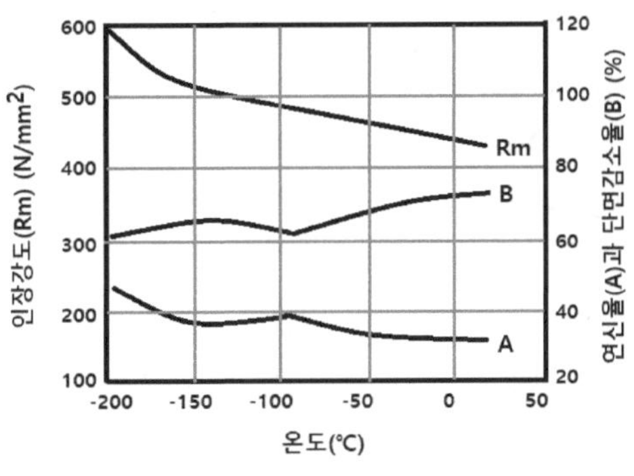

[그림 3-51] 니켈 함량 20%인 백동의 온도에 따른 저온 특성의 변화

[표 3-119] EN1982에 따른 백동 주조품의 기계적 특성

Symbol	주조기법	보조기호	인장강도 (N/mm^2)	항복강도 (N/mm^2)	연신 (%)	경도 (HB, 이상)	탄성한계 (KN/mm^2)
CuNi10-Fe1Mn1-C	사형 주조	-GS	280	120	20	70	1,231
	원심 주조	-GZ	280	100	25	70	-
	연속 주조	-GC	280	100	25	70	-
CuNi30-Fe1Mn1-C	사형 주조	-GS	340	120	18	80	-
	원심 주조	-GC	340	120	18	80	-
CuNi30Cr2-FeMnSi-C	사형 주조	-GS	440	250	18	115	-
CuNi30Fe1-Mn1NbSi-C	사형 주조	-GS	440	230	18	115	1,451

냉간가공에 의해 경화된 백동은 고온에서 사용하게 되면 연화 현상이 발생하게 되는데, 니켈의 함량이 증가함에 따라 연화도가 작아진다. [그림 3-52]는 50% 냉간가공하여 경화시킨 백동의 열처리 온도와 니켈 함량에 따른 연화도를 정리한 것이다.

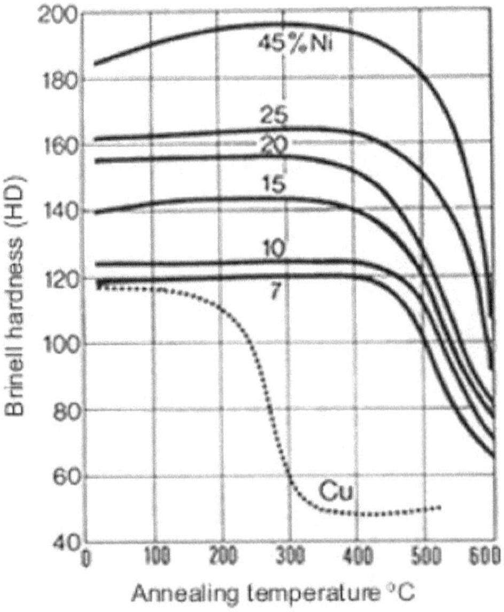

[그림 3-52] 50% 냉간가공경화를 시킨 백동의 니켈함량과 열처리 온도에 따른 연화도

[그림 3-53]은 니켈 함량 10%의 백동을 900℃에서 소입한 후에 50%로 냉간가공하여 경화시킨 합금의 철 함량과 노출온도에 따른 경도의 변화를 보여주고 있다.

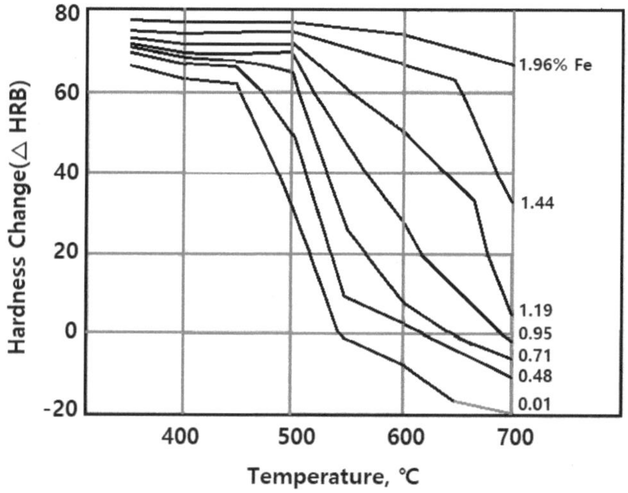

[그림 3-53] 백동의 철 함량과 열처리 온도에 따른 연화도

(4) 미세 합금원소의 영향

백동은 용도에 따라 약간의 합금원소를 추가하게 되면, 개별 원소의 함량과 역할에 따라 다양한 기계적 특성을 갖게 된다.

1) 망간(Mn)

백동에 약간의 망간(Mn)을 탈산 과정에서 혼합하면 망간이 황과 결합하여 열간가공시에 취성을 유발하는 황을 제거하는 기능을 수행하기 때문에 주조성을 개선하고 기계적 강도를 증대시킨다.

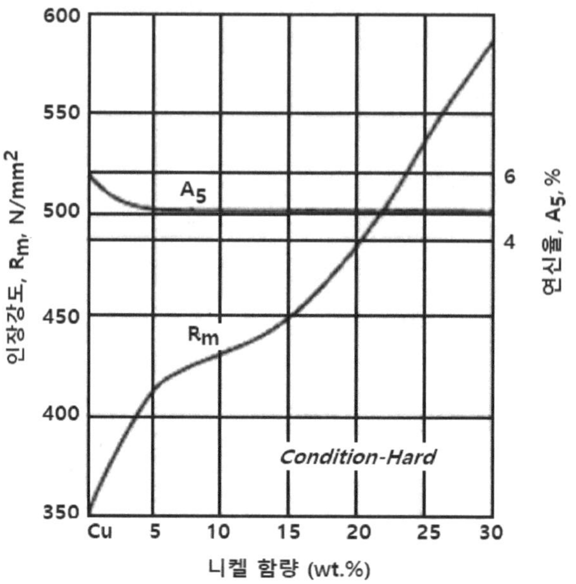

[그림 3-54] 니켈 함량에 따른 기계적 특성의 변화

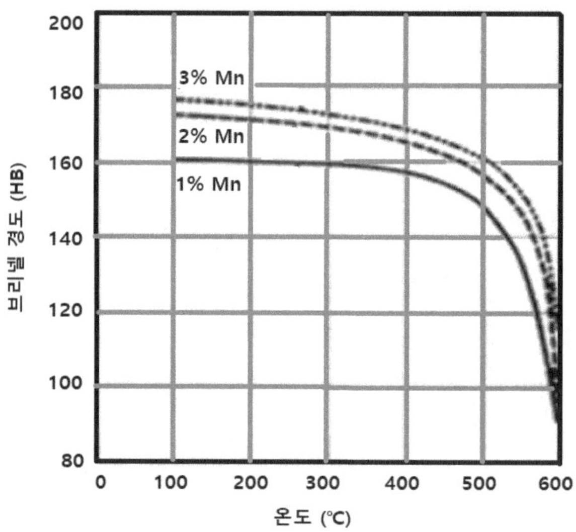

[그림 3-55] 니켈 20% 함유 백동의 온도와 망간 함량에 따른 경도의 변화

2) 철(Fe)

철(Fe)은 고용체로서 존재하면서 물속에서 표면에 산화성 스케일을 형성하여 백동의 내식성을 향상시키는 역할을 한다. 철의 고용도는 니켈의 함량이 30% 정도에서 최고에 달하며, 고온에

서 철의 고용도가 높으나 온도가 낮아짐에 따라 철의 고용도는 저하하기 때문에 시효 경화가 발생한다. [그림 3-57]은 니켈 함량 10%의 백동을 900℃에서 급냉하여 소입한 후에 다양한 온도에서 유지하여 발생하는 시효경화 효과를 철의 함량에 따라 확인한 그래프이다.

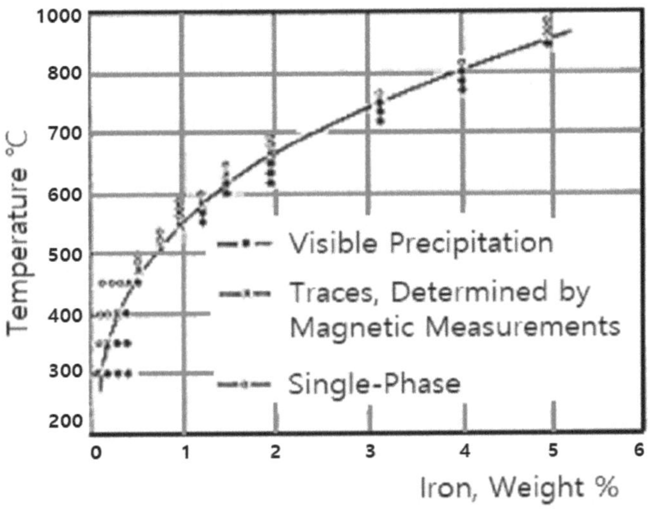

[그림 3-56] 니켈 10%의 백동에서 온도에 따른 철의 고용도

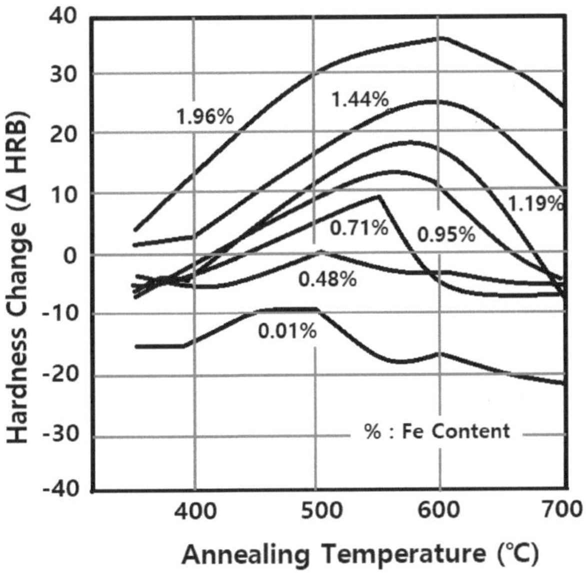

[그림 3-57] 니켈 10%의 백동에서 철의 함량에 따른 시효 경화 (900℃ 소입 이후)

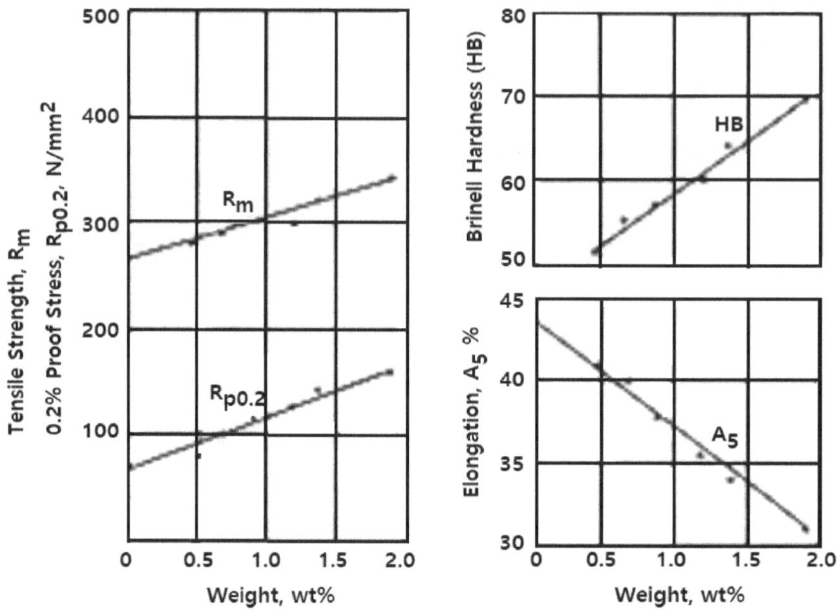

[그림 3-58] 니켈 10%의 백동에서 철의 함량에 따른 기계적 특성 변화

3) 주석(Sn)

주석은 백동의 기계적 강도와 내식성을 향상시키고 변색을 막아주는 긍정적인 기능을 담당한다. 2% 정도의 주석을 넣으면 가장 우수한 내식성을 가지며 우수한 기계적 성질로 인해 스프링의 재료로도 사용된다. 주석 함량이 4~10% 정도가 되면, 석출경화에 의해 시효 경화되는 특성을 보인다.

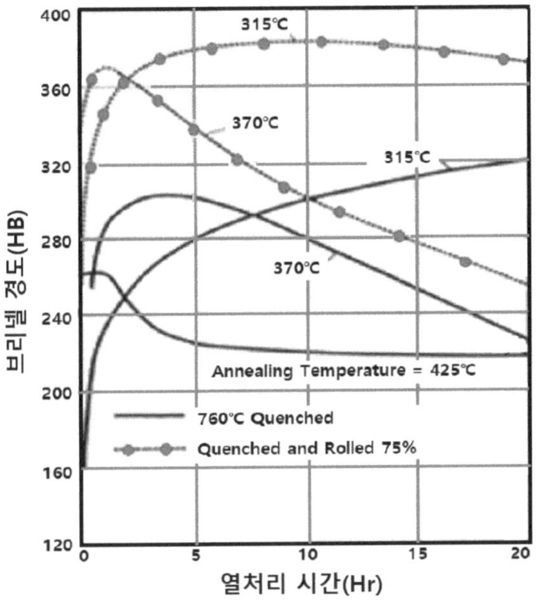

[그림 3-59] 니켈 7.5%와 주석 8%를 함유한 백동의 시효 경화

4) **규소**(Si)

규소는 주조성을 향상하고 탈산제의 역할을 하지만, 백동에서 규소의 고용도는 니켈의 함량에 따라 증가하게 되지만, 고용도를 넘어서게 되면 석출경화에 의해 강도는 증가되고 연성은 저하한다.

5) **납**(Pb)

납은 고온 취성을 유발하기에 열간가공용으로 사용되는 백동의 경우에는 그 함량을 0.02% 이하로 제한하며, 0.01% 이상의 납 함량만으로도 용접성을 저해한다. 그러나 ASTM B584의 경우처럼 절삭성을 개선하기 위해서는 납의 함량을 1~11%까지 포함하기도 한다.

6) **아연**(Zn)

아연(Zn)은 백동의 주요 합금원소로 자리잡고 있으나, 용접이나 기타 고온에서 아연의 용출 및 기화로 인한 문제점이 발생할 수 있기 때문에 대개 1% 이하로 제한한다.

7) **티타늄**(Ti)

티타늄은 탈산제로서 산소뿐만 아니라 수소와 질소도 잡아내어 화합물을 만들기 때문에 용접부에 기공이 없는 용접금속을 만들어 낸다. 따라서 티타늄은 용접용 백동에서는 반드시 필요한 성분 중의 하나이다.

8) 인(P)

인(P)은 백동에 취성을 유발하기 때문에 가능한 최소로 가져가야 하며, 보통 0.015~0.05%로 관리한다.

9) 기타

니오븀(Nb)은 강도를 향상시키지만, 연신은 감소시킨다. 그 외에 크롬(Cr), 알루미늄(Al), 베릴륨(Be) 등은 석출강화형으로 백동을 시효 경화하게 만드는 원소이다. 크롬(Cr)은 내식성과 내마모성 향상에 기여하고 강도를 높인다. 알루미늄(Al)도 강도를 향상하고 표면에 산화피막을 통해 내식성에 기여한다. 베릴륨(Be)은 시효 열처리에 의한 강도 향상의 효과가 크다.

니켈에 대한 탄소의 고용도는 최대 0.18%이지만, 구리의 함량이 증가하면서 급격하게 감소하여 구리 함량이 90%가 되면 탄소의 고용도는 0.01%까지 낮아진다. 하지만 탄소의 존재 양상의 변화는 백동의 특성에 해를 끼치지는 못한다. 니켈의 불순물로 코발트가 일부 포함되기도 한다.

안티몬(Sb), 비소(As), 황(S), 비스무스(Bi) 등은 소량으로도 취성을 일으키기 때문에 백동에서는 제거되어야 한다.

3.5.3. 백동의 가공

백동은 니켈의 함량 및 노출 온도가 올라갈수록 수소, 산소를 비롯한 가스 성분의 고용도가 높아진다. 이들 가스 성분 특히 수소는 백동이 액상에서 고상으로 변할 때에 고용도의 차이에 의해 기공 혹은 블로우홀(Blow Hole)을 형성하게 된다.

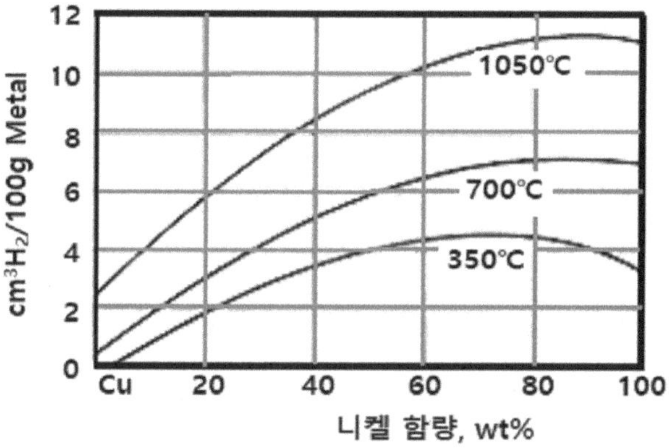

[그림 3-60] 니켈 함량과 노출 온도에 따른 백동의 수소 고용도

수소의 고용도를 낮추기 위해서는 산화성 분위기 혹은 중성의 분위기에서 용해와 주조를 해야 하며, 용접과정에서도 같은 고려가 필요하다. 주조시의 용해는 융점 보다 약 100~200℃ 정도 높은 온도에서 진행하며, 주형을 제작할 때에는 응고 수축의 양을 대략 2% 정도 발생되는 것을 감안해야 한다.

인발, 압출, 압연 등의 열간가공은 황(S) 성분이 없는 조건에서 실시하며, 온도는 대략 850~1,100℃ 정도에서 실시된다. 이에 비해 냉간가공은 별다른 제한 없이 쉽게 가공이 가능하며, 냉간가공에 의해 가공경화 효과가 발생한다. 니켈 함량 15~20% 정도에서 냉간가공이 가장 용이하다.

백동의 열처리는 가공에 의해 형성된 잔류응력 제거와 연화의 목적으로 실시된다. 재결정을 통한 조직의 표준화와 응력제거 및 고용화 열처리는 니켈 등 합금 성분의 함량과 냉간가공의 정도에 따라 620~900℃ 범위에서 실시된다. 단순한 응력제거를 목적으로 하는 열처리는 280~500℃ 범위에서 실시한다. 모든 열처리는 대기중의 수소 혼입을 방지하기 위해 진공 상태 혹은 약간 환원성 분위기에서 실시되며, 황 성분이 있는 열처리 분위기는 절대적으로 피해야 한다. 백동의 표면에 기름이 묻어 있는 상태로 열을 가하게 되면 탄소에 의한 문제점이 생기기 때문에 열처리 전에 기름기를 제거해야 한다.

알루미늄이나 크롬이 미량 들어간 백동은 일반적인 백동과는 다르게 석출경화의 특성도 갖게 되는데, 이 때 시효 열처리의 온도는 크롬을 포함한 합금은 500℃ 전후가 되고, 알루미늄을 포함한 합금은 300~400℃ 정도에서 30분에서 2시간 이내의 온도로 유지된다. 이렇게 석출경화성을 갖는 합금의 경우에는 840℃ 이상의 온도로 가열하여 급냉을 하게 되면 석출물이 고용화 되면서 연화 현상이 발생한다.

3.6 양은, 양백(Nickel Silver)

구리에 니켈이 합금된 것을 백동이라고 부르는데, 여기에서 니켈의 일부를 아연으로 변경하여 합금하면 백색을 띄면서 가공성이 좋은 구리합금이 만들어진다. 이 합금을 양은(洋銀), 양백(洋白), 니켈 실버, 혹은 저먼실버(German Silver)라고도 부르며 굳이 합금으로 구분하면 니켈황동에 속한다. 단동이나 황동보다는 단단하고 다루기 어려우나 색상을 가지며 망치로 가공하여 성형이 가능하므로 금속공예에서 많이 사용된다.

양은 혹은 양백 합금은 은(Ag)을 포함하지 않으며 니켈(Ni)이 추가되어 있어 황동으로 간주된다. 니켈의 함량은 용도에 따라 다양하지만, 일반적으로 사용 목적에 따라 9~30%를 가진다. 구리 함량은 대체로 60~65%를 유지하는 경향이 있으며, 아연 함량은 니켈 함량이 증가할 수록 감소한다. 니켈 함량이 높을수록 더 흰색을 띄며, 부식 저항성 특히 응력부식균열(SCC)에 대한 저항성이 증가하지만, 반대로 연성이 감소하는 경향이 있다. 이하에서는 편의상 양백으로 용어를 통일하여 설명한다.

양백은 내식성, 색상, 냉간가공 특성으로 인해 다양한 목적에 사용되고 있다. 양백은 자동차 라디에이터, 볼펜, 악기, 트랜지스터 케이스, 전기 접점, 건축 철물 류, 식기 등에 사용된다. UNS에 따르면, 전신용 양백은 C73500~C79999로 정의된다. 은의 대용품으로 사용되기도 하며, 전기 저항체 재료, 탄성 재료, 화학기계 재료에 사용된다. 양백이라는 용어에서 느껴지는 것처럼 색이 아름답고 은(Ag)과 비슷하며 변색하지 않고 가공성이 좋아서 장식용, 양식기, 의료기, 악기, 기타 은 대용품으로 사용되었고, 탄성 및 내식성이 좋으므로 탄성 재료, 화학기계용 재료에 사용되며 황동에 7~20%의 니켈(Ni)을 첨가한다.

양백이라고 불리는 가장 대표적인 합금은 Ni(니켈) 16~20%를 함유한 구리합금에 아연(Zn)을 적당량 첨가한 합금이다. 아름다운 은백색을 갖고, 소성가공이 용이하여 장식품, 의료기기, 광학기기 등에 이용되며 양은 혹은 저먼실버(German Silver) 등으로 혼용되어 불린다. 용수철 특성이 뛰어나고, 동시에 전기저항이 높고 내열, 내식성이 좋으므로 일반 전기저항체로 이용한다. 그러나 저항온도는 계수가 높으므로 정밀 저항기용으로는 부적당하다. 양백 1종~4종까지 있으며 1종 C7351, 2종 C7451, 3종 C7521, 4종 C7541이 있다.

[표 3-120] 양백의 종류와 특성

품 명	기 호	특 징	용 도
양백 1종	C7351	색깔이 미려하고, 전연성, 내피로성, 내식성이 우수하다. 양백 1종과 3종은 가공성이 풍부하다	트랜지스터 캡, Tuner, 장식품, 양식기, 안경테, 의료기기, 건축용 등
양백 2종	C7451		
양백 3종	C7521		
양백 4종	C7541		
스프링용 양백	C7701	스프링성이 좋고 변색이 잘 되지 않는다	통신기기, 판스프링, Diaphram, 계측기 등

[표 3-121] 양백의 화학성분

양백 종별	화학성분(wt.%)					
	Cu	Pb	Fe	Zn	Mr	Ni
양백 1종	70.0~75.0	0.10 이하	0.25 이하	나머지	0.50 이하	16.5~19.5
양백 2종	62.0~68.0	0.10 이하	0.25 이하	나머지	0.50 이하	8.5~11.5
양백 3종	61.0~67.0	0.10 이하	0.25 이하	나머지	0.50 이하	16.5~19.5
양백 4종	59.0~65.0	0.10 이하	0.25 이하	나머지	0.50 이하	12.5~15.5
스프링용	54.0~58.0	0.10 이하	0.25 이하	나머지	0.50 이하	16.5~19.5

양백에 규소(Si)를 가한 것은 열처리를 시행할 수 있고 코발트(Co)를 첨가한 것은 백색을 나타낸다. 은과 비슷한 색감을 가지고 있어서 모조은이라고 불리는 것은 57Cu-25Zn-15Ni-3Co의 합금이며, 양백은 58~60%의 구리와 16.5% 니켈, 2%의 주석 그리고 나머지는 아연 성분으로 구성된다. 백색을 나타내며 주조도 용이하며 그 중에는 납(Pb)을 함유한 것도 있다. 이때 함유되는 납은 합금의 피삭성을 높이기 위하여 추가한 것이며 2%를 넘지 않는다.

[표 3-122] 양백의 국제 규격들

종별	관련규격				
	KS D5506	JIS H3100	ASTM B122	BS 2870, 2875	DIN 17663
1	C7351	C7351	C73500	–	CuNi18, Zn20
2	C7451	C7451	C74500	NS103	CuNi12, Zn24
3	C7521	C7521	C75200	NS106	CuNi18, Zn18
4	C7541	C7541	–	NS105	CuNi12, Zn24
스프링용	KS D5202 C7701	JIS D5202 C7701	ASTM B122 C77000	BS 2870, 2875 NS107	DIN 7663 CuNi12 Zn30Pb

[표 3-123] 양백의 기계적 특성

종별	기호	질별	인장강도			굽힘시험		경도시험	
			두께 (mm)	인장강도 (kgf/mm²)	연신율 (%)	두께 (mm)	안쪽 반지름	두께 (mm)	비커스 (Hv)
1	C7351	0	0.2~5	33 이상	20 이상	1.6 이하	밀착	–	–
		1/2 H	0.2~5	40~52	5 이상	1.6 이하	1 X 두께	0.15 이상	105~155
2	C7451	0	0.2~5	33 이상	20 이상	1.6 이하	밀착	–	–
		1/2 H	0.2~5	40~52	5 이상	1.6 이하	1 X 두께	0.15 이상	105~155
3	C7521	0	0.2~5	38 이상	20 이상	1.6 이하	밀착	–	–
		1/2 H	0.2~5	45~58	5 이상	1.6 이하	1 X 두께	0.15 이상	120 이상
		H	0.2~5	55 이상	3 이상	1.6 이하	2 X 두께	0.15 이상	140 이상
4	C7541	0	0.2~5	36 이상	20 이상	1.6 이하	밀착	–	–
		1/2 H	0.2~5	42~55	5 이상	1.6 이하	1 X 두께	0.15 이상	110 이상
		H	0.2~5	50 이상	3 이상	1.6 이하	2 X 두께	0.15 이상	135 이상
스프링용	C7701	1/2 H	0.2~0.7	55~67	8 이상	1.6 이하	1.5 X 두께	0.15 이상	150~210
			0.7 초과	55~67	11 이상				
		H	0.2~0.7	64~75	4 이상	1.6 이하	1 X 두께	0.15 이상	180~240
			0.7 초과	64~75	6 이상				
		EH	0.2 이상	72~82	–	1.6 이하	2 X 두께	0.15 이상	210~260
		SH	0.2 이상	78~88	–	–	–	0.15 이상	230~270

4 구리합금의 열처리

구리합금의 최종적인 특성은 제강사에서 생산하는 판재나 선재 혹은 주조 공장에서 만들어 내는 주조품 그리고 단조 공장에서 생산하는 단조품이 가지게 되는 기계적 강도와 인성 및 내식성을 비롯한 화학적 특성을 의미하게 된다.

이 과정에서 조직의 균질성 또는 기계적 강도의 확보 등의 목적으로 다양한 열처리를 적용하게 된다. 때로는 제조 과정에서 형성된 가공경화의 효과를 상쇄하거나, 후속 공정의 추가적인 가공을 위해 응력제거 열처리를 실시하기도 하고, 상온 및 고온에서 장시간 노출하여 석출물을 만들어서 기계적 강도를 향상시킨다. [그림 4-1]은 황동 C26000의 냉간가공 정도에 따라 이 구리합금의 기계적 특성이 어떻게 변화하는 지를 보여준다. 지나치게 가공경화된 구리합금은 이후 응력부식 조건에 노출되거나 추가적인 성형작업에 불리한 특성을 가지게 되므로 적당한 기계적 특성을 갖도록 응력제거(Stress Relieving) 혹은 연화(Softening) 열처리를 실시해야 한다.

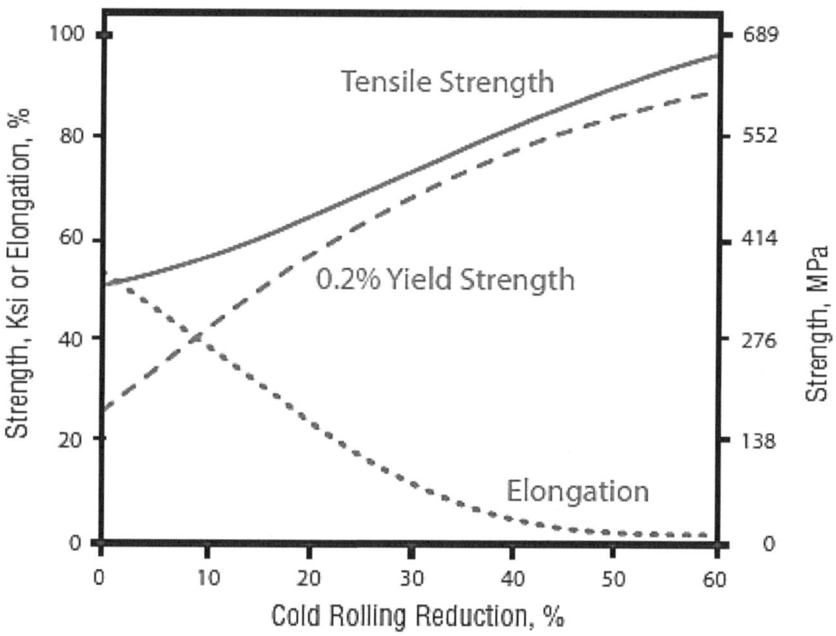

[그림 4-1] 냉간가공 정도에 따른 황동 C26000의 기계적 특성 변화

최종적으로 설계 기준에 적합한 수준의 기계적 특성을 확보하기 위한 다양한 열처리가 적용되며, 각 열처리의 구분을 ASTM B601-02에 따라 [표 4-1]과 같이 표기하고 구분한다.

[표 4-1] ASTM B601 - 02에 따른 가공 및 열처리 구분

<table>
<tr><th colspan="2">열처리(Temper) 기호</th><th>열처리 구분 및 조건</th></tr>
<tr><td rowspan="6">Annealed Conditions</td><td>O10</td><td>Cast & Annealed</td></tr>
<tr><td>O20</td><td>Hot Forged & Annealed</td></tr>
<tr><td>O60</td><td>Soft Annealed</td></tr>
<tr><td>O61</td><td>Annealed</td></tr>
<tr><td>O81</td><td>Annealed to Temper : 1/4 Hard</td></tr>
<tr><td>OS015</td><td>Average Grain Size : 0.015mm</td></tr>
<tr><td rowspan="4">Cold Worked Tempers</td><td>H01</td><td>1/4 Hard</td></tr>
<tr><td>H02</td><td>1/2 Hard</td></tr>
<tr><td>H04</td><td>Hard</td></tr>
<tr><td>H08</td><td>Spring</td></tr>
<tr><td rowspan="2">Cold Worked & Stress Relieved Tempers</td><td>HR01</td><td>H01 & Stress Relieved</td></tr>
<tr><td>HR04</td><td>H04 & Stress Relieved</td></tr>
<tr><td rowspan="6">Precipitation Hardened Tempers</td><td>TB00</td><td>Solution Heat Treated</td></tr>
<tr><td>TF00</td><td>TB00 & Age Hardened</td></tr>
<tr><td>TH02</td><td>TB00 & Cold Worked & Aged</td></tr>
<tr><td>TM00</td><td rowspan="3">Mill Hardened Tempers</td></tr>
<tr><td>TM02</td></tr>
<tr><td>TM08</td></tr>
<tr><td rowspan="3">Manufactured Tempers</td><td>M01</td><td>As Sand Cast</td></tr>
<tr><td>M04</td><td>As Pressure Die Cast</td></tr>
<tr><td>M06</td><td>As Invenstment Cast</td></tr>
</table>

[그림 4-1]에 제시된 기계적 강도의 변화를 황동 C26000을 기준으로 좀더 세부적으로 정리하면 다음의 [표 4-2]와 같이 요약될 수 있다. 여기에서 표기된 가공 및 열처리 기준은 가장 일반적으로 통용되는 ASTM B601-02에 따른 구리합금의 열처리 구분 표시에 따른다.

[표 4-2] 황동 C26000의 가공 및 열처리 조건에 따른 기계적 특성 변화

Rolled Temper	압하율(%)	인장강도 (ksi, min.)	항복강도 (0.2%, ksi, min.)	연신율 (%, min.)
OSO40 (Annealed)	0	48	16	50
H01 (1/4 Hard)	11	55	33	46
H02 (1/2 Hard)	21	62	51	30
H04 (Hard)	37	76	72	10
H06 (Extra Hard)	50	88	83	3
H08 (Spring)	60	94	89	2
H10 (Extra Spring)	68	99	92	1

유사한 내용의 평가를 1/2의 강도를 추구하는 H02 수준의 가공경화를 기준으로 실시하였을 경우에 주요 고용강화를 기반으로 하는 주요 황동의 강종별로 기계적 특성의 변화는 [표 4-3]과 같다.

[표 4-3] 주요 황동의 H02 수준의 가공경화에 따른 기계적 특성

합금명	아연 함량(wt%)	인장강도(ksi)	항복강도(ksi)	연신율(%)
C11000	0	41 이상	37 이상	20 이상
C21000	5 이하	47 이상	44 이상	17 이상
C22000	10 이하	52 이상	47 이상	12 이상
C23000	15 이하	56 이상	48 이상	14 이상
C26000	30 이하	62 이상	51 이상	23 이상
C28000	40 이하	70 이상	50 이상	10 이상

4.1 열처리 구분

4.1.1. 균질화 열처리(Homogenizing)

주조 과정에서 발생하는 유해한 조직을 분해하여 최소화하고, 냉각속도에 따른 화학성분의 편석(Segregation)을 해소하여 조직을 균질화 하는 열처리를 의미하며, 일반 강재에서 실시하는 고용화 열처리(Solution Annealing) 혹은 불림(소준, Normalizing) 열처리라고 할 수 있다.

고온에서 장시간 유지하여 냉간가공 또는 열간가공시의 가공성을 높이고, 주조품에 적절한 강도와 연성을 부여한다. 적용되는 온도와 시간은 합금의 종류와 주조품 입자의 크기 및 균질화 정도에 따라 달라지게 되며, 대개 고상선 보다 50℃ 이상 높은 온도에서 최소 3시간 이상 실시한다.

주석의 함량이 8% 이상으로 많이 들어간 청동의 경우에는 냉각 과정에서 편석이 심하게 발생한다. 이렇게 불균질한 조직을 열간가공 혹은 냉간가공하게 되면 취성이 발생하기 쉽고 연성과 전성의 감소로 인해 가공성이 떨어진다. 이런 합금을 최소 760℃ 이상의 온도에서 균질화 열처리를 실시하면, 취성이 감소하고 가공성이 개선된다.

고온에서 충분한 시간 동안 노출되는 고용화 열처리 이후에 냉각속도가 빠르게 되면 재결정 입자의 성장이 저해되어 미세한 입자가 형성되면서 기계적 강도가 향상되는 효과가 발생하기도 한다. 이렇게 약간 빠른 수준의 냉각을 불림(소준, Normalizing)이라고 구분하며, 구리 합금이 일련의 기계가공을 거치는 과정에서 변화된 금속조직을 다시 이전의 표준(Normal) 상태로 되돌려 놓는 열처리 과정이라고 이해하면 된다.

4.1.2. 어닐링(Annealing) 열처리

구리합금은 석출물 형성에 의해 강도를 갖는 열처리 합금이건 합금원소의 고용강화에 의해 강도를 갖게 되는 합금이건 간에 상온에서 가공을 하게 되면, 아래 [그림 4-2]와 같이 금속은 가공에 의해 금속조직의 변화가 발생하게 되며, 이에 따라 경화가 발행하여 더 이상의 추가 가공에 한계가 발생한다.

따라서 이미 냉간가공이 진행된 중간 제품이라면 경화가 발생하여 가공이 어렵게 되기 때문에 이러한 가공의 어려움을 해결하고 금속 조직을 가공 전의 상태로 만들기 위해 실시한다. 구리합금의 경우에는 소성 가공 전이나 후에 소재를 부드럽게 연화(Softening)시킬 목적으로 실시한다.

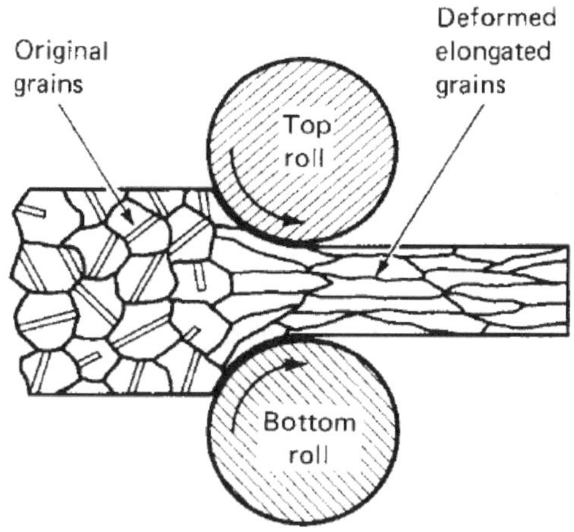

[그림 4-2] 가공에 의한 금속 조직의 변화

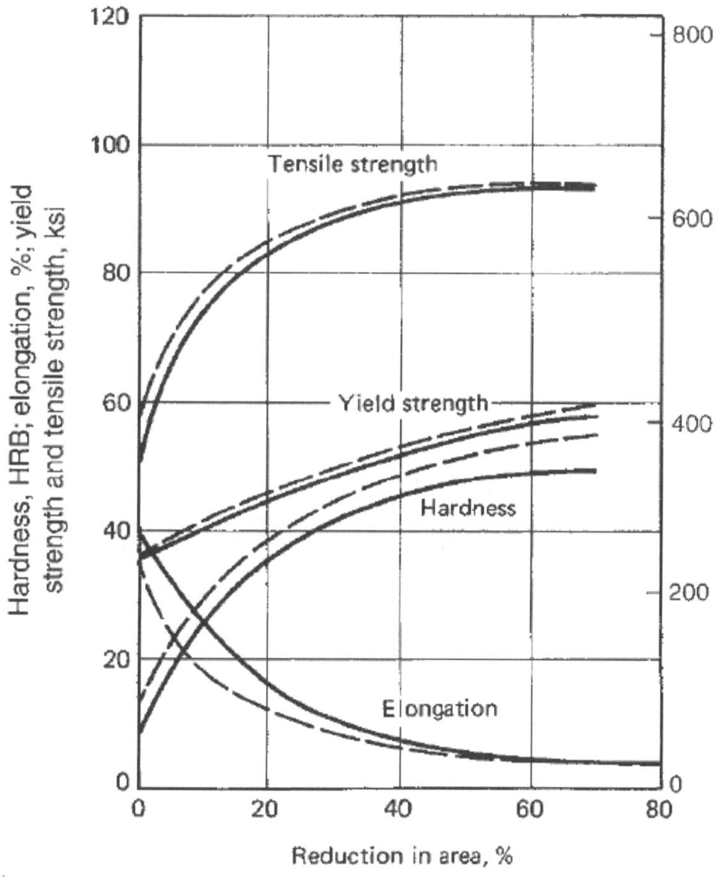

[그림 4-3] 조직의 변화에 따른 경도 및 기계적 특성의 변화

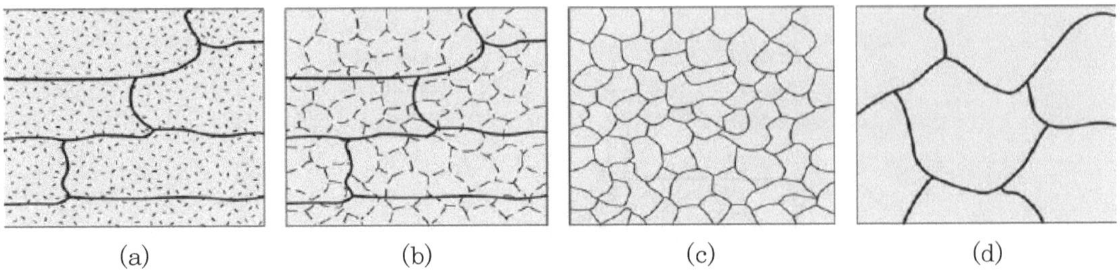

[그림 4-4] 고온 노출에 따른 조직의 변화

[그림 4-4]에서 (a)는 과도하게 냉간가공을 받은 상태의 금속조직을 보여주고 있으며, (b)는 이를 응력제거 열처리 온도 수준으로 가열한 것이다. 온도가 올라감에 따라 금속조직내에 가공에 의해 형성된 전위가 이동하여 소멸되는 과정이다. 전위가 소멸됨에 따라 경도가 낮아지고 인성도 회복된다. (b) 조직에서는 금속입자의 성장이나 변화는 보이지 않고 있으며, 단지 입자내부에 많은 전위들이 소멸되거나 재배열된 것을 확인할 수 있다.

이보다 조금 더 높은 온도로 가열하게 되면 그림(C)의 상태가 되며, 기존에 가공에 의해 변형된 조직 사이에서 새로운 미세 조직이 형성된다. 재결정이 발생하게 되면, 인성이 개선되고 기계적 특성은 향상된다. 앞서 설명한 바와 같이 어닐링의 과정을 거치게 되면 기계적 특성이 향상되고 인성이 증가하게 된다. 그러나 조금 더 높은 온도에 노출하게 되면, 금속조직은 입자가 성장하고 기계적 특성이 도리어 나빠지는 결과가 얻어진다.

이렇게 재결정이 일어나는 온도 보다 더 높은 온도로 가열하거나 고온에서 장시간 노출하게 되면, 재결정에 의해 형성된 미세 조직이 그림 (d)와 같이 다시 성장하여 입자의 크기가 커지게 된다. 이렇게 입자의 크기가 커지게 되면 도리어 기계적 특성이 나빠지는 단점이 생긴다.

[표 4-4] 주요 금속의 재결정 온도

금속	재결정온도(℃)
텅스텐	1,200
니켈	600
순철	450
구리	190
알루미늄	150
아연	20
납, 주석	상온 이하에서 재결정이 발생하며, 냉간 가공에 의한 경화가 발생하지 않는다.

[그림 4-5]는 99.85%의 순동을 600℃에서부터 1,000℃까지 가열하여 열처리(Annealing) 하는 과정에서 조직의 변화를 보여주고 있다. 왼쪽 상단의 (a)는 모재 상태, (b)~(d) 600℃에서 각각 180분, 90분, 45분 노출 상태, (e)~(f)는 800℃에서 각 45분과 90분 그리고 (g)~(i)는 1,000℃에서 각 45분, 90분, 180분 노출된 조직을 보여주고 있다.

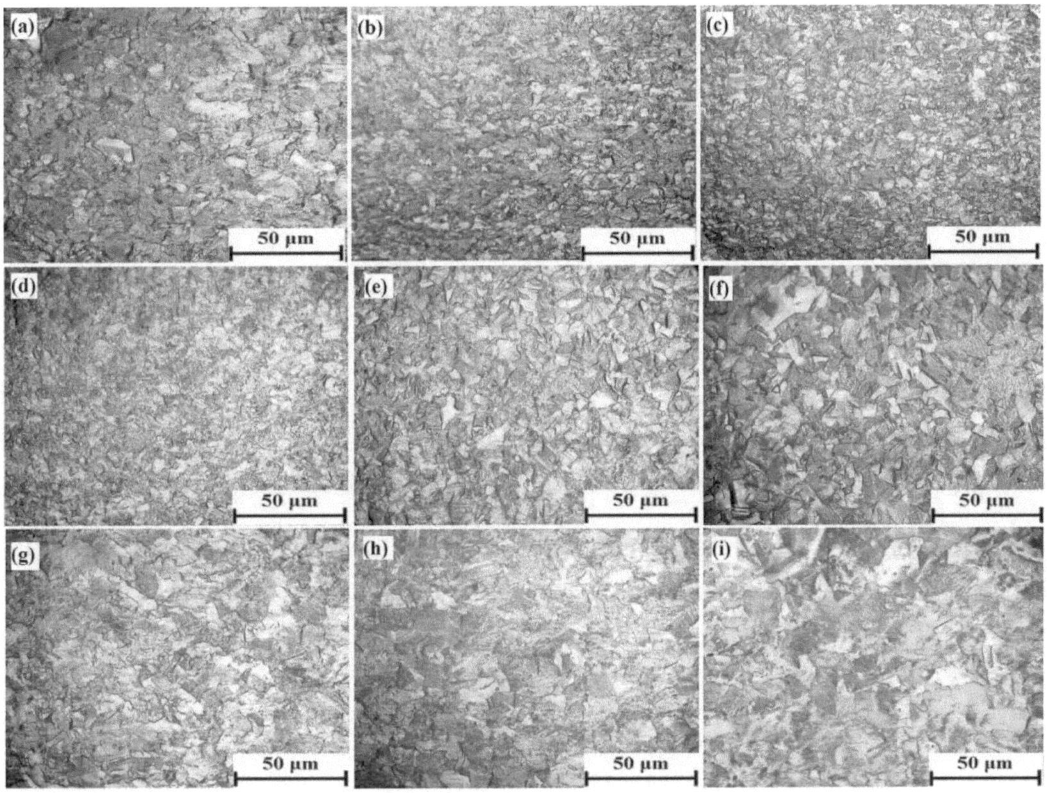

[그림 4-5] 순동의 열처리 조건에 따른 조직 변화

[그림 4-5]에서 확인되는 바와 같이 온도가 600℃에서 800℃로 높아짐에 따라 재결정이 발생하여 입자의 크기가 줄어드는 것을 확인할 수 있으며, 이후 1,000℃로 온도가 높아지고 시간이 증가함에 따라 입자의 크기가 커지는 것을 확인할 수 있다.

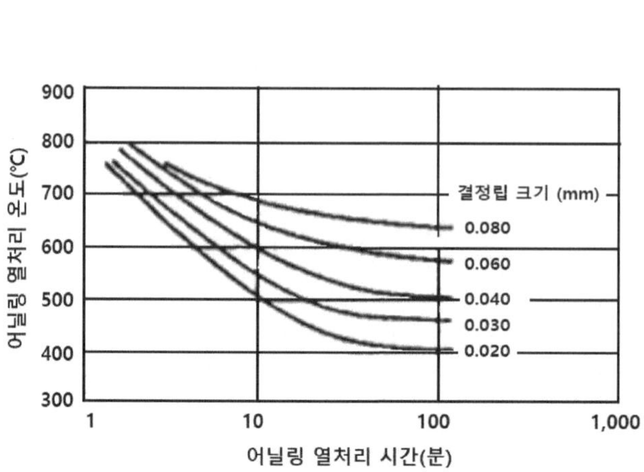

[그림 4-6] 냉간가공된 구리합금에 주로 적용되는 어닐링 온도에 따른 결정립 크기

단일상의 조직에서는 가열과 냉각 속도가 문제가 되지 않으나, 2개 이상의 상이 존재하는 석출경화형 합금 등의 복합조직의 경우에는 가열 및 냉각 속도가 매우 중요하다. 특히나 구리 함량이 70% 이하인 α상의 황동인 경우에는 약 600℃ 이상의 고온 혹은 주조 과정에서 고온에서 형성되는 β상이 상온까지 그대로 남아 있을 수 있다. 이러한 조직을 고온으로 가열했다가 급냉하게 되면 고온의 β상이 안정적인 α상으로 변화하지 못하고 그대로 조직에 남아 있게 되어 취성이 발생할 수 있다. 따라서 충분하게 서냉하여 조직을 모두 상온에서 안정적인 α상으로 변환시켜야 한다.

[표 4-5] 가공용 구리합금의 어닐링 열처리 온도

합금형	화학조성(%)	어닐링 온도(℃)
Electrolytic Tough Pitch(ETP)	99.99%Cu-0.04%O	250~650
Deoxidized, Low Residual P(DLP)	99.90%Cu-0.005%P	325~650
Deoxidized, High Residual P(DHP)	99.90%Cu-0.02%P	375~650
Oxygen-free(OF)	99.92%Cu(최소)	425~650
Free-machining	99%Cu-1%Pb 99.5%Cu-0.5Te 99.4Cu-0.6Se	425~650 425~650 425~650
Gilding Brass	95%Cu-5%Zn	425~800
Commercial Bronze	90%Cu-10%Zn	425~800
Cartridge Brass	70%Cu-30%Zn	425~750
Aluminum Bronze	95%Cu-5%Al	425~750
Red Brass	85%Cu-15%Zn	425~725
Low Brass	80%Cu-20%Zn	425~700
Yellow Brass	65%Cu-35%Zn	425~700
High-Leaded Brass	62.5%Cu-35.75%Zn-1.75%Pb	425~700
Muntz Metal	60%Cu-40%Zn	425~600
Admiralty Metal	71%Cu-28%Zn-1%Sn	425~600
Naval Brass	60%Cu-39.25%Zn-0.75Sn	425~600
Phosphor Bronze(C)	91.8%Cu-8%Sn-0.15%P	475~675
Silicon Bronze	Cu-1.75%Si-0.3%Mn	475~675
Phosphor Bronze(E)	98.75%Cu-1.25%Sn	475~650
Cupro-Nickel(30%)	69.5%Cu-30%Ni-0.5%Fe	650~815
Cupro-Nickel(10%)	88.5%Cu-10%Ni-1.5%Fe	600~815
Nickel Silver(A)	65%Cu-17%Zn-18%Ni	600~815
Nickel Silver(B)	55%Cu-27%Zn-18%Ni	600~815
Silicon Bronze(A)	Cu-3%Si-1%Mn	475~700
Aluminum Bronze	91%Cu-7%Al-2%Fe	815
Aluminum-Silicon Bronze	91%Cu-7%Al-2%Si	〉650
Aluminum Bronze	91%Cu-9%Al	575~650
Beryllium Copper	97.9%Cu-1.9%Be-0.2%Ni(or Co)	775~1,050

공장에서의 실제 가공공정은 가공의 초기에는 비교적 고온 어닐링(Annealing)을 실시하여 균질화도 가속시키며 결정립을 크게 하여 초기 가공시에 유리하도록 관리한다. 이후 열처리 온도를 낮추어 최종 어닐링의 한 단계나 두 단계 전에 요구되는 결정립도로 만들고 최종적으로 균일한 입자의 제품을 얻게 관리한다.

α상의 단일 조직으로 구성된 알루미늄 함량 10% 이내의 알루미늄청동의 경우에는 석출에 의해서 경화하지 않고 냉간가공에 의해서 경화되는데, 심하게 냉간가공된 조직의 잔류응력을 제거하고 부드럽게 만들기 위해서는 425~760℃의 온도에서 응력완화를 위한 어닐링을 실시한다.

[그림 4-7]은 스프링용 인청동 C52100의 어닐링 온도에 따른 기계적 특성의 변화를 보여주고 있다. 열처리 시간은 4시간으로 동일하게 하고 각각 노출되는 온도에 따라 특성의 변화를 확인할 수 있다.

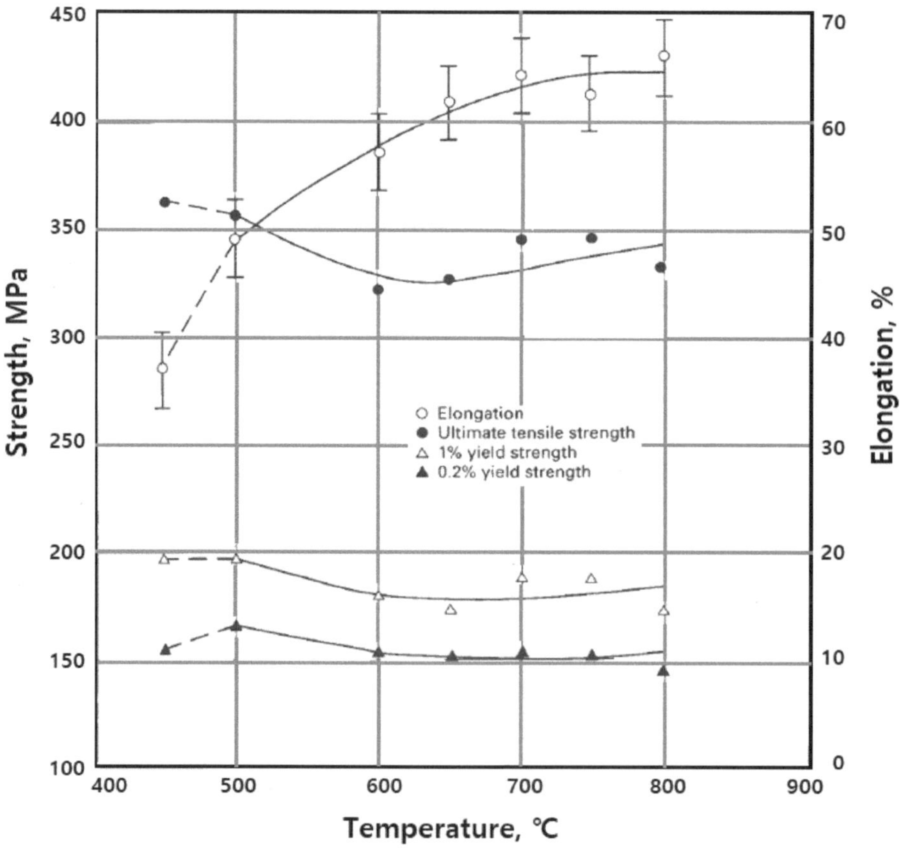

[그림 4-7] 스프링용 인청동 C52100의 열처리 온도에 따른 기계적 특성 변화(4 h)

[그림 4-8]은 구리합금을 상온에서 60% 가공경화한 후에 고온에서 15분간 어닐링 했을 때에 노출온도에 따른 경도의 변화를 보여주고 있으며, [그림 4-9]와 [그림 4-10]은 구리합금의 어닐링 온도와 시간의 조합에 따라 경도가 어떻게 변화하는지를 보여주고 있다.

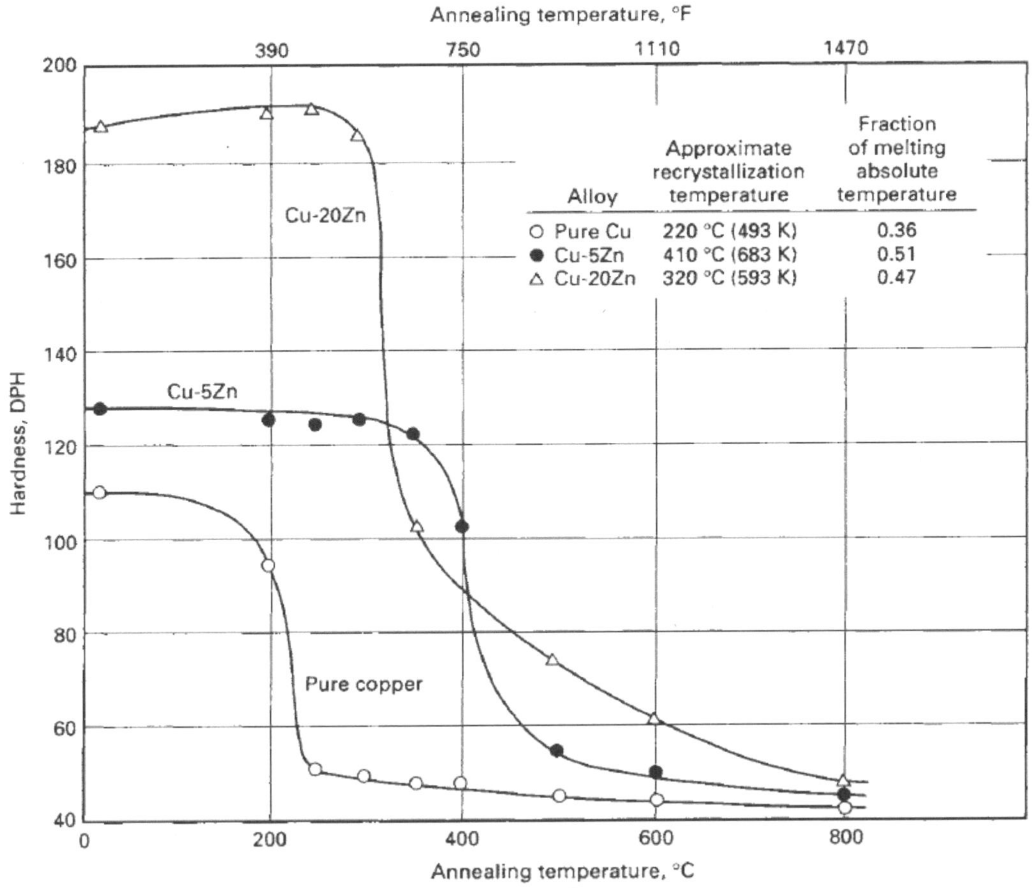

[그림 4-8] 가공경화된 구리합금의 열처리 온도에 따른 경도 변화

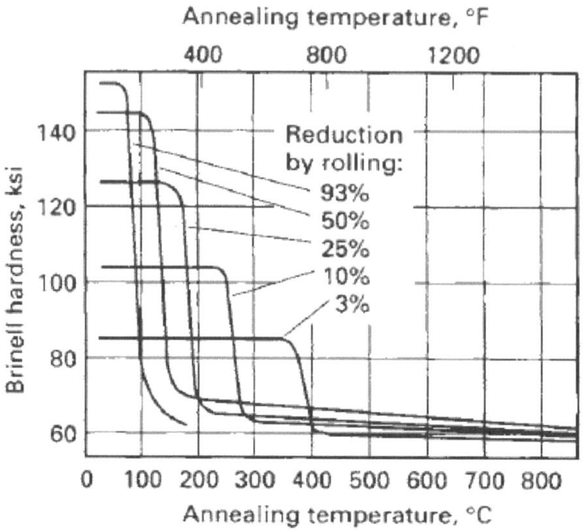

[그림 4-9] 냉간가공 정도와 열처리 온도에 따른 경도 변화

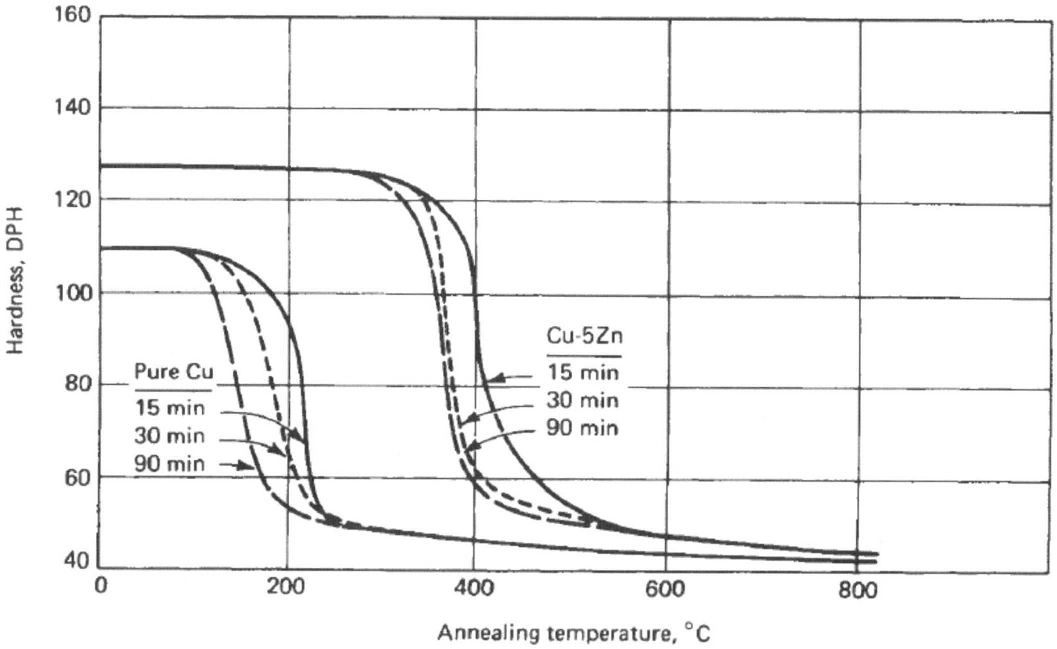

[그림 4-10] 구리합금의 열처리 온도와 시간에 따른 경도의 변화

4.1.3. 응력제거 열처리(Stress Relieving)

용접을 하거나 심한 냉간가공을 한 금속재료를 재결정 온도 이하의 온도에서 가열하여 내부의 응력을 제거하는 과정이다. 앞서 설명한 어닐링의 회복 단계에 해당하는 열처리로 이해하면 된다. 재료의 기계적 특성 자체에 크게 영향을 주지는 않으며 내부의 응력을 제거하여 후속 가공 공정이나 사용과정의 피로나 응력부식 손상 등에 저항성을 갖도록 한다.

냉간가공 등에 의해 형성된 소재의 잔류응력은 아연의 함량이 15% 이상인 황동이나 합금의 함량이 높은 알루미늄청동, 실리콘청동 등에서 응력부식균열(Stress Corrosion Cracking)을 유발하게 되는데, 이러한 잔류응력을 열처리를 통해 완화하여 제품의 사용 수명과 안정성을 높일 수 있다.

[표 4-6] 단련용 구리합금의 응력제거(Stress Relieve) 열처리 기준

UNS 번 호	합금명	응력제거열처리 온도(℃) [a]
C21000	Gilding, 95%	190
C22000	Commercial Bronze, 90%	205
C23000	Red Brass, 85%	230
C24000	Low Brass, 80%	245
C26000	Cartridge Brass, 70%	260
C27000	Yellow Brass, 65%	260
C28000	Muntz Metal, 60%	205
C36000	Free-Cutting brass	245
C44300	Inhibited Admiralty metal	290
C51000	Phosphor Bronze	190
C71500	Copper Nickel, 30%	245
C75200	Nickel-Silver, 65-18	245

* Note : (a) 열처리 시간은 1시간 기준

4.1.4. 석출경화 열처리(Precipitation Hardening)

동합금에서 열처리에 의한 강화 방법은 크게 석출경화와 급냉에 의한 Q-T 경화의 두 가지로 구분하며, 세부적인 것은 합금의 종류에 따라 다르다.

(1) 석출경화

고온에서 고용화 열처리를 실시하여 과포화(Super-Saturated)된 합금원소를 상온까지 급냉한 후에 다시 가열하여 석출물 상을 형성하여 기계적 강도를 향상시키는 방법이다. 이와 유사한 방법으로 스피노달분해(Spinodal Decomposition)에 의한 강화법도 있다. 이는 기지내에 매우 미세한 화학적 편석을 유도하고 규칙격자를 형성하여 결정내 전위의 이동을 저지하여 금속을 강화하는 방법이다.

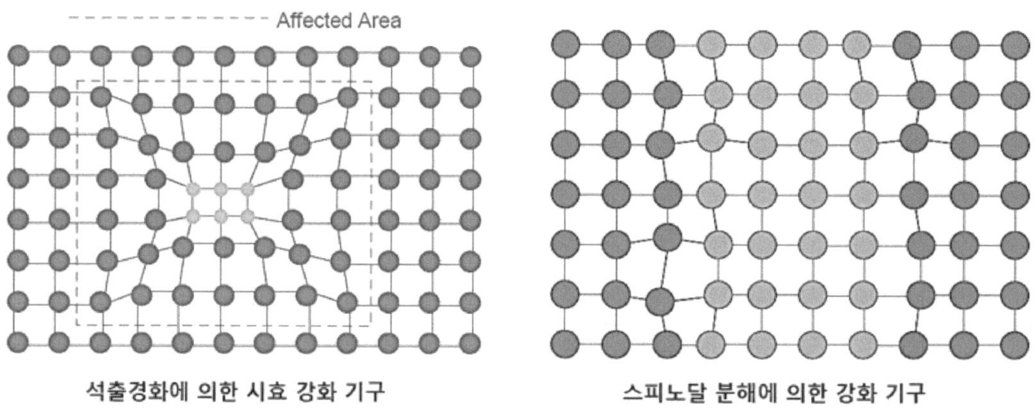

[그림 4-11] 석출경화와 시피노달 분해강화 기구

대표적인 석출경화형 구리합금의 특성을 아래에 소개한다.

1) 베릴륨청동

C17000, C17200 그리고 C17500으로 대표되는 베릴륨청동은 가장 대표적인 석출경화형 합금으로서 열처리에 따라 기계적 특성이 매우 다양하게 변화한다. 석출경화를 위한 시효 온도가 100℃ 정도이므로 350~400℃ 범위의 고온에서 사용하게 되면 과시효(Overaging)의 위험성이 있다. 이렇게 고온에 노출되었거나 부득이하게 열간가공을 하게 되면 고용화 열처리 이후에 다시 시효를 통해 석출물 상(相)을 조정하여 원하는 기계적 특성을 확보할 수 있다.

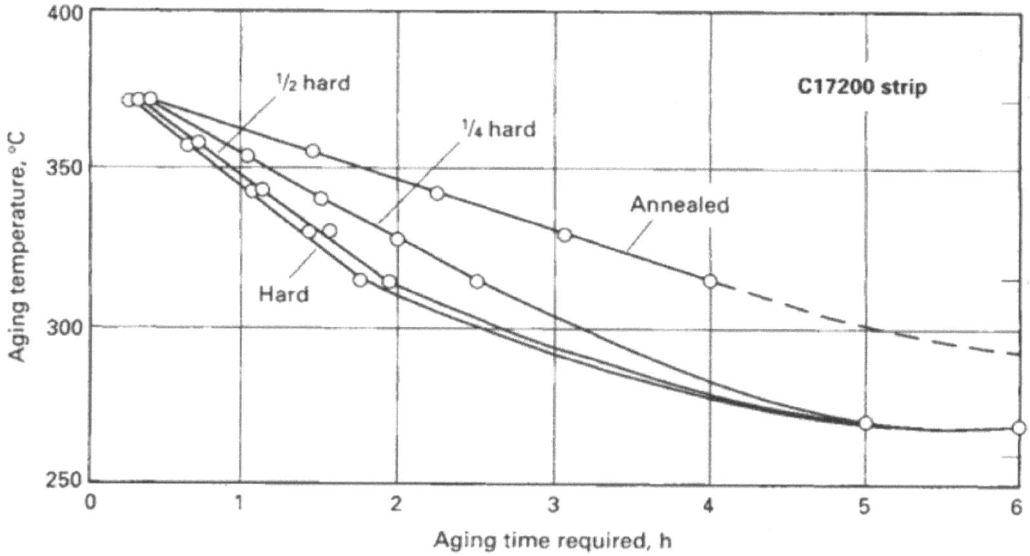

[그림 4-12] C17200의 시효 경화

2) 크롬청동

크롬의 함량이 1% 정도가 되는 구리합금으로 C18200, C18400 그리고 C18500가 대표 합금이다. 950~1010℃ 범위에서 고용화 열처리를 하고 급냉을 한 후에 400~500℃ 범위에서 시효를 통해 원하는 기계적 특성을 확보한다. 열처리 과정에서 과도한 산화를 방지하기 위해 노내 분위기를 제어해야 한다. 가장 일반적인 시효 과정은 455℃에서 4시간 이상 유지하는 것이다.

3) 지르코늄청동

지르코늄 함량이 0.2%인 지르코늄청동은 900~925℃에서 고용화 열처리를 실시하고 물속에 담가서 급냉을 한다. 고용화 열처리의 시간을 최소로 하여 입자의 성장을 막고 조직내 지르코늄의 산화에 의한 내부의 산화를 방지한다. 지르코늄의 확산과 산화과정이 매우 빠르기에 고용화 온도에서 머무는 시간은 별도로 요구되지 않는다. 이후 500~550℃에서 1~4시간 정도 시효 열처리를 통해 석출물을 만들어 기계적 특성을 확보한다. 만약 원소재가 심하게 냉간가공을 받은 상태라면 시효 열처리 온도는 375~475℃로 낮아질 수 있다.

4) 구리-니켈(Ni)-인(P) 합금

약 1% 정도의 니켈(Ni)과 0.25%의 인(P)을 함유한 C19000과 같은 구리합금은 고강도와 탄성을 요구하는 스프링이나 클립 및 전기용 부품 등 작은 제품에 주로 사용된다. 이러한 합금은 700~800℃로 고용화 열처리를 실시하고 이후 석출을 위한 시효 열처리를 425~475℃에서 1~3시간 정도 실시한다. 만약 심하게 냉간가공을 받은 제품이라면 고용화 열처리 온도가 620℃까지 내려갈 수 있다.

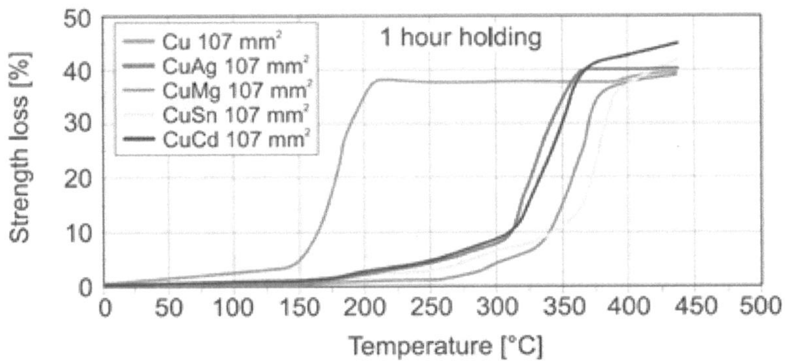

[그림 4-13] 구리합금의 인공시효에 의한 석출경화

(2) Quenching-Tempering 경화

일반 탄소강의 마르텐사이트 형성의 경우와 마찬가지로 고온으로 가열한 후에 급냉(Quenching)하여 높은 경도를 얻을 수 있다. 이렇게 만들어진 조직은 다시 약간의 가열(Tempering)을 통해 경도를 감소시키고, 인성과 연성을 확보하여 구조재로 사용할 수 있게 된다.

주로 알루미늄청동이나 니켈알루미늄청동에서 주로 적용되며, 아연 당량이 37~41% 정도 되는 망간청동에서도 실시된다. 알루미늄의 함량이 9~11.5%인 알루미늄청동이나, 여기에 약간의 니켈을 첨가하여 알루미늄의 함량이 8.5~11.5%인 니켈알루미늄청동의 경우에는 마르텐사이트 형성과 같은 경화 반응이 일어난다. 알루미늄의 함량이 커질수록 급냉 과정에서 균열 발생의 위험성이 커지지만, 반대로 알루미늄의 함량이 낮게 되면 고온의 β상 형성이 감소하기 때문에 급냉의 효과가 크지 않다.

4.2 열처리시 주의점

4.2.1. 열충격과 가열 균열

구리는 열전달이 빠르고 열팽창도 크기 때문에 급격하고 극단적인 온도 변화가 있을 경우에 열 충격이 발생하여 심할 경우에는 균열이 발생할 수도 있다. 따라서 장입 온도와 장출 온도를 관리해야 하고, 가열 속도와 냉각 속도 관리에도 주의해야 한다.

저융점 개재물을 형성하게 되는 납(Pb), 주석(Sn) 등의 불순물을 함유하는 황동의 경우에는 열간 취성으로 인해 균열 발생 가능성이 있고, 특히 잔류응력이 큰 동합금을 급속하게 가열하게 되면 이들 저융점 개재물에 의한 균열 발생 가능성이 크기 때문에 주의해야 한다.

구리 함량이 70% 이하인 α상의 황동인 경우에는 약 600℃ 이상의 고온 혹은 주조 과정에서 고온에서 형성되는 β상이 상온까지 그대로 남아 있을 수 있다. 이러한 조직을 고온으로 가열했다가 급냉하게 되면 고온의 β상이 안정적인 α상으로 변화하지 못하고 그대로 조직에 남아 있게 되어 취성이 발생할 수 있다. 따라서 충분하게 서냉하여 조직을 모두 상온에서 안정적인 α상으로 변환시켜야 한다.

4.2.2. 수소취성(Hydrogen Embrittlement)

순수 구리와 구리합금은 조직내에 산소를 포함하게 되며, 표면에는 구리의 산화물이 존재하게 되는데, 이들 산소가 열처리 과정에서 350℃ 이상의 온도에서 수소와 접하게 되면 수증기를 형성하여 기공(Porosity)을 만들게 되며, 심한 경우에는 표면에 수소분자의 형성에 의한 부풀음(Blister)을 형성하기도 한다. 이러한 문제는 비단 열처리뿐만 아니라 용접과 납땜 과정에서도 동일하게 나타나기 때문에 가급적 수소를 적게 만들거나 아예 환원성 분위기로 노내 환경을 유지하는 것이 필요하다.

4.2.3. 과도한 산화(Catastrophic Oxidation)

고온에 장시간 노출되면 당연히 산화가 급속도로 발생하게 되고, 그에 따라 금속손실이 나타나게 되며 산화층을 제거하기 위한 추가적인 비용과 시간이 소요된다. 따라서 가능한 최소한의 시간만 고온에 노출되도록 관리할 필요가 있다.

순수한 구리는 350℃ 이상의 고온에 노출되면 붉은 색의 산화제1구리(Cu_2O)가 형성되며, 이보다 더 높은 온도로 노출되면 검은색의 산화제2구리(CuO)가 형성된다.

$$4Cu + O_2 \leftrightarrow 2Cu_2O + O_2 \leftrightarrow 4CuO$$

4.2.4. 열처리 결과 평가

구리 및 구리합금의 어닐링 열처리가 적절하게 되었는지를 평가하는 가장 쉬운 방법은 결정립도를 확인하는 것인데, 현장에서는 조직 검사의 어려움이 있을 경우에는 경도 시험으로 갈음하여 평가한다. [표 4-7]은 0.1mm 두께의 카트리지황동(C26000) 구리합금을 Annealing 한 후에 입자 크기에 따른 기계적 특성을 정리한 것이다. 입자 사이즈가 작을수록 기계적 강도가 커지고, 연신율은 작아진다.

[표 4-7] C26000 플레이트의 Annealing 이후 입자 크기별 기계적 특성

입자 사이즈	인장강도(ksi)	항복 강도(ksi)	연신율(%)
0.070 mm	46.0 이상	14.0 이상	65 이상
0.050 mm	47.0 이상	15.0 이상	62 이상
0.035 mm	49.0 이상	17.0 이상	57 이상
0.025 mm	51.0 이상	19.0 이상	54 이상
0.015 mm	53.0 이상	22.0 이상	50 이상
Eight Hard	50.0 이상	35.0 이상	43 이상
Quarter Hard	54.0 이상	40.0 이상	23 이상

3

구리의 가공

1 구리의 접합

1.1 구리합금의 용접성

1.1.1. 용접성에 영향을 미치는 요소

합금원소의 영향 뿐만 아니라 구리합금의 고유한 특성들이 용접성에 영향을 미친다. 열전달계수, 용접자세, 균열을 비롯한 결함의 발생 가능성, 용접대상물의 청결도 등이 실제 용접조건과 결합하여 다양한 양상을 보이게 된다. 이하에서는 구리합금의 일반적인 특성을 기준으로 용접성에 영향을 미치는 인자들을 평가한다.

(1) 열전달계수(Effect of Thermal Conductivity)

구리는 열전달계수가 커서 용접과정에서 형성된 용탕이 급랭되기 쉽기 때문에 충분한 예열과 층간 온도 관리 및 적절한 보호가스의 선정 및 용접부 설계를 통해 충분한 입열이 가능하도록 관리되어야 한다.

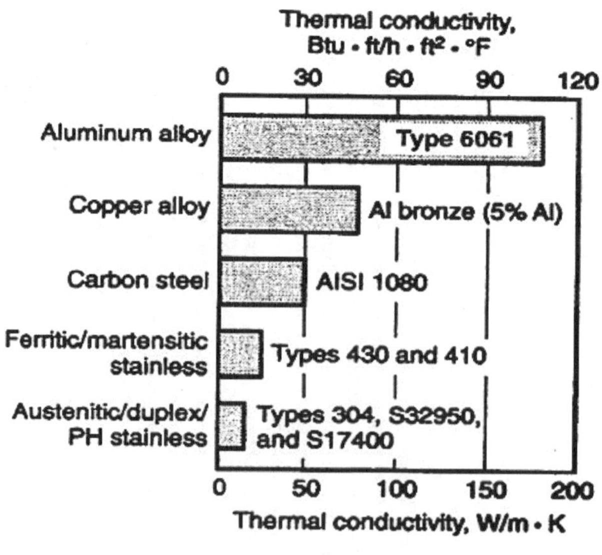

[그림 1-1] 다른 금속과 비교한 구리의 열전달계수

(2) 열팽창계수(Coefficient of Thermal Expansion)

열팽창 계수는 연강보다 약 50% 크므로 냉각에 의한 수축 잔류응력과 응력집중을 일으켜 균열이 발생하기 쉽다.

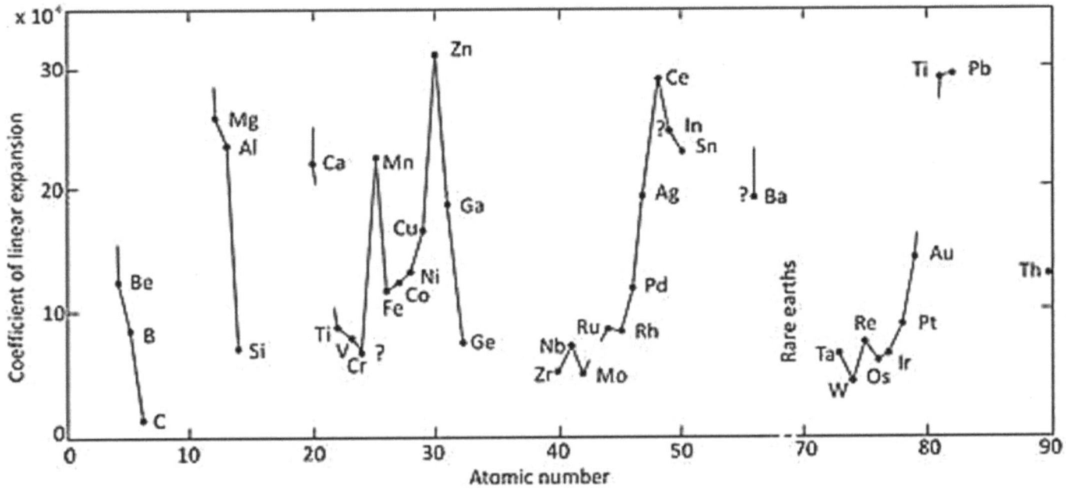

[그림 1-2] 다른 금속과 비교한 구리의 열팽창계수

(3) 용접 자세(Welding Position)

구리는 유동성이 크기 때문에 아래 보기 용접 자세가 추천되며 위 보기 자세의 경우에는 충분한 용입을 확보하기 어려울 수 있다. 수평 용접은 필렛 용접이나 T자의 용접시에 선별적으로 적용한다.

(4) 열영향부의 변화

가공경화된 구리합금은 용접시에 가해지는 용접열로 인해 연화(Softening)되어 열영향부의 기계적 강도가 약화된다. 과도하게 냉간가공된 구리합금의 경우에는 약해진 열영향부로 인해 고온에서 응고균열을 유발할 수 있다.

석출물에 의해 기계적 특성이 확보되는 구리합금의 경우에는 용접과정에서 가해지는 열로 인해 열영향부의 조직이 과시효(Overaging)에 의해 석출물상이 조대화 되고 이로 인해 기계적 강도가 저하되는 문제가 발생하기도 한다.

(5) 응고균열(Hot Cracking)

구리 중의 산화구리(Cu_2O)를 함유한 부분이 순수한 구리에 비하여 용융점이 약간 낮으므로, 먼저 용융되고 응고과정에서도 제일 늦게 응고되므로 균열이 발생하기 쉽다.

응고범위가 넓은 청동, 구리-니켈합금의 경우에는 용접과정에서 응고균열이 발생할 가능성이 크다. 따라서 입열이 크지 않도록 하고, 예열과 층간 온도를 제어하여 가능한 급냉이 되도록 유도해야 한다. 또한 용접부 이음 형태를 개선하고 용접부 구속 요인을 최소화하여 가능한 응고과정에서 응력이 집중되지 않도록 해야 한다.

(6) 기공(Porosity) 발생

구리내에 고용되는 수소의 고용도는 [그림 1-3]에 표시한 것처럼 고상/액상 사이에 큰 차이가 있기 때문에 용접 과정에서 용융 Pool에 고용한 수소가 응고 과정에서 수소 단독 또는 수증기(H_2O)를 발생시켜 기공의 원인으로 된다.

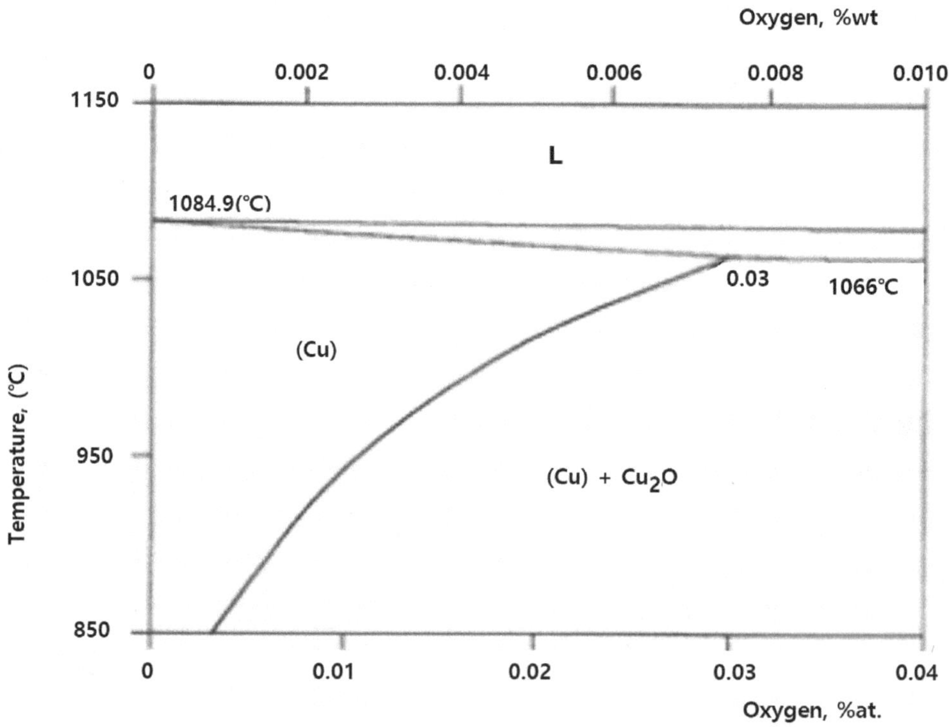

[그림 1-3] 구리와 산소의 상태도

구리 및 구리합금에 포함되어 있는 산소는 산화구리의 형태로 존재하게 되며, 입계에 석출하여 취성을 일으키기도 하지만, 산소-아세틸렌 가스용접 및 그 밖의 용접방법으로 환원성 분위기 속에서 용접을 하면 산화구리는 환원($Cu_2O+H_2 = 2Cu+H_2O$)될 가능성이 커진다. 산화물이 환원되는 이 과정에서 구리의 용적은 감소하여 스펀지(Sponge) 모양의 구리가 되므로 더욱 강도를 약화시킨다. 수소와 같이 확산성이 큰 원소는 분자 상태로 형성되어 분압을 가진 기공이 되어 용접구조물의 기계적 특성을 약화시킨다.

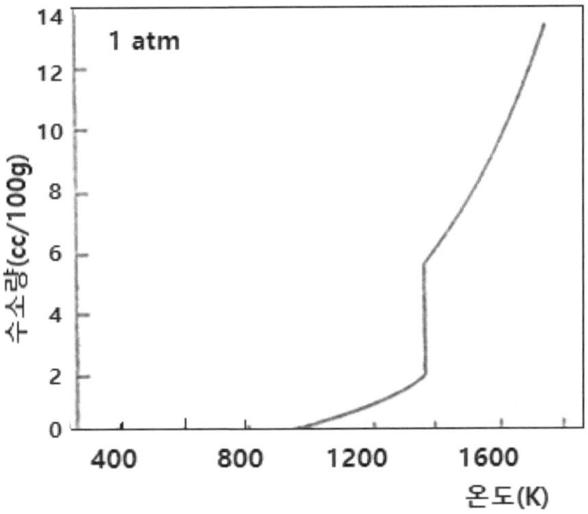

[그림 1-4] 구리내의 수소 고용도

구리는 용융될 때 심한 산화를 일으키며, 가스를 흡수하기 쉬우므로 용접부에 기공 등이 발생하기 쉽다. 그러므로, 용접용 구리 재료는 전해구리보다 탈산구리를 사용해야 하며, 또한 용접봉을 탈산구리 용접봉 또는 합금 용접봉을 사용해야 한다.

기화점이 낮은 아연, 카드뮴, 인은 용접과정에서 기화가 되면서 해당 성분이 손실되기도 하고 응고된 용접금속에 남아서 기공을 만들기도 한다. 가능한 용접속도를 높여서 입열을 줄이고 합금성분의 기화에 의한 기공 형성을 최소화하는 것이 좋다.

(7) 표면 청결(Surface Condition)

그리스(Grease)와 같은 유분 혹은 산화물 등의 이물질이 표면에 남아 있으면 용접과정에서 문제를 야기한다. 금속표면에 형성되는 산화물을 만들어 내는 알루미늄, 크롬, 실리콘 등은 용접과정에서 제거가 쉽지 않고 용접성을 저해하는 요인이 된다. 따라서 용접전에 이들 산화물을 기계적 혹은 플럭스 등을 활용한 화학적인 방법으로 충분하게 제거해야 안정적인 용접, 납땜, 솔더링 접합부를 얻을 수 있다.

1.1.2. 주요 합금원소

(1) 알루미늄(Aluminum)

구리와 알루미늄의 합금은 최대 15%의 알루미늄에 약간의 철과 니켈, 주석 그리고 망간을 포함한다. 구리에 대한 알루미늄의 고용도는 7.8%이지만 철이 포함되면 약간 상승하게 된다. 대략 8% 정도의 알루미늄을 포함한 구리합금은 철의 함량과 무관하게 단일상을 가지게 되지만, 알루미늄의 함량이 9~15%가 되면 두가지 조직을 가지게 되며 마르텐사이트 혹은 공석조직으로 변태를 하게 된다.

알루미늄의 증가에 따라 기계적 강도가 증가하지만 연성은 작아진다. 알루미늄 산화물을 제거한 후 용접, 납땜 등을 수행하여야 한다.

(2) 산소(Oxygen)

산소는 인과 같은 탈산제를 포함하지 않는 구리합금에서 기공을 유발하고 기계적 강도를 낮추는 역할을 한다. 산소의 공급은 대기중에서 직접 유입되거나 용접과정에서 구리산화물의 분해로 인해 발생하게 된다.

(3) 비소(Arsenic)

비소는 황동에 첨가되어 탈아연현상을 막아주는 역할을 한다. 비소 그 자체는 구리합금의 용접성에 악영향을 미치지 못하지만, 니켈이 포함된 구리합금에서는 비소가 있으면 문제가 된다.

(4) 베릴륨(Beryllium)

구리 조직에 베릴륨의 고용도는 871℃에서 약 2% 정도이지만, 상온으로 내려가면 0.3%로 감소한다. 따라서 베릴륨이 함유된 합금은 과포화에 이은 석출경화가 발생하는 시효경화 특성을 가지게 된다. 열전도율과 융점이 베릴륨의 함량 증가에 따라 감소하게 되어 베릴륨의 양이 커지면 용접성이 좋아진다. 하지만 베릴륨의 산화물은 알루미늄과 마찬가지로 용접성에 좋지 않기 때문에 제거되어야 한다.

(5) 보론(Boron)

흔히 붕소라고 불리는 보론(B)은 탈산제로 사용되며 강도를 향상시킨다. 용접성은 좋은 편이며 보론이 들어간 용접재료는 다양한 구리합금의 용접봉으로 사용된다.

(7) 카드뮴(Cadmium)

구리 조직에 카드뮴의 고용도는 상온에서 0.5% 정도이다. 구리합금에 들어 있는 1.25% 정도의 카드뮴 함량은 용접과정에서 쉽게 기화되어 흄(Fume)으로 날라가기 때문에 용접에 악영향을 끼치지 않는다. 약간의 카드뮴이 산화물 상태로 용탕내에 남아 있을 수 있지만 어렵지 않게 제거가 가능하다.

카드뮴은 미량만으로도 구리의 전기전도도를 저하하지 않으면서 우수한 기계적 강도를 나타내어 구리와 카드뮴합금은 알루미늄과 같이 전기전도도가 매우 큰 재료의 전기저항 용접용 전극재료로 활용된다. 하지만 중금속인 카드뮴의 사용제한으로 인해 점차 크롬이 함유된 구리합금으로 전환되고 있다.

(7) 크롬(Chromium)

구리 조직에 크롬의 고용도는 1,038℃에서 약 0.55%이고 상온에서는 0.05% 이하로 감소된다. 이때 시효경화가 되면서 석출되는 크롬은 거의 순수한 크롬 그 자체로 석출된다. 합금 원소로 크롬이 포함되면 전기전도도를 확보하면서도 우수한 기계적 강도를 가질 수 있다. 알루미늄이나 베릴륨과 같이 크롬도 산화물 상태가 되면 용접을 어렵게 하지만 보호가스 분위기에서 용접을 하면 이런 문제를 최소화할 수 있다.

(8) 철(Iron)

철의 고용도는 1,038℃에서는 3% 정도이지만 상온에서는 0.1% 이하로 떨어져서 석출에 의한 시효경화를 유발한다. 철은 구리합금에 포함되어 고용강화와 석출강화를 통해 기계적 강도를 향상시키는 역할을 한다. 철은 구리와 니켈의 합금에서 내식성과 내마모성을 높이는 역할도 하는데, 적절한 내식성을 얻기 위해서는 철은 반드시 고용상태 혹은 금속간화합물 상태로 존재해야 한다. 철은 입자를 미세화 하는 역할도 하는데, 각 합금별로 기준치 이내로 존재하게 되면 용접성에 미치는 영향은 미미하다.

(9) 납(Lead)

구리합금에 들어가는 납은 절삭성과 가공성을 향상시키고 윤활기능과 내압기기에 적용되는 구리합금의 기밀성을 유지하는 역할을 한다. 납의 고용도는 상온에서 0.06% 이하로 거의 고용되지 않고 327℃까지 액상으로 남아서 입계에 존재한다. 이 때문에 용접과정에서 응고균열을 유발하게 하고 고온취성 발생의 원인이 된다.

(10) 망간(Manganese)

망간은 황동, 탈산동, 구리와 실리콘 합금에서 0.05~3%까지 포함되어 있으며, 구리에 고용도가 매우 높다. 망간은 용접성에 악 영향을 끼치지 않으며 열간가공성을 높여준다.

(11) 니켈(Nickel)

구리와 니켈은 성분 비에 상관없이 상호 완전 고용체 상태로 존재한다. 구리-니켈의 합금은 용접성이 우수하지만, 용탕내에 남아 있는 불순물 성분으로 인해 열간 균열 발생 가능성이 있다. 따라서 구리 니켈 합금은 충분한 탈산제와 황성분을 제거할 수 있도록 망간 등이 들어 있는 용접재료를 사용해야 한다.

(12) 인(Phosphorus)

인(P)은 강도를 확보하고 탈산의 효과를 위해서 구리합금에 포함되기도 한다. 공석점 온도인 649℃에서는 1.7%의 고용도를 가지고 있지만, 상온에서는 0.4% 정도로 낮아 진다. 황동에서는 탈아연(Dezincification) 현상을 막아주는 역할을 한다. 인이 저융점 개재물을 형성하지만, 일반적인 구리합금에서 허용되는 수준이라면 용접성에 악영향을 미치지는 않는다.

(13) 실리콘(Silicon)

실리콘의 고용도는 816℃에서 5.3%이며 상온에서는 3.6%로 낮아진다. 실리콘도 탈산의 기능과 강도 향상 및 성형성 향상의 목적으로 합금된다. 구리-실리콘 합금은 용접성이 좋지만 고온에서는 저융점에 의한 균열 발생 위험성이 있다. 따라서 용접시에는 고온에서 냉각속도를 빠르게 하여 급냉하는 것이 좋다. 구리-실리콘 합금에서는 204℃ 정도의 온도에서 실리콘의 산화물이 발생된다. 이 산화물은 용접과 납땜시에 용접성을 저해하므로 용접 대상물을 가열하기 전에 적절한 플럭스를 사용하여 제거해야 한다.

(14) 주석(Tin)

주석의 고용도는 상온에서 1% 이하였다가 온도가 올라감에 따라 급증하여 788℃에서는 13.5%로 증가한다. 하지만 급냉하면 2% 이하의 함량에서는 단일상을 유지할 수 있다. 구리-주석 합금인 청동에서는 용융 용접 과정에서 응고균열이 발생할 수 있다. 주석은 대기와 만나면 산화물이 되고 이 산화물이 용접금속내에 존재하는 상태로 응고하게 되면 기계적 강도를 저해한다.

(15) 아연(Zinc)

아연은 구리의 합금원소중에 가장 중요한 성분이다. 927℃에서 약 32.5%의 고용도를 가지고 있고, 상온에서는 37%의 고용도를 나타낸다. 황동의 용접 과정에서 용탕으로부터 아연이 쉽게 기화되어 손실되는 문제점이 있으며, 알루미늄청동이나 구리-니켈합금에서 기공이나 균열을 유발한다.

(16) 기타 합금원소

칼슘, 마그네슘, 리튬, 나트륨 등은 탈산제로 투입되며, 극히 일부만이 구리합금내에 남아 있게 되어 용접에 악영향을 끼치지는 않는다. 안티몬, 비소, 인, 비스무스, 셀레늄, 황 등은 알루미늄청동이나 큐프로니켈(Cupronickel)과 같은 단상의 구리합금 조직에서 고온의 열간 균열을 유발한다. 황동에 미량 첨가된 안티몬은 용접성에 영향을 미치지는 못한다.

탄소는 탄화물을 만들 수 있는 철, 망간 등이 다량으로 존재하지 않는다면, 구리조직에 고용되지 않고 입계에 흑연 혹은 금속간 탄화물 상태로 남아서 취성을 유발하게 된다.

1.2 구리합금별 용접성

1.2.1. 순동(Pure Copper Alloys)

순동은 산소의 농도에 따라 산소가 0.02% 이하의 무산소동, 0.1% 이하로 정련된 인성동, 그리고 구리가 산화물 상태로 존재하면서 인(P)의 함량이 0.05%이고 비소(As)의 함량이 0.05% 이하인 탈산동으로 구분된다.

(1) 무산소동

무산소동은 10ppm 이하의 산소와 기타 성분의 합이 0.01% 이하인 순수 구리를 의미하며, UNS No.로 C10100~C10800까지로 구분된다. 무산소동은 산소를 배제하기 위해 환원성 분위기에서 용융, 주조로 제조된다. 탈산제를 포함하고 있지 않으며 350℃ 이상의 고온에서 대기중의 산소가 흡수되어 용접과 납땜 작업시에 문제를 야기한다.

무산소동은 산소가 포함된 순수한 구리와 비슷한 수준의 기계적 특성을 나타내면서 연성이 우수하고 용접 및 납땜 작업이 용이하다.

고온 강도를 확보하면서도 전기전도도를 저해하지 않기 위해 은(銀)을 첨가하기도 한다. 은을 첨가하면 냉간가공된 제품이 짧은 시간 동안에 고온에 노출될 경우에 발생할 수 있는 강도 저하를 막아주는 효과가 있다. 첨가된 은(Ag)은 크리프 강도를 증가시켜 주면서도 용접성을 저해하지 않는다.

(2) 정련동

정련동은 산소 농도가 0.1% 이하로서 조직내에 구리의 산화물 형태로 존재하지만, 구리의 기계적 특성과 전기적 특성에 악 영향을 미치지는 못한다. 하지만 입계에 산화물 피막을 형성하여 취성을 유발하게 되며, 용접과 열처리 과정에서 완전하게 탈산된 용접재료를 사용해도 이들 산화물의 분해에 의해 취성을 유발하며, 특히 수소가 있는 분위기에서는 이런 현상이 더욱 심해져서 수증기 형성에 의한 기공을 만들게 된다.

GTAW와 Ar 가스를 보호가스로 사용하는 GMAW가 적용될 수 있으며, 산소-아세틸렌가스 용접과 SMAW 용접은 보수 용접 등의 제한된 용도로 추천된다. Ar은 보호가스 중에 열전도도가 낮아서 상대적으로 용접부의 급냉을 방지하고 용탕의 서냉을 유도할 수 있는 장점이 있다. 보호가스로 Ar 대신에 He이나 질소를 사용할 경우에는 보다 높은 전압을 사용하여 높은 열전도도로 인한 열 손실을 보충한다.

용접과정에서 수증기 형성에 의한 기공을 방지하기 위해서는 용접재료에 알루미늄, 망간, 실리콘, 티타늄 등의 탈산제를 충분하게 넣어서 적용한다. 구리의 열전달이 빨라서 용접과정에서 급냉으로 인한 문제점이 생길 가능성이 크지만, 박판의 소재인 경우에는 굳이 예열 없이 그대로 용접해도 된다. 두께 5mm가 넘는 부재의 경우에는 반드시 예열을 해줘야 하며, 특히 두께가 두꺼운 부재의 경우에는 최고 600℃까지 예열을 해 준다.

(3) 탈산동

탈산동은 탈산의 목적으로 주조시에 인(燐)을 넣은 합금이며 인의 함량이 0.004~0.065% 정도이고, UNS No.로는 C12000~C12300가 이에 속한다. 잔류하는 인의 함량이 클수록 전기전도도가 떨어져서, 인의 함량이 0.009%일 때에 IACS 기준으로 100% 인 구리가 인의 함량이 0.02%가 되면 IACS 85%로 감소하며, 인의 함량이 0.04%로 증가하면 IACS 75%까지 감소한다.

인탈산동은 비록 용접과정에서 기공이 생기긴 하지만 강력한 탈산제의 역할에 의해 여타 다른 구리합금에 비해 기공에 의한 문제점이 상대적으로 약하다. 실리콘(Si)이나 망간(Mn)이 들어간 용접재료가 유효하며, 실리콘과 망간이 각 0.4% 들어가고 여기에 유동성 증대를 위해 주석을 0.8% 추가한 AWS A5.7/A5.7M ERCu 용접재료나 망간 1%와 실리콘 3%를 합금한 AWS A5.7/A5.7M ERCuSi-A가 널리 사용된다.

용접시 보호가스는 가스텅스텐아크 용접(GTAW)에서는 두께 2mm까지 그리고 가스메탈아크 용접(GMAW)에서는 두께 5mm까지는 아르곤(Ar) 가스를 보호 가스로 사용하지만, 그 이상의 두께가 되면 용착 불량이나 용입 불량의 결함을 방지하기 위해 보다 높은 에너지 집중이 필요하기에 헬륨(He) 가스를 추가하여 사용한다. 일부 실험실에서는 질소를 혼합한 가스를 사용하여 높은 에너지를 만들기도 하지만, 상용화된 제품을 찾기는 어렵다.

구리합금의 빠른 열전도도를 고려하여 예열을 적용하는 것이 좋으며, 특히 두께 2mm 이상의 부재에 대해서는 반드시 예열을 실시해야 한다. 용접방법과 부재의 두께에 따른 예열 온도 및 용접조건에 대한 내용을 다음 [표 1-1]에 정리한다.

[표 1-1] 용접부 보호 가스에 따른 용접 조건 예시

용접 방법	부재 두께(mm)	보호 가스	예열 ℃	용접 전류(Amp)
GTAW	1.0	Argon	>10	20~60
	1.0~2.0	Argon	>10	50~160
	2.0~5.0	Argon / 75 Helium	>50	120~300
	6.0~10.0	Argon / 75 Helium	100~200	250~375
	12.5	Argon / 75 Helium	>350	350~420
	15.0	Argon / 75 Helium	400~450	400~470
GMAW	<5.0	Argon	10~100	175~240
	5.0~7.0	Argon / 75 Helium	>100	250~320
	10.0~12.5	Argon / 75 Helium	200~300	300~400
	>16.0	Argon / 75 Helium	350~450	350~600

1.2.2. 산소동(Oxygen-Bearing Copper)

산소동은 정련동(Electrolytic Toughpitch)과 용융재결정(Fire Refined Grade)에 의해 입자를 미세화 시킨 구리를 의미하며, UNS No.로 각각 C11000~C11900과 C12500~C13000이 이에 속한다. 입자미세화 강종은 안티몬, 비소, 비스무스, 납 등의 입자 미세화 원소를 합금으로 가지고 있지만, 정련동은 이러한 성분들이 없기 때문에 상대적으로 균질한 기계적 특성을 가지고 있다. 두 가지 강종 모두 비슷한 수준으로 산소를 가지고 있으며, 불순물과 산소의 영향에 따라 용접과 납땜 작업시에 기공 혹은 결함을 유발하게 된다.

구리에 포함된 산소는 기계적 특성이나 전기적 특성에 영향을 미치지 못하지만, 고온의 수소 분위기에 노출될 경우에는 구리 내부로 침투해 들어간 수소가 산소와 결합하여 고온의 증기(Steam)을 형성하게 되고 여기에 응력이 가해지면 심한 경우에는 균열을 유발한다.

또한 산소를 포함한 구리가 고온으로 가열되면 구리 산화물이 입계에 집중되고 연성의 저하와 기계적 강도의 저하를 유발한다. 이 때문에 산소를 포함한 구리는 용접용으로 적합하지 않다. 고온에 노출되는 시간이 짧은 마찰 용접의 경우에는 이런 문제점이 상대적으로 심각하지 않다. 이 강종은 고온에서 용융하여 접합하는 용접 보다는 은납(Silver Brazing)이나 솔더링을 통해 접합하는 것이 바람직하다.

1.2.3. 쾌삭동(Free-Machining Copper)

납, 셀레늄, 텔루리움 등을 넣어 절삭성을 향상시킨 쾌삭동은 UNS No.로 C14500~C14710가 이에 속하며, 이들 합금원소들이 조직내에 고용되지 않고 석출물로 고르게 분산하여 절삭성을 향상시킨다. 이들 합금원소들은 연성을 저하시키고 절삭성을 향상시키지만 용접과정에서 고온의 응고균열을 유발하기 때문에 용접용으로는 적합하지 않고 납땜으로 접합하는 것을 추천한다.

1.2.4. 석출경화형 구리합금(Precipitation-Hardenable Copper Alloys)

UNS No.로 C15000, C15100, C17000~C18400, 그리고 C64700~C64730에 해당하는 합금이 석출경화형 구리합금들이다. 이들 합금은 소량의 베릴륨, 크롬, 지르코늄 등 석출물로 존재하는 합금원소를 첨가하여 고온에서 고용화 열처리를 하고 급냉한 후에 다시 가열하여 316~482℃ 범위에서 시효 경화 열처리에 의해 석출물을 조직내에 석출시켜서 기계적 강도를 확보하는 합금이다. 시효 열처리 전에 고용화된 구리합금을 냉간가공하게 되면 시효 열처리 이후에 보다 높은 기계적 강도를 얻을 수 있다. 하지만 이들 합금이 용접과정에서 열에 노출되면 과시효(Over-Aging) 현상이 발생하여 기계적 특성이 저하되는 문제가 발생한다. 기계적 특성의 저하는 노출되는 시간과 온도에 따라 달라지게 된다. 용접에 의해서는 좁은 열영향부의 기계적 특성 저하가 발생하게 되지만, 납땜과정에서는 보다 넓은 영역이 특성 저하의 위험성에 노출될 수 있다.

1.2.5. 황동(Copper-Zinc Alloys, Brass)

아연이 포함된 황동은 청동과 함께 가장 대표적인 구리합금이고 UNS No.로는 C20500~C49080, C66400~C69950, C83300~C86800 등이 여기에 속한다. 간혹 황동에 특별한 목적으로 다른 합금원소를 추가하여 다른 문쯔메탈(Muntz Metal), 망간청동, 알루미늄황동, 주석황동 등으로 이름을 달리 부르기도 하는데, 이들 특정 목적의 합금원소의 양이 4%를 넘지 않으면 그냥 황동으로 통칭하여 구분한다.

아연의 함량이 증가함에 따라 융점, 밀도, 전기전도도, 열전도도, 탄성계수가 낮아지게 되지만, 반대로 기계적 강도와 경도가 증가하고 열팽창 계수도 증가한다. 아연 함량 20%까지는 아연의 함량이 증가함에 따라 고온 가공성이 저하한다.

아연의 함량이 커짐에 따라 붉은 황금색에서 밝은 황금색을 거쳐서 최종적으로는 노란색에 가까운 색을 나타나게 된다. 따라서 외관의 색이 중요한 경우에는 용접봉의 선정시에 주의해야 한다. 대부분의 황동은 상온에서 고용체의 단일 상을 가지고 있지만, 아연의 함량이 36%를 넘게 되면 α상과 β상의 두가지 상이 복합된 조직을 갖게 된다. β 상은 고온 가공성을 향상시켜 주지만 전기와 열의 전도도와는 관계가 적다.

황동은 전반적으로 양호한 용접성을 가지고 있지만 납이 포함된 구리합금은 용접으로 접합할 수 없고, 납땜으로 접합해야 한다. 황동의 주물은 아연 이외에 몇가지 추가적인 합금원소를 더 첨가하게 되는데, 단련재에 비해 조직이 균질하지 않고 납과 같은 합금원소의 영향으로 인해 용접성이 좋은 편은 아니다. 납이 들어 있는 황동은 용접이 불가한 것으로 평가되고 있으며 납이 없는 여타 다른 황동 제품의 용접성은 양호한 편이다.

아연 함량이 낮은 황동은 용접이 가장 쉽다. 이들 합금의 용접시 가장 큰 문제점은 용융중에 아연이 기화되어 용접부에 기공이 발생하는 현상이다. 아연은 420℃에서 용융되며, 910℃에서 기화된다. 산소-아세틸렌 토치와 구리-은(Cu-Ag) 납땜재를 사용한 납땜법은 기공의 발생이 없고 적절한 기계적 특성을 갖는 접합부를 얻을 수 있으므로 용접 대용으로 사용할 수 있다. 아연은 기화로 인해 다량의 아연 산화물을 함유한 용접 연기(Fume)가 발생하므로 건강 및 안전상에 좋지 않다.

황동은 SMAW, GMAW, GTAW 방법으로 용접할 수 있다. 용접봉은 아연의 기화 문제로 구리-실리콘, 구리-주석 합금 재질을 사용한다. 대표적인 GMAW/GTAW 용접봉은 ISO 24373 Cu6560(CuSi3Mn1)에 명시된 3% 실리콘 합금이다. 또한 Cu-7%Sn 및 Cu-12%Sn과 같은 구리-주석 합금 용접봉을 사용할 수 있다. GMAW/GTAW 와이어와 SMAW 용접봉과 같은 형태로 사용 가능하다. 구리-실리콘 용접봉은 유동성이 좋아서 용접부 개선(Groove) 각도를 60°까지 좁혀도 용접 품질이 좋다. 구리-주석 용접 재료는 유동성이 안좋아 최소 70°의 개선각이 필요하다.

GMAW 또는 GTAW 용접하는 경우 보호 가스는 고순도의 Ar 가스를 사용한다. 5mm 이상의 두꺼운 부재를 용접하는 경우 보호 가스에 He 가스를 추가하면 고전류 사용이 가능해져 충분한 열 전달로 두꺼운 모재도 쉽게 용융된다. 구리와 마찬가지로 황동도 높은 전기전도도를 갖는다. GTAW 용접은 약 10mm 두께로 사용이 제한되며, GMAW 용접은 좀더 두꺼운 부재의 용접에 사용된다. 용접 부재의 두께에 따라 100~300℃로 예열하며, 예열시 좀더 낮은 용접 전류를 사용하게 되어 모재의 용융이 감소하고 이에 따라 아연의 손실이 감소된다.

망간이 포함된 망간청동은 UNS No.로는 C86100~C86800이며, 22~38%의 아연을 함유하면서 용도에 따라 망간을 다양하게 포함하고 있는 고강도 구리합금이다. 이 강종은 납의 함량이 적어서 용접이 자유롭고 우수한 용접성을 가지고 있다.

용접시 발생한 잔류응력으로 인해 암모니아 또는 해수와 같은 부식환경에서 사용하는 경우

자연균열(Season Cracking)과 같은 응력 부식 균열(SCC)가 발생할 위험이 있다. 용접 후 260~300℃로 응력제거를 위한 어닐링 열처리를 하여 응력 부식 균열의 발생 위험을 제거 할 수 있다.

1.2.6. 청동, 인청동(Copper-Tin Alloys, Phosphor Bronze)

구리에 1~10%의 주석을 포함한 청동은 탈산제로 포함되는 인(P)의 함량이 0.01~0.1% 잔류하고 있어서 인청동이라고 불린다. 단련재로는 UNS No. C50100~C52400이며, 주조재로는 UNS No. C90200~C91700이다. 인은 단독으로 환원제로 작용한다. 실제로 인청동의 주물 제품은 인을 최소 0.1%에서 최대 1%까지 함유한다. 주조재는 단련재와 비슷하지만 주석의 함량이 20%까지로 다소 높고 여기에 추가로 아연, 니켈을 포함하고 있다. 납(Pb)이 포함된 합금은 UNS No. C92200~C94500 이다.

고용화처리가 잘되어 완전 균질화된 조직은 α상과 유사한 단일상을 나타내지만 주석의 함량이 5% 이상이 되면 주조과정에서 편석을 막을 수 없고 β상이 형성된다. 냉각 과정에서 β상은 δ상을 유도하여 취성이 발생한다.

청동은 소성영역이 매우 좁아서 621~677℃의 고온 영역에서 열간가공을 해야 한다. 냉간가공을 하게 되면 경화되어 고강도와 높은 경도를 나타내지만 이를 482~760℃ 범위에서 가열하게 되면 응력제거가 되어 연화된다. 용접과정에서 고온균열 발생의 위험성이 크므로 높은 예열온도, 큰 입열, 서냉은 반드시 피해야 한다.

2~6%의 납이 들어 있는 C53400, C54400과 같은 청동은 절삭성은 좋지만 용접은 추천하지 않는다. 납의 함량이 증가할수록 용접과정에서 기공이 발생하는 등 용접성이 떨어지기 때문에 추천하지 않고 황동과 마찬가지로 납땜으로 접합하는 것이 좋다.

청동 합금은 내식성과 우수한 내마모 특성을 갖고 있어 밸브, 베어링, 기계 부품의 용도로 사용된다. 고온 균열에 취약하고, 인 함량이 낮은 경우는 용융 풀에 산화막을 형성하는 경향이 높아 용접성이 좋지 않다. 그러므로 용접시 대(大) 입열량, 높은 예열 온도 및 서냉은 피하여야 한다. Ar 또는 He-Ar 보호 가스를 사용하는 GMAW와 GTAW 용접 방법이 추천된다. 두꺼운 부재의 용접은 GTAW보다 GMAW가 적합하며, 이때 펄스 전류를 사용하면 최상의 용접 결과를 얻을 수 있다. 모재의 조성에 맞는 용접봉을 사용하여야 한다. SMAW 용접에 대한 용접봉은 구할 수 있으나 SMAW 용접방법은 많이 사용되지는 않는다. 직선 비드(Stringer Bead)가 선호되며, 두꺼운 부재는 예열 및 층간 온도를 약 200℃로 관리하여야 한다.

1.2.7. 알루미늄청동(Copper-Aluminum Alloys, Aluminum Bronze)

알루미늄청동은 3~15%의 알루미늄을 포함하고 여기에 필요에 따라서 철, 니켈, 망간, 실리콘 등을 포함하는 구리합금으로 UNS No. C60600~C64400, C95200~C95900이 이 합금에 속한다.

알루미늄청동은 알루미늄의 함량에 따라 두가지 조직으로 구분된다. 첫번째는 알루미늄의 함량이 7% 이하인 α상의 단일 조직으로 이 합금은 열처리에 의해 경화되지 않는다. 이 보다 알루미늄의 함량이 높은 합금은 α상과 β상이 복합된 조직을 가지고 있으며 열에 의해 경화된다. 두가지 조직 모두 낮은 열전도율과 전기전도도를 가지고 있으며 용접은 가능하다.

α상만을 가진 단일 조직은 예열 없이도 용접이 가능하지만 알루미늄의 함량이 8.5% 이하에서는 고온 응고균열이 발생하거나 열영향부에 구속도가 커서 응력이 과다하게 가해질 경우에 균열 발생의 위험성이 있다. 단일상을 가지고 있는 이 합금을 알루미늄의 고용도 한계치의 용접재료를 가지고 용접을 하게 되면, 고온에서는 α상과 β상이 혼합된 이상 조직을 가지게 되고 상온에서는 α-β상의 분율이 아주 작은 조직이 형성된다. 완성된 용접금속은 고온에서 열간가공성이 좋아지고 상온에서 α상의 단일 조직과 동등한 수준의 충분한 기계적 강도를 가지게 된다. 잔류 성분의 함량이 작은 UNS No. C61300과 같은 합금은 용접성이 양호한 편이다.

일반적으로 널리 사용되는 알루미늄청동은 알루미늄의 함량이 9.5~11.5%의 범위에 있고, α상과 β상이 혼합된 이종 조직으로 구성되어 있다. 이 합금은 열처리에 의해 경화되며 마르텐사이트 혹은 조질강의 조직을 원하는 기계적 특성 수준에 따라 조절할 수 있다. 843~1,010℃ 범위의 온도에서 고용화 열처리를 실시하고 427~649℃ 범위에서 뜨임(소려, Tempering)을 실시한다. 세부적인 열처리 온도와 시간은 합금 성분과 원하는 기계적 특성에 따라 결정된다. 다른 합금에 비해 강도가 우수하고 알루미늄의 함량 증가에 따라 강도와 경도는 커지고 연신은 작아진다.

치밀한 알루미늄 산화물의 필름이 표면에 형성되어 내식성이 우수하다. 산화물 필름은 용접 중 용융이 되지 않고 용접부에 남을 수 있으므로 반드시 용접전에 제거하여야 한다. 이를 위해 용접 전에 표면을 갈아내거나 와이어 브러쉬로 이물질을 제거해야 한다.

용접방법으로는 GMAW와 GTAW가 추천되며, GMAW 용접법은 DCEP 전류를 사용하므로 산화막을 제거하는 청정효과가 있으나, GTAW 용접법은 DCEN 전류를 사용하므로 청정효과가 없으므로 청정효과가 있는 AC 전류를 사용하는 것이 좋다. 교류는 인버터를 이용한 GTAW 전원을 사용하는 것이 좋다. 보호가스로는 아르곤이 추천되나, GMAW 용접법으로 매우 두꺼운 부재를 용접하는 경우는 He/Ar 혼합가스를 사용할 수 있다. SMAW용접법도 사용 가능하나 산화막을 제거하기 위해 사용하는 플럭스가 부식성이 커 완제품의 사용 과정에서 부식 문제를 야기할 수 있으므로 제품 사용전에 플럭스를 완벽히 제거하여야 한다.

C60600, C61300, C61400과 같이 단일상의 α상 조직을 가진 알루미늄청동은 단련품만이 생산된다. 이에 비해 α상과 β상의 이종 복합 조직을 가진 알루미늄청동은 주조와 단련품 모두 생산된다.

니켈알루미늄청동(C63200~C95800)은 알루미늄의 함량이 8.5~11%이고 여기에 니켈이 3~5% 추가된 합금으로서 α상과 κ상이 복합된 조직을 가지고 있다. 주조품과 단련품이 모두 생산되며 알루미늄의 함량이 많으면 고온에서 서냉하면서 공석조직인 감마2(γ2) 조직이 형성된다. 이 조직이 고르게 분산되지 못하고 연결된 형태로 형성되면 내식성이 저하하기 때문에 620~663℃ 분위기에서 고용화 열처리를 한 후에 급냉을 해야 한다.

[그림 1-5]는 알루미늄의 함량에 따라 900℃에서 400℃까지 냉각 속도에 따른 조직의 변화와 이에 따른 내식성의 변화를 나타낸다.

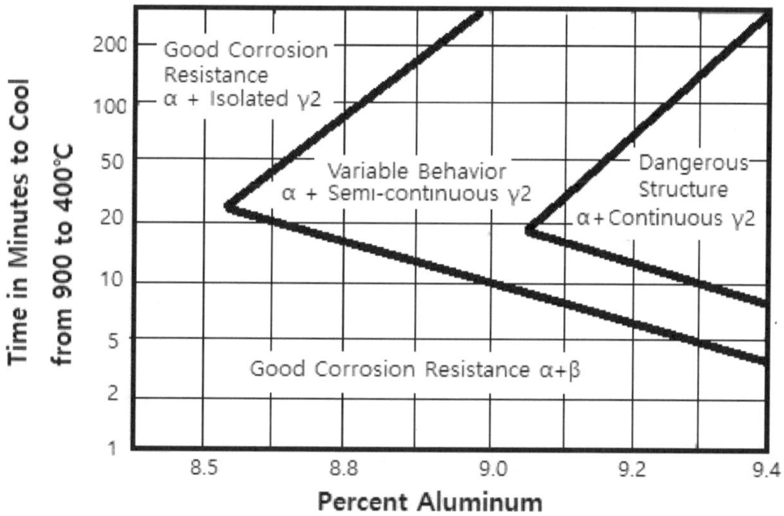

[그림 1-5] 알루미늄 함량과 냉각속도에 따른 내식성 변화

니켈이 포함된 니켈알루미늄청동은 용접과정에서 균열이 발생하기 쉽다. 따라서 두꺼운 부재의 용접시에는 니켈이 없고 유동성이 좋은 ECuAl-A2, ERCuAl-A2와 같은 용접재료를 사용해야 한다. ECuAl-A2와 ERCuAl-A2 용접봉은 초층과 중간층을 용접하는 용도로 추천되지만, 마지막 마무리는 니켈이 포함된 ECuNiAl, ERCuNiAl 용접재료를 사용해야 모재에 준한 내식성을 확보할 수 있다. ECuAl-A2와 ERCuAl-A2 용접재료만으로는 모재에 준한 내식성을 확보할 수 없기 때문이며, 니켈알루미늄청동의 용접부는 적절한 열처리를 통해 내식성을 확보할 수 있도록 한다.

용접을 행하면 공기중의 산소와 반응하여 고융점의 산화알루미늄을 생성하여 용접성을 저해하기 때문에 용접부 보호 성능이 좋은 불활성가스를 사용한 아크(GTAW, GMAW) 용접이 적용되고 있다.

특히 GMAW 용접은 일반적으로 역극성으로 행하기 때문에 용접부 청정작용(Cleaning Action)으로 표면의 산화 알루미늄이 분해되어, 용접과정에서 융점이 높은 산화 알루미늄의 영향을 거의 받지 않기 때문에 다층용접에 적당하다. 이에 비해 GTAW 용접은 일반적으로 정극성을 이용하기 때문에 청정 작용이 없어 GMAW에 비해 상대적으로 용접 결함이 발생하기 쉽다.

1.2.8. 실리콘청동(Copper-Silicon Alloys, Silicon Bronze)

실리콘청동(C64700~C66100, C87300~C87900)은 고강도와 우수한 내식성 그리고 양호한 용접성으로 인해 산업플랜트에서 주요한 재료로 사용된다. 청동 중에 실리콘 청동은 용접이 가장 용이하다. 실리콘 함량이 1.0~4.0%이며, 아연, 망간, 철의 총 함량이 1.5% 이하이다. 강도와 내식성이 좋아, 열교환기 튜브, 해양 구조물, 화학 공장의 장치물 용도로 많이 사용된다.

단련재용 재료인 C64700~C66100는 실리콘 함량이 1.5~4%이며, 1.5% 이하의 아연, 주석, 망간, 철을 함유하고 있으며, 이에 비해 주조재인 C87300는 유동성 확보를 위해 4~30%의 아연을 함유하고 있다.

구리에 실리콘과 철을 포함하게 되면 기계적 강도와 경도가 증가하고 가공경화능이 커지며 연신은 줄어들게 된다. 전기전도도와 열전달계수는 실리콘 함량 증가에 따라 감소한다. 실리콘 청동은 용접전에 응력제거 열처리 혹은 고용화 열처리를 해야 한다. 가열시에는 급가열과 급냉이 되지 않도록 서서히 온도를 변화해야 하며, 고온에서 응고균열의 발생 가능성이 있기에 주의해야 한다. 아연의 함량 증가에 따라 유동성이 좋아져서 주조성이 개선되며, 산소-아세틸렌 가스용접에 의해 만들어진 용접금속의 유동성을 향상시킨다.

다른 구리합금과는 다르게 열전도도가 비교적 낮아 빠른 속도로 예열 없이 용접이 가능하다. 그러나 실리콘이 용융풀 표면에 산화막을 형성하므로, 다중 용접시에는 용접 패스마다 와이어 브러쉬로 산화물 막을 제거하여야 한다. 또한 높은 온도에서 고온 취성 경향이 있다. 용접 전에 응력제거 열처리를 하고 용접 후 850~100℃ 구간을 급냉하는 방법이 추천된다.

다른 청동과 마찬가지로 순 Ar 보호가스와 모재의 조성에 맞는 용접봉을 사용하는 GMAW 또는 GTAW 용접법이 추천된다. 낮은 열전도도로 인하여 보호 가스에 He 가스의 첨가는 필요하지 않으며, 전류 300A에서 25mm 두께까지 GTAW로 용접할 수 있다. 그러나 빠르게 냉각하여야 하므로 용융 풀의 크기를 제한하여야 한다.

1.2.9. 백동(Copper–Nickel Alloys)

백동은 니켈 함량이 5~45%이며, 백동(白銅), 모넬(Monel) 혹은 일선 현장에서 흔히 큐프로니켈(Cupronickel)이라고 불리는 구리합금으로 C70100~C72950, C96200~C96900이 여기에 속한다. 소성, 가공성이 좋고 열간 가공 등에 적합하며 해수에 대한 내식성도 좋다. 비교적 고온에서도 잘 견디며 열교환기, 화학공업 등의 내식성 기능 재료로 사용된다.

백동은 주조 과정은 물론이고 용접과 같은 고온에 노출된 분위기에서 수소의 고용도가 커져서, 기공을 형성하게 된다. 이를 막기위해서 산화성 분위기 혹은 질소나 아르곤과 같은 불활성 가스로 보호되는 중성 분위기에서 주조와 용접을 진행한다.

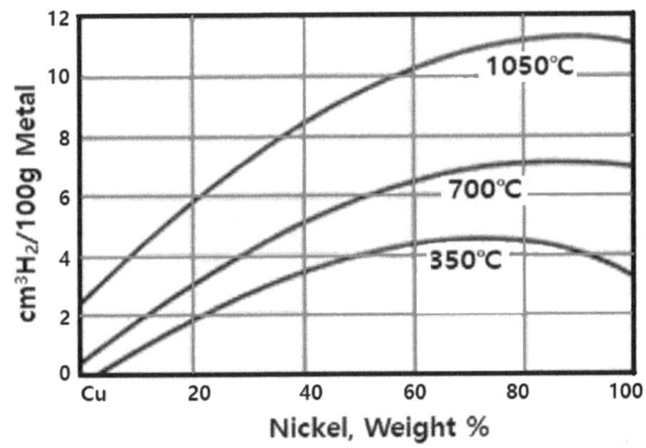

[그림 1-6] 니켈 함량 증가에 따른 백동의 수소 고용도

용접부의 건전성을 확보하기 위해서는 인과 황의 함량이 0.02% 이하로 관리되어야 한다. 황성분이 있는 크레용이나 윤활유, 절삭유 등으로 오염이 되면, 용접과정에서 균열이 발생할 수 있어서 주의해야 한다. 백동에는 탈산제가 포함되어 있지 않기 때문에 용접과정에서 용접재료에 충분한 양의 티타늄과 같은 탈산성분을 추가하지 않으면 기공이 발생하기 쉽다.

주조재는 주조과정의 유동성과 기계적 강도를 확보하기 위해 실리콘을 추가한다. 백동의 열전도도는 강과 같지만, 용접시에는 예열을 할 필요는 없다. 반대로 고온취성을 나타내기 때문에 예열 및 층간 온도를 낮게 억제할 필요가 있다. 백동은 탈산제를 포함하고 있지 않기 때문에 용접과정에서 기공 형성의 위험성이 있다. 특히 별도의 용접재료를 사용하지 않는 제살용접은 기공 형성의 위험성으로 인해 권고하지 않는다. 용접봉은 탈산제를 포함한 것을 사용해야 하며, 티타늄이 0.2~0.5% 함유된 제품이 널리 사용된다.

1.2.10. 양은, 양백(Copper-Nickel-Zinc Alloys, Nickel-Silver)

백동에 아연이 추가되어 외형상 은과 같은 색감과 우수한 기계적 강도와 내식성을 가지고 있는 구리합금이다. 구리가 45~65%, 니켈은 6~35%이고 여기에 아연이 15~35%정도 들어가 있는 합금으로 성분상으로는 일반 황동에서 아연의 일부를 니켈로 바꾼 합금이며, C73200~C79900, C97300~C97800이 여기에 속한다. 구리의 함량이 55~60%는 $\alpha+\beta$상의 복합상 조직을 가지고 있지만, 구리의 함량이 60% 이상이 되면 α상의 단일상 조직을 가진다.

니켈 함량이 많아지면 은백색을 띄게 되고 적은 것은 황색을 나타낸다. 색이 미려하고 가공성이 좋아서 은을 대신하는 양식기나 장신구 등에 사용된다. 구리 함량이 증가할수록 가공성이 좋아진다.

[표 1-2] 양은, 양백의 종류와 특성

종류	화학성분(wt. %)					기계적 성질	
	니켈	구리	망간	아연	불순물 (Fe+Pb)	인장강도 (kg/mm^2)	연신율 (%)
양백판 1종	16.5~19.5	70.0~75.0	0.5 이하	나머지	1.5 이하	40~52	5~20
양백판 2종	16.5~19.5	61.0~67.0	0.5 이하	나머지	1.5 이하	45~58	3~20
양백판 3종	12.5~15.5	59.0~65.0	0.5 이하	나머지	1.5 이하	40~55	3~20
양백판 4종	8.5~11.5	62.0~68.0	0.5 이하	나머지	1.5 이하	40~52	5~20

1.2.11. 이종 금속의 용접

구리 및 구리합금은 우수한 내식성과 열 및 전기전도도가 좋은 물리적 특성으로 인해 산업계에 다양한 용도로 활용되고 있으며, 원자재 절감의 목적으로 클래드(Clad) 강재 혹은 내식성 육성 용접으로 제품에 적용되고 있다.

(1) 이종 금속의 조합

구리 및 구리합금과 탄소강의 이종 금속 조합 경우의 용접재료 선정의 예를 [표 1-3]에 표시하였다.

[표 1-3] 구리 및 구리합금과 이종 금속 용접시 용접재료 선정의 예

조합	탄소강	백동	Al-청동	인청동	황동	순동
순동	CuSn, CuSi	CuNi, CuSn	CuAl, CuSi	CuSn, CuSi	CuSn, CuSi	Cu, CuSn, CuSi
황동	CuAl, CuSn, CuSi	CuNi	CuAl CuSn	CuSn CuSi	CuAl, CuSn, CuSi	
인청동	CuSn	CuSn, CuNi	CuSn, CuAl	CuSn		
Al-청동	CuAl	CuNi, CuAl	CuAl			
백동	CuNi, NiCu	CuNi				

구리 및 구리합금의 이종 금속과의 용접 특히 탄소강과의 용접시에는 균열이 발생하기 쉽다. 이종 금속의 용접에는 특히 용입을 억제하는 동시에 융합부족이 되지 않도록 노력해야 한다. 불활성가스 용접이 가장 적절하다.

[표 1-4]는 백동(Cu-Ni)과 접합되는 이종 재질에 따른 추천되는 용접봉이다.

[표 1-4] 백동(Cu-Ni)과의 이종 재질 용접시 추천되는 용접봉

백동(Cu-Ni)과의 조합	SMAW (UNS)	GMAW and GTAW (UNS)	Comments
	AWS A5.6	AWS A5.7	
순동	ECuNi or ECuAl-A2	ERCuNi or ERCuAl-A2	예열온도는 200~500℃로 추천
인청동	ECuSn-A	ERCuSn-A	-
알루미늄청동	ECuAl-A2	ERCuAl-A2	-
	AWS A5.11	AWS A5.14	
탄소강	ENiCu-7	ERNiCu-7	탄소강 쪽을 ERNi-1 혹은 ERNiCu-7를 써서 Buttering 실시
오스테나이트계 스테인레스강	ENi-1 or ENiCrFe-2	ERNi-1 or ERNiCr-3	스테인레스강쪽을 ERNi-1를 써서 Buttering 실시

(2) 육성 용접

육성 용접은 동종의 재질을 용접으로 더 크고 두껍게 만드는 공정을 의미하기도 하지만, 탄소강이나 스테인레스강 등의 이종 재질 위에 구리합금을 용접으로 덧 씌워서 이종 재질의 복합을 만드는 과정을 의미하기도 한다.

알루미늄청동 등의 육성 용접이 잘 행해지며, 탄소강에 육성한 경우 용접금속으로 철이 혼입되는 한편 용접금속이 모재 열영향부 입계에 침입한다.

용접금속 중에 혼입된 철은 응고와 더불어 석출하여 기계적성질, 내식성을 떨어뜨린다. 이 때문에 육성 용접에서는 모재 희석을 가능한 억제하고, 내식성 확보를 위해 다층 육성하는 것이 필요하며, 용접방법으로서는 GTAW 또는 GMAW 용접이 바람직하다.

(3) 클래드(Clad) 강

클래드(Clad)강은 일반 탄소강 혹은 고강도의 저합금강을 응력 받는 구조재로 하고 그 위에 내식성의 목적으로 구리 및 구리합금을 복합한 소재이다. 전체 부재를 구리 및 구리합금으로 하는 것 보다 원소재의 가격 경쟁력과 구조체의 두께를 얇게 가져갈 수 있는 이점이 있으며, 이후 성형 및 용접 등의 제조 과정이 상대적으로 용이 해진다.

보통 두께 2~4mm 정도로 구리 및 구리합금을 부착하여 생산하기에 열간압연(Hot Rolling)의 확산접합(Diffusion Bonding)으로 제조하거나, 폭발접합(Explosive Bonding)으로 생산하거나, 육성 용접(Weld Overlay)으로 클래드 부재를 제조한다. 열교환기 튜브시트(Tubesheet)나 반응기 등의 소재로 활용된다.

1.3 용접 설계

구리합금의 용접에는 가스텅스텐아크 용접(GTAW), 피복아크 용접(SMAW), 가스메탈아크 용접(GMAW) 등의 대부분의 용접기술들이 별다른 제약없이 쉽게 적용될 수 있다. 산소를 포함한 합금은 용접과정에서 수소의 유입에 의한 기공 형성으로 인해 어려움을 겪게 되며, 박판이 경우에는 굳이 예열이 필요 없지만, 후판의 경우에는 모재인 구리 및 구리합금의 빠른 열전달계수를 고려할 때에 급냉을 피하기 위해 약간의 예열을 해 주는 것이 좋다.

1.3.1. 용접 조인트(Weld Joint) 설계

용접에 있어서 용접부 설계는 용탕의 유동성과 용접자세 및 해당 금속의 열전달과 열팽창 등의 다양한 변수를 고려하여 선정되어야 한다. 맞대기 용접에서 그루브(Groove)의 치수와 형상은 완전한 용융과 완전한 용입이 가능하도록 설계되어야 한다. 유동성이 떨어지거나 열전달이 용이하여 쉽게 냉각되는 경향이 있는 금속일수록 그루브(Groove) 개선각도를 넓게 가져가서 용접봉의 운봉에 따른 용입 효과를 가져 갈 수 있도록 하는 것이 좋다.

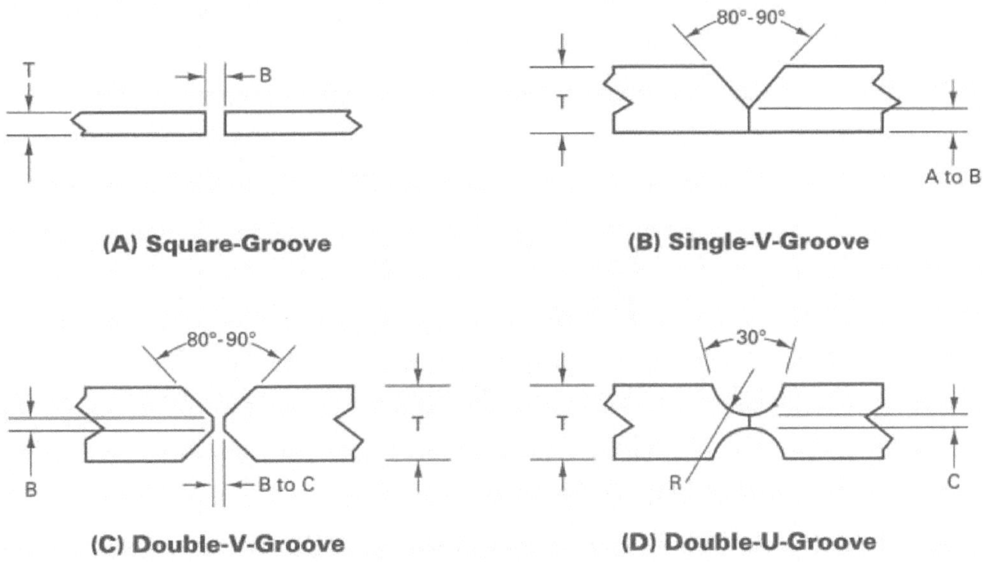

[그림 1-7] 용접 조인트 설계

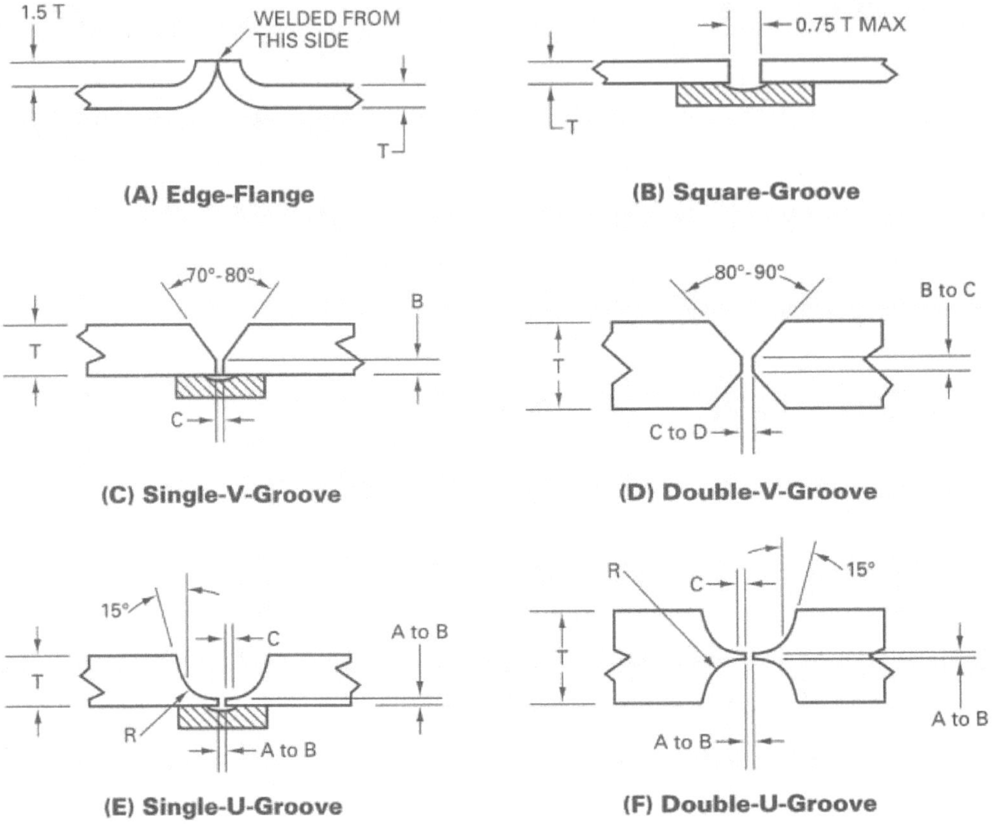

[그림 1-8] 가스텅스텐아크 용접과 피복아크 용접의 용접 조인트 설계

구리합금들은 다른 금속과 마찬가지로 다양한 용접 조인트 설계와 적용이 가능하다. 구리 및 구리합금의 열전달계수가 커서 쉽게 냉각되기 때문에 용탕이 용접부로 흘러 들어가다가 중간에 굳어 버릴 수 있는 위험성이 있어서 조인트(Joint)를 좀 넓게 만들어 유동과 용입이 용이하도록 한다.

맞대기 용접의 이음 형상에 적용하는 판두께는 표준 홈(Groove) 개선에서 I형은 3mm이하, V형은 3~12mm 정도이다. 그 이상일 때는 X, U, H 형이 사용되며 특히 두꺼운 판에는 H형이 사용된다. 용접 이음 설계에서 맞대기 용접부 이음 형상의 특징을 설명하면 I형 홈은 홈가공이 상대적으로 비교적 쉽지만 판의 두께가 두꺼워지면 용접량이 증가된다. X형 홈은 양쪽에서 용접에 의해 완전한 용입을 얻는데 적합하다. 홈의 형상은 비대칭이 많이 쓰인다.

가능한 아래보기 자세로 용접이 가능하도록 설계되어야 하며, 여러 개의 용접부가 중첩된 복잡한 부재인 경우에는 작업순서는 전단응력을 받는 부재, 인장응력을 받는 부재 그리고 압축응력을 받는 부재의 순서로 작업성에 따라서 적용하는 것을 원칙으로 하지만 이에 따른 변형이 없도록 주의해야 한다.

충격이나 반복되는 하중이 가해지는 구조물에는 이음 형상의 선택에 만전을 기해야 한다. 용접과정에서 국부적인 열의 집중을 막아 재질의 변화와 국부적인 변형을 최소화 하는 것이 좋다. 잔류응력 및 변형을 최소로 하기위해 접합부의 홈 형상을 될 수 있는 한 용접량이 적은 것으로 선택한다.

용접결함은 용접부에 발생하는 균열, 기공, 비금속 개재물 등의 존재로 인해 이음부의 강도를 저하시키고 그 기능을 저해한다. 용접부의 급열 급냉에 의한 변형 및 잔류응력의 발생은 불가피하며 이를 방지하기 위해서는 이음부의 설계 및 용접법, 용착법, 용접순서 등의 충분한 배려를 통해 잔류응력이 최소화될 수 있는 시공을 택해야 한다.

1.3.2. 표면 처리

용접대상물의 표면은 물, 기름, 페인트, 기타 산화물 등의 이물질이 없도록 깨끗하게 준비되어야 한다. 와이어 브러쉬를 사용할 때에는 구리 재질의 브러쉬를 선택해야 하고, 브러쉬 과정에서 묻을 수 있는 기름기를 제거하기 위해 탈지 작업을 해야 한다. 표면의 산화물은 반드시 제거해야 하며, 용접 과정에서도 산화층이 형성되면 즉시 제거해야 한다.

산화층이 두껍고 강하게 형성된 백동 계열의 합금은 와이어 브러쉬로는 표면의 Mill Scale의 제거가 용이하지 않기 때문에 그라인더나 산을 사용한 화학적인 제거 작업을 진행해야 한다.

용접을 위한 표면 처리의 목적을 달성하기 위해서는 용접부로부터 최소 13mm 이상의 영역에 존재하는 이물질을 적절하게 제거해야 한다.

1.3.3. 예열(Pre-Heating)

구리 및 구리합금은 열전달계수가 매우 크기 때문에 용접시 가해진 열이 쉽게 급냉되는 경향이 있다. 특히 두꺼운 부재의 경우에는 이런 급냉의 효과가 더욱 커지기 때문에 미리 용접부를 예열할 필요가 있다. 순수 구리에 비해 구리합금의 경우에는 이런 경향이 조금 작아서 굳이 예열을 추천하지 않기도 하지만, 그래도 여전히 합금의 종류, 부재의 형상과 두께에 따라 예열은 추천된다. 대략 두께 3mm가 넘어가면 250℃ 정도로 예열을 추천한다.

열전달이 빠르고 열팽창이 크기 때문에 탄소강의 용접부에 비해 용접부의 변형이 심하며, 이를 최소화하기 위해 적절한 예열과 용접 순서 및 가접의 위치와 숫자를 조절해야 한다. 특히 석출경화형 합금의 경우에는 용접과정에서 가해지는 열에 의해 열영향부의 기계적 특성이 변화하므로 각별히 주의해야 한다.

알루미늄 청동과 백동의 경우에는 비록 두꺼운 부재일지라도 전체적으로 낮은 융점으로 인해 용접과정에서 인접된 금속이 너무 많이 융점에 근접하게 가열되어 응력을 상실하고 연성을 잃어버려서 문제가 생길 수 있기 때문에 예열을 실시하지 않는다.

구리 및 구리합금에 예열을 실시할 경우에는 용접개시 전부터 충분하게 가열하고 용접이 완료될 때까지 계속 해당 온도가 유지될 수 있도록 관리해 주어야 한다.

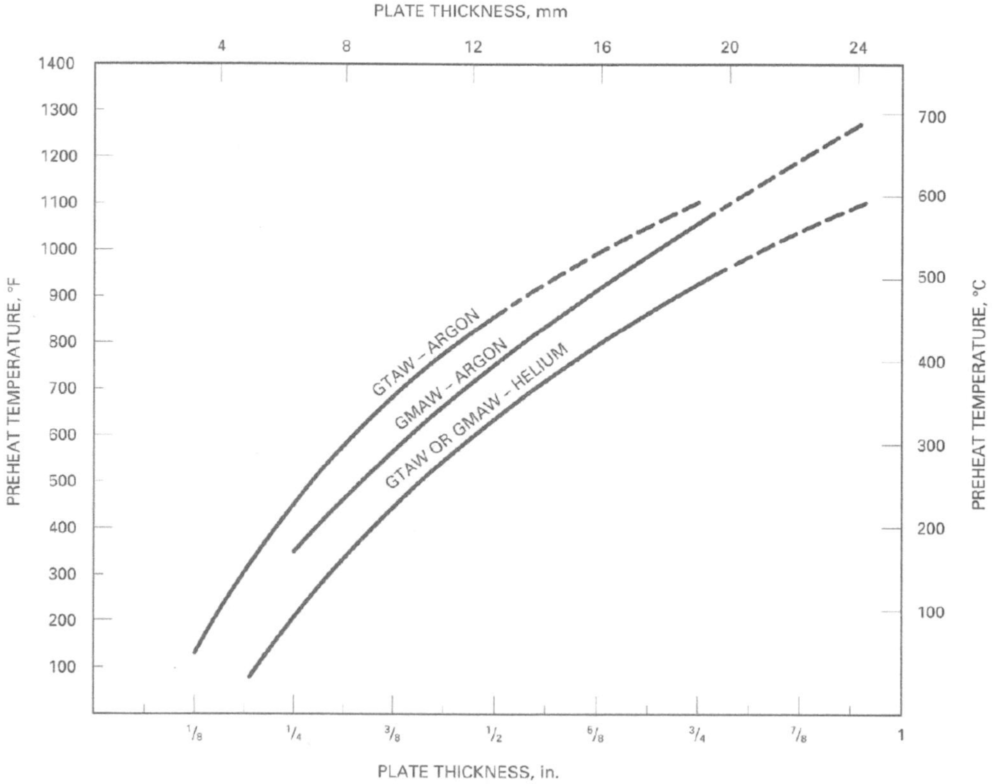

[그림 1-9] 모재의 두께와 예열의 관계

1.3.4. 보호 가스(Shielding Gas)

가장 널리 사용되는 용접부 보호 가스는 아르곤이며, 여기에 추가하여 헬륨과 질소가 단독 혹은 복합가스 형태로 사용된다. 대개 두께 2mm 이하의 판재를 GTAW로 용접할 경우 혹은 두께 5mm 이하의 판재를 GMAW로 용접할 경우에는 순수 아르곤을 사용하고 있으며, 그 이상의 두께에 대해서는 아르곤과 헬륨의 복합 가스를 사용하여 보다 큰 입열을 공급하여 융착불량을 방지한다. 질소 혹은 질소와 아르곤을 복합한 가스는 높은 입열을 만들 수 있는 장점으로 인해 과거에는 일부 사용되었으나, 최근에는 제한적으로 사용되고 있으며 주로 아르곤과 헬륨의 복합가스 혹은 헬륨만으로 일선 현장에서 널리 적용되고 있다.

아르곤과 헬륨은 불활성 기체로 다양한 금속의 용접에 적용된다. 이 두 기체는 독립적으로 혹은 혼합된 상태로 사용되며 비중, 밀도, 열전도율과 아크의 특성이 다른 특징으로 인해 상호 보완적으로 사용된다.

아르곤(Ar)은 공기보다 1.4배 무거우며, 아래 보기 자세에서 가장 효과적으로 아크를 보호한다. 아르곤 아크는 높은 에너지 밀도를 가지는 것이 특징이다. 내부는 에너지 밀도가 높고, 외부는 엷은 에너지를 보이며 깊은 용입을 확보할 수 있는 Finger Type의 용입(Penetration)을 보인다. 아르곤 혹은 아르곤 혼합(80%이상) 기체로 용접부를 보호할 경우에는 임계 전류값 이상에서 Axial Spray Transfer를 만든다. [그림 1-10]은 GTAW로 300A의 전류를 써서 용접할 경우에 예열의 온도에 따른 용입의 차이를 보여주고 있다.

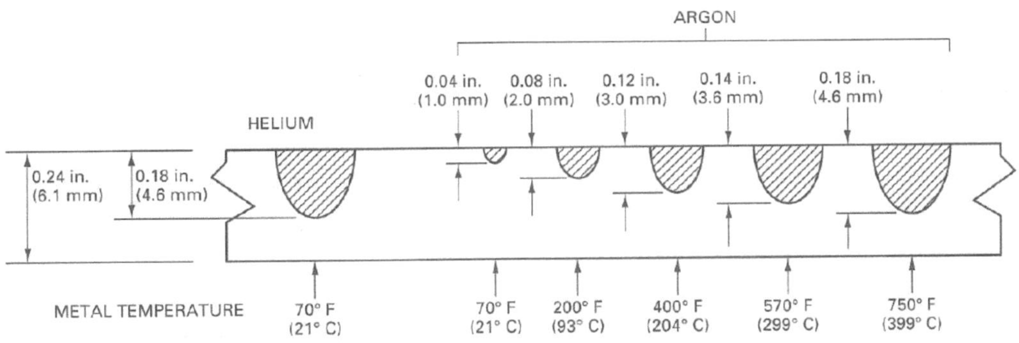

[그림 1-10] 예열과 보호가스에 따른 용입의 차이(GTAW, 300A, 3.4mm/sec)

헬륨은 밀도가 공기의 0.14배로 매우 가볍게 때문에 아르곤의 2~3배 정도의 유량을 가져야 동등한 보호 효과를 가질 수 있다. 헬륨에 의해 보호되는 아크는 아르곤의 경우와는 다르게 매우 균질한 아크에너지를 만들며 높은 열전도도를 가지는 것이 특징이다. 이러한 아크에너지는 깊고 넓은 용입을 만들고 용접 비드의 형상을 볼록하게(Parabolic) 만든다. 헬륨은 동일한 용접 조건에서 보다 높은 아크 전압을 가진다. 헬륨만의 용접부 보호는 완전한 Axial Spray transfer를 만들지 못하고 아크가 불안정하며 스패터량이 많아지고 용접 비드가 거칠다.

[표 1-5]의 내용은 가장 일반적인 조건에서 적용되는 GTAW와 GMAW 용접시에 적정 보호가스와 예열 및 용접 전류를 정리한 것이다.

[표 1-5] GTAW와 GMAW의 용접 조건

Process	두께(mm)	보호 가스	예열(℃)	용접전류(Amp)
GTAW	1.0	Argon	〉10	20~60
	1.0~2.0	Argon	〉10	50~160
	2.0~5.0	Argon - 75Helium	〉50	120~300
	6.0~10.0	Argon - 75Helium	100~200	250~375
	12.5	Argon - 75Helium	〉350	350~420
	15.0	Argon - 75Helium	400~450	400~470
GMAW	〈5.0	Argon	10~100	175~240
	5.0~7.0	Argon - 75Helium	〉100	250~320
	10.0~12.5	Argon - 75Helium	200~300	300~400
	〉16.0	Argon - 75Helium	350~450	350~600

1.3.5. 용접재료(Welding Filler Metal)

미국용접학회(AWS, American Welding Society)의 규정에 따르면 구리합금의 용접재료로 제시된 것은 AWS A5.6/A5.6M의 구리 및 구리 합금의 피복아크(SMAW) 용접봉과 AWS A 5.7/A5.7M에 제시된 구리 및 구리합금 나선(Bare Rods & Electrodes) 용접봉에 대한 기준들이다. 주요 용접재료별로 각각의 특징을 간단하게 소개한다.

(1) 순동 용접봉(ECu, ERCu)

98% 이상의 순도를 가진 탈산동에 약간의 인(P)과 규소(Si), 주석(Sn) 그리고 망간(Mn)을 포함한 용접재료로서, ERCu는 GTAW, GMAW, PAW에 주로 사용되며 필요에 따라서는 산소아세틸렌용접(OFW)에도 적용된다. 피복아크용으로 제조되는 ECu는 직류정극성으로 사용하며 동일 직경의 탄소강 용접봉에 비해 약 30 ~ 40% 정도 더 높은 전류를 사용한다.

합금성분으로 들어가 있는 인과 규소는 탈산의 목적으로 포함되고, 다른 원소들은 용탕의 유동성을 개선하는 목적으로 적용된다. 순동 용접봉은 탈산동인 C12000과 C12200 그리고 전해인성동인 C11000의 용접에 적용한다. 예열은 모재의 두께에 따라 200~500℃까지 균질하게 적용해야 안정적인 용접금속을 얻을 수 있다.

(2) 황동용 용접봉

황동용 용접봉은 네이벌황동에 적용되는 RBCuZn-A와 저흄의 황동에 적용되는 RBCuZn-B와 RBCuZn-C로 구분된다. 주로 황동, 청동 및 일부 니켈합금의 산소아세틸렌 용접에 적용된다.

- RBCuZn-A는 내식성과 강도를 확보하기 위해 1% 정도로 포함되는 주석을 포함하며, IACS기준으로 25% 정도의 전기전도도를 가지고 열전도도는 구리에 비해 30% 정도가 된다.

- RBCuZn-B는 경도와 강도를 확보하기 위해 망간, 철 그리고 니켈을 함유하며, 용접시 흄 발생을 줄이기 위해 규소를 약간 포함한다.

- RBCuZn-C는 RBCuZn-B와 거의 유사하지만 니켈을 포함하지 않는 것이 차이점이다. 두 재질 모두 완성된 용접부의 강도는 네이벌황동과 유사한 수준이다.

황동용 용접봉은 높은 아연(Zn)의 함량으로 인해 용접과정에서 아연의 증기가 발생하여 기공을 형성하기 때문에 전기아크용접용으로는 사용할 수 없다.

(3) 청동용 용접봉

청동과 인청동의 용접봉으로는 ECuSn-A, ERCuSn-A 그리고 ECuSn-C가 있으며, A는 주석 함량이 5%이고 C는 8% 정도이다. 두 가지 재료 모두 인(P)으로 탈산된 합금이다.

청동과 황동 그리고 순동의 용접용으로 사용할 수 있으며, 주조품의 보수용으로도 사용된다. ECuSn-A에 비해 ECuSn-C의 용접금속이 더 강하고 경도가 높아서 고장력 청동의 용접시에 적용한다. 예열은 최소 203℃ 이상으로 유지하고 층간온도도 같은 수준으로 관리해야 한다.

(4) 실리콘 청동용 용접봉

ERCuSi-A가 GTAW, GMAW 및 OFW용으로 적용된다. 2.8~4.0%의 규소, 1.5%의 망간, 각 1.0%인 주석과 아연이 포함된다. 실리콘청동, 황동을 용접할 때 사용하며, 아연 도금된 탄소강과의 납땜용으로도 활용된다. ERCu에 비해 2배 정도 높은 강도를 가지며, 전기전도도는 6.5% IACS, 열전도도는 구리의 8.4%에 불과하다.

피복아크용접봉으로 생산되는 ECuSi는 직류역극성으로 실리콘청동, 순동 아연도금된 탄소강 그리고 황동 제품을 용접할 때에 사용한다. 완성된 용접부의 강도는 모재로 사용된 실리콘청동보다 약간 높은 수준이 된다.

(5) 알루미늄청동용 용접봉

ERCuAl-A1 용접봉은 철(Fe) 성분이 없으며, 알루미늄청동의 표면 육성 용접을 통해 약간의 내마모성과 염분 및 산 성분에 내식성을 가질 용도로 적용되고, 접합용으로는 사용하지 않는다.

SMAW용으로 사용되는 ECuAl-A2는 6.5~9%의 알루미늄을 가진 합금이고, GTAW와 GMAW용으로 사용하는 ECuAl-A2는 8.5~11%의 알루미늄을 가지고 있다. ECuAl-A2에 비해 ERCuAl-A2의 기계적 강도가 더 좋다. 두가지 모두 알루미늄청동, 실리콘청동 그리고 다른 이종금속의 접합에 널리 사용된다.

- ECuAl-B는 알루미늄의 함량이 7.5~10%인 합금으로 ERCuAl-A2에 비해 더 큰 강도와 경도의 용접금속을 만든다. 표면 육성용접 및 알루미늄청동 주조품의 보수 용접봉으로 사용한다.
- ERCuAl-A3는 알루미늄청동의 주조품 보수 용접에 적용되며 알루미늄의 함량이 높고 응력을 많이 받는 부분에서도 균열 발생이 작은 특징이 있다.
- ECuNiAl과 ERCuNiAl은 알루미늄청동 주조품의 보수 용접봉으로 사용하며, 우수한 내식성과 내마모성 및 캐비테이션에 대한 저항성이 높고 특히 염분이 강한 해수 분위기에서 좋은 활용도를 보여준다.
- ECuMnNiAl과 ERCuMnNiAl은 비슷한 조성의 구리합금의 접합에 사용되며, 내식성 내마모성 그리고 캐비테이션에 대한 저항성이 좋다.

(6) 백동용 용접봉

ECuNi과 ERCuNi 용접봉은 70%의 구리와 30%의 니켈로 구성되며, 탈산을 위해 티타늄을 소량 포함하고 다양한 백동의 접합에 사용된다.

1.3.6. 용접 후열처리(PWHT)

구리 및 구리합금의 용접부에 대해서는 세가지 관점에서 후열처리를 실시한다. 첫째는 용접부 응고수축응력을 완화하기 위한 것이고 두번째는 용접부 주변의 조직을 모재와 동등한 수준의 조직으로 만들어 주는 고용화 열처리이며, 세번째는 시효경화(Age Hardening)를 통해 안정적인 기계적 강도를 확보하기 위한 것이다.

(1) 응력제거 열처리

용접부의 응고수축에 의해 형성된 잔류응력을 해소하기 위해 적용한다. 최소 1시간 이상 각 합금별로 요구되는 온도 조건에서 유지한다. 용접부의 두께가 1인치를 넘어서면 열처리 대상물의 두께 1 인치당 한시간씩 추가하여 유지 시간을 확보해야 한다. 다만 석출경화형의 경우에는 석출물 상의 변화가 발생하지 않도록 온도를 조절해야 하고, 가공경화형의 경우에는 이미 가공경화가 발생한 주변 모재 조직의 강도가 낮아지는 문제가 있을 수 있다. 따라서 구리합금의 용접부에 대한 응력제거 열처리를 적용하지의 여부는 신중하게 판단해서 적용해야 한다.

[표 1-6] 구리합금 용접부의 응력제거 열처리 기준

구리합금	UNS No	응력제거 열처리 온도(℃)
적동(Red Brass)	C23000	288 이상
애드머럴티황동(Admiralty Brass)	C44300~C44500	288 이상
네이벌황동(Naval Brass)	C46400~C46700	260 이상
알루미늄청동(Aluminum Bronze)	C61400	343 이상
실리콘청동(Silicon Bronze)	C65500	343 이상
백동(Copper-Nickel Alloys)	C70600~C71500	538 이상

(2) 고용화 열처리

고용화 열처리는 응력제거 열처리 보다 좀더 높은 온도로 유지하여 용접부의 응력제거 뿐만 아니라 전체적으로 조직을 균질화 하는 역할을 수행한다. 주의할 점은 필요로 하는 온도 이상으로 장시간 유지하게 되면 조직이 성장하여 기계적 특성이 저하되는 문제가 발생한다. 제시된 열처리 온도에서 유지시간은 15~30분 정도가 적절한다. 열처리가 완료된 이후에는 급냉을 하여 불필요한 조직이 형성되지 않도록 해야 하다.

고용화 열처리 이후에는 강종별 특성에 따라 비열처리 합금의 경우에는 다시 냉간가공을 하고 시효경화를 하고, 열처리 합금의 경우에는 고용화 열처리 이후에 냉간가공 없이 시효경화만으로 마무리하는 경우로 구분된다.

[표 1-7] 구리합금의 고용화 열처리 온도

구리합금	UNS No.	고용화 열처리 온도(℃)
인탈산동(Phospor-Deoxidized Copper)	C12200	371~649
베릴륨동(Beryllium Copper)	C17000, C17200	774~802
	C17500	913~941
적동(Red Brass)	C23000	427~732
노랑황동(Yellow Brass)	C27000	427~704
문쯔금속(Muntz Metal)	C28000	427~593
애드머럴티(Admiralty)	C44300~C44500	427~593
네이벌황동(Naval Brass)	C46400~C46700	427~593
인청동(Phosphor Bronze)	C50500~C52400	482~677
알루미늄청동(Aluminum Bronze)	C61400	607~899
	C62500	593~649
실리콘청동(Silicon Bronze)	C65100, C65500	482~704
알루미늄황동(Aluminum Brass)	C68700	427~593
백동(Cu-Ni, 10%)	C70600	593~816
백동(Cu-Ni, 30%)	C71500	649~816
양백(Nickel-Silver)	C74500	593~760

(3) 시효경화 열처리

석출경화형 합금의 경우에는 완성된 용접부가 급냉에 의해 석출물이 없는 상태가 되므로 기계적 강도를 확보할 수 없게 된다. 이를 해결하기 위해 용접부 전체를 고용화 열처리를 실시한 후에 다시 290~400℃ 범위에서 약 3시간 정도 유지하여 원하는 수준의 기계적 특성을 확보하도록 한다. 이때에 표면이 산화되는 것을 방지하기 위해 약간 환원성 분위기 혹은 진공에서 열처리를 하는 것이 좋으며, 열처리 완료 이후에는 냉각속도와 방식에 제한이 없다.

2 구리의 용접법(Welding Process)

구리 및 구리합금은 비자성체로서 다양한 용접방법을 적용할 수 있다. 구리합금 중 일부 합금은 용접시 흄(Fume) 발생에 대한 작업자 안전관리 등의 주의사항이 있기는 하지만 대부분 일반적인 전기아크용접과 납땜 접합이 모두 가능하다.

열전도도가 좋아서 용접부가 쉽게 냉각되기에 전체적으로 균질한 예열을 실시하고 용접과정에서 예열 온도 이하로 떨어지지 않도록 보온을 유지하는 것이 좋다. 박판의 경우에는 가스텅스텐아크용접(GTAW) 방법이 좋고, 후판의 경우에는 가스메탈아크용접(GMAW) 방법이 추천된다.

구리는 열팽창 계수가 연강에 비해 약 50% 정도 더 크므로 냉각에 의한 수축과 응력집중을 일으켜 균열이 발생하기 쉽다. 합금 성분에 따라 용접성에 차이를 보이는데, 쾌삭강과 같이 납(Pb) 등의 저융점의 성분들이 있는 합금은 응고과정에서 중심부에 응고균열이 발생할 위험이 있고, 조직내에 산화구리(Cu_2O)를 함유한 경우에는 순수한 구리에 비해 용융점이 약간 낮으므로 용접과정에서 늦게 응고되어 응고과정에서 균열이 발생하기 쉽다.

구리합금의 주요 합금원소인 주석과 아연은 모두 융점이 낮은 원소들로 용접성을 저해한다. 합금성분으로 들어가 있는 인(Phosphorous)은 용접과정에서 산소를 제거하는 역할을 하여 용접금속 내에 산화물 형성을 방지하기 때문에 용접성에 긍정적인 효과가 있다. 열전달 계수가 작은 합금은 전기저항용접도 적용하고 있다.

거의 대부분의 구리 및 구리합금이 산소를 포함하고 있는데, 이 금속을 400℃ 이상의 고온의 수소가 있는 분위기에 노출하면 금속조직내로 수소가 고용되어 들어가서 산소와 결합하여 수증기를 형성하게 된다. 따라서 고온의 수소가 있는 분위기에서 용접을 하거나 열처리를 하게 되면 금속 조직내에 수증기에 의한 기공이 형성된다. 실제 산업 현장에서 산소를 포함한 구리합금을 산소-아세틸렌 가스로 용접하는 과정에서 가스를 분출하거나 수증기에 의한 기공 형성으로 취성을 유발하게 된다. [그림 2-1]은 전해인성동을 수소 분위기의 800℃에서 2분간 노출한 후에 확인된 조직의 기공 형성이다.

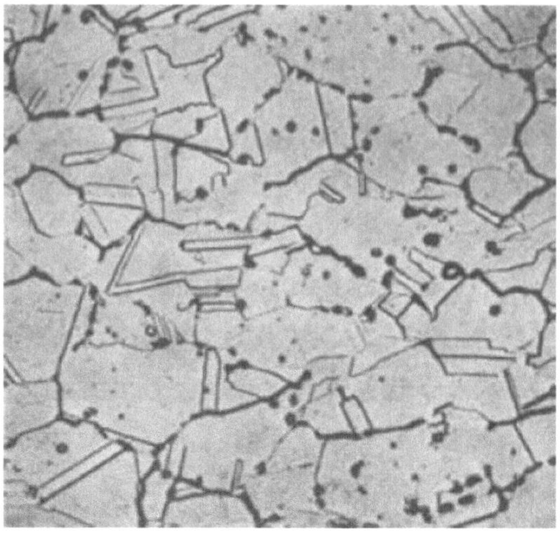

[그림 2-1] 전해인성동을 수소 분위기의 800℃에서 2분간 노출한 후 기공 형성

황동은 구리와 아연의 합금으로 아연의 함량이 20~40%이다. 아연은 융점이 약 420℃ 정도이고 비등점이 907℃이며, 고온도의 용접열로 기화하여 생긴 독성의 아연 및 산화 아연증기 때문에 작업이 곤란하다. 완성된 용접부는 다공성(多孔性)으로 되며, 기화로 소실된 아연 함유량의 감소로 인해 용접부가 변색되며, 용접금속에서 아연성분의 감소로 인해 기계적 및 화학적 특성에 변화가 발생하는 등의 용접에 어려움이 있다. 가스 용접에서는 산화 불꽃을 사용하고, 토치를 모재에서 약간 멀리한다.

청동은 구리와 주석의 합금으로 흔히 용접구조용으로 사용되기 보다는 주로 주조품으로 장식품 등을 제조하는 데 사용되는 것으로 알고 있으나, 실제로는 이러한 장식품 용도 이외에 우수한 내식성과 용접성을 기반으로 다양한 산업플랜트 재료로 활용되고 있다. 그러나 540℃ 이상에서 고온취성이 발생하므로 용접시 충격 및 응력집중이 발생하지 않도록 주의해야 한다.

구리는 표면의 산화피막이 산에 의해 쉽게 제거가 되기 때문에 납땜 작업이 용이하고, 주석이 35~60% 정도 함유되고 약간의 납이 추가된 납땜재를 사용하면 우수한 접합강도를 얻을 수 있다.

[표 2-1] 주요 구리합금의 용접성

합금명	UNS No.	산소-아세틸렌 용접	SMAW	GMAW	GTAW	저항 용접	고상 용접	전자빔 용접
ETP Copper	C11000~C11900	NR	NR	F	F	G	NR	NR
Oxygen Free Copper	C10200	F	NR	G	G	E	NR	G
Deoxidized Copper	C12000	G	NR	E	E	E	NR	G
	C12300	G	NR	E	E	E	NR	G
Berylium Copper	C17000~C17500	NR	F	G	G	F	F	F
Cadmium/ Chromium Copper	C16200	NR	NR	G	G	F	NR	F
	C18200	NR	NR	G	G	F	NR	F
Red Brass-85%	C23000	F	NR	G	G	G	F	-
Low Brass-80%	C24000	F	NR	G	G	G	G	-
Catridge Brass-70%	C26000	F	NR	F	F	G	G	-
Leaded Brass	C31400~C38590	NR	NR	NR	NR	NR	NR	-
Phosporous Bronze	C50100~C52400	F	F	G	G	G	G	-
Copper Nickel 30%	C71500	F	F	G	G	G	G	F
Copper Nickel 10%	C70600	F	G	E	E	G	G	G
Nickel Silver	C75200	G	NR	G	G	G	F	-
Almunimu Bronze	C61300	NR	G	E	E	G	G	G
	C61400	NR	G	E	E	G	G	G
Silicon Bronze	C65100	G	F	E	E	G	G	G
	C65500	G	E	E	E	G	G	G

* Note : E : Excellent, G : Good, F : Fair, NR : Not Recommended

2.1 전기아크용접(Electric Arc Welding)

대부분의 구리합금은 전기아크용접(Electric Arc Welding)이 가능하며 보호가스분위기에서 작업하게 되면 좀더 양호한 결과를 얻을 수 있다. 가장 일반적인 피복아크용접(SMAW)이 범용으로 적용된다. 현장에서 흔히 자동용접으로 불리는 잠호용접(SAW)도 대부분의 구리합금에 적용 가능하지만, 실제 현장에서 적용되는 사례는 제한적이다.

용접자세는 유동성을 고려하여 아래 보기 자세를 추천한다. 가스메탈아크용접(GMAW)은 소구경의 용접재료를 사용할 경우에 용접자세에 제한 없이 다양한 강종에 적용 가능하다. 가스텅스텐아크용접(GTAW)는 작은 열영향부를 만들면서도 높은 온도를 생성할 수 있기에 다양한 구리합금의 용접에 적합하다.

아르곤(Ar)과 헬륨(He) 가스는 가스텅스텐아크용접(GTAW)과 가스메탈아크용접(GMAW)에 적용되는 가장 대표적인 용접부 보호가스이다. 아르곤은 열전달률이 작은 강종이나 두께 3.2mm 이하의 비교적 박판의 수동용접에 주로 적용하고 헬륨은 아르곤 가스와 혼합가스 상태로 자동화된 용접공정에서 75Ar-25He의 비율로 혼합하여 주로 사용된다. 용접 생산성을 증대하기 위해서 아주 소량의 질소를 아르곤에 혼합하여 사용하기도 한다. 수소는 기공을 형성하기 때문에 허용되지 않는다.

2.1.1. 피복아크용접(SMAW)

피복아크용접 (Shielded Metal-Arc Welding)은 피복제(Flux)를 도포한 용접봉과 피용접물 사이에 전기아크(Electric Arc)를 발생시켜 그 아크열에 의해 용접을 행하는 방법으로서 각종 용접법 중 가장 널리 사용되고 있다. 그 이용 범위는 연강, 고장력강, 저합금강, 스테인레스강, 비철금속, 주철 및 표면경화육성 등 광범위한 금속 재료에 적용되고 있다. 간혹 수동아크용접이라고 하여 Manual Metal Arc Welding(MMAW)로 불리도 하는 데, 공식적인 용어는 아니다.

이하에서는 편의상 SMAW로 표기하여 설명한다. 전기아크용접은 1881년 Meritens가 최초로 탄소아크용접을 행한 이래, 1907년 Oscar Kjellberg가 현재의 피복아크용접봉으로 발전시킨 긴 역사를 가지고 있다.

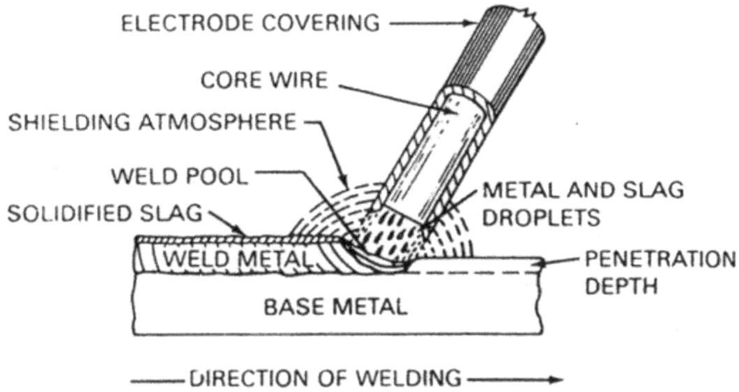

[그림 2-2] 피복아크용접(SMAW) 개요

SMAW는 다양한 두께 및 용접부에 대해서 널리 적용되고 있으며, 주로 사용하는 용접봉의 직경은 2.4~4.8mm 이내의 것이 사용된다. 가장 일반적인 용접봉의 기준은 미국용접학회 규격인 AWS A5.6/A5.6M에 제시된 구리 및 구리합금의 피복아크용접봉 기준에 따른다. 가장 널리 사용되는 용접재료는 ECuSn-A 혹은 ECuSn-C이며, 직류 정극성으로 용접을 진행한다.

열전달이 커서 급냉되기 쉽고 열팽창이 커서 변형이 심하게 발생하지만 적절한 구속공구를 사용하고 예열을 유지하면 이를 제어할 수 있다. 예열은 일반적으로 반드시 필요한 것은 아니지만, 대략 두께가 3mm를 넘어서면 약 250℃ 이상으로 예열을 적용한다.

SMAW는 다양한 용도로 적용되고 있으며, 직경 2.4~4.8mm 정도의 용접봉이 주로 적용된다.

[표 2-2] 구리의 SMAW에 적용되는 용접봉

용접봉	상용 이름	적용 가능 모재
ECu	구리(Copper)	구리(Copper)
ECuSi	규소청동(Silicon Bronze)	규소청동, 각종 청동류
ECuSn-A, ECuSn-C	인청동(Phosphor Bronze)	인청동, 각종 청동류
ECuNi	백동(Copper-Nickel)	백동류
ECuAl-A2	알루미늄청동(Aluminum Bronze)	알루미늄청동, 황동류, 규소청동, 망간청동
ECuAl-B		알루미늄청동
ECuNiAl	-	니켈알루미늄청동
ECuMnNiAl	-	망간니켈알루미늄청동

용접 접합부 설계는 일반 탄소강에 비해 루트갭(Root Gap)이 넓고, 개선면 각도가 크며, 변형을 잡기 위한 가접(Fit-up)을 더 많이 해주어야 하고, 예열과 층간 온도를 높게 가져가면서 전류도 높게 사용한다. 대부분 아래 보기 자세로 제한하고 있으며, 인청동과 백동을 제외하고는 다른 용접자세는 유동성의 문제 때문에 추천하지 않는다.

2.1.2. 가스텅스텐아크용접(GTAW)

가스텅스텐아크용접(Gas Tungsten Arc Welding)은 텅스텐전극(Tungsten Electrode)과 모재 혹은 용탕(Weld Pool) 사이에 발생하는 아크열을 이용해서 아르곤(Ar, Argon)이나 헬륨(He, Helium) 등과 같은 비활성 기체의 보호가스 분위기에서 용접봉(Bare Solid Wire)를 녹이거나 직접 모재만을 녹여서 용접을 진행하는 방법이다.

1940년대를 넘어가면서 알루미늄과 마그네슘 등의 용접에 적용되면서 그 활용도가 매우 넓어지고 있는 용접기법이다. 슬래그 형성이 없고, 외부에서 공급되는 보호 가스 분위기에서 고품질의 용접을 진행한다.

유럽에서는 비활성기체를 사용하고 텅스텐 전극으로 용접을 진행한다고 해서 Tungsten Inert Gas Welding(TIG)라고 부른다. 이하에서는 편의상 GTAW로 명칭을 정하여 구분한다. 고 품질의 용접 금속을 얻고자 하는 곳에 광범위하게 적용되는 용접방법으로서 주로 초층(Root Pass) 용접이나 박판의 용접 및 소구경의 배관 용접 등에 적용된다.

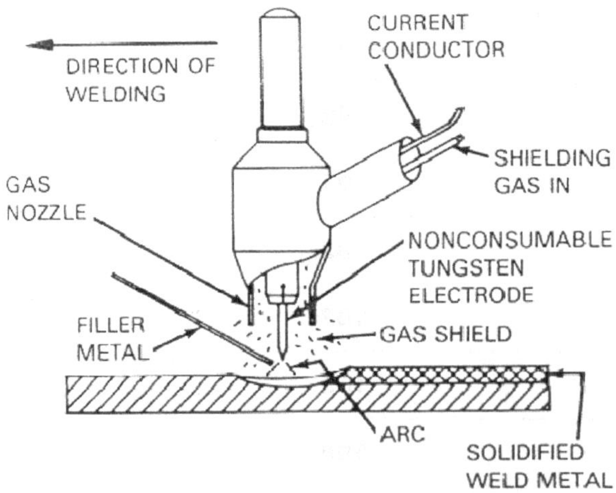

[그림 2-3] GTAW 용접기의 용접 과정 개요

GTAW는 좁은 열영향부를 만들면서도 높은 온도를 만들 수 있기 때문에 작은 부품의 정밀 용접에 주로 적용된다. 구리처럼 열전달계수가 높고 열팽창이 큰 금속에서는 용접부 주변에 열을 최소로 전파하는 용접방법이 추천된다. 특히나 석출경화형 합금처럼 열에 의해 기계적 성질의 변화가 심하게 나타날 수 있는 합금에서는 좁은 열영향부를 만드는 것이 매우 중요하다.

아크의 안정성을 위해 토륨(Thorium, Th)이 조금 들어가 있는 EWTh-2와 같은 전극봉이 가장 널리 사용되고 있으며, 외부 오염에도 강한 특징을 보여준다. GTAW 용접은 보호가스로서 불활성가스(Ar, He)를 이용하기 때문에 대기중의 산소 등과의 반응을 고려할 필요가 없고, 황동을 제외하곤 거의 용접이 가능하다.

너무 두꺼운 후판을 GTAW로 용접하기는 어렵겠으나, 대략 16mm의 두께까지는 무난하게 적용 가능하다. 용접봉은 모재와 유사한 성분의 용접재료를 선정하면 된다. 두께 1.6mm까지는 Ar을 사용하여 용접부를 보호하지만 그 이상의 두께에서는 보다 높은 에너지를 얻기 위해 헬륨(He)을 보호가스에 추가하여 용접을 진행한다. 보호가스로 헬륨(He)을 추가하면 아르곤(Ar)가스가 가진 아크의 안정성과 아크 개시의 용이성에 추가하여 더 높은 전류와 전압을 사용할 수 있고, 깊은 용입을 얻을 수 있는 장점이 있다.

[표 2-3] 순동의 GTAW 용접조건 예

판두께(mm)	개선형상	용접전류 (DECP, A)	보호가스 (ℓ /Min)	용접봉 직경 (mm)	예열온도 (℃)
2.4	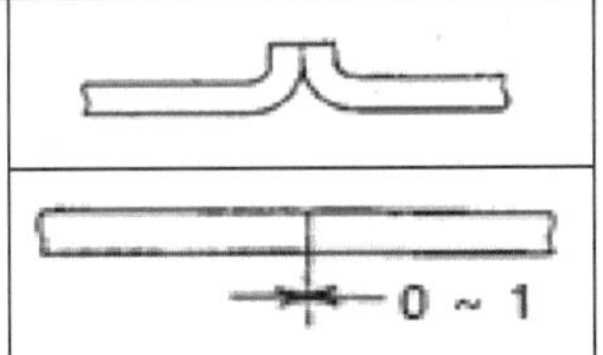	150~220	Ar 15~20	2.4	200~500
12	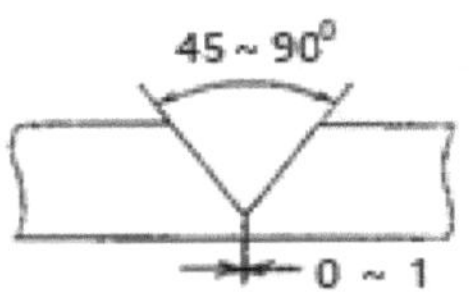	150~260	Ar 15~20	3.2	200~500
20	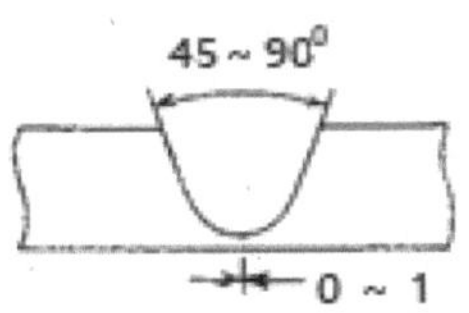	170~300	Ar 15~20	4.0	200~500

[표 2-4]는 수동으로 작업하는 GTAW의 조건을 보여주고 있으며, 여기에서 용접 조인트 형상은 [그림 1-7]에 제시된 내용을 따른다.

[표 2-4] 수동으로 작업하는 GTAW의 용접 조건

모재 두께 (mm)	용접 조인트	보호 가스	텅스텐 전극과 전원 특성	용접봉 직경 (mm)	예열온도 (min.)	용접전류 (Amp)
0.3~0.8	A	Argon	Thoriated / DCEN	--	--	15~60
1.0~2.0	B	Argon	Thoriated / DCEN	1.6	--	40~170
2.0~5.0	C	Argon	Thoriated / DCEN	2.4~3.2	50℃	100~300
6.0	C	Argon	Thoriated / DCEN	3.2	100℃	250~375
10.0	E	Argon	Thoriated / DCEN	3.2	250℃	300~375
12.0	D	Argon	Thoriated / DCEN	3.2	250℃	350~420
16.0	F	Argon	Thoriated / DCEN	3.2	250℃	400~475

GTAW를 적용하기에 제일 적당한 두께는 약 3.2mm 정도이며, 용접봉 없이 제살을 녹여서 용접하는 방법도 종종 적용되지만 두께가 3.2mm를 넘어서게 되면 용접봉을 사용하여 용접한다. 두께가 12.7mm를 넘어서면 GTAW 보다는 가스메탈아크용접(Gas Metal Ar Welding, GMAW)이 경제적으로 널리 사용된다.

직류정극성(DCEN)을 적용하게 되면 작은 직경의 용접봉을 사용하면서도 깊은 용입을 만들 수 있어서 주로 적용된다. 베릴륨청동이나 알루미늄청동 등은 아크에 의한 청정효과를 통해 용접부에 산화층이 두껍게 형성되는 것을 막기 위해 교류를 사용한다.

[표 2-5] 주요 모재별 GTAW 용접봉과 성분

적용 모재	AWS 구분 기호	화학성분
구리(Copper)	ERCu	98.0 min. Cu+Ag, 1.0 Sn, 0.5 Mn, 0.5 Si, 0.15 P
인청동(Phosphor Bronze)	ERCuSn-A	93.5 min. Cu+Ag, 4.0~6.0 Sn, 0.10~0.35 P
알루미늄청동 (Aluminum Bronze)	ERCuAl-A2	1.5 Fe, 9.0~11.0 Al, 나머지 Cu+Ag
	ERCuAl-A3	3.0~4.25 Fe, 11.0~12.0 Al, 나머지 Cu+Ag
규소청동(Silicon Bronze)	ERCuSi-A	2.8~4.0 Si, 1.5 Zn, 1.5 Sn, 1.5 Mn, 0.5 Fe
백동(Copper-Nickel)	ERCuNi	1.0 Mn, 0.40~0.70 Fe, 29.0~32.0 Ni+Co, 0.20~0.50 Ti, 나머지 Cu+Ag

2.1.3. 가스메탈아크용접(GMAW)

가스메탈아크용접(GMAW)은 1920년대 초기에 개발이 되었으나, 상용화 된 것은 1940년대 말경이다. 초기에 이 용접 방법은 높은 전류와 작은 구경의 와이어(Wire)를 사용하여 불활성 가스 분위기에서 알루미늄을 용접하기 위한 용접방법으로 개발되었다.

이러한 이유로 아직까지도 MIG(Metal Inert Gas)용접이라는 용어가 사용되는 것이다. 이후에 용접 방법이 개선되면서 낮은 전류에 맥동 직류(Pulsed Direct Current)를 사용하고, CO_2와 같은 활성 가스 및 혼합 가스를 사용하면서 보다 다양한 재료의 용접에 적용되기 시작하였다.

용접봉은 릴(Reel) 형태로 자동으로 공급되는 피복이 없는 와이어 형태를 사용한다. 흔히 작업 현장에서 CO_2용접이라고 불리는 것은 바로 이 가스메탈아크용접(GMAW)를 의미한다.

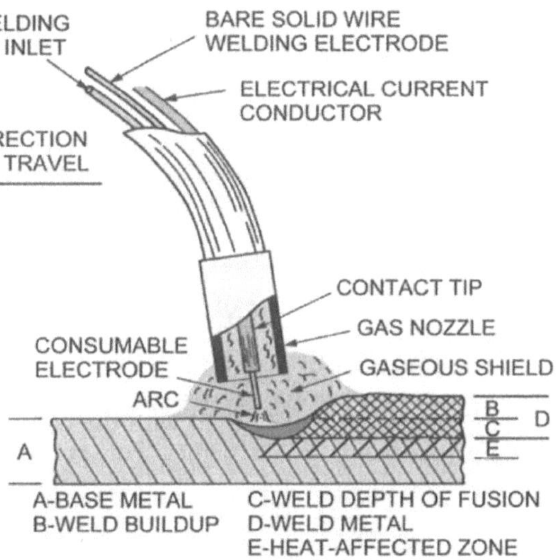

[그림 2-4] GMAW 용접 개요

GTAW와 GMAW는 열 집중성이 우월하고, 비교적 용이하게 용접이 행해지기 때문에 가장 일반적인 방법이다. GMAW 용접에서는 보호 가스로 흔히 적용하는 CO_2 대신에 일반적으로 Ar 또는 He을 보호가스로 이용한다. GTAW 용접에 비해 용착속도가 크고 주로 판두께 6mm 이상의 동, 동합금 용접 및 육성 용접 등의 용도로 사용된다. [표 2-7]은 GMAW에 적용되는 일반적인 용접조건을 제시하며, 여기에 언급된 용접 조인트 설계는 제 1.3.1항의 용접조인트 설계 파트에 소개된 [그림 1-7]의 내용에 따른다.

[표 2-6] GMAW 용접봉 선정 기준

용접봉	적용 가능 모재
ERCu	순동
ERCuSi-A	규소청동, 황동
ERCuSn-A	인청동, 황동
ERCuNi	백동
ERCuAl-A2	알루미늄청동, 황동, 규소청동, 망간청동
ERCuAl-A3	알루미늄청동,
ERCuNiAl	니켈-알루미늄청동
ERCuMnNiAl	망간-니켈-알루미늄청동
RBCuZn-A	네이벌황동, 황동, 순동
RCuZn-B	황동, 망간청동
RCuZn-C	황동, 망간청동

GMAW는 GTAW나 SMAW에 비해 높은 용착률은 생산성을 높여주는 장점이 있지만, 상대적으로 높은 입열은 결국 좀더 넓은 열영향부를 형성하게 되고 완성된 용접부의 기계적 특성을 저하하는 단점이 될 수 있다. 용접 전원은 직류역극성을 적용하며 보호가스로는 알곤(Ar)을 주로 적용하지만 보다 높은 에너지를 유지하고 싶다면 알곤과 헬륨의 혼합 가스 혹은 헬륨만을 보호가스로 사용한다.

[표 2-7] GMAW 용접조건 예시

모재 두께 (mm)	용접 조인트	용접봉 직경 (mm)	예열온도 (min.)	용접전류 (Amp)	용접전압 (Volt)	보호가스 유량(ℓ /Min)	용접속도 (mm/Min)
1.6	A	0.9	75℃	150~200	21~26	10~15	500
3.0	A	1.2	75℃	150~220	22~28	10~15	450
6.0	B	1.2	75℃	180~250	22~28	10~15	400
6.0	B	1.6	100℃	160~280	28~30	10~15	350
10	B	1.6	250℃	250~320	28~30	15~20	300
12	C	1.6	250℃	290~350	29~32	15~20	300
16 +	C, D	1.6	250℃	320~380	29~32	15~25	250

용접부 개선 가공 없이 맞대기 용접은 대개 3.2mm 두께까지는 적용 가능하지만 그 이상의 두께에 대해서는 개선 가공이 필요하다. 한면 개선의 용접부는 보통 12.7mm의 두께까지 적용하고 그 이상의 두께에 대해서는 양면 개선을 적용한다.

2.2 가스 용접(Oxyfuel Gas Welding)

가스 용접 장비는 비교적 간단하다. 다음 [그림 2-5]는 가스 용접의 제반 장치를 소개하고 있다. 산소 탱크(고압용, 2,200psi), 아세틸렌(Acetylene) 탱크(저압, 15psi 이하), 감압 밸브(Pressure Regulator), Torch 및 연결 호스(Horse)로 구성된다.

아세틸렌 탱크는 시멘트처럼 내부에 구멍이 많은 물질로 채워져 있다. 아세틸렌은 탱크 안에서 액상 아세톤 (Liquid Acetone)으로 녹아 있다가 사용할 때는 기체로 분출되어 사용되며, 아세틸렌 가스는 15psi 이상의 압력에서 충격을 받으면 산소가 없어도 폭발되기 때문에 취급에 매우 조심해야 한다. 또한 아세틸렌 가스는 액체 속에 저장되어 있기 때문에 아세틸렌 탱크는 항상 세워진(Upright) 상태로 사용되어야 한다. 산소 및 아세틸렌 탱크의 입구에는 감압 밸브(Pressure Regulator)가 설치되어 가스를 사용 압력으로 감압한 후 연결 호스를 통하여 Torch에 공급된다. 산소와 아세틸렌 가스는 토치(Torch) 내부의 혼합 부위에서 섞인 후 연소되며, 각 가스의 혼합 비율은 토치(Torch)의 조정 밸브를 통해 조정된다.

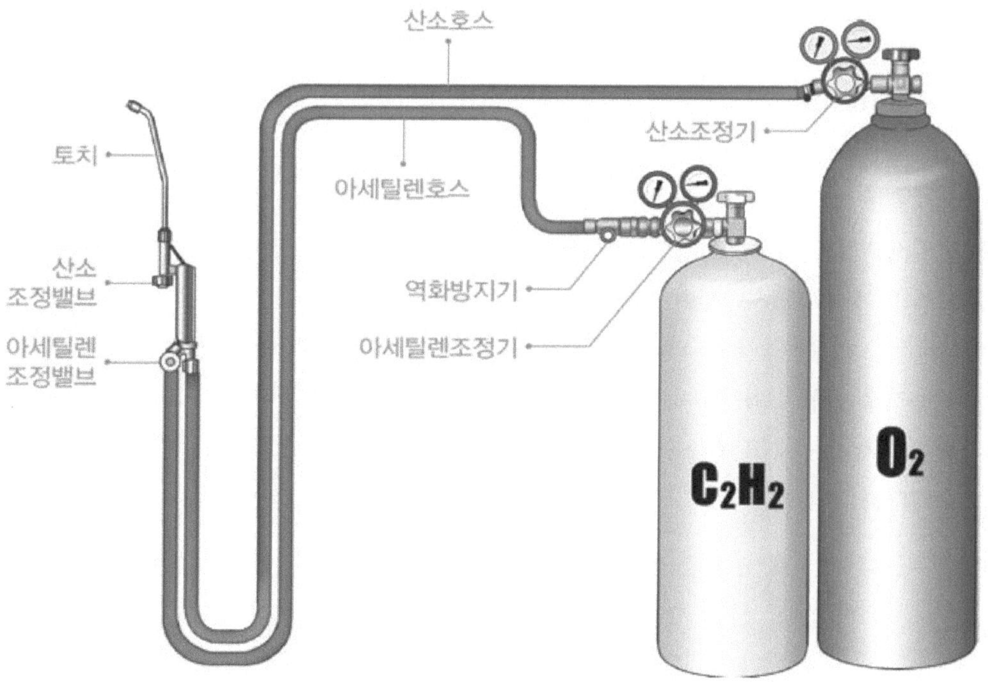

[그림 2-5] 산소-아세틸렌 용접기 구성

산소-아세틸렌 혹은 산소-LPG가스를 사용하는 용접방법은 작은 부품 혹은 정밀도를 요구하지 않거나 간단한 보수 용접에 주로 적용된다. 전기아크용접에 비해 상대적으로 낮은 열이 발생하고 용접속도가 느리다. 입열이 작기 때문에 예열을 추천하고 용접과정에도 예열이 유지되도록 하는 것이 좋다.

순동 및 황동의 현장 용접에서 많이 적용되고 있으며, 무산소동을 제외하고는 용재(Flux)를 사용하여 대기로부터 수소가 유입되지 않도록 하는 것이 좋다. 동의 경우 산소-아세틸렌을 이용하고 용접시에는 붕사, 염화물계 플럭스(Flux) 도포 및 충분한 예열을 필요로 한다.

상온에서 구리는 매우 연성이 좋은 재료이지만, 고온에서는 취성을 가지게 되어 주의가 필요하다. 열팽창이 크고 따라서 응고 과정의 수축도 크기 때문에 용접부가 적절하게 예열되어 연성을 확보하지 못하면 응고 과정에서 응고 수축응력에 의한 균열이 발생할 수 있다. 황동의 용접에서는 아연이 증발하기 쉬워 기공발생이 쉽기 때문에 플럭스를 이용하고 산화염으로 용접한다.

2.3 레이저 용접(Laser Welding)

레이저 용접은 실제 구리합금의 용접현장에서 표면의 조도가 좋은 경우에는 레이저가 반사되어 나오는 문제와 높은 열전달 계수로 인해 제한적으로 적용된다.

구리의 경우에는 탄산가스를 사용하는 CO_2레이저에서 생산되는 빛 에너지의 99% 정도를 반사하고 발생되는 열에너지가 용접부에 집중되지 못하고 주변으로 전달되기 때문에 용접부에 용탕을 만들기 어려워지는 단점이 있다.

탄산가스를 사용하는 가스 레이저에 비해 Nd:YAG 고상 레이저는 파장이 작고 출력이 작기 때문에 용접부 변형을 최소화 하면서 상대적으로 박판의 용접에 용이하다. 그러나 빠른 응고 속도로 인해 발생하는 응고 수축응력과 액상과 고상의 범위가 넓은 특징으로 인해 균열 발생의 위험성이 크다.

2.4 전자빔 용접(Electron Beam Welding)

이 용접 방법은 높은 에너지를 가진 Electron들을 용접하고자 하는 모재에 충돌시켜서 그때 발생되는 열로 용접을 진행시키는 용접방법이다.

초창기에는 용접기를 진공 상태로 유지하기 위해 용량이 커지는 단점이 있었으나 이후 전자빔 발생기(Electron Beam Generator)만 진공으로 하는 방법이 개발되어 용접기의 크기가 줄어들고 진공 유지를 위한 시간과 에너지 손실이 줄어 들면서 활용도가 더욱 증대되어 가고 있다.

1960년대부터는 좁고 깊은 용접부를 Single Pass로 열변형을 최소화 하면서 용접하는 용접방법으로 널리 적용되고 있다. 고 진공 전자빔 용접으로 용접을 시행할 때 표면의 청결도는 매우 중요한 인자이다. 용접 금속의 오염은 기공이나 균열의 원인이 된다. 청결하지 못한 용접 재료를 용접하려면 진공을 만드는 시간이 오래 걸리게 된다. 아세톤(Acetone)이나 기타 용제를 사용하여 표면을 닦아낸다.

전자빔 용접은 진공 상태에서 진행하기 때문에 구리합금의 용접시에 대기로부터 오염되어 발생하는 문제점을 방지하고 안정적인 용접을 얻을 수 있다. 박판 뿐만 아니라 50mm가 넘는 후판의 경우에도 양호한 용접이 가능하다.

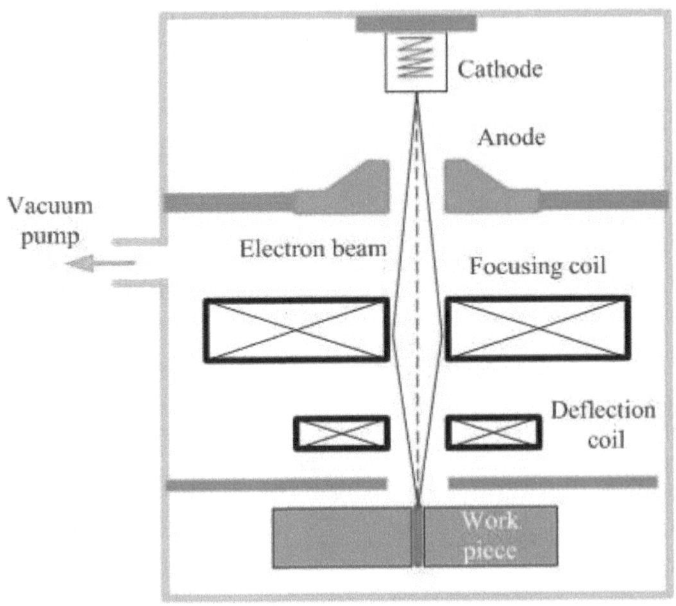

[그림 2-6] 전자빔 용접기의 개요

2.5 초음파 용접(Ultrasonic Welding)

금속을 맞대어 그 한쪽에 접촉면과 평행하게 고주파 진동을 가하면 단시간에 접합된다. 이 공정을 초음파 용접이라고 하며 그 물리적인 본질은 아직 불분명하지만 첫째로는 강한 마찰에 의해 금속 표면의 산화물 층이 제거되기 때문이라는 점과 둘째로는 마찰에 의해 금속 표면이 강하게 가열되어 이에 따른 열화에 의해 접합된다고 하는 점이다. 그러나 이와 같이 가열은 표면부에만 국한되고 다른 부분은 가열되지 않는다. 따라서 초음파 용접은 냉간접합(Cold Weld)이라고도 한다.

또한 가압력과 진동에 의한 힘이 동시에 작용하기 때문에 용접할 면을 미리 청정하게 할 필요는 없고 용접전의 단계에서 자연적으로 청정화가 이루어 진다고 하는 사실이 간접적으로 증명되고 있다.

초음파 용접은 고상 용접의 일종으로서 용접 중에 국부적으로 고주파 진동 에너지와 압력을 가하여 용융시키지 않고 건전한 야금학적 결합부를 얻는다는 것이다. 초음파 용접은 다른 용접법에 비해 매우 경제적이다. 초음파 용접은 아크 용접에 필요한 전원의 5~10% 정도의 적은 전기 출력만 가지고도 충분한 용접이 이루어진다. 초음파 용접의 기본적인 모식도는 [그림 2-7]과 같다. 냉간 압접 방식이기에 열영향부가 생기지 않고 변형을 최소화 할 수 있다.

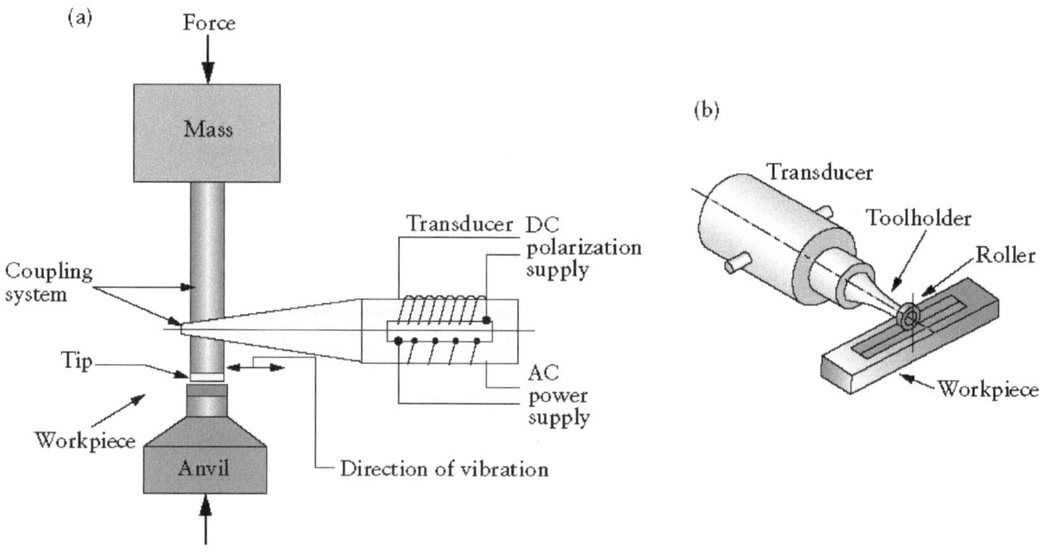

[그림 2-7] 초음파 용접 장치의 기본 구성도

최근에는 전선의 접합 등에 초음파를 이용한 접합이 적용되고 있다. 빠른 용접속도와 오염 방지 및 결함 발생을 최소화 하면서 용접을 진행할 수 있다.

초음파 용접을 적용하게 되면 냉간 압접에 비해 정지 가압력이 작기 때문에 용접물의 변형이 작다. 용접물의 표면 처리가 간단하며 일반 압연 강재와의 용접이 용이하다. 경도 차이가 크지 않는 한 이종 금속의 용접이 가능하며, 두께가 얇은 박판끼리의 용접이 가능하다. 판의 크기에 따라 용접 강도가 매우 달라진다.

용접부의 금속 조직의 변화가 최소화되어 기계적 특성의 변화가 없으며, 특히 우수한 피로 저항성을 보이고 있다. 용접을 하기 위한 보호가스나 기타 용접봉 등의 소모품이 필요하지 않기 때문에 경제적이다.

하지만 대형 구조물에 적용하기 어려우며, 형상과 크기에 제한이 있는 단점이 있다. 용접금속이 앤빌(Anvil)에 달라 붙을 수 있다. 표면이 매끄러운 납, 아연, 주석 등의 재질은 초음파로 용접할 수 없으며, 완성된 접합부 표면에 요철과 같은 표면 변형이 발생한다.

2.6 전기저항 용접(Resistance Welding)

전기저항 용접은 두 금속 사이에 전류를 흘려주어 이때 발생되는 전기저항열을 이용해서 용접을 실시하는 방법이다. 용접하려고 하는 두 재료를 접촉시켜 놓고 양측에서 전류를 통하면 접촉부분의 저항열에 의하여 용융된 상태에서 가압하여 접합하는 방법이다.

여기서 저항열은 $Q= I^2RT$ (주울의 법칙)에 의해 발생되며 여기서 Q=발열량(cal), I=전류(A), R=저항(Ω), t=통전시간(sec) 이다. 저항용접의 용접부 온도는 열의 발생과 냉각의 차이에 의해 증가하게 된다. 발열량은 전류, 통전시간, 고유저항(ρ)에, 열의 냉각은 모재 형상과 두께, 열전도계수와 가압력 및 전극의 소재와 접촉면적 등에 민감하게 영향을 받는다.

저항 용접에서는 압력을 가한 상태에서 금속의 고유 저항 열과 금속끼리의 접촉면에서 발생하는 접촉 저항 열에 의하여 열을 얻고, 이로 인하여 금속이 가열 또는 용융하게 되면 가해진 압력에 의하여 접합이 되도록 하는 과정을 거친다. 따라서 이 저항 발열의 원리는 모든 저항 용접의 가장 기본이 되는 이론으로서 공정 개발이나 현장에서의 전극 관리 또는 품질 관리를 위해서는 반드시 필요한 개념이라고 할 수 있다.

구리합금의 전기저항 용접은 우수한 전기전도도로 다른 강종에 비해 쉽지 않으며, 전기전도도가 30% IACS 이하인 합금에 대해서만 가능하다. 60% 이상의 전기전도도를 가지는 합금은 전기저항 용접이 불가능한 것으로 구분된다. 따라서 합금 성분이 극히 작은 순수 구리의 전기저항 용접은 불가능하다.

전기저항 용접은 그 적용 방법에 따라 점(Spot), 시임(Seam), 프로젝션(Projection) 용접의 세 가지 기본 방법으로 구분되며, 기타의 용접 방법으로는 Flash, Upset, Percussion등이 있다. 각각의 전기저항 용접의 형태는 다음의 [그림 2-8]을 참조한다.

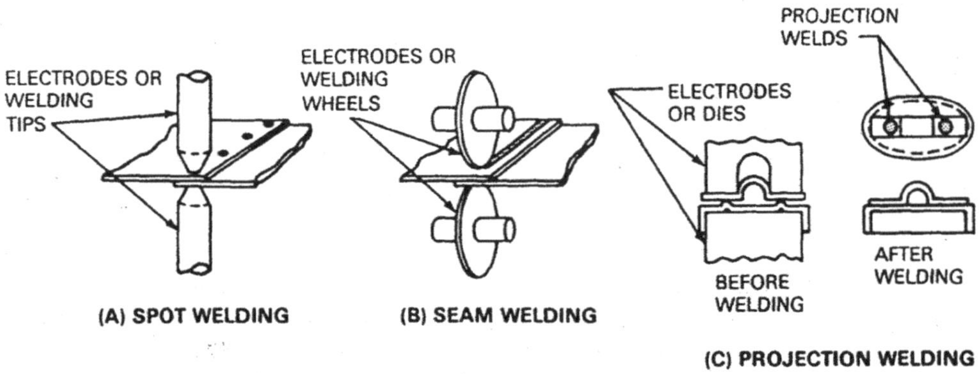

[그림 2-8] 전기저항 용접의 종류

2.6.1. 전기저항 용접 전극 재료

현업에서 전기저항용접을 적용함에 있어서 구리합금의 주요 용도는 전극재료이다.

점용접시의 전극 선단은 400~500℃로 가열되고, 압축응력도 4~20kg/mm^{2}로 상당히 높으며, 높은 전류를 흘려주어야 하는 가혹한 상태에 놓이게 된다. 따라서 전기저항용접을 진행하기 위해서는 전기전도도와 고온강도 그리고 내구성이 보장되는 전극재질이 반드시 필요하다.

가장 일반적으로 사용되는 전극 재료는 구리합금들이다. 이들 전극재료는 높은 전기전도도와 열전달 능력 및 적당한 강도를 가지고 있어서 널리 사용된다. 일반적으로 기계적 강도가 강한 재질일수록 전기전도도와 열전달 능력은 떨어진다.

알루미늄 전극은 뛰어난 전기전도도와 압축 강도로 전극과 모재의 융착을 최소화하면서 용접을 진행시킬 수 있는 장점이 있다. 스테인레스강 재료의 전극도 사용되는데 높은 압축 강도는 얻을 수 있으나, 전기와 열전도도가 떨어지는 단점이 있다.

[표 2-8] 전기저항용접용 전극재료의 기계적 특성(JIS Z3234, 1992) (1/2)

종류	형상	두께 직경(mm)	인장강도 (N/mm^2, min)	연신율 (%, min.)	경도 (min.) 로크웰 (HRB)	경도 (min.) 비커스 (Hv3.0N)	도전율 (%, 20℃, min.)
1종	환봉	25 이하	410	20	65	125	85
		25~50	380	25	60	115	
	판	25 이하	410	20	55	110	
		25 초과	340	25	50	105	
2종	환봉	25 이하	450	15	75	145	75
		25~50	410		70	135	
	판	25 이하	450		70	135	
		25 초과	380		65	125	
	주물	–	310	12	55	110	
3종	판, 봉, 단조품	–	590	9	90	200	45
	주물	–	590	5			
4종	판, 봉, 단조품	–	970	–	HRC 33	310	20
	주물	–	620				18
5종	환봉	25 이하	450	5	75	145	75

[표 2-9] 전기저항용접용 전극재료의 기계적 특성(JIS Z3234, 1992) (2/2)

종류	형상	두께 직경(mm)	연화특성 온도(℃)	고온경도	합금예	용도
1종	환봉	25 이하	85	50 이상 at 250℃	경동, 카드뮴동, 지르코늄동	알루미늄합금판
		25~50				
	판	25 이하				
		25 초과				
2종	환봉 판	25 이하	75	55 이상 at 500℃	크롬동, 크롬-지르코늄동	연강판, 고장력강판, 도금강판
		25~50				
		25 이하				
		25 초과				
	주물					
3종	판, 봉, 단조품		45	100 이상 at 500℃	저베릴륨동	스테인레스강판, 내열강판
	주물					
4종	판, 봉, 단조품		20		고베릴륨동	특수용도
	주물		18			
5종	환봉	25 이하	75		알루미나분산강화동	연강판, 고장력강판, 도금강판

전기저항용접협회(Resistance Welding Manufacturing Association, RWMA)에서는 점 용접용 전극 재료를 크게 다음과 같이 3종류로 구분한다.

- Group A : 동계 합금으로서 Class 1 - Class 5 로 세분
- Group B : 텅스텐과 동의 소결합금으로서 Class 10 - Class 13으로 세분
- Group C : 특수합금

(1) Cu-Cr 계 합금

적당한 열처리를 행한 Cr 0.5~1.0%를 포함하는 동합금은 전기전도도와 기계적 성질이 우수하다. 전기전도도는 IASC 80% 이상이고, 경도는 HRB 80 정도이며, 연화온도는 500℃이다. Cr 이외에 Si, Ag, Be, Li 등을 첨가하고 Zr 2.6%를 첨가한다. 1.5% Cr 동합금은 주물상태에서 HRB 80 이상의 경도를 가지며, 전기전도도는 IASC 65% 정도이다.

탈산제로서는 0.002~0.01%의 Li를 첨가한 Cu-Cr-Li 합금의 전기전도도는 IASC 85~90%에 달하며, 냉간가공에 의해 HRB 85 정도의 경도를 가지게 된다.

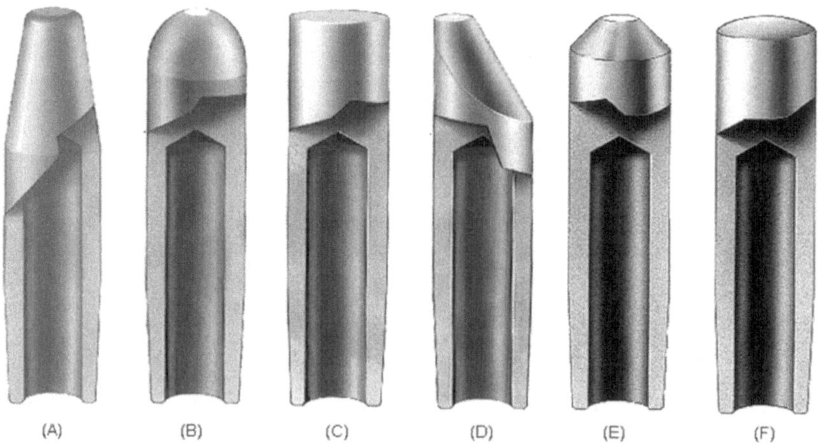

[그림 2-9] 전극의 형상 구분

[(A)Pointed Nose, (B) Dome Nose, (C) Flat Nose, (D) Offset Nose, (E) Truncated Cone, (F) Radius Faced]

(2) Cu-Ag 계 합금

합금은 냉간가공에 의해 HRB 60 정도의 경도를 갖게 된다.

(3) Cu-Zr 계 합금

5% 이하의 Zr을 포함한 동합금은 시효처리에 의해 기계적 성질과 전기전도도를 현저하게 개선하는 것이 가능하다. 일반적으로 1~2% Zr합금이 전극재료로서 사용되고 기계적 성질을 개선하기 위해서 Ag, Cd, Mg 등을 첨가한다. 0.005~5%의 지르코늄(Zr)을 포함한 Cr-Si 동합금은 냉간가공과 열처리에 의해 HRB 75 이상의 경도, 전기전도도는 IASC 60~70% 정도에 달하고 연화온도는 450~500℃가 된다.

(4) Cu-Be 계 합금

Cu-Be 합금은 시효경화성 합금으로 높은 전도성을 갖고 있으며, 적당한 열처리에 의해 IASC 25~60% 정도의 전기전도도와 인장강도 80kg/mm^{2}을 얻을 수 있다. 미국의 Berrylium Co.의 자료에 따르면 Cu-Be 합금은 Be함량을 기준으로 합금 강도가 높은 합금(Be 1% 이상)과 고전도도 합금(Be 1% 이하)의 2종류로 분류되고 표준성분은 [표 2-10]과 같다.

[표 2-10] Cu-Be 합금의 성분

구분	단련재				주조재		
	고강도		고전도도		고강도		고전도도
성분	25	165	10	50	20C	275C	20C
Be	1.90~2.15	1.60~1.80	0.45~0.60	0.25~0.50	2.00~2.25	2.60~2.35	0.55~0.70
Co	0.25~0.35	0.25~0.35	2.35~2.60	1.40~1.70	0.035~0.6	0.35~0.60	2.35~2.60
Ag	–	–	–	0.90~1.10	–	–	–
Cu	나머지						

2.7 마찰 용접(Friction Welding)

마찰 용접은 재료를 맞대어 가압한 상태에서 상대(회전) 운동시켜 접촉부에 발생하는 마찰열을 이용하여 압력을 가하면서 접합하는 방법이다. 광범위한 동종 재료 및 이종 재료(금속, 금속기 복합 재료, 세라믹, 플라스틱 등)의 접합에 적용될 수 있다. 이 방법은 접합부 표면만을 국부적으로 가열하기 때문에 아크를 이용한 용접법에 비해 에너지 효율이 좋아 10~20%의 적은 에너지로도 접합이 가능하다. 또한 마찰 용접은 주조 조직을 만들지 않기 때문에 기계적 성질이 우수하고, 공정 변수가 축 하중, 회전속도, 업셋(Upset) 량 등으로 비교적 관리가 용이하고 자동화가 가능하다. 장비 가격이 저렴하고 아크 용접에 비해 금속 소모량이 상대적으로 작다.

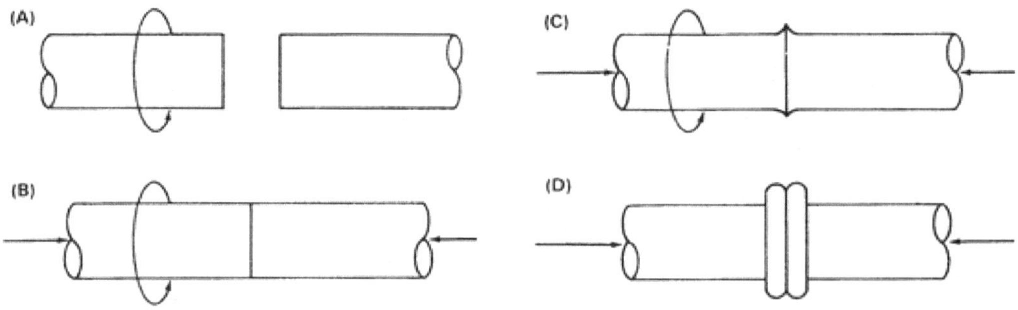

[그림 2-10] 마찰 용접의 개요

정상적인 조건하에서는 모재의 접합면은 용융되지 않으며, 접합시에 용가재나 플럭스, 차폐가스 등이 필요로 하지 않는다.

열영향부가 매우 좁고, 접합부에 주조 조직을 만들지 않으며 매우 우수한 기계적 특성을 가지는 장점으로 인해 제한적이긴 하지만 마찰 용접이 적용되고 있다. 해외에서는 원자력발전소의 핵폐기물을 담는 용기의 밀봉 작업을 마찰 용접으로 적용하는 사례도 있다.

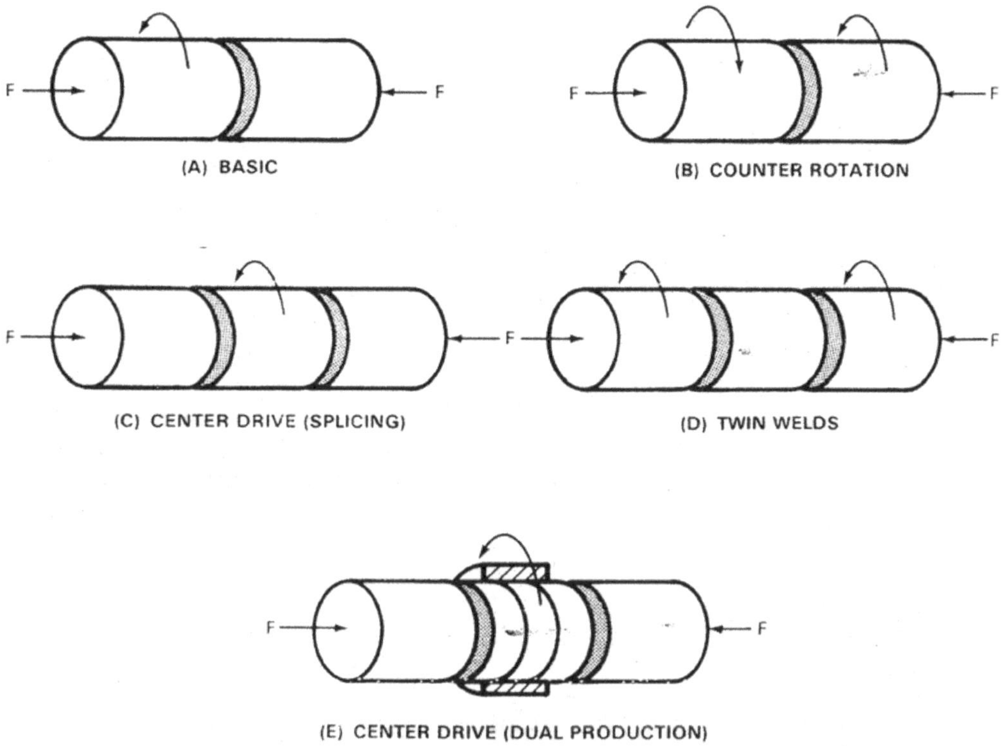

[그림 2-11] 마찰용접의 적용 방법

2.8 고주파 용접(High-Frequency Welding)

고주파 용접은 높은 주파수의 전류를 용접 대상물에 흘려서 이때 발생되는 열로 용접을 실시하는 방법이다. 용접 조건에 따라 별도의 압력(Upsetting Force)을 가하기도 한다. 국내에서는 주로 파이프 벤딩(Bending) 등의 성형과정에 고주파가 많이 이용되고 있다. 산업계에 폭 넓게 상용 용접방법으로 개발되기 시작한 것은 1940~1950년대이다.

고주파 용접은 직접 용접 대상물에 전류를 흐르게 하여 용접열을 얻는 고주파저항용접(High Frequency Resistance Welding, HFRW)과 용접물에 직접 전류를 흐르지 않고 유도코일(Induction Coil)에 의해 모재에 유도된 전류의 열을 이용하여 용접을 실시하는 고주파유도용접(High Frequency Induction Welding, HFIW)으로 구분된다.

고주파 용접은 종종 유도저항용접(Induction Resistance Welding)이라고도 불리우며, 두 가지 방법 모두 전류가 공급되는 방식의 차이만 있지 고주파 전류에서 발생되는 저항 열로 용접을 실시하는 점에서는 기본 원리는 같다.

일반적인 용접기에 사용되는 저주파의 경우 용접을 실시하기 위해서는 높은 전류가 필요하지만 고주파 용접에서는 전류가 표면에 집중되기 때문에 상대적으로 낮은 전류만으로도 용접을 실시할 수 있다. 즉, 그만큼 용접열이 집중되는 위치를 조절하기 쉽고 에너지의 집중이 좋아서 용접속도가 빠르다.

구리합금 철판을 이용하여 배관을 생산하는 현장에서 고주파 용접을 사용하곤 한다. 비록 구리합금의 특성상 전기저항이 작아서 상대적으로 발열이 작고 열의 전달이 빨라서 그 효용성이 제한적이긴 하지만, 고주파의 특성을 활용하여 최소의 용접금속과 열영향부를 만들어 가면서 배관을 제작하고 있다.

2.9 냉간접합(Solid State Bonding)

냉간접합의 가장 대표적인 접합 방법은 해당 재질의 용점 보다 낮은 온도에서 압력을 가하여 부품을 접합하는 확산접합(Diffusion Bonding)과 화약의 폭발력을 이용하여 상온에서 짧은 시간 안에 접합부를 완성하는 폭발접합(Explosion Bonding) 이다.

2.9.1. 확산접합(Diffusion Bonding)

확산접합은 용접과정에서 금속 용융이 없이 용접을 시행하는 고상 용접의 한 종류로서 확산용접이라고 불리기도 한다. 고온에 장시간 노출된 체결된 볼트가 풀어지지 않는 현상이며, 열간압연에 의해 생산된 클래드(Clad) 강재는 모두 이 확산 용접에 의해 얻어지는 결과이다.

이 접합방법의 기본은 고온에서 두 금속을 맞대어 놓고 높은 압력을 가했을 때, 계면의 용융이나 거시적인(Macro) 변형, 두 금속의 외형적인 움직임이 없이 계면의 접합이 일어나는 접합 방법이다.

이 접합 방법은 Diffusion Bonding, Solid State Bonding, Pressure Bonding, Hot Press Bonding등의 여러가지 이름으로 불리고 있다.

확산접합을 시행하는 과정에서 접합되는 두 계면 사이에 용접재료(Filler Metal)를 삽입하기도 한다. 확산접합의 용접 방법은 다음의 두가지로 구분된다.

- 동종 혹은 이종 금속을 용접재료 층의 삽입 없이 시간과 압력, 온도를 조절하여 접합하는 방법. 시간과 온도, 압력은 모재의 종류와 표면 상태에 따라 조절된다.
- 동종 혹은 이종 금속 사이에 얇은 용접재료 층을 삽입하여 접합하는 방법. 이때 용접재료는 두 금속의 확산 속도를 빠르게 하고 계면의 미세한 변형(Micro-deformation)을 도와서 보다 완전한 접합이 이루어 지도록 돕는 역할을 수행하며 이 용접재료 층은 적절한 열처리에 의해 모재로 확산된다.

구리는 다른 금속에 비해 상대적으로 낮은 융점으로 인해 적절한 온도와 압력을 가하면 쉽게 확산접합이 가능하다. 실제로 상온에서도 약간의 압력을 가하면 접합이 된다. 확산접합 뿐만 아니라 많은 구리합금이 폭발접합으로도 클래드(Clad) 판재 등의 형태로 생산되어 부식성 환경하의 산업 플랜트 기자재의 내식성 재질로 활용되고 있다.

2.9.2. 폭발접합(Explosive Bonding)

폭발접합은 화약의 폭발에 의한 충격 에너지를 이용하여 금속을 접합시키는 방법이다. 판재의 클래드(Clad) 강재 생산을 포함하여 종래의 용접 법으로는 용접이 곤란하거나 불가능한 것으로 생각되던 이종 금속에 대해서도 적용이 가능하고 용접에 의한 열 영향을 받지 않으며 접합 속도가 대단히 빠르다는 이점이 있다. 일부에서는 폭발 용접이라고도 부르는데, 용접이라고 부르지 않고 접합이라고 부른 이유는 두 금속 사이에 용융이 전혀 발생하지 않기 때문이다.

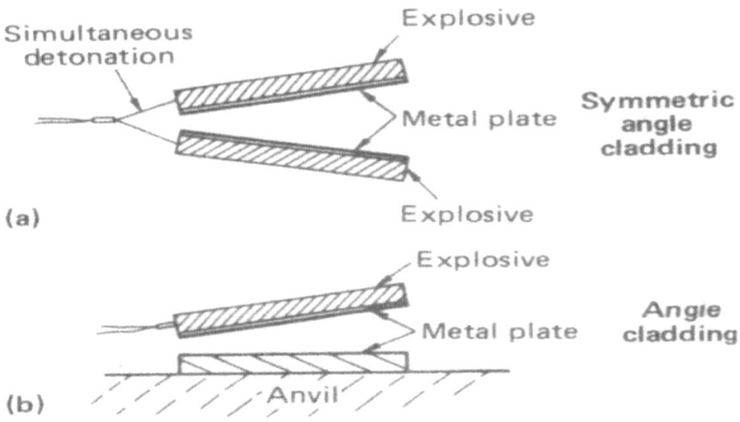

[그림 2-12] 폭발접합을 위한 두 금속과 폭약의 적용

또한 융점의 차이가 너무 커서 접합이 곤란한 금속을 폭발접합하면 이음부는 충분한 강도를 가지면서 용이하게 접합할 수 있다. 대부분의 금속은 폭발접합이 가능하지만 폭발의 충격에 의하여 균열이 발생되기 쉬우므로 주철과 같이 취약한 금속 및 Mg을 함유한 알루미늄 합금(순 알루미늄과는 접합가능)등은 이 접합법을 사용하기 곤란하다는 단점도 있다. 시공상의 특징은 특별한 기계 장치가 필요 없고 형상과 두께에 제한을 받지 않으며 다품종 소량 생산이 가능하다.

폭발 용접 계면의 가장 일반적인 형상은 파형(Wave Pattern)이다. 이 파형의 형성을 위해서는 접합 계면에 밀접한 부분의 전단 변형량이 초과되어야 하며 계면에서부터 거리가 증가함에 따라 변형량은 현저하게 감소한다. 아쉽게도 접합부의 기계적 성질 변화에 대한 조사 자료는 그리 많지 않다. 폭발 용접부의 품질은 계면의 상태에 따라서 다르고 물성은 주로 강도, 인성, 연성으로 평가된다. 폭발 용접부의 물성은 용접부와 모재의 인장, 충격, 굽힘, 피로특성 등을 비교함으로써 알 수 있다.

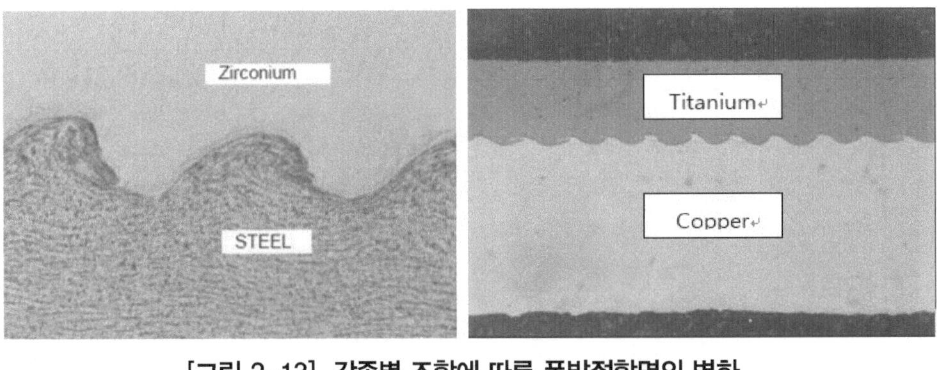

[그림 2-13] 강종별 조합에 따른 폭발접합면의 변화

2.10 납땜(Brazing & Soldering)

납땜이라고 통칭해서 불리는 이 접합방법은 용접봉의 융점에 따라 450℃를 기준으로 구분하여 450℃보다 높은 것은 경납(Brazing), 450℃ 이하는 연납(Soldering)으로 구분한다. 간혹 일부 문서에서 이 기준 온도를 400℃로 표기하는 경우도 있다. 이론적으로는 모재를 전혀 녹이지 않고 단지 마주한 두 금속 사이의 좁은 틈을 따라 용융된 용가재가 모세관 현상에 의해 빨려 들어가면서 접합을 이루는 것으로 구분되지만, 실제로는 접합 계면에서는 흘러 들어간 용가재와 모재 사이의 미시적인 반응에 의해 혼합층이 형성된다.

납땜은 두 금속을 용융시키지 않고 이들 금속 사이에 융점이 낮은 별개의 금속인 땜납을 용융 첨가하여 접합하는 방법이다. 표면의 산화물 등 이물질을 제거하고 적당한 양의 플럭스(Flux)를 도포하고 여기에 열을 가하여 용재를 녹여서 두 금속 사이의 좁은 틈을 채워 나가는 방식으로 접합이 이루어진다.

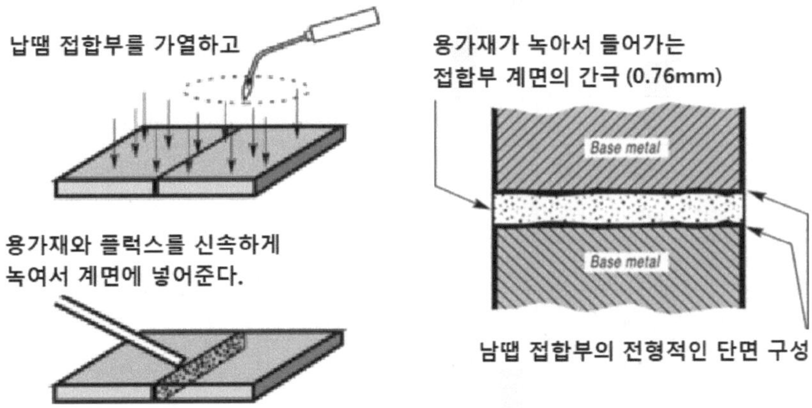

[그림 2-14] 납땜 작업 개요와 접합부 단면 구성

2.10.1. 연납땜(Soldering)

연납땜(Soldering)에 사용되는 용가재를 솔더(Solder)라고 부르며 융점 450℃ 이하의 땜납(Solder Alloy)을 녹여서 접합할 모재 사이로 침투시켜서 접합을 유도하며 온도가 낮고 접합 강도도 상대적으로 낮은 단점이 있으나, 역사적으로 가장 오래된 접합 방법중의 하나이다. 경납에 비해 낮은 온도로 작업하기 때문에 모재의 열변형이 작고 접합시 가압력과 온도에 의해 접합부의 특성이 많은 영향을 받는다.

연납땜의 주요 용가재로 사용되는 것은 납(Pb)과 주석(Sn)의 합금이며 합금 성분에 따라 [표 2-11]과 같이 구분한다. 연납땜(Soldering)은 보통 접합면에 기공이 많고, 기계적 강도가 크지 못하기 때문에 강도를 필요로 하는 부분에는 부적당 하다. 그러나 융점이 낮고 거의 모든 금속을 접합시킬 수 있어 작업이 용이하다. 납땜의 열원은 땜인두를 주로 사용하며 대규모일 경우에는 토치 램프(Torch Lamp)나 가스 토치(Gas Torch) 등을 사용하기도 한다.

[표 2-11] 솔더링재의 성질과 용도

성분(%)		온도(℃)		용도
Sn	Pb	고상선	액상선	
62	38	183	183	공정 땜납
60	40	183	188	정밀 작업용
50	50	183	215	황동판용
40	60	183	238	전기용, 일반용, 황동판용
30	70	183	260	일반 저주석 땜납, 건축
20	80	183	275	가스 납땜에 적합
15	85	183	288	두꺼운 물건용
5	95	300	313	고온 땜납
3	92 / Sb 5	240	285	고온용
1	97.5 / Ag 1.5	310	310	고온용
Ag 3.5	96.5	310	317	고온용

용가재는 납이 들어 있는 유연솔더 합금과 납이 없는 무연솔더 합금으로 구분된다.

(1) 용가재(Filler Metal)

1) 유연 솔더(Leaded Solder)

가장 널리 사용되는 용가재는 주석을 5~70%까지 함유하고 여기에 납을 95~30% 정도 함유한 합금들이며, 부수적으로 은, 카드뮴, 그리고 구리를 추가한 합금들이 적용되고 있다. 주석의 함량이 많아질수록 융점이 낮아지며 인장강도와 전단 강도가 커지는 장점이 있다. 반대로 납의 함량이 증가할수록 융점이 높아져서 납의 함량이 40%를 넘게 되면 361~421℃의 융점을 보이게 된다.

2) 무연 솔더(Lead-Free Solder)

납이 포함된 용가재로 인한 인체 유해성 등을 제한하기 위한 다양한 노력들이 진행되었으며, 2006년 6월 1일을 시점으로 유럽내에서는 납이 포함된 용가재의 사용이 제한되기 시작했다. 납이 없는 순수 주석의 융점이 449℃로 가장 높고 나머지 합금들은 419~441℃ 정도의 범위에서 융점을 갖는다.

(2) 플럭스(Flux)

용제라고 불리우는 플럭스(Flux)는 금속표면의 산화피막을 제거하여 납땜이 잘되도록 도와주는 역할을 수행하고, 용융된 용가재의 표면 장력을 줄여서 용탕이 둥글게 말리기 보다는 인접한 두 금속 사이로 쉽게 침투하여 납땜이 이루어지도록 도와주며, 이미 납땜이 완료된 영역이 재 산화되어 변색이 발생하고 오염되는 것을 방지하는 역할을 수행한다.

연납땜용 플럭스로는 염화암모늄(Ammonium Chloride), 염화아연(Zinc Chloride), 송진 혹은 송진을 알코올에 녹여서 만든 제품들이 주로 사용된다.

2.10.2. 경납땜(Brazing)

경납땜(Brazing)을 할 경우에 구리의 산화피막으로 인해 용가재가 잘 붙지 않기 때문에 붕사 가루를 플럭스로 사용하여 산화피막을 제거한다. 플럭스가 녹으면 용가재를 넣고 녹여서 납땜을 실시한다. 구리는 가열하게 되면 표면이 붉은 색으로 변하기 때문에 육안으로 가열 여부를 판단할 수 있다. 황동 제품의 경납에 가장 널리 사용되는 용가재는 50~60%의 구리에 아연이 40% 그리고 1%의 니켈과 0.7%의 철과 미량의 실리콘과 망간 등이 포함된 합금이다.

붕사 혹은 붕산(Boric Acid)을 플럭스로 사용하며, 플럭스는 구리 표면의 산화피막을 제거하면서 동시에 대기로부터 접합부를 보호하는 기능을 담당한다. 또한, 플럭스의 역할에 의해 용가재의 유동성과 젖음성이 향상된다.

경납땜과 연납땜은 모두 납땜으로 통칭하여 구분되기는 하지만, 실제로는 용가재의 용융온도의 차이와 이에 따른 기계적 특성의 차이가 분명하다.

[표 2-12] 납땜과 용접의 특성 구분

구분	연납땜(Soldering)	경납땜(Brazing)	용접(Welding)
작업 온도	450℃ 이하	450℃ 초과	모재 융점 이상
모재의 용융 여부	모재의 용융 없음	모재의 용융 없음	부분 용융 후 응고 됨
접합부 변형	거의 없음	적음	있음
접합부 잔류응력	없음	없음	있음
주요 가열원	인두, 초음파, 오븐, 가스 등	가스, 저항, 유도가열, 로, 적외선 등	플라즈마, 아크, 전자빔, 저항, 레이저 등
강도	낮음	높음	높음
기밀성	좋음	좋음	양호

알루미늄의 함량이 10% 이상이고 납의 함량이 3% 이상인 알루미늄청동을 제외하고는 거의 모든 구리 및 구리합금의 접합에 널리 사용되고 있다. 대형 구조물 보다는 작은 부품의 접합에 널리 사용되고 있으며, 특히 전기부품의 납땜은 반도체 및 일반 공조설비에서 가장 일반적인 접합 방법이다.

(1) 용가재(Filler Metal)

용가재(Filler Metal)은 일반 전기아크용접에서 사용되는 용접봉과 같은 개념으로 납땜 과정에서 용융되어 접합대상 금속 사이에 들어가는 납땜 재료를 의미한다. 경납용 용가재(Filler Metal)의 용입은 가까이 인접한 두 모재 사이에서 발생하게 되는 모세관 현상을 통해 이루어 진다. 구리에는 산화물을 함유한 것과 함유하지 않은 것이 있다. 산화물을 함유하지 않은 것은 전기 전도율은 떨어지지만 납땜은 만족할 수 있다. 땜납재는 은납, 황동납, 인동납이 쓰인다.

1) 은납 (Silver Brazing)

은납이라고 부르는 용가재는 은이 30~55%, 구리가 15~35%, 아연이 15~28% 그리고 카드뮴이 18~24% 포함된 합금을 기본으로 하고 여기에 2~3%의 니켈과 5% 정도의 주석을 추가한다. 특징은 융점이 비교적 낮고 유동성이 좋으며 인장강도, 전연성 등의 기계적 성질이 우수하고 은백색을 띄기 때문에 아름다우며 철강, 스테인레스강, 구리 및 그 합금 등의 납땜에 널리 사용되고 있다. 결점으로는 은(Ag)을 주성분으로 하기 때문에 가격이 비싸다.

2) 동납과 황동납

보통 동납이라고 부르는 것은 구리 86.5% 이상의 납땜 재료를 말한다. 동납은 철강, 니켈(Ni) 및 구리(Cu)-니켈(Ni) 합금의 납땜에 쓰인다. 구리(Cu)와 아연(Zn)을 주성분으로 한 합금이어서 아연 60% 부근까지의 여러가지가 있으며 아연의 증가에 따라 인장강도가 증가된다.

활용도가 다양하지만 융점이 820~930℃ 정도여서 과열되면 아연이 증발하여 다공성의 이음이 되기 쉬우므로 가열에 주의하여야 한다.

열의 전도성이나 내 진동성이 나쁘며 용도에 따라 전해 작용을 받아 약해지기 쉽고 250℃ 이상에서는 인장강도가 대단히 약한 결점이 있으나 가격이 싸기 때문에 널리 사용되고 있다.

3) 인동납

인동납은 구리를 주성분으로 소량의 은(Ag), 인(P)을 포함한 납땜 재료이다. 유동성이 좋고 전기나 열의 전도성, 내식성 등이 우수하나 황을 함유한 고온 가스 중에서의 사용은 좋지 못하다. 구리와 그 합금의 납땜에는 적합하지만 철이나 니켈을 함유한 금속의 납땜에는 적당하지 않다.

인동납을 사용한 납땜은 열이나 전기 전도율이 좋고 납땜시에 용제를 사용하지 않아서 좋으나 황을 함유한 분위기에서 사용하는 제품에는 적합하지 않다.

4) 알루미늄납

알루미늄을 주성분으로 규소(Si), 구리(Cu) 등을 첨가한 것으로 용융점이 600℃ 전후가 되어 모재의 융점에 가깝기 때문에 작업성은 대단히 나쁘다.

5) 기타 납땜 재료

금납은 융점이 높고 가격이 비싸기 때문에 금, 은, 구리를 주성분으로 하여 아연, 카드뮴을 첨가한 것을 사용한다. 치과용, 장식용 등으로 사용하며 융점은 983~1,020℃로 금 함유량이 많을수록 융점이 높다.

내열 합금용 납은 Ag-Mn계, Ag-Cu계, Ni-Cr계의 납땜 재료가 있다.

[표 2-13] 구리합금의 납땜재료 구분

AWS 구분	UNS No.	합금 성분 (wt.%)								브레이징 온도 (℃)
		Ag	Cu	Zn	Cd	Sn	Fe	Ni	P	
BAg-1	P07450	44~46	14~16	14~18	23~25	-	-	-	-	618~760
BAg-1a	P07300	49~51	14.5 ~16.5	14.5 ~18.5	17~19	-	-	-	-	635~760
BAg-2	P07350	34~36	25~27	19~23	17~19	-	-	-	-	702~843
BAg-3	P07501	49~51	14.5 ~16.5	13.5 ~17.5	15~17	-	-	2.5~ 3.5	-	688~816
BAg-5	P07453	44~46	29~31	23~27	-	-	-	-	-	743~843
BAg-6	P07503	49~51	33~35	14~18	-	-	-	-	-	774~871
BAg-7	P07563	55~57	21~23	15~19	-	4.5~ 5.5	-	-	-	652~760
BAg-8	P07720	71~73	나머지	-	-	-	-	-	-	780~899
BAg-18	P07600	59~61	나머지	-	-	9.5~ 10.5	-	-	-	718~843
BCu-1	C14180	-	99.9 이상	-	-	-	-	-	0.75 이하	1,093 ~1,149
RBCuZn -A	C47000	-	57~61	나머지	-	0.25 ~1.0	-	-	-	910~955
RBCuZn -C	C68100	-	56~60	나머지	-	0.8~ 1.1	0.25 ~1.2	-	-	910~955
RBCuZn -D	C77300	-	46~50	나머지	-	-	9~11	-	0.25 이하	936~962
BCuP-2	C55181	-	나머지	-	-	-	-	-	7.0~ 7.5	732~843
BCuP-3	C55281	-	나머지	-	-	-	-	-	5.8~ 6.2	718~816
BCuP-4	C55283	5.8 ~6.2	나머지	-	-	-	-	-	7.0~ 7.5	691~788
BCuP-5	C55284	14.5 ~15.5	나머지	-	-	-	-	-	4.8~ 5.2	704~816

(2) 플럭스(Flux)

납땜에는 용융납과 모재와의 결합을 좋게 하기 위해 이음 부분에 용제(Flux)를 뿌리기도 하고, 납땜용 가열로 내의 분위기를 조절하기도 한다.

용제의 작용은 대단히 복잡하여 용가재와 모재 표면의 산화물을 제거함과 동시에 이음 부분을 둘러싸서 납땜금속과 납땜 주변부가 다시 산화하는 것을 방지하는 등의 역할을 하고 있다. 보통 용제는 액상일 때에 산화물을 녹이는 능력이 크기 때문에 용제는 용가재 보다도 낮은 온도에서 녹으며 가볍게 유동하기 쉬운 것이 좋다. 구리합금의 납땜에 적용되는 용제는 붕산, 붕사, 불화물, 불화붕산염 등이 사용된다.

- 붕사 : 가장 일반적인 경납용 용제로서 산화를 방지하고 융점은 760℃ 전후이며 식염, 붕산, 탄산소오다, 가성칼리 등을 혼합해서 사용하기도 한다.
- 붕산 : 산화물의 제거 작용이 우수하며 고온에서의 유동성, 슬래그의 박리성도 양호하다. 단독으로는 거의 사용하지 않고 붕사와 혼합하여 우수한 용제로서 널리 사용된다.
- 빙정석(氷晶石, 3NaF-AlF_3) : 알루미늄, 나트륨의 불소 화합물로서 불순물의 용해력이 강해서 구리 납땜용제로 우수하다.
- 산화 제일구리(Cu_2O) : 탈산제로서의 작용이 있어 보통 붕사와 혼합시켜 주철의 Soldering용으로 사용된다.
- 소금(NaCl) : 용융이 우수하고 부식성이 강하며 단독으로는 사용되지 못하고 혼합제로 소량 사용된다.

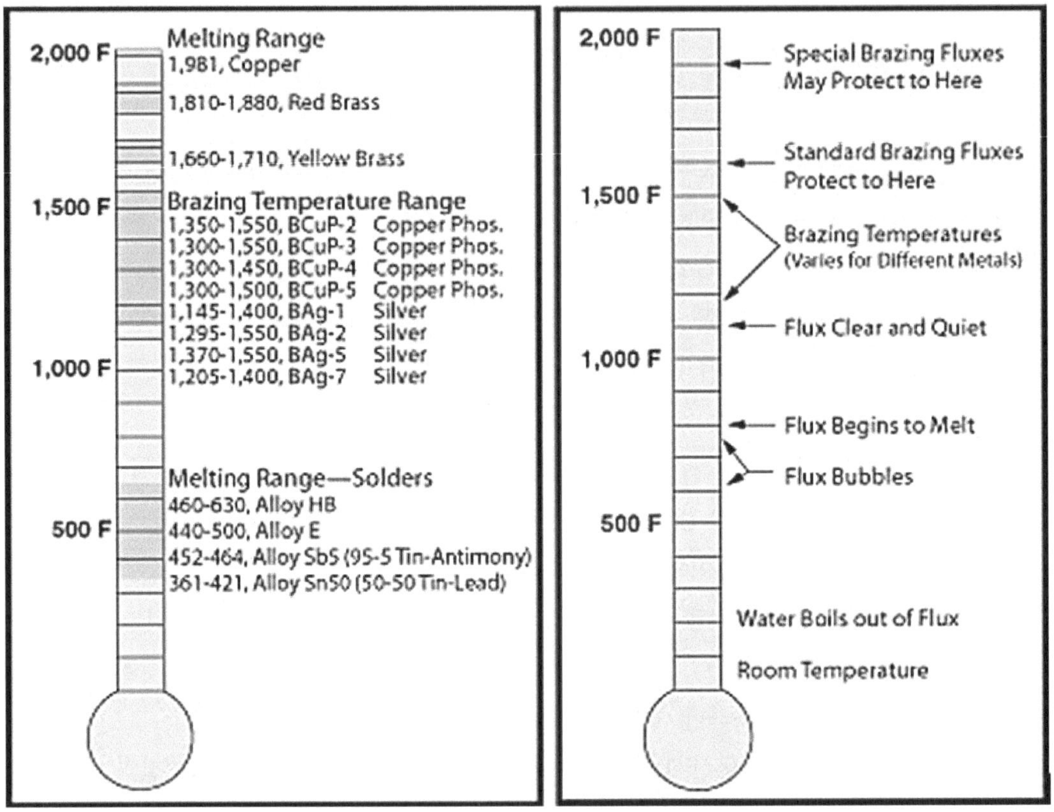

[그림 2-15] 모재 별 납땜 온도와 플럭스의 융점 비교

[표 2-14] 브레이징용 용제와 모재와의 조합

AWS No.	모재	납땜 재료	플럭스 온도	플럭스 성분	플럭스 Type	플럭스 적용
1.	Al and Al Alloy	BAlSi	371~642℃	불화물 염화물	Powder	1,2,3,4
2.	Mg and Mg Alloy	BMg	482~648℃	불화물 염화물	Powder	3,4
3.	Cu and Cu Alloy Ni and Ni Alloy Stainless Steel Carbon & Low Alloy Steel Cast Iron and Other Ferrous Alloy 귀금속(Au, Ag)	BCu, BCuP, BAg, BAgMn, BAu, BCuZn, BNi	371~1093℃	붕산 붕사 불화물 불화붕산염	Powder Paste Liquid	1,2,4
4.	Aluminum Bronze Aluminum Brass	BAg, BCuZn, BCuP	565~981℃	붕산염 불화물 염화물	Powder Paste	1,2,3
5.	AWS No3. 과 같은 것 (Ag, Au 제외)	BCu BCuP BAg BAgMn BAu BCuZn BNi	538~1204℃	붕산 붕사 붕산염	Powder Paste Liquid	1,2,3
6.	Ti and Ti Alloy Zr and Zr Alloy	BAg BAgMn	371~871℃	불화물 염화물	Powder Paste	1,2,3

* Note : 1. 이음부에 플럭스 분말을 뿌린다.
2. 플럭스 속에 가열한 용접 재료를 넣는다.
3. 플럭스를 물, 알코올 등과 혼합하여 사용한다.
4. 침투 납땜법으로 플럭스를 공급한다.

[표 2-15] 구리합금별 접합성

접합 방법	구리합금											
	C11000	C12500	C12200	C22000	C23000	C26000	C28000	C38500	C65100	C65500	C74500	C79600
Brazing	G	G	E	E	E	E	E	G	E	E	E	G
Soldering	E	E	E	E	E	E	E	E	E	G	E	E
Oxyfuel Welding	NR	NR	G	G	G	G	G	NR	G	G	G	NR
GTAW, GMAW	F	F	E	G	G	F	F	NR	E	E	F	NR
SMAW	NR	NR	NR	NR	NR	NR	NR	NR	F	F	NR	NR
ERW Spot Resistance	NR	NR	NR	NR	F	G	G	NR	E	E	G	NR
ERW Seam Welding	NR	NR	NR	NR	NR	NR	NR	NR	G	E	F	NR
ERW Butt Resistance Welding	G	G	G	G	G	G	G	F	E	E	G	F
E = Excellent G = Good F = Fair NR = Not Recommended												

2.10.3. 브레이즈 용접(Braze Welding)

일반적으로 납땜이라고 불리는 솔더링과 브레이징은 두개의 접합 대상 모재를 서로 마주 보게 하고 그 사이에 좁은 틈을 형성하여 그 안에 용접재료를 녹여서 접합시키는 방법을 취하게 된다. 그래서 두 부재 사이의 간격을 어떻게 할 것인지가 매우 중요하며, 접합되면 면적의 크기도 접합부 성능에 주요한 영향을 미치게 된다. 이에 비해 브레이즈 용접(Braze Welding)은 두개의 접합 대상 모재를 일반 용융 용접처럼 용접부 개선을 형성하여 상대적으로 넓은 간극을 유지하면서 납땜을 진행하는 것을 의미한다.

외견상 용접부 개선 가공면만 보면 일반 용접부와 다를 것이 없다. 납땜 자체가 모재의 융점보다 낮은 온도에서 진행되기에 인접함 모재의 용융은 전혀 발생하지 않으며 결과적으로 아래 [그림 2-16]의 비교에서 보는 바와 같이 일반 용접부에 비해 브레이즈 용접부의 특징은 모재의 용융이 없이 진행된다는 것이다.

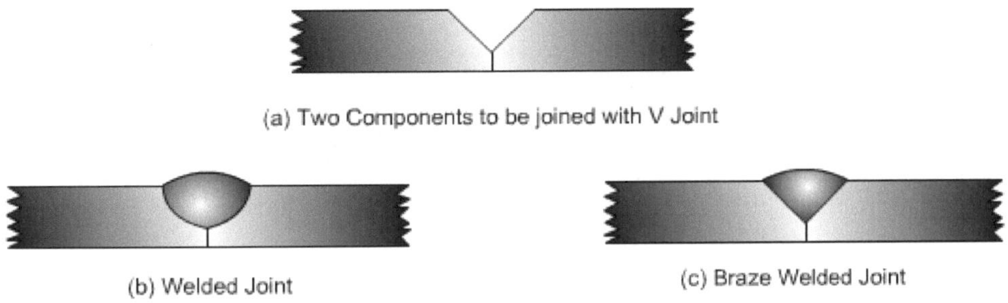

[그림 2-16] 일반 용접부와 브레이즈 용접부의 비교

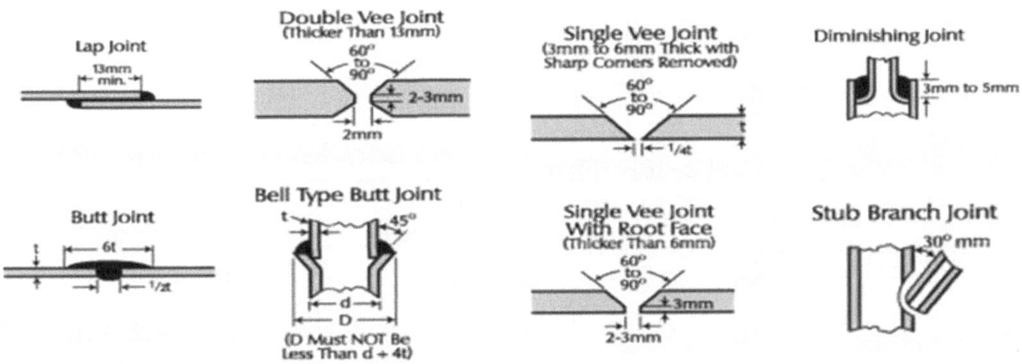

[그림 2-17] 브레이즈 용접의 이음 형상

브레이즈 용접의 용접재료는 60% 이상의 구리에 아연과 약간의 주석, 망간, 실리콘을 함유한 구리합금을 사용한다. 모재에 비해 융점이 낮은 용접재료를 녹여서 두 부재 사이의 넓은 틈을 메꿔가는 형식으로 이해하면 된다. 이때에 적용되는 용접부 이음 형상은 [그림 2-17]과 같다.

2.10.4. 납땜 이음부 설계

납땜 이음부는 인접한 두 금속 사이에 용융된 용가재를 모세관 현상에 의해 흘려 넣어 응고가 진행되면서 접합이 이루어진다. 따라서 일반적인 용융용접과는 다른 접합 이음부 설계가 진행되어야 하며, 이음부 설계에 따라 접합부 강도도 영향을 받는다.

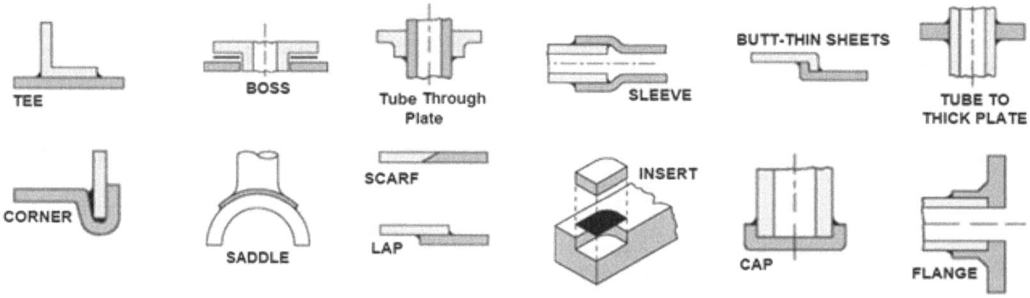

[그림 2-18] 가장 일반적인 납땜 이음부 설계

(1) 겹치기 이음 길이

납땜 이음부는 두 금속 사이의 모세관 현상에 의해 접합이 이루어지므로 어느 정도의 겹치기 이음이 존재해야 한다. 이 겹치기 이음의 길이는 통상 모재의 인장강도를 기준으로 다음과 같이 정리된다.

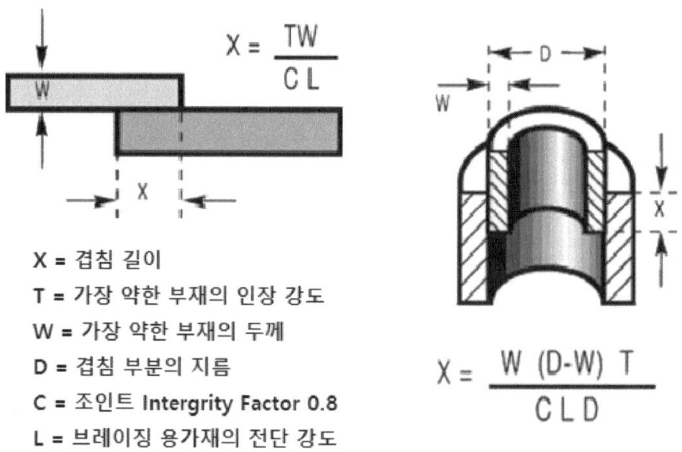

[표 2-16] 납땜 이음부의 겹치기 이음 길이

가장 약한 부재의 인장강도	겹침 길이 = factor x W (W = 가장 약한 부재의 두께)
35,000 psi – 241.3 MPa	2 x W
60,000 psi – 413.7 MPa	3 x W
100,000 psi – 689.5 MPa	5 x W
130,000 psi – 896.3 MPa	6 x W
175,000 psi – 1,206.6 MPa	8 x W
Note: ksi x 6.8948 = 1 MPa	

수도용 배관의 경우에는 [표 2-17]과 같이 겹치기 이음부에 대한 치수를 규정하고 있다.

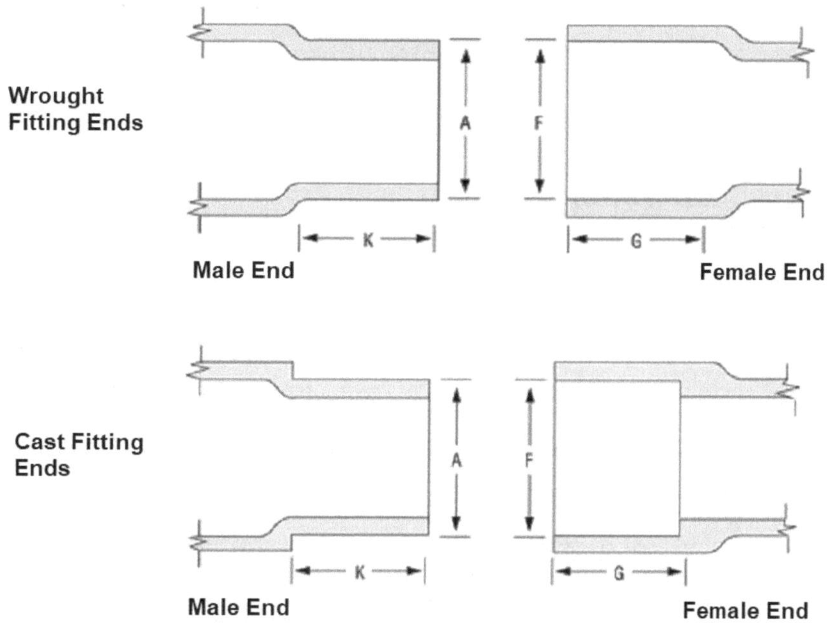

[그림 2-19] 성형품(上)과 주조품(下)의 브레이징 접합부 준비

[표 2-17] 수도용 배관의 브레이징 이음부 치수 (단위 inch)

<table>
<tr><th rowspan="3">수도용 배관의 호칭</th><th colspan="3">Male End</th><th colspan="3">Female End</th><th rowspan="2">배관 두께(T)</th><th rowspan="2">피팅의 내경(O)</th></tr>
<tr><th colspan="2">외경(A)</th><th>길이(K)</th><th colspan="2">내경(F)</th><th>깊이(G)</th></tr>
<tr><th>최소</th><th>최대</th><th>최소</th><th>최소</th><th>최대</th><th>최소</th><th>최소</th><th>최소</th></tr>
<tr><td>1-1/4</td><td>1.372</td><td>1.377</td><td>0.56</td><td>1.378</td><td>1.382</td><td>0.50</td><td>0.040</td><td>1.29</td></tr>
<tr><td>1-1/2</td><td>1.621</td><td>1.627</td><td>0.62</td><td>1.628</td><td>1.633</td><td>0.56</td><td>0.042</td><td>1.53</td></tr>
<tr><td>2</td><td>2.121</td><td>2.127</td><td>0.62</td><td>2.128</td><td>2.133</td><td>0.62</td><td>0.042</td><td>2.01</td></tr>
<tr><td>3</td><td>3.121</td><td>3.127</td><td>0.81</td><td>3.128</td><td>3.133</td><td>0.75</td><td>0.045</td><td>2.98</td></tr>
<tr><td>4</td><td>4.121</td><td>4.127</td><td>1.06</td><td>4.128</td><td>4.133</td><td>1.00</td><td>0.058</td><td>3.93</td></tr>
</table>

(2) 납땜 이음부의 부재 간격

납땜 이음에서 두 금속 사이의 간격이 너무 벌어지면 모세관 현상에 의한 용가재의 용융금속이 빨려 들어가서 정상적인 이음을 만들기 어렵고, 이 간격이 너무 좁으면 역시 같은 현상이 발생한다. 통상적으로 가장 이상적인 두 금속 사이의 간격은 0.1mm 정도이다.

2.10.5. 납땜 이음부 품질 검사

연납이건 경납이건 납땜 접합부의 품질 검사는 기존의 인장 시험, 전단시험 등의 선별적인 파괴 검사와 방사선검사(RT) 등의 비파괴 검사방법이 대부분 그대로 적용될 수 있으며, 여기에 추가하여 박리시험(Peel-off Test)과 전단인장시험(Tensile Shear Test) 등을 실시한다.

박리 시험(Peel off)은 나란하게 접합된 판재의 한쪽 면에 힘을 가하여 벗겨내면서 그때의 접합 강도와 계면의 결함 존재 여부를 평가하는 것이다.

다른 용접방법으로 만들어진 접합부 시험은 접합부에 수직한 방향으로 인장 응력을 가하여 시험을 진행하게 되지만, 납땜부의 인장은 [그림 2-20]과 같이 다들 전단응력을 기준으로 접합부의 기계적 강도를 평가하게 된다.

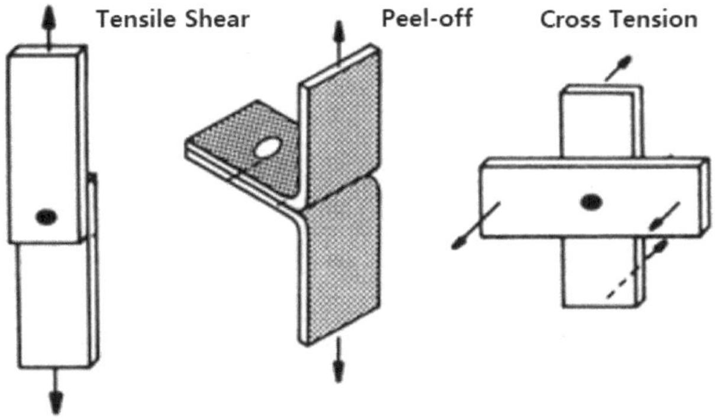

[그림 2-20] 납땜 접합부의 기계적 강도 시험

3 가공과 성형

인류가 구리를 사용하기 시작한 것은 역사적으로 수천년 전으로 거슬러 올라가고 그 시작은 구리에 주석을 섞어서 만든 청동을 사용하게 되는 기원전 3,000년 경의 청동기 시기부터이다. 구리에 주석을 혼합하여 합금을 만들면서부터 기계적 강도가 커지고 인성도 확보하게 되면서 이전의 석기시대에 사용하던 돌이나 동물의 뼈 보다 잘 깨지지 않는 고강도 재료로 사용되었다. 여기에 단조 기술까지 접목되면서 청동은 매우 중요한 인류의 재산이 되었고, 이렇게 청동을 주요 재료로 활용하던 기원전 700~210년대 까지를 우리는 청동기시대라고 부른다. 이후 인류는 주석 대신에 아연을 혼합하여 좀더 우수한 기계적 특성과 내식성을 가진 황동을 사용하게 되었다.

[표 3-1] 구리의 금속공학적 특성

Atomic Number	29
Atomic Weight	63.546
Atomic Diameter	2.551×10^{-10}m
Melting Point	1,356K
Boiling Point	2,868K
Density at 293 K	8.94×10^{3}kg/m^3
Electronic Structure	3d 104s
Valence States	2,1
Fermi Energy	7.0 eV
Fermi Surface	Spherical, Necks at (111)
Hall Coefficient	$-5.12 \times 10^{-11 m^3}$ m^3/(A.S)
Magnetic State	Diamagnetic
Heat of Fusion	134 J/g
Heat of Vaporization	3,630 J/g
Heat of Sublimation @ 1,299K	3,730 J/g
Type of Structure	A1
Crystal Structure	Face Centered Cubic
Number of Atoms per Unit Cell	4
Lattice Parameters at 293 K	3.6147×10^{-10}m
Distance of Closest Atomic Approach(Burgers vector) at 293K	2.556×10^{-10}m
Goldschmidt Atomic Radii (12-fold coordination)	1.28×10^{-10}m
Atomic Volume	1.182×10^{-29}m^3

구리 및 구리합금은 옛날부터 인류가 사용하여 온 금속으로서, 현재에도 그 물리적, 화학적 특성을 이용하여 여러 산업분야에 이용되고 있다. 적색 광택을 가진 금속으로, 전성(얇게 펴지는 성질), 연성(가늘고 길게 늘어나는 성질)이 뛰어나 비교적 가공하기가 쉽고 적당한 강도도 가지고 있다. 순수 구리는 은(銀) 다음으로 열 및 전기전도도가 좋은 금속이다. 전기가 없는 세상을 상상해 보면 우리 생활에 있어서 구리의 중요성과 효용성에 대해 쉽게 인식할 수 있다.

구리는 주조가 쉬워서 다양한 형태의 제품을 주조로 생산할 수 있고, 연성과 인성이 좋아서 압연과 인발가공 등을 통해 원하는 치수 가공이 가능하며, 용접과 납땜 기술을 통해 다양한 제품군을 생산할 수 있다. 750~875℃ 범위에서 열간가공을 실시하며, 냉간가공을 거친 제품은 375~650℃ 온도 범위에서 응력제거와 함께 조직을 표준화할 수 있으며, 200~350℃ 범위의 응력제거 열처리를 통해 조직의 안정성을 추구할 수 있다. 구리와 구리합금은 12개의 슬립시스템을 갖춘 면심입방격자(FCC)의 특성으로 인해 성형성이 매우 좋다. 최대 95%의 단면수축 변형률을 보여주며, 가공경화에 의해 최종적으로 강도를 향상시킬 수 있다. 하지만 통상적으로 과도한 재결정의 문제점으로 인해 응력제거 열처리를 실시하기 전에는 90% 이내로 변형률을 제한한다. 냉간가공된 구리는 250℃로 가열하면 이전의 냉간가공의 정도에 따라 재결정과 함께 조직이 회복된다. 하지만 이런 특성으로 인해 고온에 장시간 사용하게 되는 부재 특히 전기용 소재의 경우에는 저항열에 의한 고온 노출이 장시간 예상되는 경우에는 강도 저하의 문제가 발생 할 수 있다.

구리는 항복강도가 낮은 편이므로 상온에서 쉽게 가공이 된다. 그러나 가공경화율은 다른 입방격자의 금속에 비해 높은 편이다. 따라서 소성 가공율이 클수록 인장강도와 항복강도는 증가하지만 반대로 연신율과 단면 수축률은 감소하게 된다.

열간 및 냉간 모두 가공성은 우수한 편이며, 대략 70% 정도의 가공상태에서 가장 높은 강도를 나타내게 된다. 경화된 조직은 375~700℃ 범위에서 30분 정도 유지하면 응력이 해소되면서 연화 한다. [표 3-2]는 구리합금별 가공성을 평가한 자료이며, 여기에 정리된 절삭성은 쾌삭황동을 기준으로 여타 구리합금의 특성을 상대 평가한다.

[표 3-2] 구리합금별 가공성 평가

합금명	종별	용융점 (℃)	열간가공온도 (℃)	소둔온도 (℃)	절삭성	가공성	
						열간	냉간
전해인성동	1	1,083	750~876	375~650	20	우수	우수
인탈산동	1, 2	1,083	750~876	375~650	20	우수	우수
단동	1	1,083	750~875	425~800	20	우수	우수
	2	1,045	750~875	425~800	20	양호	우수
	3	1,025	800~900	427~725	30	보통	우수
	4	1,000	825~900	425~700	30	보통	양호
황동	1	955	725~850	425~750	30	양호	우수
	2	930	700~850	425~700	30	양호	우수
	3	905	625~800	425~600	40	우수	보통
쾌삭황동	1, 2	900	700~800	425~600	100	양호	양호
단조용황동	1, 2	895	650~825	425~600	80	우수	보통

3.1 구리의 성형성

구리합금의 가공과 성형 및 보관 시의 주의점은 표면 오염이나 이종 금속과의 접촉에 의한 부식 관리 등 알루미늄이나 스테인레스 강종의 그것과 다르지 않다. 여타 금속 소재에 비해 상대적으로 더 무겁고, 표면 경도가 약해서 흠집이 발생하기 쉽기 때문에 주의해야 한다.

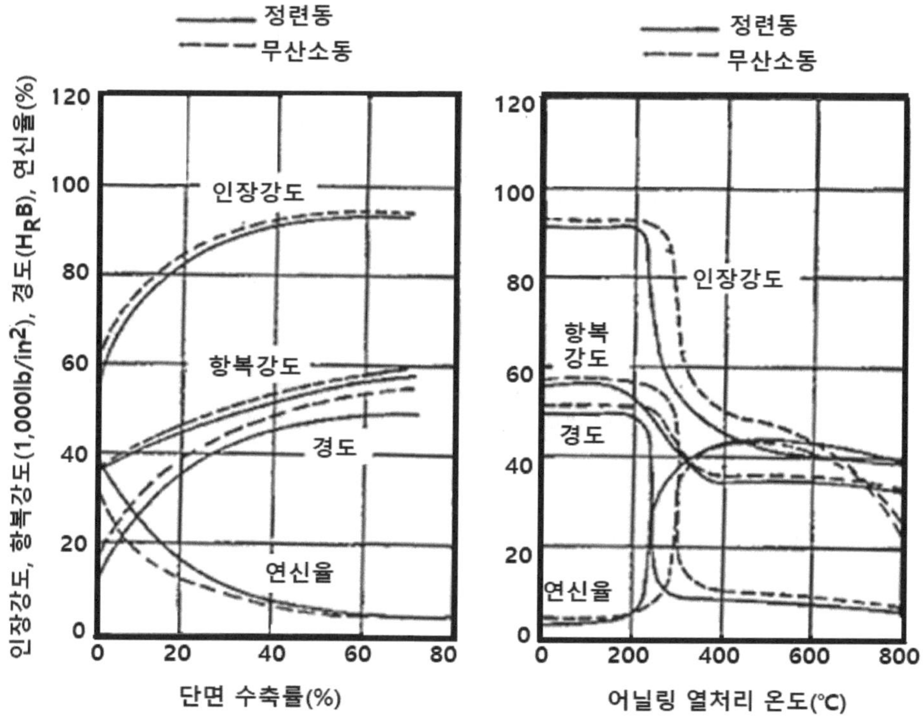

[그림 3-1] 냉간가공과 어닐링 열처리 온도에 따른 기계적 특성 변화

기계가공성은 절삭과 절곡에 의해 외형을 변형하는 벤딩(Bending) 등의 일련의 가공성을 의미한다. 모든 구리합금은 절삭이 용이한 수준으로 평가된다. 구리합금의 판재는 우수한 전기 전도성과 성형성 그리고 내식성과 외관의 미적 색감을 기반으로 다양한 제품의 성형 가공에 사용된다.

구리의 뛰어난 성형성을 활용하여 마이크론 단위의 작은 직경을 가지는 와이어를 생산할 수 있다. 합금원소의 함량이 증가함에 따라 강도가 증가하며 가공의 정도가 증가함에 따라 가공경화 현상이 발생하기는 하지만 적절한 열처리(Annealing)을 통해 가공경화 현상을 해소시켜 주면 취성을 예방하고 원하는 모양으로 성형에 어려움이 없다.

구리합금은 강철 칼날로 절단할 수 있을 정도로 절삭성이 좋고 연성과 전성이 좋아서 두드리거나 구부려서 다양한 형태를 만들 수 있는 장점이 있다. 후판의 경우에는 성형성을 확보하기 위해 열간에서 성형하기도 한다.

[표 3-3] 구리합금의 열간가공 온도

구리 및 구리합금	열간성형 온도(℃)
Copper Deoxidized	760 ~ 871
Copper Silicon	704 ~ 871
CuNi 70/30	927 ~ 1,093
CuNi 80/20	871 ~ 1,038
CuNi 90/10	760 ~ 982
Red Brass	788 ~ 871

[그림 3-2]는 주요 구리합금의 절삭성을 비교한 것이며, 대부분의 구리합금들이 알루미늄의 1/2, 일반 탄소강의 1/3 수준의 응력만으로 쉽게 절삭가공이 가능하다.

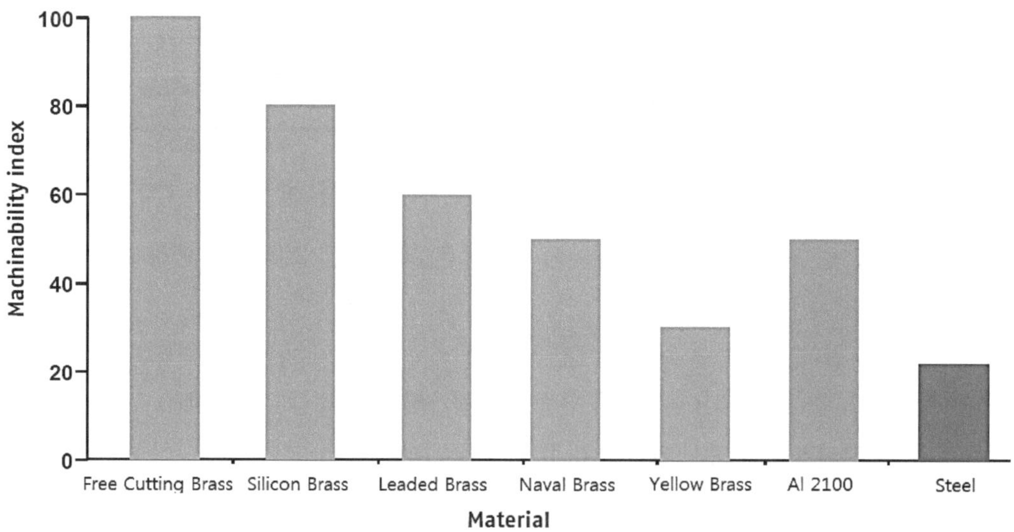

[그림 3-2] 주요 구리합금의 절삭 성능 비교

황동류의 구리합금을 프레스 가공하는 경우 가공된 소재에 국부적인 스트레스가 존재하지 않도록 공구를 설계하는 것이 중요하다. 내피로성과 내식성을 가진 프레스제품을 만드는 경우에는 5% 주석이 포함된 인청동을 사용하면 우수한 전성과 높은 기계적강도를 얻을 수 있다.

색상이 미려해서 장식용 등으로 널리 사용되는 양백은 Deep Drawing성은 좋으나 가공경화가 잘되기 때문에 중간소둔을 자주해야 한다. 연입황동의 경우에는 금속조직내의 납(Pb)의 분포에 따라 프레스가공시 크랙이 발생하므로 주의해야 한다. 신율이 작은 합금이라도 가공경화정도가 심하지 않은 소재는 프레스가공이 가능하다. 프레스가공용 소재는 완전소둔한 재료를 선택하여야 한다. 소재의 프레스가공성을 판단하는 기준으로서 일반적으로 결정입도가 사용된다.

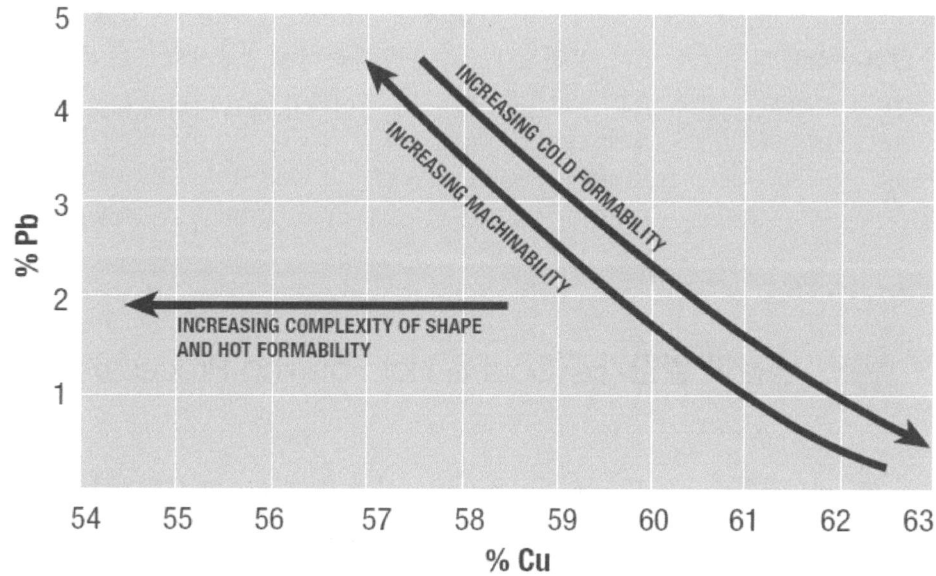

[그림 3–3] 납(Pb)의 함량과 기계 가공성 및 성형성의 관계

동일한 소재에서 두께가 같은 경우 결정입도가 클수록 전성이 개선되나 소재의 두께 방향으로 입자가 몇개 없는 경우에는 재료의 강도와 전성이 다 같이 감소함에 유의해야 한다. 따라서 Deep Drawing용 소재의 결정입도를 선정할 경우에는 최대의 신율을 나타내는 결정입도 보다 한단계 낮은 결정입도를 선택해야 한다. 일예로 두께 0.4㎜의 황동의 경우 결정입도가 0.06~0.05㎜가 프레스 가공성이 우수하며 소재 두께가 0.8㎜인 경우 결정입도가 0.06~0.09㎜일 때 프레스 가공성이 제일 좋다. 수축응력을 이용하는 압인가공이나 스핀용 가공소재는 가능한한 결정입도가 큰 소재를 선택하면 좋다.

중간소둔과 연속 인발작업으로 구성된 제조공정에서는 제품의 표면에 커다란 문제가 없는 범위 내에서는 조대한 결정입도를 갖는 소재를 선택하는 것이 좋다. 가공 후 연마(Polishing) 공정이 연결되는 경우에는 결정입도가 작은 소재를 사용하는 것이 일반적이며 이때는 가공시 재료가 파단되지 않도록 공구 설계에 유의해야 한다. 단상의 황동류는 압인작업성이 좋으며 이 압인작업은 아연의 함량이 증가할수록 감소한다.

표면의 오염에 주의해야 하며, 오염된 구리합금은 열처리나 용접 등의 가공 단계에서 균열을 일으킬 위험이 있고 오염물질로 인해 내식성이 저하할 수 있기 때문에 표면을 항상 깨끗하게 유지해야 한다. 가공용 공구 등은 동종의 구리합금 재질을 선택하거나 표면의 오염이 발생하지 않도록 청결하게 유지 관리해야 한다.

판재 사이에는 합판이나 적절한 표면 보호 필름 등으로 격리하여 보관해야 판재 사이의 마찰에 의한 표면 손상을 방지할 수 있다. 보관시에는 수분의 응축이 발생하지 않도록 해야 하며, 가능한 수직으로 세워 두는 것이 좋다. 수평으로 보관시에 작업자가 밟고 다니지 않도록 관리해야 한다.

3.2 냉간과 열간가공(Cold & Hot Forming Process)

여타 금속과 마찬가지로 구리 및 구리합금은 상온에서 혹은 열을 가한 상태에서 다양한 형태로 가공이 가능하다. 구리의 함량이 63% 이상이 되면 상온에서 압연, 압출, 인발 등의 성형 가공이 쉽게 가능하지만, 그 이하의 구리 함량에서는 연성이 저하되어 가열하여 열간 상태에서 가공한다.

3.2.1. 냉간가공(Cold Forming Process)

냉간가공은 해당 금속의 재결정온도 이하의 온도에서 압연, 압출 또는 인발 등의 과정을 통해 성형되는 것을 의미한다. 소재가 냉간가공되면, 소재의 형상변화는 입자구조에서 상당한 변화를 일으킨다. 구조의 변화로는 입자의 분쇄, 원자의 이동, 격자의 변형이 있다. 냉간가공 범위에서는 입자의 재결정이 없으므로 입자의 찌그러짐 또는 분열로부터 회복이 일어나지 않는다. 입자

변형이 진행됨에 따라 이러한 작용에 대한 더 큰 저항으로 인해 강도와 경도가 증가되는 결과를 가져온다.

대부분의 금속은 상온에서 냉간가공될 수 있으며, 냉간가공은 입자를 변형시키기는 하지만 소재의 부피를 변화시키지는 않으며, 냉간가공은 강도, 가공성, 치수정밀도와 소재의 표면상태를 향상시킨다. 열간가공 보다는 냉간가공에서 산화가 더 적게 발생하므로 얇은 판재와 포일은 냉간에서 압연한다. 성형시점에서 국부적인 온도상승이 발생하지만 열간가공처럼 높지는 않다. 이에 비해 열간가공은 소성상태에서 입자구조를 미세화 하면서 수행한다. 열간, 냉간가공 모두에서 유사한 공정과 장비가 사용되지만 필요한 하중과 가공결과는 다르게 나타난다.

응력이 탄성한계를 초과하지 않는 한 영구 변형이 일어나지 않기 때문에 열간가공 보다는 냉간가공에서는 더 큰 응력을 필요로 한다.

금속재료의 다양한 특성 중에 어느 한두 가지를 기준으로 성형성을 평가할 수는 없다. 기계적 강도, 연성, 가공경화성 등 다양한 특성들이 재료의 가공성을 결정하게 된다.

구리합금은 합금원소를 첨가하여 가공경화성을 높이고 강도를 향상시킨다. 여기에 입자를 미세화하거나 석출물의 분산강화를 통한 강도 향상 기구를 통해 극대치의 기계적 강도와 연성의 조합을 얻을 수 있으며, 이를 통해 최적의 가공성을 추구할 수 있다. 구리합금의 가공성은 알루미늄과 스테인레스강의 중간 정도의 특성을 보이며 가공경화에 따라 기계적 강도의 변화가 심하게 된다.

순수 구리에서는 합금원소의 영향이 없으므로 입자의 크기는 성형성을 좌우하는 주요 인자가 된다. 입자가 클수록 성형이 쉬워지지만, 반대로 너무 큰 입자를 가진 금속은 가공 후 표면에 악영향을 미치기에 피해야 한다. 많은 전기 부품들이 단순 절곡(Bending)과 절단의 과정을 통해 성형되는데, 이 때에 절곡 반경을 기준으로 성형성을 평가하게 된다.

복잡한 형상의 제품을 성형할 때에는 항상 원래의 모양으로 돌아가려는 회복력(Spring Back)을 고려해야 한다. 회복력(Spring Back)은 탄성범위 안에서 원래의 모양으로 돌아가려는 현상으로 이를 극복하기 위해서는 과다 성형을 한 후에 일정양 만큼 회복될 수 있도록 해야 한다.

3.2.2. 열간가공(Hot Forming Processes)

열간가공은 초기형상의 잉곳이나 연속 주조된 봉을 널리 사용되고 있는 구조용 형강, 봉재 또는 판재 형상으로 변화시키는 중요한 공정이다. 잉곳, 연주봉 또는 중간단계의 제품을 고온에서 햄머, 프레스, 압연 또는 압출하여 다른 형상으로 만든다. 열간가공이 진행되는 높은 온도에서는 스케일링과 산화물이 존재하기 때문에 대부분의 경우에 표면조도, 치수 정밀도 및 기계적 특성을 향상시키기 위해 냉간가공을 후속 공정으로 채택하게 된다.

열간가공은 금속마다 다른 그 금속의 재결정 온도 이상에서 소성변형시키는 것이며, 재결정 온도 이상에서 소성변형을 일으키므로 가공경화는 발생하지 않는다. 또한 열간가공된 금속은 탄성한계가 커지거나 강해지지 않고, 금속은 일반적으로 가해지는 응력의 증가없이 부가적인 변형이 발생하는 점인 항복강도가 감소된다. 파단이 일어나지 않고 변형이 생기는 능력인 인성이 증가한다. 따라서 열간가공으로 파단이 일어나지 않도록 힘을 가하여 금속의 형상을 심하게 변화시키는 것이 가능하다.

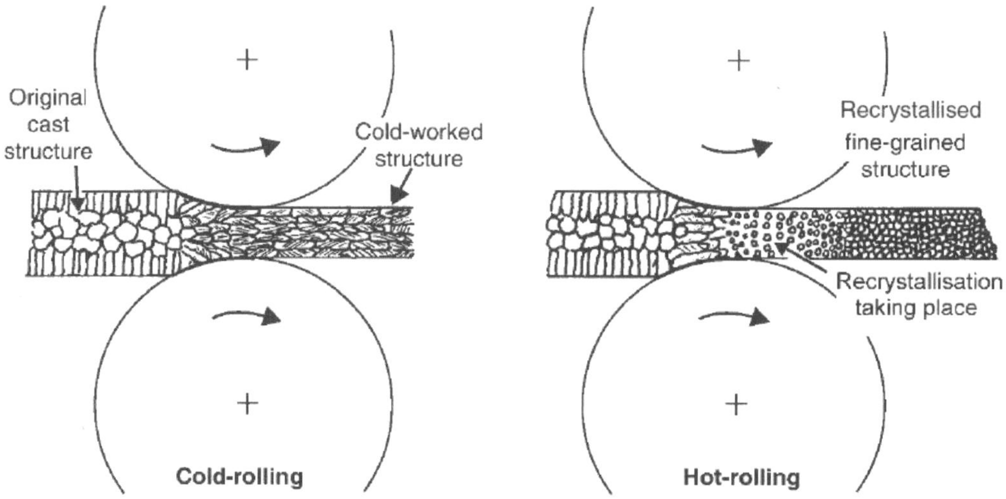

[그림 3-4] 열간 가공과 냉간 가공에 따른 조직의 차이

구리합금의 열간가공은 대개 변태점 온도 절반 이상의 온도에서 실시하는 것을 의미하며, 조직학적으로는 주조와 응고 과정에서 합금 성분의 고용도 차이에 의해 형성되는 수지상 조직을 깨는 과정이라고 표현할 수 있다. 아연의 함량이 높은 구리합금은 $\alpha+\beta$ 상의 복합상의 존재에 의해 냉간가공이 어렵다. 따라서 이런 구리합금은 고온 인발이나 열간단조 등의 열간가공을 통해 원하는 모양으로 만들어가게 된다.

대부분의 잉곳에는 주조 과정에 형성되는 작은 기공들이 있게 되는데, 열간가공을 하게 되면 금속내부의 기공이 상당히 제거된다. 주조 품에 존재하게 되는 기공들이 열간가공의 과정에서 가압이 되면 서로 합쳐져서 사라지며, 주조품의 응고 과정에서 형성될 수 있는 개재물 형태의 불순물이 파괴되어 금속 전체에 분포된다. 열간가공이 재결정 온도 범위에서 이루어지므로 냉각 과정에서 미세화된 결정립을 얻을 수 있으며, 결정립 미세화에 따른 결과로서 물리적 성질이 향상된다. 인성과 충격에 대한 저항이 증가하고 강도가 증가하며, 금속의 균질화가 증대된다.

열간가공을 하게 되면, 금속이 고온 상태이므로 표면에서 표면조도가 불량해 지고 급속한 산화 또는 스케일링이 발생한다. 이러한 스케일링의 결과로 정밀한 공차를 유지할 수 없다. 열간가공 장비의 가격과 그 유지비용은 많이 들지만 낮은 온도에서 작업하는 것에 비하면 열간가공은 더 경제적이며 작업의 목적도 냉간가공과 비슷하다.

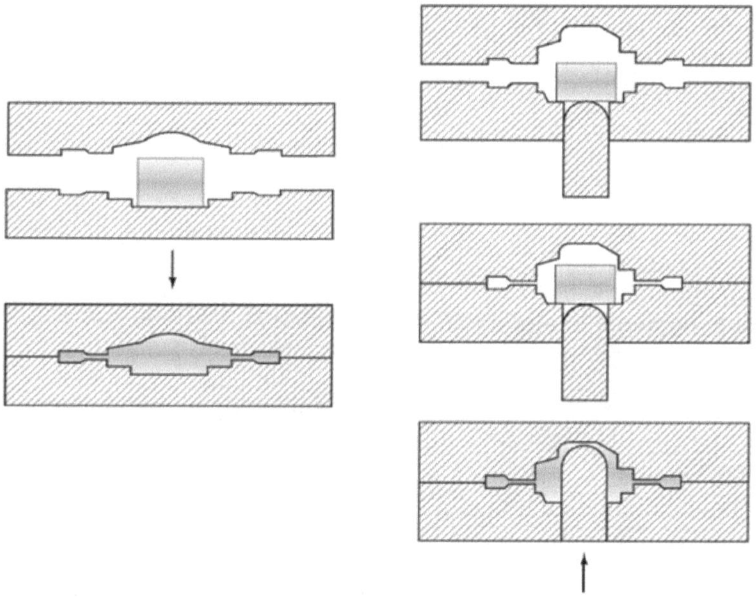

[그림 3-5] 성형틀을 사용한 가공과정

3.3 압출, 인발 및 단조성형(Extrusion, Drawing, & Forging)

3.3.1. 압출가공(Extrusion)

길이가 길고 단면이 일정한 환봉이나 튜브 혹은 형강류 제품을 생산하는 용도로 사용되며 보통 재결정온도 이상의 고온에서 작업이 진행된다. 냉간에서도 작업을 가능하며, 냉간압출은 냉간단조와 유사한 공정으로 개별제품을 생산한다.

구리 및 구리합금은 음용수용 배관 등의 건축용 자재 뿐만 아니라 정유, 석유화학플랜트 등의 산업용 배관 및 열교환기용 재료로 널리 사용되고 있다. 이러한 용도로 사용되는 튜브 및 배관재료는 대부분 재결정 온도 이상의 고온에서 압출가공으로 생산된다. 황동의 경우에는 700~850℃로 가열하여 압출가공하여 성형한다.

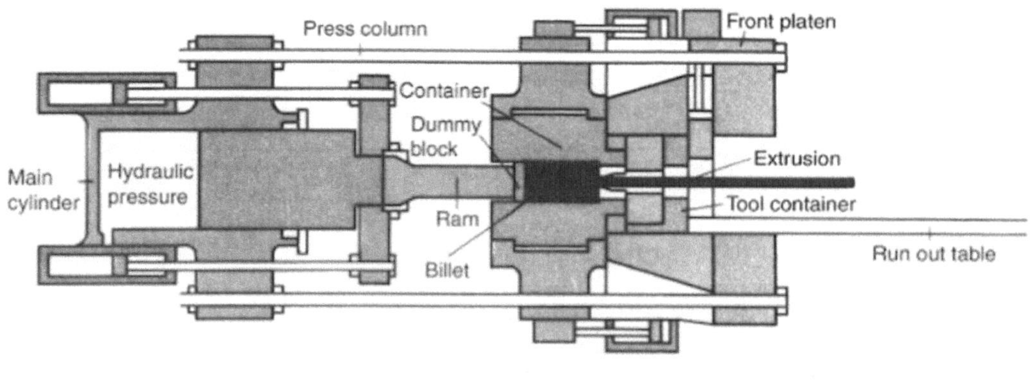

[그림 3-6] 압출 성형 공정

순수 구리와 α상의 단일상으로 구성된 구리합금의 경우에는 상대적으로 쉽게 압출에 의해 성형이 가능하며, $\alpha+\beta$의 복합상으로 구성된 구리합금 중에는 납(Pb)과 같은 성분을 추가하여 열간가공성을 향상시키지만, 반대로 납의 추가에 따라 냉간가공에는 연성의 제약으로 인해 어려움이 발생하기도 한다. 최근에는 납 대신에 비스무트나 셀레늄 혹은 실리콘과 같은 합금원소를 추가하여 절삭성은 물론이고 가공성을 향상시킨 구리합금이 적용되기도 한다.

[표 3-4] 주요 금속의 열간압출가공 온도

금속	열간압출온도(℃)
납	200~250
알루미늄과 알루미늄합금	375~475
구리와 구리합금	650~975
탄소강	875~1,300
세라믹	975~2,200

3.3.2. 인발가공(Drawing)

압출이 고온에서 밀어내어 성형을 하는 방식인데 비해 인발가공(引拔加工)은 대부분 상온에서 진행된다. 압출가공과 인발가공의 차이점은 압출가공에서는 원소재에 압축력이 작용하여 제품을 생산하였는데, 인발가공에서는 원소재에 인장력이 작용하여 제품의 형상을 완성하는 것으로 구분할 수 있다. 주로 압출공정에서 생산된 환봉이나 파이프, 튜브를 다시 좀더 작은 직경으로 가공하는 용도로 사용된다.

인발가공은 주로 냉간가공으로 진행되기 때문에 열간가공으로 진행되는 압출가공에 비해 표면이 더 매끄럽고 균질한 장점이 있다. 완성된 제품의 길이 방향으로 인발과정에서 형성된 흠집 혹은 접힌 자국들이 생기게 되며 이를 솔기결함(Seam) 혹은 접힘(Lapping)이라고 표현한다.

또한 냉간가공에 의해 제작되다 보니 소재의 불균일한 변형이 발생하면서 잔류응력이 과도하게 형성될 수 있으며, 이러한 잔류응력은 제품의 변형과 응력부식균열을 유발하는 원인이 될 수 있다. 인발성형과정에서 냉간가공의 비율이 높은 경우에는 성형이 완료된 이후에 잔류응력제거를 위한 별도의 열처리를 추가적으로 실시하기도 한다.

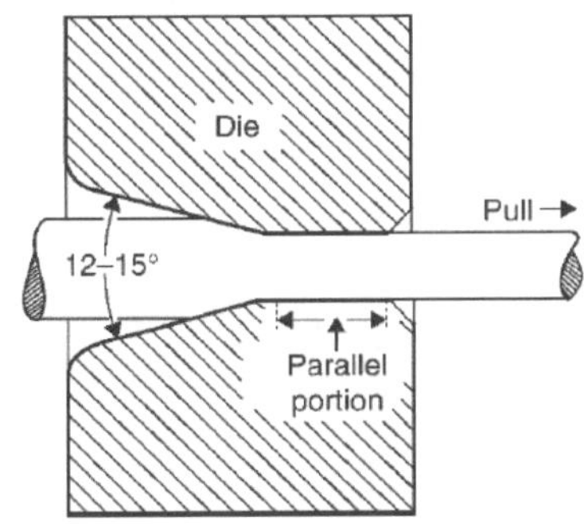

[그림 3-7] 인발성형 개요

3.3.3. 단조(Forging)

단조는 상온에서 작업되는 것과 고온에서 작업되는 것으로 구분할 수 있으며, 온도에 따른 구분은 앞서 설명한 냉간성형과 열간성형의 차이점과 동일하다. 일반적으로 냉간단조 제품의 표면이 열간단조 제품에 비해 표면 조도가 좋고, 치수 정확도가 높은 장점이 있다.

보통 금속재료는 온도가 높을수록 변형 능력이 커져서 단조가공이 쉬워지지만, 반대로 지나치게 유연하여 쉽게 균열이 발생할 수 있다. 과열 상태에서 단조가공을 하게 되면, 재결정 온도 이상의 고온에 오랜 시간 노출되어 조직이 성장하여 기계적 성질이 나빠지게 된다. 또한 상온 또는 너무 낮은 온도로 가열하여 단조를 진행하게 되면, 성형 완료 이후에 조직 내부에 너무 높은 수준의 잔류응력이 남게 되어 국부 변형과 균열 발생의 위험성이 커진다.

단조는 금형을 사용하지 않는 자유단조와 금형을 사용하는 형단조로 나누기도 하며, 구리 제품의 경우에는 어느 경우에나 우수한 연성과 가공성으로 인해 단조 작업이 용이하다. 단조를 통해 재료의 기계적 성질을 향상시키지만 연신은 일정 수준에 이르게 되면 감소하게 된다.

많은 구리 제품이 단조 공정을 통해 각종 부품 및 장식품으로 제작되고 있으며, 이 경우에 원소재는 대부분 $\alpha+\beta$상의 복합상을 가진 고강도 구리합금들이 적용된다. 단조로 제작된 환봉을 깎아서 단순한 부속품을 만들기도 하고 형단조를 통해 밸브, 볼트나 배관 연결구로 모양을 갖추기도 한다.

(1) 자유단조(Free Forging)

1) 업세팅(Upsetting), 평판 단조(Flat-die Forging)

금속 소재를 두 개의 평판 다이 사이에서 압축하여 높이를 감소시키는 작업이며, 이 과정에서 [그림 3-8]의 (c)와 같이 제품이 배가 불러오는 현상이 발생하게 된다. 이를 배럴링(Barrelling)이라고 부르며, 다이와 소재 사이의 면에서 발생하는, 소재의 흐름에 반대되는 마찰력 때문에 주로 발생한다. 단조 과정에서 효과적인 윤활을 도입함으로 이러한 배럴링을 최소화할 수 있다.

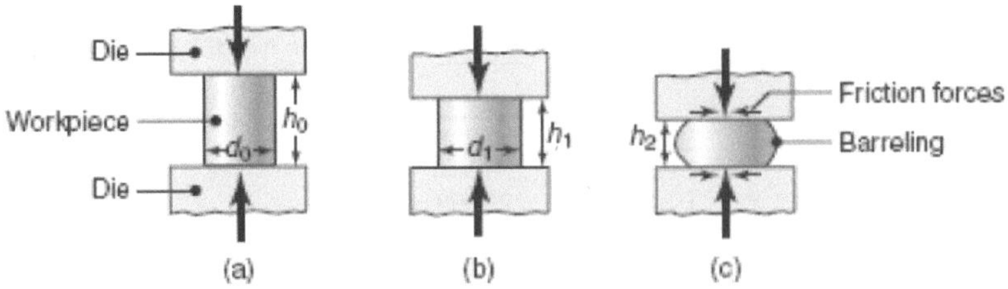

[그림 3-8] 평판 단조의 개요

2) 코깅(Cogging)

막대 모양의 소재의 두께를 감소시키는 자유단조 공정으로서 연속적인 단조 작업(바이트, Bite)이 특정 간격으로 이루어지는 공정이다. [그림 3-9]에서는 사각형 혹은 원형 바를 생산하거나 링(Ring) 형태의 단조품을 생산하는 과정을 보여주고 있다.

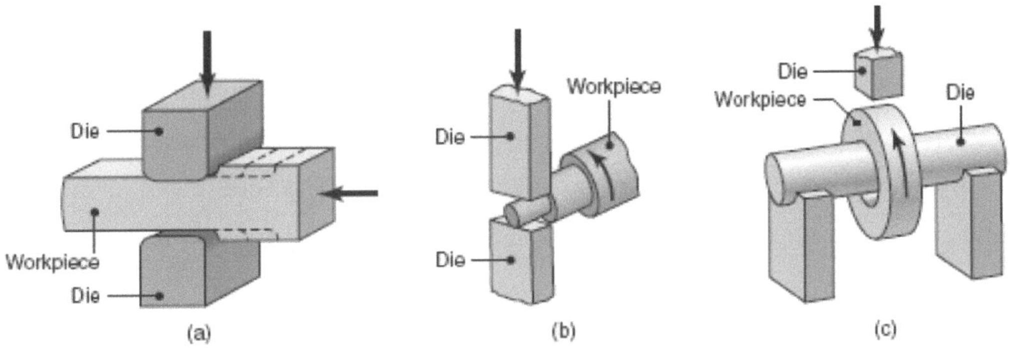

[그림 3-9] 코깅(Cogging) 단조 공정의 개요

(2) 형단조(Die Forging)

형상을 가지고 있는 두 개의 다이 사이에서 소재를 단조하여 공동부(Cavities)의 형상으로 소재를 변형시키는 공정이다. 향상된 연성(Ductility)과 단조에 필요한 힘을 감소시키기 위하여 일반적으로 고온에서 열간가공 공정으로 진행된다. 단조 과정에서 [그림 3-10]의 (c)와 같이 단조품의 일부가 금형 외부로 밀려나가는 상황이 발생하게 되는데, 이를 플래시(Flash)라고 부르며, 완성품을 위해서는 추가적으로 이러한 플래시를 제거하는 과정이 필요하다.

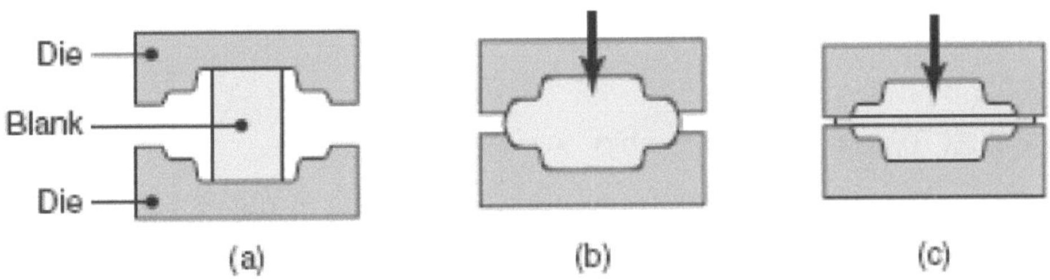

[그림 3-10] 형단조의 개요

3.4 성형 및 표면 처리

3.4.1. 절단 및 절삭(Cutting & Machining)

전력난이 심각한 북한에서도 종종 구리 전력선을 절단하여 판매하는 사례가 소개되기도 하고, 국내에서도 구리 전선을 절단하여 고물상에 넘기는 사례가 과거에는 종종 방송에 소개되곤 했었다. 이는 근본적으로 구리의 가격이 비싼 원인도 있겠으나, 반대로 생각해 보면 그 만큼 구리 전선이 감전의 위험성에도 불구하고 상대적으로 절단하기 쉬운 금속이라는 것을 반증하는 사례가 될 수 있다. 대부분의 구리합금은 연하여 간단한 도구만으로도 쉽게 절단이 되지만, 연성이 좋고 성형성이 좋아서 절단과 절삭가공 과정에서 쉽게 원하지 않는 표면 손상이 발생하기도 하여 이후 2차 가공에서 가공 결함으로 이어지기도 한다.

따라서 정밀한 절단을 위해서는 별도의 전용 공구를 사용하고, 절단 및 절삭면 주변에 의도하지 않은 손상이 남지 않도록 주의해야 한다. 가장 널리 사용되는 절단 및 절삭 가공은 전단 가공(Shearing)과 같은 거친 절단면을 형성하거나 혹은 일반적인 그라인더 등을 이용한 다소 거친 절단면을 형성하는 절단 방법에서부터 전해절단(Electrical Discharge Machining, EDM)과 같은 정밀 절단 및 절삭가공까지 다양한 절단 방법들이 현장에서 적용되고 있다.

구리합금의 절단성은 절단의 용이성과 절단 칩의 형성을 기준으로 3가지로 구분한다.

(1) 제 1 그룹 ('Type I' or 'Free-cutting' Alloys)

이 그룹에 속하는 구리합금은 균질한 혹은 일부 편석이 있는 조직에 납(Pb), 텔루리움(Te), 혹은 황(S)을 포함하고 있어서 쾌삭가공이 가능한 합금들이다. 이들 합금원소의 역할로 인해 절단과 절삭 과정에서 작은 칩이 형성된다.

(2) 제 2 그룹('Type II' or 'Short-chip' Alloys)

합금원소로 납(Pb)을 포함하고 있지는 않지만 어느 정도 절삭 가공이 양호한 편에 속하고 제 1 그룹의 구리합금에 비해 강하고 균질한 조직을 가지고 있으며 성형성도 좋다. 성형성이 좋다는 말은 제 1 그룹의 구리합금에 비해 절단 칩이 길게 형성된다는 것을 의미한다.

(3) 제 3 그룹('Type III' or 'Long-chip' Alloys)

매우 우수한 성형성을 가지고 있어서 절삭되기 보다는 변형이 더 쉬운 고강도의 구리합금들로 합금원소가 별로 없어서 단일상(Single Phase)으로 구성되며, 기계 가공을 위해서는 절삭에 힘이 많이 들어가고, 절단 공구의 수명이 감소하며, 절단 칩의 모양도 좋지 않게 형성된다.

제 1 그룹의 절삭성을 70~100으로 평가하면, 제 2 그룹은 60~40 정도가 되고, 제 3 그룹은 30~20 정도가 된다.

[표 3-5] 구리합금의 절삭성 구분

구분	절삭성 구분		
	제 1 그룹(Type I)	제 2 그룹(Type II)	제 3 그룹(Type III)
미세 조직	균질상과 불균질상이 복합되어 있고, 칩 형성을 도와주는 Pb, S, Te 들이 합금원소로 포함되어 있다.	입자가 큰 균질한 상을 가지고 있으며 납(Pb)은 없거나 극히 작다.	균질한 단일상을 가지고 있거나 미세하게 분산된 불균질상으로 구성된다.
절단 칩의 형상	짧고 작은 형상	중간 길이로 약간 말리는 형상	길게 돌돌 말리는 형상
절단 공구의 마모	미미한 수준	중간 정도	마모가 심하다
냉간가공성	불량	적합	양호
열간가공성	양호	적합	적합

절단된 칩은 합금의 종류와 열처리 상태, 절단시의 조건 등에 따라 매우 다양한 모양을 하게 되는데, 가장 바람직한 상태는 짧고 작은 원형으로 돌돌 말려서 형성되는 형상의 칩 형태이다.

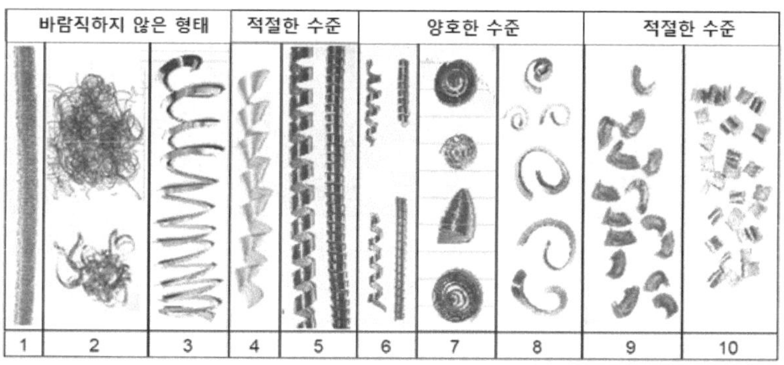

1 Ribbon chips
2 Tangled (or snarled) chips
3 Corkscrew (or washer-type helical) chips
4 Conical helical chips
5 Long tubular chips
6 Short tubular chips
7 Conical coiled chips
8 Spiral chips
9 Arc chips (or chip curls or short comma chips)
10 Discontinuous (or elemental or short comma) chips

[그림 3-11] 절단 칩의 형태

순수한 구리는 상대적으로 절단에 소요되는 힘은 작으나 실제로는 연성이 크고 소성 변형이 쉽기 때문에 정밀한 절단이 매우 어렵다. 그러다 보니 절단용 기구의 마모도 상대적으로 빠르고 절단된 칩의 형상도 바람직하지 않게 된다. 납(Pb)을 포함한 합금은 입계에 납이 존재함으로 인해 절단 작업이 쉽고 형성된 칩의 형상도 바람직한 모양이 되지만, 반대로 성형성 등은 나빠지게 된다. [그림 3-12]는 구리합금에 포함된 납의 함량에 따른 절단 칩의 모양을 비교한 것이다. 납의 함량이 증가할수록 짧고 작은 형상이 된다.

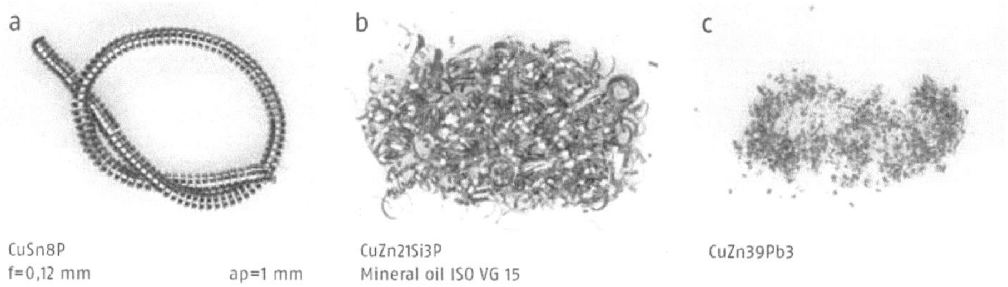

[그림 3-12] 납 함량 증가에 따른 절단 칩의 모양

절삭용 공구 재료로는 고속도 공구강, 인조 다이아몬드, 그리고 WC나 TiC 등의 금속탄화물들이 사용되며, 일반적으로 탄소강에 적용되는 공구강 재료는 사용하지 않는다. 금속탄화물을 사용하는 경우에는 고강도로서 우수한 내마모성이 있기는 하지만 절삭도구로 모양을 성형하기에는 어려움이 있을 수 있어서 최근에는 다른 금속에 이들 탄화물을 소량 첨가하는 방식으로 복합 소재를 적용하기도 한다. 절삭용 공구의 수명을 증대하기 위해 각종 금속탄화물, 금속산화물 및 다이아몬드 등으로 표면을 코팅하여 사용하기도 한다.

[표 3-6] 절삭 공구 재질에 따른 드릴 가공시의 절삭 속도

절삭성	절삭 공구 재질에 따른 절삭속도, Vc(m/Min)		
	고속도 공구강	탄화물 (Solid Carbide) D= 3~20(mm)	탄화물 삽입
100	80	250	400
90	74	239	373
80	69	228	345
70	63	216	318
60	58	205	290
50	52	194	263
40	46	183	235
30	41	171	208
20	35	160	180

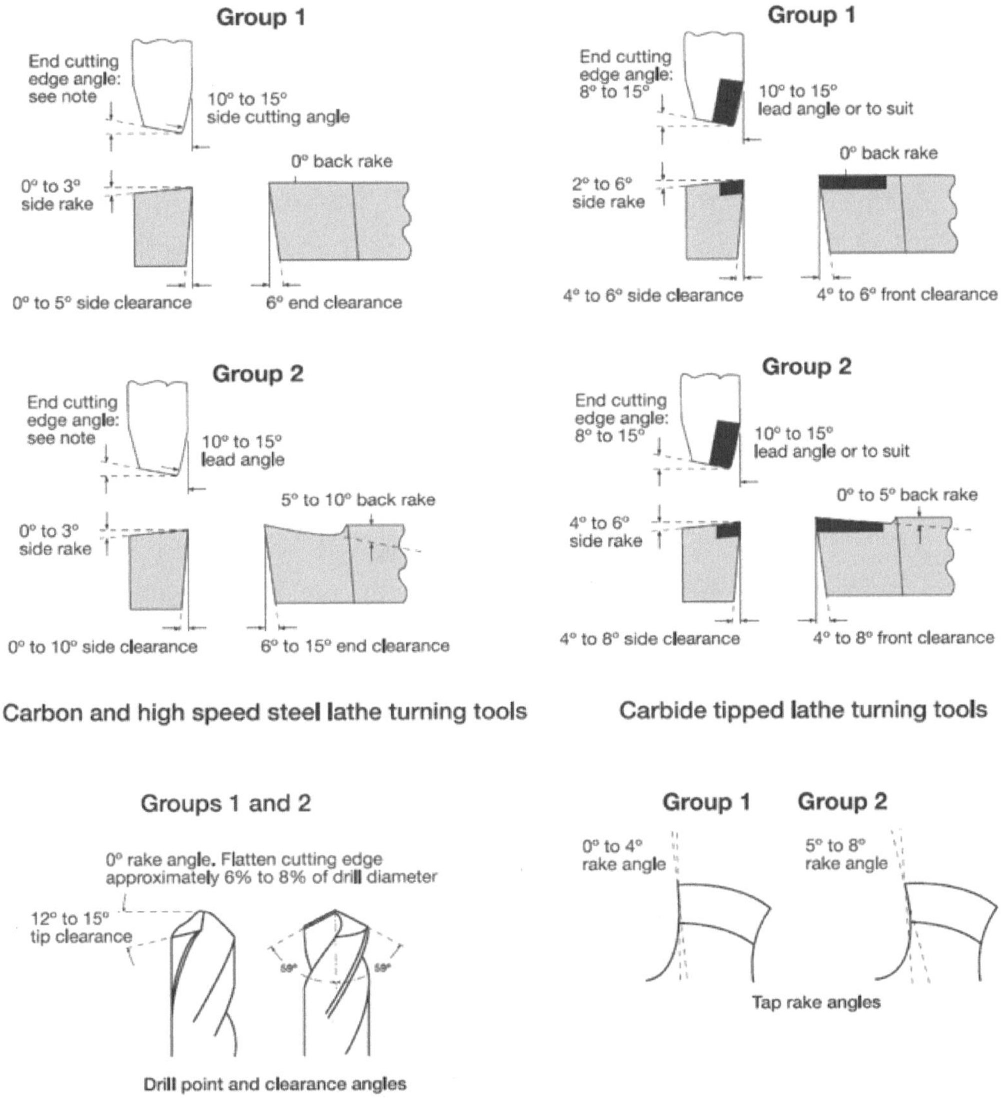

[그림 3-13] 그룹 1과 2에 해당하는 구리합금들의 절삭공구 적용 예

3.4.2. 절곡(Bending)

절곡이라고 표현할 수 있는 가공은 각도를 두고 판재를 구부리는 가공도 있을 수 있고, 원형의 단면을 가진 환봉이나 파이프 등을 일정한 각도로 구부리는 가공을 포함할 수 있다. 전자의 경우에는 각종 부품이나 장식품을 제작할 때에 주로 사용하는 방법으로 자동차 부품에 사용되는 밧데리 단자 등에 널리 사용되는 가공 방법이며, 후자의 경우에는 스프링을 만들기 위한 원형 가공과 파이프를 각도를 주어 가공하는 것으로 구분될 수 있다.

판재(板材)이건 환재(環材)이건 간에 절곡을 하게 되면 부분적으로 변형이 심하게 발생하는 부분에 두께 감소가 발생할 수 있고, 배관재의 경우에는 단면의 축소가 발생할 수도 있기에 사전에 이에 대한 대비를 강구해야 한다. 이론적으로는 모든 변형부의 두께 감소가 원소재에 비해 심각하지 않아야 하겠으나, 실제 현장에서는 이를 준수하는 것이 그리 쉽지는 않다. 배관재의 경우에는 변형을 시기기 진에 가공 반경에 따른 단면의 감소를 고려하거나 내부에 충진재를 넣어서 국부적인 단면 감소를 최소화한 상태에서 가공에 임하는 것도 대안이 될 수 있다.

동합금은 어느 정도의 탄성을 갖기 때문에 원하는 절곡 각도를 얻으려면 공구설계에 유의해야 한다. 합금의 강도가 클수록 절곡 반경은 커진다. 긁힘과 같은 표면결함은 응력집중에 의한 파단의 원인이 될 수 있으므로 절곡가공 전과 후에 연마 작업을 통해 매끄럽게 제거해야 한다.

소재를 절곡가공 후 도장(Painting, Coating) 등의 표면처리를 하는 경우 결정입도 선정에 유의해야 한다. 결정입도가 너무 작으면 도장 층과 소재사이의 부착력(Adhesion)이 나빠진다. 코팅한 소재를 절곡하는 경우에는 원소재의 절곡 특성 뿐만 아니라 코팅층의 절곡 특성에도 유의해서 코팅된 표면에 균열이 발생하지 않게 해야 한다.

3.4.3. 볼팅(Bolting), 리벳팅(Riveting)

구리합금은 용접이나 납땜으로 접합하기도 하지만, 볼트나 리벳으로 손쉽게 접합이 가능하다. 간혹 접합 강도를 확보하기 위해 볼트나 리벳의 재질을 좀더 강한 다른 금속으로 사용하기도 하는데, 만약 해당 부재의 재질 선정이 내식성을 확보하기 위한 목적이라면 볼트나 리벳의 재질은 모재와 동일하거나 동등한 것으로 적용해야 이종 재질의 접촉에 따른 갈바닉 부식을 예방할 수 있다. 최근에는 과거 플라스틱과 같은 비금속 재질에만 적용되는 것으로 알려져 있던 접착제를 이용한 접합이 확대되면서 볼트나 리벳을 이용한 접합부를 점차 대체하고 있다.

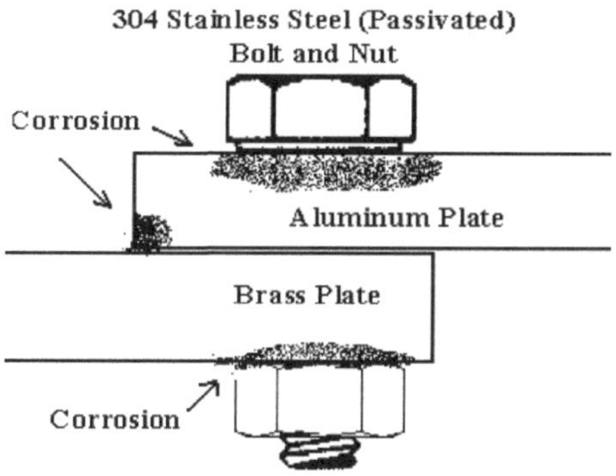

[그림 3-14] 잘못된 갈바닉 조합으로 부식 발생 사례

볼트의 강도는 Proof Load Test를 통해서 결정되며, 우리말로는 보증강도 혹은 인정강도 등의 용어로 설명된다. 이는 해당 볼트에 인장응력을 가했을 때에 변형 혹은 파단 하지 않는 최대 강도를 의미하며, 볼트의 크기를 선정하고 적합성을 평가하는 기준이 된다.

강종별 보증강도(Proof Strength)와 선팽창 계수의 참고치를 [표 3-7]에 정리한다.

[표 3-7] 강종별 보증강도(Proof Strength)와 선팽창 계수

금속 종류	보증강도(Proof Strength, MPa)	선팽창계수 (m/℃)
구리	완전소둔 상태 - 50 열처리 조건 - 340	16.5 × X10^{-6}
고장력강	700 이상	11.1 × 10^{-6}
스테인레스강 316	414 이상	15.9 × 10^{-6}
알루미늄청동 CW307G	400 이상	16.2 × 10^{-6}
스테인레스강 304	207 이상	17.2 × 10^{-6}
규소청동 C651000	365 이상	17.8 × 10^{-6}

구리와 알루미늄은 모두 자연 상태의 대기중에서 산소와 만나서 산화층을 형성하거나 황화물층을 형성하게 되며, 이들 표면 층의 형성에 따라 볼트나 리벳으로 연결된 부품의 연결부 전기전도도가 저하하는 경향을 보인다. 또한 알루미늄의 산화층은 구리의 산화층에 비해 1.36배 열팽창이 큰 특성을 가지고 있다. 구리합금은 알루미늄 합금의 표면에 형성되는 Al_2O_3의 산화층에 비해 전기전도도가 우수하며, 특히 온도가 올라갈수록 저항값이 낮아지는 경향을 보인다. 이론적

으로는 10^{-6}cm 두께 이하의 얇은 산화층은 구리합금의 전기전도도에 전혀 문제를 일으키지 않는다고 한다. 마주한 두 부품의 압력을 증가하면 저항은 감소하는데, 15N/mm^2 이상의 압력 하에서는 압력의 증가에 따른 저항값의 감소는 미미한 수준이다.

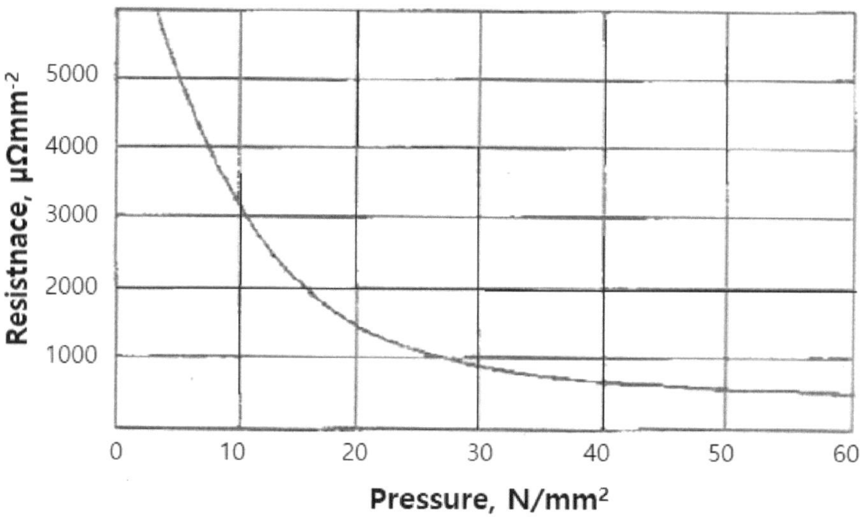

[그림 3-15] 전기부품용 순동의 가압력에 따른 접촉저항

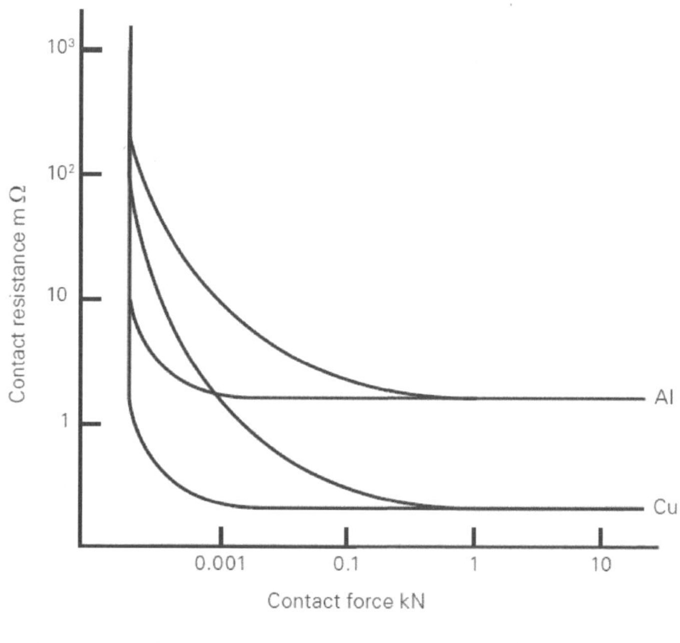

[그림 3-16] 알루미늄과 비교한 구리합금의 접촉저항과 가압력

3.4.4. 표면처리(Finishing)

자연상태에서 산화되는 대부분의 금속은 표면의 색과 무관하게 절단면의 색이 은회색인데 비해 금과 구리만이 은회색이 아닌 고유의 색을 가지고 있다. 구리는 보통 오렌지 색깔의 광택을 가지고 있지만, 합금은 특정 색상을 가지고 있으며, 핑크색부터 노란색, 금색, 초록색, 풍화되면 짙은 청동색까지 구리는 다양한 색을 띄고 있다. 공기에 노출된 상태로 두면 산소와 천천히 반응하여 어두운 색깔의 산화구리(CuO) 피막을 형성하게 되고 더 오래 놓아두면 구리 표면에 산소, 이산화탄소가 반응하여 녹청이라고 부르는 탄산염의 녹색 피막을 만들게 된다. 대기 노출을 통해 초록색 또는 청동 표면의 색상으로 변화하게 된다. 구리로 만들어진 동상 등의 조형물이나 지붕들이 시간이 지남에 따라 녹색을 가지게 되는 것은 이들 녹청으로 인한 것이다.

구리합금은 합금원소의 조성에 따라 고유한 색상을 가지고 있으며, 대부분의 부식 환경하에서도 고유의 색상을 유지하며 그 성능을 확보하게 된다. 대개의 경우에 구리 및 구리합금에 추가적으로 도장을 실시하지는 않는다. 구리 자체가 가진 고유의 내식성으로 인해 굳이 부식으로부터 보호하기 위한 도장은 큰 의미가 없다. 부식환경으로 부터 구리를 보호하기 위한 도장 보다는 미적인 목적을 추구하거나 아주 가혹한 부식 환경에 노출되거나 혹은 다른 금속과의 접촉과정에서 발생할 수 있는 이종재질 접촉에 의한 갈바닉(Galvanic) 부식으로부터 보호하기 위해 도장을 적용하는 경우가 있다.

[그림 3-17] 구리합금으로 시공한 건축물 지붕

이렇게 대기중에 노출되어 시간이 지남에 따라 자연스럽게 형성되는 색감을 유도하는 경우도 있지만, 기계적, 화학적 혹은 별도의 도금을 통해 소기의 목적을 추구하기도 한다. 전기 단자로 사용되는 구리합금의 경우에는 표면의 산화층에 의해 변색이 되고 전기전도도가 떨어지는 것을 방지하기 위해 니켈로 도금을 하여 사용하기도 한다.

1967년도에 CDA(the Copper Development Association)는 이러한 표면 처리의 기준을 정리하여 표준으로 분류하고, 각각 기계적 표면처리, 화학적 표면처리, 투명한 유기물 코팅, 그리고 필름과 같은 라미네이팅(Laminating) 코팅으로 구분하여 각각 M, C, O, 그리고 L로 구분하였다. 여기에 두자리 숫자를 더하여 세부 표면처리의 기준을 정리하였다.

(1) 기계적 표면 처리

유리면처럼 매끄러운 표면을 만들거나 특정한 무늬 등을 기계적으로 형성한 표면 처리를 의미한다. 연마작업을 통해 광택과 함께 반사가 될 수 있도록 가공하기도 하고, 요철을 만들어서 질감을 개선하기도 한다.

(2) 화학적 표면 처리

주로 색감을 내기 위해 화학적으로 부식을 유도하는 표면 처리를 의미한다. 부식을 통해 표면에 특정 색깔을 나타내기도 하지만, 화학적인 처리를 통해 황화물 혹은 산화물층을 형성하여 내구성을 증대 시키는 역할도 추구한다.

전기 제품 등에서 표면에 니켈 도금을 통해 구리합금의 산화물 형성에 의한 전기저항의 증가를 막고 초기의 색감을 오래 유지하도록 하기도 한다.

(3) 투명한 유기물 코팅

우리가 흔히 투명한 락카칠을 하는 것처럼 구리합금 표면에 레진성분의 코팅을 실시하여 내구성과 초기 색감을 유지하도록 한다. 기름이나 왁스 성분을 표면에 도포하여 색감을 유지하는 방법도 사용한다.

(4) 라미네이팅 코팅

비닐이나 플라스틱 혹은 불소수지 등과 같은 재질의 필름으로 표면을 덮어서 내구성과 표면의 색감 및 질감을 개선하고 내식성과 내마모성을 개선하여 사용한다. 구리 합금에서는 그리 흔하게 적용되는 방법은 아니다.

[표 3-8] 기계적 표면 처리의 CDA표준

표면처리 유형	표기 기호	처리 기준	표면처리 방법의 예
As-fabricated	M10	Unspecified	Optional with finisher.
	M11	Specular as fabricated	Cold rolling with polished steel rolls.
	M12	Matte finish as fabricated	Cold rolling followed by annealing; also: hot rolling, extruding, casting.
	M1x	Other	To be specified
Buffed	M20	Unspecified	Optional with finisher
	M21	Smooth specular	Cutting with Aluminum oxide or silicon carbide compounds, starting with relatively coarse grits and finishing with 320 grit using peripheral wheel speed of 6,000 ft/Min (30 m/s). Followed by buffing with Aluminum oxide buffing compounds with peripheral wheel speed of 7,000 ft/Min (36 m/s)
	M22	Specular	Cutting with compounds as for M21 finish, followed by a final light buffing.
	M2x	Other	To be specified.
Directionally Textured	M30	Unspecified	Optional with finisher.
	M31	Fine satin	Wheel or belt polishing with Aluminum oxide or silicon carbide abrasives of 240~320 grit using a peripheral speed of 6,000 ft/Min (30 m/s).
	M32	Medium satin	Wheel or belt polishing with Aluminum oxide or silicon carbide abrasives of 180~240 grit using a peripheral speed of 6,000 ft/Min (30 m/s).
	M33	Coarse satin	Wheel or belt polishing with Aluminum oxide or silicon carbide abrasives of 120~180 grit using a peripheral speed of 6,000 ft/Min (30 m/s).
	M34	Hand rubbed	Hand rubbing with stainless steel wool and solvent, #0 pumice and solvent, nonabrasive mesh pad or Turkish oil and emery.

표면처리 유형	표기 기호	처리 기준	표면처리 방법의 예
	M35	Brushed	Brushing with rotary stainless steel, brass or nickel silver wire wheel. Coarseness of finish controlled by diameter and speed of wheel and pressure exerted.
	M36	(Number unassigned)	
	M3x	(Number unassigned)	To be specified.
Non-directionally Textured	M40	Unspecified	Optional with finisher.
	M41	(Number unassigned)	
	M42	Fine matte	Air blast with #100~#200 mesh silica sand or Aluminum oxide. Air pressure 30~90 psi (207~621 kPa). Gun 12 in (305 mm) away from work at an angle of 60~90 degrees.
	M43	Medium matte	Air blast with #40~#80 mesh silica sand or Aluminum oxide. Air pressure 30~90 psi (207~621 kPa). Gun 12 in (305 mm) away from work at an angle of 60~90 degrees.
	M44	Coarse matte	Air blast with #20 mesh silica sand or Aluminum oxide. Air pressure 30~90 psi (207~621 kPa). Gun 12 in (305 mm) away from work at an angle of 60~90 degrees.
	M45	Fine shot blast	Air blast with S-70 metal shot.
	M46	Medium shot blast	Air blast with S-230 metal shot.
	M47	Coarse shot blast	Air blast with S-550 metal shot.
	M4x	Other	To be specified.

[표 3-9] 화학적 표면 처리의 CDA 표준

표면처리 유형	표기 기호	처리 기준	표면처리 방법의 예
Non-etched Cleaned	C10	Unspecified	Optional with finisher.
	C11	Degreased	Treatment with organic solvent.
	C12	Chemically cleaned	Use of inhibited chemical cleaner.
	C1x	Other	To be specified.
Conversion Coatings	C50	Ammonium chloride (patina)	Saturated solution of commercial sal ammoniac, spray or brush applied. Repeated applications are sometimes required.
	C51	Cuprous chloride hydrochloric acid (patina)	In 500mL of warm water, dissolve 164g of cuprous chloride crystals, 117ml hydrochloric acid, 69mL glacial acetic acid, 80g ammonium chloride, 11g arsenic trioxide. Dilute to 1L. Apply by spray, brush or stippling. Repeated applications are sometimes required. Avoid use of Aluminum containers.
	C52	Ammonium sulphide (patina)	Dissolve in 1L of warm water, 111g ammonium sulphate, 3.5g copper sulphate, 1.6g concentrated ammonia. Spray apply. Six to eight applications may be necessary under high humidity conditions.
	C53	Carbonate (patina)	Various formulations having copper carbonate as the major constituent.
	C54	Oxide (statuary)	Principal formulations utilize aqueous solutions of copper sulphates and copper nitrates at temperatures from 85℃ to boiling using immersion periods from 30 sec to 5 이상
	C55	Sulphide (statuary)	Apply 2~5% aqueous solutions of ammonium sulphide, potassium sulphide or sodium sulphide by swabbing or brushing. Repeated application increases depth of color.
	C56	Selenide (statuary)	Proprietary formulations recommended. The solutions are toxic, and user preparation should be avoided. Follow manufacturers' directions for use without deviation.
	C5x	Other	To be specified.

[표 3-10] 필름 라미네이팅 표면 처리의 CDA 표준

표면처리 유형	처리 기준	표기 기호	표면처리 방법의 예
Film Laminates	Unspecified	L90	Optional with finisher.
	Polyvinyl Fluoride	L91	A one-mil clear film, adhesive bonded to the metal surface.
	Other	L9x	To be specified.

(5) 산세처리(Pickling)

구리 표면의 산화피막은 매우 접착력이 강해서 쉽게 제거가 안된다. 산세처리라고 표현된 Picking은 구리 표면의 산화피막을 제거하고 안정적인 산화층을 형성하기 위해 적용한다. 5~10% 농도의 황산액과 리터당 0.35g의 중크롬산칼륨(Potassium Dichromate)을 혼합한 용액을 사용하여 표면을 깨끗하게 한다. 산세 작업을 통해 표면의 산화층을 제거할 수 있으나, 대개의 경우에 미리 연마제를 표면에 고압으로 분사하여 산화층을 기계적으로 깨놓고 산세작업을 시작한다. 산세 작업이 완료되고 나면 맑은 물로 깨끗하게 세척하여 중화작업과 함께 건조를 해야 한다.

(6) 도금(Electro-Plating)

전기용 단자와 같은 전기 제품을 생산하기 위해서는 미관을 위해 구리합금에 종종 니켈 도금을 실시하여 사용한다. 전기도금으로 제품을 생산하는 과정에서 수용액 속의 수소가 구리합금 내부로 들어가서 연성을 저해하여 이후의 추가 성형에 장애 요인이 되며 심한 경우에는 직접적으로 균열을 유발하기도 한다. 이를 예방하기 위해서는 전기도금 이후에 해당 구리합금을 가열하여 조직내에 들어가 있는 수소를 190~220℃ 범위로 가열하여 안정적으로 제거해야 한다.

ASTM B850에 따르면 합금의 인장강도에 따라 수소가 조직내에서 빠져나갈 수 있도록 가열하는 조건을 제시하고 있으며, 이때에 주의할 점은 너무 높은 온도 혹은 장시간 고온에 노출되면 합금의 연화 현상이 발생할 수 있다.

[표 3-11] 탈수소 열처리 기준(ASTM B850)

원소재의 강도		경도 (HRc)	190~220℃ 분위기에서 유지 시간
MPa	ksi		
1,700~1,800	247~261	49~51	22시간 이상
1,600~1,700	232~247	47~49	20시간 이상
1,500~1,600	218~232	45~47	18시간 이상
1,400~1,500	203~218	43~45	16시간 이상
1,300~1,400	189~203	39~43	14시간 이상
1,200~1,300	174~189	36~39	12시간 이상
1,100~1,200	160~174	33~36	10시간 이상
1,000~1,100	145~160	31~33	8시간 이상

용접기술사 강좌 안내

교육 개요

총 16주간의 일정으로 주말을 이용하여 전문가로서 자격 취득이 가능하도록 지원합니다. 탄탄한 이론과 실무를 겸비한 최고 수준의 전문 강사진이 총 6,000여 장에 이르는 PPT 교재와 다양한 동영상 자료를 통해 체계적인 학습을 제공합니다. 최근 합격자 대부분이 본 강좌를 통해 배출되고 있습니다.

교육 장소

- 서울 : 성균관 대학교 자연과학캠퍼스 제2 공학관 (수원 캠퍼스)
- 부산 : 동아대학교 승학캠퍼스 공과대학 5호관(구, 산학협력관)

교육 내용

용접 야금학, 강종별 용접성, 용접 기법, 용접부 검사, 용접 결함과 변형, 용접 절차서 및 용접 설계

교육 일정

매년 4월과 9월에 총 16주간 일정으로 개강
서울은 매주 일요일, 부산은 매주 토요일 오후 1시 30분 ~ 6시
* 세부 강좌 일정은 홈페이지 (www.technonet.co.kr) 참조

수강료

신규 : 130만원, 재수강 : 50만 (VAT 별도)

수강 신청

- 성함, 소속 및 연락처를 명기하여 technonet@naver.com 메일 송부
- 테크노넷 홈페이지에서 수강 신청 (교육/기술자문- 용접기술사교육)

기타

강좌 세부 일정과 강사님 프로필 등은 강좌 신청자에 한하여 개별적으로 안내됩니다. 기타 강좌 문의는 홈페이지(www.technonet.co.kr)를 통해서 질의해주시거나 technonet@naver.com으로 연락 주세요.

TechnoNet
Total Information Network Sevices

구리 및 구리합금의 이해

1판 1쇄 발행 2019년 11월 20일
1판 2쇄 발행 2022년 07월 11일
저 자 이진희 外
발 행 인 이범만
발 행 처 **21세기사** (제406-2004-00015호)
경기도 파주시 산남로 72-16 (10882)
Tel. 031-942-7861 Fax. 031-942-7864
E-mail : 21cbook@naver.com
Home-page : www.21cbook.co.kr
ISBN 978-89-8468-853-7

정가 80,000원